Selbstführung: Auf dem Pfad des Business-Häuptlings

Lizenz zum Wissen.

Sichern Sie sich umfassendes Wirtschaftswissen mit Sofortzugriff
auf tausende Fachbücher und Fachzeitschriften aus den Bereichen:
Management, Finance & Controlling, Business IT, Marketing,
Public Relations, Vertrieb und Banking.

Exklusiv für Leser von Springer-Fachbüchern: Testen Sie Springer
für Professionals 30 Tage unverbindlich. Nutzen Sie dazu im
Bestellverlauf Ihren persönlichen Aktionscode C0005407 auf
www.springerprofessional.de/buchkunden/

**Jetzt
30 Tage
testen!**

Springer für Professionals.
Digitale Fachbibliothek. Themen-Scout. Knowledge-Manager.

- Zugriff auf tausende von Fachbüchern und Fachzeitschriften
- Selektion, Komprimierung und Verknüpfung relevanter Themen
  durch Fachredaktionen
- Tools zur persönlichen Wissensorganisation und Vernetzung

www.entschieden-intelligenter.de

Springer für Professionals    Springer

Daniel Goetz • Eike Reinhardt

Selbstführung: Auf dem Pfad des Business-Häuptlings

Als Manager von Naturvölkern lernen: Intuition und das Wesen der Kommunikation

 Springer Gabler

Daniel Goetz
Köln
Deutschland

Eike Reinhardt
Köln
Deutschland

ISBN 978-3-658-08911-5   ISBN 978-3-658-08912-2 (eBook)
DOI 10.1007/978-3-658-08912-2

Die Deutsche Nationalbibliothek verzeichnet diese Publikation in der Deutschen Nationalbibliografie; detaillierte bibliografische Daten sind im Internet über http://dnb.d-nb.de abrufbar.

Springer Gabler
© Springer Fachmedien Wiesbaden 2016

Titelbild: ©iStock.com/Mak_Art

Gedruckt auf säurefreiem und chlorfrei gebleichtem Papier

Springer Fachmedien Wiesbaden ist Teil der Fachverlagsgruppe Springer Science+Business Media (www.springer.com)

Dem Pfad folgen

Alle Einsichten, Tipps und Ratschläge in diesem Buch beruhen auf unseren eigenen Erfahrungen mit indigenen Stämmen in Australien und Kanada und natürlich auf unseren Einblicken in viele große und kleine Unternehmen, die wir im Laufe unseres jahrelangen Berufslebens, als Begleiter von Veränderungsprozessen und mit unseren Coaching-Klienten gewonnen haben. Wir haben in diesem Buch den Bogen zwischen Tipi und Büro gespannt, damit Sie alle hier beschriebenen Konzepte leicht auf Ihren Arbeitsalltag übertragen können.

All jenen, die sich auf dieses Buch und die darin beschriebenen Inhalte und Übungen mit Verstand, Herz und Hand einlassen, versprechen wir größere erlebte Freiheit und einen persönlichen Prozess, in dessen Verlauf sie sich selbst besser kennenlernen und aus dem sie bereichert und gestärkt hervorgehen.

Sie können sich freuen auf:

- authentische Erfahrungsberichte aus dem Reservat
- pragmatische Übungen, die Sie leicht nachvollziehen können
- Transferangebote zur Übersetzung in den eigenen beruflichen Kontext

Dieses Buch will Sie dabei unterstützen, Ihre innere Reife zu entwickeln. Mehr noch: Wir wollen Sie dazu ermutigen, selbst die Verantwortung für Ihre innere Reife zu übernehmen. Dieses Buch soll Ihnen einen dazu passenden Denk- und Erfahrungsprozess und treffende Einsichten ermöglichen. So wie jeder Stein wichtig ist, auf den man beim Aufstieg auf den Gipfel eines Berges tritt, so legen wir Ihnen auf dem Pfad zum Business-Häuptling einige Steine „in den Weg", die Ihnen als nützliche Trittstufen dienen. Diese Steine können zu Ihrem Weg gehören – wenn Sie es wollen.

Wenn Sie dieses Buch gelesen haben, …

- … haben Sie auf dem Pfad des Business-Häuptlings gelernt, ebenso weise und souverän zu führen wie er.
- … wissen Sie, dass Selbstführung die wichtigste Voraussetzung für Führung ist und welche Konzepte dafür hilfreich sind.
- … sind Sie Ihren intuitiven Fähigkeiten auf die Spur gekommen und haben gelernt, ihnen zu vertrauen.
- … wissen Sie, wie Ihnen die indigene Vorstellung eines Wesens der Kommunikation hilft, Gespräche und Meetings im Unternehmen leicht und sicher zu steuern – und Situationen aus der Metaposition zu betrachten.
- … haben Sie intensiv Ihre Werte, Identität, Zugehörigkeit und persönlichen Ressourcen reflektiert.
- … haben Sie in vielen Selbstcoaching-Übungen gelernt, gelassen und entspannt zu bleiben – auch in kritischen Situationen.
- … betrachten Sie Ihre Mitarbeiter nicht mehr nur als Humankapital, sondern auch als Menschen auf Augenhöhe.

Für wen dieses Buch geschrieben ist

Dieses Buch richtet sich an Menschen, die bereit sind, sich aus ihrer eigenen Komfortzone heraus zu begeben – zunächst gedanklich und dann hoffentlich auch handelnd. Für Menschen, die glauben, ahnen oder zumindest hoffen, dass die Zeit reif ist für eine neue Führungskultur, die den Menschen hinter der Arbeitskraft nicht übersieht.

Dies ist ein Mitmach-Buch. Daher werden vor allem diejenigen von ihm profitieren, die es zum Anlass nehmen, sich aktiv weiterzuentwickeln.

Sie können sich die Inhalte dieses Buches auf drei Arten aneignen:

- Sie lesen das Buch. Dann werden Sie ein paar Wissensbrocken aufsammeln und von einigen interessanten Geschichten aus einer fremden Welt unterhalten.
- Sie lesen das Buch und probieren die eine oder andere Anregung zumindest mal aus und prüfen sie für sich selbst. Dann werden Sie zahlreiche interessante Erfahrungen machen und manche persönliche Einsicht gewinnen.
- Sie lesen das Buch, probieren alles aus und verwirklichen Ihre eigenen Ambitionen. Dann werden Sie Ihr Leben nachhaltig verändern.

Dieses Buch ist für diejenigen, die ihr Leben selbst in die Hand nehmen und eine bessere Führungskraft sein wollen. Es ist für Führungskräfte, die in ihren Mitarbeitern mehr sehen als nur Humankapital; die um die Bedeutung ihres Amtes als Führungskraft wissen und auf Augenhöhe und mit Weitsicht agieren wollen: für sich und ihre Mitarbeiter. Es ist für all diejenigen, die Eigenverantwortung und Selbstführung nicht nur als leere Floskeln betrachten.

Dieses Buch haben wir für all diejenigen geschrieben, die bereit sind, die angebotenen Gedanken und Methoden zu überprüfen und aktiv zu erproben. Wir möchten Sie, liebe Leserin, lieber Leser, mit diesem Buch ermutigen, die Verantwortung für Ihr Handeln wie auch Ihr Erleben selbst in die Hand zu nehmen, im Sinne der indigenen Weisheit: „What you give you get!"

Leserinnen und Leser
Zur Verwendung des grammatikalischen Geschlechts: Wir haben uns bemüht, den Text möglichst geschlechtsneutral zu schreiben und für Beispiele sowohl weibliche wie auch männliche Personen ausgewählt. In vielen Fällen zwingt die deutsche Sprache jedoch zur grammatikalischen Entscheidung. Aus Gründen der Gewohnheit und leichteren Lesbarkeit verwenden wir daher vor allem die maskuline Flexion von Begriffen („der Vorgesetzte") sowie deren zugehörige Pronomen („er", „sein" etc.). Damit sind natürlich sowohl die männlichen wie auch die weiblichen Menschen gemeint. Wir bitten diesbezüglich um Nachsicht und Sie, liebe Leserin, dies jeweils wohlwollend mitzudenken.

Management Summary: Überblick über das Buch

Was Sie von diesem Selbstcoaching-Buch für Führungskräfte erwarten dürfen:

- über 30 Top-Selbstcoaching-Übungen mit Schritt-für-Schritt-Anleitungen
- authentische Erlebnisse: Begegnungen mit Angehörigen indigener Gesellschaften
- praxisnahe Beispiele und Transferangebote, mit deren Hilfe Sie die Erkenntnisse leicht in den eigenen beruflichen Kontext als Fach- und Führungskraft übertragen können

Kapitel 1 Einleitung

Die Welten von Großraumbüro und *Schwitzhütte* verbinden, eine Brücke schlagen zwischen CEOs und Häuptlingen, zwischen den Weiten des Business und denen der Prärie – das geht! Und zwar ganz ohne Plattitüden und einfältige Sozialromantik. Von den *indigenen* Gesellschaften können wir Wertvolles für unsere Unternehmenswelt lernen. Folgen Sie uns gedanklich in die Welt der traditionellen Gesellschaften. Auf dem Pfad des Business-Häuptlings werden Sie sich immer wieder sehr dicht an Ihrem beruflichen Kontext befinden – lassen Sie sich überraschen, zu welcher Führungskraft Sie sich entlang dieses Weges entwickeln werden!

Kapitel 2 Gedankliche Wurzeln und das indigene Weltbild

Wenn Sie sich auf den Pfad des Business-Häuptlings begeben, brauchen Sie die passenden Schuhe – und die erhalten Sie in diesem Kapitel. Sie lernen nicht nur die Grundzüge des indigenen Gedankenguts kennen, sondern weitere Konzepte aus Ethnologie, Kulturwissenschaften und Psychologie: die notwendige Basis für die Inhalte dieses Buches. Aber keine Sorge, wir werden Sie nicht mit theoretischen und abstrakten Erkenntnissen langweilen – Sie erhalten viele Anstöße und konkrete Anleitungen, um diese Erkenntnisse in Ihrem Business-Alltag zu nutzen.

Wenn Sie dieses Kapitel gelesen haben, …

- … verstehen Sie die indigene Vorstellung eines verbindenden Wesens der Kommunikation.
- … haben Sie einen ersten Eindruck von einer „flüssigeren" Sprache gewonnen.
- … haben Sie das zyklische Zeitverständnis indigener Kulturen nicht nur verstanden, sondern auch erfahren.
- … kennen Sie die grundlegenden Konzepte der in diesem Buch dargestellten indigenen Sicht auf die Welt.
- … schauen Sie mit den Augen eines Ethnologen auf Kulturen – auch auf die Kultur Ihres Unternehmens.

Kapitel 3 Intuition als Zugang zum Unbewussten

Was eigentlich ist *Intuition*? Wie zeigt sie sich? Wie können Sie sie üben? Und wie wenden Sie sie in Ihrem beruflichen Kontext als Fach- und Führungskraft an? Wir zeigen Ihnen, welche unterschiedlichen Erscheinungsformen von Intuition es gibt und stellen Ihnen die Achtsamkeit vor – eine wichtige Voraussetzung für intuitives Erleben. In ersten einfachen Übungen erproben Sie anschließend achtsames und intuitives Erleben für sich selbst und erfahren, wie Sie es in Ihren beruflichen und privaten Alltag integrieren.

Wenn Sie dieses Kapitel gelesen haben, …

- … wissen Sie, wie nützlich die Intuition in unterschiedlichen Bereichen bzw. Anforderungen des Unternehmensalltags ist.
- … kennen Sie die biologischen Aspekte der Intuition und des Stresses, dem natürlichen Feind der Intuition.
- … wissen Sie, welche Faktoren intuitives Erleben beeinflussen – förderliche wie auch einschränkende Faktoren.
- … können Sie jederzeit Momente von Achtsamkeit und innerer Zentrierung erleben.
- … haben Sie die Sprache des Unbewussten kennengelernt und können Ihr inneres Erleben präzise beschreiben.
- … können Sie Ihre Intuition im zwischenmenschlichen Kontakt zielführend einsetzen, beruflich wie privat.

Kapitel 4 Meine Ich-Kraft stärken

Gute Führung beginnt immer mit Selbstführung. Für den Pfad des Business-Häuptlings gilt deshalb: Nur wer genau weiß, wer er ist, was ihm wichtig ist, was er will und wem er sich verbunden fühlt, hat die Stärke und die Kraft, diesen Weg zu gehen. Deshalb reflektieren Sie in diesem Kapitel Ihre Werte, Ihre Identität, Ihre Zugehörigkeit, Ihre Wandlungsfähigkeit und erfahren, wie Sie Ihr eigenes Erleben so gestalten und steuern, dass Sie Ihre Führungsrolle weise und souverän ausfüllen.

Wenn Sie dieses Kapitel gelesen haben, ...
- ... sind Sie sich Ihrer Werte bewusst, können diese sichtbar machen und Werte-Konflikte auflösen.
- ... füllen Sie Ihre Führungsrolle im Unternehmen mit größerer Identitätsklarheit aus.
- ... wissen Sie um die tiefe Bedeutung der Zugehörigkeit und können wichtige Parameter zur Unterstützung von Zugehörigkeit im Unternehmen steuern.
- ... kennen Sie die besondere Funktion und Nützlichkeit des „Heyoka" (Clowns) in Ihrem Unternehmen.
- ... können Sie Ihr Erleben wirkungsvoll steuern und auch in schwierigen Situationen auf Ihr Leistungspotenzial zugreifen.

Kapitel 5 Hohe Kriegerschule

Was macht einen Chef zu einem guten Chef? Fragt man dessen Mitarbeiter, kommen die Antworten meist schnell und klar: „Er steht zu dem, was er sagt!" – „Auf seine Entscheidungen kann man sich verlassen." – „Er sagt immer offen, was Sache ist." Das zeigt: Eine gute Führungskraft weiß, wie wichtig es ist, den eigenen Werten zu folgen und sich gleichzeitig auch den Werten des Unternehmens unterzuordnen – ganz bewusst und keinesfalls aus einer falsch verstandenen Opferhaltung heraus. Dazu gehören Selbstdisziplin und viel Mut, sich immer wieder den eigenen Ängsten zu stellen und Entscheidungen zu treffen. Wie Sie diese Selbstdisziplin und diesen Mut gewinnen, zeigen wir Ihnen in diesem Kapitel.

Wenn Sie dieses Kapitel gelesen haben, ...
- ... kennen Sie das indigene Verständnis von Eigenverantwortung.
- ... unterscheiden Sie zwischen „sich opfern" und „Opfer sein".
- ... wissen Sie, dass das Streben nach Kongruenz ein wichtiger Antrieb für Menschen ist.
- ... wissen Sie, dass Entscheiden Mut braucht und einen Preis fordert.
- ... können Sie die mentale Strategie von Selbstdisziplin für sich nutzen und Ihre Willensstärke trainieren.
- ... kennen Sie Techniken, um sich Ihren Ängsten im Business erfolgreich zu stellen.

Kapitel 6 Kognitiver Pfad

Wer eine starre, dogmatische Haltung einnimmt, ist weder ein angenehmer Gesprächspartner noch eine souveräne Führungskraft. Gerade im Unternehmenskontext – wenn es darum geht, viele verschiedene Bedingungen, Ansichten, Tendenzen zu integrieren und kluge, weitreichende Entscheidungen zu treffen –, ist es wichtig, die jeweilige Situation aus verschiedenen Perspektiven zu betrachten. In diesem Kapitel erfahren Sie, wie Sie es schaffen, jederzeit und schnell Kommunikationssituationen zu analysieren, Ihre Gedanken zu sortieren – und so zu guten Entscheidungen zu kommen.

Wenn Sie dieses Kapitel gelesen haben, …
- … haben Sie Ihre geistige Gelenkigkeit trainiert.
- … nutzen Sie die unterschiedlichen Wahrnehmungsperspektiven, um eine Kommunikationssituation zu analysieren.
- … klären Sie Ihre Gedanken, indem Sie räumliche Anker einsetzen.
- … kommen Sie mit dem Tetralemma zu neuen Lösungen.
- … beleuchten Sie mit zirkulären Fragen die „blinden Flecken" eines Systems.
- … nutzen Sie die Zeitperspektive bewusster bei Entscheidungen und in Kommunikationssituationen.

Kapitel 7 Sozialer Pfad

Beziehungen nehmen dort ihren Anfang, wo ein Mensch mit sich selbst verbunden ist. Deshalb ist die Qualität der Beziehungen eines Menschen davon abhängig, welches Bild von anderen er in sich trägt und was er selbst zu geben bereit ist. Und das gilt auch für die Führungskompetenz: Nur wer einen guten Kontakt zu seinen eigenen Empfindungen und seinem eigenen Erleben hat, sich frei von schnellen Bewertungen macht, kann eine souveräne Führungskraft sein. Außerdem erfahren Sie hier, warum es gerade für Manager wichtig ist, ein großes Ego zu haben. Ein großes Ego? Ja – aber nicht so, wie Sie jetzt vielleicht meinen.

Wenn Sie dieses Kapitel gelesen haben, …
- … kennen Sie die Besonderheiten des Konzepts „Beziehung".
- … wissen Sie, wie Ihr Menschenbild Ihre Kommunikation beeinflusst.
- … können Sie gleichermaßen klar und von Herzen kommunizieren.
- … sind Sie in der Lage, oberflächliche Absichten von tieferen Intentionen zu unterscheiden.
- … kennen Sie den Wert der kontemplativen Freuden.
- … wissen Sie, wie Sie Netzwerke als soziale Ressource nutzen und sich dort positionieren können.

Kapitel 8 Seelischer Pfad

„Was hat meine Führungsrolle mit meiner Seele zu tun?" – Alles! Die Aspekte der professionellen Identität eines Menschen sind immer mit den ganz privaten, seelischen Aspekten seiner Identität verbunden. Sie lassen sich nicht voneinander trennen. In diesem Kapitel erfahren Sie, wie Sie sich in Ihrer Führungsrolle als ganzheitlicher Mensch zeigen. Und wie Sie es schaffen, sich innerlich den Anforderungen des Tagesgeschäfts zu entziehen und einen übergeordneten Blick auf das große Ganze des Unternehmens zu werfen.

Wenn Sie dieses Kapitel gelesen haben, …
- … haben Sie sich bewusst gemacht, dass Zeit die wertvollste Ressource im Leben ist.
- … wissen Sie, wie Sie die Fallgruben der Sinnsuche vermeiden.
- … können Sie die Weisheit des Alters als Quelle der Orientierung nutzen.
- … sind Sie sich klarer geworden über das, was Ihren Beitrag in der Welt ausmacht.
- … können Sie die verbindende und wohltuende Kraft des Dankens für sich nutzen.

Kapitel 9 Körperlicher Pfad

Voraussetzungen für persönliche Entwicklung gibt es viele. Aber kaum eine ist so wichtig wie ein gesunder Körper – vor allem für Fach- und Führungskräfte, die in ihren Jobs viel zu viel sitzen und in Monitore starren. Wer ein gutes Gefühl für die Natur seines Körpers entwickelt, weiß meist sehr schnell, wann er an seine Grenzen kommt, welchen Weg er gehen muss, welche Entscheidungen richtig sind. Erfahren Sie, was Sie tun können, um wieder zu einem gesunden, organischen Körpergefühl zurückzufinden und sich dauerhaft fit und leistungsfähig zu halten.

Wenn Sie dieses Kapitel gelesen haben, …
- … wissen Sie um den enormen Einfluss eines gesunden Körpers auf Ihre Psyche und wie Ihr Körper Basis tiefgreifender Wandlungsprozesse in Ihrer persönlichen Entwicklung sein kann.
- … kennen Sie die Faktoren, die Ihren Körper gesund und leistungsfähig erhalten.
- … haben Sie konkrete Tipps bekommen, wie Sie Ihren Körper auch auf Businesstrips fit halten können.
- … erkennen Sie schneller die Signale Ihres Körpers und wissen, was Ihnen wirklich gut tut.
- … haben Sie wieder oder wieder mehr Lust an der Bewegung bekommen.

Kapitel 10 Das Wesen der Kommunikation nähren

Sie als Führungskraft müssen nicht nur Menschen, sondern vor allem auch Gespräche führen können. Und das gelingt Ihnen nur, wenn Sie eine ganz bestimmte innerliche Haltung gegenüber Ihren Gesprächspartnern einnehmen, emotional gefestigt sind, dabei gleichzeitig herzlich und rational-analytisch, souverän und menschlich sind. Dann können Sie in *Resonanz* zu Ihren Mitarbeitern gehen – und Resonanz ist überlebenswichtig, für

Menschen genauso wie für Unternehmen. Führen Sie kraft Ihrer Fähigkeit, die Kommunikation zwischen Ihnen und Ihren Gesprächspartnern positiv zu gestalten! Wie das geht, erfahren Sie in diesem Kapitel.

Wenn Sie dieses Kapitel gelesen haben ...
- ... wissen Sie, wie und warum sich Feedback positiv auf die Leistungsfähigkeit eines Unternehmens auswirkt.
- ... können Sie kompetent Feedback geben und nehmen.
- ... wissen Sie, wie Sie die Resonanzkultur im Unternehmen fördern können.
- ... haben Sie erfahren, wie wichtig es ist, die Impulse des Gesprächspartners aufzunehmen und zu spiegeln.
- ... wissen Sie, wie Sie das Wesen der Kommunikation durch eine Vielzahl von Aspekten positiv beeinflussen können.

Kapitel 11 Wrap-up: So hinterlassen Sie Spuren
Der Pfad des Business-Häuptlings – nun kennen Sie ihn und sind doch noch nicht am Ende angelangt. Halten Sie einen Moment inne, überlegen Sie, was Sie unterwegs Wichtiges gelernt haben, nehmen Sie wahr, was sich verändert und weiterentwickelt hat. Und schauen Sie dann in die Zukunft – was wollen Sie weiter verändern, welche Schritte können Sie gehen? Die Fragen, die wir in diesem Kapitel für Sie aufgeschrieben haben, werden Sie in Ihrem Reflexionsprozess unterstützen – und Sie auf dem Pfad des Business-Häuptlings begleiten, dem Sie hoffentlich noch lange folgen.

Wenn Sie dieses Kapitel gelesen haben ...
- ... wissen Sie, was die wichtigsten Erkenntnisse sind, die Sie aus diesem Buch gewonnen haben.
- ... haben Sie in die Zukunft geschaut und weitere Schritte geplant, die Sie gehen können, um auf dem Pfad des Business-Häuptlings zu bleiben.
- ... sind Sie Ihrem Wunsch, den Sie am Ende von Kapitel 1 Einleitung formuliert haben werden, ein ganzes Stück nähergekommen.

Wir danken ...

... **Tom Andreas**. Als unserem Mentor fühlen wir uns ihm verbunden und bewundern seine unvergleichliche Präzision und seine Liebe zur Sprache wie auch die zu den Menschen. Wir teilen mit ihm die Faszination für indigene Kulturen. Ohne ihn wäre es uns nicht möglich gewesen, unsere Erfahrungen bei den indigenen Kulturen strukturell so aufzubereiten und für die hiesige Business-Welt zu übersetzen. Dafür danken wir ihm von Herzen. Wir wünschen uns, dass auch seine Handschrift erkennbar durch die Zeilen dieses Buches scheint.

Wir danken den **indigenen Eldern**, die uns Einblick in ihre Kultur gewährt, ihr Wissens mit uns geteilt und uns einzigartige Erfahrungen ermöglicht haben. Für alle möglicherweise missverständlichen oder falschen Darstellungen der indigenen Perspektive in diesem Buch übernehmen wir die volle Verantwortung. – Besonders nachhaltig beeindruckt und geprägt haben uns:

- **Elder Peter Leo** (†, Former Spokesman of the Girringun Aboriginal Cooperation, Queensland), mit dem unser erster Kontakt in Australien stattfand und auf dessen Stammesgebiet die Idee zu unserem Business gereift ist.
- **Elder Glen „Black Eagle" Anaquod** (†, Muscowpetung First Nation, Saskatchewan), der uns vom ersten Tag an mit seiner humorvollen und undogmatischen Art der Spiritualität für seine Kultur eingenommen hat.
- **Elder Murray „Little Yellow Bird" Ironchild** (Former Chief of the Piapot First Nation, Saskatchewan), der unser Vertrauter beim Sonnentanz war und uns zu diesem hohen Ritual eingeladen hat.
- **Elder Mike „Chief Thunderbird" Pinay** (Peepeekissis First Nation, Saskatchewan), in dessen Schwitzhütte wir zahlreiche Zeremonien erleben durften.

Wir danken Professor **Tobias Sperlich** (Head of Department of Anthropology, University of Regina) für die Offenheit, mit der er unserem Interesse und Anliegen begegnet ist. Er hat uns aus der Perspektive eines Ethnologen eine zusätzliche Verständnisebene eröffnet und uns vor Ort bei der Kontaktaufnahme mit den Eldern unterstützt; zudem war er uns auch mit Rat und Tat bei der Organisation behilflich.

Wir danken Professor **Susanne Kuehling** (University of Regina), die uns nicht nur zu Einblicken in eine nochmals andere kulturelle Welt verholfen hat – nämlich die der Inselwelten Papua-Neuguineas –, sondern auch für die unkomplizierte Gastfreundschaft in ihrem Hause, die sie uns während unserer Zeit in Kanada für einige Wochen gewährt hat.

Wir danken **Manfred Faber**, der uns als Initiator eines Netzwerks von Interim Managern nicht nur Erkenntnisse in diesem höchst volatilen Business ermöglicht hat, sondern uns auch bei diesem Buchprojekt wohlwollend und mit großem Herz unterstützt hat.

Wir danken **Irene Buttkus** vom Verlag Springer Gabler, die uns bei vielen wichtigen Fragen rund um die Erstellung des Buches in die richtige Richtung gewiesen hat.

Wir danken unserer Lektorin **Dorothee Köhler**, die unserem Text den erforderlichen Feinschliff gegeben und ihn lesbarer gestaltet hat.

Wir danken den folgenden Menschen, die uns wertvolles Feedback gegeben haben, um die Selbstcoaching-Übungen in diesem Buch möglichst verständlich und nachvollziehbar zu gestalten: **Susanne Bachem, Hanna Göhler, Bärbel Klumb, Thomas Mayer, Christian Palkowski, Sylvia Silano, Stefan Spiecker, Stefan Strobel, Martin Sutoris**.

Wir danken **unseren Familien**, die uns ein großer Rückhalt waren und sind. Wir sind dankbar für diese Form von Zusammenhalt, die in der heutigen Zeit keine Selbstverständlichkeit mehr ist.

Eike Reinhardt: Ich danke meinem Judolehrer (Sensei) **Toni Hilger**, der mich bereits in jungen Jahren für den Geist des Budo (der asiatischen Kampfkünste) und die ostasiatischen Philosophien begeistert hat.

Daniel Goetz: Ich danke **Paul Drew-Bear**, der mir nicht nur das Theaterspielen als Weg zur persönlichen Entwicklung nähergebracht hat, sondern mir durch sein konsequentes Querdenken auf vielfältige Weise Inspirationsquelle war.

Wir danken der **schöpferischen Kraft**, die nicht nur unsere beiden Lebensfäden auf diese besondere Weise gesponnen, sondern auch so miteinander verwoben hat, dass wir dieses Buch für Sie, liebe Leserin und lieber Leser, in dieser Form so schreiben konnten.

To all our relations.

Köln, im Spätsommer 2015   Daniel Goetz und Eike Reinhardt

Übersicht Selbstcoaching-Übungen

Kapitel (Kurzbezeichnung)	Übung	Seite
Kapitel 2 Gedankliche Wurzeln		
2.3 Sprache schafft Realität	Übung 1: Werte verflüssigen	20
	Übung 2: Modulation der paraverbalen Aspekte einer Aussage	24
2.5 Die zyklische Natur der Zeit	Übung 3: Das Leben im Jahreszyklus	31
Kapitel 3 Intuition		
3.4 Achtsamkeit und Präsenz	Übung 1: Basispräsenz	94
	Übung 2: Ich bin. Jetzt. Hier.	95
	Übung 3: Little Death (Atmen)	96
	Übung 4: Körper-Scan (Atmen)	97
3.6 Übungen zur Intuition: In Resonanz mit dem Unbewussten gehen	Übung 5: Gedanken-Sensor	113
	Übung 6: Metaphorische Problemlösung	114
Kapitel 4 Ich-Kraft		
4.1 Meine Werte	Übung 1: Seven Stone Teachings	127
	Übung 2: Die Werte-Skala	128
	Übung 3: Werte-Distanz	131
	Übung 4: Ärger-Frage	132
	Übung 5: Werte-Kaleidoskop	133
	Übung 6: Werte sichtbar machen	134
4.4 Meine Wandlungsfähigkeit	Übung 7: Musterunterbrechung	167
4.5 Mein Erleben steuern	Übung 8: Defokussieren	173
	Übung 9: Moment of Excellence	175
	Übung 10: Sich mit einer Atmosphäre umgeben	177
	Übung 11: Zwei-Stühle-Selbstcoaching	178
	Übung 12: Talentschild	180
	Übung 13: Krafttiere im Hosentaschenformat	183

Kapitel (Kurzbezeichnung)	Übung	Seite
Kapitel 5 Kriegerschule		
5.6 Der Held, der sich seinen Ängsten stellt und damit wahre Größe zeigt	Übung 1: Fragen an Licht und Schatten	221
	Übung 2: Den Schatten interviewen	222
	Übung 3: Den Schatten füttern	225
	Übung 4: Mit dem Schatten tanzen	226
Kapitel 6 Kognitiver Pfad		
6.2 Wechsle die Perspektive	Übung 1: Wahrnehmungsperspektiven wechseln	239
6.4 Beachte den Zeithorizont	Übung 2: Rat des älteren Ichs	254
Kapitel 7 Sozialer Pfad		
7.1 Pflege deine Beziehungen	Übung 1: Intentionen aufspüren	271
Kapitel 8 Seelischer Pfad		
8.2 Erkunde deine Endlichkeit	Übung 1: Go ask your grandfather	289
	Übung 2: Die eigene Grabrede schreiben	291
	Übung 3: Dankbarkeits-Meditation	296
Kapitel 9 Körperlicher Pfad		
9.1 Spüre dich! – Körpergefühl statt Talking Head	Übung 1: Grundhaltung für einen erfahrungsbereiten Körper	305
9.6 Schlaf gut!	Übung 2: Abendliches Gedankensortieren	325

Inhaltsverzeichnis

1   Selbstführung in flüchtigen Zeiten – warum sie wichtiger ist denn je 1
    1.1   Die Business-Welt wird VUCA: volatil, unsicher, komplex, ambigue 2
    1.2   Nutzen Sie das Potenzial Ihrer Intuition 3
    1.3   Die indigene Perspektive: Das Wesen der Kommunikation 3
    1.4   Selbstführung ist der Anfang von allem 4
    1.5   Wie dieses Buch aufgebaut ist 4
    1.6   Wie Sie den größten Nutzen aus diesem Buch ziehen 5
          1.6.1   Spuren hinterlassen: Selbst machen. Verwirklichen. Nachhalten. .. 5
          1.6.2   Ihr persönliches Logbuch 6
          1.6.3   Haben Sie noch Wünsche? 7
          1.6.4   Übung macht den Meister 8
    Literatur 8

Teil I   Der Pfad vom Manager zum Business-Häuptling

2   Gedankliche Wurzeln und das indigene Weltbild 11
    2.1   Das indigene Weltbild 12
          2.1.1   Was sind indigene Völker? 12
          2.1.2   To all my relations – die systemische
                  Denkweise indigener Völker 12
          2.1.3   Manitu – oder das schaffende Prinzip 13
          2.1.4   Die Schwitzhütte – (k)eine Indianersauna 14
          2.1.5   Eigenverantwortung aus indigener
                  Perspektive – What you give you get 15
    2.2   Das Wesen der Kommunikation 16
          2.2.1   Kommunikation als lebendiges Wesen 17
          2.2.2   Martin Buber: das Zwischen im menschlichen Kontakt 18
    2.3   Sprache schafft Realität 19
          2.3.1   Polysynthetische Sprache 19

	2.3.2	Deixis: räumliche, zeitliche oder personale Verweise	21
	2.3.3	Paraverbale Aspekte von Sprache	22
2.4		Das Medizinrad	25
2.5		Die zyklische Natur der Zeit	27
	2.5.1	Das zyklische Zeitverständnis	28
	2.5.2	Der Jahreszyklus	30
2.6		Mit den Augen der Ethnologen	34
	2.6.1	Was Manager von Ethnologen lernen können	34
	2.6.2	Gedankliche Wurzeln	39
	2.6.3	Analog versus digital – Welche Sicht auf die Welt erleichtert den Zugang zur Intuition?	45
	2.6.4	Selbst erleben – authentisch sein	46
2.7		Spuren hinterlassen: Selbst machen. Verwirklichen. Nachhalten.	46
Literatur			47

Teil II   Den Pfad beschreiten

3	**Intuition als Zugang zum Unbewussten**			**51**
3.1		Was ist Intuition? – Eine Differenzierung	52
	3.1.1	Implizites Wissen	52
	3.1.2	Intuition versus Instinkt	53
	3.1.3	Intuition als Prozess	55
	3.1.4	Weibliche Intuition? – Männer könnens auch!	55
3.2		Anwendungsfelder von Intuition	56
	3.2.1	Intuition als Empathie	57
	3.2.2	Intuition bei Entscheidungen	80
	3.2.3	Intuition als Inspiration	84
	3.2.4	Intuition als Vorahnung	86
3.3		Intuition bei indigenen Gesellschaften	88
	3.3.1	Yuwipi – Entscheidungen aus einer anderen Welt	90
3.4		Achtsamkeit und Präsenz – sich und die Umwelt wahrnehmen	91
	3.4.1	Warum nicht jede Aufmerksamkeit auch Achtsamkeit ist	91
	3.4.2	Achtsamkeit lernen	92
3.5		Was macht intuitives Erleben und Handeln aus?	98
	3.5.1	Auf der Jagd nach den guten Gedanken	98
	3.5.2	In fünf Schritten zum intuitiven Handeln	101
	3.5.3	Submodalitäten: Die Sprache des Unbewussten	106
3.6		Übungen zur Intuition: In Resonanz mit dem Unbewussten gehen	112
3.7		Spuren hinterlassen: Selbst machen. Verwirklichen. Nachhalten.	116
Literatur			117

4   Meine Ich-Kraft stärken 119
  4.1   Meine Werte 120
      4.1.1   Werte im Westen 121
      4.1.2   Die indigene Perspektive: Seven Stone Teachings 125
      4.1.3   Überblick über die Übungen 128
  4.2   Meine Identität 135
      4.2.1   Namen sind identitätsstiftend 137
      4.2.2   Die indigene Perspektive: Spiritueller Name 138
      4.2.3   Identität – das Herz des Selbstbildes 139
      4.2.4   Wer bin ich ... wann, wo, für wen? 140
      4.2.5   Liquide, fluide, flüssige, facettenreiche Identitäten 144
      4.2.6   Wechselhafte Identitäten im Unternehmen 146
      4.2.7   Narrative Identität: Wie erzähle ich mir mein Leben? 151
  4.3   Meine Zugehörigkeit 155
      4.3.1   Ausschluss als Urangst des Menschen 157
      4.3.2   Mobbing – Ausschluss aus der Leistungsgemeinschaft 157
      4.3.3   Manchmal ist Dazugehören alles 158
      4.3.4   Zugehörigkeit im Unternehmen: Check mit der Kulturzwiebel .. 160
      4.3.5   Wie finde ich Anschluss? 162
  4.4   Meine Wandlungsfähigkeit 165
      4.4.1   Musterunterbrechung: Andersrum ist auch mal gut 166
      4.4.2   Der Heyoka im Unternehmen 169
      4.4.3   Humor als Krisen-Kompetenz 169
  4.5   Mein Erleben steuern 171
  4.6   Spuren hinterlassen: Selbst machen. Verwirklichen. Nachhalten. 184
  Literatur 186

5   Hohe Kriegerschule 187
  5.1   Indigene Perspektive: Der Sonnentanz 188
      5.1.1   Organisation und Ablauf des Sonnentanzes 188
  5.2   What you give you get. Eigenverantwortung im indigenen Verständnis .. 192
      5.2.1   Verantwortung für das eigene Handeln übernehmen 193
      5.2.2   Verantwortung für das eigene Erleben übernehmen 194
      5.2.3   Sich opfern vs. Opfer sein 195
      5.2.4   Kleine Helden-Typologie 196
  5.3   Der Held, der für seine Werte einsteht oder Zivilcourage zeigt 196
      5.3.1   Menschen streben nach Kongruenz 197
      5.3.2   Entscheiden braucht Mut 199
      5.3.3   Kreidekreis statt Teufelskreis – wenn Entscheiden
          das Wichtigste ist 201
  5.4   Der Held, der Tag für Tag Selbstdisziplin zeigt 203
      5.4.1   Für Profis ist Selbstdisziplin eine mentale Strategie 204

          5.4.2   Die Macht des Rahmens: Haltung braucht Halt   205
          5.4.3   Rituale zur Stärkung der Selbstdisziplin   207
          5.4.4   Mehr vom Guten machen: Tipps zum Durchhalten   211
    5.5   Der Held, der klaglos Phasen des Leidens erduldet
          und Opferbereitschaft zeigt   214
          5.5.1   Opferbereitschaft nährt sich aus dem Streben
                  nach einem höheren Sinn   214
          5.5.2   Der Sinn des Sonnentanzes: Opfergabe und Dankbarkeit   215
          5.5.3   Opferbereitschaft im Business   216
    5.6   Der Held, der sich seinen Ängsten stellt und damit wahre Größe zeigt. . .   218
          5.6.1   Sich seinen Schatten stellen   218
          5.6.2   Transformation durch Verbindung – nicht durch Abgrenzung   219
          5.6.3   Übungen   221
    5.7   Spuren hinterlassen: Selbst machen. Verwirklichen. Nachhalten.   228
    Literatur   229

6   Kognitiver Pfad   231
    6.1   Geistige Gelenkigkeit   232
          6.1.1   Die Differenzierungsfähigkeit verbessern   232
    6.2   Wechsle die Perspektive   233
          6.2.1   Mit dem Gesäß sieht man besser   235
          6.2.2   Die Wahrnehmungsperspektiven   236
          6.2.3   Tetralemma: indische Logik plus Intuition   243
    6.3   Nimm das System wahr   246
          6.3.1   Funktion im System   247
          6.3.2   Zirkuläre Fragen zur Erkundung des Systems   248
          6.3.3   Die Metaperspektive als Systemperspektive   250
    6.4   Beachte den Zeithorizont   251
          6.4.1   Exkurs: Zeitverständnis als Kulturgut   252
    6.5   Spuren hinterlassen: Selbst machen. Verwirklichen. Nachhalten.   256
          6.5.1   Auflösung: Wie man mit den Sphinxen spricht   258
    Literatur   258

7   Sozialer Pfad   261
    7.1   Pflege deine Beziehungen   262
          7.1.1   Verbundenheit und Resonanz   262
          7.1.2   Die indigene Perspektive: Umarme mit deinem Ego die Welt . . .   266
          7.1.3   Wertschätzung und Menschenbild   267
          7.1.4   Klar und herzhaft kommunizieren   269
          7.1.5   Wertungen und Wissen sind subjektiv   273
    7.2   Pflege dein Netzwerk   274
          7.2.1   Sich einen Namen machen   275
          7.2.2   Den Austausch anregen   275

7.3 Mehre deinen Erlebensreichtum 276
    7.3.1 Fährtensuche im Reich der Künste 277
7.4 Spuren hinterlassen: Selbst machen. Verwirklichen. Nachhalten. 278
Literatur 279

8 Seelischer Pfad 281
8.1 Erkunde Seele und Sinn 282
    8.1.1 Warum sollte ich mich als Führungskraft mit
        dem Seelischen Pfad beschäftigen? 282
    8.1.2 Seele und Psyche 283
    8.1.3 Die indigene Perspektive: The Great Spirit 283
    8.1.4 Ursache und Sinn 284
8.2 Erkunde deine Endlichkeit 287
    8.2.1 Was bleibt? 288
8.3 Erkunde Demut und Dankbarkeit 292
    8.3.1 Orte der Stille 292
    8.3.2 Demut als Vertrauen in eine Kraft, die größer ist als man selbst .. 293
    8.3.3 Dankbarkeit als Dienst an sich selbst 294
8.4 Spuren hinterlassen: Selbst machen. Verwirklichen. Nachhalten. 297
Literatur 298

9 Körperlicher Pfad 299
9.1 Spüre dich! – Körpergefühl statt Talking Head 300
    9.1.1 Körper und Geist 300
    9.1.2 Musik und Tanz verbinden Geist und Körper 302
    9.1.3 Die intuitive Expertise der Körperintelligenz 303
    9.1.4 Den Körper kommunizieren lassen 304
9.2 Finde deine Natur! 306
    9.2.1 Sinnenreiche Naturerfahrung 307
    9.2.2 Selbstcoaching im Grünen 309
9.3 Sorge für dich! 311
    9.3.1 Exkurs auf die Piste: Was man vom Snowboarden
        über Führung lernen kann 312
9.4 Raus aus der Sesselhaft! 313
    9.4.1 Als Business-Nomade fit bleiben 315
    9.4.2 Lauf, Forrest, lauf! 316
9.5 Iss bewusst! 317
    9.5.1 Die indigene Perspektive: Achtsam statt massenhaft 318
    9.5.2 Danke für das Essen! 318
    9.5.3 Einfallsreich statt einfaltsreich 319
9.6 Schlaf gut! 322
    9.6.1 In einer wohligen Wolke versinken 322

9.6.2   Nur ganz kurz: Powernapping   326
9.7   Spuren hinterlassen: Selbst machen. Verwirklichen. Nachhalten.   326
Literatur   328

Teil III   Das Wesen der Kommunikation im Unternehmen

10 Das Wesen der Kommunikation nähren   331
10.1 Schenke Resonanz   332
10.1.1 Resonanz statt Halluzination   332
10.1.2 Feedback als Form der Resonanz   336
10.1.3 Feedback geben   345
10.1.4 Feedback nehmen   352
10.2 Halte den Rahmen   354
10.2.1 Rapport als Lebenselixier für das Wesen der Kommunikation . . .   354
10.2.2 Pacing als Rapport-Kompetenz   358
10.2.3 Leading als Kompetenz zur Steuerung von
Kommunikationssituationen   360
10.2.4 Den Kontext gestalten   363
10.3 Spuren hinterlassen: Selbst machen. Verwirklichen. Nachhalten.   367
Literatur   368

11 Wrap-up: So hinterlassen Sie Spuren   371
11.1 Rückschau, Umschau, Vorschau   371
11.1.1 Rückschau   372
11.1.2 Umschau   373
11.1.3 Vorschau   374

Glossar   379

Sachverzeichnis   385

Die Autoren

Daniel Goetz Dipl.-Kaufmann (Schwerpunkt Personalwirtschaftslehre und Wirtschafts-Psychologie). „Die uralten Erkenntnisse von Naturvölkern für die Moderne nutzbar zu machen, hat für mich einen großen Reiz". Die Bedeutung von Ritualen und Symbolen, die Kraft von Metaphern und die Übernahme von Selbstverantwortung für das eigene Handeln sind einige der Aspekte, die auch in der heutigen Welt – vielleicht sogar immer mehr – Relevanz besitzen.

Während des Studiums hat mich die Leidenschaft zum Theaterspielen gepackt. Das gemeinsame Ringen um die bestmögliche Interpretation unter den z. T. widrigen Umständen hat auf mich einen prägenden Eindruck hinterlassen. Und viele der Herausforderungen der Bühne finden sich auch im „realen Leben" wieder: Kooperation mit bisher Fremden/ Team-Bildung, Zeit- und Erfolgsdruck, Überwindung von Ängsten – dies und mehr sind Parallelen, die mir auch bei der heutigen Arbeit als Coach begegnen.

Eike Reinhardt Dipl.-Kaufmann (FH, Schwerpunkt Personalwirtschaftslehre) und gelernter Werkzeugmacher; als Nahkampfausbilder trainierte er verschiedene internationale Spezialeinheiten der Polizei und des Militärs.

„Durch meine Erfahrungen während des Zusammenlebens mit indigenen Völkern in Australien und Kanada hatte ich die Möglichkeit, meine eigenen kulturell geprägten Werte und Ansichten zu hinterfragen. Meine eigenen Wurzeln reichen in den Schweizer Zweig des „Fahrenden Volkes" – der Volksgruppe der Sinti und Jenischen. Durch die intensive Auseinandersetzung mit den divergierenden Kulturen „fahrend" vs. „sesshaft" war es mir möglich, unterschiedliche Wertesysteme aus ihren individuellen Blickwinkeln zu betrachten und so besser zu verstehen.

Das Aufeinandertreffen kultureller Eigenarten begreife ich als große Chance – sowohl für die persönliche als auch für die gesellschaftliche Entwicklung. In der täglichen Interaktion besteht die Möglichkeit, voneinander zu lernen. Dazu gehört, sich auf die Sichtweise des Anderen einzulassen, ohne dabei die eigenen Werte aufgeben zu müssen. Menschen auf diesem Weg ein Stück zu begleiten, ist für mich tägliche Motivation."

Teilen Sie Ihre Erfahrung mit uns?

Wenn Ihnen das Buch gefällt und Sie darin nützliche Anregungen finden, lassen Sie andere Menschen davon wissen! Wir freuen uns über Ihre Empfehlung bei Amazon, in sozialen Netzwerken (Facebook, Twitter & Co.) oder in Ihrem Bekanntenkreis. Teilen Sie Ihre Erfahrung und Einschätzung: Welche Übung ist für Sie besonders wertvoll? An welchen Stellen im Buch hatten Sie beim Lesen vielleicht kleinere Aha-Momente? Welche Tipps können Sie gut in Ihren beruflichen Kontext übertragen?

Auf der Webseite zum Buch (www.auf-dem-pfad.com) finden Sie eine große Zahl ergänzender Übungen und Tipps, die wir fortlaufend erweitern werden. Wenn Sie uns live erleben wollen, finden Sie dort auch Termine zu Präsenztrainings, Workshops und Vorträgen.

Unser Unternehmensname agateno aus der Sprache der nordamerikanischen Cherokee bedeutet, frei übersetzt, Scout oder Fährtensucher. Wenn agateno Organisationen und Menschen in ihrer Entwicklung unterstützt, verstehen wir unsere Rolle genau so: Wir finden und weisen einen neuen Weg für Teams und Einzelne. In unserer Arbeit als Trainer, Coaches und Organisationsberater sehen wir uns als Wanderer zwischen den Welten – wir verbinden Gegensätze – wir verbinden das, was zusammengehören könnte. Und so wie wir aus zwei Welten berichten, so haben wir auch dieses Buch aufgebaut: Einerseits Anekdoten und Einsichten aus unseren Erfahrungen mit indigenen Völkern – andererseits praktische Tipps und Hinweise aus unserer Trainingspraxis, angereichert mit wissenschaftlichen Erkenntnissen auf dem Gebiet der Führung und Kommunikation.

Wir haben uns dabei die Freiheit genommen, ein weites Feld interdisziplinären Wissens zu betreten, in dem indigene Weisheiten ebenso ihren Platz haben wie neurowissenschaftliche Erkenntnisse; buddhistische Einsichten ebenso wie moderne Coaching-Ansätze; indische Logik ebenso wie traditionelle Tugenden der westlichen Welt. Unsere Perspektive war und ist dabei am ehesten die eines Kulturforschers bzw. Ethnologen: teilweise im Rahmen einer teilnehmenden Beobachtung/ Feldforschung; teilweise auf akademischer Ebene. Wir wollen dabei sowohl die kognitiven Bedürfnisse „des Kopfes" wie auch die somatischen Bedürfnisse „des Bauches" nähren. Klare Gedanken verbunden mit den unbestimmten Empfindungen eines „Bauchgefühls" oder Gedankenreisen mit metaphorischer Fülle.

Selbstführung in flüchtigen Zeiten – warum sie wichtiger ist denn je

▸ Die Welten von Großraumbüro und Schwitzhütte verbinden, eine Brücke schlagen zwischen CEOs und Häuptlingen, zwischen den Weiten des Business und denen der Prärie – das geht! Und zwar ganz ohne Plattitüden und einfältige Sozialromantik. Von den indigenen Gesellschaften können wir Wertvolles für unsere Unternehmenswelt lernen. Folgen Sie uns gedanklich in die Welt der traditionellen Gesellschaften. Auf dem Pfad des Business-Häuptlings werden Sie sich immer wieder sehr dicht an Ihrem beruflichen Kontext befinden – lassen Sie sich überraschen, zu welcher Führungskraft Sie sich entlang dieses Weges entwickeln werden!

Machen Sie doch einmal einen kleinen Test: Welche dieser Aussagen treffen auf Ihr Arbeitsumfeld zu?

Checkliste Arbeitsumfeld
☐ Meine Arbeit ist zunehmend komplexer geworden.
☐ Ich muss mich häufig mit anderen Menschen abstimmen.
☐ Der Termindruck ist hoch.
☐ Ich kann kaum eine tragfähige Vorhersage über das nächste halbe Jahr hinaus machen.
☐ Ich weiß die Flut an Informationen kaum sicher zu deuten.
☐ Manchmal fühlt es sich an, als sei ich im Blindflug unterwegs.
☐ Wissen veraltet immer schneller – was gestern noch galt, ist heute schon überholt.
☐ Langfristige Pläne sind für meinen Arbeitskontext kaum noch relevant und existieren höchstens auf dem Papier.
☐ Ich muss kurzfristig handeln, um mich den schwankenden Marktbedingungen anzupassen.
☐ Meine Mitarbeiter verlangen von mir Klarheit – dabei kenne ich selbst häufig den Weg nicht und auch die Geschäftsleitung lässt mich in dieser Hinsicht alleine.

© Springer Fachmedien Wiesbaden 2016
D. Goetz, E. Reinhardt, *Selbstführung: Auf dem Pfad des Business-Häuptlings,*
DOI 10.1007/978-3-658-08912-2_1

Kommen Ihnen diese Sätze bekannt vor? Haben Sie innerlich bei einigen oder sogar der Mehrzahl der Aussagen „Ja!" gesagt? – Dann stehen Sie nicht alleine da. Viele Führungskräfte beschreiben die Arbeitswelt als zunehmend unvorhersehbar. Es ist eine Welt, die sich gefühlt immer schneller dreht; globalisierte Märkte und Finanzströme, die völlig undurchschaubar sind; Produkt- und Trend-Zyklen, die kaum noch Zeit zum Atemholen lassen; Hyperkonsum; immer erreichbar sein, immer online, überall. Diese „verrückte Welt" hat einen Namen: VUCA.

1.1   Die Business-Welt wird VUCA: volatil, unsicher, komplex, ambigue

Der Begriff VUCA kommt ursprünglich aus dem amerikanischen Militärwesen und beschreibt dort die Bedingungen des modernen Krieges (asymmetrische Kriegsführung, Selbstmordattentäter, Dschungel- oder Straßenkampf), die so ganz anders sind als die klaren Fronten vergangener Schlachten, in denen zwei große Heere aufeinander trafen.

Das Akronym VUCA setzt sich aus den vier Begriffen Volatilität, Unsicherheit, Komplexität und Ambiguität zusammen.

- Volatilität (Volatility) beschreibt die Schwankungsintensität innerhalb eines zeitlichen Verlaufs. Leicht verständlich wird dies am Beispiel von Aktienkursen: Innerhalb eines kurzen Zeitraums stark schwankende Aktienkurse zeigen sich als scharfe Zacken im Verlaufs-Chart. Je höher die Volatilität, desto stärker und „zackiger" die Ausschläge.
- Unsicherheit (Uncertainty) beschreibt in diesem Modell die Unvorhersagbarkeit von Ereignissen. Je mehr „Überraschungen" der Kontext bereithält, desto unsicherer ist dieser.
- Komplexität (Complexity) wird durch die Anzahl vorhandener Einflussfaktoren und ihrer gegenseitigen Abhängigkeit voneinander beeinflusst. Je mehr Abhängigkeiten ein System enthält, desto komplexer ist es. Der Begriff „komplex" ist dabei vom Begriff „kompliziert" zu differenzieren – auch wenn beide oft fälschlicherweise synonym benutzt werden. Ein kompliziertes System kann man vereinfachen, ohne die interne Struktur des Systems zu zerstören – so wie man einen unübersichtlichen mathematischen Bruch kürzt. Ein komplexes System hingegen wird zerstört (bzw. anders ausgedrückt: es wird daraus etwas Neues erschaffen), wenn man versucht, dieses zu vereinfachen – z. B. durch Zerlegen.
- Ambiguität (Ambiguity) beschreibt die Mehrdeutigkeit einer Situation oder Information. Selbst wenn viele Informationen vorhanden sind, kann die Bewertung derselben immer noch mehrdeutig sein. „Und was heißt das jetzt?", ist dann eine typische Frage, selbst wenn alle Fakten auf dem Tisch liegen. Kommunikationssituationen beinhalten häufig ein hohes Maß an Ambiguität. Dies ist den Beteiligten oft nicht einmal bewusst.

1.2   Nutzen Sie das Potenzial Ihrer Intuition

VUCA ist also zu einer wichtigen Rahmenbedingung für Führung und Organisationsentwicklung geworden. Führungskräfte und Unternehmer müssen sich den Auswirkungen dieser Bedingung täglich stellen und innerhalb dieses neuen Rahmens mehr oder weniger weitreichende Entscheidungen treffen. Doch wie können sie sich in einer VUCA-Welt entscheiden?

Rationales Entscheiden gilt immer noch als der Goldstandard der Entscheidungsfindung. Und es stimmt: Die Verdienste und Erfolge dieser Vorgehensweise sind unbestritten. Ein Hoch auf die Ratio also? Wohl kaum. Denn tatsächlich ist es so, dass Entscheidungen gar nicht rein rational gefällt werden. Erkenntnisse der Hirnforschung belegen vielmehr, dass die Ratio vielfach nur ein „Rechtfertigungs-Bereitsteller" der vorher „vom Bauch" gefällten Entscheidungen ist (Gigerenzer 2008). Die Gründe suchende Ratio ist in diesem Sinne nur der Diener einer intuitiv – und teilweise unbewusst – getroffenen Entscheidung.

▶   In Entscheidungssituationen findet sich die angemessenste Lösung immer dann, wenn sowohl Ratio als auch Intuition ihren Platz erhalten und ihnen gleichermaßen Stellenwert zugesprochen wird.

Intuition ist dabei ein facettenreicher Begriff, für den keine allgemeingültige Definition existiert. Wir verstehen Intuition in diesem Buch als implizites Wissen, das wir rational bzw. mit Worten nur unzureichend beschreiben können. Über Intuition (nur) zu sprechen, wirkt daher häufig konstruiert. Intuition ist für uns kein esoterisches Konzept, sondern eine sinnlich-körperliche Erfahrung, die für all diejenigen „erforschbar" ist, die interessiert und mutig genug sind, sich dem Neuen zu stellen. Doch sollte ein „Forscher" nicht dem rationalen Denken und der Logik verpflichtet sein? Die Realität sei zu komplex, um sie rational verstehen zu können; man müsse dem Weg der Intuition folgen, so der deutsche Physik-Nobelpreisträger Prof. Binnig (Bohnefeld und Gonschior 2010). Wir beschäftigen uns daher in diesem Buch intensiv mit dem intuitiven Erleben – und Sie erfahren, wie Sie es wahrnehmen, stärken und im Unternehmenskontext nutzen können.

1.3   Die indigene Perspektive: Das Wesen der Kommunikation

Intuition und Kommunikation gehören unweigerlich zusammen – denn Intuition spielt auch in der komplexen Kommunikation zwischen Menschen eine herausragende Rolle: Kommunikation findet auf vielen verschiedenen Ebenen statt und speist sich selbst zu einem guten Teil aus der Intuition.

Die *indigenen Völker* der Prärie verstehen das, was in Kommunikationssituationen zwischen Menschen erwächst, als lebendiges Wesen. Während unserer Feldforschung in den Reservaten durften wir einen Einblick in dieses indigene Verständnis von Kommunikation gewinnen. Das *Wesen der Kommunikation* verbindet uns bei jedem kommunikativen

Kontakt, es schafft eine wechselseitige und gemeinsame Beziehung. Deshalb ist das Wesen der Kommunikation ein zentraler Punkt in diesem Buch. Aus unserer eigenen, tiefen Überzeugung heraus, dass wir auch heutzutage noch von den indigenen Gesellschaften für unsere eigene Welt lernen können, übersetzen wir die im Reservat gewonnenen Erkenntnisse für den unternehmerischen Kontext.

1.4 Selbstführung ist der Anfang von allem

Unser Konzept, mit dem Sie einer VUCA gewordenen Business-Welt begegnen und Ihre Führungsrolle weise und souverän wahrnehmen können, lautet also: Nutzen Sie das Potenzial Ihrer *Intuition* und nähren Sie das Wesen der Kommunikation. Beides können Sie von indigenen Häuptlingen lernen.

Wer andere führen will – ganz egal wie klein oder groß das Team auch sein mag –, muss jedoch noch eine weitere Person führen: sich selbst. Gerade in Zeiten, in denen sich so viel ändert und nichts mehr vorhersagbar ist, brauchen Führungskräfte einen Pol, an dem sie sich ausrichten können. Diesen Pol finden sie niemals im Außen, sondern immer nur in sich selbst. Nur wenn sie selbst genau wissen, wer sie sind, welche Werte und welche Identität sie haben und wie sie in heiklen Situationen Entscheidungen treffen, die Bestand haben und anderen den Weg weisen – dann sind sie die weisen und souveränen Führungskräfte, die die Unternehmen und die dort arbeitenden Menschen brauchen.

Klare Führung beginnt also mit Selbstführung – und in diesem Selbstcoaching-Buch lernen Sie, wie Sie sich selbst gelassen führen und auf Ihre intuitiven Fähigkeiten vertrauen können.

1.5 Wie dieses Buch aufgebaut ist

Zu Beginn des Buches haben Sie in der Management Summary bereits einen ersten Überblick über die einzelnen Kapitel gewinnen können. Dieses Buch verbindet solide Selbstcoaching-Kompetenz mit den tiefen Weisheiten indigener Kulturen. Dazu schildern wir nicht nur einige Grundlagen des indigenen Weltbilds, sondern vor allem unsere eigenen Erfahrungen aus dem Reservat. Damit diese Anekdoten nicht nur Geschichten aus einer anderen Welt bleiben, finden Sie eine Vielzahl von praxiserprobten Anregungen, die Ihnen den Transfer in Ihren beruflichen Kontext erleichtern (dazu gleich mehr). Dreh- und Angelpunkt bildet dabei immer die praxisnahe Umsetzbarkeit der vorgestellten Gedanken durch Fach- und Führungskräften im Unternehmen. Zahlreiche Praxisbeispiele aus dem beruflichen Alltag illustrieren mögliche Anwendungsfelder.

Die Struktur eines großen Teils dieses Buches haben wir dabei an das Modell des *Medizinrads* angelehnt – es symbolisiert bei vielen indigenen Völkern Nordamerikas das zyklische Entwicklungsverständnis und die gegenseitige Abhängigkeit aller Aspekte und Phänomene des Lebens. Es dient auch dazu, die Stammesstruktur und das eigene Leben zu reflektieren. Mit den Kapiteln „Kognitiver Pfad", „Sozialer Pfad", „Seelischer Pfad" und „Körperlicher Pfad" beziehen wir uns auf die einzelnen Bereiche des Medizinrads (mehr dazu in Abschn. 2.4 Das Medizinrad).

Am Ende des Buches finden Sie ein Glossar mit häufig benutzten Fachbegriffen (diese sind innerhalb des Textes *kursiv* gesetzt). Dort finden Sie auch ein Stichwortverzeichnis zum leichteren Auffinden einzelner Begriffe.

Die Webseite zum Buch (www.auf-dem-pfad.com) bietet eine Vielzahl von ergänzenden Gedanken, Tipps und weiterführenden Links. Sie soll ein lebendiger Ort des Austausches sein und auch zukünftig weiter wachsen.

1.6 Wie Sie den größten Nutzen aus diesem Buch ziehen

Selbstverständlich können unsere gedruckten Worte allein keinen Unterschied in Ihrem Leben machen. Sie selbst können es aber schon! Wir unterstützen Sie dabei, indem wir Ihnen nicht nur konkrete Anregungen geben, wie Sie die Erkenntnisse in diesem Buch auf Ihre berufliche und persönliche Situation übertragen, sondern auch, indem wir Ihnen Fragen zur Reflexion mit auf den Weg geben, die Sie in Ihrem persönlichen Logbuch festhalten können.

1.6.1 Spuren hinterlassen: Selbst machen. Verwirklichen. Nachhalten.

Nachhaltigkeit ist das Zauberwort und der Prüfstein für jede Entwicklungsmaßnahme. In diesem Buch erhalten Sie zahlreiche Anregungen, wie Sie für sich eine nachhaltige Entwicklung gestalten können:

- **Ihr persönliches Logbuch**: Der zentrale Ort für all Ihre Aufzeichnungen: Ihre Gedanken, Erkenntnisse, Ziele und Aufgaben, zu denen Sie in den kommenden Kapiteln angeregt werden.
- **Reflexionsfragen**: Das Buch ist gespickt mit Fragen, mit denen Sie die vorgestellten Konzepte auf Ihre individuelle Lebenssituation übertragen können.
- **Übungen**: Über 30 ausführlich beschriebene Selbstcoaching-Übungen, mit denen Sie Schritt für Schritt – auch ohne Coach – Veränderungsprozesse anstoßen können. Jede Übung enthält eine Übersicht über positive Auswirkungen bzw. Anwendungsmöglichkeiten im Alltag.
- **Transfer-Anregungen**: Zahllose Tipps für die Übertragung der Inhalte des Buches auf den eigenen Business-Kontext ermöglichen Ihnen, die Nützlichkeit der Gedanken direkt zu erproben.
- **Wrap-up**: Am Ende jedes Kapitels finden Sie eine wiederkehrende und nachvollziehbare Struktur, die Reflexion über die Erkenntnisse des Kapitels noch zu vertiefen.

1.6.2 Ihr persönliches Logbuch

Am besten legen Sie sich ein Notizbuch zu, das Sie für mindestens die nächsten drei Monate regelmäßig führen. Vielleicht gönnen Sie sich etwas Hochwertiges, das Sie gerne in den Händen halten. Natürlich könnten Sie Ihre Notizen auch digital festhalten. Wir empfehlen jedoch ganz ausdrücklich die „altmodisch-nostalgische" Variante. Sie werden feststellen, dass es einen Unterschied macht, ob Sie Ihre Notizen in einem Büchlein durchblättern, bei dem Sie nicht nur das haptische Empfinden haben, sondern auch das Blättern hören können – oder ob Sie alles „nur" digital vor sich auf dem Bildschirm sehen. Das Wall Street Journal berichtet (Bounds 2010):

> Handschriftliches Schreiben fördert den Lern- und Gedankenprozess, wie Studien an der Indiana University zeigen. Bereits das handschriftliche Notieren und Skizzieren unterstützt den Veränderungsprozess, da durch die individuellen Bewegungen der Hände das Gehirn angeregt wird, den Prozess des Notierens als Erfahrung festzuhalten. Selbst Ihre Körperhaltung wird dynamischer und individueller sein, als wenn Sie alles per Tastatur eingeben. Und Sie können mit Ihrem Notizbuch auch hinaus in den Natur gehen und sich unabhängig von Lade- und Stromkabeln einen inspirierenden Lese- und Schreibplatz suchen.

Die Experten sind sich einig: Schreiben hilft nicht nur bei der Verarbeitung von Lebenskrisen (wie z. B. nach dem Verlust des Arbeitsplatzes), wie Studien zeigen (Spera et al. 1994). Noch effektiver ist es, über Lebensziele zu schreiben (King 2001). Schreiben Sie darüber, wie die beste Version Ihrer selbst aussehen könnte! Auch Zeitmanagement-Papst Lothar Seiwert (Seiwert und Tracy 2001) empfiehlt, ein Erfolgsjournal zu führen. Wer sich für die weiteren Vorteile des Aufschreibens interessiert, findet auf der Webseite zu diesem Buch (www.auf-dem-pfad.com) eine Fülle weiterer guter Argumente.

Am besten legen Sie sich für jedes Kapitel oder Sub-Kapitel eine oder mehrere Seiten an. Notieren Sie jeweils das Kapitel bzw. Sub-Kapitel oben auf der Seite. Tun Sie dies mit Sorgfalt. Dieses Buch ist Ihr persönliches Logbuch der Veränderungen. Neben den abschließenden Reflexionen am Ende jedes (Unter-)Kapitels hält dieses Buch zahlreiche Übungen bereit, bei denen Sie Ihre Gedanken festhalten können. Das ist äußerst nützlich, um diese sortieren zu können oder zu einem späteren Zeitpunkt darauf zurückzukommen.

Zusätzlich kennzeichnet der kleine Pfeil ➲ Fragen zur Selbstreflexion, die Ihnen helfen, Ihre Gedanken weiterzuführen und in die Tat umzusetzen.

Folgen Sie Ihren Impulsen und scribbeln Sie drauf los, wenn Ihnen danach ist. Häufig kann eine kleine Skizze das innere Erleben leichter, schneller und treffender festhalten, als dies Worte könnten. Menschen denken in erster Linie in Bildern. Manche Bilder sind sehr spezifisch, andere eher schemenhaft und nur vage Eindrücke. Sie werden feststellen, dass wir selbst zahlreiche kleine, handgezeichnete Abbildungen im Buch verwenden. Sie sind eingeladen, diese gerne in Ihr Logbuch zu übertragen. Ein weiterer Vorteil: Je leichter Ihnen die Zeichnungen von der Hand gehen, umso nützlicher sind diese, wenn Sie Ihren Mitarbeitern oder anderen Menschen mit Hilfe der Zeichnung eine kleine Einsicht vermitteln wollen.

1.6.3   Haben Sie noch Wünsche?

Sie haben beim Lesen der bisherigen Seiten bereits einen ersten Eindruck darüber gewonnen, was Sie in diesem Buch erwartet. Welche Aspekte haben Sie bislang am stärksten angesprochen? An welchen Stellen sind Sie gedanklich mitgegangen oder haben bereits Verknüpfungen zu Ihrem eigenen beruflichen oder auch privaten Kontext gefunden?

Selbstführung ist das Thema des Buches: Was hat Sie bewogen, sich mit dem Thema Selbstführung zu befassen? Vermutlich gibt es dazu einen Anlass. Wenn Sie einen Wunsch frei hätten zum Thema Selbstführung: Welcher wäre das? Gibt es etwas, dass Sie besser können möchten, wenn Sie das Buch gelesen haben? Oder leichter? Oder stressfreier? Möchten Sie ungeliebte Eigenarten ablegen? Oder mehr Souveränität in schwierigen Situationen bewahren?

Die Frage nach dem Veränderungswunsch ist sehr wichtig, damit Sie einen möglichst großen Nutzen aus diesem Buch ziehen können. Wenn Sie in ein Taxi steigen, wird der Taxifahrer Sie auch mindestens immer nach der Richtung fragen, in die er Sie fahren soll – selbst wenn Sie über das genaue Ziel noch keine klare Vorstellung haben. Kurzum: In welche Richtung wollen Sie sich durch das Lesen dieses Buches bewegen?

Vielleicht fragen Sie sich:

- ⮩ Wie kann ich auf mein intuitives Potenzial zugreifen und es auch im beruflichen Kontext einsetzen?
- ⮩ Was kann ich tun, um in einem Gespräch die Atmosphäre positiv zu beeinflussen?
- ⮩ Wie kann ich mit dem beruflichen Stress besser fertig werden?
- ⮩ Wie kann ich weise und gereifter führen?
- ⮩ Was kann ich selbst für mich tun, um mir das Leben leichter zu gestalten?
- ⮩ Wie kann ich mich zu einer „besseren Version" meiner selbst entwickeln?

Logbuch

Nutzen Sie die Gelegenheit, um die ersten Eintragungen in Ihrem persönlichen Logbuch zu machen. Diese Notizen sind nur für Sie persönlich bestimmt – lassen Sie Ihren Gedanken also freien Lauf und schreiben Sie auch auf, was Sie sich vielleicht insgeheim von dem Buch versprechen.

- ⮩ Welchen (geheimen) Wunsch möchte ich mir beim Thema Selbstführung erfüllen?
- ⮩ Welche persönliche Entwicklung erhoffe ich mir diesbezüglich?

Am Ende jedes Kapitels sowie am Ende des Buches werden wir diese Frage jeweils noch einmal aufgreifen. Freuen Sie sich auf das möglicherweise überraschende Ergebnis dieses Prozesses!

1.6.4   Übung macht den Meister

„Alles ist schwierig, bevor es leicht wird", sagte der persische Dichter und Mystiker Moslik Saadi (13. Jhd.). Der Volksmund kennt das Sprichwort: Es ist noch kein Meister vom Himmel gefallen. Das heißt: Wenn Sie den größtmöglichen Nutzen aus diesem Buch ziehen wollen – üben Sie! Machen Sie! Und bleiben Sie dran! Natürlich nur dann, wenn Ihnen Ihre Entwicklung wichtig genug ist und die vorgestellten Pfade in die für Sie richtige Richtung führen. Doch das können Sie erst dann entscheiden, wenn Sie es selbst ausgiebig erprobt haben. Eine in diesem Zusammenhang häufig zitierte und von der Hirnforschung belegte Norm ist die 21-Tage-Regel. Für mindestens 21 Tage hintereinander sollten Sie eine neue Verhaltensweise einüben, damit diese zur Gewohnheit werden und ihre positiven Wirkungen entfalten kann. Geben Sie also Ihren hier gewonnen neuen Erkenntnissen und Verhaltensweisen zumindest diese Chance, Ihre persönliche und berufliche Entwicklung auf einen neuen Weg zu schicken – den Pfad des Business-Häuptlings.

Literatur

Bohnefeld U, Gonschior T (2010) Auf den Spuren der Intuition. DVD Tao Cinemathek (Alive), Bielefeld

Bounds G (2010) How handwriting trains the brain – forming letters is key to learning, memory, ideas. Wall Str J (Updated Oct. 5, 2010). http://www.wsj.com/articles/SB10001424052748704631504575531932754922518. Zugegriffen: 22. Juli 2015

Gigerenzer G (2008) Bauchentscheidungen – Die Intelligenz des Unbewussten und die Macht der Intuition. Goldmann, München

King LA (2001) The health benefits of writing about life goals. Pers Soc Psychol Bull 27(7):798–807. doi:10.1177/0146167201277003

Seiwert L, Tracy B (2001) Life-Leadership: So bekommen Sie Ihr Leben in Balance. Gabal, Offenbach

Spera SP, Buhrfeind ED, Pennebaker JW (1994) Expressive writing and coping with job loss. Acad Manage J 37(2):722–733. doi:10.2307/256708

Teil I
Der Pfad vom Manager zum Business-Häuptling

Gedankliche Wurzeln und das indigene Weltbild

2

▶ Wenn Sie sich auf den Pfad des Business-Häuptlings begeben, brauchen Sie die passenden Schuhe – und die erhalten Sie in diesem Kapitel. Sie lernen nicht nur die Grundzüge des indigenen Gedankenguts kennen, sondern weitere Konzepte aus Ethnologie, Kulturwissenschaften und Psychologie: die notwendige Basis für die Inhalte dieses Buches. Aber keine Sorge, wir werden Sie nicht mit theoretischen und abstrakten Erkenntnissen langweilen – Sie erhalten viele Anstöße und konkrete Anleitungen, um diese Erkenntnisse in Ihrem Business-Alltag zu nutzen.

Wenn Sie dieses Kapitel gelesen haben, ...
- ... verstehen Sie die indigene Vorstellung eines verbindenden Wesens der Kommunikation.
- ... haben Sie einen ersten Eindruck von einer „flüssigeren" Sprache gewonnen.
- ... haben Sie das zyklische Zeitverständnis indigener Kulturen nicht nur verstanden, sondern auch erfahren.
- ... kennen Sie die grundlegenden Konzepte der in diesem Buch dargestellten indigenen Sicht auf die Welt.
- ... schauen Sie mit den Augen eines Ethnologen auf Kulturen – auch auf die Kultur Ihres Unternehmens.

Ein Baum ohne Wurzeln stirbt ab oder fällt um, wenn seine Wurzeln die Kraft verlieren, egal wie schön seine Krone noch blüht. Daher möchten wir Sie auf einige gedankliche Wurzeln hinweisen, aus denen die folgenden Kapitel ihre Kraft beziehen. Neben der *indigenen* Weltsicht sind es vor allem die Erkenntnisse von Ethnologen und Systemtheoretikern, die aus unserer Sicht nützliche Einsichten für Führungskräfte gewähren.

© Springer Fachmedien Wiesbaden 2016
D. Goetz, E. Reinhardt, *Selbstführung: Auf dem Pfad des Business-Häuptlings,*
DOI 10.1007/978-3-658-08912-2_2

2.1 Das indigene Weltbild

Die indigene Sicht auf die Welt ist in zahlreichen Aspekten grundsätzlich anders als die europäisch geprägte Mehrheitskultur. Daher ist es nützlich, einige dieser Aspekte näher zu betrachten – als Ausgangspunkte für den eigenen Entwicklungspfad.

2.1.1 Was sind indigene Völker?

Als indigen (lateinisch: eingeboren) werden Völker dann bezeichnet, wenn sie sich ihre traditionelle Kultur bewahrt haben – obwohl sie vielleicht von einer dominanten Kultur kolonialisiert oder erobert wurden. Der häufig verwendete Begriff Naturvolk trifft nicht ganz zu, da er eine Nähe zur romantisch verklärten Vorstellung des „edlen Wilden" herstellt. Er suggeriert, dass diese Gesellschaften – im Gegensatz zu den zivilisierten Kulturvölkern – keine Kultur besäßen. Dieser Gedanke ist jedoch *eurozentrisch* und letztlich rassistisch – denn er wertet jene Gesellschaften ab. „Moment mal, steht nicht im Untertitel dieses Buches das Wort Naturvölker?" könnten Sie jetzt fragen. Richtig –, dafür haben wir uns entschieden, um gerade auf dem Cover einen eher plakativen Begriff einzusetzen. Im Buchtext bleiben wir jedoch bei der wissenschaftlich korrekten Bezeichnung indigen.

Die Weltsicht indigener Kulturen weist je nach Volk und Region große Unterschiede auf. Wir wollen uns hier auf die wesentlichen Gemeinsamkeiten beschränken, die wir im Zusammenleben mit australischen *Aborigines* und *First Nations* (Kanada) selbst erlebt und erfahren haben.

2.1.2 To all my relations – die systemische Denkweise indigener Völker

Das Weltbild indigener Völker ist stark *systemisch* geprägt. Zum System gehören in der indigenen Vorstellung nicht nur die unmittelbaren Verwandten, sondern auch die längst verstorbenen Ahnen und Vorväter des Stammes (Mason Boring 2009). Auch Elemente der als beseelt betrachteten Natur gehören zum System eines Menschen und stehen ihm jederzeit als Ressourcen zur Verfügung. Die Aussage „To all my relations" wird häufig am Ende einer Rede verwendet (Mc Adam und Myo 2009). Sie drückt aus, dass alles Lebendige, zu denen die First Nations auch die „Spirits" oder Seelen der Ahnen zählen, immerwährend miteinander verbunden ist.

Grundsätzlich basiert das indigene Weltbild auf zwei wesentlichen Grundannahmen (Hirschberg und Müller 2005): Animismus und Totemismus.

- **Animismus** bedeutet, dass so gut wie alles beseelt und damit lebendig ist, also selbst Gegenstände. So sind beispielsweise Steine in der Tradition indigener nordamerikanischer Völker wichtige Lehrmeister und symbolisieren als „Grandfather Rocks" die Vorväter der Menschen.

- **Totemismus** bedeutet, dass alles miteinander verbunden ist. Dadurch steht auch der Mensch in einer mythisch-verwandtschaftlichen Beziehung zu Tieren, Pflanzen, aber auch verschiedenen Naturphänomenen wie Bergen, Wind etc. Diese haben dann für Einzelne oder ganze Gruppen eine wichtige symbolische Bedeutung.

► In der indigenen Denkweise wird alles als lebendig angesehen, auch Kommunikation. Kommunikation wird als ein lebendiges Wesen betrachtet, das man auf gute Weise nähren kann.

2.1.3 Manitu – oder das schaffende Prinzip

Die Menschen in Europa glauben spätestens seit Karl May: Der Gott der Indianer heißt Manitu. Tatsächlich jedoch kennen die meisten indigenen Kulturen Nordamerikas keinen einzelnen Hochgott im Sinne der monotheistischen Religionen (Judentum, Christentum oder Islam). Vielmehr kennen sie eine Reihe von unterschiedlichen Konzepten und Begriffen für das, was in der christlichen Tradition als „Schöpfer" bezeichnet wird. Manitu, Kisemanitou oder Wakan Tanka bezeichnen in der Vorstellung dieser Gesellschaften den „Creator" oder „Great Spirit" als das schaffende Prinzip allen Seins (Schweer 1995). Diese den Kosmos durchdringende Gesamtheit aller Kräfte wirkt in allen Wesen, Dingen, Handlungen, Erscheinungen und Phänomenen. Damit ist jedoch kein personifizierter, der Welt gegenüber stehender Hochgott gemeint.

In westlichen Kulturen neigt man oft dazu, abstrakte Konzepte wie Gegenstände zu denken. Der Spaziergang, die Freiheit, der Wind – oder eben auch Gott. All diese Begriffe bezeichnen Konzepte, die man nicht anfassen kann, die aber häufig gegenständlich oder personifiziert gedacht werden. Diese Tendenz ist in vielen indigenen Sprachen wesentlich geringer. Christliche Missionare und *eurozentrische* Völkerkundler setzten die indigenen Begriffe mit der Vorstellung eines außerhalb der Natur existierenden Wesens gleich und verbreiteten so eine irrige Vorstellung, die mit der ursprünglichen nicht übereinstimmt.

Auch der Begriff des „Spirits" klingt in der deutschen Übersetzung als Geist bisweilen dubios. Statt sich ein halbtransparentes Wesen vorzustellen, sollte man eher an etwas „Geistreiches" denken, um das Konzept von Spirit zu verstehen. Ein Spirit beschreibt eine bestimmte Qualität oder Eigenschaft einer Situation. Humor beispielsweise ist an sich unsichtbar, die Auswirkungen von Humor können aber deutlich verspürt werden. In diesem Sinne ist Humor ein äußerst kraftvoller Spirit. Auch der Begriff Teamgeist weist auf dieses Verständnis hin.

2.1.4 Die Schwitzhütte – (k)eine Indianersauna

Die Schwitzhütte („Sweat Lodge") ist ein zentraler Kulturbestandteil vieler *First Nations* und *Native Americans* auf dem nordamerikanischen Kontinent. Wer das erste Mal vom Ablauf einer Schwitzhütte hört, gewinnt leicht den Eindruck, es sei lediglich eine andere Form der Sauna: Mit heißen Steinen und Aufgüssen sitzt man bei völliger Dunkelheit in einem kleinen Zelt. Für die First Nations ist die Teilnahme an einer Schwitzhüttenzeremonie jedoch ein heiliger Akt. Die dunkle, warme Höhle symbolisiert den Mutterleib, aus dem man anschließend wie neu geboren hervortritt. Die Schwitzhütte wird traditionell von den indigenen Völkern der Prärie genutzt, hat aber auch eine Entsprechung bei germanischen und keltischen Völkern der vorrömischen Zeit.

Die Schwitzhütte ist ein kugeliges Gebilde aus Zweigen, das mit Decken oder Fellen völlig abgedunkelt wird. In der Mitte der Schwitzhütte ist ein Platz für die Aufnahme von heißen Steinen, die zu Beginn einer Runde hineingetragen werden. Es gibt vier Runden, die jeweils ca. 15–30 min lang sind und von ca. fünf- bis zehnminütigen Pausen unterbrochen werden. Jeder kann jederzeit die Schwitzhütte verlassen. Die Wärme, Dunkelheit und Enge der Schwitzhütte können eine persönliche Herausforderung darstellen. Es geht dabei aber nicht um einen Wettkampf oder Vergleich mit den anderen. Der Prozess bleibt auch für denjenigen wertvoll, der die Schwitzhütte früher verlässt oder nur an einigen der vier Runden teilnimmt. Im Unterschied zur klassischen (nordeuropäischen) Sauna tragen Männer Shorts und Frauen zusätzlich ein T-Shirt. Wer der Tradition folgen will, kann sich als Frau Stoff oder ein weiteres Handtuch (wie einen Rock) um die Beine wickeln.

Ein wichtiger Aspekt bei der Zeremonie ist die große Hitze, der man in der Schwitzhütte ausgesetzt ist. Die Strapaze der Hitze wird bewusst gesucht; die persönliche Entbehrung bekommt in der Schwitzhütte einen höheren Sinn. Das bewusste und gewollte Leiden des Einzelnen ermöglicht die spirituelle Erfahrung.

Die Schwitzhütte ermuntert damit zur Eigenverantwortung: Wer in der Schwitzhütte nur eine Sauna sieht, wird auch nur einen Saunagang erleben. Wer aber die bewusste spirituelle Erfahrung sucht, wird diese auch finden. Uns selbst sind in der Schwitzhütte

Personen begegnet, die mit ihrem verstorbenen Kind oder den Großeltern Kontakt aufnehmen wollten. Und genau das haben diese Personen dann auch authentisch erlebt, wie die folgende Schilderung zeigt.

Erfahrungen aus dem Reservat

Der ca. 25-jährige Sohn eines *Elders* (einem Kulturkundigen des Stammes), mit dem wir engen Kontakt hatten, sprach während einer Schwitzhüttenzeremonie über sein verstorbenes Kind, das er im Kleinkindalter verloren hatte. Der Verlust war erst wenige Monate her und verständlicherweise war er immer noch sehr berührt und voller Trauer. Mit Tränen in den Augen sprach er über die Liebe zu seinem verlorenen Kind, während die Gruppe der Anwesenden ihm mit Respekt zuhörte. In die Wärme und Dunkelheit des kleinen Runds hinein sagt er Worte, die uns bis heute sehr lebendig sind und das *indigene* Verständnis von *systemischer* Verbundenheit ausdrücken: „I loved my baby so much. And it is so hard and painful for me to have lost her. It is just so hard to accept, that someone else needed her soul even more than I did. But no soul is ever lost." („Ich habe mein Baby so sehr geliebt. Und es ist so hart und schmerzhaft für mich, sie verloren zu haben. Es ist so hart zu akzeptieren, dass jemand anders ihre Seele noch dringender brauchte als ich. Aber keine Seele ist jemals verloren.") Für den jungen Mann war die Schwitzhütte ein Ort der Begegnung mit seinem verstorbenen Kind.

Wir haben persönlich die Schwitzhütte der *Cree First Nations* erfahren. In Anlehnung an diese Tradition führen wir gelegentlich und ohne kommerziellen Hintergrund das Ritual der Schwitzhütte für uns selbst und Interessierte durch. Wir wollen dabei weder die Rituale dieser fremden Kultur ein zu eins kopieren noch andere Interpretationen und Formen dieses Rituals abwerten. Uns geht es nicht um das „Nachtanzen" exotischer Riten – sondern immer um die eigene authentische Erfahrung.

2.1.5   Eigenverantwortung aus indigener Perspektive – What you give you get

Bei unseren Seminaren erleben wir hin und wieder Menschen, die auf der Suche nach „geheimnisvollen" indianischen Ritualen sind und sich dadurch spirituelle Erfahrungen erhoffen. Diese Personen müssen wir dann erst einmal (im wahrsten Sinne des Wortes) enttäuschen. Denn es ist ein großer Irrtum, gewissermaßen eine Selbst-Täuschung, zu glauben, dass geheime Praktiken oder kultische Rituale automatisch zu persönlichem Wachstum verhelfen. Dies gilt besonders dann, wenn es die Vielzahl der zuvor ausprobierten Techniken nicht geschafft haben.

Wir haben die meisten Elder bei indigenen Völkern als sehr klar und selbstreflektiert erlebt. Für das innere Erleben und die Bedeutung, die man den Umständen beimisst, sei jeder Mensch selbst verantwortlich. Mehr dazu in Kap. 5.2 What you give you get. Eigenverantwortung im indigenen Verständnis.

► Für uns sehr bedeutsam ist die Weisheit der First Nations: „What you give you get." Wer die Verantwortung für sich selbst abgibt und stattdessen an die Wunderheilung durch bisher unbekannte Techniken glaubt, wird mit der Ent-Täuschung leben müssen.

2.2   Das Wesen der Kommunikation

In der Vorstellung der indigenen Völker Nordamerikas sind wir nicht nur stets miteinander verbunden, sondern im persönlichen Kontakt auch immer Teil eines Prozesses, der sich nur schwer in Worte fassen lässt.

► Metaphorisch gesprochen verbindet uns im Kommunikationsprozess ein gemeinsames Wesen, das sich zwischen den Menschen bildet. Die Kommunikation selbst ist im indigenen Verständnis ein lebendiges Wesen. Sie findet in einem Raum statt, den die First Nations als „sacred" („heilig") bezeichnen. Dieser Raum und das lebendige Wesen der Kommunikation werden durch die beteiligten Partner eines Gespräches genährt.

Den unmittelbarsten Kontakt mit dem *Wesen der Kommunikation* erlebten wir während einer Schwitzhüttenzeremonie.

Erfahrungen aus dem Reservat

Wir sitzen mit rund 20 anderen Männern und Frauen in der warmen Dunkelheit der Schwitzhütte – bei den Cree First Nations in der kanadischen Prärie. Die Schwitzhütte ist gerade erst verschlossen worden und die hereingetragenen Steine glühen noch rötlich von der Hitze des Feuers, in dem sie zuvor für Stunden gelegen hatten. Je mehr die Steine ihre Wärme in den niedrigen, kugeligen Raum abgeben, desto dunkler wird es und jegliche visuelle Orientierung schwindet. Ein kurzes Aufblitzen wie von kleinen Sternen, als der *Elder* zerriebene Kräuter auf die Steine gibt, die unmittelbar Feuer fangen und den Raum mit Aromen füllen. Doch es sind nicht allein die harmlosen

Kräuter, die mit ihrer Duftnote – ohne jegliche psychoaktiven Substanzen – dem Raum eine faszinierende Atmosphäre verleihen. Es liegt etwas in der Luft, das nichts mit dem Duft der Kräuter zu tun hat.

Daniel Goetz: „Mit großer Vorfreude sehe ich dem Beginn der Zeremonie entgegen. Während mich die ansteigende Wärme wohlig umhüllt, lausche ich dem Gemurmel des Elders, der das Ritual durchführt. Ich folge dem leisen Wortschwall aus Englisch und der Stammessprache nur mit einem Ohr. Ich bekomme lediglich mit, dass der Elder von einer Person spricht, die jetzt nicht anwesend sein kann. Während ich so lausche, bemerke ich erstaunt, dass mich eine unerklärliche Traurigkeit überkommt. Es ist, als würde sich eine drückende Schwere in der kleinen Hütte breitmachen. Ich bin verwundert über dieses Gefühl und kann mir keinen Reim darauf machen – vor allem, weil ich wenige Augenblicke zuvor noch voller Vorfreude war. Neben mir beginnt eine Person leicht zu seufzen – gegenüber eine andere zu schluchzen. Ich bin nun verwirrt und die unterschiedlichsten Gedanken rauschen durch meinen Kopf, während der Elder weiter spricht. Nun schluchzt auch er. Innerlich sehr aufgewühlt höre ich den Elder in der Dunkelheit jetzt davon sprechen, wie dieser Bekannte eine Krankheitsphase durchleidet. Nun macht es klick und meine Gedanken formulieren die These, dass der Elder vermutlich darüber sehr traurig ist. Trotzdem wundere ich mich, dass sich die Atmosphäre im Raum so plötzlich spürbar verändert hatte."

Eike Reinhardt: „Ich saß ebenfalls in der Schwitzhütte und hatte ein sehr ähnliches Erleben. Wir haben uns im Nachhinein über diese erstaunliche Begebenheit ausgetauscht. Dieses Erlebnis ist für uns eine der anschaulichsten und tief bewegenden Kontakte mit dem Wesen der Kommunikation. Die Empfindung von Trauer kam unmittelbar und plötzlich und ist für uns rein rational nicht zu erklären. In den einleitenden Worten des Elders gab es noch keine inhaltlichen oder stimmlichen Hinweise auf die nachfolgende traurige Geschichte. Auch die übrigen Anwesenden verhielten sich unauffällig. Wir selbst waren eher in euphorischer als in bedrückter Stimmung. Und doch haben wir diese Empfindung – unabhängig voneinander – so erlebt."

2.2.1   Kommunikation als lebendiges Wesen

Was können wir daraus lernen? Kommunikation besteht nach diesem Verständnis nicht darin, Botschaften zu senden und zu empfangen, sondern ist etwas, das die beteiligten Personen gemeinsam geschehen und entstehen lassen. Menschen kommen in diesem Sinne nicht als klar abgrenzbare Identitäten zueinander, sondern in der Form von „Erfahrungswolken", zwischen denen etwas Neues entsteht. Mehr dazu in Kap. 3.2 Anwendungsfelder von Intuition (Abschnitt Intuition als Empathie).

Dieses Konzept ist unserem westlichen Verständnis von Kommunikation noch sehr fremd und es steht bisher kaum eine angemessene Sprache zur Verfügung, darüber jenseits der Metapher zu sprechen. Doch unser Mentor in Deutschland, Tom Andreas (2015), spricht vom „Wesen des Diskurses" und meint damit etwas sehr Ähnliches.

2.2.2 Martin Buber: das Zwischen im menschlichen Kontakt

Auch der jüdische Religionsphilosoph Martin Buber hat sich mit dem Dialog zwischen Menschen befasst. Er unterscheidet das intensive Gespräch, insbesondere den „echten Dialog", vom alltäglichen Gerede. Das von Buber geprägte „dialogische Prinzip" ist definiert als „eine Haltung, die geprägt ist von Präsenz und Respekt für den Anderen, von Offenheit und Absichtslosigkeit dem Anderen gegenüber bei gleichzeitiger Beibehaltung der Selbstwahrnehmung" (Bolen 2000, S. 132). Buber unterscheidet „Ich-Du"-Kommunikation von der „Ich-Es"-Kommunikation. Letztere bezeichnet das Gerede, bei dem sich Menschen nicht wirklich begegnen. Die „Ich-Es"-Kommunikation ist eine oberflächliche und schablonenhafte Kommunikation, die sich Floskeln und Klischees bedient. Menschen werden zu Objekten des Kommunikationshandelns degradiert.

> **Übertragung auf den Business-Kontext**
> Es gibt viele Beispiele für diese oberflächliche Art der Kommunikation: Statusspiele gehören dazu, aber auch Diskussionen, in denen nur die eigenen Standpunkte verteidigt werden, ohne sich gegenseitig zuzuhören. Dazu zählen auch alle Situationen, in denen der Gesprächspartner nicht meint, was er sagt, wie z. B. ein oberflächliches Lob oder das nur formale Erkundigen nach dem Wohlbefinden. Im Business-Kontext kann es manchmal notwendig sein, auf diese Form der Kommunikation zurückzugreifen (z. B. um ein gutes Vertragsergebnis herauszuschlagen). Für die langfristige Beziehungspflege ist sie jedoch unangebracht.

Demgegenüber zeichnet sich das „echte Gespräch" (Ich-Du) im Sinne Bubers durch die unmittelbare Begegnung aus, die alle Fassaden umgeht und in der sich beide Gesprächspartner als einzigartige Individuen erkennen. Das Zwischen der Ich-Du-Kommunikation ist durch eine Unmittelbarkeit gekennzeichnet, die den anderen nicht zum Objekt macht; es „kennt kein Koordinatensystem" (Buber 2006, S. 34), es „hat in Raum und Zeit keinen Zusammenhang" (ebd. S. 37). Kommunikation wird im Sinne des Buber'schen Ich-Du-Verständnisses sogar zum Selbstzweck: „Der Zweck der Beziehung ist ihr eigenes Wesen; das ist: die Berührung des Du" (ebd. S. 65). In der Ich-Du-Kommunikation löst sich das eigene Ego gewissermaßen auf: „Wer Du spricht, hat kein Etwas, hat nichts. Aber er steht in der Beziehung" (ebd. S. 8). Besondere Beachtung schenkt Buber dem (vom ihm so genannten) „Zwischen" der Kommunikation (Buber 1982, S. 165 f.): „Das Wesentliche [eines wirklichen Gesprächs] vollzieht sich nicht in dem einen und dem anderen Teilnehmer, noch in einer beide und alle anderen Dinge umfassenden neutralen Welt, sondern im genauesten Sinn zwischen beiden, gleichsam in einer nur ihnen beiden zugänglichen Dimension."

Die Parallelen zwischen dem lebendigen Verständnis von Kommunikation *indigener* Kulturen und dem Zwischen von Buber sind aus unserer Perspektive ein faszinierender Impuls, diesem Wesen der Kommunikation auf die Spur zu kommen. Beide Konzepte sind sicherlich nicht deckungsgleich, betonen jedoch einen Aspekt, der sonst bei der Betrachtung von Kommunikation vernachlässigt wird. Üblicherweise wird Kommunikation als Austausch zweier prinzipiell getrennter Einheiten angesehen. Diesem gemeinsamen „Werden" oder „Geschehen" wird in aller Regel wenig Beachtung geschenkt. Mehr zum Wesen der Kommunikation und wie Sie dieses Konzept nutzen und anwenden können, lesen Sie im Kap. 3.2 Anwendungsfelder von Intuition (Abschnitt Intuition als Empathie).

2.3 Sprache schafft Realität

Die Struktur einer Sprache beeinflusst das Denken und damit auch das Weltbild eines Menschen. Sprachwissenschaftler diskutieren dies als die Sapir-Whorf-Hypothese (Whorf 2008). Der Philosoph Wittgenstein (1963, S. 86) sagte sogar: „Die Grenzen meiner Sprache bedeuten die Grenzen meiner Welt."

2.3.1 Polysynthetische Sprache

Die Sprachen der meisten derzeit führenden Wirtschaftsnationen, darunter auch das Englische und Deutsche, gehören zur indoeuropäischen Sprachfamilie. Diese folgen der Struktur eines klar trennbaren, aktiv handelnden Subjektes, eines das Geschehen umschreibenden Prädikates und eines passiv behandelten Objektes. So ist beispielsweise der Satz „Ich trinke Wasser" in diesen Sprachen von der Struktur her überall gleich. Demgegenüber gehören viele Sprachen der indigenen Völker Nordamerikas zur Familie der sogenannten polysynthetischen Sprachen. Typisch für diese Sprachen ist es, die Welt als fließenden Prozess auszudrücken, in dem das handelnde Subjekt für das Geschehen nicht wichtiger ist als das Objekt (Fortescue 1994).

Zwei typische Beispiele für die polysynthetische Ausdrucksweise

Ein *First Nation*, der Wasser aus einem Fluss schöpft und trinkt, würde den obigen Satz sinngemäß so ausdrücken: „Wasser durch mich fließt." Das Entscheidende dabei ist, dass in der indigenen Vorstellung der Fluss lediglich eine „Umleitung" nimmt und durch die Person hindurchfließt. Fluss und Person interagieren also in einem Prozess miteinander – für eine gewisse Zeit „verschmelzen" sie. Der Mensch wird dabei Teil des Flusses und der Fluss Teil des Menschen. Fluss und Mensch sind gleichermaßen wichtige Akteure der Handlung – genauso wie Sprecher und Kontext Teile eines gemeinsamen Prozesses und nicht losgelöst von einander denkbar sind.

Ein weiteres Beispiel illustriert, dass alle Lebewesen in ein größeres Gefüge eingebettet sind. Im Deutschen sagt man: „Ich jage den Hirsch." Ist die Jagd erfolgreich, ist dies ganz klar ein Verdienst des Jägers – er hat ja geschossen. Ein indigener Jäger würde sich anders ausdrücken und sinngemäß sagen: „Es hirschjagt mich." Die Sprache betont die Bedeutung der Begegnung von Hirsch und Jäger. Dem Hirsch kommt ein ebenso großer Anteil am Jagderfolg zu wie dem Jäger. In der indigenen Vorstellung hat sich der Hirsch angeboten, um sein Fleisch zu geben. Ohne dieses Zutun hätte der Jäger keinen Erfolg gehabt.

Die Interaktion, der Prozess als solcher, steht im Mittelpunkt, nicht der vermeintlich Handelnde. Dies kann man als Demut vor dem größeren System deuten, in das der Handelnde eingebunden ist. Er handelt nie allein, sondern befindet sich immer in einem gemeinsamen, interdependenten Prozess mit dem System, in das er eingebunden ist. Übertragen auf den Business-Kontext heißt das: Als Führungskraft bin ich im Prozess des Führens genauso wichtig wie die Geführten – ohne die ich keine Funktion hätte. Analog: Der Jäger würde ohne das Jagdwild nicht jagen, sondern lediglich im Wald umherirren.

Übung 1: Werte verflüssigen

Am Beispiel von Werten lässt sich ein Verständnis von „flüssigerer" Sprache veranschaulichen und zumindest ein Eindruck von einer polysynthetischen Denkweise gewinnen. Zudem ist es eine nützliche Gedankenübung, um die Bedeutung von Werten zu erkennen bzw. wiederzuentdecken. Werte werden häufig wie Gegenstände behandelt, was sie zu leblosen Konzepten verkommen lässt. Mehr dazu in Kap. 4.1 Meine Werte.

Durchführung

Dauer: 5–10 min

1. Nehmen Sie Ihr Logbuch zur Hand und notieren Sie einige für Sie persönlich in einem bestimmten Kontext wichtigen Werte. Zum Beispiel: „Im Kontext der aktuellen beruflichen Situation sind für mich die Werte Freiheit, Sicherheit und Genauigkeit wichtig."
2. Formulieren Sie nun die Werte nach folgendem Schema um („Dekonstruieren"):

Formulierung (mit X = persönlicher Wert)	Beispiel
1. Einer meiner Werte ist X	Einer meiner Werte ist Genauigkeit
2. Mir ist der Wert X wichtig	Mir ist der Wert Genauigkeit wichtig
3. Es ist mir wichtig, x zu sein	Es ist mir wichtig, genau zu sein
4. Ich x'e	Ich genaue

1. Sprechen Sie die erste Formulierung laut aus. Welche Vorstellungen, Gedanken, Erinnerungen, Bilder oder körperliche Empfindungen kommen auf, wenn Sie diesen Satz so aussprechen?
2. Wiederholen Sie den Prozess für die übrigen Formulierungen – jeweils einzeln! Nehmen Sie sich für jede Formulierung eine Minute Zeit. Für den Erfolg dieser Übung ist es wichtig, dass Sie während des Sprechens „in sich hinein horchen".
3. Welche Unterschiede erleben Sie zwischen den Formulierungen? Prüfen Sie auch:
   ➲ Wie „nah" am Körper erlebe ich die innere Vorstellung zu dem Wert?
   ➲ Wie „lebendig" habe ich mich dabei gefühlt?

Hinweise

- Schritt 4 erfordert es, sich ggf. von den sprachlichen Regeln und Gepflogenheiten zu lösen. Es geht hier darum, aus dem Substantiv ein Verb zu machen. Dabei dürfen, wie im Beispiel, ruhig neue Verben entstehen. Erlauben Sie sich, den spielerischen Charakter dieser Übung zu nutzen. Experimentieren Sie mit weiteren *Assoziationen*, die Ihnen beim Herumspielen mit den Sätzen kommen. Beispiel mit dem Wert Freiheit: „Ich freiheite. Ich freie!"
- Üblicherweise werden die Formulierungen zunehmend als weniger abstrakt, dafür vielmehr als flüssiger und integrierter wahrgenommen.
- Freunde zu haben ist ein mögliches Ergebnis z. B. des Werts Freundschaft. Fragen Sie sich dabei auch: Was ist mir wichtig daran, Freunde zu haben?
- Geld ist kein Wert an sich, sondern nur ein Mittel zum Zweck, um andere Werte sicherzustellen.
- Differenzieren Sie aktive und passive Werte, wie zum Bespiel Respekt. Letztere werden häufig als Forderung an andere formuliert: „Ich will Respekt erfahren." Fragen Sie sich dann: Was muss ich denn tun, um dies zu ermöglichen? – Wie „respektablen" Sie?

2.3.2 Deixis: räumliche, zeitliche oder personale Verweise

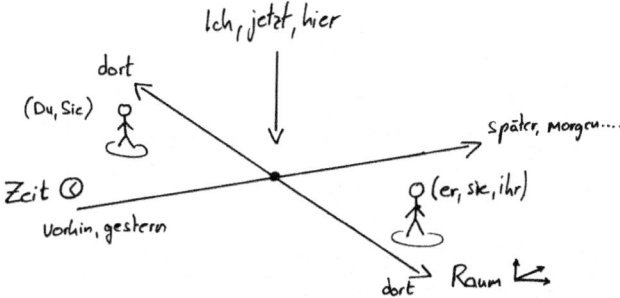

In den Sprachwissenschaften bezeichnet der Begriff Deixis die räumlichen, temporalen oder personalen Verweise eines Sprechers (Bühler 1978). Wieso ist diese Differenzierung relevant, wenn man seine Selbstführungskompetenz erhöhen will? Probleme treten für einen Menschen in der Regel dann auf, wenn es gedanklich zu einer unbeabsichtigten Verschiebung oder „Verwechslung" auf einer dieser Achsen kommt, wenn sich der Sprecher also nicht in seinem deiktischen Zentrum befindet. In dem für dieses Buch relevanten Sinne ist es dabei kein primär sprachliches Problem, sondern eines, das die grundsätzliche Fähigkeit zur Selbstorganisation eines Menschen betrifft. Die Sprache gibt lediglich die Hinweise auf diese gedankliche Verschiebung – und kann bei der Reorganisation helfen.

- **Verschiebung auf der Achse der Ortsdeixis**: Der Sprecher macht sich Sorgen bezüglich etwas, das nicht am hiesigen Ort stattfindet. Beispiel: Sie liegen im Bett und denken mit Sorge an Ihr Bankkonto oder auch die Vorgänge im Betrieb.
- **Verschiebung auf der Achse der Zeitdeixis**: Der Sprecher macht sich Sorgen bezüglich etwas, das derzeit – in diesem Moment – nicht unmittelbar relevant ist: Kummer über Dinge, die in der Vergangenheit geschehen sind, oder Befürchtungen bezüglich der Zukunft. Beispiel: die Präsentation vor dem Vorstand am nächsten Tag oder die schlecht gelaufene Präsentation von letzter Woche.
- **Verschiebung auf der Achse der Personendeixis**: Der Sprecher zerbricht sich den Kopf einer anderen Person. Er fragt sich, was die anderen wohl von seinem Verhalten oder Aussagen denken oder welche Auswirkungen es wohl auf andere haben wird.

Ziel der Reorganisation des gedanklichen Erlebens des Sprechers ist in allen Fällen, dass sich der Sprecher wieder als handelndes Subjekt mit einer Reihe von Handlungsoptionen erkennt – und sich nicht weiter als Opfer der Umstände (oder auch anderer Menschen) fühlt. „Ein Mensch, der auf allen drei Achsen klar orientiert ist, ist kein Klient", sagt Coach Tom Andreas (2015). Wer ganz im Hier und Jetzt ist und dabei in sich ruht, kann höchstens dann ein Problem empfinden, wenn er mit den Füßen in einem brennenden Feuer steht (also unmittelbare, starke Schmerzen hat). Und selbst körperliche Schmerzen sind für einen kurzen Moment häufig auszuhalten. Erst über die Dauer werden diese zum Problem.

In Kap. 3 Intuition stellen wir mit der Übung 2 „Ich bin. Jetzt. Hier." eine einfache und grundlegende Übung zur eigenen unmittelbaren Reorganisation vor. Vertiefende Hinweise zur Deixis in den Sprachwissenschaften finden sich auf der Webseite der Technischen Universität Berlin (Cho et al. 2007).

2.3.3 Paraverbale Aspekte von Sprache

Sprachliche Differenzierung ist kein Selbstzweck, sondern hat unmittelbare Auswirkungen auf das Erleben eines Menschen. Dies lässt sich anhand einer simplen Übung eindrucksvoll nachvollziehen. Es geht dabei um die paraverbalen Aspekte von Kommunikation. Üblicherweise unterscheidet man Kommunikation in sprachliche (verbale) und nicht-sprachliche (nonverbale) Aspekte. Zu den nonverbalen Aspekten gehören Mimik, Gestik, Blickrichtung während des Sprechens, Körperhaltung und Distanz zum Gesprächspartner (Proxemik), aber auch Aspekte von Körpergeruch (Atem, Schweiß, Parfüm etc.) oder Berührung. Darüber hinaus gibt es jedoch noch Aspekte des gesprochenen Wortes, die nicht von den Elementen der verbalen Kommunikation abgedeckt sind. Diese werden als paraverbale Aspekte der Sprache bezeichnet und umfassen zum Beispiel:

- Lautstärke der Stimme
- Sprechtempo

- Sprechpausen
- Betonung einzelner Wörter oder Satzteile
- Sprachmelodie (monoton, „Singsang" etc.)
- Stimmlage (hoch/tief)
- Artikulation (deutlich/undeutlich)

Vereinfacht könnte man sagen: Paraverbale Aspekte werden gehört, während (die meisten) nonverbalen Aspekte von Kommunikation gesehen werden. Der Spruch „Der Ton macht die Musik" wird häufig dann angebracht, wenn eine Aussage, Frage oder Forderung als unangemessen vorgetragen empfunden wird. Dies kann Aspekte der Formulierung (und damit verbale Aspekte) betreffen. Nicht selten ist es jedoch tatsächlich der Tonfall, der einen relevanten Unterschied macht.

Beispiel Tonfall

Anhand eines Beispiels aus der Coachingpraxis von Tom Andreas wird der enorme Einfluss von sprachlichen Nuancen deutlich: Eine Klientin sprach tief betrübt davon, dass ihr Sohn Probleme in der Schule habe. Sie war vollkommen fixiert auf dieses Problem und sah für ihn keinen Ausweg, sondern nur den unweigerlichen schulischen Absturz. Der Kernsatz dabei war: „Der Junge schafft die Schule nicht." Der Satz wurde systematisch in der Betonung einzelner Worte variiert. Die betonten Worte sind kursiv gesetzt.

Variation	Neuer Denkraum, veränderte Perspektive
Der Junge schafft die Schule nicht	Der Frau fiel ein, dass sie noch zwei andere Kinder hatte, die in der Schule gut mitkamen
Der *Junge* schafft die Schule nicht	Der Frau wurde klar, dass es auch in der Verantwortung ihres Kindes lag. Zuvor hatte sie es vor allem als ihr eigenes Problem angesehen
Der Junge *schafft* die Schule nicht	Die Frau hinterfragte, was „schaffen" bzw. „Erfolg" im Leben überhaupt bedeutet
Der Junge schafft *die* Schule nicht	„… vielleicht aber eine andere!" – Diese Idee war ihr bis dato gar nicht in den Sinn gekommen
Der Junge schafft die *Schule* nicht	„Aber das heißt noch lange nicht, dass er nicht später Erfolg haben wird." Die „Schule" war plötzlich nicht mehr „das gesamte Leben" – was sie vorher so empfunden hatte
Der Junge schafft die Schule *nicht*	Hier kamen der Frau direkt zwei Gedanken: Einer eher umsorgend („Vielmehr schafft die Schule ihn. Er hat es dort gerade mit seinen Freunden nicht leicht."), der andere fast rebellisch („Aber wer sagt das eigentlich!?"). Beide enthielten zudem den Aspekt, dass dies eine vorübergehende Phase sein könnte

Allein durch systematische Variation der Betonung einzelner Worte empfand die Klientin einen Aha-Moment, der ihrem inneren Erleben schlagartig eine positive Wende gab. Die äußeren Umstände hatten sich nicht geändert, aber die Bewertung derselben sehr wohl. Während es für die Frau vorher wie eine düstere Prophezeiung war, konnte sie im Anschluss den temporären Charakter erkennen – und auch, dass ihr Sohn vielleicht ein Problem hatte, sie selbst jedoch nicht zwingend.

Übung 2: Modulation der paraverbalen Aspekte einer Aussage

Nicht immer ist die Wirkung so Augen öffnend, wie in dem obigen Beispiel. Dennoch lohnt es sich meist, diesem Aspekt Aufmerksamkeit zu widmen. Probieren Sie es doch einmal selbst aus und kommen Ihrem Sprachgefühl auf die Spur.

Durchführung

Dauer: 5 min

1. Notieren Sie in Ihrem Logbuch eine für Sie problematische Aussage. Also einen Gedanken, der in einem Satz etwas beschreibt, das für Sie persönlich belastend oder problematisch ist. Beispiele:
   - „Ich schaffe das alles nicht mehr."
   - „Der Chef hat mich zur Sau gemacht."
   - „Die Kollegin wurde mal wieder bevorzugt."
   - „Mein Mann/meine Frau würde dem nie zustimmen."
   - „Ich muss die ganze Verantwortung für die Familie tragen."
   - „Den Posten als … werde ich nie erreichen."
2. Variieren Sie nun systematisch die Betonung der Wörter und sprechen Sie den Satz jeweils aus.
3. Halten Sie zwischen den Variationen kurz inne, um die Wirkung dieser so betonten Aussage wahrzunehmen.
4. Registrieren Sie auch, wenn einschränkende („Naja, nicht immer…") oder erweiternde („Okay, sie hatte mich vorher auch gelobt…") Gedanken auftauchen, die den Sinn der Aussage verändern.
5. Notieren Sie Ihre Erfahrungen und Erkenntnisse in Ihrem Logbuch.
   ➲ Welche Betonungen haben für mich den gedanklichen Raum weiter gemacht?
   ➲ Welche neuen Gedanken sind mir dabei gekommen?
   ➲ Wie könnte ich den Satz nun so formulieren, dass er diese neuen Gedanken berücksichtigt?

► **Integration in den Alltag** Wenn Sie etwas Übung gewonnen haben, hören Sie darauf, wie andere Menschen Aussagen betonen. Üblicherweise betonen wir automatisch richtig, im Sinne von angemessen. Nicht selten jedoch vergreifen wir uns im Ton, ohne es zu wollen. Nehmen Sie daher eine Aussage eines anderen, die Sie gestört hat, und variieren Sie die Betonung. Prüfen Sie, auf welche Weise der andere die Aussage auch gemeint haben könnte, wenn Sie ihm lediglich „Ungeschicklichkeit" in der Betonung unterstellen (anstelle einer bösen Absicht).

2.4   Das Medizinrad

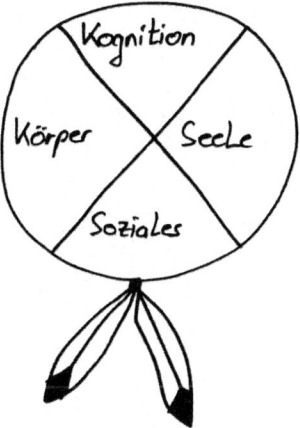

Das Medizinrad ist ein Modell, das bei vielen *indigenen Völkern* des amerikanischen Kontinents verbreitet ist. Es stellt symbolhaft das zyklische Entwicklungsverständnis und die Interdependenz aller Dinge und Phänomene des Lebens dar. Das Medizinrad ist eine wichtige Grundlage verschiedener Zeremonien. Es dient darüber hinaus zur Reflexion der Stammesstruktur sowie der individuellen Reflexion des eigenen Lebens.

▶   Die indigene Vorstellung von Medizin bezeichnet in diesem Zusammenhang jedoch kein Medikament, sondern vielmehr die Stärke oder die Talente, die ein Mensch zum Wohle der Gemeinschaft einzusetzen vermag. Um diese Medizin zu verwirklichen, braucht es ein ausbalanciertes Leben.

Noch heute ziehen sich viele *First Nations* regelmäßig in die Einsamkeit der Natur zurück, um mit Hilfe des Medizinrades in sich zu gehen. Dazu wird ein Kreis aus Steinen gelegt, der durch vier Speichen unterteilt ist. Die Zahl vier hat bei vielen indigenen Völkern des amerikanischen Kontinentes eine zentrale Bedeutung. Die vier Bereiche zwischen den Speichen stellen die vier Bereiche des Lebens dar. In der Tradition der Cree First Nations sind dies (Bopp et al. 1984):

1. Der **kognitive** Pfad (im Norden angesiedelt): mentale und kognitive Aspekte, Weisheit und Logik; hierzu zählt heutzutage auch das Konzept des Berufes
2. Der **soziale** Pfad (im Süden): emotionale Aspekte und Verbundenheit mit der Gemeinschaft

3. Der **seelische** Pfad (im Osten): die eigene Mission, Lebenssinn, der höhere Sinn, Verbundenheit mit der Umwelt, spirituelle Aspekte und Glaube
4. Der **körperliche** Pfad (im Westen): Ernährung, Fitness, Wohlbefinden

In der Mitte des Kreises ist der symbolische Platz der eigenen Person. Während einer Selbstreflexion, die zwischen einer Stunde und mehreren Tagen dauern kann, „wandert" man nun durch das Medizinrad und betrachtet das eigene Leben in seinen unterschiedlichen Facetten. Durch diese ganzheitliche Reflexion lassen sich Inspirationen und neue Einsichten gewinnen. Das Medizinrad ist also wie ein multiperspektivischer Spiegel, der einen Menschen bei einer ganzheitlichen und ausbalancierten Lebensweise unterstützt.

Es existieren unterschiedliche Traditionen des Medizinrads und auch unterschiedliche Einsatzbereiche dafür. Diese spezielle, oben aufgeführte Ausprägung erscheint uns ausgesprochen „alltagstauglich" auch für die westliche Zivilisation. Sie hat uns zudem dazu inspiriert, die Gliederung des Buches an die Struktur des Medizinrads anzulehnen (vergleiche Kap. 6 bis 9).

Die vier Bereiche des Lebens
Haben Sie alle Bereiche Ihres Lebens im Blick? Oder gibt es „blinde Flecken" auf der Landkarte Ihres Lebens, von denen Sie wenig oder gar nichts wissen (wollen)? Gibt es Bereiche, die Sie aktiv ausblenden? Oder könnte es sogar Bereiche geben, von denen Sie gar nicht wissen, dass diese existieren? Sie werden im Laufe des Buches noch viele Anregungen erhalten, auch auf diese vielleicht ausgeblendeten oder zumindest selten betretenen Bereiche des Lebens zu schauen, wenn Sie dem Pfad des Business-Häuptlings weiter durch die kommenden Kapitel folgen.

Zum Einstieg und zur ersten Orientierung es sinnvoll, die verschiedenen Lebensbereiche zu unterscheiden. Diese Bereiche sind natürlich nicht völlig voneinander getrennt, auch wenn sie auf unterschiedliche Aspekte ausgerichtet sind. Im folgenden Modell differenzieren wir vier Lebensbereiche, in Anlehnung an das Balancemodell von Nossrat Peseschkian et al. (2003), dem Begründer der Positiven Psychotherapie. Peseschkian verfolgt einen transkulturellen Ansatz und bezieht sowohl westliche als auch östliche (arabisch-orientalische) Kulturräume in seine Theorie mit ein. Vielleicht ist es deswegen nicht verwunderlich, dass die vier Lebensbereiche des Balancemodells große Übereinstimmung mit den traditionellen vier Bereichen des Medizinrads *indigener* Kulturen aufweisen.

Dies sind die vier Lebensbereiche des Balancemodells:

1. **Leistung**: Beruf, Finanzen, Erfolg, Karriere, Weiterbildung, Wohlstand, Vermögen
2. **Kontakt**: Familie, Partnerschaft, Kinder, Freunde, Verwandte, soziales und politisches Engagement
3. **Sinn und Kultur** (manchmal auch als Phantasie und Zukunft bezeichnet): Vision, Lebenssinn, Werte, Persönlichkeit, kulturelles Interesse, Philosophie, Religion, Glaube
4. **Körper und Gesundheit**: Ernährung, Erholung, Fitness, ärztliche Vorsorgemaßnahmen, Schlaf, Sexualität

Die große Überschneidung mit dem Medizinrad ist kaum zu übersehen und für die Zwecke dieser Übung können wir beide Modelle als deckungsgleich ansehen. Das Balancemodell ist also in gewisser Weise eine moderne Form des Medizinrads. Wir wissen nicht, ob Peseschkian das Medizinrad indigener Kulturen kannte und ob er sich davon hat inspirieren lassen. Die Gemeinsamkeiten sind jedoch in jedem Fall bemerkenswert. Vielleicht liegt es auch an der universellen, die einzelnen Kulturen überspannenden Natur des Menschen und seines Lebens, die diese Gemeinsamkeiten fördert.

Logbuch

Reflektieren Sie die vier Bereiche in Ihrem Leben. Nutzen Sie dazu die folgenden Fragen als Anregung und notieren Sie Ihre Gedanken in Ihrem Logbuch.

⮞ **Der kognitive Pfad**: Wie zufrieden bin ich mit und in meinem Beruf? Oder kann ich mich in einer anderen Tätigkeit verwirklichen? Bilde ich mich fort oder beteilige mich an Diskussionen, um meinen Geist zu schulen?

⮞ **Der soziale Pfad**: Wie steht es um meine sozialen Beziehungen? Wen könnte ich um 3 Uhr morgens im Notfall anrufen? Wer würde mich in einem solchen Fall anrufen? Wie ist mein Verhältnis zu meiner Familie?

⮞ **Der seelische Pfad**: Was ist größer als ich selbst? Für welche „höhere Mission" bin ich unterwegs? In welcher Form haben Religion oder Spiritualität für mich eine Bedeutung?

⮞ **Der körperliche Pfad**: Mein Körper und alle damit verbundenen Funktionen. Wie gut schlafe ich? Wie fit fühle ich mich körperlich? Habe ich ein erfülltes Liebesleben?

„Und was ist mit Geld und Wohlstand?!" wird sich so mancher jetzt fragen. Geld ist in diesem Modell lediglich ein Mittel zum Zweck. Es ist ein Werkzeug oder eine Form von Energie, welche die oberen Bereiche unterstützen kann, jedoch an sich keinen Wert hat. Oder anders gesagt: Was würde tatsächlich noch fehlen, wenn alle oberen Bereiche in bester Weise gelebt werden?

2.5 Die zyklische Natur der Zeit

„Dafür hatte ich keine Zeit mehr!", „Die Zeit rennt mir davon!", „Mir fehlt die Zeit für solche Dinge!" – viele Menschen empfinden Zeit als ein knappes Gut. Aber ist sie das tatsächlich? Und damit eine endliche Ressource? Kann sie vergehen? Oder ist Zeit etwas, das immer da ist und lediglich unterschiedlichen Rhythmen oder Zyklen unterworfen ist? Ist das Leben eher eine Leiter oder ein Prozess entlang einer Entwicklungsspirale? Westliche und indigene Vorstellungen unterscheiden sich hier erheblich.

2.5.1 Das zyklische Zeitverständnis

Bei uns in der westlichen Welt haben viele Menschen den Kontakt zur Natur – auch ihrer eigenen Natur – verloren. Der technische Fortschritt suggeriert, dass es immer vorwärts geht. Mit jedem Schritt bewegen wir uns scheinbar auf einem Weg, der uns von einem Ort A an einen Ort B führt. Wir erklimmen Karriereleitern und steigen die Stufen des Erfolgs hinauf. Das Zeitverständnis der westlichen Welt ist linear: Es gibt einen Anfang und ein Ende – und beide Enden liegen möglichst weit auseinander und verlaufen typischerweise von links nach rechts. Im Erfolgsfall ist B schneller, höher, weiter als A. Wir führen innerlich Ziel-Listen, die es abzuhaken gilt, wie zum Beispiel die guten Vorsätze zu Beginn eines Jahres.

Indigene Kulturen haben dagegen in der Regel ein zyklisches Weltbild (Müller 1985). Die Welt dreht sich nicht nur – sie wiederholt sich auch. Viele Beobachtungen aus der Natur stützen diese Sichtweise: Der Tag- und Nacht-Rhythmus; der Mondzyklus; die immerwährende Abfolge der Jahreszeiten; die wiederkehrenden Zugrouten der Tiere – und letztlich auch das Werden und Vergehen allen Lebens. Die Welt als endloser Kreislauf. Aus der genauen Beobachtung der natürlichen Abläufe haben die indigenen Völker Nordamerikas mit dem Medizinrad ein Modell entwickelt.

Herausforderungen – zyklisch gedacht
Was ist nun der Unterschied zwischen dem linearen und dem zyklischen Zeitverständnis? Im linearen Denken türmen sich neue Aufgaben wie ein Berg vor uns auf. Und die Liste wird länger und länger. Und nur ganz am Ende – bei erfolgreichem Abschluss – erlauben wir uns, einen Punkt abzuhaken und die Aufgabe von der Liste zu nehmen. Für kleinere Aufgaben ist das noch überschaubar. Für größere und längerfristige Vorhaben kann dies jedoch frustrierend sein. Ebenso für wiederkehrende Aufgaben und Prozessziele, die sich prinzipiell nur während des Tuns verwirklichen. „Sport machen" kann man auf seiner inneren Liste erst dann abhaken, wenn man gänzlich damit aufhören will. Die Grundannahme des zyklischen Zeitverständnisses ist, dass jede Aufgabe ohnehin Teil eines größeren Zyklus ist. Die Aufgabe hat somit bereits schon lange angefangen, bevor wir sie angehen. Der Frühling hat seinen Ursprung im Winter: Ohne die Kälte und Farblosigkeit des Winters würden wir das aufkeimende Wachstum im Frühling nicht als so bunt und aktivierend erleben.

Übertragung auf den Business-Kontext

Stellen Sie sich vor, Sie wollten eine neue Sprache lernen, um sich auf eine Auslandsentsendung vorzubereiten. Statt sich innerlich einen Berg von Arbeit vorzustellen und das lateinische „Omne principium difficile" („Aller Anfang ist schwer") zu rezitieren, könnten Sie sich klarmachen, dass Sie bereits begonnen haben, die neue Sprache zu lernen. Neben Ihrem Willen und Ihrer Entschlossenheit zählt auch die Tatsache, dass Sie mindestens bereits eine Sprache gelernt haben: Ihre Muttersprache. Und vermutlich sprechen Sie sogar mindestens eine weitere Fremdsprache. Sie haben also die Kompetenz zum Sprachenlernen bereits unter Beweis gestellt. Gegenüber jemandem, der noch nie eine (Fremd-)Sprache gelernt hat, sind Sie bereits im Vorteil.

Ein anderes Beispiel: Stellen Sie sich vor, Sie hätten eine herausfordernde Präsentation vor dem Vorstand oder ein Krisengespräch zu einem schwierig verlaufenden Projekt zu führen. Statt diese Herausforderung als ein Hindernis zu betrachten, das Sie stoppt oder beeinträchtigt, ist es häufig viel nützlicher, sich klarzumachen, dass dieses Ereignis (strukturell) bereits bekannt und dabei eingebunden in ein größeres System von Abläufen ist. So mühevoll das Ereignis aktuell sein mag, so wichtig und lohnend ist es langfristig – denn Sie werden dadurch Ihre Kompetenzen erweitern und sich für neue Aufgaben empfehlen.

Wenden Sie diesen Gedanken auf eine eigene Herausforderung an.

Logbuch

Denken Sie an Aufgaben oder Herausforderungen aus Ihrem beruflichen oder auch privaten Kontext. Reflektieren Sie die folgenden Fragen, um sie auf zyklische Weise zu betrachten. Notieren Sie Ihre Gedanken in Ihrem Logbuch.

➲ Welche meiner Kompetenzen haben dazu beigetragen, dass ich jetzt diese Herausforderung erleben kann?

➲ Woher kenne ich Herausforderungen wie diese bereits?

➲ Wo oder wann bin ich mit Herausforderungen wie diesen bereits gut umgegangen?

➲ Über welche grundsätzlichen Kompetenzen verfüge ich, die mich diese Situationen haben meistern lassen –und auf die ich auch jetzt zurückgreifen kann?

➲ Wozu leiste ich mit der aktuellen Anstrengung einen Beitrag? Welches zukünftige Vorhaben wird dadurch gestärkt (oder erst möglich)?

Zyklisch = immer gleich?

Das zyklische Verständnis von Zeit wird gelegentlich als die Wiederholung des immer Gleichen verstanden. Doch das ist aus unserer Sicht nicht nützlich. Auch wenn sich Tag und Nacht, der Frühling oder auch das menschliche Altern immer wiederholen, so sind sie jedoch nicht unveränderlich. Vielmehr liegt in jeder Wiederholung eine Transformation oder sogar die Chance einer gewollten Veränderung. Kein Frühling ist wie der vorherige;

und auch kein Tag – selbst wenn es uns manchmal so erscheint. Das zyklische Verständnis in dieser Form beinhaltet sowohl die Wiederholung als auch den Wandel. Das passende Bild dazu könnte eine Spirale sein: Der sich wiederholende Kreis, der eine zusätzliche Entwicklungsdimension hat.

▶ Zyklisches Zeitverständnis sieht das Leben als Entwicklungsspirale – nicht als Leiter. Das zyklische Verständnis in dieser Form beinhaltet sowohl die Wiederholung als auch den Wandel.

Wachstum = immer höher?
Probieren Sie es mal mit Dickenwachstum! – Ein junger Baum wächst sehr schnell in die Höhe. Jedes Jahr ist er ein Stück größer als im Vorjahr. Doch dieses Höhenwachstum verlangsamt sich nach den ersten Jahren, bis es fast ganz zum Erliegen kommt. Doch der Baum wächst weiter – und zwar in der Dicke. Die Jahresringe sind sichtbares Zeichen dafür, dass der Baum auch dann noch wächst, wenn er in der Höhe stagniert. Und es sind gerade die harten Phasen (ein kalter Winter oder ein durchgezogener Waldbrand), die die Ringe härter und den Baum damit widerstandsfähiger werden lassen – Übertragen auf den menschlichen Kontext könnten Sie sich fragen:

⮑ Wo habe ich das Gefühl zu stagnieren?
⮑ Wie könnte ich auf die Situation schauen, um dies als Dickenwachstum zu erleben?
⮑ Was kann ich dazu beitragen, um aus dieser Situation gestärkt hervor zu gehen?

2.5.2 Der Jahreszyklus

Das Medizinrad ist ein vielschichtiges Konzept, das auf vielfältige Weise eingesetzt und interpretiert werden kann. Für die Betrachtung hier beschränken wir uns auf den zyklischen Aspekt und verankern diesen an die vier Jahreszeiten. Nachfolgend eine Übersicht von korrespondierenden Zyklusabfolgen aus anderen Bereichen:

Jahreszeit	Himmelsrichtung	Menschenleben
Frühling	Osten (Sonnenaufgang)	Kind
Sommer	Süden (Sonne im Zenit)	Junger Erwachsener
Herbst	Westen (Sonnenuntergang)	Erwachsener
Winter	Norden (Sonne hinter dem Horizont)	Elder (alter Mensch)

Die nachfolgende Übung können Sie als Einstieg in die indigene Perspektive und das zyklische Zeitverständnis nutzen.

Übung 3: Das Leben im Jahreszyklus

Zum Einstieg vergewissern Sie sich für einen Moment der besonderen Qualitäten der jeweiligen Jahreszeit. Stellen Sie sich am besten mit allen Sinnen die „Energie" dieser Phase vor und was dies für Sie bedeutet.

- Was ist der besondere Beitrag der jeweiligen Jahreszeit bezogen auf den gesamten Zyklus?
- Oder anders gefragt: Was würde in den übrigen Jahreszeiten fehlen oder schieflaufen, wenn die Jahreszeit ausgefallen bzw. nicht ihrer Funktion nachgekommen wäre?

Anschließend beziehen Sie Ihre Fragen auf einen oder ggf. mehrere Bereiche Ihres Lebens. Es geht dabei nicht um die Frage, was Sie zu der jeweiligen kalendarischen Jahreszeit machen. Vielmehr sind bei der Reflexion über die eigenen Projekte zwei Fragen interessant:

- **Als Analyseinstrument**: Wo stehe ich gerade im Prozess der Jahreszeiten? Wo erlebe ich die Energie der entsprechenden Jahreszeit gerade?
- **Als Handlungsimpuls**: Mit der Energie welcher Jahreszeit kann ich die nächsten Schritte gehen? Wo bräuchte ich diese Energie, damit sich etwas verändert/gestärkt wird/verbessert? Wo und wie kann ich diese Energie konkret einbauen?

Halten Sie Ihr Logbuch bereit, um sich während der Übung Ihre Erkenntnisse notieren zu können. Auf der Webseite zum Buch (www.auf-dem-pfad.com) finden Sie eine Audio-Datei mit einer gesprochenen Version der nachfolgenden Übung. Dies erleichtert Ihnen gerade zu Beginn, sich auf den inneren Gedankengang einzulassen.

Positive Auswirkung

- Sie gewinnen einen Überblick über die unterschiedlichen Bereiche Ihres Lebens.
- Sie nutzen die zyklische Zeitperspektive, um neue gedankliche Impulse zu erhalten.

Durchführung

Dauer: 30–60 min

1. Bereiten Sie das *Setting* vor, indem Sie vier Positionen im Raum entlang eines gedachten Kreises festlegen. Dies können zum Beispiel vier Stühle sein, aber auch nur vier Positionen im Raum, auf die Sie sich stellen können. Weisen Sie diesen vier Positionen im Uhrzeigersinn die vier Jahreszeiten zu.

Frühling

2. Beginnen Sie auf der Position des Frühlings. Vergegenwärtigen Sie sich die besonderen Qualitäten dieser Jahreszeit: Aufkeimende, neue Energie. Klare Luft, frisches Grün und die stärker werdende Kraft der wärmenden Sonne. Transformation. – Und all das, was Sie persönlich mit dem Frühling verbinden.

3. Reflektieren Sie die folgenden Fragen und notieren Ihre Gedanken im Logbuch:

   ➲ Wo bin ich bereit zu investieren? Für welches kleinere oder größere Projekt möchte ich nun den Samen säen? Wo bin ich bereit, Energie hinein zu geben, ohne zu wissen, ob die Saat auch schon dieses Jahr aufgeht?

   ➲ Welches zarte Pflänzchen darf sich nun entwickeln und bin ich bereit zu hegen und zu pflegen?

   ➲ Für welche gute Überraschung bin ich in dieser Zeit offen? Was trage ich aktiv dazu bei, dass mir diese Art von Überraschung widerfahren kann?
   Beispiele: Neue Kontakte auf einer Netzwerkveranstaltung ansprechen; eine neue Sprache lernen, um sich für eine Position im Ausland zu qualifizieren; sich für den Posten des Mentors bewerben, um einen jungen Kollegen zu unterstützen.

4. Verabschieden Sie sich innerlich vom Frühling und lassen gedanklich die Wochen und Monate verstreichen, während Sie zur Position des Sommers gehen.

Sommer

5. Nehmen Sie auf der Position des Sommers die besonderen Qualitäten dieser Jahreszeit wahr: Kraftstrotzende Energie und volle Blüte. Aktiv und lebhaft. Lange Tage. Wärme und Helligkeit. – Und all das, was der Sommer für Sie persönlich bedeutet.

6. Reflektieren Sie die folgenden Fragen und notieren Ihre Gedanken im Logbuch:

   ➲ Was bin ich bereit weiter gedeihen zu lassen und mit Herzblut (weiter) zu unterstützen?

   ➲ Wo wird meine innere Energie (z. B. auch meine Gefühle oder meine Leidenschaft) deutlich sichtbar?

   ➲ Wo kann ich die Schönheit der bereits erzielten Erfolge erkennen und genießen?

   ➲ Wen lasse ich an meiner eigenen Schönheit teilhaben?
   Beispiele: Kollegen mit einer kleinen Überraschung für die gute Kooperation danken; zum eigenen Geburtstag Kuchen mitbringen und mit den Kollegen anstoßen; die eigene Begeisterung für ein Projekt mit den Kollegen teilen, statt sich über deren Desinteresse zu beschweren.

7. Verabschieden Sie sich innerlich vom Sommer und lassen gedanklich die Wochen und Monate verstreichen, während Sie zur Position des Herbstes gehen.

Herbst

8. Nehmen Sie auf der Position des Herbstes die besonderen Qualitäten dieser Jahreszeit wahr: Ernte einfahren. Reifeprozesse. Kürzer werdende Tage und beginnende Dunkelheit. – Und all das, was Sie mit dem Herbst verbinden.

9. Reflektieren Sie die folgenden Fragen und notieren Ihre Gedanken im Logbuch:

   ➲ Wo kann ich mich in Demut üben?

   ➲ Wo bin ich bereit, ein Opfer zu bringen?

➲ An welcher Stelle ist jetzt mein Durchhaltevermögen gefragt?

➲ Wo ist es an der Zeit, mich selbst anzunehmen – als körperliches und geistiges Wesen?

➲ Wo würden Meditation oder Gebet mir gut tun?

Beispiele: Ohne Murren ein schwieriges Projekt oder Phasen von Überstunden durchstehen; einem Kollegen Hilfe anbieten oder selbst einen Kollegen um Hilfe bitten; in der Mittagspause das Smartphone und Internet beiseitelassen und kurz im Park meditieren.

10. Verabschieden Sie sich innerlich vom Herbst und lassen gedanklich die Wochen und Monate verstreichen, während Sie zur Position des Winters gehen.

Winter

11. Nehmen Sie auf der Position des Winters die besonderen Qualitäten dieser Jahreszeit wahr: Zur Ruhe kommen und sich verabschieden. Stille und Dunkelheit. Stagnation. – Und all das, was Sie mit dem Winter verbinden.

12. Reflektieren Sie die folgenden Fragen und notieren Ihre Gedanken im Logbuch:

➲ Von welcher Vorstellung kann ich mich jetzt gut verabschieden?

➲ Welche alte Beziehung (Kind, Eltern, Liebschaft) kann ich nun innerlich loslassen?

➲ Was kann ich jetzt ruhen lassen, um vielleicht zu einem späteren Zeitpunkt wieder darauf zurück zu kommen?

➲ Für welche neuen, kommenden Aufgaben kann ich jetzt Kraft schöpfen und mir Ruhe gönnen?

Beispiele: Sich von vergangenen Ambitionen verabschieden; aufhören, der verlorenen Stelle oder den vergangenen Chancen nachzutrauern; den Platz für andere freimachen.

13. Verabschieden Sie sich innerlich vom Winter und lassen gedanklich die Wochen und Monate verstreichen, während Sie erneut zur Position des Frühlings gehen.

Ein neuer Frühling … und der Jahreszyklus geht weiter

14. Nehmen Sie auf der Position des Frühlings erneut die besonderen Qualitäten dieser Jahreszeit wahr, die nun vielleicht ähnlich, vielleicht aber auch ein wenig anders sind als vorhin.

15. Reflektieren Sie die folgenden Fragen und notieren Ihre Gedanken im Logbuch:

➲ Und mit all dem Mehr an Erfahrung der vergangenen Zeiten: Wie denke ich nun über das kommende Jahr?

➲ Was kann ich nun auf neue Weise fortführen?

16. Gehen Sie noch einige Male im Kreis, während Sie gedanklich die fortschreitende Zeit im Jahreszyklus nachvollziehen.

Hinweise

Das Vollziehen des nächsten Zyklus ist eine wichtige gedankliche Brücke, um zu verdeutlichen, dass der natürliche Jahreszyklus keineswegs im Dezember „endet". Vielmehr wird der Kreis fortgeführt auf der nächsten Ebene. Die lineare Denkweise begünstigt die bemerkenswerte Phantasie, das Jahr könne im Dezember enden oder sogar vorbei sein.

▶   Die zyklische Perspektive erinnert daran, dass die Unterscheidung in Kalen-
    derjahre zwar nützlich sein kann, um dem Leben einen Rhythmus zu geben
    – dabei aber natürlich völlig willkürlich und nur ein mentales Konzept ist. Wer
    die Zeit nur noch in voneinander getrennten Abschnitten versteht, läuft Gefahr,
    die Kontinuität des Lebens und seine Einbettung in die größeren Kreisläufe zu
    übersehen.

2.6   Mit den Augen der Ethnologen

Die Ethnologie (im Englischen als „Cultural Anthropology" bezeichnet; diese ist nicht
zu verwechseln mit dem deutschen Begriff der Kulturanthropologie, die sich anderen
Schwerpunkten widmet) ist eine interdisziplinäre Wissenschaft, die das menschliche Leben in all seinen Facetten über unterschiedliche Kulturräume hinweg untersucht. Die Ethnologie beschäftigt sich also keineswegs nur mit staubigen Tonscherben und vergilbten
Pergamenten. Vielmehr untersucht sie alle Aspekte des Lebens, inklusive der gesellschaftlichen Ordnung, der wirtschaftlichen Abläufe und der inneren Werte und Grundüberzeu-
gungen einer Gesellschaft.

Dabei hat sich die Ethnologie die besondere Kompetenz der Systemsicht zu eigen gemacht. Neben teilnehmenden Beobachtungen, die gewissermaßen eine Assoziation mit
der fremden Kultur darstellen, ist es gerade der Blick aus einer übergeordneten Position
auf eine Kultur, der Erkenntnisse ermöglicht. Diese *Metaposition* einzunehmen, ist jedoch
nicht trivial – denn jeder Beobachter ist immer zugleich auch Teil des beobachteten Systems. Deshalb muss er sich der mentalen Scheuklappen des eigenen kulturell geprägten
Standpunkts bewusst werden – und sich so weit wie möglich davon lösen. Die Selbstbeobachtung wird zum fundamentalen Voraussetzung für den Erkenntnisgewinn. Diese
Kompetenz ist auch für Führungskräfte in Unternehmen eine wertvolle Fähigkeit.

2.6.1   Was Manager von Ethnologen lernen können

Die Kulturwissenschaften haben nützliche Modelle entwickelt, die zwar häufig bekannt
sind, deren Alltagstauglichkeit jedoch aus unserer Sicht ebenso häufig unterschätzt wird.
Zunächst ist die Frage erlaubt: Was ist Kultur? Der Kulturwissenschaftler Geert Hofstede
definiert Kultur als kollektives mentales Programm einer Gesellschaft. Kultur ist also etwas gemeinschaftlich Konstruiertes, im Sinne eines gemeinsamen Konzeptes. Mitglieder
einer Kultur ähneln sich in ihren Sicht- und Verhaltensweisen – zumindest im Vergleich
mit Gemeinschaften anderer Kulturräume. Die Spannweite der individuellen Unterschiede innerhalb einer Kultur kann dabei jedoch sehr groß sein.

2.6.1.1   Die Kulturzwiebel
Zu den nützlichen Modellen zählt vor allem die Kulturzwiebel von Geert Hofstede, deren
Struktur wir im Laufe des Buches immer wieder aufgreifen werden, um Erkenntnisse tat-

sächlich in den Alltag zu integrieren. Das Modell nutzt eine sehr einfache und nachvollziehbare Struktur, um die an sich unsichtbaren Werte einer Kultur zu analysieren.

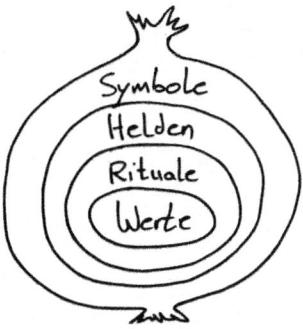

In der interkulturellen Kommunikation wird die hohe Bedeutung der drei Schalen der Kulturzwiebel unmittelbar ersichtlich. Wer sie missachtet, tritt schnell in die sprichwörtlichen
Fettnäpfe. Doch auch im unternehmerischen (inländischen) Umfeld sind Rituale, Helden
und Symbole hoch relevant.

Werte und Grundannahmen
Im Innersten der Kulturzwiebel sitzen die Werte. Diese sind jedoch nicht direkt zu erkennen, sondern kommen nur durch die drei äußeren Schalen (oder „Praktiken") zum Ausdruck. Mehr zum Thema Werte im entsprechenden Abschnitt im Kap. 4.1 Meine Werte.

Rituale
Rituale sind wiederholte Handlungen, denen ein Sinn zugesprochen bzw. gegeben wird.
Rituale können, müssen jedoch nicht, Zeremonie-Charakter haben und symbolhafte Bedeutung tragen. Verlieren Handlungen ihre bewusste Bedeutung, degenerieren sie häufig
zu reinen Routinen. Manchmal „schlummert" die Bedeutung jedoch auch nur und wird
zwar nicht mehr bewusst gelebt, haftet der Handlung aber immer noch an. Diese Rituale
offenbaren ihre Relevanz erst dann, wenn sie unterlassen werden. Ein Beispiel dafür wäre
das häufig nur nebenher vollzogene Ritual der Begrüßung: Wer nicht begrüßt wird, wertet
dies häufig als Affront – besonders, wenn andere Personen bei einer Zusammenkunft begrüßt werden. Eine bloße Routine kann ebenfalls einen Zweck erfüllen (wie zum Beispiel
das Zähneputzen), ohne jedoch dabei eine Sinngebung zu erfahren. Von außen betrachtet
kann man jedoch auch an Routinen häufig Werte einer Gesellschaft ablesen (zum Beispiel
die Bedeutung der Mundhygiene). Rituale regulieren häufig Phasen des Übergangs. Gerade in solchen Zeiten geben sie Orientierung und Stabilität. Für die Zwecke dieses Buches
sind sowohl Rituale als auch Routinen interessant. Veränderungsprozesse profitieren gerade zu Beginn davon, wenn man sie bewusst (im Sinne eines Rituals) durchführt. Später
können die neuen Verhaltensweisen in Fleisch und Blut übergehen und als Routinen fortgeführt werden.

Übertragung auf den Business-Kontext
Rituale sind im Unternehmen allgegenwärtig und drücken häufig Status und das herrschende Hierarchie-Verständnis aus. Gleichzeitig spiegeln sie nicht nur das offizielle Bild im Unternehmen wider, sondern vor allem die gelebte Unternehmenskultur. Wird sich unter Kollegen gesiezt oder geduzt? Wird in der Kantine oder den Gemeinschaftsräumen lebhaft gesprochen und gelacht – oder herrscht „Grabesstille"? Gibt es eine (inoffizielle) Reihenfolge bei Diskussionen, bei der bestimmte Personen immer das erste oder das letzte Wort haben?

Helden und Vorbilder

Helden oder Vorbilder sind die (inoffiziellen) Repräsentanten des Wertesystems einer Kultur. Der Begriff des Helden ist zuletzt etwas in Verruf geraten, da viele Menschen damit heutzutage die schablonenhaften Macho-Helden Hollywoods verbinden. Im Sinne des Modells sind hier jedoch auch die eher stillen und unscheinbaren Vertreter der Werte einer Kultur gemeint, die Vorbilder (auch) aus der zweiten Reihe. Mehr zum Heldenverständnis im Kap. 5 Hohe Kriegerschule.

Übertragung auf den Business-Kontext
Wer sind die Helden im Unternehmen? Wer die Vorbilder, an denen sich die anderen Mitarbeiter ausrichten? So wie Konrad Adenauer, Mozart oder Wilhelm Tell Helden der deutschen, österreichischen oder schweizerischen Kultur sind, so können es im Unternehmen zum Beispiel die Unternehmensgründerin oder der Geschäftsführer sein. Doch nicht immer muss der Held aus der Führungsriege kommen. Auch andere Personen, die für bestimmte Qualitäten (wie Fleiß) im Unternehmen oder einzelnen Abteilungen stehen, können zum Helden bzw. zum Vorbild werden. Sprichwörtlich ist die „gute Seele" eines Unternehmens, die häufig eher einen normalen Mitarbeiterstatus hat, jedoch dabei hoch angesehen ist. Jedes Unternehmen tut gut daran, seine Helden und Heldinnen zu pflegen, denn sie sind wie Leuchttürme, die anderen Orientierung geben.

Symbole

Symbole sind die „dinglichen" Repräsentationen einer Kultur. Die Nationalflagge zählt ebenso dazu wie Monumente. Aber auch die Architektur von Institutionen (Behörden, öffentliche Einrichtungen, Unternehmen) sind Ausdruck der Wertelandschaft einer Kultur. Mode, Haartracht, die Größe der Automobile oder auch die Anzahl und Art der Hinweisschilder (zum Beispiel: „Betreten des Rasens verboten") sind Symbole und Artefakte eines Wertesystems. Symbole können innerhalb von Ritualen eine besondere Bedeutung haben, wie zum Beispiel die Übergabe eines Zepters oder Rathausschlüssels.

Übertragung auf den Business-Kontext

Was sind die Symbole eines Unternehmens? Sicherlich das Logo. Aber auch die Architektur des Bürogebäudes oder der Betriebsstätten. Was sagen die Wolkenkratzer über das Selbstverständnis der Banken aus? Was sagt aber auch der Gemeinschaftsraum eines Betriebes über die dort herrschende Kultur aus? Ist es ein Ort, an dem sich alle gerne treffen und sich informell austauschen? Oder ist es ein rein funktionaler Ort, an dem man sich in der verklebten Mikrowelle sein Mitgebrachtes aufwärmt, um es dann am eigenen Arbeitsplatz zu verzehren? Gibt es ausgewiesene Parkplätze für die Führungsriege – oder einen gesonderten Bereich in der Kantine? Wie ist die Kleiderordnung? Gibt es Großraum- oder Einzelbüros?

2.6.1.2   Machtdistanz

Als Professor für „Organizational Anthropology" hat Geert Hofstede nicht nur die Kulturzwiebel erdacht, sondern Anfang der 1970er-Jahre auch groß angelegte, internationale Studien mit insgesamt über 100.000 Mitarbeitern des Technologiekonzerns IBM durchgeführt. Aus diesen Studien heraus hat er eine Reihe von Kulturdimensionen entwickelt, die relevante Aspekte einer Kultur (vor allem im unternehmerischen Kontext) beschreiben. Trotz beträchtlicher Kritik an der vereinfachenden Darstellung (oder vielleicht gerade deswegen), erfreuen sich die Kulturdimensionen großer Beliebtheit und sind Teil nahezu jeder interkulturellen Vorlesung oder Fortbildung.

Zwei dieser Dimensionen halten wir für nützlich, um sie als gedanklichen Parameter in Kommunikationssituationen generell zu beachten. Beachten Sie, dass uns hierbei weniger um die Beurteilung von Kulturen (oder auch Subkulturen) an sich geht, sondern vielmehr um die daraus ableitbaren Auswirkungen für die Führung.

▶   **Die Dimension Machtdistanz** (Englisch: „Power Distance") beschreibt das Ausmaß an akzeptierter (oder sogar erwarteter) Ungleichheit von Machtverteilung innerhalb einer Gesellschaft. In Kulturen mit hoher Machtdistanz halten es die Menschen für normal, dass die hierarchisch oben stehenden Personen deutlich mehr Macht haben, als diejenigen unten. Nachfolgend eine vereinfachte Darstellung, die diese Dimension illustrieren soll.

Hohe Machtdistanz	Niedrige Machtdistanz
Typische Länder: Korea, China, Malaysia, Saudi-Arabien	Typische Länder: Kanada, Australien, Großbritannien, skandinavische Länder
Tendenz zur Zentralisierung	Tendenz zur Dezentralisierung
Mitarbeiter erwarten, Anweisungen zu erhalten	Mitarbeiter erwarten, in Entscheidungsprozesse einbezogen zu werden
Große Gehaltsunterschiede zwischen Hierarchiestufen	Geringe Gehaltsunterschiede zwischen Hierarchiestufen

Malcolm Gladwell (2010) stellt in seinem Buch „Überflieger: Warum manche Menschen erfolgreich sind – und andere nicht" den Einfluss von interkulturellen Unterschieden auf den Erfolg – oder auch Misserfolg – dar. Er beschreibt dabei unter anderem Fälle in der Luftfahrt, in denen Passagierflugzeuge abgestürzt sind, weil der vom Rang niedrigere Co-Pilot es nicht für angemessen hielt, den handelnden Piloten auf schwerwiegende Probleme und Fehler hinzuweisen. Doch selbst wenn eine hohe Machtdistanz nicht immer lebensbedrohlich ist, kann die Beachtung dieser Kulturdimension nützlich sein, um eine (Unternehmens-) Kultur zu verstehen und angemessen in dieser agieren zu können.

Übertragung auf den Business-Kontext
Existiert eine Politik der offenen Tür, bei der man weitestgehend ohne Voranmeldung auch mit Vorgesetzten das Gespräch suchen kann – oder braucht es dafür besondere Anlässe und eine gezielte Vorausplanung? Wird in Diskussionen über Hierarchiegrenzen hinweg offen argumentiert – oder reagieren Mitarbeiter eher abwartend, was der Chef wohl sagt? Gibt es für Führungskräfte Privilegien und Statussymbole, die jenseits von Einkommen und Entscheidungsbefugnis liegen?

2.6.1.3 Individualität versus Kollektivität

▶ **Die Dimension Individualismus** beschreibt, ob die Interessen des Einzelnen im Vordergrund stehen oder jene des Gemeinwesens, des Kollektivs. In individualistischen Kulturen gelten die Selbstverwirklichung und die Individualität des Einzelnen als hohes Gut, während in kollektivistischen Kulturen das Gemeinwohl über die Interessen des Einzelnen gestellt wird. Der Einzelne definiert sich hier in viel stärkerem Maße über seinen Beitrag zum Gemeinwesen bzw. über die Leistung der Bezugsgruppe.

Nachfolgend eine vereinfachte Darstellung, die diese Dimensionen illustrieren soll.

Kollektivistische Kulturen	Individualistische Kulturen
Typische Länder: Korea, China, Malaysia, Singapur, Saudi-Arabien	Typische Länder: USA, Australien, Großbritannien, Niederlande
Fehler Einzelner können zu Gesichtsverlust der gesamten Gruppe (Abteilung oder Unternehmen) führen	Fokus liegt auf der persönlichen Entwicklung Einzelner
Management ist das Führen von Gruppen	Management ist das Führen Einzelner
Beziehung hat Vorrang vor Aufgabe (Geschäftsessen gehört zu Verhandlungen in Asien)	Aufgabe hat Vorrang vor Beziehung

Übertragung auf den Business-Kontext
Auch innerhalb eines Unternehmens kann es unterschiedliche Subkulturen geben, die sich mit Hilfe dieser Kulturdimension analysieren lassen. Vertriebsorientierte Einheiten sind häufig stark individualistisch geprägt. Erfolge werden individuell zugeschrieben, und „Helden" (im Sinne der Kulturzwiebel) zeichnen sich durch hohe individuelle Leistung aus. Daneben gibt es jedoch Bereiche im Unternehmen, bei denen es eher auf die stabile Gruppenleistung ankommt. Häufig sind dies administrative Bereiche (wie Buchhaltung oder Personal) – es können aber auch Entwicklungsabteilungen sein, die in eng in Teams kooperieren. Auch hier ist individuelle Wertschätzung erlaubt, jedoch wird der angemessene Ausdruck in der Regel anders bewertet als in den „individualistischen" Abteilungen.

Horizontaler versus vertikaler Kollektivismus
Die Dimension des Kollektivismus (Spieß und von Rosenstiel 2010) kann horizontal und vertikal ausgeprägt sein. In kollektivistischen Kulturen mit vertikaler Ausprägung ist die Gruppenzugehörigkeit sehr groß, jedoch gib es innerhalb der Gruppe Statusunterschiede (z. B. Militär). In kollektivistischen Kulturen mit horizontaler Ausprägung bezieht sich das Selbstkonzept auf die Gesamtgruppe, Statusunterschiede sind dabei weniger oder gar nicht ausgeprägt. Diese letztere Form findet man häufig in indigenen Stammesgesellschaften. Alle beziehen sich gemeinsam auf den Stamm, der Chief hat „nur" ein temporäres Amt. Das Amt des Chiefs ist zudem nicht zwingend mit besonderen Privilegien verbunden.

2.6.2   Gedankliche Wurzeln

Neben den bereits erläuterten kulturwissenschaftlichen Gedanken wollen wir Ihnen kurz weitere gedankliche Grundlagen unserer Überlegungen vorstellen, denen Sie im Laufe der nächsten Kapitel immer wieder begegnen werden.

2.6.2.1   Der Ursprung: Gregory Bateson – Lernen durch Unterschiedsbildung

Der Ethnologe und Kybernetiker Gregory Bateson führte in den 1930er-Jahren Feldforschungen bei den indigenen Kulturen auf Neuguinea durch. Später entwickelte Bateson die Typentheorie von Bertrand Russell weiter und übertrug sie auf die Verhaltenswissenschaften (Lutterer 2002a). Er unterschied vier Stufen des Lernens (Lernen 0 bis Lernen III) und ordnete diese hierarchisch. Die Eigenschaften eines Menschen waren für ihn in erster Linie in einem bestimmten Kontexte gemachte und internalisierte Lernerfahrungen. In diesem Sinne sind Eigenschaften nicht allein dem Individuum zuzuordnen, sondern vielmehr Merkmale der „Transaktionen zwischen dem Individuum und seiner materiellen und menschlichen Umgebung" (Bateson 1981, S. 385). Gregory Bateson hat auch die Aussage geprägt: „Informationen sind Unterschiede, die einen Unterschied ausmachen" (ebd. S. 582). Oder anders ausgedrückt: Lernen erfolgt durch Unterschiedsbildung. Albert Einstein wird der Satz zugeschrieben: „Was weiß der Fisch vom Wasser, in dem er sein ganzes Leben herumschwimmt?" – Für einen Fisch ist Wasser so normal, dass er sich nicht vorstellen kann, ohne dieses Element zu sein. Zumindest solange, bis er auf dem Trockenen landet. Auch für uns Menschen erscheinen Dinge, Verhaltensweisen oder Einstellungen häufig so gängig, dass wir kaum eine vernünftige Aussage darüber treffen können. „Ist doch normal!", heißt es dann. Im Sinne des Fisch-Beispiels ist es häufig gerade das Wegnehmen von Aspekten, die uns ihren Wert verdeutlichen. Erst durch die Unterschiedsbildung können wir sinnvolle Aussagen machen. Stellen Sie sich vor, eine Person hat noch nie ihren Heimatort verlassen und interessiert sich auch nicht für Berichte, die außerhalb des heimatlichen Radius liegen. Welche Perspektive auf die Welt hat diese Person wohl? – Wer schon einmal mit internationalen Teams gearbeitet hat, berichtet häufig von deutlichen Unterschieden in der Offenheit und Interaktionskultur im Vergleich zu jenen in rein deutschen (oder sogar rein „regionalen") Teams. Erkenntnisgewinn durch Unterschiedsbildung – dieses Prinzip werden wir im Laufe des Buches häufiger einsetzen, um Ihnen Inhalte zu vermitteln.

2.6.2.2 Die Logischen Ebenen nach Robert Dilts

Robert Dilts (et al. 2013) orientierte sich bei der Entwicklung der „Logischen Ebenen" an den Untersuchungen von Gregory Bateson. Die Anlehnung an dessen logische Kategorien im Prozess des Lernens führte jedoch zu einer verwirrenden Namensgebung: Das Modell wurde zunächst als „Logische Ebenen" bezeichnet, später auch als „Neuro-logische Ebenen" – ist aber weder logisch noch beschreibt es voneinander getrennte Ebenen. Dennoch ist es ein höchst nützliches Modell, das hilft, menschliches Verhalten und Sein zu analysieren und zu strukturieren. Wir halten es für so nützlich, dass wir uns bei der Strukturierung des Buches an dem Modell orientiert haben. Die für eine kompetente Selbstführung wichtigen Ebenen der Werte, der Identität und der Zugehörigkeit werden in Kap. 4 Ich-Kraft intensiv reflektiert; auf den folgenden Seiten daher nur eine kurze Einführung des Modells.

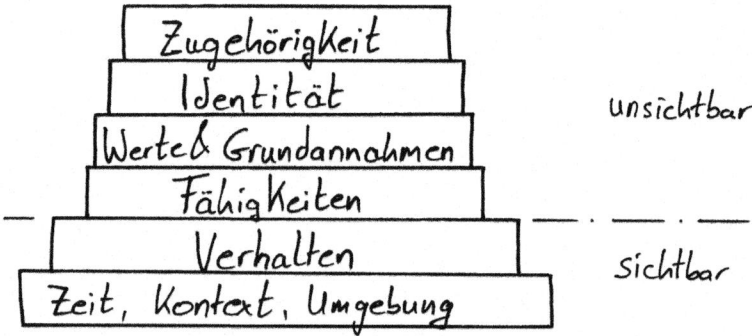

Sie können die Ebenen des Modells gut einsetzen, um beispielsweise ein Ereignis oder auch eine Kommunikationssituation zu analysieren. Die beiden untersten Ebenen beschreiben beobachtbare bzw. wahrnehmbare Aspekte. Ab Ebene 3 sind innere Prozesse und Konzepte betroffen, die unmittelbar nicht im Außen wahrnehmbar sind, jedoch auf die ersten beiden Ebenen wirken und somit relevant sind. Die Annahme des Modells ist, dass eine Veränderung auf einer höheren Ebene einen größeren „Hebel" auf die unteren Ebenen hat als umgekehrt. Eine Veränderung auf der Ebene der Identität hat also einen viel größeren Effekt als eine Veränderung (nur) auf der Ebene des Verhaltens.

Zur Veranschaulichung wählen wir als Beispiel ein Gespräch an einem Stand während eines Messebesuchs in einem fremden Land.

Ebene 1: Kontext – Kernfrage: Wo, wann, mit wem?
Die Betrachtung des Kontextes fragt nach Zeitpunkt oder Zeitrahmen, dem Ort des Geschehens, den Details des Ortes sowie nach der Anwesenheit von weiteren Personen.

- **Im Beispiel**: Wo findet die Messe statt? Wie sind Sie dorthin gekommen? In welcher Halle genau? Wie groß ist die Halle? Wie laut ist es dort? Wie viel Uhr ist es? Wie viele Personen sind insgesamt in der Halle? Mit wie vielen Personen sind Sie im Gespräch? Wer sind diese Personen? Wie sind diese gekleidet?
- **Unterschiedsbildung**: Was wäre, wenn die gleiche Situation nachts auf einem arabischen Basar stattfinden würde? Was wäre schlagartig anders?

Ebene 2: Verhalten – Kernfrage: Was?
Welches Verhalten lässt sich beobachten?

- **Im Beispiel**: Was tun Sie genau? Welche Handlungen führen Sie aus? Was sagen Sie genau? Welche unbewussten (*ideomotorischen*) Bewegungen machen Sie? – Die gleichen Fragen können Sie auch bezüglich Ihres Gesprächspartners stellen.
- **Unterschiedsbildung**: Mal angenommen, es wäre eine seltsame oder ärgerliche Situation gewesen: Was genau am Verhalten des Gesprächspartners hat Sie irritiert oder verärgert? Machen Sie dies an dessen Verhalten fest, nicht an Annahmen oder Bewertungen.

Ebene 3: Fähigkeiten – Kernfrage: Wie?
Hier stehen die Fähigkeiten und Kompetenzen im Fokus, die zur Ausführung des Verhaltens oder auch der Gedanken nötig sind. Dazu können auch Ressourcen wie der Gesundheitszustand gehören.

- **Im Beispiel**: Welche Fähigkeiten, Erfahrungen, Kompetenzen nutzen Sie in diesem Moment?
- **Unterschiedsbildung**: Angenommen Sie sprächen die Sprache des Gesprächspartners nicht – was würde anders sein? Denken Sie dabei nicht nur an die Landessprache, sondern auch an spezifische Fachsprache bzw. Begrifflichkeiten oder häufig verwendete Abkürzungen.

Ebene 4: Überzeugungen, Werte und Grundhaltungen – Kernfrage: Warum?
Hier geht es darum, durch welche Brille auf die Welt gesehen wird. Die inneren Konzepte von der Welt beeinflussen, wie wir diese wahrnehmen.

- **Im Beispiel**: Was ist Ihnen hier wichtig in dieser Situation? Was möchten Sie sicherstellen? Welche bewussten oder unbewussten Grundannahmen haben Sie über sich, den Kontext oder Ihre Gesprächspartner? – Ebenso: Was möchte Ihr Gesprächspartner sicherstellen?
- **Unterschiedsbildung**: Wie würde es die Situation verändern, wenn Sie sicher wüssten, dass Ihr Gesprächspartner von der Konkurrenz ist und Sie nur aushorchen will? – Wie würden Sie die Situation erleben, wenn Sie Ihren Gesprächspartner aushorchen sollten?

Ebene 5: Identität – Kernfrage: Als wer?
Hier geht es um das Selbstverständnis, mit dem eine Person in einer spezifischen Situation sich selbst sieht und nach außen hin auftritt.

- **Im Beispiel**: In welcher Identität sind Sie in diesem Moment dort? Als Aussteller oder Besucher – als Verkäufer oder Interessent – als Bewerber oder Rekrutierender? Sind Sie beruflich dort oder als Privatperson?
- **Unterschiedsbildung**: Rein hypothetisch einmal angenommen, Sie würden von jetzt auf gleich Ihr Geschlecht wechseln – von Mann zu Frau oder umgekehrt. Wie würde dieses geänderte Selbstverständnis bzw. Identitätsempfinden die Situation verändern? Würden Sie vom Gesprächspartner anders wahrgenommen werden?

Ebene 6: Zugehörigkeit und höherer Sinn – Kernfrage: Für was?
Im Businesskontext erscheint diese Ebene auf den ersten Blick nicht relevant, da sie leicht auch als rein religiöse oder spirituelle Ebene verstanden werden kann. Allerdings umfasst der Begriff der Zugehörigkeit Aspekte, die auch im Geschäftsleben hochrelevant sind. Mehr dazu im Kap. 4.3 Meine Zugehörigkeit.

- **Im Beispiel**: Vertreten Sie nur sich selbst oder ein Unternehmen oder eine Organisation? Oder vielleicht sogar einen Berufsstand? Sind Sie alleine dort oder haben Sie (gefühlt oder tatsächlich) eine Gruppe oder Organisation im Rücken, als deren Vertreter Sie hier sind? Vielleicht haben Sie sogar eine innere Mission, die Sie in diesem Moment antreibt – zum Beispiel Ihr Produkt zu vermarkten.
- **Unterschiedsbildung**: Welchen Unterschied würde es für Sie machen, wenn Sie als einziger Europäer auf einer Messe in Asien wären, auf der sonst fast ausschließlich Asiaten als Besucher und Aussteller sind? – Anderes Beispiel: Stellen Sie sich vor, Sie müssten auf der Messe Geschäfte abschließen, um in Ihrem Unternehmen den nächsten großen Karriereschritt machen zu können. Wie würde sich Ihr Erleben der Situation verändern, wenn Sie unbedingt zu diesem „Kreis der Erfolgreichen" zählen wollen?

Auf der Baustelle des Kommunikation

Unterschiedsbildung ist nützlich. Doch Unterschiede selbst können hinderlich sein. Im Vorgriff auf die weiteren Inhalte des Buches bereits hier ein Merksatz zum wichtigen Thema Ähnlichkeiten und Unterschiede:

►   Ähnlichkeit baut Brücken, während wahrgenommene Unterschiedlichkeit Gräben aushebt.

Mehr dazu im Kap. 4.3 Meine Zugehörigkeit sowie im Kap. 7 Sozialer Pfad.

Das Modell der Logischen Ebenen wird Ihnen auch am Ende jedes Kapitels in Form einer systematischen Selbstreflexion begegnen. Nutzen Sie das Schema, um die gewonnen Erkenntnisse einzuordnen und im Sinne nachhaltigen Lernens auf Ihren Alltag zu übertragen. Am Ende dieses Kapitels können Sie das Modell näher kennenlernen, indem Sie die Fragen auf Ihre jetzige Situation im beruflichen Kontext anwenden.

2.6.2.3   Kybernetik 2. Ordnung

Auf der Basis der Forschungen von Gregory Bateson entwickelte der Physiker Heinz von Foerster die Kybernetik zweiter Ordnung (Lutterer 2002b). Die Kernaussage des Ansatzes besagt, dass ein Beobachter (im Gegensatz zur Kybernetik erster Ordnung) immer auch Teil des beobachteten Systems ist. Dies trifft auf den Wissenschaftler im Rahmen von Feldforschungen bei indigenen Gesellschaften ebenso zu wie auf den Richter in einem Prozess – oder den Beteiligten in einem Gespräch. In diesem Sinne kann man niemals neutral oder unbeteiligt auf eine Situation schauen. Selbst der Mikrobiologe, der die Amöben unter dem Mikroskop betrachtet, ist in diesem Sinne am amöbischen System beteiligt. – Wie kann das sein? Machen Sie sich dazu bewusst, dass jede Wahrnehmung nur gefiltert stattfindet. Wahrnehmung ist an sich kein rein passiver Prozess, sondern ist immer aktiv durch die Prägungen des Beobachters beeinflusst. Einen gewichtigen Einfluss haben dabei die kulturellen Prägungen. Auf weitere Faktoren gehen wir im Kap. 3.2 Anwendungsfelder von Intuition (Abschnitt Intuition als Empathie) ein. Bezogen auf den Blick durch das Mikroskop: Der Wissenschaftler sieht nicht bloß etwas, er „erkennt" es vielmehr. Ein Laie würde das Gesehene anders beschreiben und anders deuten.

Gedankenexperiment

Was sehen Sie in dieser Abbildung?

Die Chancen stehen gut, dass Sie zwei Paar Augen sehen oder zwei Gesichter. In „Wahrheit" sehen Sie jedoch eigentlich nur schwarze Flächen in der geometrischen Form von Kreisen und Kurven. Den Rest baut Ihr Geist zusammen. Und Ihr Gehirn hat diese beiden vermeintlichen Gesichter inzwischen auch bewertet: Das eine lacht und ist fröhlich, das andere ist traurig. Stimmt's? Nicht wenige Menschen würden sogar eine kleine Geschichte „entdecken", die sich zwischen den beiden Farbflächen abgespielt hat. Gehören Sie dazu?

Das Mini-Experiment hat verdeutlicht, dass wir niemals neutral auf eine Situation – oder genereller: Information – schauen. Im Alltag wird dies jedoch andauernd gefordert. Beim Vorstellungsgespräch soll der beste (oder zumindest passendste) Kandidat gefunden werden; der Schiedsrichter soll unabhängig pfeifen; Entscheidungen sollen ganz emotionslos gefällt werden. Im Beispiel des mikroskopierenden Wissenschaftlers erkennt dieser vor allem das, was er kennt. Abweichungen vom Bekannten blendet er häufig aus oder deutet sie im Rahmen des Bekannten um.

Wie kommt man heraus aus diesem Teufelskreis? – Strenggenommen gar nicht. Allerdings lassen sich mit einer angemessenen Haltung – u. a. Demut vor der Fehlbarkeit der eigenen Wahrnehmung – und geistigen Gelenkigkeit Schritte in diese Richtung machen. Die Selbstbeobachtung und eine achtsame Wahrnehmung des Kontextes sind dabei unerlässlich.

Steuermann, lass die Wacht! – Kybernetik 2. Ordnung für Entscheider
Schon dem Steuermann des Fliegenden Holländers in Richard Wagners gleichnamiger Oper rief man zu, sich einen Moment Abstand zu gönnen vom unmittelbaren Augenblick. Denn mit etwas Abstand gewinnt man häufig einen besseren Überblick. Kybernetik ist die Steuermannskunst. Der Steuermann heißt im Altgriechischen „kybernétes". Vergegenwärtigen Sie sich noch einmal die Aussagen zur Kybernetik 2. Ordnung und übertragen Sie diese auf die Situation eines Entscheiders. Der Entscheider beobachtet sich beim Entscheiden und bemerkt, welchen Einfluss das Entscheiden (oder auch der resultierende Entscheid) auf ihn als Entscheider hat. Er nimmt sich also als Anteil des Systems wahr, das er verändert – und zwar inklusive der zeitlichen Achse.

Logbuch

Mit dieser erweiterten Perspektive kommen eine Reihe von Fragen ins Blickfeld. Denken Sie an eine wichtige Entscheidung, die Sie in Ihrem Unternehmen zu treffen haben und reflektieren Sie die einzelnen Optionen anhand der folgenden Fragen. Notieren Sie Ihre Gedanken in Ihrem Logbuch.

⮱ Zum wem entwickle ich mich, wenn ich häufiger auf diese Weise entscheide?
⮱ Was ermögliche ich mir dadurch? Was verhindere oder verbiete ich mir dadurch?
⮱ Wie werden andere auf mich schauen, wenn ich häufiger so entscheide?
⮱ Wie wird sich meine Stellung im System verändern – durch diese Entscheidung, aber auch durch häufigeres Entscheiden in dieser Richtung?

➲ Welchem größeren Gedanken (oder auch höheren Sinn) dient diese Entscheidung?
Oder anders ausgedrückt: Was wird durch diese Entscheidung langfristig befördert?

➲ Welche Mehrrunden-Effekte werden vermutlich durch mein derzeitiges Entscheiden
möglich (bzw. unmöglich)?

2.6.3   Analog versus digital – Welche Sicht auf die Welt erleichtert den Zugang zur Intuition?

Ein Schwerpunkt in diesem Buch liegt auf der *Intuition* und wie Sie diese in Ihrem Business-Alltag nutzen können. Eine Grundvoraussetzung dafür ist, sich vom Schwarz-Weiß-Denken eine Pause zu gönnen. Man kann zwei grundsätzliche Muster unterscheiden, wie Menschen die Welt wahrnehmen und bewerten (sogenannte *Metaprogramme*): analog oder digital. Digital bezieht sich hierbei jedoch nicht auf die „digitale Revolution", die Smartphones, Tablets und digitale soziale Netzwerke hervorgebracht hat. Vielmehr geht es darum, wie der Einzelne (oder auch eine Gesellschaft) die Welt betrachtet.

 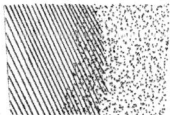

Die *digitale* Perspektive kennt nur zwei Zustände: an oder aus, richtig oder falsch. Sie fordert: „Zahlen, Daten, Fakten!". Hier muss es klare Antworten auf Fragen geben. Hier wird unterschieden zwischen richtig und falsch. Hier wird optimiert. – Diese Haltung hat viele Vorteile, sowohl im materiellen wie auch im zwischenmenschlichen Bereich – allerdings nur unter bestimmten Voraussetzungen. Die Welt muss bis ins Detail planbar und vorhersagbar sein; die Abläufe müssen bekannt und zuverlässig sein. All dies ist im „realen Leben" jedoch in der Regel, wenn überhaupt, nur kurzfristig möglich.

Die *analoge* Weltsicht akzeptiert hingegen die „Unschärfe" der Realität und des menschlichen Erlebens. In der analogen Welt darf eine Frage offen bleiben. Metaphern und Storytelling sind hier zuhause. „Man weiß es nicht genau", ist hier eine erlaubte Aussage. Statt des „einen richtigen Wegs" will man hier eher „oben auf der Welle surfen". In der analogen Welt können sich die Dinge ständig ändern – daher ist man auf das kontinuierliche Mikro-Feedback aus der Umwelt angewiesen. Als Surfer oder Snowboarder muss ich mich durch Mikro-Bewegungen ständig an die Unebenheiten des Untergrunds anpassen. Den einen, vorab detailreich optimierten Weg, gibt es nicht.

Intuition kann nur in dieser analogen Welt gedeihen. Intuition ist das „Finden einer richtigen Frage. Nicht die Antwort ist die Intuition, sondern die Frage ist die Intuition" – so sagt es Neurowissenschaftler Professor Ernst Pöppel (Bohnefeld und Gonschior 2010). In diesem Sinne ist unser Anliegen das Finden der richtigen Frage – statt der Produktion von schnellen Antworten.

2.6.4   Selbst erleben – authentisch sein

Authentisch sein heißt, Erfahrungen selbst zu machen. Uns geht es um das authentische Erleben aus erster Hand. Darum wollten wir uns nicht auf Schilderungen aus Büchern oder von Dritten verlassen. Deshalb sind wir selbst den Weg ins Reservat gegangen und haben den Kontakt zu den *Eldern* der *indigenen* Gesellschaften gesucht. Um die Erlebnisse und Erfahrungen in den westlichen Arbeitskontext übertragen zu können, bedienen wir uns vielfach der Sprache und Methodik hiesiger Trainings- und Coaching-Ansätze. Denn so kompetent die indigenen „Praktiker" in der Anwendung ihrer Haltungen und „Methoden" sind, so wenig haben sie diese verschriftlicht oder auf andere kodifizierte Weise für andere zugänglich gemacht. Das *implizite Wissen* wird in indigenen Gesellschaften über das Lernen am Vorbild vermittelt. Diese Übersetzungsleistung war und ist unser eigenes Interesse. Wir wollen die Brücke schlagen zwischen Tipi (dem Zelt der indigenen Völker der Prärie) und dem Meetingraum des Managers. In diesem Sinne laden wir Sie dazu ein, den folgenden Abschnitt zur Reflexion zu nutzen und eine Transferbrücke in Ihren beruflichen Kontext zu schlagen.

2.7   Spuren hinterlassen: Selbst machen. Verwirklichen. Nachhalten.

Nehmen Sie Ihr Logbuch zur Hand und notieren Sie alle Gedanken, die Ihnen spontan oder auch im Nachgang zu einer der unten genannten Fragen kommen. Nichts ist so flüchtig wie ein Gedanke. Halten Sie die Gedanken – auch die nur „gefühlten" – schriftlich fest, damit Sie später darauf zurückkommen können.

1. Transfer in Ihren Kontext: Denken Sie über Ihr Unternehmen oder den erweiterten Arbeitskontext nach, in dem Sie tätig sind. Nutzen Sie die logischen Ebenen, um dieses Umfeld zu reflektieren. Lernen Sie dabei das Modell in einer ersten Anwendung kennen. Beginnen Sie dazu am besten unten (auf der Ebene Kontext) und arbeiten sich dann nach oben.

Zugehörigkeit und systemische Wirkungen	➲ Zu welchem Kreis darf ich mich aufgrund meiner beruflichen Tätigkeit zugehörig fühlen? Beispiel: Welche beruflichen Fachzirkel kann ich besuchen? Welche Messen oder Kongresse? Welchem Berufsverband fühle ich mich verbunden?
	➲ Wie definiere ich für mich den Sinn meiner Arbeit?
	➲ Wozu trage ich etwas bei?
	➲ Welchem Unternehmenszweck dient das Unternehmen, in dem ich tätig bin?
Identität	➲ Folge ich einem Berufsethos? Welchem?
	➲ Als wen definiere ich mich beruflich?
	➲ Was sage ich anderen, welchen Beruf ich ausübe?

Werte und Überzeugungen	⮑ Was ist mir im Beruf wichtig? Worauf lege ich Wert, während ich arbeite?
	⮑ Wie denke ich über mein Arbeitsumfeld? Wie über meine Kollegen? Wie über Vorgesetzte, Kunden oder andere Menschen, mit denen ich beruflich zu tun habe?
Fähigkeiten	⮑ Welche Fähigkeiten setze ich in meinem beruflichen Kontext ein?
	⮑ Welche Zertifikate weisen meine Fähigkeiten aus? Welche Prüfungen musste ich dafür ablegen?
	⮑ Welche weiteren Fähigkeiten, Talente oder Kompetenzen sind darüber hinaus wichtig, damit ich meine Arbeit so machen kann, wie ich es tue?
Handeln	⮑ Was genau tue ich bei der Arbeit? Welche Tätigkeiten führe ich aus?
	⮑ Was sage ich währenddessen (typischerweise)?
	⮑ Was können andere bemerken, wenn Sie mich bei der Arbeit sehen (oder hören)?
Kontext	⮑ In welchem Arbeitsumfeld bin ich tätig? Wo sind die Arbeitsstätten? Wie lassen sich diese beschreiben?
	⮑ Wann bin ich beruflich tätig? Zu welchen Zeiten des Tages? Gibt es saisonale oder projektbezogene Schwankungen?
	⮑ Mit wem arbeite ich zusammen bzw. mit wem habe ich Kontakt (Kunden, Zulieferer)?

2. Nachdem Sie nun die Übungen zu diesem Thema bearbeitet haben und die Gedanken dazu reflektiert haben, rufen Sie sich Ihren (geheimen) Wunsch ins Gedächtnis, den Sie am Anfang des Buches notiert haben:

⮑ Welche nützlichen Einsichten oder Erkenntnisse konnte ich diesbezüglich gewinnen?

⮑ Welche anderen interessanten gedanklichen Verknüpfungen kann ich erkennen?

⮑ Ergeben sich daraus für mich weitere Handlungsimpulse?

⮑ Wie könnte ich diese konkretisieren und in der „Welt der Tatsachen" verwirklichen?

Literatur

Andreas T (2015) Unveröffentlichtes Skript, Köln. www.tomandreas.de

Bateson G (1981) Ökologie des Geistes. Anthropologische, psychologische, biologische und epistemologische Perspektiven. Suhrkamp, Frankfurt a. M.

Bohnefeld U, Gonschior T (2010) Auf den Spuren der Intuition. DVD Tao Cinemathek (Alive), Bielefeld

Bolen I (2000). Dialogisches Prinzip. In: Stumm G, Pritz A (Hrsg) Wörterbuch der Psychotherapie. Springer, Heidelberg, S 132

Bopp J, Bopp M, Brown L, Lane Jr P (1984) The sacred tree. Lotus Press, Twin Lakes

Buber M (1982) Das Problem des Menschen. Lambert Schneider, Heidelberg

Buber M (2006) Das dialogische Prinzip. Gütersloher Verlagshaus, Gütersloh

Bühler K (1978) Sprachtheorie. Die Darstellungsfunktion der Sprache. Ullstein, Frankfurt a. M., S 102 ff

Cho SY, Erdmann P, Maroldt K (2007) Projekt zur Entwicklung und Erprobung von Online-Tutorien für den Schwerpunkt Sprach- und Kommunikationswissenschaft an der TU Berlin. http://fak1-alt.kgw.tu-berlin.de/call/linguistiktutorien/pragmatik/pragmatik%20k2.html. Zugegriffen: 30. Mai 2015

Dilts R, Lozier De J, Bacon Dilts D (2013) NLP II – die neue Generation: Strukturen subjektiver Erfahrung – die Erforschung geht weiter. Junfermann, Paderborn

Fortescue M (1994) Morphology, polysynthetic. In: Simpson JMY (Hrsg) The encyclopedia of language and linguistics. Pergamon, Oxford

Gladwell M (2010) Überflieger: Warum manche Menschen erfolgreich sind – und andere nicht. Piper, München

Hirschberg W, Müller W (2005) Wörterbuch der Völkerkunde. Reimer, Berlin

Lutterer W (2002a) Gregory Bateson: Eine Einführung in sein Denken. Carl Auer, Heidelberg

Lutterer W (2002b) Die Ordnung des Beobachters: die Luhmannsche Systemtheorie aus der Perspektive systemischer Theorie. Sociol Int 40(1):5–33

Mason Boring F (2009) Botschaften aus dem indigenen Feld: Rituelle Elemente und Zeremonien in Systemaufstellungen. Carl Auer, Heidelberg

Mc Adam S, Myo D (2009) Cultural teachings: first nations protocols and methodologies. Saskatchewan Indian Cultural Centre, Saskatoon

Müller W (1985) Indianische Welterfahrung. Klett, Frankfurt a. M.

Peseschkian N, Peseschkian N, Peseschkian H (2003) Erschöpfung und Überlastung positiv bewältigen. Trias, Stuttgart

Schweer T (1995) Stichwort Naturreligionen. Heyne, München

Spieß E, Rosenstiel von L (2010) Organisationspsychologie: Basiswissen, Konzepte und Anwendungsfelder. Oldenbourg Wissenschaftsverlag, Wiesbaden

Whorf BL (2008) Sprache, Denken, Wirklichkeit. Beiträge zur Metalinguistik und Sprachphilosophie. Rowohlt, Reinbek

Wittgenstein L (1963) Tractatus logico-philosophicus, Logisch-philosophische Abhandlung. Suhrkamp, Frankfurt a. M.

Weitere Lesetipps

Echter D (2011) Führung braucht Rituale: So sichern Sie nachhaltig den Erfolg Ihres Unternehmens. Vahlen, München

Teil II
Den Pfad beschreiten

Intuition als Zugang zum Unbewussten 3

▶ Was eigentlich ist Intuition? Wie zeigt sie sich? Wie können Sie sie üben? Und wie wenden Sie sie in Ihrem beruflichen Kontext als Fach- und Führungskraft an? Wir zeigen Ihnen, welche unterschiedlichen Erscheinungsformen von Intuition es gibt und stellen Ihnen die Achtsamkeit vor – eine wichtige Voraussetzung für intuitives Erleben. In ersten einfachen Übungen erproben Sie anschließend achtsames und intuitives Erleben für sich selbst und erfahren, wie Sie es in Ihren beruflichen und privaten Alltag integrieren.

Wenn Sie dieses Kapitel gelesen haben, …
- … wissen Sie, wie nützlich die Intuition in unterschiedlichen Bereichen bzw. Anforderungen des Unternehmensalltags ist.
- … kennen Sie die biologischen Aspekte der Intuition und des Stresses, dem natürlichen Feind der Intuition.
- … wissen Sie, welche Faktoren intuitives Erleben beeinflussen – förderliche wie auch einschränkende Faktoren.
- … können Sie jederzeit Momente von Achtsamkeit und innerer Zentrierung erleben.
- … haben Sie die Sprache des Unbewussten kennengelernt und können Ihr inneres Erleben präzise beschreiben.
- … können Sie Ihre Intuition im zwischenmenschlichen Kontakt zielführend einsetzen, beruflich wie privat.

© Springer Fachmedien Wiesbaden 2016
D. Goetz, E. Reinhardt, *Selbstführung: Auf dem Pfad des Business-Häuptlings,*
DOI 10.1007/978-3-658-08912-2_3

3.1   Was ist Intuition? – Eine Differenzierung

Intuition ist ein facettenreicher Begriff, für den es keine allgemein gültige und akzeptierte Definition gibt. In Anlehnung an die Definition von Gigerenzer und Gaissmaier (2012, beide Max-Planck-Institut für Bildungsforschung) lässt sich Intuition als eine unbewusste Urteilsbildung beschreiben, die durch einen gedanklichen Impuls oder eine Körperwahrnehmung rasch im Bewusstsein auftaucht, deren tiefere Gründe aber rational nicht nachvollziehbar sind (Gigerenzer 2008, S. 25). Derzeitige Erklärungsversuche basieren auf Konzepten zur unbewussten Informationsverarbeitung, Erfahrungswissen und Spiegelneuronen (emotionale und kognitive Aspekte).

▶   Wir verstehen Intuition als Zugang zu implizitem Wissen, das wir rational bzw.
      mit Worten nur unzureichend beschreiben können.

Über Intuition nur zu reden, wirkt häufig konstruiert und lebensfern. Es braucht vielmehr die eigene Erfahrung. Daher konzentrieren wir uns in diesem Buch auf die praktische Anwendung der Intuition. Die Übungen, die wir für Sie zusammengestellt haben, eignen sich sowohl für den beruflichen als auch den privaten Kontext.

3.1.1   Implizites Wissen

Explizites Wissen kann man kodieren und kommunizieren, zum Beispiel in Lehr- und Fachbüchern. Demgegenüber lässt sich das implizite Wissen nicht oder nur schlecht kodifizieren und kommunizieren. Der Mensch eignet es sich vor allem durch Erfahrung an. Genau dieses Wissen dient der Intuition als Informationsreservoir. Der intuitive Prozess greift unbewusst auf dieses implizite Wissen zurück. Die Intuition wird also weitgehend gespeist aus unseren Erinnerungen, Sinneseindrücken und Empfindungen, die im Unbewussten abgespeichert sind.

▶   Implizites oder stilles Wissen (vom Englischen: „Tacit Knowledge") ist die Kom-
      petenz, die jemand zwar zeigen (oder auch an anderen sehen) kann, ohne sie
      jedoch verbalisieren zu können. Dieser Begriff lässt sich weiter differenzieren
      (Neuweg 2005, S. 581 f.):

•   **in actu implizit**: Kompetentes Handeln, das automatisch abläuft, ohne einer konkreten Regel zu folgen, die sich der Handelnde zuerst in Erinnerung rufen müsste. Dies schließt jedoch nicht aus, dass eine solche Regel existiert oder formulierbar ist. **Beispiel**: Das Einparken in eine seitliche Parklücke (erfolgt ohne verbalisierte Überlegungen, obwohl die einzelnen Handlungsschritte im Prinzip beschreibbar sind).

- **nicht verbalisierbar**: Die ausführende Person kann ihr eigenes Handeln auch im Nachhinein nicht verbalisieren. Sie kann also keine Regel für ihr eigenes (kompetentes) Handeln benennen, obwohl diese implizit bekannt ist und angewendet wird. **Beispiel**: Der korrekte Gebrauch von grammatikalischen Regeln (läuft trotz verfügbarer formaler Regeln in der Regel unbewusst ab).
- **nicht formalisierbar**: Sowohl der Handelnde als auch ein Beobachter können keine Regel für das (kompetente) Vorgehen verbalisieren oder auf andere Weise kodifizieren. **Beispiel**: Die Kompetenz, einen Witz zu erfinden oder ein kreatives Problem zu lösen (z. B. bei der Programmierung von Software).
- **erfahrungsgebunden**: Dieses Wissen kann prinzipiell nur über die eigene Erfahrung gelernt werden. Es ist sprachlich nicht oder nur unzureichend wiederzugeben. Es ähnelt manchmal eher einer Erlebensbeschreibung, die nur noch angenähert über metaphorische Sprache oder anhand von Beispielen transportiert werden kann. Häufig handelt es sich auch um die qualitativen Nuancen einer Handlung. **Beispiel**: Das Gespür für den richtigen Moment zu haben (um z. B. ein schwieriges Thema anzusprechen) oder einen Witz gelungen erzählen können.

3.1.2 Intuition versus Instinkt

Wichtig ist uns noch, zwischen Intuition und Instinkt zu unterscheiden. Der Begriff Instinkt ist ebenso vieldeutig definiert wie der Begriff der Intuition. Gemeinsam ist beiden Konzepten, dass sie unser Unbewusstes aktivieren und im Denken und Handeln Bezug darauf nehmen.

▶   Für uns ist der Instinkt gegenüber der Intuition jedoch ein weitestgehend automatisierter Impuls, dem wir auch in stressbehafteten Situationen folgen können – dem wir ggf. sogar in diesen Momenten unterworfen sind.

Die Begriffe mögen nicht in jedem Einzelfall trennscharf sein und es mag Übergänge geben. Für uns ist jedoch ein zentraler Unterschied, dass die Intuition bzw. der intuitive Zugang durch Stress verschüttet wird, wohingegen der Instinkt gerade in Stresssituationen abgerufen wird. Immer dann, wenn der sprichwörtliche Säbelzahntiger in unseren Weg springt, handeln wir instinktiv und beinahe automatisch. Der freie Wille löst sich in Luft auf und wir agieren fast wie ferngesteuert. Der Zugang zur Intuition erfordert dagegen ein stressfreies Erleben. Intuition bedeutet die Öffnung für Neues, das Empfinden von Neugier und Faszination, eine freudige Begrüßung einer Vielzahl von Eindrücken.

Instinkt und Intuition kommen also in völlig unterschiedlichen Situationen zum Tragen und wirken sich mental (und auch körperlich) ganz unterschiedlich aus.

Die biologischen Effekte von Stress sind umfassend und je nach Stärke des empfundenen Stresses unterschiedlich intensiv ausgeprägt. Unter Stress schüttet der Körper die

Hormone Adrenalin, Noradrenalin und Kortisol aus. Dies bewirkt eine Reihe von Reaktionen im Körper.

- Beschleunigung des Herzschlags
- Kontraktion der Blutgefäße (in Teilen des Körpers)
- Gesicht wird bleich oder errötet (oder abwechselnd)
- Weitung der Pupillen
- Visuelle Fokussierung (Tunnelblick)
- Beeinträchtigung des Hörsinns
- Verlangsamung der Verdauungsprozesse
- Erhöhung des Muskeltonus (Muskelspannung)
- Entspannung der Muskulatur um die Blase herum (wir müssen dringend Wasser lassen)
- Zittern an den Extremitäten (Hände, weiche Knie)

Bereits 1915, im Anschluss an die Erfahrungen aus dem Ersten Weltkrieg, prägte der amerikanische Wissenschaftler Walter Cannon den bis heute geläufigen Begriff „Fight-or-Flight-Response", der später um die Begriffe „Freeze and Fright" ergänzt wurde. Demgemäß folgt der Mensch unter Stress einem dieser vier Handlungsmuster: kämpfen, fliehen, in Schockstarre verharren oder sich fürchten.

Die biologischen Reaktionen unter Stress sind hinlänglich bekannt und sowohl wissenschaftlich erforscht als auch von jedem Menschen durch eigene Erfahrung nachvollziehbar. Doch wie reagiert der Körper auf intuitives Erleben? Auf direktem Wege lässt sich intuitives Erleben nicht untersuchen, da es nicht – so wie Stress – ausgelöst werden kann. Eine wichtige Vorstufe für das intuitive Erleben ist jedoch die Achtsamkeit. Achtsamkeit ist ein Erleben, bei dem man höchst präsent sowohl die Umwelt als auch die eigenen Gedanken wahrnimmt, ohne diese jedoch zu bewerten oder einzuordnen. Die Achtsamkeitspraxis wurde schon mehrfach wissenschaftlich untersucht. Die körperlichen Reaktionen waren den Auswirkungen von Stress entgegengesetzt.

- Achtsamkeitsmeditation baut Stress ab und kann sogar Entzündungswerte im Körper verringern (Rosenkranz 2013, S. 174 f.).
- Bereits acht Wochen regelmäßige Achtsamkeitspraxis verbessern das Erinnerungsvermögen und die Selbstwahrnehmung, erhöhen die Empathie gegenüber Mitmenschen und verringern die Stressanfälligkeit (Hölzel et al. 2010).
- Die Form der Meditation ist dabei weniger wichtig. Wichtig ist die regelmäßige Durchführung (Schoormann und Nyklíček 2011, S. 629 f.).

Mehr zum Thema Achtsamkeit lesen Sie weiter unten im Kap. 3.4 Achtsamkeit und Präsenz – sich und die Umwelt wahrnehmen.

3.1.3   Intuition als Prozess

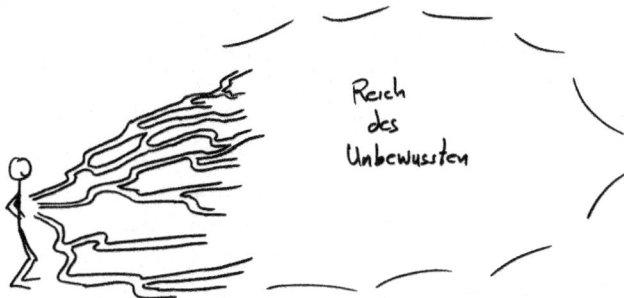

„Neulich habe ich mich mit dem Thema XY beschäftigt, und da hatte ich eine Intuition" – so oder ähnlich reden viele Menschen, wenn sie über ihre Intuition sprechen. Was sie damit jedoch meinen, ist ein Geistesblitz. Intuition bezeichnet dagegen viel eher einen Prozess oder ein Erleben. Man kann natürlich im Rahmen eines intuitiven Erlebens auch einen Geistesblitz haben oder eine intuitive Einsicht erlangen. Aber Intuition ist eben sehr viel mehr als eine spontane Eingebung – sie ist in unseren Augen ein Prozess, den man erlebt.

Wie alle Definitionen ist auch diese nicht richtig oder falsch, sondern innerhalb eines Kontextes nur mehr oder weniger angemessen. Wir laden Sie deshalb ein, die Intuition im Folgenden als Prozess zu verstehen, durch den Sie in vielen kleinen Schritten Zugang zum Reich des Unbewussten erhalten. Ohne unsere Intuition bleibt uns unser Unbewusstes verschlossen.

►   Die Intuition ist der Kanal, durch den wir Einblick in unser Unbewusstes erlangen – oder besser gesagt: der Kanal, durch den uns Impulse aus dem Unbewussten bewusst werden.

Doch was ist das Unbewusste genau? Es ist ein Konzept für den Bereich der menschlichen Psyche, der dem Bewusstsein nicht direkt zugänglich ist, diesem aber zugrunde liegt. Es existiert keine einzelne organische Einheit im Gehirn oder irgendwo sonst im Körper, auf die sich das Unbewusste eingrenzen ließe. Durch die bildgebenden Verfahren der Neurobiologie weiß man jedoch, dass die unbewussten Prozesse den bewussten vorausgehen (Damasio 2000).

3.1.4   Weibliche Intuition? – Männer können's auch!

„Personalentscheidungen sollten grundsätzlich Frauen treffen – die haben eine viel bessere Intuition für so etwas!" Weit gefehlt: Geschlechtsspezifische Unterschiede in der intuitiven Begabung existieren nicht – so die neuere Forschung. Der Glaube an die genderdiversifizierte Intuition erwuchs erst in der Aufklärung im 18. Jahrhundert.

Frauen haben aufgrund ihrer Sozialisation sicherlich mehr Übung im Umgang mit der eigenen Intuition (v. a. in Form der Empathie), aber keinen biologischen Vorsprung. Eine Ausnahme mag die besondere Beziehung zwischen einer Mutter und ihrem Kind sein. Immerhin ist es über neun Monate in ihrem Inneren herangewachsen, sie hat seine Tritte gespürt, es über die eigene Bauchdecke gestreichelt und schließlich in einem schmerzhaften Prozess auf die Welt gebracht. Das schweißt zusammen – vielleicht auch auf eine Weise, die selbst der Vater nicht in Gänze nachvollziehen kann.

Was sagen also neuere Forschungsergebnisse über die angeblich (nur) weibliche Intuition konkret? Vor allem dies: Frauen und Männer schätzen ihre intuitiven Fähigkeiten zwar unterschiedlich ein – in einer Studie von Professor Richard Wiseman von der University of Hertfordshire in Großbritannien hielten sich über drei Viertel der Frauen für sehr intuitiv, aber nicht einmal 60 % der Männer. Das Ergebnis des Experiments, bei dem echtes von falschem Lächeln unterschieden werden musste, zeigte jedoch keine signifikanten Unterschiede zwischen den Geschlechtern. Männer waren in der Tat sogar einen Hauch besser darin: Einer Studie der Virginia Commonwealth University zufolge entdecken Männer die Seitensprünge ihrer Partnerinnen häufiger als Frauen. 75 % von ihnen kommen ihrer Partnerin auf die Schliche, während es umgekehrt nur rund 40 % sind (Connor 2005).

Selbst wenn diese einzelnen Studien noch nicht der Weisheit letzter Schluss sind, so nähren sie doch die Hoffnung, dass der Blick auf das Geschlecht zukünftig nicht mehr relevant sein wird, wenn es um die Frage geht, ob ein Mensch Zugang zu den Informationen aus seinem Unbewussten hat oder nicht. Also, Männer, ran an die Intuition!

3.2   Anwendungsfelder von Intuition

Wir unterscheiden vier Erscheinungen oder Anwendungsfelder von Intuition.

* Intuition als Empathie
* Intuition bei Entscheidungen

- Intuition als Inspiration
- Intuition als Vorahnung

Die vier Bereiche sind sicher nicht völlig trennscharf, sondern gehen ineinander über.

▶ Der Fokus dieses Buches liegt auf der Empathie, der Intuition im Kontakt zwischen Menschen, denn Führung ist in erster Linie der professionelle Umgang mit den eigenen Mitarbeitern.

Darüber hinaus finden Sie in diesem Kapitel wie auch im Kapitel zu Werten (Kap. 4.1 Meine Werte) zahlreiche Anregungen, wie Sie Ihre Intuition in Entscheidungsprozessen nutzen können. Kreativität und Intuition sind verwandte – jedoch mitnichten identische Konzepte. Der kreative Prozess ist i. d. R gerichtet – und kann harte Arbeit sein. Die Intuition kann die Kreativität unterstützen, ist dabei aber ein absichtsloser Prozess. Ob und in welcher Form Intuition als Vorahnung existiert, wollen wir nur kurz – und keineswegs abschließend – diskutieren. Nicht nur Shakespeares Hamlet meint: „Es gibt mehr Dinge zwischen Himmel und Erde, als die Schulweisheit erträumen lässt." Persönlich haben wir schon zahlreiche Begebenheiten erlebt, die für uns unerklärlich und im besten Sinne „verwunderlich" waren.

3.2.1 Intuition als Empathie

Empathie bezeichnet die Fähigkeit und Bereitschaft, Gedanken, Emotionen, Motive und Persönlichkeitsmerkmale einer anderen Person zu erkennen und zu verstehen. Seit den 1990er-Jahren wird Empathie durch den populären Titel von Daniel Goleman, „EQ. Emotionale Intelligenz" (1997), als Teil der Emotionalen Intelligenz angesehen. An dieser Stelle wollen wir den intuitiven Aspekt von Empathie betonen. Dazu stellen wir Ihnen eine Metapher vor, die nützliche Implikationen für die Kommunikation mit sich bringt. Ausgangspunkt ist die Vorstellung des Menschen als Erfahrungswolke: ein sehr flüchtiges und vor allem facettenreiches Gebilde. Anschließend verbinden wir dies mit der indigenen Vorstellung eines Wesens der Kommunikation (siehe Kap. 2.2 Das Wesen der Kommunikation). Zu guter Letzt erfahren Sie, was Sie tun können, um eine in diesem Sinne organische Kommunikation zu steuern.

3.2.1.1 Menschen als Erfahrungswolken
Die Frage „Wer bin ich?" drückt ein monolithisches Verständnis des eigenen Selbst aus. Ich bin ich – immer und überall – identisch. Doch diese Sichtweise bröckelt. Das Modell des multiplen Ichs ist inzwischen verbreitet und erfreut sich immer größerer Beliebtheit, was nicht zuletzt an populären Buchtiteln ablesbar ist („Wer bin ich – und wenn ja, wie viele?" von Richard David Precht).

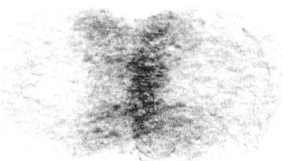

Diese „Verflüssigung" des Ichs kann man noch weiter denken: Begegnen sich zwei Menschen, so treffen nicht zwei unabänderliche und scharf abgrenzbare Kommunikationsidentitäten aufeinander, sondern vielmehr zwei Erfahrungswolken. Die beiden Wolken nehmen Kontakt miteinander auf und tauschen sich aus – sie diffundieren, so wie sich zwei Gase vermischen. Die Kommunikationspartner nehmen dabei naturgemäß nicht die gesamte Wolke des anderen wahr. Die beiden Parteien zeigen sich jeweils keinen beliebigen Anteil des eigenen Selbst. Vielmehr gibt es eine bestimmte „Verdichtung" im Kontaktbereich. Dieser Ausschnitt ist nicht objektiv, sondern lediglich der aus der Wolke des anderen heraus sichtbare Ausschnitt. Das bedeutet auch: Beide Wolken interagieren miteinander; die Wolke des anderen ist nur durch die eigene Wolke hindurch sichtbar – niemals unmittelbar.

Gedankenexperiment

Stellen Sie sich eine reife, gelbe Banane vor. Nehmen Sie nun gedanklich eine blaue Folie zur Hand und betrachten Sie die Banane durch diese Folie. Welche Farbe hat die Banane nun? Wenn Sie bei der Farbenlehre in der Schule gut aufgepasst haben, wissen Sie, dass sich Gelb und Blau zu Grün mischen. Stimmt doch, oder? Stimmt. Die Frage war jedoch eine andere. Die Banane ist immer noch gelb. Sie erscheint bloß durch den blauen Filter grün. Reingefallen? So geht es uns im echten Leben dauernd. Wir sehen Dinge, Abläufe und Menschen nicht, wie sie sind, sondern wie sie uns erscheinen. Das bleibt übrigens auch so, wenn wir über unsere Filter Bescheid wissen. Durch den blauen Filter erscheint die Banane selbst dann noch grün, wenn wir wissen, dass wir sie nur gefiltert sehen und sie eigentlich gelb ist. Durch den Filter gesehen ist die Banane grün. Das auf der Netzhaut eintreffende Licht hat die physikalischen Eigenschaften von grünem Licht. Das Licht ist grün. Und doch bleibt die Banane tatsächlich gelb. Haben Sie schon einmal erlebt, dass Sie einen Menschen als „grün" wahrnehmen, obwohl er eigentlich „gelb" ist? Oder ist es Ihnen vielleicht selbst schon so ergangen, dass man Sie als „grün" erlebt, obwohl Sie eigentlich „gelb" sind? Jeder Mensch kann wohl täglich von solchen „Falschfarben-Wahrnehmungen" berichten. Im besten Fall sind wir uns über unsere Sinnestäuschung bewusst und können den eigentlichen Charakter eines Menschen erkennen. In aller Regel sind wir uns jedoch nicht einmal wirklich bewusst, dass wir die Welt um uns herum nur gefiltert wahrnehmen – geschweige denn, dass wir wissen, welche Filter unsere Wahrnehmung wie genau verzerren.

Gute Kommunikation geschieht vor allem dann, wenn die beteiligten Personen sich möglichst umfassend aufeinander einlassen. Im Bild der Erfahrungswolke heißt das: Die Wolken diffundieren und erschaffen einen Raum geteilter Gegenwart. Wenn dieser Raum nicht entsteht, wird die gute Atmosphäre gestört: Die Gesprächspartner reden aneinander vorbei, wirken abweisend oder distanziert oder vertrauen einander nicht. Kommunikation und Beziehung brauchen Vertrauen – auch im professionellen Kontext. Fehlt das Vertrauen, so wachsen die Missbildungen der Kommunikation: Misstrauen, Argwohn, Verschlossenheit, Distanziertheit, Dienst nach Vorschrift, das Zurückhalten von Erkenntnissen, mangelnde Kooperation sowie opportunistisches Verhalten.

In diesem Kapitel steht der Moment des Zusammentreffens von Menschen im Vordergrund. In Kap. 4.2 Meine Identität greifen wir das Konzept der Erfahrungswolke auf und übertragen es auf Identitätskonzepte.

Anteil einer gemeinsam-geteilten Gegenwart

Wer ein Gespräch führt, sollte bemüht sein, mit seinem Gesprächspartner eine „gemeinsam-geteilte Gegenwart" (Andreas 2015) zu erleben. Im Englischen würde man hier von einer „Shared Presence" sprechen. Das deutsche Wort „geteilt" kann für sich allein genommen dabei missverständlich sein. Das Englische differenziert zwischen „shared", i. S. eines gemeinschaftlichen Aspekts, und „separated", i. S. eines getrennten Aspekts. Die Begriffsgruppe „gemeinsam-geteilt" bezieht sich auf das Verständnis einer „shared" Gegenwart. Das Wort „share" drückt immer einen Anteil aus – was begriffslogisch auch ein größeres Ganzes beinhaltet. Das deutsche Wort „Teil" hingegen kann neben dieser Annotation auch als separater – i. S. von getrennter, abgeschnittener, eigenständiger – Teil verstanden werden. Ein atomares „Teil"-chen steht hier dem „Anteil" an einem Kuchen gegenüber. Der Begriff Anteil drückt also eine Verbundenheit aus. Wir bevorzugen in diesem Buch den Begriff Anteil, um diesem Verständnis Rechnung zu tragen.

Die Erfahrungswolken beschreiben das situationsspezifische Erleben einer Person im Innen und Außen: also wie die Person sich selbst fühlt und erlebt und wie sie andere Personen und die Umwelt erlebt. Das Erleben der Person hat Auswirkungen auch darauf, wie die Person selbst (inklusive ihres bewusst und unbewusst vollzogenen Verhaltens) von anderen Personen wahrgenommen wird. Die Metapher der Wolke betont das liquide (flüssige), fast volatile (flüchtige) Wesen der Identität. Die Bedeutung dieser Annahme einer volatilen Erfahrungswolke wirkt sich auch auf das Verständnis von Kommunikation zwischen zwei (oder mehr) Menschen aus. Um empathisch kommunizieren zu können, ist es nützlich, sich des volatilen Charakters einer Kommunikationssituation bewusst zu sein. Mehr dazu auch im Kap. 10 Das Wesen der Kommunikation nähren.

Doch wird diese Wolke dann nicht fast beliebig – so flüchtig sie ist? Keineswegs. Vielmehr kommt es in jeder Situation zu einer ganz bestimmten Verdichtung, die stark vom jeweiligen Kontext und Kontaktpersonen abhängt: Wer in einem Moment noch ein „knallharter Hund" in geschäftlichen Verhandlungen ist, kann in kürzester Zeit zum liebevollen Gesprächspartner werden, wenn das eigene Kind anruft, um stolz von den guten Ergebnissen der letzten Klassenarbeit zu berichten.

Vorteile der Erfahrungswolke

Welche Implikationen – und Vorteile – hat es, die Identität einer Person als Erfahrungswolke zu denken?

- **„Ich kann vieles sein!"** Die Vorstellung öffnet den gedanklichen Raum für eine große Vielfalt an Lebenswegen und Selbstbildern.
- **„Ich kann den Gesprächspartner als flexibel und facettenreich wahrnehmen."** Man erliegt weniger der Versuchung, den Gesprächspartner als eindimensional zu sehen. Scheinbar inkonsistentes Verhalten wird erklärbar.
- **„Ich kann die Kommunikation beeinflussen."** Die Erfahrungswolke und das gemeinsame Wesen der Kommunikation kann beeinflusst werden. Das eröffnet die Möglichkeit, Kommunikation zu steuern (ohne der Versuchung zu erliegen, den Gesprächspartner selbst manipulieren zu wollen).

Einflussfaktoren

Wie sich zwei Erfahrungswolken in einer spezifischen Situation verdichten, wird von unterschiedlichen Faktoren beeinflusst, die wir auf den folgenden Seiten vorstellen werden:

- Momentbezogene Faktoren
- Biografische Faktoren
- Soziokulturelle Faktoren
- Genetische Faktoren

Je nach Situation können die einzelnen Faktoren unterschiedlich stark wirken. In einer Situation mag der individuelle Lebensweg (biografischer Faktor) einen übermächtigen Einfluss ausüben – in einer anderen können die momentbezogenen Faktoren alle anderen Faktoren überlagern. Immer jedoch sind alle Faktoren beteiligt – eben nur in unterschiedlichen Ausprägungen.

Momentbezogene Faktoren

Hierunter können sowohl Kleinigkeiten fallen, wie z. B. ein körperliches Unwohlsein oder auch die Nebenwirkungen von Medikamenten. Wer sich unwohl oder benommen fühlt, begegnet Menschen ganz anders als jemand, der gesund ist. Aber auch offensichtliche Faktoren, wie z. B. ein Feueralarm, können einen großen Einfluss auf die Art und Weise haben, wie sich die Erfahrungswolken zweier Menschen verbinden. Häufig sind diese momentbezogenen Faktoren dann sehr wirkungsstark, wenn sie unvorhergesehen eintreffen. Manchmal beeinflussen und berühren uns sogar Dinge, mit denen wir selbst auf den ersten Blick gar nichts zu tun haben. Denken Sie an die Anschläge des 11. September 2001 in New York. Wissen Sie noch, wo Sie waren und was Sie in dem Moment getan haben, als Sie davon erfahren haben? Nicht wenige Menschen berichten, dass sie ihre Arbeit unterbrochen haben, um alleine oder häufig auch gemeinsam mit anderen die neuesten Nachrichten zu verfolgen. Und das, obwohl der Anschlag vermutlich auf die meisten Menschen unmittelbar keinen Einfluss hatte.

Hier eine kleine und unvollständige Sammlung von Einflussfaktoren, die verdeutlichen, wie komplex und volatil Erfahrungswolken sind:

- Körperliches Unwohlsein, Krankheit
- Einfluss von Medikamenten (ggf. Alkohol, Drogen etc.)
- Beruflicher Stress
- Gedanken an geliebte Menschen
- Gedanken an bevorstehende Heirat oder Geburt
- Aktuelle Nachrichten (z. B. Bombendrohung, 9/11, Flugzeugunglück, Tod eines prominenten Menschen)
- Feiertage (z. B. Fasten zu Ramadan bei muslimischen Gläubigen)

Biografische Faktoren

In erster Linie spielt hier die Erziehung bzw. die Sozialisation als Kind und Heranwachsender eine Rolle. Darüber hinaus können es auch einzelne, prägende Erfahrungen der Vergangenheit sein, die in einem bestimmten Moment beeinflussen, wie sich die Erfahrungswolke in einer spezifischen Kommunikationssituation verdichtet. Nachfolgend eine kleine Auswahl möglicher Aspekte:

- Familiäre Situation (Eltern getrennt oder alleinerziehend; Waisenkind; Anzahl Geschwister)
- Betreuung durch Großeltern oder Verwandte
- Urlaube, die man erlebt hat
- Soziale Kreise, in die man durch Eltern oder Freunde Zugang hatte (außerhalb der eigenen sozialen Schicht, siehe sozio-kulturelle Faktoren)
- Unfälle, in die man verwickelt war (oder auch als Beobachter erlebt hat)
- Prägnante Erlebnisse in der Kindheit bzw. Jugend (Schulaufführung, Jugendfreizeiten etc.)
- Freizeitaktivitäten und Hobbies
- Wahl der Schule bzw. Schulwechsel
- Wechsel des Wohnorts
- Besondere Lebensumstände (z. B. als Diplomatenkind früh in den verschiedensten Länder gereist)
- Besondere Förderer oder Mentoren

Sozio-kulturelle Faktoren

Bei sozio-kulturellen Faktoren denken viele Menschen direkt an die gesellschaftlichen Schichten oder auch Milieus. Ein gerade in wirtschaftlichen Kreisen bekanntes Model ist dabei dasjenige der Sinus-Milieus®. Es beschreibt Zielgruppen auf Basis des Schichtenmodells (Ober-, Mittel-, Unterschicht), ergänzt um die Dimension der Grundorientierung (Tradition – Modernisierung/Individualisierung – Neuorientierung) und kommt so zu einer Neunfelder-Matrix mit derzeit zehn unterschiedlichen Milieus. Milieus können als Subkulturen bezeichnet werden. Jeder Mensch gehört zu einer Vielzahl von Subkulturen – nicht nur jenen besagten Milieus. Viele Berufsstände bilden ihre eigene Kultur aus. Und auch in der Freizeit kann man Mitglied einer oder mehrerer Subkulturen sein. Beim Begriff Kultur denken die meisten Menschen typischerweise an die Landeskultur. Häufig wird auch noch über die westliche Kultur (oder auch asiatische Kultur etc.) gesprochen. Kulturelle Einflüsse sind den meisten Menschen in aller Regel wenig bewusst, weil ihnen der Vergleich fehlt. Hier sei nochmal an die Erkenntnis von Gregory Bateson erinnert, dass Lernen durch Unterschiedsbildung geschieht. Nur wer um die Variationsmöglichkeiten in anderen Kulturen weiß, kann auch in der eigenen Kultur Faktoren identifizieren, die einen Unterschied machen. Verhaltensweisen und Rituale (z. B. bei der Begrüßung, dem Diskussionsstil etc.) erscheinen uns häufig so normal, dass wir diese nicht bemerken. Kulturelle Einflüsse sind sehr mächtig, da sie häufig auch wertenden Charakter haben und damit das Erleben einer Person unmittelbar beeinflussen. Bereits banale Handlungen (Tischsitten oder Austausch von Höflichkeiten) können darauf einwirken, wie eine Person eine Situation oder andere Menschen erlebt.

Genefvhe Faktoren

Zur Jahrtausendwende war es sehr en vogue, menschliches Verhalten vor allem aufgrund genetischer Einflüsse zu erklären. Der eigene Wille oder kulturelle Einflüsse schienen bedeutungslos. Diese einseitige Sicht auf die Welt menschlicher Handlungen hat sich zum Glück inzwischen wieder „defokussiert" und ist einer ausgeglichenen Sichtweise gewichen. Statt Gene als deterministische Schalter zu sehen – Licht an, Licht aus – sind sie in den allermeisten Fällen (schwere Mutationen ausgenommen) vielmehr Hinweise für Dispositionen (Veranlagungen), die jedoch keineswegs in bestimmte Denk- oder Verhaltensweisen münden müssen. Bezogen auf das hier vorgestellte Konzept heißt das: Wenn man der genetischen Disposition noch einen Platz einräumen will, so könnte man auch von Erfahrungs- und Dispositionswolken sprechen. Beispielsweise könnte man als genetische (bzw. epigenetische) Faktoren mit relevantem Einfluss auf die Erfahrungswolke vermuten: Körpergröße, bestimmte Formen der Intelligenz, Geschlecht oder sexuelle Orientierung.

3.2.1.2 Wie wir über Kommunikation denken: Metaphern der Kommunikation

Seit der Industriellen Revolution haben wir in der westlichen Welt unsere kommunikativen Prozesse vermehrt in Form von technischen Metaphern beschrieben. Auch die Kriegsführung beeinflusste auf bemerkenswerte, aber häufig unbewusste Weise die metaphorische Beschreibung von Kommunikation. Zur Illustration nachfolgend einige Beispiele dafür, wie die Qualität eines Gespräches, einer Diskussion oder eines Meetings häufig beschrieben wird:

Senden & Empfangen

Technische Metaphern:

- „Die Diskussion war wie festgefahren."
- „Mein Gegenüber sendete mir ganz widersprüchliche Signale."
- „Es war Sand im Getriebe."
- „Der Vortrag war roboterhaft vorgetragen."
- „Der Vortragsstil war sehr monoton."
- „Die Stimmung war auf dem Tiefpunkt."

Militärische Metaphern:

- „Jedes meiner Argumente wurde angegriffen."
- „Es war ein Hauen und Stechen."
- „Es gab regelrechte Grabenkämpfe."
- „Jeder hat nur seinen Standpunkt verteidigt."
- „Ich habe ihm eine volle Breitseite gegeben."
- „Der Vortrag hat eingeschlagen wie eine Bombe."
- „Wir sind mit wehenden Fahnen untergangen."
- „Er hat geredet wie ein Maschinengewehr."

Auf diese Weise kann nur ein Mensch aus der modernen Zivilisation denken. Ein Mensch, der weitgehend in einer nicht-technischen, biologischen Welt lebt, wird sich anders ausdrücken. So ist auch verständlich, dass indigene Kulturen andere Metaphern nutzen, um kommunikative Abläufe zu beschreiben. Sie greifen auf die biologischen Abläufe der Natur zurück und lassen ihre Auffassung von einer umfassenden „Beseeltheit" der Natur einfließen. Entsprechend „lebendig" ist auch ihr Verständnis von Kommunikation. Mehr dazu in Kap. 2.2 Das Wesen der Kommunikation (hier v. a. die Erfahrung in der *Schwitz-hütte*).

Die Metapher einer mechanistischen Kommunikation – zum Beispiel auch jene von Sender und Empfänger – ist also keineswegs falsch, sondern vor dem Hintergrund unserer technischen Welt äußerst verständlich. Dadurch richten wir unsere Aufmerksamkeit aber auf sehr spezifische Aspekte von Kommunikation: Wenn wir beginnen, Kommunikation als technischen Ablauf zu beschreiben, dann erleben wir diese auch so. Und diese Sicht-weise hat ihren Preis, da sie das Risiko in sich trägt, den Gesprächspartner nur noch als Signalroboter wahrzunehmen. Die menschliche Kommunikation läuft dabei Gefahr, ihr Wesen zu verlieren.

Logbuch

Prüfen Sie selbst, wann und vor allem mit welchen inneren Repräsentationen oder Me-taphern Sie unterschiedliche Kommunikationssituationen erleben. Notieren Sie Ihre Erkenntnisse in Ihrem Logbuch.

➲ Welche Worte und Begriffe nutze ich, um Kommunikationssituationen zu beschrei-ben?

➲ Lässt sich daraus ein Muster erkennen?

Metaphern veranschaulichen Aspekte, die entweder prinzipiell nicht oder zumindest für Menschen nicht verständlich sind. Mathematisch lassen sich viele Dinge sehr präzise be-schreiben – allein der Mensch kann sich von diesen Dingen ohne die Nutzung von Meta-phern und Analogien keine Vorstellung mehr machen. Der sogenannte Urknall oder ein Schwarzes Loch sind für den menschlichen Geist nicht vorstellbar und nur über die bild-hafte Metapher einzuordnen – deshalb braucht er sie. Gerade das Beispiel der Astronomie zeigt, dass dies nicht erst seit der Neuzeit so ist. Schon die Sternbilder der Antike ver-deutlichen das Prinzip, Erscheinungen des Himmels in für den Menschen verständlichere Konzepte zu transferieren. So wurden aus den unübersichtlichen Lichtpunkten der Nacht die bekannten Sternkreiszeichen: Tiere (Löwe, Widder, Fisch, Großer Bär …) sowie Kon-zepte aus dem Alltag (Waage, Zwilling, Wassermann). Die „Conceptual Metaphor Theo-ry" besagt sogar, dass der Mensch nicht in der Lage ist, abstrakte Konzepte ohne die innere Repräsentation in Form einer Metapher zu verbildlichen.

• Wie wäre es daher, wenn wir in Anlehnung an das *indigene* Verständnis einer leben-digen Kommunikation die Metapher des Wesens der Kommunikation als nützliches Hilfsmittel verwenden, um kommunikative Prozesse zu beschreiben?

• Und wie wäre es, wenn wir uns in diesem Sinne während der Kommunikation als jeder-zeit verbunden mit diesem lebendigen Wesen denken würden?

Der Aspekt der allzeitigen Verbundenheit ist grundlegend für das Weltbild vieler indigener Kulturen. In den westlichen Zivilisationen wird Individualität geschätzt und häufig geht damit das Missverständnis einer, diese – sinnvolle – Unterscheidbarkeit gegenüber anderen Menschen als Trennung zu interpretieren. Doch wir müssen uns nicht als getrennt von den anderen denken, um uns von diesen unterscheiden zu können. Es kann einen enormen Unterschied ausmachen, wie wir uns in unserer inneren Repräsentation in Bezug setzen zu den übrigen Menschen in einer Kommunikationssituation.

Gedankenexperiment

Stellen Sie sich zunächst vor, Sie würden vor einer Gruppe von Kollegen einen Vortrag halten. Stellen Sie sich diese Situation in allen Einzelheiten vor und nehmen Sie wahr, wie es Ihnen mit dieser Vorstellung geht. Vielleicht sind Sie jemand, der es kaum erwarten kann, auf die „Bühne" zu gehen. Vielleicht sind Sie aber auch eher zurückhaltend. Achten Sie in jedem Fall darauf, mit welchem Gefühl diese Vorstellung des Vortrags für Sie persönlich einhergeht.

Machen Sie sich innerlich frei von diesem Gedanken – trinken Sie einen Schluck Wasser oder schauen Sie kurz aus dem Fenster. Nun zu einer zweiten Situation: Stellen Sie sich vor, Sie würden während einer Diskussionsrunde mit Ihren Kollegen einen Beitrag leisten. Stellen Sie sich diese Situation in allen Einzelheiten vor und nehmen Sie wahr, wie es Ihnen mit dieser Vorstellung geht. Achten Sie wieder in jedem Fall darauf, mit welchem Gefühl diese Vorstellung für Sie persönlich einhergeht.

Logbuch

Gehen Sie nun innerlich einen Schritt zurück und vergleichen die beiden im Gedankenexperiment beschriebenen Situationen. Notieren Sie Ihre Erkenntnisse zu folgenden Fragen in Ihrem Logbuch:

- ➲ Welchen „gefühlten" Unterschied habe ich bei der Vorstellung der unterschiedlichen Situationen erlebt?
- ➲ Wie habe ich die Gruppe der Anwesenden in beiden Fällen jeweils erlebt?
- ➲ Wie war meine eigene Position im Vergleich zur Position der Zuhörenden? War meine Position höher, niedriger oder gleich hoch (auf Augenhöhe)?
- ➲ Welche weiteren Unterschiede gab es? War eine Situation vielleicht heller als die andere?
- ➲ In welcher Situation habe ich mich mehr als Teil der Gruppe gesehen? Bei welcher Situation war ich demgegenüber eher außenstehend?
- ➲ In welcher Situation fühlte ich mich mehr im Austausch mit den übrigen Anwesenden?

Für viele Menschen ist die Vorstellung, einen Beitrag zu leisten, deutlich angenehmer und stressfreier, als die Vorstellung, einen Vortrag zu halten. Vielleicht mögen Sie beim nächsten Mal, wenn Sie etwas vortragen müssen, auch die Vorstellung erproben, lediglich einen Beitrag zu leisten. Rufen Sie sich während der Zusammenkunft immer wieder vor Augen, dass Sie einen Beitrag leisten und Anteil der Runde der Anwesenden sind. Prüfen

Sie im Anschluss, wie Sie sich während des Beitrags gefühlt haben. Notieren Sie Ihre Erkenntnisse in Ihrem Logbuch.

3.2.1.3 Wie Sie mit dem Wesen der Kommunikation arbeiten können

Die Wahrnehmung des *Wesens der Kommunikation* ist ein intuitiv-empathischer Vorgang. Was können Sie nun konkret tun, wenn Sie das *Wesen der Kommunikation* als gedankliche Hypothese Ihres Kommunikationsverständnisses nutzen und sich ihm empathisch nähern wollen?

Die guten Geister einladen (Priming)
Zu Beginn einer Zeremonie rufen die *Elder* einer *indigenen* Gemeinschaft die guten Geister an. Sie bitten um Unterstützung für das, was vor ihnen liegt. Aus anthropologischem Blickwinkel könnte man sagen, dass die Elder ressourcenorientiert arbeiten, indem sie die Werte, Stärken und Talente eines Stammes beschwören – bzw. nüchterner ausgedrückt: den Stammesmitgliedern auf lebendige Weise in Erinnerung rufen. Im Jargon der Kommunikationswissenschaften heißt dieser Vorgang *Priming*.

Übertragung auf den Business-Kontext
Dieser stärkende Ressourcenfokus kann bedeuten, dass Sie zu Beginn eines Meetings oder eines Gesprächs auf die guten Erfahrungen und Erfolge der Vergangenheit Bezug nehmen. Geben Sie Ihrem Gesprächspartner und auch sich selbst die Gelegenheit, die eigenen Stärken und Talente erkennbar werden zu lassen. Bei einem Projektauftakt kann dies zum Beispiel im Rahmen einer Vorstellungsrunde geschehen. Auf diese Weise hat die gesamte Projektgruppe die Chance zu erkennen, welche Kompetenzen im Raum anwesend sind.

Sich des höheren Sinns erinnern
Neben der Ressourcenstärkung wird auch der höhere Sinn bzw. der Aspekt der Gemeinschaft angesprochen. Der Elder erinnert daran, dass die Zusammenkunft keineswegs bedeutungslos ist, sondern einem höheren Zweck dient. Die Bezugnahme auf das größere, umfassende System hilft dem Einzelnen, seine eigene Perspektive einordnen und bei Bedarf auch relativieren zu können.

Übertragung auf den Business-Kontext
Im Kontext eines Meetings kann dies bedeuten, sich regelmäßig die Frage zu vergegenwärtigen: „Um was geht es hier eigentlich?" Lässt man diese Frage außer Acht, läuft man leicht Gefahr, sich im Eifer des Gefechts zu verlieren und die eigenen Ressourcen dort zu vergeuden. Manchmal ist es sinnvoll, zu Beginn eines

Treffens diesen Zweck in Erinnerung zu rufen, auch wenn es wie eine unnötige Selbstverständlichkeit klingen mag. Auch scheinbar banale Gesprächsregeln können, wenn man ihnen Beachtung schenkt, einen Unterschied machen im Erleben der gemeinsamen Gesprächskultur. Das Projektziel oder auch die Vision bzw. Mission des Unternehmens können beispielsweise dazu dienen. Ein zu Beginn „angerufene" Idee erlaubt es im Verlauf des Meetings viel leichter, sich auf das zu besinnen, worum es eigentlich geht.

Aus der Adlerperspektive schauen

Die Metapher der Adlerperspektive veranschaulicht auf gute Weise das innerliche Abstandnehmen und Überblickbewahren. So wie ein Adler hoch oben am Himmel immer einen guten Überblick über das Gelände und das Geschehen am Boden hat, so hilft auch die innere Adlerperspektive, den Überblick zu halten. Gleichzeitig kann der Adler aufgrund seiner besonderen Fähigkeiten die Details am Boden immer noch sehen und falls nötig schnell darauf reagieren.

Der Elder tut dies in einer Zeremonie auf höchst kompetente Weise. Einerseits ist er hochgradig im Gebet oder in der Durchführung eines Rituals versunken. Gleichzeitig (!) behält er immer den Überblick über das Geschehen in der Gruppe der Anwesenden. Bei der *Schwitzhütten*-Zeremonie, die wir viele Male erleben durften, hat uns beeindruckt, wie achtsam der Elder auf die Befindlichkeiten der einzelnen Personen in der völlig dunklen und heißen Hütte eingegangen ist. Er musste also die Kompetenz haben, beides gleichzeitig (oder zumindest im sehr schnellen Wechsel) tun zu können.

Übertragung auf den Business-Kontext

Im hiesigen Kontext kann eine Agenda der erste Schritt sein, um sich nicht in Details oder in Meinungskämpfen zu verlieren. Viel wichtiger ist es jedoch, sich mental und emotional in angemessener Distanz zum Geschehen zu halten. Im Kontext eines Meetings kann dies bedeuten, eine Moderationsfunktion auszuüben. Einerseits tragen Sie als Teilnehmender der Diskussion Inhalte bei – und gleichzeitig behalten Sie einen klaren Kopf, mit dem Sie die Zeit und das Wesen der Kommunikation im Auge behalten.

Sich für den kommunikativen Prozess begeistern

Können Sie sich das Bild eines Forschers vorstellen, der hoch angeregt und mit großem Interesse die Abläufe vor sich betrachtet? Wenn es Ihnen gelingt, mit der forschenden Neugier eines Kindes kommunikative Prozesse – auch jene, an denen Sie selbst beteiligt sind! – zu betrachten, dann erfahren Sie viel über das *Wesen der Kommunikation* und lernen, mit diesem zu arbeiten.

Übertragung auf den Business-Kontext
Die Inhalte einer Konversation oder Präsentation sind häufig redundant. Halten Sie
Ihren Geist wach, indem Sie sich für die Strukturen interessieren. Achten Sie auf das
Wie der Kommunikation: Wie empfinden Sie gerade das Wesen der Kommunikation? Welche Einflussfaktoren sind gerade relevant? Welche kommunikativen Muster entdecken Sie bei Ihrem Gesprächspartner (Gesten, Mimik, Sprachwendungen,
ideomotorische Bewegungen etc.)? Welche nutzen Sie selbst? Wer beteiligt sich an
der Diskussion? Wer stimmt wem zu? Wer zieht sich aus der Diskussion zurück?
Das Feld der möglichen strukturellen Faktoren ist weit. In diesem Buch werden Sie
noch zahlreiche Aspekte kennenlernen, die es Ihnen erleichtern, die Kommunikation zu steuern und diese angenehmer zu erleben.

Verantwortung für das Wesen der Kommunikation übernehmen

Stellen Sie sich vor, Sie hätten eine Farm und Ihnen würde eines Tages ein junges Fohlen
zulaufen. Es ist noch scheu und ziemlich wackelig auf den Beinen. Wie würden Sie dieses
fragile Geschöpf aufziehen? Sicher nicht, indem Sie es würgen, mit kalter Hand führen
und es ständig anschreien. Stattdessen würden Sie es zunächst einmal hegen und pflegen und ausreichend füttern, damit aus dem zerbrechlichen Wesen ein echtes Arbeitspferd
werden kann, auf das Sie beim täglichen Ackern auf dem Feld zählen können.

Übertragen Sie nun diese Vorstellung auf das Wesen der Kommunikation – denn auch
dieses Wesen ist zunächst häufig fragiler, als wir denken. Viel zu leicht bricht die Kommunikation zusammen und ist nicht mehr arbeitsfähig. Wenn Sie das Wesen der Kommunikation jedoch nähren, kann es Ihnen ein belastbare Hilfe in Ihrer Arbeit sein. Je sorgsamer
Sie mit der Kommunikation in Ihrem Unternehmen umgehen, desto mehr Freude werden
Sie an diesem „Wesen" haben und desto nützlicher wird es für Sie sein. Dafür ist es jedoch
erforderlich, dass Sie sich dieses Wesens annehmen und sich für es verantwortlich fühlen.
Kommunikation wird hart, kalt und leblos, wenn niemand für sie Sorge trägt, sondern alle
nur noch mit dem Finger auf den Gesprächspartner zeigen.

Übertragung auf den Business-Kontext
Kommunikation läuft leicht aus dem Ruder, wenn niemand Verantwortung für den
Prozess übernimmt. Dies ist die Aufgabe eines unabhängigen und neutralen Modera-
tors. Gerade bei Themen mit einer konfliktbeladenen Vorgeschichte ist es nützlich,
einen solchen Moderator zu haben. Wenn Sie selbst die Moderation übernehmen
wollen, lassen Sie sich diese Funktion am besten explizit verleihen, damit sich niemand darüber wundert, wenn Sie steuernd eingreifen (z. B. wenn Sie Langredner
unterbrechen oder Pausen vorschlagen). Doch selbst ohne dieses offizielle „Amt"
können Sie Vorschläge im Sinne einer guten Kommunikation machen. Gerade als

Führungskraft haben Sie hier häufig einen großen Hebel zur Steuerung in der Hand. Verdeutlichen Sie sich: Sie tun es nicht für den oder die anderen, sondern für das Wesen der Kommunikation und damit auch für sich selbst. Stellen Sie sich also regelmäßig die Frage: „Was kann ich tun, um das Wesen der Kommunikation zu nähren, so dass es lebendiger, flexibler, produktiver wird?"

Sich in die richtige Richtung bewegen

Jeder kann von unterschiedlichen Qualitäten in der Kommunikation berichten. Um es einfach zu machen, stellen Sie gedanklich zwei gegenteilige Pole von Kommunikationssituationen einander gegenüber. Der eine Pol ist dadurch gekennzeichnet, dass die Kommunikation verhärtet ist und die Parteien sich fast feindlich gegenüber stehen. In der Diskussion geht es nicht mehr vor und zurück. Stresspegel und die Frustration der Anwesenden steigen. Teilnehmende einer solchen Situation würden das Wesen der Kommunikation als kalt, unbeweglich, dunkel beschreiben. Demgegenüber steht eine Kommunikationssituation, die von einem lebendigen Austausch auf Augenhöhe, durch Wertschätzung und gegenseitiges Interesse gekennzeichnet ist. Das Wesen der Kommunikation ist hell und fühlt sich warm und lebendig an.

Übertragung auf den Business-Kontext

Die einfache Regel heißt: Tun Sie alles, was nötig ist, damit das *Wesen der Kommunikation* lebendig bleibt – oder zumindest ein Stück lebendiger wird. Die Ausgestaltung ist dabei sehr kontextabhängig. Mal ist es etwas Humor, mal das kritische Hinterfragen aus der Perspektive des Advocatus Diaboli, das einen Unterschied macht. Mal ist es ein Zusammenfassen der bisherigen Ergebnisse, mal eine simple Pause zum Luftschnappen. Überlegen Sie auch, was Ihnen persönlich gut tun würde in diesem Moment. Dann kommen Sie sehr leicht darauf, was möglicherweise auch dem Wesen der Kommunikation hilft.

Warum es mit dem Wesen der Kommunikation leichter geht: Die Vorteile für Sie

Wenn Sie sich dem Wesen der Kommunikation gegenüber empathisch zeigen, werden Sie selbst davon in hohem Maße profitieren.

- Sie sind nicht mehr Opfer einer schlechten Stimmung oder einer unangenehmen Atmosphäre in einem Gespräch oder einem Meeting. Stattdessen fühlen Sie sich handlungsfähig, da Sie etwas für das Wesen der Kommunikation tun können.
- Sie selbst fühlen sich im Anschluss besser, denn alles, was Sie für das Wesen der Kommunikation tun, dient auch Ihrem eigenen Wohlbefinden.

- Sie müssen nicht mehr darüber nachdenken, welche Bedürfnisse Sie für jemand anders berücksichtigen müssen. Dies kann ungemein erleichternd sein. Gerade wenn die Stimmung zwischen Gesprächspartnern bereits angespannt ist, sinkt in aller Regel die Lust, dem anderen etwas Gutes tun zu wollen. Diese Last ist Ihnen genommen, wenn Sie sich ausschließlich auf sich selbst und das Wesen der Kommunikation konzentrieren.
- Indem Sie sich um das Wesen der Kommunikation sorgen, stabilisieren Sie das System. Denn das Wesen der Kommunikation hat eine wichtige Funktion im System. Ihre Bedeutung – als Unterstützer und Ernährer dieses Wesens – steigt somit ebenfalls. Die übrigen Menschen im System werden dies mit der Zeit feststellen und (in aller Regel) auch honorieren, was Sie dadurch leisten.

3.2.1.4   Welche Faktoren beeinflussen das unbewusste Empfinden?

Überlegen Sie einmal: Wann erleben Sie eine Kommunikationssituation als angenehm, wann als unangenehm – unabhängig vom Inhalt des Gesprächs? Eine Kündigung oder eine negative Bewertung wird verständlicherweise als unangenehm erlebt, ebenso wenn man vom Arzt schwerwiegende negative Befunde zu seinem Gesundheitszustand mitgeteilt bekommen hat. Wobei es auch hier auf das Wie ankommt: Der Ton macht die Musik. Und es ist definitiv keine triviale Angelegenheit, diesen richtigen Ton zu treffen. Doch auch unabhängig vom Inhalt erleben wir manche Gesprächssituationen als angenehm, andere als unangenehm. Welche Faktoren beeinflussen dieses Erleben? Nachfolgend eine – bei Weitem nicht vollständige – Liste, die das Spektrum der Faktoren exemplarisch deutlich macht. Wir unterteilen dabei in den Kontext, den Bereich des (oder der) Gesprächspartner(s) und in den Bereich der eigenen Person.

Kontext

Der Kontext scheint der banalste Aspekt zu sein und wird häufig bei der Betrachtung von Kommunikationssituationen übersehen. In der Realität sind es jedoch oft gerade die kleinen, fast trivialen Dinge, die einen Unterschied machen. Stellen Sie sich eine Situation in einem größeren Besprechungsraum vor, in dem ein Vortrag gehalten wird. Hier können selbst Kleinigkeiten die Aufmerksamkeit stören:

- Ist der Stuhl bequem – oder bekomme ich darauf schnell Rückenschmerzen?
- Habe ich gute Sicht auf den Vortragenden oder die Leinwand?
- Unterstützt die Anordnung der Stühle den kommunikativen Prozess (oder ist sie zu frontal oder durch große Tische zu weit auseinander)?
- Ist die Temperatur angemessen? Spüre ich unangenehme Zugluft?
- Ist die Raumluft ausreichend frisch oder kann ich die Ausdünstungen der anderen riechen?

All dies sind Aspekte, die den Vortrag negativ beeinflussen können.

Wenn Sie selbst der Vortragende sind, tun Sie gut daran, diese Aspekte zumindest im Auge zu behalten. Als Führungskraft haben Sie zudem meist einen größeren Einfluss auf die Gesprächssteuerung, z. B. auch bei Mitarbeiter- oder Bewerbungsgesprächen sowie bei der Gestaltung von anderen Meetings.

Gesprächspartner

Wir reagieren unmittelbar und in aller Regel unbewusst auf die körperlich-physischen Signale des Gesprächspartners. Wobei der aus dem technischen Bereich stammende Begriff „Signale" hier irreführend ist. Im normalen Sprachgebrauch werden Signale als etwas verstanden, das bewusst ausgesandt wird. Das trifft auf Kommunikationssituationen jedoch nur beschränkt zu. In der überwiegenden Mehrzahl der Fälle werden diese vermeintlichen Signale nämlich höchst unbewusst ausgesandt. Vielmehr „geschehen" Tonalität, Mimik, Gestik und die vielen anderen kleinen Anzeichen auf Seiten des vermeintlichen „Senders", ohne dass derjenige davon etwas mitbekommt oder diese gar bewusst „abschickt". Oder wissen Sie zu jeder Zeit, wie die genaue Stellung Ihrer Augenbrauen ist, wie Ihre Finger verschränkt sind oder was Ihre Fußspitze gerade macht? Die technische Metapher des Sender-Empfänger-Modells führt hier aus unserer Sicht auf eine falsche Spur, da die Metapher selbst absichtsvolles Handeln aktiv unterstellt oder zumindest im normalen Sprachgebrauch (passiv) impliziert.

Ob aktiv gesendet oder lediglich unbeabsichtigt geschehen: In Ihrem Unbewussten werten Sie alle wahrnehmbaren Aspekte Ihres Gesprächspartners aus. Und auch wenn Sie diese Anzeichen selbst kaum bewusst bemerken, so bilden Sie sich – scheinbar objektiv und rational – ein unmittelbares Urteil über Ihren Gesprächspartner bzw. dessen Äußerungen.

Sie selbst

Ob Sie es für möglich halten oder nicht: Ihre eigene Körperhaltung beeinflusst, wie Sie über eine Gesprächssituation nachdenken und diese bewerten.

Beispiel

Die Sozialpsychologin und Körpersprache-Expertin Amy Cuddy (2012) hat Experimente durchgeführt, bei denen sie Probanden unter einem Vorwand dazu aufforderte, bestimmte Körperhaltungen einzunehmen. Diese „Power-Posen" hatte sie im Vorfeld bei besonders selbstbewusst und überzeugend auftretenden Personen identifiziert. Im Anschluss befragte Cuddy die Probanden nach ihrem Wohlbefinden und der Einschätzung der Gesprächssituationen. Es zeigte sich, dass die Probanden, die die Power-Posen eingenommen hatten, eine deutlich positivere Einschätzung äußerten als jene der Vergleichsgruppe.

Der Körper drückt also keineswegs nur aus, wie Sie sich fühlen – er beeinflusst auch, wie Sie sich fühlen. Vielleicht kennen Sie ja den kurzen Comic-Streifen mit den Peanuts von Charles M. Schulz, in dem Charlie Brown die korrekte Körperhaltung für ein intensives Erleben von Niedergeschlagenheit schildert: „Wenn Du niedergeschlagen bist, macht es einen großen Unterschied, wie du stehst. Das Schlimmste, was du machen kannst, ist, dich aufrecht und mit erhobenem Kopf hinzustellen. Denn dann beginnst du dich besser zu fühlen. Falls du hingegen deine Niedergeschlagenheit auskosten willst, musst du so [mit gebeugtem Rücken, hängenden Schultern und Blick auf den Boden] stehen."

Ein weiterer wichtiger Aspekt ist, wie Sie sich selbst und den Gesprächspartner in der betreffenden Situation erleben. Und dabei ist das innere Erleben, die innere Repräsentation, gemeint. Denn so unrealistisch und unobjektiv es ist: Häufig erleben wir uns im inneren Bild nämlich kleiner oder größer, als wir tatsächlich sind.

Der Sozialpsychologe Lucas Derks (2005) hat allein dieser verzerrten inneren Repräsentation eine eigene Coaching-Richtung gewidmet, die er als Soziales Panorama bezeichnet. Es ist ein Modell, das die sozialen Vorstellungen des Menschen und deren Bedeutung für das menschliche Erleben und Sozialverhalten beschreibt. Zentraler Baustein des Modells sind die mentalen Repräsentationen über sich selbst und die Gesprächspartner in einer Kommunikationssituation. Hierbei wird der Mensch als soziales Wesen betrachtet, das in soziale Systeme eingebettet ist. Später im Kapitel kommen wir darauf zurück, wie Sie die verzerrten inneren Bilder korrigieren und realitätsnäher gestalten können.

Der Grund für diese Art von Verzerrungen liegt nicht selten darin, wie bzw. in welcher Identität („als wer") wir uns in einer Situation sehen. Sehen wir uns als den Erfahreneren und Kompetenteren, so nehmen wir uns größer wahr. Hier spielen auch Aspekte von (wahrgenommener) Seniorität eine Rolle. Sehen wir uns in der Rolle eines Bittstellers, fühlen wir uns entsprechend klein. Wer beim Vorgesetzten um eine Gehaltserhöhung fragt, sieht sich nicht selten in der schwächeren Position – Ausnahmen bestätigen die Regel. Auch als Zulieferer oder Dienstleister für einen größeren Kunden ergibt sich leicht das Gefühl, an dessen Haken zu hängen. Im Kap. 4 Ich-Kraft gehen wir auf diesen Aspekt näher ein. Sie analysieren dann die unterschiedlichen Facetten des Selbstbildes bzw. der eigenen Identität.

3.2.1.5   Der richtige Umgang mit der Intuition – wie Sie vermeiden, in die Vorurteilsfalle zu tappen

Beispiel

Bohnefeld und Gonschior (2010) berichten in ihrer Dokumentation über die Intuition vom Fall eines Richters, der bezüglich eines Angeklagten ein ungutes Gefühl hatte und diesem seine Aussagen nicht glaubte. Der Richter war so achtsam, sich selbst beim Denken dieser Gedanken zu „erwischen". Er hielt inne und erkannte, dass der Angeklagte ihn auf bestimmte Weise an seinen eigenen Vater erinnerte, zu dem er ein sehr schlechtes Verhältnis hatte. Als ihm dies klar wurde, konnte er sich von diesem inneren Schleier befreien und den Angeklagten wieder mit klarem Blick sehen. Technisch gesprochen hat er die Warnlampe aus dem Unbewussten wahrgenommen und sich anschließend auf die Suche nach der Ursache der Störung gemacht.

Dies ist ein gutes Beispiel dafür, dass nicht jedes negative Empfinden bezogen auf eine andere Person „richtig" (im Sinne von angemessen) sein muss. Das innere Erleben war

„richtig", denn für den Richter gab es eine Unstimmigkeit – allerdings mit dem Vater, nicht dem Angeklagten. Hier zeigt sich, dass es nützlich ist, die Intuition (als Erlebensprozess) vom einzelnen intuitiven Gedanken zu differenzieren. Aus unserer Sicht ist Intuition der Zugang zum Unbewussten, nicht der einzelne intuitive Gedanke, auch wenn der Begriff umgangssprachlich häufig so verwendet wird. Der Richter hat die Kompetenz besessen, den Zugang zu seinem Unbewussten aufrechtzuerhalten und konnte so vermeiden, in die Vorurteilsfalle zu tappen.

Daher ist es so wichtig, weiterhin innezuhalten, auch wenn man die ersten intuitiven Signale bemerkt. Das Beispiel zeigt auch eine gute Kooperation von Intuition und Kognition, die füreinander als Regulativ fungieren (in beide Richtungen!). Dabei ist noch die Frage interessant, auf welchem Wege der Richter zu seiner Einsicht gekommen ist. Denn auch hier ist es wahrscheinlich (oder zumindest vorstellbar), dass der Impuls, die Beurteilung des Angeklagten auf seine Erfahrungen mit dem Vater zu beziehen, ebenfalls aus dem intuitiven Bereich stammte. Denn woher sollte der Impuls sonst kommen? Alternativ wäre vorstellbar, dass der Richter – z. B. durch eine psychologische Fortbildung aus dem Bereich der Familienaufstellung oder der Transaktionsanalyse – Vorerfahrungen und Wissen um diese Art von Vermischung (Fachjargon: Projektion) mit der biografischen Vergangenheit hatte. Und selbst dann beruhte die Verknüpfung mit der aktuellen Situation sicher nicht auf einem systematisch-analytischen Vorgehen, sondern auf der spontan-intuitiven „Eingebung" bzw. *Resonanz*.

Logbuch

Wir alle urteilen innerhalb von Sekunden über andere Menschen. Dies ist ein nützlicher und automatisch ablaufender Prozess. Hin und wieder ist es jedoch sinnvoll, diesen Automatismus zu hinterfragen, gerade dann, wenn wichtige Entscheidungen in Bezug auf einen anderen Menschen gefällt werden (z. B. Beurteilung eines Mitarbeiters oder bei Einstellungsgesprächen). Prüfen Sie doch einmal Beispiele aus Ihrem beruflichen Kontext und notieren Sie Ihre Gedanken im Logbuch:

➲ Wann habe ich schon einmal erlebt, dass mir eine Person auf unerklärliche Weise sympathisch oder unsympathisch war?

➲ Wann hatte ich schon einmal spontane Gedanken oder Assoziationen im Kontakt mit anderen Personen – und zwar ohne, dass es dafür unmittelbar nachvollziehbare Gründe gab?

➲ Wann habe ich mich selbst schon einmal dabei ertappt, unbegründete Vorurteile oder Vor-Verurteilungen zu haben?

Nun erforschen Sie mögliche Gründe oder Begebenheiten, die zu diesen spontanen Einschätzungen über die jeweilige Person geführt haben könnten:

➲ An wen erinnert mich diese Person?

➲ Gibt es in meiner Vergangenheit Menschen, die dieser Person ähnlich zu sein scheinen (aus dem Kontext von Familie, Schule, Freundeskreis, Ausbildung, Beruf)?

➲ Sind es Äußerlichkeiten, wie z. B. Merkmale des Gesichts, der Mimik, der Gestik – oder auch der Kleidung?

⊃ Erinnert mich die Tonalität oder die Art des Sprechens an jemanden?

⊃ Sind es vielleicht einzelne Verhaltensweisen, die ich von anderen Menschen kenne? („Der verhält sich wie …") Fallen mir Überzeugungen, Worte oder Sätze ein, die für mich (in der Vergangenheit) wichtig waren bzw. die ich damals häufig gehört habe – und die nun wie ein Echo widerhallen? (Beispiel: „Nur wer fleißig ist und hart arbeitet, bringt es zu etwas.")

⊃ Hat die Person einen wunden Punkt bei mir gedrückt? Gibt es schmerzhafte Erinnerungen, die meine Gedanken und mein Leben auch heute noch beeinflussen – und die vielleicht von dieser Person bewusst oder unbewusst getriggert worden sind?

3.2.1.6 Verbalisierung von empathischen Gedanken gegenüber Dritten

Andreas Zeuch (2010) weist in seinem Buch „Feel it! Soviel Intuition verträgt Ihr Unternehmen" darauf hin, dass die Äußerung von intuitiven Gedanken auch davon abhängig ist, wie offen die Unternehmenskultur dafür ist. In einer lebendigen Resonanzkultur, in der ein offener Austausch gefördert wird, wird man auch den „gefühlten" Gedanken einer Person eher Bedeutung beimessen. Dort wo der Fokus auf Fakten liegt, Mitarbeiter in der Hauptsache mit Kontrolle geführt werden oder sich selbst Kollegen untereinander distanziert und reserviert verhalten, haben es die intuitiven Gedanken ohne rationale Unterfütterung schwer. Die nachfolgenden Formulierungen verlangen häufig ein gutes und vertrauensvolles Verhältnis der Gesprächspartner zueinander. Doch auch bei aller Vertrautheit kann es eine Gratwanderung sein, die intuitiven Wahrnehmungen zu verbalisieren, gerade wenn es sich um das Spiegeln der Stimmungslage des Gegenübers handelt oder dessen Motivlage unklar ist.

Vielleicht kennen Sie diese Situationen, in denen Sie Vermutungen über Ihren Gesprächspartner haben oder sich fragen, was in ihm vorgeht.

• „Der hält doch etwas zurück. Der ist verhaltener als sonst."
• „Wieso ist der plötzlich so freundlich?"
• Im Mitarbeitergespräch: „Will er das Unternehmen verlassen?"
• „Ist der Kunde wirklich zufrieden?"
• „Sind die Zusagen des Kollegen belastbar oder sind das nur Lippenbekenntnisse?"

Nachfolgend geht es in erster Linie um diese Art von intuitiven Impulsen. Das Ziel ist, durch sie das *Wesen der Kommunikation* lebendig zu gestalten und einen offenen Austausch zu fördern, wie es in vielen Team-Meetings und individuellen Mitarbeitergesprächen hilfreich ist.

▶   Aber Vorsicht! Äußern Sie diese intuitiven Impulse niemals unüberlegt oder spontan!

Anders als bei einer Einschätzung oder Meinung sind diese „Bauchgefühle" nur mit mehr oder weniger vagen Hinweisen zu stützen – jedoch nicht mit handfesten Fakten zu be-

legen. Gerade wenn es sich um Vermutungen über eine andere Person handelt, sind Formulierungen wie: „Meiner Meinung nach halten Sie noch etwas zurück" oder „Meiner
Einschätzung nach vertrauen Sie mir immer noch nicht" wenig hilfreich und erzeugen
Widerstand oder zumindest Unverständnis. Jede Form von Unterstellung wird vom Gesprächspartner als persönlicher Angriff erlebt und die Aussage zurückgewiesen, sei diese
auch noch so gut gemeint. Falsch formulierte Vermutungen können regelrechte Fußangeln
für ein Gespräch sein. Es braucht eine belastbare Vertrauensbasis, damit ein offenes Wort
gesprochen und auch als solches verstanden werden kann. Ansonsten richten solche Ver-
suche leicht einen immensen sozialen Flurschaden an. Etwas durch die Blume sagen zu
können, ist eine Kompetenz, die situationsbedingt sehr nützlich ist.

Wahrnehmen – prüfen – handeln
Gerade bei der Äußerung von intuitiven Vermutungen gegenüber einer anderen Person gilt
der Dreisatz: wahrnehmen – prüfen – handeln. Die Wahrnehmung der eigenen Gedanken
und Empfindungen (mehr dazu gleich in diesem Kapitel) ist der erste Schritt. Der zweite
ist die Prüfung oder das Hinterfragen dieser Impulse. Dazu zählen auch die folgenden
Fragen:

- Ist es angemessen, diese Gedanken hier zu äußern? Passt das hier hin – in diese Unter-
  nehmenskultur, bei diesem Gesprächspartner?
- Welche Konsequenzen könnte es haben, diese Gedanken zu äußern? Wie wird es das
  Verhältnis zum Gesprächspartner möglicherweise verändern?
- Ist es mir in Anbetracht dieser Überlegungen wichtig genug, diesen Gedanken jetzt aus-
  zusprechen?

Anschließend kommt der Schritt des Handelns:

- Wie kann ich die Gedanken angemessen vermitteln?
- Mit welchen Worten kann ich dies gut äußern?

Dazu nachfolgend einige Tipps und Formulierungsangebote.

**Tipps zum Kommunizieren von intuitiven Vermutungen gegenüber einer anderen
Person**

1. Prüfen Sie, ob die Beziehung zum Gesprächspartner vertrauensvoll und belastbar
   genug ist.
   Dies bedeutet auch: Nicht immer ist es sinnvoll oder angebracht, die eigenen intuitiven
   Gedanken zu äußern. Andererseits kann es bei einer sehr guten Beziehung (z. B. bei
   langjähriger, gemeinsamer Geschäftsbeziehung oder unter guten Freunden), gar nicht
   nötig sein, die nachfolgenden Tipps zu beherzigen. Die Beziehung ist dann so tragfä-
   hig, dass der oder die andere das Gesagte richtig einzuordnen weiß.

2. Wählen Sie das Setting sorgsam.

   Intuitive Gedanken kommen spontan – doch sie müssen nicht unmittelbar geäußert werden. Wenn andere Personen anwesend sind, der Gesprächspartner nicht offen ist oder die äußeren Umstände dagegen sprechen, halten Sie Ihre Äußerung besser zurück. Häufig ist es besser, wenn die Umgebung ruhig und störungsfrei ist. Gleichzeitig ist die Situation in der Regel entspannter, wenn Sie Ihre Vermutungen wie beiläufig äußern und somit vermeiden, der einzelnen Aussage zu viel Gewicht zu geben. Dieser paradox klingende Hinweis erlaubt es Ihnen und Ihrem Gesprächspartner, schadlos aus der Situation herauszukommen, wenn Ihre Vermutungen nicht als zutreffend empfunden werden.

3. Passen Sie den richtigen Zeitpunkt ab.

   Manchmal ist es passend, eine Vermutung sofort zu äußern – manchmal ist es besser, auf einen späteren Moment zu warten. Hier gibt es keine allgemeingültige Regel. Sie werden jedoch merken, dass es dabei Unterschiede gibt. Finden Sie diese für sich und den jeweiligen Gesprächspartner heraus.

4. Seien Sie charmant und bereit, Ihre Äußerungen mit einem Augenzwinkern zu versehen.

   Ein charmanter Humor ist eine der besten Möglichkeiten, um den Erlaubnisrahmen zu weiten. Dies gilt insbesondere bei zwischenmenschlichen Aspekten. Signalisieren Sie Ihrem Gesprächspartner, dass Sie Ihre Vermutung auf Augenhöhe (oder sogar etwas schelmisch von unten), aber niemals von oben herab äußern. Niemand will analysiert werden oder das Gefühl haben, bevormundet oder „durchschaut" zu werden. Wenn Sie beispielsweise glauben, der andere fühle sich von einer Bemerkung getroffen, könnten Sie mit einem Augenzwinkern sagen: „Das kennen wir doch alle: Da drückt jemand den wunden Punkt – und man könnte in die Luft gehen …"

5. Achten Sie auf angemessene Gestik, Mimik und Tonfall.

   Formulieren Sie mit der inneren Haltung von: „… so in der Art … ich bin noch auf der Suche nach dem richtigen Wort, der richtigen Formulierung …" statt „So ist das!". Ein fragender oder auch ein weicher, wohlwollender Tonfall, ein interessierter Blick oder auch eine Gestik, die eine innere Suche ausdrückt, können dazu passen. Dies sind in der Regel sehr individuelle Merkmale. Finden Sie heraus, was auch zu Ihnen persönlich passt, damit es Sie diese authentisch einsetzen können.

6. Formulieren Sie Ihre Gedanken und Vermutungen immer als Angebote, nie als Unterstellungen, Analysen oder Deutungen.

   Seien Sie bereit, die eigenen Vermutungen zurückzunehmen, wenn der Gesprächspartner darauf nicht eingeht. So scharf Ihre Beobachtungsgabe und Ihr Verstand auch sind – bleiben Sie auf souveräne Weise demütig. Sie werden sonst leicht als anmaßend wahrgenommen. Berücksichtigen Sie dazu die nachfolgenden Tipps zum Formulieren.

7. *Ideomotorische* Signale wahrnehmen

   Achten Sie auf die feinen Zustimmungs- oder Ablehnungszeichen des Gesprächspartners als Reaktion auf Ihre Vermutung.

Tipps zum Formulieren von intuitiven Vermutungen gegenüber einer anderen Person

Die bisherigen Tipps bezogen sich vor allem auf die nonverbalen Aspekte der Kommunikation – auf die Art und Weise, in der etwas gesagt wird. Nun schauen wir auf die verbalen Aspekte: die Formulierung.

Wo bei vielen Aussagen sprachliche „Weichmacher" wie Konjunktive („könnte") und Einschränkungen („möglicherweise" etc.) im Sinne einer klaren Sprache vermieden werden sollten, sind diese bei der Äußerung von intuitiven Vermutungen häufig nützlich. Die resultierende Unschärfe in der Sprache erlaubt es dem Gesprächspartner, auf die Vermutung einzugehen – oder diese leicht zurückzuweisen. Anders als bei einer polizeilichen Vernehmung geht es nicht darum, die vermeintliche Wahrheit herauszufinden, sondern darum, die Beziehungskultur zu pflegen. Stehen Sie zu Ihrer Intuition, aber fegen Sie Daten und Fakten nicht vom Tisch. Intuitive gedankliche Impulse sind subjektiv und momentbezogen richtig und können auch für ein Gespräch als zusätzliche Perspektive nützlich sein. Sie sind jedoch keine objektive Wahrheit. Akzeptieren Sie, wenn die eigene Hypothese schlicht unzutreffend war. Das eigene Empfinden kann weiterhin „echt" bleiben – nur die Deutung ist nicht korrekt.

1. Kann-Formulierungen nutzen
   Das Verb „können" und dessen Konjunktiv-Form „könnte" implizieren eine Möglichkeit. Dies lässt dem Angesprochenen die Wahl, darauf einzugehen oder nicht.
   – Wenn Sie vermuten, dass Ihr Gesprächspartner noch Bedenken hat: „Kann es sein, dass wir etwas übersehen haben?"
2. Ich-Formulierung nutzen
   Machen Sie Ich-Aussagen. Sie markieren damit deutlich, wessen Standpunkt Sie vertreten. So banal dies klingt, so häufig wird diese Regel, die auch in den meisten anderen Gesprächssituationen nützlich ist, gebrochen. Bieten Sie sich selbst als Projektionsfläche für die möglichen Bedürfnisse des anderen an und stellen Sie Ihren eigenen Erfahrungsraum zur Verfügung. Der Gesprächspartner hat dann leicht die Möglichkeit zu sagen: „Ich auch." Darüber hinaus stellen Sie *Rapport* – also guten Kontakt – über Gleichheit her und nähren so ein konstruktives Gesprächsklima. [Variationen in eckigen Klammern]
   – „Ich spüre gerade *bei mir* so etwas wie aufkommende [Verärgerung/Unruhe/…]." Dies kann ergänzt werden durch: „Geht Ihnen das vielleicht auch so?"
   – „Ich kenne das manchmal *von mir*, dass ich [so dasitze und einfach nicht gut in Kontakt komme/lieber für mich alleine arbeiten würde/ich alles hinschmeißen könnte]."
   – „Ich frage mich gerade, ob …"
3. Wir-Formulierungen nutzen
   Im Kontrast zur gerade angesprochenen Ich-Formulierung kann es manchmal nützlich sein, stattdessen oder zusätzlich eine Wir-Perspektive anzusprechen. Beziehen Sie sich in die Vermutung mit ein. Damit signalisieren Sie Gemeinsamkeit und stärken den Rapport.

- „Ich habe den Eindruck, wir könnten alle eine kleine Pause gebrauchen."
- „Wir kennen das doch alle: Manchmal fühlt man sich …"

Natürlich macht auch hier der Ton die Musik. Wenn Sie die obige Äußerung herrisch anordnen, wird man diese eher als anmaßenden Pluralis Majestatis deuten.

4. Aus der Meta-Perspektive sprechen

Dieser Wechsel der *Wahrnehmungsperspektive* ist häufig nicht nur sehr nützlich, um kognitiv eine weitere Perspektive einzunehmen, sondern hilft auch dabei, Vermutungen zu formulieren (im nachfolgenden Beispiel: über den Zustand und das Stimmungsbild einer Gruppe).

- „Wenn ich uns so von außen als Gruppe betrachte – ich glaube, wir kommen gerade an dieser Stelle nicht weiter. Ich schlage vor, zunächst Punkt XY zu besprechen."

5. Sprachliche „Weichmacher" nutzen

Neben dem Konjunktiv („könnte", „wäre" etc.) sind dies alle einschränkenden Formulierungen, die einer Generalisierung entgegenwirken: fast, im Moment, …

- „Ich glaube fast, wir könnten jetzt alle eine Pause gebrauchen."
- „Wenn wir jetzt noch einmal auf den Punkt XY zurückkommen – wäre das in Ihrem Sinne?"

6. Metaphorik des Gesprächspartners *pacen*

Greifen Sie die metaphorischen Sprachelemente Ihres Gesprächspartners auf. Achten Sie auf seinen Sprachstil und verwenden Sie dessen metaphorische Bilder.

- „Dieses brodelnde Haifischbecken, von dem Sie eben gesprochen haben, hat sich das inzwischen etwas beruhigt – oder gibt es weiterhin Bedenken aus Ihrer Sicht?"
- „Sie sprachen eben vom blinden Aktionismus, der die Augen vor den eigentlichen Ursachen verschließt. Sind aus Ihrer Sicht inzwischen alle relevanten Bereiche ausreichend beleuchtet – oder haben wir weiterhin wichtige Teile ausgeblendet?"

7. Beobachtungen benennen

Manchmal ist es hilfreich, wenn Sie Ihre Vermutungen mit einer Äußerung über eine wahrnehmbare Handlung oder über die Gestik oder Mimik des Gesprächspartners verbinden. Formulieren Sie so, dass der andere sich nicht ertappt vorkommt.

- „Sie ziehen die Augenbraue hoch. Ist das nicht in Ihrem Sinne?"
- „Ich sehe Ihren Fuß wippen – sollen wir kurz Pause machen?"

Manchmal ist es sogar gut, die Beobachtung stehen zu lassen und den Gesprächspartner mit einem Moment Stille einzuladen, diese selbst zu deuten. Hierzu gehört etwas Übung, um die richtige Tonalität zu treffen – im Sinne einer offenen Frage oder eines zu vollendenden Satzanfangs.

8. Fragen statt Aussagen formulieren

Eine Frage ist die direkteste und manchmal angemessenste Annäherung an den Gesprächspartner, gerade wenn dieser eine unverblümte Sprache gewohnt ist oder diese wünscht.

- „Kann es sein, dass Sie sich vorhin nicht 100 % wohl gefühlt haben …?"

Auch hier helfen die sprachlichen „Weichmacher", um die Aussage zu glätten. Ein Gegenbeispiel wäre: „Kann es sein, dass Sie eben schlecht drauf waren?"

9. Erlaubnis einholen
   Fragen Sie Ihren Gesprächspartner, ob er Ihre intuitive Einschätzung hören möchte.
   - „Darf ich Ihnen mal eine vielleicht etwas ungewöhnliche und direkte Frage stellen? Kann es sein, dass Sie ...“

10. Um Konkretisierung und Präzisierung bitten
    Fordern Sie höflich Klarheit ein, gerade dann, wenn Sie vermuten, dass Ihr Gesprächspartner Ihnen etwas zwischen den Zeilen oder durch die Blume sagen will, Sie aber nicht sicher sind, wie es letztlich zu deuten ist. Hier hilft nur Nachfragen. Lassen Sie sich nicht im Nebel der Unklarheit stehen, denn dort wachsen Misstrauen und negative Phantasien über den anderen.
    - „Was genau meinen Sie damit, wenn Sie sagen ...“
    - „Ich darf Ihr Schweigen als Zustimmung werten ...?“

11. Niemals Generalisierungen oder Unterstellungen formulieren
    Häufig werden faktische Aussagen (bewusst oder unbewusst) mit einer Unterstellung oder Suggestion verbunden. Dies geschieht in der Regel über eine Verallgemeinerung oder versteckte Ursache-Wirkungs-Behauptung. Diese kann sich auf ein Verhalten beziehen oder direkt als Charakterzuschreibung formuliert sein. Häufig hinterlassen diese Formulierungen selbst dann einen faden Beigeschmack, wenn der Angesprochene im ersten Moment nicht einmal erkennt, dass ihm (beabsichtigt oder unbeabsichtigt) etwas untergeschoben worden ist. [Variationen in eckigen Klammern]
    - „Geht es hier bei der ganzen Diskussion wieder mal nur um Ihre [...]?“
    - „Ihre [aufbrausende/humorlose/fahrige] Art war in diesem Fall nicht hilfreich.“ Selbst wenn es in diesem Fall so war, die Generalisierung „Ihre ... Art“ ist eine – manchmal nur schwer zu entdeckende – Unterstellung.
    - „Wenn Sie nicht so zurückhaltend wären, hätten Sie direkt zugegriffen.“
    - „Ich habe da einen Fehler in Ihrer Präsentation gefunden. Sie dürfen nicht immer so fahrlässig sein.“

12. Killer-Formulierungen vermeiden
    Häufig sind es gerade die gut gemeinten Vermutungen, die als handfeste Unterstellung daher kommen. Eine Beobachtung wird vom Sprecher interpretiert und dem Gesprächspartner als Deutung untergeschoben. Wie bei der Generalisierung bemerkt der Angesprochene dies teilweise zunächst nicht einmal, obwohl ihn ein unbestimmtes, ungutes Gefühl beschleicht und er sich bemüßigt fühlt, die Vermutung abzustreiten – selbst wenn diese möglicherweise zutrifft.
    - „Ich sehe doch, dass Ihnen das nicht passt.“
    - „Ich spüre *bei Ihnen* gerade [Verärgerung/Verunsicherung/Enttäuschung/...].“
    - „Sie gucken so skeptisch.“
    Zur Verdeutlichung hier auch noch einige Beispiele aus dem privaten Bereich. Auch dort finden sich Formulierungen, die eigentlich wohlmeinend sind, es aber in sich haben können.
    - „Du schaust grad so traurig ...“
    - „Ich glaube, dass du dich nicht so wohl gefühlt hast ...“

- „Ich merke doch, du hast was …"
- „Nun sag doch schon …" – „Also, mir kannst du es doch sagen!"

Wenn Sie – z. B. bei Mitarbeitergesprächen – häufiger in die Situation kommen, Ihre intuitiven Gedanken zu äußern, dann üben Sie diese Art von Sätzen. Sprechen Sie diese auf unterschiedliche Weise aus, bis sich diese für Sie natürlich anfühlen. Oft sind es kleine Nuancen in der Tonalität oder auch in der begleitenden Körpersprache, die aus einer vermeintlich unnatürlich klingenden Phrase einen geschmeidigen Satz machen.

▶   Die Tipps und Formulierungen helfen, wenn Sie Ihre intuitiven Gedanken
    bezogen auf Ihren Gesprächspartner mit diesem teilen wollen. Sie sind nicht
    gedacht als „wasserdichte" Formulierungen, um jegliche Kommunikationsklip-
    pen zu umschiffen oder als Argumentationsmunition in hitzigen Diskussionen.

Manchmal treten intuitive Gedanken auch als inneres Alarmsignal in Erscheinung. Zum Beispiel dann, wenn wir fühlen oder vermuten, dass wir übers Ohr gehauen oder gegen unsere Absicht in etwas hineingezogen werden. Dann sind die obigen Formulierungen nicht klar genug und eine deutliche Markierung des eigenen Standpunkts ist hilfreich.

3.2.2   Intuition bei Entscheidungen

In diesem Unterkapitel zur Intuition bei Entscheidungen betrachten wir den Einfluss der Expertise eines Entscheidungsträgers auf seine intuitiven Fähigkeiten. Es hat sich nämlich gezeigt, dass sich gerade Experten ausgiebig auf ihre Intuition verlassen, wenn sie Urteile fällen. Selbst im zwischenmenschlichen Bereich gibt es erfahrungsbedingte Unterschiede im Umgang mit der Intuition. Ein erfahrener Verkäufer hat häufig ein ganz anderes Gespür für einen Kunden als ein unerfahrener Kollege. Es gibt sogar selbsternannte „Mentalisten", die das professionelle „Lesen" einer Person als Entertainment in der Unterhaltungsbranche für sich als Berufszweig erkannt haben. Nach außen hin wird dies teilweise sogar als paranormale Begabung (Telepathie, also Gedankenlesen) dargestellt. Zutreffend ist sicherlich, dass diese Menschen sich in besonderer Weise auf ihre Intuition verlassen und im Kontakt mit einem Gesprächspartner jede noch so kleine Veränderung im *Wesen der Kommunikation* bewusst bemerken. Im Kap. 10 Das Wesen der Kommunikation nähren werden wir einige einfache Ansätze vorstellen, mit denen auch Sie den Kontakt mit anderen Menschen verbessern können und Ihre intuitiven Fähigkeiten im Gespräch einzusetzen lernen.

3.2.2.1   Die Bedeutung der Expertise für die Mustererkennung
Eine Entscheidung zu treffen bedeutet, zwischen verschiedenen Alternativen in Verbindung mit einer sofortigen oder späteren Ausführung eine auszuwählen. Der Volksmund kennt den Begriff „Bauchentscheidung" – damit ist eine Entscheidung gemeint, die ohne lange Reflexionsphase spontan und scheinbar aus dem Bauch heraus gefällt wird. Bereits

1989 ergab eine Befragung bei über 3000 Top-Managern, dass intuitive Entscheidungen proportional mit der Hierarchieebene steigen (Agor 1989).

Allerdings gibt kaum jemand offen zu, Entscheidungen vor allem intuitiv zu treffen, wie Studien der Bertelsmann-Stiftung belegen (Gigerenzer und Gaissmaier 2012):

- Befragungen bei einem internationalen Technologie-Dienstleister ergaben, dass zwar die Hälfte der Entscheidungsträger ihre Entscheidungen vor allem intuitiv traf, dies jedoch von keinem einzigen öffentlich auch so vertreten wurde. Dieses Muster erstreckte sich über alle Hierarchiestufen, vom Abteilungsleiter bis hin zum Vorstand.
- Eine Studie bei einem Automobilkonzern zeigte, dass selbst die Ingenieure in Top-Führungsfunktion zu einem weit überwiegenden Teil die meisten Entscheidungen aus dem Bauch heraus fällen.
- Gigerenzer und seine Kollegen fanden sogar heraus: Je höher die Hierarchie, desto höher ist das Vertrauen in das Bauchgefühl. Gleichzeitig gaben fast drei von vier Befragten an, ihre Intuition zu verleugnen, wenn sie Entscheidungen gegenüber Dritten zu rechtfertigen hätten. Lediglich im Bereich HR und R&D ergaben sich etwas bessere Werte.

Wer ausgewiesener Experte auf seinem Gebiet ist, kann es sich am ehesten leisten, auf seine intuitiven Eingebungen zu vertrauen. Das angeeignete Erfahrungswissen („Tacit Knowledge") erlaubt es diesen Experten, Wissen anzuwenden, auch wenn sie es nicht rational begründen können, denn sie haben ein tieferes Verständnis für ihr Fachgebiet gewonnen. Entscheidend ist dabei: Je reichhaltiger der Fundus der gemachten Erfahrungen, desto leichter sind die wesentlichen von den unwesentlichen Aspekten zu unterscheiden.

▶   Je mehr Erfahrung also jemand auf einem Gebiet hat, desto besser ist er beraten, auf die erste Eingebung zu vertrauen. Hier ist Mut gefragt, auf die innere Eingebung zu hören.

Übertragen auf die Führung heißt das: Führungskräfte verfügen über eine „Toolbox" an intuitiven Entscheidungsregeln, die auf der eigenen Erfahrung beruhen. Neben den intuitiven Entscheidungsregeln führt Gigerenzer auch einen Gedanken von Modesto Maidique an, dem ehemaligen Präsident der Florida International University. Dieser äußert sich zum Wesen der Führung: „Jede Führungskraft bringt für den Job eine persönliche Toolbox mit; diese enthält intuitive Entscheidungsregeln, die aus der individuellen Erfahrung und den eigenen Wertvorstellungen abgeleitet sind. Sie sind die Grundlage für Entscheidungen über Personen, Strategien und Investitionen in einer Welt, in der eine effiziente Nutzung der Zeit so wichtig ist" (Gigerenzer und Gaissmaier 2012, S. 22)

3.2.2.2   Richtig oder angemessen?

Forschungen zur Entscheidungsfindung befassen sich häufig mit der Fragestellung, wie „richtige" Entscheidungen getroffen werden können. Neben dem streng analytisch-rationalen Vorgehen und der bereits erwähnten, auf Expertise basierenden Intuition, sind es vor allem Heuristiken (Daumenregeln), die in diesem Zusammenhang von Autoren wie Gerd Gigerenzer oder Daniel Kahnemann – teils kontrovers – diskutiert werden.

Neben der Suche nach objektiv „richtigen" Entscheidungen liegt für uns der Nutzen der Intuition vor allem im Entdecken von subjektiv angemessenen Entscheidungen. Uns geht es in diesem Buch daher vor allem um *kongruente* Entscheidungen. Eine Entscheidung ist dann kongruent, wenn sie mit den Werten, Motiven und Zielvorstellungen, der Identität und auch dem Zugehörigkeitsempfinden des Entscheiders übereinstimmt – bzw. mit diesen zumindest nicht in Widerspruch steht – und dies auch über einen längeren Zeitraum so bewertet wird. Es geht uns also nicht um eine objektive Richtigkeit oder gar Wahrheit. Ein intuitiver Gedanken kann ohnehin nie richtig oder falsch sein, sondern nur nützlich oder angemessen („stimmig") aus Sicht des Handelnden. Die Intuition ist kein Allheilmittel für objektiv richtiges Entscheiden. Vielmehr sollten Bauch und Kopf gleichermaßen berücksichtigt werden, um gute Entscheidungen zu treffen.

Entscheidungen beinhalten immer einen Zukunftsbezug. Die aktuelle Perspektive auf das Zukünftige beeinflusst das aktuelle Handeln. Dafür ist es nützlich, sich selbst klar zu machen, was man selbst für „wahr" oder gewiss hält. Folgende Differenzierung kann dazu hilfreich sein:

- **Voraussagen über Fakten der Zukunft:** Eigentlich sind dies – wenn überhaupt – Vorahnungen. Dazu ein Beispiel: Wenn Sie „intuitiv" den Wurf einer (idealen) Münze oder eines (idealen) Würfels vorhersagen wollen, machen Sie sich etwas vor. Hier kann nur die Mathematik eine Aussage treffen – jedoch nicht über den einzelnen Wurf, sondern nur über die Wahrscheinlichkeit von Verteilungen bei einer sehr hohen Anzahl von Würfen. Bedauerlicherweise meinen viele Menschen auch diese Art von Situationen mit Intuition „erahnen" zu können. Wir tun dies nicht und halten dies auch nicht für sinnvoll. Mehr dazu im Abschnitt „Intuition als Vorahnung".
- **Objektive Wahrheiten:** Wenn in einem Atomkraftwerk die Kernschmelze droht, gibt es wohl niemanden, der dies für richtig hält. Wer nun zu verhindern weiß, dass dies passiert, handelt in diesem Sinne objektiv richtig. Abgesehen von diesen Extremfällen wird es jedoch schwierig, von einer objektiven „Richtigkeit" zu sprechen. Ob Währungskurse sich nach oben oder unten bewegen; ob das Produkt A oder das Produkt B entwickelt werden soll; ob eine Dienstleistung intern erstellt oder zugekauft werden soll. Obwohl dies im Grunde keineswegs objektive Entscheidungen sind (denn es gibt immer eine „andere Seite", welche die Auswirkungen möglicherweise anders beurteilt), werden sie aus Sicht des Entscheiders – innerhalb seines Systems – wie objektive Entscheidungen behandelt. Die Objektivität wird hierbei häufig über eine quantifizierbare – bevorzugt monetäre – Größe operationalisiert. Objektiv richtig ist dann das, was die größte Rendite oder Gewinn erwirtschaftet, die geringsten Kosten oder Fehlerquoten verursacht.
- **Subjektive Wahrheiten:** Die allermeisten Entscheidungen sind in diesem Bereich zu finden. Häufig lösen sich die scheinbar objektiven, quantifizierbaren Kriterien in Luft auf, wenn der Zeithorizont erweitert wird oder das System aus einer höheren Warte heraus betrachtet wird. Entweder, weil die Messgröße selbst in die andere Richtung

schwankt (Beispiel: Aktienkurse), oder weil durch die Komplexität der Zusammenhänge der Messwert an sich als absurd erkannt wird (Beispiel: die kurzfristige Kosteneinsparung führt an anderer Stelle zu Qualitätseinbußen oder sogar zum Imageschaden für das Unternehmen). Viele Entscheidungen im Unternehmen sollen möglichst objektiv gefällt werden, obwohl sie von vornherein die Kriterien für Objektivität verletzen: Personalentscheidungen zum Beispiel haben immer vielfältige und unvorhersehbare Implikationen, denn sie wirken sich auf das höchst komplexe soziale Gefüge im Unternehmen aus (selbst bei Fällen, in denen Mitarbeiter das System verlassen, z. B. bei einer Kündigung).

In Kap. 4.1 Meine Werte geben wir Ihnen Vorgehensweisen an die Hand, mit denen Sie auf Basis Ihrer Werte intuitive und kongruente Entscheidungen treffen können. Im folgenden Kap. 3.3 Intuition bei *indigenen* Gesellschaften erfahren Sie, welche Möglichkeiten die *First Natio*ns nutzen, um zu guten Entscheidungen zu gelangen.

3.2.2.3 Verbalisierung von intuitiven Gedanken bei Entscheidungen

Es ist eine Kunst, seine Meinung überzeugend zu vertreten. Dies gelingt jedoch leichter, wenn wir unsere Überzeugung mit stichhaltigen Argumenten belegen können. Leider sind intuitive Gedanken häufig dadurch gekennzeichnet, dass die Faktenlage unübersichtlich, mehrdeutig oder widersprüchlich ist oder Fakten schlichtweg nicht existieren. Gelegentlich beschleicht einen sogar ein ungutes Gefühl, obwohl alle Fakten in eine Richtung zu deuten scheinen. In diesem Fall kann es schwierig sein, seine Auffassung gegenüber einem Gesprächspartner (oder auch einer Gruppe) zu vertreten. Die nachfolgenden Überlegungen sollen helfen, den intuitiven Gedanken bei Entscheidungen oder bei Einschätzungsfragen Gehör zu verschaffen. Und dies auch dann, wenn ein einfaches Aussprechen von „Ich habe dabei kein gutes Gefühl …" als Argument nicht ausreicht.

1. Nutzen Sie die Position des Advocatus Diaboli.

   Statt gegenüber dem Gesprächspartner einen neuen Gedanken zu vertreten, der lediglich auf den tönernen Füßen Ihrer Eingebung steht, drehen Sie den Spieß um. Stellen Sie die bisherigen Gedanken in Frage. Sie werden feststellen, dass es deutlich einfacher ist, als mahnender Kritiker aufzutreten, denn als inspirierender Innovator. Beziehen Sie sich notfalls explizit auf die klassische rhetorische Figur des Advocatus Diaboli, die bereits in der Kirchengeschichte die Position des Teufels (scheinbar) vertreten hat. Im kirchlichen Disput diente dies dem Zweck, die eigentliche Position der Kirche „wasserdicht" zu machen. Vor diesem Hintergrund gestattet es die Position des Advocatus Diaboli, auch ketzerische oder Außenseitermeinungen zu vertreten. Nutzen Sie dies, um Ihren intuitiven Impuls zu formulieren. Metaphorisch gesprochen: Legen Sie Ihren intuitiven Impuls in die Mitte und beobachten, ob das Wesen der Gruppe mit Ihrer Einschätzung in Resonanz geht. Es gibt keine Garantie, dass Ihre – vielleicht selbst nur vage – Einschätzung übernommen wird. Aber immerhin geben Sie Ihrer Empfindung eine Chance im Außen. Angenommen, Sie haben das intuitive Empfinden, dass relevante Aspekte noch nicht ausreichend berücksichtigt worden sind, dann könnten Sie die folgenden Formulierungen nutzen, diese anzusprechen. Variationen in [eckigen Klammern]

– „Ich frage mich, wie wir sicherstellen können, dass wir [den Meilenstein erreichen/ die Mitarbeiter bei diesem Vorgehen nicht vor den Kopf stoßen/…]"

– „Wie können wir gewährleisten, [den Anschluss an diese Entwicklung nicht zu verpassen/dass unsere Qualität bei diesem Vorgehen nicht sinkt]?"

2. Stellen Sie in Frage, wie realistisch die bisherige Position ist.

Die Frage nach – möglichst 100 %iger – Sicherheit ist zwar häufig eigentlich vermessen, sie öffnet Ihnen aber die nachfolgende Möglichkeit, Ihren Gedanken zu äußern. Dieser Gedanke ist dann scheinbar an das Argument aus der kritischen Eingangsfrage (Beispiele siehe unten) geknüpft. Hinterfragen Sie also höflich und wertschätzend die Annahmen des Gesprächspartners. Spielen Sie selbst die kognitiv-rationale Karte aus. Dies klingt wie ein fieser und auf Konfrontation ausgelegter Taschenspielertrick – setzen Sie deshalb dieses Mittel behutsam und mit der richtigen Haltung ein. Auch hier gilt im Wortsinne: Der Ton macht die Musik. Ihr Gesprächspartner wird für Ihre Argumente offener sein, wenn Sie glaubhaft vermitteln können, dass es Ihnen um den gemeinsamen Erfolg des Projektes oder der Entscheidung geht – und Sie ihn nicht in die Ecke drängen wollen. [Variationen in eckigen Klammern]

– „Worauf genau stützen Sie Ihre Annahme, dass diese [Einschätzungen/Meilensteine/…] realistisch sind?"

– „Können Sie wirklich garantieren, dass [uns dieses Vorgehen nicht negativ ausgelegt wird/…]?"

– „Wie kommt es, dass Sie so sicher sind?"

Ihr Gesprächspartner ist auf diese Weise genötigt, seine eigenen Annahmen offenzulegen. Und da kaum eine Entscheidung glasklar ist, sondern höchstens aus einer bestimmten Perspektive eindeutig erscheint, haben Sie die Chance, im Anschluss Ihre intuitiven Gedanken zu platzieren und damit eine weitere Facette zu beleuchten.

Für eine erste Anwendung der Intuition in gedanklich festgefahrenen Situationen finden Sie im Verlauf dieses Kapitels die Übung 6 „Metaphorische Problemlösung". Außerdem stellen wir Ihnen in Kap. 4.1 Meine Werte mit der Übung 5 „Werte-Kaleidoskop" eine Möglichkeit vor, wie Sie Entscheidungen im Einklang mit Ihren inneren Werten treffen können.

3.2.3   Intuition als Inspiration

Was bedeutet der Begriff der Inspiration eigentlich? Das Wort Inspiration beinhaltet den Begriff Spirit oder Geist. Damit einher geht die Vorstellung, dieser Spirit falle (von oben) in uns hinein und beseele uns in diesem Moment mit einem guten Gedanken. Auch der Begriff der Eingebung suggeriert eine von oben kommende Idee, die uns von dritter Hand gegeben wird. Wir selbst sind in diesem Fall nur das passive Gefäß, in das die Idee einfließt.

JK Rowling (2012), Schöpferin der Zauberer-Saga um Harry Potter, spricht davon, dass ihr die Idee zu der Figur und dem Buch während einer Zugfahrt sprichwörtlich „in den Kopf fiel" („the idea for Harry Potter simply fell into my head"). Der Liedermacher Konstantin Wecker sagt, dass ihm die Texte zu seinen Lieder „passiert seien" – ihm also auf eine höchst passivische Weise widerfahren sind: „Da kommt was, was schon lange da ist, und ich muss hineingreifen" (Bohnefeld und Gonschior 2010, Folge 7).

3.2.3.1 Inspiration im kreativen Prozess

Wir lassen uns privat wie auch professionell inspirieren. Bereits in der Vorstellung der Antike hatten geniale Ideen göttlichen oder „musischen" Ursprung. Musen waren in der griechischen Mythologie (einige der vielen) Töchter des Göttervaters Zeus. Noch heute lässt sich mancher Künstler von seiner Muse inspirieren – einer Person, die ihn durch Charakter, (erotische) Ausstrahlung und Zuwendung zu künstlerischen Leistungen anspornt. Die Vorstellung des fast über-menschlichen Einfalls lässt sich bis heute in der Sprache erkennen. Geniale Ideen werden im sprachlichen Ausdruck nicht hart erarbeitet, sondern sie kommen oder man hat sie einfach. Auch erfolgreiche kreative oder innovative Prozesse werden häufig so beschrieben, dass dem Designer, Tüftler oder auch Produktmanager die Einsicht urplötzlich kam und es ihm (oder ihr) „wie Schuppen von den Augen" fiel. „Heureka!" rief angeblich Archimedes und sprang nackt aus der Wanne, als ihm die Idee des nach ihm benannten Prinzips in den Sinn kam. Wie ein Blitz durchfuhr es ihn und die Erkenntnis war da. Es ist die Idee, die wie aus dem Nichts erscheint.

Kreative Prozesse, wie sie häufig im Produktdesign oder ähnlichen Prozessen ablaufen, in denen es um ästhetische Lösungen geht, kennen diesen Moment des „Ja – das ist es!" sehr gut. Kreativität hat in vielen Fällen eine gerichtete Absicht (z. B. die Gestaltung eines ästhetisch ansprechenden Produkts oder einer Produktverpackung). Dies kann harte Arbeit sein, die mit vielen Wiederholungen und Redundanzen einhergeht. Innerhalb dieses Prozesses gibt es häufig sogar einen „Frustmoment", in dem die gute Lösung Lichtjahre entfernt scheint. Doch gerade in diesen Moment geschieht nicht selten die Inspiration, indem alles Bekannte über den Haufen geworfen und noch einmal völlig neu gedacht wird. Aus unserer intensiven Kooperation mit IKEA wissen wir, dass die hauseigenen Innenarchitekten bei der kreativen Gestaltung der Wohnwelten genau dies immer wieder beschreiben: Man muss über den Moment des „Eigentlich haben wir schon alles ausprobiert bzw. an alle Möglichkeiten gedacht" hinaus kommen. Erst im Anschluss kommen häufig die wirklich kreativen Ideen, die auch noch einen Mehrwert stiften.

▶ Inspiration ist ein unsteter Prozess, der häufig sprunghaft verläuft. Große Ideen werden nicht „Stückchen für Stückchen" gezeugt, sondern kommen wie der sprichwörtliche Geistesblitz. Im Vorfeld braucht es dazu jedoch häufig harte Arbeit und ein zähes Ringen. In diesem Sinne sind gruppendynamische Diskussionen oder Brainstorming-Übungen auch Teil dieser Vorarbeit. Ein Einzelner hat dann häufig die entscheidende Eingebung. Doch ohne die gemeinschaftliche Vorarbeit wäre diese Inspiration gar nicht möglich gewesen.

Auch eher technisch orientierte Berufe haben nicht selten einen sehr kreativen Aspekt, vor allem wenn es um das Erfinden oder das Austüfteln einer Lösung geht. Diese Gruppe der technischen Designer (hier ist nicht notwendigerweise der Ausbildungsberuf des Technischen Produktdesigners gemeint), hat im Grunde genommen einen ähnlichen kreativen Prozess zu durchlaufen wie die Kollegen aus dem ästhetischen Bereich. Auch wenn die technischen Einflussparameter viel ausformulierter und damit weniger implizit sind, so bleibt die Kombination dieser Faktoren doch ein kreativer Akt.

Kreativität und Intuition sind eine Geschwisterpaar, dessen Verwandtschaft die meisten Menschen unmittelbar erkennen. Teilweise werden die beiden sogar verwechselt oder als identisch angesehen. Es existieren zahlreiche exzellente Bücher zum Thema Kreativität und Kreativitätstechniken sowie ein weites Feld an Informationen im Internet. Wir wollen keine offenen Türen einrennen, sondern an dieser Stelle lediglich das Spektrum der Intuition illustrieren.

3.2.3.2   Inspiration wachsen lassen

In allen unternehmerischen Bereichen, in denen Probleme gelöst werden müssen, sind Expertise und Erfahrungswissen nicht nur hilfreiche, sondern auch notwendige Bedingungen. Und gleichzeitig braucht es häufig ein kreatives Out-of-the-box-Denken, das gerade erfordert, bekannte Muster loszulassen – vor allem für bislang unbekannte Probleme, die sich nicht mit einer Standardmethode lösen lassen.

> ▶   Der Geistesblitz ist nicht die Erinnerung an etwas Bekanntes, sondern die Entdeckung von etwas Neuem – oder zumindest einer neuen Kombination von Bekanntem. Diese Öffnung für Neues ist die Intuition.

Im Einzelfall kann ein unerfahrener Neuling oder sogar ein Fachfremder den genialen Einfall haben, da für ihn die Mauern des Bekannten ohnehin nicht existieren und dementsprechend auch nicht einengend wirken können. Innovative Teams (oder auch größere Unternehmensberatungen) sind häufig interdisziplinär aufgestellt, um den negativen Auswirkungen des gleichmachenden *Groupthink* entgegen zu wirken.

Doch wie kann einem diese Art von Erlebnis häufiger widerfahren? Intuitive Erfahrungen sind nicht (re)produzierbar. Jedoch kann jeder Mensch viel dafür tun, dass sie zumindest wahrscheinlicher werden – und mindestens ebenso viel dafür, dass sie beinahe unmöglich werden. Zu den förderlichen Faktoren gehört sicherlich eine offene Grundhaltung, die neuen und externen Input begrüßt. Im Kap. 3.5 Was macht intuitives Erleben und Handeln aus? analysieren wir den Prozess des intuitiven Erlebens und geben Hinweise, wie Sie sich ganz pragmatisch der Intuition öffnen können.

3.2.4   Intuition als Vorahnung

Viele Mütter berichten, dass sie spüren können, wenn es ihrem Kind (vor allem im Baby-/Kleinkindalter) nicht gut gehe, selbst wenn dieses in einem anderen Zimmer oder an einem anderen Ort sei. Der Biologe Rupert Sheldrake hat sich intensiv mit dieser Art von Ahnungen oder Vorahnungen (Präkognitionen) befasst. Man könnte auch andere, als parapsychologisch bezeichnete Bereiche wie die Telepathie („Gedankenlesen") unter diesem Bereich fassen, die zwar nicht über die Zeit hinweg, aber über scheinbar unverknüpfte Orte hinweg eine Wahrnehmung postulieren. Neben dem bereits angedeuteten Mutter-Kind-Phänomen kann man hier die Experimente von Sheldrake mit Hunden und ihren Besitzern aufführen: Die Hunde konnten in Sheldrakes Versuchen erahnen, zu welchem Zeitpunkt die an einem anderen Ort befindlichen Besitzer den Entschluss fassten, den Weg nach Hause (wo der Hund wartete) anzutreten.

Der deutsche Physiker und ehemalige Direktor des Max-Planck-Instituts für Physik (Werner-Heisenberg-Institut) Hans-Peter Dürr hat sich intensiv mit den Ansätzen Sheldrakes befasst und zahlreiche Wissenschaftler zu der Thematik befragt. Trotz teilweise heftiger Kritik an der Vorgehensweise Sheldrakes war der Tenor bei vielen Befragten, dass das Forschungsinteresse Sheldrakes in diesem Grenzbereich der Wissenschaft berechtigt sei und weitere Studien in dieser Richtung richtig und wichtig seien (Dürr und Gottwald 1997). Selbst der Philosoph und Physiker Carl Friedrich von Weizsäcker schließt die Möglichkeit von bisher unverstandenen Wirkzusammenhängen nicht aus, wenn er sagt, es liege nahe, „zu den zwei wissenschaftlich zugänglichen Modi der zeitlichen Modallogik, der Faktizität und der Möglichkeit, einen dritten, unserer Wissenschaft bis heute unzugänglichen Modus hinzuzufügen, den man vielleicht ‚zeitüberbrückende Wahrnehmbarkeit' nennen würde" (Weizsäcker von 1988, S. 602).

Der Bereich des Wahrnehmbaren wird immer wieder neu definiert. Vor Entdeckung von Infrarotlicht oder Ultraschall hätte man Vermutungen über diese für den Menschen nicht direkt erfahrbaren physikalischen Größen als Scharlatanerie abgetan. Tiere haben häufig ein viel größeres Spektrum an Rezeptoren, die sie auch Dinge wahrnehmen lassen, die wir Menschen nicht bemerken: Hunde können mit über 90 %iger Sicherheit bestimmte Tumorzellen erschnüffeln; männliche Bären riechen über 30 km hinweg Weibchen; Fledermäuse orientieren sich mit Ultraschall (Sonoda et al. 2011).

Die buddhistische Nonne und Lehrerin Jetsunma Tenzin Palmo lebte 12 Jahre zurückgezogen in einer Höhle, um zu meditieren. Sie schildert, dass sie eines Tages eine klare Stimme vernahm, die ihr gegenüber die deutliche Warnung vor einem nahenden Steinschlag aussprach. Tatsächlich ging danach ein Steinschlag an der Stelle nieder, an der sie nicht lange zuvor noch gesessen hatte. Für sie war diese Stimme so klar und deutlich, dass diese Warnung für sie selbst nicht einmal Intuition war (sondern etwas Konkreteres), da Intuition ein stilles Wissen sei, dass ohne Worte auskomme (Bohnefeld und Gonschior 2010, Folge 7).

Erfahrungen aus dem Reservat

Während unseres einjährigen Aufenthaltes in Australien kamen wir mehrere Male mit intuitiven Erlebnissen in Kontakt.

Allein das Kennenlernen des Elders Peter, der später zu unserem Hauptkontakt werden sollte, ist bemerkenswert. Wir hielten uns zu Beginn unseres Aufenthaltes eine Zeit lang in Melbourne auf, als sich ein Freund aus Deutschland ankündigte, der im Rahmen eines Urlaubs das Land bereisen wollte und dabei auch Zwischenstopp in Melbourne machte. Für unseren Freund war es ein Herzensanliegen, bei einem Aborigine das Spielen des Didgeridoo – des traditionellen Holzblasinstruments vieler Aborigine-Stämme – zu lernen. Wir machten uns auf und liefen dabei eher zufällig auch über den Queen Victoria Market, einen großem innerstädtischen Markt, wo es neben Obst und Gemüse auch Souvenirs und Kleinkunst zu kaufen gibt. Eigentlich kein Ort, um besonders authentische Erfahrungen mit der Kultur der Aborigines zu machen, dachten wir. Doch wir trafen dort Peter, der nicht nur einzelne Didgeridoos verkaufte, sondern auch Didgeridoo-Unterricht gab. Im Anschluss an die kurzweilige Einweisung, die wir stilecht an einem kleinen Flusslauf erhielten, bot uns Peter an, ihn in seinem traditionellen Stammesgebiet zu besuchen, wenn wir dort einmal in der Nähe seien. Peter kam nämlich ursprünglich nicht aus Melbourne, sondern aus der über 2000 km nord-östlich gelegenen Gemeinschaft der Girringun (einem Zusammenschluss von neun Stämmen der *Traditional Owner*), die in einem Gebiet rund um Cardwell leben. Diese Region ist als tropischer Landstrich klimatisch und landschaftlich völlig anders als die Gegend um Melbourne.

Einige Wochen später, als wir mit unserem selbst umgebauten Mini-Van durch das Outback im Landesinneren und entlang der Ostküste fuhren, kamen wir auch in die Gegend um Cardwell. Wir erinnerten uns an die Einladung von Peter, den wir in der Zwischenzeit nicht gesehen hatten, und wählten seine Nummer – skeptisch, ob er sich noch an uns erinnern würde. Er wusste jedoch trotz der nur kurzen Begegnung noch genau, wer wir waren. Als wir ihm berichteten, wir seien in der Nähe, sagte er, wir sollen in Cardwell Halt machen, wenn wir dort seien. „Denkt fest an mich, wenn ihr da seid. Ich finde euch dann." Wir waren wenig überzeugt, dass dies klappen würde. In Cardwell angekommen, machten wir an einem großen Parkplatz an der Küste Halt und überlegten, Peter noch einmal anzurufen, um ihm zu sagen, dass wir angekommen waren. Während wir noch etwas unschlüssig überlegten, fuhr er mit seinem Pickup-Truck auf den Parkplatz. Wir waren ziemlich verwundert, wie er uns so schnell finden konnte – schließlich hatten wir weder Uhrzeit noch genauen Treffpunkt ausgemacht.

Zugegeben – das ist eine sehr kleine Geschichte zur Intuition und von außen betrachtet vielleicht wenig beeindruckend. Wir waren jedoch bass erstaunt, als Peter so plötzlich wie aus dem Nichts auftauchte.

3.3   Intuition bei indigenen Gesellschaften

Begriffe wie Intuition oder gar Vision können ziemlich bedrohlich wirken. Viele Menschen haben die Vorstellung, Intuition müsse etwas Überwältigendes sein, das uns von der Welt entrückt. Manche gehen bei dem Gedanken daran in einen inneren Widerstand. Bei den *indigenen* Gesellschaften, die wir besucht haben, haben wir genau das Gegenteil erlebt: Dort gehen die Menschen ganz natürlich mit dem um, was wir Intuition nennen. Sie leben intuitiv – ganz alltäglich. Doch was heißt das? Einerseits geben sie ihren Gefühlen und nicht-rationalen Gedanken mehr Raum und schenken ihnen mehr Beachtung. Gleichzeitig wird das Empfundene nicht sofort überhöht und mystisch verklärt. Man könnte – aus unserer Perspektive – von einer alltäglichen Mystik sprechen.

▶ Viele indigene Gesellschaften haben sich aus unserer Sicht einen großen Schatz intuitiven Wissens bewahrt. Sie wenden ganz natürlich das an, was wir aus Seminaren zur Führung, Kommunikation und emotionalen Intelligenz kennen.

Ohne es zu benennen oder im Einzelnen herauszustellen, wenden die Menschen dort viele „Methoden" an, die uns auch in der westlichen Welt nicht unbekannt sind – selbst wenn diese in der Regel im Alltag nicht so durchgängig angewandt werden. Dazu zählen eine metaphorische Sprache, Analogien aus der Natur, Meditation und Trance, bewusste Körpererfahrungen und Körperwahrnehmung sowie die Bedeutung von Träumen oder Visionen. Dieses implizite Wissen wird zum großen Teil über ein Lernen am Vorbild verinnerlicht.

▶ In unserer Welt hingegen sind wir sehr daran gewöhnt, „etwas" zu lernen: Tools, Tipps, Techniken. Der Vorteil dieser Vorgehensweise: Wir können uns diese Methoden recht schnell aneignen, da sie dokumentiert sind. Der Nachteil: Wir lernen zwar die „objekt-hafte" Methode, aber nicht die dazu angemessene Haltung. Beim Lernen am Vorbild ist hingegen die Chance viel größer, dass das komplexe Gesamtgefüge inklusive der angemessenen Haltung mitgelernt wird.

In Kap. 2.1 Das indigene Weltbild haben Sie die *Schwitzhütte* als ein bedeutendes Ritual der *indigenen* Gemeinschaften der nordamerikanischen Prärie kennengelernt. Sie ist eine intuitive Praxis, bei der sich die Beteiligten auf den Prozess der gemeinschaftlichen Trance einlassen und dabei nicht nur Verbundenheit erleben, sondern auch individuell Zugang zu ihrem eigenen Unbewussten finden. Die Dunkelheit, die Hitze, die Trommelschläge und die Gesänge und Gebete unterstützen diesen Prozess. Entscheidend ist jedoch die offene Haltung, die sich aus dem indigenen Weltbild speist. Für viele indigene Völker ist nämlich das Unbewusste keineswegs so unzugänglich und verborgen, wie es in weiten Teilen der westlichen Zivilisation betrachtet wird. In diesem Sinne ist auch die Zeremonie der Schwitzhütte kein außerordentliches, sondern eher ein vertrautes Ritual. Während unserer Zeit im Reservat wurde mindestens einmal in der Woche eine Schwitzhütte durchgeführt, die jedem Interessierten offenstand. Nicht nur „weiße Gesichter" waren willkommen, sondern auch die Insassen einer Haftanstalt für straffällig gewordene Jugendliche kamen regelmäßig hinzu, um mit ihrem Elder zu sprechen.

Beispiel

Die Schwitzhütte kann auch als intuitive Methode zur Entscheidungsfindung genutzt werden, wie ein Beispiel aus unserer eigenen Coaching-Praxis zeigt. Ein Klient von uns trug sich seit Monaten mit der Entscheidung, das Haus seiner Eltern, das nur noch seine Mutter bewohnte, zu verkaufen. Das Haus beherbergte auch eine Pension und war rund 100 km entfernt von seinem Wohnort und daher von ihm aus der Ferne nur schwer zu bewirtschaften. Er hing jedoch aus sentimentalen Gründen noch an dem Haus und wollte seiner alten Mutter auch keinen Wechsel der Wohnung mehr zumuten. In der Hitze der Schwitzhütte konnte er jedoch in sich gehen und so eine für ihn stimmige Entscheidung treffen. Während des Rituals hatte er Kontakt mit seinem verstorbenen Vater, der ihm den eindeutigen Hinweis gab, das Haus zu verkaufen. Mit diesem „Segen" des Vaters, konnte er im Anschluss schnell eine für ihn kongruente Entscheidung treffen. Er verkaufte das Haus, stellte jedoch für seine Mutter ein lebenslanges Wohnrecht sicher sowie den Weiterbetrieb als Pension für mindestens die nächsten Jahre. Ihm fiel nach dieser Lösung ein Stein vom Herzen und auch Jahre später berichtete er davon, die richtige Entscheidung getroffen zu haben.

3.3.1   Yuwipi – Entscheidungen aus einer anderen Welt

Neben diesem beinahe alltäglichen Umgang mit intuitiven Impulsen praktizieren manche indigene Kulturen auch Zeremonien, die für unsere westlich-zivilisierte Denkweise kaum noch nachvollziehbar sind. Für die Menschen der indigenen Kulturen spielen sie jedoch eine wichtige Rolle, gerade in Entscheidungssituationen, in denen sie Rat suchen. Bisweilen können diese Rituale mystischen Charakter annehmen. Dazu ein Beispiel, das wir selbst erlebt haben.

Erfahrungen aus dem Reservat

Während unseres Aufenthalts in Kanada besuchten wir ein interkulturelles Training an der Polizei-Akademie in Regina. Dort lernten Polizeibeamte die Besonderheiten der First Nations näher kennen. Lehrgangsleiter Jim Pratt, Polizist und selbst *Cree First Nations* berichtete, dass in Provinzen mit großem indigenen Bevölkerungsanteil die Polizei die Stammesältesten in die polizeiliche Beratung mit einbeziehe.

Ungefähr zu dieser Zeit erfuhren wir über unsere Kontakte bei der Polizei, dass ein Junge aus dem Reservat spurlos verschwunden war. Die polizeilichen Ermittlungen liefen auf Hochtouren. Neben *Schwitzhütten*-Zeremonien, in denen intensiv für den Jungen gebetet wurde, führte der Elder des Reservates, aus dem der Junge kam, eine sogenannte *Yuwipi*-Zeremonie durch. In dieser „reist" der heilkundige Elder in eine andere Welt, um dort Informationen zu erhalten. Dazu werden ihm die Hände mit Lederriemen fest auf dem Rücken verschnürt. Er wird der Länge nach eng in ein großes Tuch eingewickelt und ihm werden die Augen verbunden. So verschnürt und völlig immobilisiert wird er auf ein Bären- oder Bisonfell gelegt. Zuletzt steckt man ihm eine Pfeife aus dem Fußknöchel eines Adlers in den Mund. In völliger Dunkelheit beginnen nun die übrigen Anwesenden auf großen Trommeln monotone Rhythmen zu schlagen und dabei zu singen. Durch diese Trommelrhythmen und spezielle Atemtechniken verändert sich die Wahrnehmung des reisenden Elders. Eine solche Reise kann mehrere Stunden andauern. Während dieser Zeit entfesselt sich der „Reisende" ohne fremde Hilfe. Zeitgleich erlebt er Visionen zu den Fragen, mit denen er auf die Reise gegangen ist. Bei einer anderen Gelegenheit durften wir selbst an einer solchen Zeremonie teilhaben, während der Elder auf die innere Reise ging. Durch die Finsternis, den dröhnenden Klang der Trommeln und die lauten Gesänge war es emotional und auch körperlich ein intensives Erlebnis.

Bei dieser besagten Yuwipi konnte leider kein Kontakt zu dem Jungen hergestellt werden. Allerdings berichtete der „reisende" Elder, dass er zwei Leichen gesehen habe, in einem Gebiet, das er recht genau lokalisieren konnte. Tatsächlich fand die Polizei dort zwei Leichen, die Opfer eines über 10 Jahre zurückliegenden Verbrechens geworden waren. Jim Pratt berichtet, dass in der indianischen Vorstellung Kriege und Verbrechen einen Eindruck im Gesamtgedächtnis der Erde hinterlassen, ähnlich einer Narbe auf der menschlichen Haut. Diese sei selbst nach Jahren noch zu sehen. Von den anwesenden Polizisten der Fortbildung berichteten einige, dass es nicht das erste Mal gewesen sei, dass eine solche – für uns unerklärliche – Vision zu nützlichen Ermittlungsergebnissen geführt habe.

3.4 Achtsamkeit und Präsenz – sich und die Umwelt wahrnehmen

Der Intuition kann man sich sinnvollerweise nur über die eigene Erfahrung nähern. In den nun folgenden Unterkapiteln erfahren Sie, wie Sie mit Achtsamkeit und speziellen Übungen Ihrer Intuition auf die Spur kommen. Auch im weiteren Verlauf des Buches haben Sie in zahlreichen Übungen die Möglichkeit, Ihren persönlichen intuitiven Zugang zum Unbewussten zu erproben und zu trainieren.

3.4.1 Warum nicht jede Aufmerksamkeit auch Achtsamkeit ist

Die Begriffe Aufmerksamkeit, Konzentration und Achtsamkeit werden häufig synonym verwendet. Es gibt jedoch relevante Unterschiede, die vor allem in Bezug auf die Intuition wichtig sind. Wir verstehen Achtsamkeit als defokussierte, Konzentration hingegen als fokussierte Aufmerksamkeit. Achtsamkeit ist ein Erleben, bei dem man höchst präsent sowohl die Umwelt als auch die eigenen Gedanken wahrnimmt, ohne diese jedoch zu bewerten. Sie ist ein bewusster, aber ungerichteter Prozess.

Konzentration ist demgegenüber gerichtete Aufmerksamkeit. Die Aufmerksamkeit wird dabei auf bestimmte Umwelteinflüsse, auf Verhalten oder auch die eigenen Gedanken oder Gefühle fokussiert. Andere Aspekte werden ausgeblendet.

Achtsamkeit ist im Vergleich zur Konzentration ein eher passiver, rezeptiver Vorgang. Man kann Achtsamkeit als mentales Defokussieren beschreiben (vergleiche dazu die Übung 1 „Defokussieren" in Kap. 4 Ich-Kraft). Achtsamkeit ist die Voraussetzung, um intuitive Prozesse wahrnehmen zu können. Achtsamkeit kann über den Zugang der Konzentration erfolgen. So kann z. B. die Fokussierung auf den eigenen Atem der Einstieg zur achtsamen Wahrnehmung sein.

3.4.2   Achtsamkeit lernen

Weiter unten haben wir etliche Übungen zusammengestellt, mit denen Sie Ihre Achtsamkeit schulen können. Der Vorteil dieser sehr simplen Übungen ist, dass Sie sie an nahezu jedem Ort und zu jeder Zeit durchführen können – ob Sie alleine an Ihrem Schreibtisch sitzen, im Zug auf dem Weg zum Kunden sind oder vielleicht sogar noch in der Tiefgarage vor einem wichtigen Termin. Die kleinen, unauffälligen Übungen können Sie sogar in den wenigen Sekunden im Aufzug durchführen oder mit anderen Ritualen verbinden: vor dem ersten Schluck eines jeden neuen Kaffees, den Sie trinken; bevor Sie eine Mahlzeit zu sich nehmen – oder auch einen Snack; oder als kurzes Durchatmen vor jedem Anruf, den Sie tätigen. Auch das „stille Örtchen" lädt geradezu dazu ein, für einen Moment innere Stille zu erleben. Es gibt sogar zahlreiche nützliche Apps für das Smartphone, die in regelmäßigen oder unregelmäßigen Abständen daran erinnern, kurz innezuhalten. Manchmal reicht sogar bereits die Erinnerung oder kurze Bewusstwerdung, dass man jetzt eine Präsenzübung durchführen möchte, damit sich die innere Perspektive kurz neu ausrichtet und sich das Gefühl von Zentriertheit einstellt.

Und manchmal kann man sogar andere Menschen „nutzen", um für sich selbst einen Moment der Entspannung zu erleben.

Beispiel

Ein Coaching-Klient von uns hat für sich folgende Strategie entwickelt: Seine Kollegin, nennen wir sie Frau Schulze, verwendete in Meetings regelmäßig bestimmte Reizworte, die ihm sauer aufstießen. Die arme Frau Schulze konnte nicht einmal etwas dafür, da die Irritation nichts mit ihrer Person zu tun hatte. „Wenn Frau Schulze diese Worte benutzt, drückt sie bei mir bestimmte Knöpfe. Da könnte ich auf die Palme gehen." Wir spielten mit der verwendeten Knopf-Metapher herum und fanden eine neue Sichtweise: der Knopf als Aktivierung der inneren „Buddha-Natur". Er beschloss, diese Reizworte für sich als Erinnerungsanker zu nutzen, um einen Moment innerer Gelassenheit zu erleben. Es klappte! Die nervende Kollegin als ungewollte Helferin für das eigene Achtsamkeitstraining. Auch eine interessante Idee, oder?

Beobachten Sie genau Ihre körperlichen Empfindungen, wenn Sie den achtsamen Moment erleben. Für den einen ist es so etwas wie ein inneres „Sackenlassen"; das Gefühl eines schweren Mantels, der die Schultern mit sanftem, umhüllendem Druck nach unten bewegt; oder auch ein Aufrichten, das von der Wirbelsäule ausgeht, sodass sich die Schultern leicht nach hinten bewegen.

Wichtig ist, dass Sie diese kleinen, manchmal nur „inneren" Bewegungen passiv geschehen lassen – und nicht – wohlmöglich noch ruckartig – aktiv ausführen. Vielleicht kennen Sie ja den Spruch: „Brust raus, Bauch rein." Es ist genau das Gegenteil dieser preußisch-militärischen Steifheit, die das Empfinden von innerer Zentriertheit und Achtsamkeit ermöglicht. Obacht ist das Gegenteil von Achtsamkeit. Sie dürfen in diesem Moment der Achtsamkeit ein Gefühl von innerer Weichheit und Wohligkeit empfinden. Eine Kollegin von uns erinnert sich selbst und andere in ihrem E-Mail-Footer: „Anstrengung bewirkt das Gegenteil." Dies ist wohl nie so wahr wie bei Meditations- oder Entspannungsübungen.

3.4.2.1   Anlässe für Präsenz- und Achtsamkeitsübungen

* Sie sitzen als Teilnehmer in einem Meeting oder Vortrag.
* Sie bereiten sich auf einen Vortrag oder eine Präsentation vor.
* Sie haben ein wichtiges Gespräch mit einem Kunden.
* Sie haben ein Feedbackgespräch mit einem Ihrer Mitarbeiter.
* Sie möchten mit Ihrem Vorgesetzten über die weiteren Karriereschritte sprechen.
* Sie stehen im Stau und wollen die Zeit sinnvoll nutzen, statt sich zu ärgern.
* Sie wollen sich auf ein schwieriges Telefonat vorbereiten.
* Nach einem hektischen Vormittag wollen Sie sich auf die konzentrierte Arbeit am Schreibtisch vorbereiten.
* Sie sitzen kurz vor Beginn einer Besprechung schon im Raum und warten auf Ihren Gesprächspartner.
* Sie haben sich über einen Kollegen geärgert und sind innerlich „auf 180".
* Sie sind nach einem hektischen Tag voller Meetings und Telefonaten aufgekratzt und erschöpft zugleich.
* Ein Berg voll Arbeit liegt vor Ihnen und Sie wissen kaum, wo Ihnen der Kopf steht.

Sie können die nachfolgend vorgestellten Übungen nacheinander angehen oder auch direkt zu einer bestimmten Übung springen. Als Orientierungshilfe hier eine Übersicht über die positiven Auswirkungen der Übungen.

Übung	Positive Auswirkungen
Übung 1 „Basispräsenz"	• Sie verbessern in kürzester Zeit Ihr Erleben. Sie werden ruhiger und fühlen sich zentrierter
	• Ihr vegetatives Nervensystem reguliert Ihre Organe, sodass Ihre Atmung und Ihr Herzschlag ruhiger und gleichmäßiger werden
	• Bei regelmäßiger Anwendung bleiben Sie gelassener (resilient) gegenüber negativen Stressfaktoren und können sich nach oder in stressreichen Situationen leichter beruhigen und regulieren
Übung 2 „Ich bin. Jetzt. Hier."	• Sie gewinnen einen kurzen, aber kostbaren Moment der inneren Zentrierung und Orientierung
	• Im Anschluss können Sie mit klarem Kopf wieder Entscheidungen treffen

Übung	Positive Auswirkungen
Übung 3 „Little Death"	• Sie verbessern Ihre eigene Wahrnehmung
	• Sie werden innerlich klarer und ruhiger
	• Sie entschleunigen innerlich
	• Sie verändern Ihr Bewusstsein und schaffen die Basis, um Zugang zu Ihrer Intuition zu erlangen
Übung 4 „Körper-Scan"	• Sie erkennen schneller und besser Ihre eigenen Körpersignale
	• Ihr Körper lernt durch diese Übung, sich nach stressigen Situationen schneller zu regenerieren
	• Bei regelmäßiger Anwendung verbessern Sie Ihre psychische und physische Präsenz

Übung 1: Basispräsenz

Diese Übung ist eine einfache, alltagstaugliche Methode, um sich zu erden und präsent zu sein. Sie können diese Übung zwischendurch (im Büro, vor Meetings, im Flugzeug etc.) zum Entspannen einsetzen. Auch eignet sie sich hervorragend, um sich kurz mental auf andere Übungen in diesem Buch vorzubereiten.

Positive Auswirkung

• Sie verbessern in kürzester Zeit Ihr Erleben. Sie werden ruhiger und fühlen sich zentrierter.

• Ihr vegetatives Nervensystem reguliert Ihre Organe, sodass Ihre Atmung und Ihr Herzschlag ruhiger und gleichmäßiger werden.

• Bei regelmäßiger Anwendung bleiben Sie gelassener (*resilient*) gegenüber negativen Stressfaktoren und können sich nach oder in stressreichen Situationen leichter beruhigen und regulieren.

Durchführung

Dauer: 2 min

1. Setzen Sie sich hin und machen Sie es sich bequem auf Ihrem Stuhl.
2. Nehmen Sie wahr, wie Sie dort sitzen. Nehmen Sie den Stuhl wahr, wie er an Ihre Pobacken stößt. Nehmen Sie Ihre Füße in den Schuhen wahr. Stellen Sie sich nun vor, wie Ihnen Wurzeln aus den Füßen wachsen und Sie dadurch fest verwurzelt mit dem Erdboden sind.
3. Und dann bemerken Sie vielleicht, dass Sie die ganze Zeit geatmet haben. Wie von selbst.
4. Folgen Sie nun mit der Aufmerksamkeit dem Weg der Luft – über die Nase – in den Rachen – durch die Luftröhre – tief in die Lungen – bis in den Bauch. Ganz sanft und zulassend – es gibt nichts zu tun, außer aufmerksam diesen inneren Kreislauf zu beobachten. Einatmen – und ausatmen.
5. Vertrauen Sie sich Ihrem Atem an – und folgen Sie dem natürlichen Zyklus von Einatmen – und Ausatmen.
6. Erlauben Sie sich, die Augen zu schließen.
7. Richten Sie Ihre Aufmerksamkeit nun nach innen und lassen sich vom inneren Auge führen – Ihrer Vorstellungskraft.

8. Bemerken Sie das Licht, das von oben auf Ihren Schädel fällt.
9. Und geben Sie sich der Vorstellung hin, dieser Lichtstrahl würde durch die Schädeldecke in den Kopf eindringen – und sanft die Halswirbelsäule hinunter scheinen.
10. Und weiter entlang der Wirbelsäule – sanft am Herzen vorbeistreichen.
11. Der Wirbelsäule weiter folgend – und am Po wieder den Körper verlassen.
12. Und wenn Sie jetzt bemerken, dass Sie immer noch auf dem gleichen Stuhl sitzen, dann ist das gut so.

Hinweise
- Machen Sie sich beim Üben frei von dem Zwang, etwas Bestimmtes erreichen zu wollen. Unterschwellige Gedanken wie „Ich muss diesen Lichtstrahl doch jetzt spüren …" oder auch „Ich will aber jetzt entspannter sein…" verhindern eher, dass Sie tatsächlich entspannter werden und sich Ihrer Intuition öffnen können. Die Übung erfordert weniger ein aktives Handeln, als vielmehr ein Zulassen von Gedanken. Manchmal braucht es ein wenig Übung, bis man den Dreh raus hat und sich tatsächlich körperliche Symptome (z. B. Verlangsamung des Herzschlags) zeigen.
- Nehmen Sie sich am Anfang Zeit für diese kleine Übung, bis Sie das Gefühl haben, es gelingt Ihnen mühelos. Sie werden feststellen, dass es Ihnen immer leichter fallen wird, das gewünschte innere Erleben aufzurufen, je häufiger Sie trainiert haben.
- Auf der Webseite zum Buch (www.auf-dem-pfad.com) finden Sie eine Audiodatei mit der gesprochenen obigen Anleitung. Dies erleichtert Ihnen gerade zu Beginn, sich auf den inneren Gedankengang einzulassen.

Übung 2: Ich bin. Jetzt. Hier

Jede Führungskraft muss die professionelle Kompetenz besitzen, präsent zu sein. Selbst dann, wenn die Gedanken eigentlich woanders sind bzw. leicht abschweifen. Die Übung „Ich bin. Jetzt. Hier." hilft, sich selbst ganz bewusst zu sein, im Hier und Jetzt. Als unauffälliges Eigenritual ist es auch anwendbar während eines Meetings, z. B. als kurzer innerer *Separator*. Das Bewusstsein ist im Alltag fast immer in der Vergangenheit (Erinnerungen) oder in der Zukunft (Pläne, Wünsche, Hoffnungen) unterwegs. Das Unbewusste steuert in dieser Zeit gewissermaßen wie ein Autopilot durch die Gegenwart. Um Zugang zur eigenen Intuition, zum Unbewussten, zu erhalten, muss man mit dem Bewusstsein jedoch im Hier und Jetzt bleiben.

Positive Auswirkung
- Sie gewinnen einen kurzen, aber kostbaren Moment der inneren Zentrierung und Orientierung.
- Im Anschluss können Sie mit klarem Kopf wieder Entscheidungen treffen.

Durchführung
Dauer: Zwischen 10 Sekunden (für Könner) und 2–3 Minuten (für Anfänger)
1. Sitzen oder stehen Sie bewusst.
- Nehmen Sie bewusst wahr, wie Sie gerade sitzen oder stehen.
- Nehmen Sie Ihre Füße wahr, wie sie den Boden berühren.

2. Nehmen Sie nun auch bewusst Ihren Atem wahr, wie er – ganz natürlich und leicht (ohne Anstrengung) in Ihren Körper fließt – und wieder hinaus. Lassen Sie Ihren Atem bewusst tief hinunter strömen bis unter den Bauchnabel (ohne Anstrengung).
3. Sagen Sie sich innerlich (wie ggf. auch äußerlich):
  – „Ich bin."
Welche Geste (ggf. Mimik/Tonfall) passt zu dieser Aussage?
Wiederholen Sie die letzten beiden Schritte für die Aussagen:
  – „Hier."
  – „Jetzt." – Beachten Sie: Denken Sie sich „Jetzt." eher als „weichen Punkt", als minimale Zeitspanne – nicht als scharfen (singulären) Punkt.
4. Nehmen Sie den feinen Unterschied wahr, den die einzelnen Aussagen für Sie machen.
  Wo ist die „Quelle" der jeweiligen Aussage?
  – Welche Resonanz hat die jeweilige Aussage bei Ihnen im Körper? Ist der Impuls eher statisch oder eher pulsierend? Eher kühl oder eher warm? Eher zusammenziehend oder eher öffnend? Später im Kapitel lernen Sie mit der Sprache der Submodalitäten Ihre Empfindungen noch detaillierter zu charakterisieren.
  – Nehmen Sie alle feinen Unterschiede wahr, so gut es Ihnen möglich ist.
5. Variieren Sie die Reihenfolge von „Ich bin." – „Hier." – „Jetzt." und finden Sie die Reihenfolge, die für Sie am passendsten ist.

Hinweise

Die Unterschiede sind ggf. zu Beginn kaum spürbar. Mit etwas Übung und nachdem Sie die für Sie passende Formulierung gefunden haben, werden Sie jedoch bemerken, dass diese Kurzintervention einen echten Unterschied im Erleben ausmachen kann.

Als anknüpfende Übungen eignen sich Übung 1 „Basispräsenz" und Übung 3 „Little Death" bzw. Übung 4 „Körper-Scan" in diesem Kapitel.

Übung 3: Little Death (Atmen)

In allen Kulturen der Welt spielt der Atem eine zentrale Rolle, wenn es darum geht, sich zu besinnen, zu konzentrieren oder zu meditieren. Durch den Atem kann man den eigenen Körper und die eigenen Gedanken bis zu einem gewissen Grad regulieren und beeinflussen. Formel-1-Piloten, Gewichtheber, Kampfkunstmeister, Sportschützen und viele andere Sportler trainieren ihren Atem, um im richtigen Moment Höchstleistungen abrufen zu können.

Auch die *Elder* die wir getroffen haben, benutzen den Atem als Zugang zur Steuerung des eigenen Bewusstseins. In dieser Übung (in Anlehnung an eine gleichnamige Übung von Villoldo 2005) und im nachfolgend gezeigten Übung 4 „Körper-Scan" zeigen wir zwei einfache Möglichkeiten, sich mit Hilfe des Atems unauffällig im Alltag innerlich zu sammeln und den Raum zum Unbewussten zu öffnen.

Positive Auswirkungen
• Sie verbessern Ihre eigene Wahrnehmung.

- Sie werden innerlich klarer und ruhiger.
- Sie entschleunigen innerlich.
- Sie verändern Ihr Bewusstsein und schaffen die Basis, um Zugang zu Ihrer Intuition zu erlangen.

Durchführung

Dauer: 3 min

1. Setzen Sie sich bequem und aufrecht hin, die Hände am besten in den Schoß gelegt.
2. Schließen Sie Ihre Augen.
3. Atmen Sie ein, während Sie bis sieben zählen.
4. Halten Sie den Atem an und zählen dabei wieder bis sieben.
5. Atmen Sie langsam und stetig aus, bis Ihre Lungenflügel leer sind, während Sie bis sieben zählen.
6. Zählen Sie nun, ohne einzuatmen, wieder bis sieben.
7. Wiederholen Sie diesen Ablauf siebenmal.

Übung 4: Körper-Scan (Atmen)

Die Pforte zum Unbewussten führt über den Körper. Wer sich selbst als körperlosen oder vergeistigten Denkroboter sieht, wird es schwer haben, seine Intuition zu erfahren. Dabei ist der Einstieg sehr einfach. Diese Übung eignet sich dazu, seinen Körper und dessen Signale besser kennenzulernen. Mehr dazu lesen Sie in Kap. 9.1 Spüre dich! – Körpergefühl statt Talking Head.

Positive Auswirkungen

- Sie erkennen schneller und besser Ihre eigenen Körpersignale.
- Ihr Körper lernt durch diese Übung, sich nach stressigen Situationen schneller zu regenerieren.
- Bei regelmäßiger Anwendung verbessern Sie Ihre psychische und physische Präsenz.

Durchführung

Dauer: 5 min

1. Setzen Sie sich bequem und aufrecht hin, die Hände in den Schoß gelegt.
2. Schließen Sie Ihre Augen.
3. Lenken Sie Ihre Aufmerksamkeit in Ihren Körper. Lassen Sie dabei den Fokus Ihrer Aufmerksamkeit in Ihrem Körper umherwandern: vom Scheitel über den Nacken in den einen Oberarm, das Ellbogengelenk, den Unterarm ... – im ganzen Körper umher.
4. Beginnen Sie nun, diesen Vorgang mit Ihrer Atmung zu kombinieren. Lassen Sie sich von der Vorstellung leiten, Sie atmen direkt in den Bereich hinein, wo Ihr innerer Aufmerksamkeitsfokus gerade ruht. Ist dieser zum Beispiel gerade in Ihrem linken Knie, so stellen Sie sich vor, Sie atmen dort hinein und auch wieder heraus.
5. Machen Sie dies ein paar Minuten lang, bis Sie ein angenehmes Gefühl innerer Ruhe verspüren.

3.5   Was macht intuitives Erleben und Handeln aus?

Wie eingangs erwähnt, bleibt das bloße Reden oder Reflektieren über Intuition in der
Regel wirkungslos. Es braucht auch das Erproben, wenn auch mit einer angemessenen
Einstellung. Haltung und Handeln müssen Hand in Hand gehen, um Wirkung zu entfalten.
In diesem Unterkapitel bekommen Sie eine weitere Idee davon, wie Sie den intuitiven Im-
pulsen auf die Spur kommen können.

3.5.1   Auf der Jagd nach den guten Gedanken

Man kann sich den kompetenten Umgang mit der Intuition anhand einer Jagd-Metapher
verdeutlichen. Wenn wir uns im beruflichen Kontext auf die Intuition einlassen, sind wir
häufig „auf der Jagd" nach den guten Gedanken aus dem Reich des Unbewussten. Wir gehen durch diesen Dschungel des Unbewussten nicht völlig absichtslos, sondern sind offen
für die kostbaren Ressourcen dieser Welt – ohne dabei innerlich zu fokussieren. Wir wissen inzwischen, dass eine enge Zielfokussierung kontraproduktiv für das intuitive Erleben
ist, da sie zu einer inneren Verspannung und Verhärtung führt (siehe zu den körperlichen
Auswirkungen von Stress Kap. 3.1 Was ist Intuition? – Eine Differenzierung). Es braucht
eine offene und geschmeidige Grundhaltung, um sich überhaupt in diesem Dschungel bewegen zu können. Der intuitive Gedanke ist dabei metaphorisch das scheue Reh, das sich
vorsichtig durch das Unterholz bewegt – und auf das wir es abgesehen haben.

3.5.1.1   Exkurs ins Revier

Das Jagen gehört seit Menschengedenken zum menschlichen Leben. Und der Mensch
kennt viele Formen der Jagd. Bei der Gesellschaftsjagd (z. B. der englischen Fuchsjagd)
scheuchen Menschen und Hunde mit Getöse und großem Aufwand das gejagte Wild auf
und treiben es vor sich her. Es gibt aber auch stillere Formen, die mit weniger Aufwand
betrieben werden können. Dazu zählt das leise Pirschen, das auch in zahlreichen *indigenen* Kulturen praktiziert wird oder wurde. In vielen indigenen Gesellschaften herrscht ein
anderes Grundverständnis gegenüber dem Jagen als in der westlichen Welt. Auch wenn

die Gesellschaftsjagd nicht gänzlich unbekannt ist, so ist sie doch nicht die Regel (und wird eher als Ausdauerjagd betrieben, wobei ein einzelnes Tier über lange Strecken verfolgt wird). Und selbst in diesem Fall bleibt die Grundhaltung gegenüber der Jagd und dem gejagten Tier eine andere. Anders als der westliche Jäger hat der indigene Jäger nicht die Vorstellung, ein Objekt zu jagen. Vielmehr erlebt sich der Jäger als Teil eines Prozesses – der Jagd. Jagender und Gejagter haben in dieser Vorstellung den gleichen Anteil am Erfolg der Jagd. Ein westlicher Jäger ist stolz darauf, ein Tier erlegt zu haben und er führt dies auf seine eigene Kompetenz zurück. Jäger und Tier stehen sich als Kontrahenten gegenüber. In vielen indigenen Gesellschaften herrscht die Vorstellung, dass das Tier einen ebenso großen Anteil an der Jagd – und dem Gejagtsein – hat wie der Jäger. Manche indigene Jäger sagen, das Tier sei zu ihnen gekommen, um den Pfeil zu empfangen. Nicht der mächtige und kunstfertige Jäger allein ist für den Jagderfolg verantwortlich, sondern auch das gejagte Tier, das sich dem Jäger „hingegeben" hat. Die westliche Sprache kann diesen gedanklichen Unterschied in der Grundhaltung nur unzureichend ausdrücken. Allein die Worte „jagen" und „Jäger" implizieren beinahe eine Wettkampforientierung. Und wer „Moby Dick" liest, kann eine regelrechte Feindschaft zwischen dem „Jäger" Kapitän Ahab und dem weißen Wal spüren. Und selbst ohne diesen verbitterten Zwist erfordert die Jagd in der Form der Gesellschaftsjagd einen hohen Ressourceneinsatz.

3.5.1.2   Einen intuitiven Moment erleben: innehalten und in die Stille horchen

Doch zurück zum Jagen im Dschungel des Unbewussten. Wie jagt man also nun die scheuen intuitiven Gedanken? Hier eine Anregung dafür:

Anleitung: Auf der Jagd nach intuitiven Gedanken
- Seien Sie achtsam – in diesem Moment – und horchen Sie in sich hinein. Bemerken Sie Ihre Empfindungen. Anregungen dazu finden Sie in diesem Kapitel in den Übungen zur Achtsamkeit.
- Bemerken Sie den Fluss Ihrer Gedanken (siehe Übung 5 „Gedanken-Sensor" weiter unten).
- Halten Sie inne – und sagen sich innerlich: „Mooooooooooooment!". Ein Moment mit 13 „o", der Ihnen die Chance zum tatsächlichen Innehalten gibt.
- Stellen Sie sich eine relevante (im Sinne von jetzt angemessene) Frage. Dies kann beispielsweise die Frage sein: „Wie kommt es eigentlich, dass ich hier und jetzt gerade diese Gedanken und Empfindungen habe?"
- Halten Sie inne – und horchen in die Stille.
- Auch wenn Sie etwas gehört haben: Halten Sie weiter inne und horchen Sie in die Stille. Was hören Sie jetzt noch – darüber hinaus?
- Nicken Sie innerlich und akzeptieren Sie Ihren inneren Gedankenfluss, indem Sie sich innerlich sagen: „Hmm, okay. Interessant."

Wow! War das jetzt zu esoterisch für Sie? Schreit Ihr innerer Kritiker gerade nach handfesten Plänen und Fakten? Keine Bange – diese Gedanken sind für den sich vorsichtig an die Intuition annähernden „Anfänger" nicht unüblich. Dass Sie diese Gedanken bemerkt haben, ist sogar ein erster ermutigender Schritt. Prüfen Sie, wie Sie persönlich den guten Gedanken auf die Schliche kommen. Wie fühlt es sich an, wenn Sie einen intuitiven Moment oder Geistesblitz erleben? Was haben Sie davor getan (oder unterlassen), um dies zu ermöglichen? Vermutlich fällt Ihnen dies zu Beginn noch schwer, denn Sprache kann das innere Erleben häufig nur unzureichend beschreiben – von kunstfertiger Poesie vielleicht einmal abgesehen. Wir sind mit der Sprache immer mindestens zwei Schritte hinter der Realität des eigenen inneren Erlebens zurück, egal ob bei der Beschreibung von körperlichen Empfindungen oder auch von inneren Gedankengängen.

Gedankenexperiment

Stellen Sie sich noch einmal den indigenen Jäger vor, der auf leisen Sohlen durch den Dschungel streift. Alle Sinne sind geschärft und nehmen jeden noch so kleinen Impuls aus der Umwelt wahr. Der Jäger löst sich selbst auf – er wird eins mit seiner Umwelt. Da – ein leises Geräusch! Aber vielleicht nur ein Vogel – deswegen hält er weiter inne und lauscht. Jede unvorsichtige oder frühzeitige Bewegung würde den Jagderfolg zunichtemachen. Dann – ein weiteres Geräusch. Ganz vorsichtig und langsam dreht er sich in die Richtung, aus der das Geräusch gekommen ist. Und ganz allmählich schiebt sich nun mit scheuer Nase das Reh durch das Blätterdickicht. Und erst jetzt legt der Schütze an, so dass sich Reh und Pfeil finden können.

Sicher keine Poesie – aber vielleicht eine Metapher, die einige Aspekte des intuitiven Erlebens verdeutlichen kann. Und wer dies verstanden hat, kann das Prinzip ohne Weiteres auch auf den beruflichen Kontext übertragen.

Übertragung auf den Business-Kontext

Denken Sie z. B. an ein Meeting, in dem es um eine kreative Problemlösung geht. Also nicht um die pflichtschuldige Abarbeitung von Einzelposten und auch nicht um den dokumentarische Status-quo-Bericht zum Projekt oder den Quartalszahlen. Sondern vielmehr um ein Treffen, in dem über die kompetente Verknüpfung von Gedanken ein Mehrwert geschaffen werden soll. Dies ist besonders augenscheinlich für alle Fälle von Problemlösung oder innovativ-kreativen Prozessen.

Wie könnte das Jagen nach guten Gedanken dort aussehen? Eine Grundvoraussetzung ist, dass Sie Ja zum Prozess sagen und sich auf diesen einlassen. Unter Druck kommt die Intuition nie zum Zuge. Es braucht Zeit und nicht immer ist die erste Idee auch die beste. Lehnen Sie Ideen nicht direkt ab; aber einigen Sie sich auch nicht zu eilfertig auf eine Lösung. Halten Sie den Diskurs offen, um zu schauen, welche

Gedanken, Einfälle und Lösungen sich zeigen. Räumen Sie dem Prozess Zeit ein (am besten eine Nacht darüber schlafen!), damit sich intuitive Impulse zeigen können. Fragen Sie sich (oder noch besser: die Runde der Anwesenden) außerdem: Aus welcher Perspektive sprechen wir gerade eigentlich bevorzugt? Welche Perspektive blenden wir aus? – Weitere Anregungen zum Trainieren der geistigen Gelenkigkeit finden Sie in Kap. 6 Kognitiver Pfad.

Die Jagd nach den guten Ideen ist im kreativen Bereich (inklusive Problemlösungen) allgegenwärtig. Bei Entscheidungen – inklusive jenen, die scheinbar ganz rational getroffen werden, beispielsweise für oder gegen die Anschaffung einer großen Produktionsanlage, für oder gegen ein neues Auto etc. (vergleiche nächstes Unterkapitel) – ist der Nutzen und die Relevanz von intuitiven Gedanken ebenso präsent. Das gilt aber auch für den zwischenmenschlichen Bereich. Intuition zeigt sich hier in Form von bewussten oder unbewussten (Mikro-)Entscheidungen, die man permanent trifft: Für wie sympathisch halte ich jemanden? Wie vertrauenswürdig oder kompetent schätze ich ihn ein? Habe ich Lust, ihm auch etwas Privates zu erzählen? Wird er den Witz wohl verstehen, den ich jetzt erzählen will? Sagt er mir die Wahrheit oder verschweigt er mir etwas? Ist damit wirklich alles geklärt oder werden am Ende doch Rückfragen kommen? Ist der Kunde tatsächlich zufrieden oder sollte ich nochmal nachfragen? – Immer dann, wenn es nötig ist, zwischen den Zeilen zu lesen, sind wir auf unsere Intuition auch im Kontakt mit anderen Menschen angewiesen.

3.5.2 In fünf Schritten zum intuitiven Handeln

Wie kann man intuitives Handeln trainieren? Fünf Schritte sind dabei wichtig – hier sind sie:

- Schritt 1: Ich öffne mich zu einem Raum über mir und nehme eine zulassende innere Haltung ein.
- Schritt 2: Ich nehme achtsam die somatischen Empfindungen meines Körpers wahr.
- Schritt 3: Ich handle gemäß meiner inneren Stimme.
- Schritt 4: Ich nehme die Resonanz in der Umwelt wahr und kalibriere meine Intuition entsprechend.
- Schritt 5: Ich vertraue meiner Intuition.

3.5.2.1 Schritt 1: Ich öffne mich zu einem Raum über mir und nehme eine zulassende innere Haltung ein

Befragt man Menschen, die viel Erfahrung mit ihrer Intuition haben, so berichten sie regelmäßig davon, dass sie sich zu einem Raum nach oben hin öffnen, um für intuitive Signale empfänglich zu sein. Diese typische Metapher kann somit aktiv genutzt werden, um den Zugang zum intuitiven Erleben zu erleichtern. Neben der Beschreibung der inneren Empfindung steht diese Metapher auch für die Offenheit Neuem gegenüber. Man probiert aus, ist empfänglich für externe Impulse. So sehr intuitives Erleben eine Innenschau ist, so sehr ist es gleichzeitig ein Offensein für die Reize der Umwelt. Wer sich hingegen von der Umwelt abkapselt, um ausschließlich nach innen zu blicken, hat geringere Chancen, die Resonanz des eigenen Unbewussten bewusst wahrzunehmen.

▶   Es ist wichtig, diesen Aspekt zu verstehen: Intuition ist keine Weltfremdheit! Die
      innere Stimme geht vielmehr in Resonanz mit Aspekten des Außen und erklingt
      erst dadurch. Inneres und Äußeres beginnen gemeinsam zu schwingen.

Die Metapher aus der Welt der Töne macht diesen Aspekt auf anschauliche Weise deutlich. Der lateinische Wortstamm „resonare" bedeutet widerhallen und verweist auf eine tönende Quelle und ein mitschwingendes System. Anders als beim Echo, bei dem der Ton lediglich zurückgeworfen wird, schwingt das aufnehmende System bei Resonanzphänomenen mit. Mitschwingen kann dabei nur, was selbst flexibel genug ist, um sich von den eintreffenden Signalen anregen zu lassen. Oft ist es dazu erforderlich oder zumindest nützlich, dass das resonierende System „leer" ist. Und das ist sowohl physikalisch als auch metaphorisch zu verstehen. Ein Weinglas, eine Gitarre oder auch der menschliche Brustraum können so gut mitschwingen, weil sie leer sind. Eine Glaskugel oder einen Holzklotz bekommt man nicht zum Schwingen. Auch metaphorisch hilft es, sich selbst „leer" zu machen und von den eigenen bewussten Gedanken zu befreien, wenn man den Zugang zur Intuition öffnen will. Dabei muss man der Verlockung widerstehen, das Bekannte zu betonen. Allzu leicht tappen wir in die Falle von: „Das kenne ich schon. Das weiß ich bereits." Wer sich hingegen mit einer inneren Haltung von Neugierde und Nicht-Wissen für die eigene gedankliche „Leere" faszinieren kann, schafft Raum für neue Inspirationen.

Hier zeigt sich auch der Unterschied zum Vorurteil: Beim Vorurteil bin ich bereits fest in meiner Meinung und entdecke in der Außenwelt nur noch das, was meinem Filter entspricht. Es ist kein feines Mitschwingen mit Impulsen aus der Umwelt, sondern ein (häufig unbewusstes) Selektieren von Informationen. Es kommt zur Fokussierung auf das Bekannte. Neue, unbekannte, schwer einzuordnende Informationen – oder gar jene, die den bisherigen Informationen widersprechen oder diese in Frage stellen – werden ausgeblendet.

▶   Zum Zulassen gehören mindestens zwei Aspekte: Die Wahrnehmung von
      Neuem ist der erste Schritt. Der zweite, unmittelbar damit verbundene Schritt
      ist das „So lassen" des Wahrgenommenen.

Wir sind im Alltag sehr daran gewöhnt, augenblicklich und unbewusst jede Information zu bewerten (vergleichen Sie dazu auch die Übung 5 „Gedanken-Sensor" später im Kapitel). Gleichgültig, ob wir einen uns unbekannten Menschen treffen oder Neuigkeiten aus Radio, Fernsehen oder Internet erfahren. Dies ist ein natürlicher und äußerst nützlicher Vorgang: Er hilft dem Gehirn, Wichtiges von Unwichtigem zu trennen und so die kognitive Beanspruchung zu verringern. Das Gehirn ignoriert die auf den Stapel „unwichtig" sortierten Eindrücke. Im Alltag funktioniert das sehr effizient und hält uns handlungsfähig. Der Nachteil: Die niederschwelligen Impulse der Intuition landen ebenfalls häufig auf diesem Stapel. Es braucht also die Fähigkeit, die innere Sortiermaschine für eine Weile auszuschalten, um die Signale des Unbewussten wahrnehmen zu können.

Das Gehirn ist Experte darin, Muster zu erkennen. Dabei findet ein Abgleich mit Bekanntem statt. Dieser Abgleich muss nicht immer zu sinnvollen Ergebnissen führen, wie das „Erkennen" von Gesichtern, Drachen oder anderen Wesen in Wolkenformationen am Himmel beweist. Im Allgemeinen ist die Mustererkennung jedoch äußerst nützlich für den Menschen – und entwicklungsgeschichtlich auch überlebenswichtig. Als der Frühmensch dem vielzitierten Säbelzahntiger über den Weg lief, war blitzschnelles Handeln gefragt, kein langes Abwägen. Dieser innere Wachhund sorgt auch heutzutage noch dafür, dass wir reflexhaft handeln können. Das Empfinden von Stress lässt uns zwar funktionieren, aber verhindert den bewussten Zugriff auf unsere unbewussten Ressourcen. Für die Wahrnehmung von intuitiven Signalen brauchen wir also innere Ruhe und das Gefühl, sicher zu sein. Erst dann öffnet sich der Raum zum Unbewussten ein Stückchen weiter.

3.5.2.2 Schritt 2: Ich nehme achtsam die somatischen Empfindungen meines Körpers wahr

Unser Körper gibt uns unablässig Signale, von denen wir jedoch die allermeisten beständig ignorieren. Und in aller Regel ist dies auch in Ordnung so. Oder müssen Sie jederzeit wissen, wie genau Ihr kleiner Zeh des rechten Fußes sich gerade anfühlt? Zum Problem kann es jedoch werden, wenn wir beständig die Signale unseres Körpers missachten. An dieser Stelle geht es aber nicht in erster Linie um die gesundheitlichen Risiken, die sich ergeben, wenn wir dauerhaft die Bedürfnisse unseres Körpers vernachlässigen. Vielmehr geht es um die verschenkten Ressourcen, die unser Unbewusstes über den Körper kommuniziert – und die wir für unsere Kreativität, Empathie oder auch unsere Entscheidungen nutzen könnten.

> **Anleitung: Innerlicher Körper-Scan**
> ⮑ Welche Stellen meines Körpers nehme ich gerade bewusst wahr?
> ⮑ Welche Stellen – äußerlich wie innerlich – bemerke ich, wenn ich nun eine Weile in mich hinein spüre?
> ⮑ Wo empfinde ich ein Drücken? Wo ein Ziehen? Wo eine Anspannung? Wo eine ganz bewusste Entspannung?
> ⮑ Was bemerke ich, wenn ich meinen Körper Stück für Stück scanne, von unten bei den Füßen beginnend – in kleinen Schritten nach oben gehend?

Auf die Stimme des Körpers hören

Unser Unbewusstes geht in Resonanz mit den Einflüssen aus der Umwelt. Die Resonanz drückt sich aus in den feinen Signalen des Körpers. Nicht selten findet sich eine sprachliche Entsprechung zu diesen Signalen. Der Volksmund ist voll von Metaphern, die einen körperlich-somatischen Bezug haben:

- Herz
  - „Die Theater-Aufführung war herzergreifend."
  - „Da ging mir das Herz auf."
  - „Ihn habe ich sofort in mein Herz geschlossen."
  - „Du liegst mir am Herzen."
  - „Ich habe es nicht über das Herz gebracht."
  - „Da wurde es mir schwer ums Herz."
  - „Mir fällt ein Stein vom Herzen."
  - „Da ist mir das Herz in die Hose gerutscht."
- Andere Organe
  - „Diese Bemerkung ist mir sauer aufgestoßen."
  - „Sein Verhalten schlägt mir auf den Magen."
  - „Die Entscheidung liegt mir immer noch schwer im Magen."
  - „Diese Neuigkeiten muss ich erstmal verdauen."
  - „Dieses Verhalten ist zum Kotzen."
  - „Dieses Verhalten schmeckt mir nicht."
  - „Diese Entscheidung hat einen faden Beigeschmack."
  - „Das war eine bittere Niederlage."
  - „Ich habe gerochen, dass da was faul war."
  - „Da läuft mir die Galle über."
  - „Da habe ich Schmetterlinge im Bauch gehabt."
  - „Ich habe richtig Wut im Bauch."
  - „Da ist dir wohl eine Laus über die Leber gekrochen."
  - „Das Erlebnis ist mir an die Nieren gegangen."
- Sonstiger Körper
  - „Da lief mir ein kalter Schauer den Rücken hinunter."
  - „Vor der Rede habe ich kalte Füße bekommen."
  - „Da bekomme ich weiche Knie."
  - „Bei der Präsentation hatte ich einen Kloß im Hals."
  - „Uns saß allen die Angst im Nacken."
  - „Da fühle ich mich wie vor den Kopf gestoßen."
  - „Da sehe ich schwarz."
  - „Ich war wie gelähmt."
  - „Da hast du Fingerspitzengefühl bewiesen."
  - „Da ist mir der Schreck in die Glieder gefahren."
  - „Das ging unter die Haut."

- „Das gibt nur böses Blut."
- „Ich koche innerlich!"

Es scheint kaum ein Organ zu geben, das nicht Eingang in eine Empfindungsmetapher gefunden hat. Nicht immer, aber sehr häufig ist die Beschreibung nicht nur eine reine Analogie, sondern hat tatsächlich eine somatische Entsprechung.

Daneben gibt es Redewendungen, die erst auf den zweiten Blick den körperlichen Bezug offenbaren. Der Ausspruch: „Ich bin hin und her gerissen", wird häufig von einer seitlich pendelnden Körperbewegung begleitet. Auch wer Argumente abwägt („Einerseits … andererseits") folgt typischerweise mit seinem Körper dem gedanklichen Wechselspiel. Als *ideomotorisch* werden Bewegungen bezeichnet, die uns selbst nicht bewusst sind bzw. nicht aktiv vom Willen gesteuert werden. Die Bewegungen können dabei minimal sein: ein leichtes Kopfnicken oder Kopfschütteln, ein unmerkliches Zurückzucken, ein Zurücknehmen des Kopfes – all das können unmittelbare Signale des Körpers sein. Aber auch die großen Gesten mit den Händen und eine ausgeprägte Mimik lassen den Körper „sprechen". Am Ende dieses Unterkapitels stellen wir mit den *Submodalitäten* eine besondere Sprache des Unbewussten vor, die ebenfalls auf die körperlichen Signale achtet und mit deren Hilfe das innere Erleben noch genauer – und dabei wertungsfrei – beschrieben werden kann.

Im Kap. 9 Körperlicher Pfad zeigen wir, dass der Körper auf erstaunlich feine Weise auf innere Verspannungen reagiert – nämlich tatsächlich mit der dauerhaften Kontraktion feinster Gewebsbänder, den sogenannten Faszien.

3.5.2.3 Schritt 3: Ich handle gemäß meiner inneren Stimme

Nur wer gemäß seiner intuitiven Impulse handelt, kann seine intuitiven Fähigkeiten prüfen und Vertrauen in sie gewinnen. Es braucht das Probe-Handeln, um überhaupt eine Aussage treffen zu können, ob die wahrgenommenen Impulse für einen selbst nützlich sein können. Wer an diesem Punkt zu lange grübelt, verbietet sich selbst den Erkenntnisgewinn. Erlauben Sie sich selbst eine wohlmeinende und großzügige Fehlerkultur. Erlauben Sie sich, mit Ihren intuitiven Empfindungen auch einmal falsch zu liegen – sonst werden Sie darin auch keine Übung erlangen.

Es ist wie mit dem Fahrradfahren: Im Prinzip sind die Grundlagen schnell erklärt. Aber erst wenn man selbst fährt, beginnt man die Komplexität des andauernden Ausbalancierens von Schwerkraft und Vortrieb zu „verstehen" – oder besser: zu verinnerlichen. Irgendwann fährt man dann wie automatisch, während man den Verkehr beobachtet, Musik hört oder sich unterhält. So ist es auch mit der Intuition: Anfangs ist der Zugang noch ungewohnt. Doch mit der Übung wird es selbstverständlich, auf die innere Stimme zu hören und auch ihre Nuancen herauszuhören und zu verstehen.

Sie könnten zum Üben beispielsweise intuitive Gedanken gegenüber Menschen ansprechen, mit denen Sie ohnehin eine vertrauensvolle Beziehung pflegen (siehe dazu die Tipps aus Kap. 3.2 Anwendungsfelder von Intuition). Oder Sie folgen bei weniger wichtigen Entscheidungen einfach einmal Ihrem Bauchgefühl und schauen, was passiert (siehe dazu auch die Übung 7 „Musterunterbrechung" in Kap. 4 Ich-Kraft).

3.5.2.4   Schritt 4: Ich nehme die Resonanz in der Umwelt wahr und kalibriere meine Intuition entsprechend

Bei diesem Schritt halten Sie inne und „lauschen" auf die *Resonanz*, die Sie in der Umwelt bemerken können. Hier ist ein digitales Richtig-oder-falsch-Denken nicht hilfreich. Es braucht eher analoge Fragen:

- Welche Aspekte haben bereits funktioniert? Was davon war hilfreich?
- Was hat dazu beigetragen, dass es hilfreich sein konnte?
- Wie hat meine Umwelt (ggf. meine Gesprächspartner) darauf reagiert?

Logbuch

Ihr Logbuch ist an dieser Stelle ein nützliches Instrument, um die Antworten auf die obengenannten Fragen zu dokumentieren. Reflektieren Sie auch die Frage:
➲ Was habe ich dadurch über meine Intuition gelernt?

3.5.2.5   Schritt 5: Ich vertraue meiner Intuition

Oft braucht es Übung und Routine, um sich sicher zu fühlen. Das gilt auch für das Erproben der eigenen Intuition. Wie bei allen Dingen, die neu und ungewohnt sind, gilt das Sprichwort: „Alles ist schwierig, bevor es einfach wird." Das ist mit dem Vertrauen in die eigenen intuitiven Fähigkeiten nicht anders.

Gerade bei intuitiven Prozessen gibt es keine Sicherheit. Das Risiko muss man bereit sein einzugehen. Wer dauerhaft seiner eigenen Intuition misstraut, braucht sich nicht wundern, wenn er damit keine Erfolge feiert. Hier ist es tatsächlich so: Man (selbst) muss es glauben, damit es wirkt – also Wirkung entfalten kann. Wer sich dauerhaft misstraut, entzieht seinem „Pflänzchen der Intuition" durch die Spirale der selbsterfüllenden Prophezeiung den Nährboden. Wer jedoch – im wahrsten Sinne des Wortes – sich selbst vertraut, den beschenkt die eigene Intuition mit kleineren und größeren Erfolgen.

3.5.3   Submodalitäten: Die Sprache des Unbewussten

Inneres Erleben, allen voran intuitive Empfindungen, lässt sich nur näherungsweise in Alltagssprache ausdrücken. Zudem lassen sich selbst beim Sprechen in Metaphern kaum wertende Beschreibungen vermeiden. Die Sprache der Submodalitäten hat deshalb zwei grundlegende Vorteile für das Beschreiben von innerem Erleben, denn sie ist gegenüber unserer Alltagssprache:

1. präziser und facettenreicher
2. wertungsfrei (!)

Am leichtesten lässt sich das anhand eines vergleichenden Beispiels verdeutlichen:

Gedankenexperiment

Denken Sie zunächst an eine ausgesprochen positive Situation, die Sie persönlich erlebt haben. Vergegenwärtigen Sie sich mit allen Sinnen und mit allen Details die Situation. Es kann eine Situation aus dem beruflichen oder auch privaten Umfeld sein. Haben Sie eine?

Nutzen Sie nun die folgenden Fragen, um die Aufmerksamkeit auf unterschiedliche Aspekte dieses inneren Bildes zu lenken. Noch präziser ist der Begriff innere *Repräsentation*, da der Eindruck nicht immer wie ein vollständiges Bild erscheinen muss. Es spielt also keine Rolle, ob Sie ein perfektes oder vollständiges Bild (bzw. Erinnerung) des guten Moments haben. Nutzen Sie die folgenden Fragen, um sich den Details Ihrer Repräsentation zu nähern. Am leichtesten geht es erfahrungsgemäß, wenn Sie dabei die Augen schließen und sich somit ganz auf das innere Auge konzentrieren können, während Sie die Fragen eine nach der anderen für sich beantworten. Machen Sie sich nach jeder Frage eine kurze Notiz in Ihrem Logbuch. Alle Ihre Wahrnehmungen der inneren Repräsentation sind gültig. Es gibt kein richtig oder falsch und auch keine unmittelbare Zuordnung darüber, was für Sie gut oder weniger gut ist. Um Ihre ganz persönliche *Kalibrierung* des inneren Erlebens vorzunehmen, gilt es im ersten Schritt zunächst, die eigenen Repräsentationen besser kennenzulernen.

Hinweis: Auf der Webseite zum Buch (www.auf-dem-pfad.com) finden Sie eine Audiodatei mit der gesprochenen nachfolgenden Fragen zu den unterschiedlichen Submodalitäten. Dies erleichtert Ihnen gerade zu Beginn, sich auf den inneren Gedankengang einzulassen.

Also, rufen Sie sich noch einmal die ganz konkrete (positive bewertete) Situation vor Augen – und los geht's!

3.5.3.1   Visuelle Submodalitäten

- Ist die innere Repräsentation eher hell oder eher dunkel?
- Ist sie eher bunt oder monochrom (einfarbig)?
- Ist das Bild eher verschwommen oder eher scharf (Bildschärfe)?
- Welche Farbe/n hat das Bild?
- Sind die Farben eher stumpf oder haben sie einen Glanz?
- Wie kontrastreich ist das Bild? (eher kontrastreich oder eher kontrastarm)
- Wie detailreich ist das Bild? (eher viele oder eher wenige Details)
- Sind bestimmte Details im Fokus?
- Wie weit ist das Blickfeld? Ist es eher fokussiert oder eher „weitwinklig"?
- Ist es ein einzelnes Standbild, mehrere Standbilder oder eine Filmsequenz?
- Bei bewegtem Bild: Sind die Bewegungen der Szene normal schnell oder langsamer bzw. schneller als in der Realität?
- Ist das Bild in 2D („flach" – wie auf einem Foto) oder in 3D (also mit Tiefenwirkung)?
- Wie groß ist das innere Bild? Zeigen Sie mit Ihren Händen, wie groß der „Rahmen" des Bildes ist.

- Wo ist das innere Bild verortet? Etwas verschoben nach rechts oder links? Oder etwas nach oben oder unten? Oder tatsächlich genau mittig?
- Wie weit ist das Bild weg? Direkt vor der Nase – oder auf Armeslänge – oder mehrere Schritte – oder sogar noch weiter entfernt?
- Aus welcher Position nehmen Sie die Szene wahr? Wie aus Ihren eigenen Augen – oder von oben (wie von einer schwebenden Kamera) – oder aus den Augen einer dritten Person? Oder noch einmal ganz anders?
- Wechselt die Perspektive oder bleibt sie konstant?

3.5.3.2 Auditive Submodalitäten

- Welche Geräusche gibt es?
- Welche Geräusche existieren neben den primären Tonquellen?
- Aus welchen Richtungen genau kommen die unterschiedlichen Geräusche?
- Welche Variationen in der Tonhöhe, in der Lautstärke, in der Tonfrequenz existieren?
- Gibt es einen Rhythmus oder eine andere Form von Variation in den Primärtönen oder in der Geräuschkulisse?
- Sind die Töne insgesamt harmonisch (Harmonie) – oder unharmonisch/unästhetisch (Kakophonie)?
- Ist Sprache zu hören? Ist diese verständlich?
- Sind einzelne Worte oder Phrasen hervorgehoben?
- Wie klingen Ihr eigener Atem und Ihr Herzschlag in dieser Situation? (auch wenn Sie diese vielleicht gar nicht bemerkt haben in diesem Moment)

3.5.3.3 Kinästhetische Submodalitäten
Kinästhetische Submodalitäten beziehen sich auf all die Wahrnehmungen, die man fühlen oder spüren kann. Hier sind zum einen die äußeren Merkmale gemeint. Wer zum Beispiel in einem Sessel gesessen hat, kann sich vielleicht später an das Druckempfinden des Sessels oder an dessen Oberflächenbeschaffenheit erinnern. Da es sich jedoch um innere Repräsentationen handelt, gehören auch alle „gefühlten" Eindrücke dazu. Diese werden häufig in Metaphern ausgedrückt, die bereits submodale Aspekte enthalten. Ein Beispiel dafür: „Ich fiel regelrecht in ein Loch, als mir die schlechte Nachricht überbracht wurde. Mir war, als ob mir der Boden unter den Füßen weggezogen wurde. Mir wurde in dem Moment heiß und kalt." Befreit man diese Aussagen von den metaphorischen Elementen, bleibt häufig eine (in diesem Fall kinästhetische) Empfindung bzw. Erlebensbeschreibung zurück, die wertungsfrei wahrgenommen werden kann.

- Ist es eher warm oder eher kalt?
- Gibt es eine „gefühlte" Bewegungsrichtung?
- Welche Oberflächen sind fühlbar?
- Wie frei kann der eigene Atem fließen?
- Gibt es Empfindungen von Druck oder Sog aus irgendeiner Richtung?

3.5.3.4   Olfaktorische und gustatorische Submodalitäten

Olfaktorische Reize werden über die Nase oder den Mundraum gerochen; gustatorische über die Zunge geschmeckt. Wie schon bei den kinästhetischen Wahrnehmungen gelingt uns die Beschreibung dieser Aspekte häufig nur noch über Metaphern, die nur teilweise eine tatsächliche Entsprechung haben: „Ich hatte dann einen metallischen Geschmack im Mund."

- Welche Gerüche sind wahrzunehmen?
- Wie intensiv sind diese?
- Gib es einen Geschmack? Wie wäre dieser zu beschreiben?

Nachdem Sie nun intensiv die unterschiedlichsten submodalen Aspekte einer als positiv bewerteten Situation wahrgenommen haben, überprüfen Sie im Überblick:

⮞ Welche der unterschiedlichen Aspekte waren für mich am leichtesten zu analysieren?
⮞ Welche Aspekte waren fast nicht oder nur sehr schwer zu beantworten?
⮞ Welche Aspekte erschienen mir besonders wichtig?
⮞ Welche Aspekte waren bedeutungslos für mich?

Beachten Sie dabei, dass Sie vermutlich bisher sehr wenig Übung darin haben, Situationen in dieser detaillierten Weise zu analysieren. Manche submodalen Merkmale sind vielleicht deswegen ungewohnt, weil Sie diese bisher nicht bemerkt bzw. ihnen keine Beachtung geschenkt haben. Was anfangs mühsam und technisch erscheint, wird bereits nach wenigen Malen der Anwendung zu einer leichten Übung.

3.5.3.5   Einen Unterschied machen: eine andere Situation
vergegenwärtigen

Zur Bildung eines relevanten Unterschieds – erinnern Sie sich an Gregory Bateson aus Kap. 2.6 Mit den Augen der Ethnologen? – vergegenwärtigen Sie sich nun eine Situation, die Sie als unangenehm oder belastend erlebt haben. Nehmen Sie dazu bitte eine Situation, die Sie emotional kontrollieren können – die also maximal „mittelschwer" ist und kein persönliches Trauma oder Lebensdrama darstellt. Es ist völlig ausreichend, wenn es ein „blödes Erlebnis" war. Wichtig ist jedoch, dass Sie es selbst erlebt haben und es keine bloße Vorstellung von einer hypothetischen Situation ist.

Gehen Sie diese Situation nun mit den gleichen Fragen durch, mit denen Sie auch die als positiv erlebte Situation analysiert haben. Achten Sie wiederum darauf, die Fragen möglichst wertungsfrei nur entlang der spezifischen Submodalitäten zu beantworten. Notieren Sie Ihre Erkenntnisse in Ihrem Logbuch.

Überprüfen Sie im Überblick:

⮞ Welche der unterschiedlichen Aspekte waren für mich am leichtesten zu analysieren?
⮞ Welche Aspekte waren fast nicht oder nur sehr schwer zu beantworten?

➲ Welche Aspekte erschienen mir besonders wichtig?
➲ Welche Aspekte waren bedeutungslos für mich?

So – geschafft! Gönnen Sie sich nun ggf. eine Pause, wenn die Übung für Sie anstrengend war. Wir wissen, dass die Beschäftigung mit einer als unangenehm erlebten Situation manchmal kräftezehrend sein kann. Trinken Sie ein Glas Wasser, schauen aus dem Fenster und lassen Sie frische Luft in den Raum. Wenn Sie wieder erfrischt sind, gehen Sie zum nächsten Schritt.

Im letzten Schritt vergleichen Sie die als positiv und die als negativ erlebten Situationen in Bezug auf die jeweils aktiven submodalen Aspekte.

• Welche Submodalitäten sind jeweils aktiv?
• Welche Ausprägungen haben den größten Unterschied ausgemacht?

Frei nach Gregory Bateson: Was sind die Unterschiede, die für Sie einen relevanten Unterschied machen? Im Jargon mancher Coaching-Ansätze werden diese Submodalitäten, bei denen Sie bedeutende Unterschiede wahrgenommen haben, als die „kritischen" Submodalitäten bezeichnet. Die Kenntnis über die eigenen kritischen Submodalitäten ist äußerst hilfreich, um als negativ erlebte Situationen im inneren Erleben zu modifizieren.

Es gibt einige Submodalitäten, die von den meisten Menschen als äußerst relevant beschrieben werden. Der bereits beschriebene Tunnelblick in stressreichen Situationen lässt sich auf submodaler Ebene mit einer Verengung und Fokussierung des Blickfelds beschreiben. Häufig geht dies mit einer Vergrößerung des fokussierten Objektes einher, während andere Details kaum noch wahrgenommen werden. Oft wird die Situation dabei auch als eher dunkel und farblos beschrieben und die eigentlich vorhandenen Geräusche werden weitestgehend ausgeblendet. Subjektiv empfunden „schrumpft" der Betrachter häufig und sieht die anderen Personen größer, als diese eigentlich sind. Prüfen Sie für sich, welche Submodalitäten bei Ihnen am relevantesten in Erscheinung treten und identifizieren Sie auf diese Weise Ihre persönlichen kritischen Submodalitäten.

3.5.3.6 Realitäts-Check

Prüfen Sie nun, inwiefern Ihre innere Repräsentation mit den Tatsachen der Realität übereinstimmt. Dazu ein Beispiel: Wer Angst vor Wespen oder Spinnen hat (oder sonst eine objektbezogene Phobie), beschreibt das innere Bild dieser Insekten und Arachnoiden häufig als überdimensioniert groß. Die Augen oder der Stachel werden dann mit Gesten beschrieben, die eher zu jenen einer großen Krabbe oder flugfähigen Kettensäge passen. Kein Wunder, dass man dann vor solchen Riesenmonstern Angst bekommt! Wenn Sie persönlich von solchen Ängsten heimgesucht werden, kommt Ihnen diese Form der Überdimensionierung vielleicht bekannt vor.

Doch nicht immer sind es die visuellen Submodalitäten, die jede reale Dimension sprengen. Auch auditive Reize können monströs repräsentiert werden. Wer schon einmal des Nachts von einer Mücke im Zimmer geplagt wurde, weiß, wie peinigend das Summen dieses kleinen Quälgeistes sein kann – und wie es einem den Schlaf rauben kann. Das innere Erleben des feinen, hochfrequenten Summens schwillt dann zum infernalischen Dröhnen eines Mini-Kampfhubschraubers an. Mit diesem Erleben ist es natürlich schwierig, in den Schlaf zu finden.

Bezogen auf zwischenmenschliche Situationen kommt es ebenfalls häufig zu verzerrten Repräsentationen. Gerade in als unangenehm erlebten Situationen wächst der Gesprächspartner im inneren Bild über das reale Maß hinaus und wird zum bedrohlichen Gegenüber. Machen Sie doch einmal den Selbsttest: Vielleicht erinnern Sie sich an eine unangenehme Prüfungssituation oder auch an eine Situation, in denen Sie vor Ihrem Vorgesetzten oder einem Kunden einen Fehler einräumen mussten. Visualisieren Sie Ihren Gesprächspartner in dieser Situation. Nehmen Sie wahr, was er oder sie gesagt hat – und vor allem wie dies genau geschehen ist. Nun zum Realitäts-Check:

Der Realitäts-Check
- Erscheint Ihnen Ihr Gegenüber übernatürlich groß?
- Prüfen Sie, ob Sie mit ihm oder ihr auf Augenhöhe sind bzw. ob Ihr Gesprächspartner auf realistische Weise größer oder kleiner ist als Sie selbst.
- Rücken Sie das Bild zurecht und „relativieren" Sie alle Ausmaße und Abstände, sodass es mit dem Bild eines objektiven externen Betrachters übereinstimmt.
- Nehmen Sie unterschiedliche Perspektiven ein: Schauen Sie aus Ihren eigenen Augen – so, wie Sie die spezifische Situation gesehen haben. Schauen Sie aber auch einmal von der Position einer seitlich positionierten Kamera. Oder einer Kamera, die von der Decke auf die gesamte Situation „schaut".

Logbuch

Prüfen Sie nun im beruflichen Kontext einige Situationen, die Sie als negativ, stressreich oder einengend erlebt haben. Achten Sie darauf, dabei streng bei den submodalen Charakteristika zu bleiben und keine wertende Sprache zu verwenden. Es geht auch nicht um eine inhaltliche Beschreibung oder Erklärungen für das aufgetretene Verhalten. Konzentrieren Sie sich für den Moment ausschließlich auf die unmittelbare Situation. Markieren Sie anschließend auf einer Skala von -10 (schrecklich) bis $+10$ (großartig), wie angenehm bzw. unangenehm Sie die Situation erlebt haben. Machen Sie sich dazu Notizen in Ihrem persönlichen Logbuch.

➲ Wie lässt sich die Situation (ausschließlich!) mit Hilfe der Submodalitäten beschreiben?

➲ Als wie angenehm erlebe ich die Situation? Bewertung auf einer Skala von -10 bis $+10$

Nun „objektivieren" Sie Ihre innere Repräsentation, indem Sie die obigen Fragen dazu nutzen, das innere Bild an die Realität anzupassen. Bitte beachten Sie dabei: Es geht lediglich um die Objektivierung des Erlebten – nicht um die „Verzuckerung" von Misthaufen! Dieser Aspekt wird leider sehr häufig missverstanden – und teilweise auch von Coaches und Trainern so vermittelt. Dort wird dann geraten, den angsteinflößenden Chef oder Kunden auf Zwergengröße schrumpfen zu lassen oder das gesamte Publikum bei einer Rede in Unterwäsche zu visualisieren. Kurzfristig mag dies im Einzelfall wirken und nützlich sein. Aus unserer Sicht lassen sich jedoch weder Kopf noch Bauch (sprich: die Intuition) dauerhaft auf diese Weise täuschen. Daher plädieren wir stark dafür: Bleiben Sie bei der Realität. Da gibt es dann auch vom eigenen inneren Kritiker keine Einwände. Dieser wird nämlich sofort Alarm schlagen, wenn er die innere Vorstellung des „Zwergen" beim nächsten realen Treffen mit der Person nicht mit deren tatsächlicher Größe in Einklang bringen kann. Daher halten wir es für viel nützlicher, bei der Wahrheit zu bleiben – und das innere Bild möglichst objektiv an die Welt der Tatsachen anzupassen (soweit das durch unsere Filter möglich ist). In aller Regel reicht dies schon aus, um aus dem hünenhaften Angstgegner einen wieder menschlichen Gesprächspartner zu machen, mit dem man zumindest mental auf Augenhöhe kommunizieren kann.

Im Kap. 4 Ich-Kraft werden Sie weitere Submodalitäten einsetzen, um Ihr inneres Erleben noch besser beschreiben und vor allem steuern zu lernen. Im Kap. 6 Kognitiver Pfad werden wir die unterschiedlichen Wahrnehmungspositionen intensiver betrachten und Sie lernen Möglichkeiten kennen, Ihre geistige Flexibilität in diesem Bereich zu trainieren. Außerdem werden wir Ihnen nützliche Hinweise geben, wie Sie eine Situation im inneren Erleben – auch nachträglich noch – emotional bereinigen können. In Kap. 10 Das Wesen der Kommunikation nähren schließlich nutzen Sie die submodale Sprache, um den Kontakt mit einem Gesprächspartner besser beschreiben und steuern zu können.

3.6   Übungen zur Intuition: In Resonanz mit dem Unbewussten gehen

Die bisher vorgestellten Übungen zur Achtsamkeit lenken die Aufmerksamkeit auf den eigenen Körper und die dort ablaufenden Prozesse und Empfindungen. In den nachfolgenden Übungen lernen Sie, Ihre Gedanken zu beobachten. Dies ist besonders nützlich im Kontakt zu anderen Menschen, da man ständig mit inneren Bewertungen konfrontiert ist, die man jedoch nur selten bewusst wahrnimmt. In der Übung 6 „Metaphorische Problemlösung" lernen Sie die Problemlösungskompetenz Ihrer Intuition kennen, indem Sie die metaphorisch-bildhafte Denkweise des Unbewussten nutzen.

Übung	Positive Auswirkungen
Übung 5 „Gedanken-Sensor"	• Sie gewinnen Reflexionskompetenz und vermeiden es, in die Vorurteilsfalle zu tappen
	• Sie lernen, Ihre Gedanken besser zu steuern
	• Ihre Handlungskompetenz im Umgang mit Ihrem Gesprächspartner vergrößert sich, da Sie sich von Ihren eigenen negativen und blockierenden Gedanken lösen

Übung	Positive Auswirkungen
Übung 6 „Metaphorische Problemlösung"	• Sie betrachten einen Sachverhalt aus einer völlig neuen Perspektive und gewinnen neue Ideen
	• Sie erkennen Lösungsansätze bei Entscheidungssituationen (z. B. bei Karriere- oder Lebensfragen)

Übung 5: Gedanken-Sensor

Die Wahrnehmung von äußeren Reizen wird stark beeinflusst von den inneren Konzepten, welche die Wahrnehmung filtern. Darüber hinaus lösen die Wahrnehmungen im Inneren unmittelbar Gedanken und Bewertungen aus. Diese gegenseitige Rückkopplung geschieht in aller Regel völlig unbewusst. Nur wer es schafft, diesen Prozess bewusst wahrzunehmen, kann darauf Einfluss nehmen. Der Zugang zum Unbewussten erfolgt auch über die möglichst bewertungsfreie Wahrnehmung der eigenen Gedanken (inklusive der bewertenden Gedanken). Man muss sich in gewisser Weise geistig leer machen und innerlich einen Schritt zurückgehen, um den Fluss der eigenen Gedanken von außen (*dissoziiert*) zu bemerken. In einer traditionellen Heilungszeremonie fungiert der *Master of Ceremony (MC)* in erster Linie als Mittler der Welten. Der MC sieht sich dabei als Resonanzkörper. Mentale Leere, ein „Nicht-anhaften" sowie eine Absichtslosigkeit im eigenen Tun sind hierfür wichtige Grundlagen. Dahinter steht die Überzeugung, dass der Einzelne die Welt nicht verändern kann oder muss, aber gleichzeitig die Verantwortung für sein Gedanken und Gefühle übernehmen kann, die in ihm entstehen.

▶ Auch für eine moderne Führungskraft ist es eine nützliche und hilfreiche Kompetenz, sich von den eigenen Interpretationen befreien zu können – oder diese zumindest achtsam wahrzunehmen. Denn häufig werden die persönlichen Kompetenzen durch die eigenen negativen oder bewertenden Gedanken über andere Menschen beeinträchtigt.

Vielleicht haben Sie sich auch schon einmal innerlich einen dieser Sätze gesagt:
• „Der begreift es einfach nicht!"
• „Schon wieder fängt sie mit dem Gerede von … an."
• „Das habe ich doch gerade gesagt!"
• „Nun komm mal zum Punkt. Du hörst dich ja nur selbst gerne reden."
• „Wieder einmal finden die Erbsenzähler den einen Fehler, statt auf das gesamte Dokument zu schauen."

Positive Auswirkung
• Sie gewinnen Reflexionskompetenz und vermeiden es, in die Vorurteilsfalle zu tappen.
• Sie lernen, Ihre Gedanken besser zu steuern.
• Ihre Handlungskompetenz im Umgang mit Ihrem Gesprächspartner vergrößert sich, da Sie sich von Ihren eigenen negativen und blockierenden Gedanken lösen.

Durchführung:

1. Sitzen oder stehen Sie bewusst.

    ➲ Nehmen Sie bewusst wahr, wie Sie gerade sitzen oder stehen.

    ➲ Nehmen Sie Ihre Füße wahr, wie sie den Boden berühren.

2. Nehmen Sie zur gleichen Zeit Ihre Umgebung und Ihren Gesprächspartner wahr. Beobachten Sie Ihre eigenen Gedanken, die während des Gesprächs auftauchen.

3. Lassen Sie die Gedanken weiterziehen und haften Sie diesen nicht an. Nehmen Sie Ihre Gedanken als das wahr, was sie sind: Gedanken, nicht mehr und nicht weniger.

4. Verweilen Gedanken hartnäckig, dann erkennen Sie diese an, indem Sie innerlich sagen: „Ach … wie interessant, wie ich gerade denke …" Tun Sie dies so lange, bis der Gedanke von selbst weitergezogen ist.

5. Bleiben Sie dabei mit Ihrer Achtsamkeit offen und im Kontakt mit Ihrem Gesprächspartner.

Hinweise

So einfach die Übung erscheint, so knifflig ist sie in der Durchführung. Daher ist es besonders wichtig, Routine in der Wahrnehmung der eigenen Gedanken zu erlangen. Dies gelingt nur durch regelmäßiges Üben. Es braucht häufig etwas Selbstdisziplin und Geduld, bis man die eigenen Gedanken und Emotionen beobachten kann – und dabei gleichzeitig im guten Kontakt mit dem Gesprächspartner bleibt. Daher ist es häufig sogar leichter, mit „Trockenübungen" ohne Gesprächspartner zu trainieren. Sie können zu jeder Zeit kurz innehalten und Ihre Gedanken wahrnehmen.

Übung 6: Metaphorische Problemlösung

Vielleicht kennen Sie das von sich selbst: Man sucht eine Lösung für eine Problemstellung, ist jedoch gedanklich wie festgefahren. Hier kann die Intuition helfen, einen Ausweg aus der mentalen Sackgasse zu finden.

Positive Auswirkungen

• Sie betrachten einen Sachverhalt aus einer völlig neuen Perspektive und gewinnen neue Ideen.

• Sie erkennen Lösungsansätze bei Entscheidungssituationen (z. B. bei Karriere- oder Lebensfragen).

Vorbereitung

1. Halten Sie einen Moment inne und vergegenwärtigen sich, welches Problem oder Thema Sie aktuell beschäftigt und bei dem Sie innerlich festgefahren sind.

2. Laden Sie sich zunächst selbst ein, ruhig und zentriert zu werden. Sie können dazu gut die bereits vorgestellten Achtsamkeitsübungen nutzen.

Durchführung

Dauer: 10–15 min

1. Wie würden Sie das Thema, das Sie aktuell beschäftigt, als Metapher beschreiben? Welche innere Vorstellung kommt Ihrem Thema nahe?

- Ein Beispiel: „Dieses Projekt ist wie das Erklimmen einer steilen Bergwand im Nebel."

2. Wenn Sie eine Imagination zu Ihrem Thema haben, prüfen Sie nun für sich:
   ⮞ Was empfinde ich, wenn ich in dieser Weise über das Thema denke?
   ⮞ Wird mein gedanklicher Fokus eher eng oder weit?
   ⮞ Welche möglichen Lösungen existieren innerhalb dieser Metapher?
     - Beispiel: „In einer Bergwand ist man in der Regel nie allein. Wer ist mit mir am Berg? – Welche Sicherungsmechanismen gibt es? – Könnte es das Beste sein, für einen Tag innezuhalten, bis sich der Nebel verzogen hat? Ist es tatsächlich eine Erstbesteigung oder existieren bereits Routen?"

3. Übertragen Sie nun die gefundenen Gedanken auf das Thema in der realen Welt.
   ⮞ Welche Auswirkungen hätten die metaphorisch entstandenen Ideen oder Lösungsansätze, übertragen auf den realen Kontext?
   ⮞ Welche Strategien oder Optionen kann ich hieraus für mein reales Thema ableiten?

4. Prüfen Sie nun Ihre Metapher und deren Nützlichkeit bezogen auf Ihr Thema.
   ⮞ Ist die Metapher tatsächlich angemessen? Oder beinhaltet diese bereits die „Ausweglosigkeit"?
   ⮞ Welche angemessenere Metapher könnte ich für mein Thema wählen?
     - Achten Sie dabei darauf, dass die Struktur Ihres realen Themas gut zur Struktur der Metapher passt.
     - Beispiel: „Naja, es ist eher eine anstrengende Wanderung in der Gruppe, bei der wir den Weg nicht genau kennen …"

5. Prüfen Sie nun diese neue Metapher. Was empfinden Sie, wenn Sie in dieser neuen Weise über Ihr Thema nachdenken?
   ⮞ Wird mein gedanklicher Fokus eher eng oder weit?
   ⮞ Welche möglichen Lösungen existieren innerhalb dieser veränderten Metapher?

6. Übertragen Sie nun die neuen gefundenen Gedanken und metaphorischen Lösungen wieder auf das Thema in der realen Welt.
   ⮞ Welche Auswirkungen hätten die neuen, metaphorisch gefundenen Ideen und Lösungsansätze, übertragen auf den realen Kontext?
   ⮞ Welche Strategien oder Optionen kann ich nun hieraus für mein reales Thema ableiten?

7. Machen Sie innerlich einen Schritt zurück und fragen sich von der *Meta-Ebene* aus:
   ⮞ Was ist nun anders, wenn ich in der veränderten Form über mein Thema nachdenke?
   ⮞ Welche neuen Gedanken habe ich – und welche könnten sich daraus noch ergeben?
   ⮞ Auf welche anderen Themen könnte ich die vorgestellte metaphorische Betrachtung noch anwenden?
   ⮞ Wie kann ich zukünftig direkt „angemessenere" Metaphern zur Problembeschreibung finden und verwenden?

Logbuch

Notieren Sie Ihre Erkenntnisse aus der „Metaphorischen Problemlösung" in Ihrem Logbuch. Legen Sie Handlungsschritte fest, die Sie bezogen auf Ihr Ausgangsproblem ergreifen können. Halten Sie die Fortschritte fest und prüfen Sie die gefundene Metapher und deren Implikationen regelmäßig.

3.7   Spuren hinterlassen: Selbst machen. Verwirklichen. Nachhalten.

Nehmen Sie Ihr Logbuch zur Hand und notieren Sie alle Gedanken, die Ihnen spontan oder auch im Nachgang zu einer der unten genannten Fragen kommen. Nichts ist so flüchtig wie ein Gedanke. Halten Sie die Gedanken – auch die nur „gefühlten" – schriftlich fest, damit Sie später darauf zurückkommen können.

1. Transfer in Ihren Kontext
   a. Denken Sie über Ihr Unternehmen oder den erweiterten Arbeitskontext nach, in dem Sie tätig sind. Wo und wann spielen intuitive Prozesse dort eine Rolle? Wann erleben Sie für sich intuitive Momente in Ihrer Arbeit?
      I.   bei Entscheidungssituationen
      II.   im Kontakt zu anderen Menschen
      III. im kreativ-gestalterischen (auch „erfinderischen") Bereich
      IV.   als Vorahnung oder „siebter Sinn"
   b. Notieren Sie drei konkrete Situationen, die für Sie persönlich relevant sind.
2. Nutzen Sie die logischen Ebenen zur Vertiefung:

Zugehörigkeit und systemische Wirkungen	➲ Zu welchem Kreis darf ich mich zugehörig fühlen, wenn ich mir häufiger Momente von Achtsamkeit und Intuition gönne?
	➲ Welche Bedeutung wird mein Handeln (möglicherweise) haben?
	➲ Welche positiven Veränderungen werden dadurch in meinem System (in den unterschiedlichen Lebensbereichen) möglich?
	➲ Welcher höhere (für mich relevante) Sinn wird dadurch gefördert?
Identität	➲ Wem werde ich ähnlicher bzw. zu wem entwickele ich mich, wenn ich mehr in diese Richtung tue?
	➲ Wer kann mir in diesem Aspekt ein Vorbild sein?
Werte und Überzeugungen	➲ Wie wichtig ist mir, auf meine innere Stimme zu hören?
	➲ Welche Werte stärke ich dadurch, dass ich häufiger achtsames und intuitives Erleben fördere – bei mir und anderen?
Fähigkeiten	➲ Welche Fähigkeiten in Bezug auf Intuition und Achtsamkeit will ich mir aneignen bzw. einüben?
	➲ Inwiefern entwickeln sich dadurch auch meine anderen Fähigkeiten? Wo ergeben sich Synergien?

Handeln	➲ Was muss ich tun, um zur besten Version meiner selbst zu werden?
	➲ Welche kleinen oder größeren Rituale kann ich etablieren, um diesen Weg zu festigen?
	➲ Woran werden andere bemerken, dass ich mich in dieser Hinsicht entwickele?
	➲ Welche äußerlich sichtbaren oder hörbaren Zeichen für meine Entwicklung werden andere bemerken können?
Kontext	➲ Wer kann mich bei meinem intuitiven Weg unterstützen?
	➲ In welchen Kontexten/Umgebungen kann ich diese neuen oder veränderten Denk- und Handlungsweisen am ehesten ausprobieren?
	➲ Welche „Anker" kann ich nutzen, die mich daran erinnern, weiter diesen Pfad zu beschreiten?
	➲ Welche Symbole können im Außen ein Zeichen setzen, das auch andere bemerken können?

3. Nachdem Sie nun die Übungen zu diesem Thema bearbeitet haben und die Gedanken dazu reflektiert haben, rufen Sie sich Ihren (geheimen) Wunsch ins Gedächtnis, den Sie am Anfang des Buches notiert haben:

➲ Welche nützlichen Einsichten oder Erkenntnisse konnte ich diesbezüglich gewinnen?
➲ Welche anderen interessanten gedanklichen Verknüpfungen kann ich erkennen?
➲ Ergeben sich daraus für mich weitere Handlungsimpulse?
➲ Wie könnte ich diese konkretisieren und in der „Welt der Tatsachen" verwirklichen?

Literatur

Quellen

Agor W (1989) Intuition in Organizations – leading and managing productively. Sage Publications, Newbury Park

Andreas T (2015) Unveröffentlichtes Manuskript. www.tomandreas.de. Köln

Bohnefeld U, Gonschior T (2010) Auf den Spuren der Intuition. DVD Tao Cinemathek (Alive), Bielefeld

Connor S (2005) The myth of female intuition exploded by fake smile test. The Independent. http://www.independent.co.uk/news/science/the-myth-of-female-intuition-exploded-by-fake-smile-test-6148499.html. Zugegriffen: 12. März 2015

Cuddy A (2012) About the effect of peoples' body language on their perception of how powerful they themselves are. TED Talk: Amy Cuddy: „Your body language shapes who you are" (TED Global, June 2012). http://www.ted.com/talks/amy_cuddy_your_body_language_shapes_who_you_are?language=de. Zugegriffen: 23. Mai 2015

Damasio AR (2000) Ich fühle, also bin ich. Die Entschlüsselung des Bewusstseins. List, München

Derks L (2005) Social panoramas: changing the unconscious landscape with NLP and psychotherapy. Crown House Publishing, Bancyfelin

Dürr HP, Gottwald FT (1997) Rupert Sheldrake in der Diskussion. Scherz, Bern

Gigerenzer G (2008) Bauchentscheidungen – Die Intelligenz des Unbewussten und die Macht der Intuition. Goldmann, München

Gigerenzer G, Gaissmaier W (2012) Intuition und Führung – Wie gute Entscheidungen entstehen. Max- Planck-Institut für Bildungsforschung, Bertelsmann Stiftung. Konstanzer Online Publikations-System (KOPS). http://kops.uni-konstanz.de/bitstream/handle/123456789/28028/Gigerenzer_280285.pdf?sequence = 2. Zugegriffen: 6. März 2015

Goleman D (1997) EQ. Emotionale Intelligenz. Deutscher Taschenbuch Verlag, München

Hölzel BK, Carmody J, Congleton C et al (2010) Mindfulness practice leads to increases in regional brain gray matter density. Psychiatry Res: Neuroimaging 191. doi:10.1016/j.pscychresns.2010.08.006

Neuweg GH (2005) Implizites Wissen als Forschungsgegenstand. In: Rauner F (Hrsg) Handbuch Berufsbildungsforschung. Bertelsmann, Bielefeld, S 581–588

Rosenkranz MA, Davidson RJ, Macoon DG et al (2013) A comparison of mindfulness-based stress reduction and an active control in modulation of neurogenic inflammation. Brain Behav Immun 27. doi:10.1016/j.bbi.2012.10.013

Rowling JK (2012) Es begann am Bahnsteig 9¾. Offizielle Website von JK Rowling. http://www.jkrowling.com/de_DE/#/zeitlinie/es-begann-am-bahnsteig. Zugegriffen: 12. Juli 2015

Schoormanns D, Nyklíček I (2011) Mindfulness and psychologic well-being: are they related to type of meditation technique practiced? J Altern Complement Med. doi:10.1089/acm.2010.0332

Sonoda H, Kohnoe S, Yamazato T et al (2011) Colorectal cancer screening with odour material by canine scent detection. Gut – Int J Gastroenterol Hepatol. doi:10.1136/gut.2010.218305

Villoldo A (2005) Mending the past and healing the future with soul retrieval. Hay House, Carlsbad

Weizsäcker von F (1988) Aufbau der Physik. dtv, München

Zeuch A (2010) Feel it – So viel Intuition verträgt Ihr Unternehmen. Wiley, Weinheim

Meine Ich-Kraft stärken

4

▶ Gute Führung beginnt immer mit Selbstführung. Für den Pfad des Business-Häuptlings gilt deshalb: Nur wer genau weiß, wer er ist, was ihm wichtig ist, was er will und wem er sich verbunden fühlt, hat die Stärke und die Kraft, diesen Weg zu gehen. Deshalb reflektieren Sie in diesem Kapitel Ihre Werte, Ihre Identität, Ihre Zugehörigkeit, Ihre Wandlungsfähigkeit und erfahren, wie Sie Ihr eigenes Erleben so gestalten und steuern, dass Sie Ihre Führungsrolle weise und souverän ausfüllen.

Wenn Sie dieses Kapitel gelesen haben, ...
- ... sind Sie sich Ihrer Werte bewusst, können diese sichtbar machen und Werte-Konflikte auflösen.
- ... füllen Sie Ihre Führungsrolle im Unternehmen mit größerer Identitätsklarheit aus.
- ... wissen Sie um die tiefe Bedeutung der Zugehörigkeit und können wichtige Parameter zur Unterstützung von Zugehörigkeit im Unternehmen steuern.
- ... kennen Sie die besondere Funktion und Nützlichkeit des „Heyoka" (Clowns) in Ihrem Unternehmen.
- ... können Sie Ihr Erleben wirkungsvoll steuern und auch in schwierigen Situationen auf Ihr Leistungspotenzial zugreifen.

© Springer Fachmedien Wiesbaden 2016   119
D. Goetz, E. Reinhardt, *Selbstführung: Auf dem Pfad des Business-Häuptlings,*
DOI 10.1007/978-3-658-08912-2_4

4.1 Meine Werte

Über Werte auf einer ganz allgemeinen Ebene zu reden, ist oft wenig konstruktiv – es kommen meist nur hohle Phrasen heraus. Diskussionen über Werte bekommen jedoch dann Hand und Fuß, wenn sich dabei ein direkter Bezug zur eigenen Lebenswelt herstellen lässt. In diesem Unterkapitel beschäftigen Sie sich ganz konkret mit den Werten, die für Sie wichtig sind.

Wenn Sie dieses Unterkapitel gelesen haben, ...
- ... haben Sie Handlungsfelder in Ihrem Leben identifiziert („Werte-Notstand").
- ... sind Sie sich Ihrer eigenen Werte-Landschaft bewusst.
- ... können Sie Ihre eigenen Werte nutzen, um kongruente Entscheidungen zu treffen.
- ... können Sie Werte-Konflikte leichter auflösen und unterschiedliche Werte für sich integrieren.
- ... können Sie anderen leichter ein authentisches Vorbild für Ihre Werte sein.
- ... nutzen Sie Ihren intuitiven Zugang zum Unbewussten.

Beispiele aus dem Leben einer Führungskraft

Beispiel 1: Susanne Fischer ist erfolgreiche Produktmanagerin – und sie bekommt von ihrem Arbeitgeber die langersehnte Chance, als Expatriate für einige Jahre den wichtigen Posten der Standort-Managerin in Buenos Aires zu übernehmen. Sie bringt die besten Voraussetzungen mit: hervorragende Fachkenntnisse, Erfahrung im relevanten Produktbereich, sehr gute Spanisch-Kenntnisse sowie zahlreiche berufliche Auslandseinsätze. Dennoch zögert sie. Sie ist nach langem Single-Dasein verliebt und möchte mit ihrem neuen Lebenspartner die Chance ergreifen, eine Familie zu gründen. Sie ist jetzt 39 und hat ihre Familienplanung immer den beruflichen Anforderungen untergeordnet. Deshalb konnte sie auch so schnell im Unternehmen aufsteigen. In den letzten Monaten ist jedoch ihr Bedürfnis nach der Nähe einer Partnerschaft gestiegen – und auch ihr Kinderwunsch ist stärker geworden. Sie fühlt, dass ihre biologische Uhr immer lauter tickt und innerlich bereits auf fünf vor zwölf steht. Susanne Fischer stellt sich nun die Frage: Soll ich die vielversprechende und lukrative Stelle im Ausland antreten – oder den Karriereschritt auslassen, um Zeit für meine Partnerschaft und Familienplanung zu haben?

Beispiel 2: Thomas Wagner, 48 Jahre, ist leitender Angestellter eines mittelständischen Unternehmens. Er fühlt sich laut eigenem Bekunden „fit wie ein Turnschuh". Er hat für sich eine Routine entwickelt, die es ihm ermöglicht, sich trotz des hohen Arbeitseinsatzes von über 50 h pro Woche viel zu bewegen und vollwertig zu ernähren. Mit großer Disziplin und Freude trainiert er regelmäßig für den Marathon, den er zweimal im Jahr läuft. Sauna-Besuche und Wellness-Tage helfen ihm bei der Regeneration. Auch für seine Frau und seine Kinder nimmt er sich Zeit. Eine dunkle Wolke kommt jedoch über ihn, wenn er an seine 70-jährigen Eltern denkt: Im Unterschied zu ihm haben seine Eltern frühzeitig körperlich abgebaut. Sein Vater hat Alzheimer und auch bei seiner Mutter machen sich mentale Ausfallerscheinungen breit. Trotz der Schwierigkeiten wollen die Eltern unter keinen Umständen in ein Heim umziehen. Auch für Thomas Wagner wäre es eine unerträgliche Vorstellung, dass seine Eltern das Haus der Familie verlassen, in dem sie ihr ganzes Leben gelebt haben. Thomas Wagner wohnt mit seiner eigenen Familie eine knappe halbe Stunde von seinem Elternhaus entfernt. Er stellt sich nun die Frage: Wie soll ich die Pflege meiner Eltern organisieren und dabei ihre Würde wahren? Wie kann ich mir selbst dabei treu bleiben?

Logbuch

Und jetzt Sie! Kennen Sie solche Situationen, in denen Sie …

⊃ … zwischen zwei oder mehr Alternativen regelrecht hin- und hergerissen sind?

⊃ … einen inneren Konflikt über die „richtige“ Vorgehensweise mit sich selbst austragen?

⊃ … auch mal gegen Ihre eigenen Überzeugungen handeln (müssen)?

⊃ … die Diskussion über Werte zwar als philosophisch anregend, aber auch lebensfern empfinden?

Notieren Sie Ihre Gedanken dazu in Ihrem Logbuch.

Wir stellen in diesem Unterkapitel zum Thema Werte Übungen vor, wie Sie Werte-Konflikte für sich auflösen können, um so zu passenden Entscheidungen zu kommen.

4.1.1 Werte im Westen

Welche Werte sind die Basis unserer Gesellschaft? Was ist unser Werte-Kanon? Auf den ersten Blick erscheinen solche Fragen relevant – sie ziehen bedeutungsschwangere Debatten auf hohem philosophischem Niveau nach sich, von einer Aura der Grundsätzlichkeit umweht. Nachdem der heilige Schein der intellektuellen Ehrfurcht jedoch verflogen ist, klingen Werte-Diskussionen häufig nur noch hohl und abgehoben: abgedroschene Phrasen, die mit der Lebenswirklichkeit nichts mehr zu tun haben und einem Reality-Check nicht standhalten.

Ganz anders wird die Diskussionstemperatur, wenn konkrete Anliegen einer Gesellschaft diskutiert werden: Diskussionen zur Einführung der Todesstrafe, zur Islamisierung, zu Themen von Migration und Asylrecht oder auch zur Sterbehilfe. Doch auch hier gerät der gedankliche Austausch leicht zum Schauplatz für Grabenkämpfe. Der Begriff der Leitkultur wird ins Feld geführt, um dem politischen Widersacher den Boden unter den Füßen wegzuziehen.

Es gibt kaum einen ungünstigeren Weg, eine Diskussion über Werte zu beginnen, als die Frage: „Was sind eigentlich Ihre Werte?“ – oder auch: „Welche Werte haben Sie?“ Beides führt allzu oft auf dem direkten Wege in die kognitive Sackgasse und zu abgehobenen Allgemeinplätzen fernab der Lebensrealität. Werte sind für den Einzelnen nur dann von Bedeutung, wenn er sie persönlich nimmt, d. h. auf seinen eigenen Lebenskontext bezieht.

4.1.1.1   Zum Einstieg: 10 provokante Thesen zu Werten

Mit den folgenden Thesen wollen wir Sie anregen, über Werte in Ihrem Leben zu reflektieren.

- **These 1**: Werte existieren nicht.
  In der realen Welt, d. h. in der Welt der Tatsachen, gibt es keine Werte. Sie sind lediglich Konzepte – Vorstellungen, auf die sich Einzelne oder Gemeinschaften beziehen.
- **These 2**: Werte sind wie heiße Luft.
  So wie Luft einem Ballon seine Größe verleiht, so können Werte Strukturen groß und mächtig erscheinen lassen. Doch ohne Strukturen sind Werte nicht fassbar und unsichtbar. Der Wert „Die Würde des Menschen ist unantastbar" ist nur so stark wie die gelebten Strukturen, die ihn stützen.
- **These 3**: Werte sind höchst unscharf definiert.
  Unter dem gleichen Begriff verstehen unterschiedliche Menschen und unterschiedliche Gesellschaften ganz unterschiedliche Konzepte.
- **These 4**: Werte sind relativ.
  Nicht alle Werte können gleichzeitig gelebt werden. Als Erklärung dazu gleich eine kleine Geschichte zu Prioritäten.
- **These 5**: Werte sind (stark) kontextabhängig.
  Selbst eine einzelne Person kann in unterschiedlichen Kontexten den gleichen Wert anders definieren.
- **These 6**: Werte sind (stark) von der (Landes-)Kultur geprägt.
  Konzepte wie Freiheit, Würde, Anstand werden in unterschiedlichen Kulturen unterschiedlich definiert. Dies betrifft nicht nur religiöse und ethnische Kulturen, sondern auch Sub- oder sogar Unternehmenskulturen.
- **These 7**: Werte kann man nicht hierarchisieren (oder in eine Reihenfolge bringen).
  Dies ist eine logische Folge der obigen Thesen: Will man den Kontextbezug und die Pluralität der Gesellschaft nicht ignorieren, ist eine Hierarchisierung der Werte sinnfrei. Dies gilt strenggenommen selbst für ein Individuum, das nämlich auch immer unterschiedliche Interessenanteile in sich trägt, die je nach Situation unterschiedlich dominant sind.
- **These 8**: Werte kann man nicht demokratisch abstimmen.
  Werte können in einem meinungsbildenden Prozess entstehen und sich aus diesem heraus entwickeln. Eine bloße Abstimmung ignoriert allzu oft den vielschichtigen Kontextbezug und kann in der Tyrannei der Mehrheit enden, wenn Werte als Waffe eingesetzt werden.
- **These 9**: Werte kommen häufig „klotzig" daher.

Der substantivierte Wert (z. B. Respekt) ist scheinbar hart definiert und wirkt manchmal beinahe furchteinflößend. Auf diese Weise eignen sich Werte gelegentlich als Totschlagargumente, sind jedoch im Alltag eher lebensfern.

- **These 10**: Werte wollen gelebt werden.

  Werte bleiben tot und seelenlos, wenn Menschen sie nicht täglich leben. Nur durch die erkennbaren Haltungen und Handlungen des Einzelnen kann der Geist eines Wertes verkörpert werden.

Wenn man Menschen fragt, welche Werte ihnen im Leben wichtig sind, dann nennen sie häufig einen sehr vergleichbaren Kanon von Begriffen. Das Problem ist: Hinter den gleichen Begrifflichkeiten verbergen sich gänzlich unterschiedliche Konzepte – und das bei eigentlich verwandten Kulturen des europäischen Kulturkreises. Ein Beispiel: Die verschiedenen Volksgruppen der Schweiz haben ein ganz unterschiedliches Verständnis von Freiheit. Während für die Mehrheit der Schweizer Freiheit gleichbedeutend ist mit dem freien Handel und dem Austausch über die Täler, gilt diese Definition von Freiheit nicht überall: Teile der in den Alpen lebenden Bevölkerung verstehen Freiheit vielmehr als die Möglichkeit, sich in die Berge zurückziehen zu können. Und das ist nicht verwunderlich: Früher konnte man sich der Zollpflicht in den Tälern nur entziehen, wenn man in bzw. über die Berge ging.

Alles eine Frage der Prioritäten …

Werte können dazu dienen, Prioritäten zu setzen. Doch dabei bleiben Werte – das, was uns wichtig ist – immer moment- und situationsbezogen. Eherne Werte, die immer und überall gleichermaßen gelten, gibt es nicht. Dazu eine kleine Geschichte. Stellen Sie sich vor, Ihnen widerfährt Folgendes:

Gedankenexperiment

Sie haben sich seit Wochen vorgenommen, einen bestimmten Film im Kino zu sehen. Dazu haben Sie sich mit zwei Freunden verabredet – was aufgrund der allgemeinen Zeitnot bei Ihnen und Ihren Bekannten kein leichtes Unterfangen war. Schließlich sind Sie alle viel beschäftige Menschen. Sie haben dafür sogar Ihren Pilates-Kurs abgesagt, obwohl dies einer Ihrer heiligsten Vorsätze des neuen Jahres war und Sie unbedingt etwas für Ihre Gesundheit tun müssen. Sie hoffen, dass Sie es schaffen, denn im Büro ist extrem viel zu tun: Morgen findet die finale Präsentation Ihres Projekts vor dem Kunden statt – und die Präsentation muss „krachen". Mit diesem Auftrag steht oder fällt die Zukunft der Firma – oder zumindest Ihre Karrierechancen in dem Unternehmen.

Deshalb – und um es Abend auf jeden Fall ins Kino zu schaffen – sind Sie am Morgen extra früher aufgestanden. Sie sind quasi auf dem Sprung und wollen nur noch schnell die Küchentheke sauber wischen, damit Ihr Partner, der heute Nachmittag von einer längeren Geschäftsreise nach Hause kommt, alles sauber und ordentlich vorfindet. Unglücklicherweise stoßen Sie dabei die halbvolle Kaffeetasse um. Der braune Inhalt ergießt sich über Ihre Hose. – *Was ist Ihnen jetzt wichtig?*

Blitzschnell ziehen Sie eine frische Hose an. Sie sind gerade auf dem Weg nach draußen, als es an der Tür hämmert und der Nachbar von der Wohnung unter Ihnen aufgeregt berichtet, dass Wasser von seiner Decke tropft. Erst jetzt bemerken Sie, dass die Waschmaschine im Bad einen Rohrbruch erlitten hat und alles überschwemmt ist. – *Was ist Ihnen jetzt wichtig?*

Gerade als Sie weitere Handtücher aus dem Schrank holen, um die Pfütze wenigstens einigermaßen trocken zu legen, bekommen Sie einen Anruf. Ihr Kind sei vom Auto angefahren worden und liege im kritischen Zustand auf der Intensivstation. – *Was ist Ihnen jetzt wichtig?*

Sie lassen alles stehen und liegen und fahren mit dem Auto schnellstmöglich ins Krankenhaus. Dabei fährt Ihnen ein Lkw mit großer Wucht seitlich ins Auto. Sie ziehen sich mit letzter Kraft aus dem Fahrzeug. Zum Glück ist der Rettungsdienst unmittelbar vor Ort und kann die stark blutenden Wunden versorgen. – *Was ist Ihnen jetzt wichtig?*

Sie werden bewusstlos. – Was ist Ihnen jetzt wichtig?

▶   Es wird deutlich: Werte brauchen einen Kontext, in dem sie wirken – sonst sind sie nur heiße Luft. Die Luft in einem Ballon wird auch nur dadurch beachtenswert, dass eine Hülle aus Gummi sie umgibt. Und so werden Werte erst dadurch sichtbar, dass sie von Handlungen oder Gegenständen verkörpert werden.

Das sehr eingängige Modell der Kulturzwiebel (Hofstede) haben wir in Kap. 2.6 Mit den Augen der Ethnologen vorgestellt. Werte werden entsprechend durch Handlungen (Rituale), Gegenstände (Symbole) oder Menschen (Helden) ausgedrückt. Ohne diese drei „Verkörperungen" sind Werte nicht zu merken – sie machen keinen Unterschied. Die Kulturzwiebel beschreibt die Werte in dauerhaften Verkörperungen. Im Alltag kommen Werte natürlich darüber hinaus auch in einmaligen Handlungen zum Ausdruck. Ein Wert kann geradezu dazu führen, dass wir außergewöhnlich handeln.

Auch in Unternehmen müssen Werte verkörpert werden, wenn sie mehr als bloße Lippenbekenntnisse sein sollen. Werte-Diskussionen stehen hier hoch im Kurs – zumindest in den obersten Etagen. Führungskräfte und Mitarbeiter dagegen können die Begriffe Leitbild oder Unternehmenswerte kaum noch ertragen. Das Gleiche gilt übrigens für Diskussionen rund um die Begriffe Vision und Mission. Häufig erleben Mitarbeiter eine Diskrepanz zwischen den offiziellen Werten aus der Unternehmensbroschüre und jenen, die tatsächlich im Unternehmen gelebt werden. Das liegt zum einen natürlich daran, dass Werte idealisierte Konzepte sind, die schon aus Prinzip nicht für jede einzelne Situation handlungsleitend sein können. Gleichzeitig haben Menschen ein sehr gutes Gespür dafür, ob eine Organisation in Einklang mit den eigenen Werten handelt oder nicht. *Kongruentes* Handeln – also Handeln, bei dem formulierte Absichten und die ausgeführten Taten in Einklang miteinander sind – ist eines der Fundamente für den Aufbau von Vertrauen zu einer Person oder auch im Unternehmen. Ein weiterer wichtiger Baustein neben dem kongruenten Handeln ist Verlässlichkeit, also das Einhalten von Zusagen. Der lateinische Ausspruch „pacta sunt servanda" erinnert daran, dass dies nicht nur für formale Verträge zutreffen soll, sondern eben auch auf die formlosen Absprachen. Kongruentes und verlässliches Handeln stärken die Vorhersagbarkeit der Handlungen einer Person

4.1.2 Die indigene Perspektive: Seven Stone Teachings

In vielen indigenen Gesellschaften der Prärie Nordamerikas haben sich die Menschen auf eine Reihe von Werten geeinigt, die für das Leben jedes Einzelnen eine Richtschnur sein sollen. In der Mythologie der nordamerikanischen *First Nations* (heutiges Kanada) bzw. Native Americans (heutige USA) sind die Seven Stone Teachings sehr mächtige Spirits bzw. gute Geister, die einst auf die Erde entsandt wurden, um die Menschheit zu unterstützen. Sie hinterließen sieben Grundwerte, um das harmonische Miteinander der Menschen auf der Erde zu unterstützen: Weisheit, Liebe, Respekt, Mut, Aufrichtigkeit, Wahrheit, Demut. Die Seven Stone Teachings werden, wie der Name schon vermuten lässt, symbolisch durch Steine repräsentiert. Steine sind die ältesten „Wesen" der Erde und werden in der Vorstellung der First Nations als beseelt (im Englischen: „animated") betrachtet. Sie genießen als Grandfather Rock großes Ansehen, auch und vor allem in Zeremonien. Während der *Schwitzhütten*-Zeremonie geben die Grandfathers ihre Energie und Weisheit in die Gruppe der Teilnehmenden. Die Seven Stone Teachings werden auch als Seven Grandfather Teachings bezeichnet.

Auch heute noch ziehen sich viele Mitglieder der First Nations in die Einsamkeit der Wildnis zurück, um dort für mehrere Stunden oder Tage über die sieben Grundwerte zu reflektieren. Je nach Stamm meditiert die Person dann an einem einzigen Ort über diese Werte oder aber begibt sich auf eine Wanderung mit insgesamt sieben Stationen. Jede Station steht symbolisch für einen der Werte. Dabei soll die Person nicht nur über die positiven Aspekte des Wertes nachdenken, sondern auch die Schattenseiten eines Wertes reflektieren. Ein hohes Maß an Ehrlichkeit kann zum Beispiel manchmal mit dem Wert der Liebe oder dem Respekt gegenüber einer anderen Person kollidieren. Auch innere Widerstände gegenüber einem Wert werden reflektiert. Gleiches gilt für die Frage, was passieren würde, wenn es den entsprechenden Wert ganz einfach nicht gäbe. Im Anschluss an den inneren Dialog mit den Seven Stone Teachings suchen die Meditierenden den Dialog mit einem *Elder*. Nach Meinung der Elder kann ein Mensch nur in Balance leben, wenn er sich über alle Aspekte eines Wertes bewusst wird. Erst dadurch könne sich der Einzelne tatsächlich selbst erkennen.

Die Seven Stone Teachings bilden zusammen mit dem *Medizinrad* zwei wichtige kulturelle Säulen indigener Gesellschaften der nordamerikanischen Plains. Alle Seven Stone Teachings sind gleichermaßen wichtig und sollten nach Ansicht der Elder gleichermaßen in das Leben integriert werden. Je nach Stamm kann es kleinere Unterschiede in der Bezeichnung der einzelnen Seven Stone Teachings geben. So verwenden manche eher das Wort Friede anstatt Liebe. Auch die Übersetzung der traditionellen Konzepte in die heutige Welt lässt Spielraum für Interpretationen. Wir haben die Seven Stone Teachings wie folgt kennengelernt:

- **Weisheit** („Wisdom"): Weisheit basiert auf einer tiefen Einsicht in das Wirkungsgefüge der Natur, des Lebens und der Gesellschaft. Weisheit bedeutet zudem, seine Talente („Spirits") einzusetzen und sie nicht verkümmern zu lassen. Der Begriff Spirit bedeutet hier auch: Werte einer Gemeinschaft oder persönliche Qualitäten (wie z. B. humorvoll sein).
- **Liebe** („Love"): Liebe ist bedingungslos. Hier ist jedoch nicht die romantische Liebe gemeint. Vielmehr geht es um die altruistische Zuwendung, die im indigenen Verständnis eine spirituelle ist. Diese spirituelle Liebe wird ausgedrückt in Liebe zu sich selbst. Ohne diese Eigenliebe ist Liebe zu anderen Menschen nicht möglich.
- **Respekt** („Respect"): Die Aufmerksamkeit und Anerkennung gegenüber anderen Menschen und deren Talenten und Leistungen. Es bedeutet auch einen freundlichen Umgang mit sich selbst und anderen.
- **Mut** („Bravery" oder „Courage"): „Stelle dich deiner Furcht. Bringe bei Bedarf die Energie auf, deine Furcht zu überwinden – so wie die Bärenmutter bei Gefahr ihr Junges beschützt." Mut bedeutet jedoch nicht die mutwillige Herausforderung des Schicksals durch waghalsige Aktivitäten.
- **Aufrichtigkeit** („Honesty"): Persönliche Integrität oder auch Authentizität: „Sei dir selbst treu und verleihe deiner eigenen inneren Überzeugung Ausdruck, ohne dich zu verstellen." Der Referenzpunkt ist man dabei vor allem selbst.
- **Wahrheit** („Truth"): Wahrheit oder Wahrhaftigkeit bezeichnet im indigenen Verständnis die Akzeptanz von universellen Gesetzmäßigkeiten. Dies bedeutet im übertragenen Sinne auch, sich prinzipientreu oder pflichtgemäß zu verhalten und andere so zu behandeln, wie man selbst behandelt werden möchte. Im Unterschied zur Aufrichtigkeit („Honesty") liegt der Bezugspunkt hier also vor allem im Außen.
- **Demut** („Humility"): „Erkenne dich als gleichwertiges Mitglied der Gemeinschaft an: du bist nicht schlechter oder besser als die anderen. Nutze deine Talente – jedoch nicht, um dich über andere zu erheben. Übe dich in Verzicht und nimm nur das, was dir zusteht. Erkenne das an, was größer ist als du selbst." Die Abwesenheit von Demut drückt sich aus in übersteigertem Stolz oder Arroganz, die auf Kosten anderer geht.

Übung 1: Seven Stone Teachings

Eigene Werte lassen sich manchmal leichter durch den Blick über den Tellerrand auf andere Kulturen erkennen. Das Werte-System der First Nations kann dafür nützlich sein. Bei dieser „Werte-Wanderung" reflektieren Sie grundlegende Werte menschlicher Gemeinschaften, unabhängig ob es sich dabei um ein Team, ein Unternehmen oder eine größere Gemeinschaft handelt.

Positive Auswirkungen
• Sie gewinnen eine hohe Bewusstheit über sich selbst und darüber, was Ihnen im Leben wichtig ist.

Durchführung
Dauer: 60 min

Je nach Möglichkeit können Sie auch einen ganzen Tag dazu einplanen. Dann verbinden Sie die Reflexion mit einer Wanderung in der Natur. Denken folgt der Bewegung! Ganz traditionell können Sie pro Wert einen Stein symbolisch verwenden, um davor zu reflektieren.

(1) Nehmen Sie sich sieben große Zettel und beschriften diese mit je einem der sieben traditionellen Werte (siehe vorheriger Abschnitt).

(2) Verteilen Sie diese auf dem Boden, z. B. in einem Kreis um sich herum. Sorgen Sie für genügend Platz zwischen jedem Zettel (mindestens einen Meter). Nutzen Sie den Raum und unternehmen eine kleine Werte-Wanderung. Gehen Sie herum, stellen sich auf die unterschiedlichen Werte und betrachten Sie Ihr eigenes Leben.

(3) Fragen Sie sich bei jedem einzelnen Wert:
   ➲ Wie würde sich mein Leben möglicherweise positiv verändern, wenn ich häufiger [diesen Wert: …] leben würde?
   ➲ Was kann ich tatsächlich tun, um diesen Wert häufiger zu leben?
   ➲ Wie kann ich diesen Wert häufiger leben – im Einklang mit meinen übrigen Werten (also ohne meine übrigen Werte zu gefährden)?

(4) Zum Weiterdenken:

➲ Wie sind die Schattenseiten der genannten Werte? Gibt es ein Zuviel des Guten?

➲ Wo spüre ich ggf. Widerstände in mir gegen einzelne Werte? Was kann ich davon über mich lernen?

➲ Was wäre bei völliger Abwesenheit einzelner Werte? Wie sähe mein Leben oder die Welt als solche aus, wenn es diese Werte einfach nicht gäbe?

Selbstverständlich können Sie auch eigene Werte dazulegen. Lassen Sie sich jedoch in jedem Fall auf die vorgestellten Werte der First Nations ein – gerade auch dann, wenn einzelne davon Ihnen vielleicht auf den ersten Blick unpassend erscheinen.

4.1.3   Überblick über die Übungen

Sie können die nachfolgend vorgestellten Übungen nacheinander angehen oder auch direkt zu einer bestimmten Übung springen. Als Orientierungshilfe hier eine Übersicht über die möglichen Einsatzfelder der Fragestellungen.

Übung	Positive Auswirkungen
Übung 2 „Werte-Skala"	• Sie analysieren Ihre persönlichen Werte und erlangen Orientierung bezüglich eines möglichen Handlungsbedarfs
	• Sie erkennen die sinnstiftenden und sinnraubenden Aspekte in Ihrem Leben
	• Sie haben erste konkrete Handlungsansätze, wie Sie Ihr Leben wert-voller gestalten können
Übung 3 „Werte-Distanz"	• Sie erkennen die Unterschiede zwischen Ihren persönlichen Werten und denen einer anderen Person/Organisation
	• Sie können dadurch leichter Handlungsansätze entwickeln, um diese Unterschiede zu überbrücken oder mit dieser Differenz leichter umzugehen
Übung 4 „Ärger-Frage"	• Sie wissen, welche Ihrer Werte Sie angegriffen fühlen, wenn Sie sich über diese Person/Organisation ärgern
	• Sie können im Anschluss leichter Handlungsalternativen entwerfen, um sich von Ihrem Ärger zu lösen
Übung 5 „Werte-Kaleidoskop"	• Sie treffen Entscheidungen in Einklang mit Ihren eigenen Werten
	• Sie gewinnen neue Einblicke und Lösungsansätze bei Entscheidungen, bei denen Sie sich innerlich hin- und hergerissen fühlen
Übung 6 „Werte sichtbar machen"	• Sie leben (mehr) gemäß Ihrer Werte und sind ein lebendiges Vorbild für diese
	• Sie lassen die Welt wissen, was Ihnen wert-voll ist, und zeigen dies klar und souverän

Übung 2: Die Werte-Skala

Sie erinnern sich – in Kap. 2.4 Das Medizinrad sprachen wir von den unterschiedlichen Bereichen des Lebens: Leistung/Beruf, Kontakt/Soziales, Sinn und Kultur, Körper und Gesundheit. Mit dieser Übung betrachten Sie Ihre Werte, bezogen auf die wichtigen Bereiche Ihres Lebens – und finden heraus, wie Sie Ihre Werte in den unterschiedlichen Bereichen bewusster leben können.

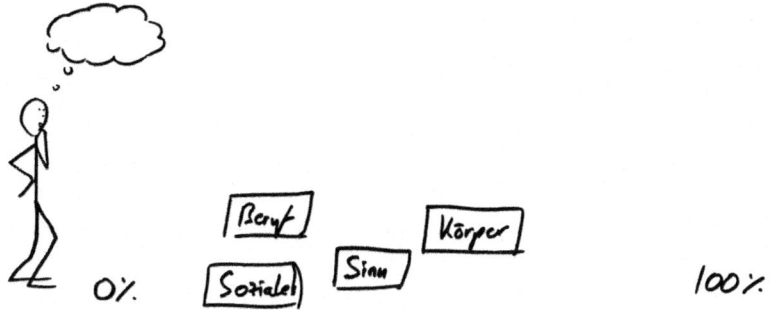

Positive Auswirkungen

- Sie erhalten eine erste Analyse Ihrer persönlichen Lebenswerte und eine Orientierung über einen möglichen Handlungsbedarf.
- Sie erkennen die sinnstiftenden und sinnraubenden Aspekte in Ihrem Leben.
- Sie haben erste konkrete Handlungsansätze, wie Sie Ihr Leben wert-voller gestalten können.

Durchführung

Dauer: ca. 30–60 min

(1) Notieren Sie die vier Lebensbereiche auf je einen Zettel: Leistung/Beruf, Kontakt/ Soziales, Sinn und Kultur, Körper und Gesundheit.

(2) Fühlen Sie sich jeweils in den Lebensbereich ein und legen Sie dann je Lebensbereich einen Zettel entlang einer gedachten Skala auf dem Boden aus. Nutzen Sie dabei als Leitfrage: Wie zufrieden bin ich derzeit mit diesem Lebensbereich?

    a. Skala von 0–100 % mit 0 % = gar nicht zufrieden und 100 % = voll und ganz zufrieden.

    b. Legen Sie die Karten spontan aus dem Bauch heraus, ohne lange nachzudenken.

    c. Beachten Sie, dass dies eine Momentaufnahme ist, die diesen Bereich nur im Großen und Ganzen abbilden kann.

(3) Betrachten Sie die spontan gelegte Bestandsaufnahme.

(4) Nehmen Sie sich nun die Lebensbereiche einzeln vor. Beginnen Sie mit dem Lebensbereich, mit dem Sie am wenigsten zufrieden sind. Notieren Sie in Ihrem persönlichen Logbuch Ihre Gedanken zu den folgenden Fragen.

    ➲ Was sind mögliche Gründe, weshalb ich unzufrieden bin mit diesem Lebensbereich?

    ➲ Was ist der Preis, den ich für den niedrigen Prozentwert in diesem Bereich zahlen muss?

    ➲ Was geht mir an Lebensqualität dadurch verloren? Auf was muss ich verzichten?

    ➲ Was ist mir persönlich in diesem Lebensbereich wichtig? Welche Werte verbinde ich damit?

    ➲ Inwieweit verhindere ich selbst, dass ich meine Werte in diesem Lebensbereich intensiver lebe?

➲ Was wäre anders, wenn ich meine Werte zu einem höheren Anteil verwirklichen würde?

Bei hohen Prozentwerten können Sie sich die folgenden Fragen stellen:

➲ Was gewinne ich durch diesen hohen Prozentwert in diesem Bereich an Lebensqualität?

➲ Was ist der Preis, den ich für den hohen Prozentwert zahlen muss?

➲ Was ist mir persönlich in diesem Lebensbereich wichtig? Welche Werte verbinde ich damit?

Bei insgesamt niedrigen Prozentzahlen stellen Sie sich die Frage:

➲ Welche Werte sind denn stattdessen verwirklicht, wenn nicht die bisherigen?

Bedenken Sie, dass die Verwirklichung in einem Lebensbereich ggf. nur auf Kosten eines anderen Lebensbereiches ermöglicht werden kann. So kann die berufliche Karriere auf Kosten von Familie, Freunden oder körperlicher Gesundheit gehen. Es gibt auch ein Zuviel eines an sich guten Wertes. Dazu ein Beispiel: Der Preis der Ehrlichkeit könnte sein, dass man zu wenig Freunde hat, da man als sozial unverträglich angesehen wird.

(5) Betrachten Sie noch einmal Ihre Lebensbereiche im Überblick:

➲ Sehe ich irgendwo Handlungsbedarf? Wenn ja, wo ist der größte Handlungsbedarf? Beispielsweise kann es sein, dass Ihre sozialen Kontakte in den letzten Monaten deutlich zu kurz gekommen sind und Sie sich wünschen, mehr Zeit mit Freunden zu verbringen.

(6) Identifizieren Sie drei konkrete Handlungsimpulse. Was ist jeweils der nächste Schritt?

Falls Sie zum Beispiel soziale Kontakte aufleben lassen wollen, könnten Sie folgende Handlungsschritte festlegen:

• Terminkalender prüfen, wann Sie in der nahen Zukunft Zeit haben
• Kontaktliste prüfen, wen Sie gerne wiedersehen würden
• Passenden Anlass finden: Essen gehen oder gemeinsames Kochen, gemeinsam zum Sport oder ins Kino
• Betreffende Person(en) kontaktieren

Logbuch

Notieren Sie Ihre Erkenntnisse und konkrete Handlungsschritte in Ihrem Logbuch. Differenzieren Sie Ihre Handlungsschritte so weit, dass Sie binnen 72 h mit dem ersten Schritt beginnen können. Haken Sie die einzelnen Handlungsschritte ab, sobald sie getan sind. So behalten Sie nicht nur einen guten Überblick, sondern es gibt Ihnen auch von Anfang an ein gutes Gefühl, dass Sie aktiv etwas tun, um Ihr Leben wieder in Balance zu bringen.

Übung 3: Werte-Distanz

Positive Auswirkungen

- Sie erkennen die Unterschiede zwischen Ihren persönlichen Werten und denen einer anderen Person/Organisation.
- Sie können dadurch leichter Handlungsansätze entwickeln, um diese Unterschiede zu überbrücken oder mit dieser Differenz leichter umzugehen.

Durchführung

Dauer: 15–60 min

(1) Wählen Sie eine Person, eine Organisation oder einen Kontext (z. B. Beruf) aus, in dem Sie wiederkehrend ein negatives Gefühl haben, aber nicht genau wissen, woher dieses Unwohlsein kommt.

(2) Legen Sie für diese (hier im Beispiel) Organisation einen Zettel [A] auf den Boden.

(3) Denken Sie an Ihre Werte und was diese gefühlsmäßig für Sie bedeuten. Bewegen Sie sich im Raum um den ausgelegten Zettel herum. Spüren Sie nach, welche Distanz Sie zu dieser Organisation empfinden. Wie nah fühlen Sie sich dieser Organisation bezogen auf Ihre eigenen Werte?

(4) Legen Sie einen weiteren Zettel [B] aus, um diese Position zu markieren.

(5) Notieren Sie in Ihrem persönlichen Logbuch:
    ➲ Bezogen auf welche Werte fühle ich mich der Organisation nah?
    ➲ Bezogen auf welche Werte fühle ich eher eine größere Distanz zwischen mir und der Organisation?
    ➲ In welchen Situationen genau spüre ich diese Nähe bzw. Distanz im Alltag?

(6) Prüfen Sie für sich auch:
    ➲ Ist dies konsistent immer so – oder existieren Situationen, in denen sich die Nähe, bezogen auf die ermittelten Werte, anders anfühlt?

Hinweise

Als anknüpfende Übung eignet sich die nachfolgend aufgeführte Übung 4 „Ärger-Frage".

Übung 4: Ärger-Frage

Diese Übung eignet sich gut im Anschluss oder anstelle der Übung 3 „Werte-Distanz".

Positive Auswirkungen

- Sie wissen, welche Ihrer Werte Sie angegriffen fühlen, wenn Sie sich über diese Person/Organisation ärgern.
- Sie können im Anschluss leichter Handlungsalternativen entwerfen, um sich von Ihrem Ärger zu lösen.

Durchführung

Dauer: 20 min

(1) Wählen Sie eine Person oder eine Organisation aus, über die Sie sich ärgern. Legen Sie stellvertretend dafür einen Zettel [A] auf den Boden.

(2) Rufen Sie sich ein bis drei konkrete Beispiele in Erinnerung, bei denen Sie sich über diese Person/Organisation geärgert haben.

(3) Notieren Sie auf einem anderen Zettel [B]:
    ➲ Was ärgert mich an dieser Person/Organisation?

(4) Legen Sie den Zettel [B] mit etwas Abstand neben Zettel [A] auf den Boden.

(5) *Meta-Ebene*: Machen Sie einen größeren Schritt zurück – äußerlich wie auch innerlich.

(6) Betrachten Sie nun mit Abstand die Aspekte, die auf dem Zettel [B] stehen und über die sich „die Person dort" – also Sie selbst – ärgert. Sie betrachten also sich selbst bzw. Ihre Gedanken während der Ärger-Phase, stellvertretend dargestellt durch Zettel [B].

(7) Überlegen und notieren Sie für sich:
    ➲ Was ist dieser Person dort wichtig?
    ➲ Welche Werte fühlt diese Person dort wohl angegriffen bzw. welche Werte will sie schützen?
    ➲ Oder anders: Welche Vorstellungen, Normen, Werte sind Bedingung dafür, sich über diese Situationen ärgern zu können?

Übung 5: Werte-Kaleidoskop

Kennen Sie das Gefühl, zwischen zwei (oder mehreren) Optionen regelrecht hin- und hergerissen zu sein? Oder eine Entscheidungsfrage, bei der Sie trotz aller Überlegungen und rationalen Argumente nicht weiterkommen? Wäre es da nicht schön, Sie könnten Ihren „Bauch" befragen, um eine Rückmeldung oder vielleicht sogar eine Tendenz aus dem Unbewussten zu erhalten? Die Übung „Werte-Kaleidoskop" kann Sie dabei unterstützen, Ihr Unbewusstes in die Entscheidungsfindung einzubeziehen.

   Positive Auswirkungen

- Sie treffen Entscheidungen in Einklang mit Ihren eigenen Werten.
- Sie gewinnen neue Einblicke und Lösungsansätze bei Entscheidungen, bei denen Sie sich innerlich hin- und hergerissen fühlen.

Durchführung

   Dauer: ca. 30–60 min; über vier Runden hinweg

   Idee: Entscheidungsproblem (hier: zwischen zwei Möglichkeiten – ein Dilemma)

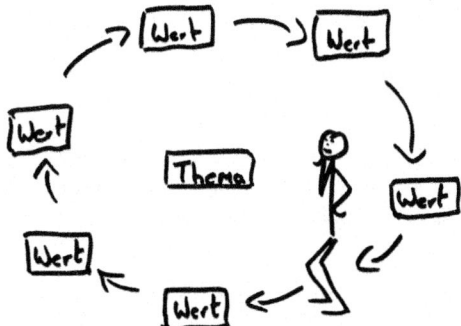

(1) **Thema identifizieren**: Wählen Sie ein Thema, bei dem bald eine Entscheidung ansteht (z. B. „Gehe ich als Expatriat nach China oder bleibe ich lieber auf meiner bisherigen Position?"). Schreiben sie das Thema auf einen Zettel. Die Formulierung sollte kurz, für Sie bedeutungsvoll und wertneutral sein (z. B. „Expatriate" oder „China").

(2) **Werte identifizieren**: Nehmen Sie sich ein paar Minuten Zeit und überlegen, welche Werte sind für Sie persönlich wichtig? Diese müssen nichts mit der aktuellen Thematik zu tun haben. Es können auch Werte sein, die Ihnen in anderen Kontexten wichtig sind. Oder auch Aspekte, die Ihnen wichtig sind, die Sie aber eigentlich nicht als Wert bezeichnen würden. Wenn Sie ca. drei bis sieben Werte identifiziert haben, schreiben Sie jeden Wert auf je einen Zettel und legen diese in einem Kreis um den Zettel „Thema" herum auf dem Boden aus. Lassen Sie ausreichend Abstand, sodass der Kreis einen Durchmesser von ca. zwei Metern hat.

(3) *Assoziation* **mit dem Thema**: Schließen Sie nun die Augen und verbinden Sie sich mit Ihrem Thema bzw. der Entscheidungsfrage, indem Sie es sich in Erinnerung rufen.

(4) Gehen Sie anschließend die vier Runden über die im Kreis liegenden Werte-Karten. Stellen Sie sich innerlich die in der jeweiligen Runde (nachfolgende Schritte 5 bis 8) aktuelle Frage. Nehmen Sie sich pro Wert jeweils einige Minuten Zeit. Notieren Sie Ihre Gedanken nach jeder Runde.

(5) **Runde 1:**

➲ Wie wird dieser Wert verwirklicht oder beeinträchtigt bei den einzelnen Entscheidungsalternativen?

(6) **Runde 2:**

➲ Mal angenommen, es wäre möglich: Was wäre, wenn beide Alternativen verwirklicht würden? Was würde mit dem Wert geschehen?

- Es geht hier nicht darum, ob es faktisch möglich ist! Vielmehr geht es darum, sich aus einem zu verengten Fokus für einen Moment zu befreien. So können eventuelle blinde Flecken beleuchtet werden.

(7) **Runde 3:**

➲ Mal angenommen, es wäre möglich: Was wäre, wenn keine der beiden Alternativen verwirklicht würde?

(8) **Runde 4:**

➲ Mal angenommen, es ginge gar nicht um die Entscheidung zwischen diesen beiden Alternativen: Was wäre dann anders? Um was könnte es dann gehen?

(9) *Meta-Ebene*: Entfernen Sie sich nun einige Schritte von dem Kreis der ausliegenden Karten. Der körperliche Abstand erleichtert den Überblick und hilft Ihnen dabei, auch innerlich von der Fragestellung Abstand zu nehmen. Aus der Distanz mit kühlem Kopf betrachtet:

➲ Welche neuen Ideen oder Erkenntnisse kommen Ihnen bezogen auf das Thema?

➲ Wird eine Tendenz sichtbar (oder spürbar)?

➲ Wie entwickeln sich die Werte wohl langfristig, wenn Sie mehr Entscheidungen in dieser Richtung fällen?

Hinweise

- Es empfiehlt sich besonders für Runde 1 eine längere Phase der Assoziation mit den einzelnen Werten. In den Folgerunden können diese Phasen kürzer sein und ggf. sogar im langsamen Gehen im Kreis erfolgen.
- Es kann hilfreich sein, das innere Abwägen der beiden Alternativen durch seitliches Pendeln bzw. Gewichtsverlagerung körperlich zu unterstützen. Folgen Sie mit Ihrem Körper dem innerlichen Ausbalancieren („einerseits – andererseits"/„das Eine – das Andere").

Übung 6: Werte sichtbar machen

Durch was kann ich die Welt wissen lassen, was mir wert-voll ist? Dies ist die Ausgangsfragestellung für die Überlegungen in dieser Übung. Sie nutzen dazu das im Kap. 2.6 Mit den Augen der Ethnologen vorgestellte Modell der Kulturzwiebel, um die an sich unsichtbaren Werte in Erscheinung treten zu lassen. Dieses Vorgehen eignet sich z. B. auch im Anschluss an die in Kap. 2.3 Sprache schafft Realität vorgestellte Übung 1 „Werte verflüssigen", in der es darum geht, die eigenen Werte durch Einfühlen („Verflüssigen") zu explorieren. Hier werden die Werte nun wieder „verfestigt".

Positive Auswirkungen

- Sie leben (mehr) gemäß Ihrer Werte und sind ein lebendiges Vorbild für diese.
- Sie lassen die Welt wissen, was Ihnen wert-voll ist, und zeigen dies klar und souverän.

Durchführung

Dauer: 20 min

(1) Vergegenwärtigen Sie sich Ihre Werte und machen Sie sich zu jedem der folgenden Aspekte Notizen.

(2) **Rituale durchführen.** Zum Beispiel: „Ich sage ganz bewusst ‚Bitte' oder ‚Danke' in Team-Meetings, um den Wert der Höflichkeit zu stärken."

➲ Für diesen Wert etabliere ich folgendes Ritual bzw. folgende (kleine) Handlung, die ich regelmäßig und im Bewusstsein ihrer Bedeutung für mich durchführe: _____

(3) **Vorbild („Held") sein.** Zum Beispiel: „Mir haben schon häufiger Kollegen gesagt, dass sie es schön finden, wenn ich bei Meetings selbstgebackene Kekse oder eine andere Kleinigkeit zum Knabbern für alle mitbringe."

➲ Für diesen Wert möchte ich ein Vorbild sein. Für was bewundern mich andere Menschen bereits, das ich in bester Weise auch einsetzen kann, um diesen Wert zu verwirklichen? Wie kann ich ein Vorbild für diesen Wert sein?

(4) **Symbole/Artefakte nutzen.** Zum Beispiel: „Mein schön gestaltetes Notizbuch mit Ledereinband erinnert mich an den Wert von handwerklicher Arbeit, die ich als Ausgleich zur geistigen Arbeit sehr schätze."

➲ Diese Symbole sollen mich daran erinnern und/oder der Welt zeigen, dass mir dieser Wert wichtig ist: _____

Logbuch

Es ist sinnvoll, die drei Schalen der Kulturzwiebel (Rituale, Helden, Symbole) samt Wert(en) und konkreter Umsetzung zentral sichtbar in Ihr Logbuch zu schreiben. Wenn Sie diese regelmäßig anschauen, erinnern Sie sich daran, den Überlegungen auch die Taten folgen zu lassen.

4.2 Meine Identität

Die eigene Identität ist ein flüssiges Konstrukt, das sich sowohl aus inneren wie äußeren Zuschreibungen speist: Als wen erleben und empfinden wir uns selbst – als wen sieht uns die Welt? Unsere Lebensgeschichte formt unsere Identität – und kann auf vielfältige Weise erzählt werden! Bei aller situationsbedingten Vielfalt gilt es – gerade im Unternehmen -, jeweils aus einer klaren Identität heraus zu sprechen und zu handeln.

Wenn Sie dieses Unterkapitel gelesen haben, …
- … wissen Sie um die identitätsstiftende Bedeutung des Namens.
- … haben Sie ein differenziertes Bild über liquide Identitäten gewonnen.
- … können Sie im Unternehmen mit größerer Identitätsklarheit führen.
- … haben Sie aus Lebenskrisen eine neue Geschichte erzählt.

Beispiele aus dem Leben einer Führungskraft

Beispiel 1: Herr Schneider ist im Vorstand eines mittelständischen Unternehmens, das als Hidden Champion der deutschen Wirtschaft global tätig ist. Herr Schneider ist ein „Eigengewächs" des Unternehmens und hat sich durch seine langjährige, engagierte Arbeit für den Posten des Vorstands Personal und Organisation empfohlen. Herrn Schneider sind die Mitarbeiter sehr wichtig, auch jene, die an den Maschinen arbeiten. Er sieht sich selbst als antik-römischer „Kohortenführer", der mit seinen Mitarbeitern in die Schlacht zieht und ihnen bei Schwierigkeiten zur Seite steht. Dies erzeugt bei ihm einen immensen Druck, da er sich persönlich für die Probleme der Mitarbeiter verantwortlich fühlt und vor lauter Arbeit auf operativer Ebene kaum die Pflichten des Vorstandspostens erfüllen kann. Erst als er im Coaching eine neue Metapher für sein Selbstverständnis im Unternehmen findet, löst sich seine Anspannung. Zukünftig sieht er sich als Feldherr auf dem Hügel, der seine Truppen vorausschauend und strategisch klug dirigiert, ohne sich selbst in das Schlachtgetümmel zu stürzen.

Beispiel 2: Herr Schäfer ist IT-Spezialist und arbeitet bei einem Unternehmen, das als externer Dienstleister IT-Support für einen größeren Konzern anbietet. Weil Herr Schäfer innerhalb der Abteilung einen sehr guten fachlichen Ruf hat und mit allen Kollegen ein fast freundschaftliches Verhältnis pflegt, wird er nach einigen Jahren guter Arbeit zum Abteilungsleiter ernannt. Seine Vorgängerin war aus privaten Gründen in eine andere Stadt gezogen. Nach knapp einem Jahr auf dem neuen Posten fällt es ihm jedoch immer noch schwer, seine Rolle voll auszufüllen. Und die Service-Qualität in der Abteilung lässt nach. Herr Schäfer fühlt sich in einer Zwickmühle: Einerseits weiß er, dass er mehr Aufgaben delegieren und deren Abarbeitung strikter kontrollieren muss. Andererseits will er das gute Verhältnis zu den Kollegen nicht aufs Spiel setzen.

Herr Schäfer ist das klassische Beispiel einer Fachkraft, die plötzlich zur Führungskraft geworden ist, ohne innerlich darauf vorbereitet zu sein. Zwei Aspekte spielen dabei häufig eine Rolle: Als Spezialist in einem Fachgebiet ist es Herr Schäfer gewohnt, Probleme selbst zu lösen. Als Führungskraft jedoch muss er Aufgaben delegieren. Zudem muss er für sich die notwendige Distanz schaffen, um nicht weiterhin nur der „nette Kollege" zu sein, sondern mehr aus der systemischen Perspektive einer Führungskraft im Sinne des Unternehmens zu handeln. Er muss eine andere Identität für sich finden.

Logbuch

Nehmen Sie sich etwas Zeit, um die folgenden Fragen zu reflektieren. Notieren Sie Ihre Überlegungen in Ihrem Logbuch:

- ➲ Wer bin ich? Worüber definiere ich mich?
- ➲ Wofür stehe ich ein?
- ➲ Als wer bin ich in meinem Bekannten- und Freundeskreis bekannt?

  Und wenn Sie jetzt auf Ihr Unternehmen schauen:
- ➲ Wofür stehe ich im Unternehmen? Als wer bin ich dort bekannt?
- ➲ Wofür bin ich nicht zuständig – werde aber trotzdem manchmal dazu angefragt?
- ➲ Habe ich schon einmal erlebt, dass mir nicht klar war, wie ich meine Position ausfüllen soll – zum Beispiel nach einem Wechsel auf eine neue Position – innerhalb des gleichen Unternehmens oder auch bei einem neuen Unternehmen?
- ➲ Wie habe ich mich auf meiner ersten Stelle mit größerer Führungsverantwortung zurechtgefunden? Wie bin ich mir über meine neue Identität als Führungskraft klar geworden?

4.2.1   Namen sind identitätsstiftend

Früher war vielleicht nicht alles besser oder einfacher, aber zumindest gaben Berufsbezeichnungen noch Auskunft über die berufliche Identität des Stelleninhabers. Ein Bäcker war ein Bäcker, ein Hausmeister ein Hausmeister, ein Ingenieur ein Ingenieur, ein Banker ein Banker. Damit war jedem so einigermaßen klar, welche Aufgaben und Funktionen mit diesen Positionen verbunden waren. Die Komplexität in der Arbeitswelt und die damit verbundenen Anforderungen an die Menschen sind in den letzten zwei Jahrzehnten merklich gestiegen. Der Facility Manager hat seine Ursprünge beim altbekannten Hausmeister, verantwortet inzwischen jedoch in der Regel ein viel weiteres Feld an Aufgaben. Hand aufs Herz: Wissen Sie spontan, was ein Case Manager macht – oder ein Compliance Manager, ein Content Manager, ein Key Account Manager? Was macht ein Netzwerkkoordinator im Unterschied zum Systemadministrator? Was sind die Aufgaben des Normenbeauftragten gegenüber jenen des Quality Managers? Was tut der Promoter? Die große Diversifikation der Berufe hat einen kreativen Wildwuchs an Berufs- und Stellenbezeichnungen gefördert. Ist MFA ein interner Ausdruck (vielleicht für den Multi-Funktions-Assistenten der Geschäftsleitung?) – oder eine gesetzlich geschützte Berufsbezeichnung? Die Insider werden im besten Fall ein klares Bild von der jeweiligen Position, den dazugehörigen Aufgaben und Fähigkeiten der Stelleninhaber haben. Wer z. B. im Gesundheitswesen tätig ist, für den ist der Ausbildungsberuf des MFA (des medizinischen Fachangestellten) kein Fremdwort. Für Außenstehende haben viele der Bezeichnungen jedoch ihre Orientierungsfunktion verloren.

Die Unschärfe in der eigenen Position kann auch für die Stelleninhaber selbst problematisch sein. Gerade in betrieblichen Veränderungsprozessen werden Positionen flugs neu definiert oder auch nur umbenannt; manchmal unterbleibt jedoch selbst das. Nicht selten geht die terminologische Unschärfe mit einer faktischen Unschärfe bezüglich der veränderten Position einher. Die Betroffenen sitzen gewissermaßen zwischen den Stühlen und fühlen sich verunsichert.

Die identitätsstiftende Wirkung des eigenen Namens – oder in diesem Fall: der eigenen Berufsbezeichnung – ist nicht zu unterschätzen. Schon der Volksmund sagt: „Das Kind braucht einen Namen." Manche Berufe und Berufsbezeichnungen genießen das Privileg, einen identitätsstiftenden Charakter zu haben. Wer als Jurist oder auch als Ingenieur in einem Unternehmen tätig ist, gehört zu einem Berufsstand, der seine definierende Wirkung auch dann beibehält, wenn die Person innerhalb eines Unternehmens eine nicht näher erläuterte Position innehat. Am anderen Ende dieser Skala steht so mancher, der trotz der Wichtigkeit seiner Aufgabe nur sagen kann, dass er „etwas am Computer" mache, da die Erklärung im Detail für Außenstehende zu weitschweifig wäre. Kommt Ihnen das bekannt vor? Gibt es auch in Ihrem Unternehmen Positionen oder Stellenbeschreibungen, hinter denen sich entweder ein großes Fragezeichen verbirgt oder die unklare Aufgabendefinitionen oder Verantwortungsbereiche aufweisen?

4.2.2   Die indigene Perspektive: Spiritueller Name

Indigene Gesellschaften kennen neben dem im Alltag gebrauchten Rufnamen häufig auch noch einen zweiten, privateren Namen. Je nach Kultur kann dieser individuell sein oder auch wie eine Gruppen- oder Clan-Zugehörigkeit verwendet werden. Bei den Aborigines Australiens haben wir sogenannte „Skin Names" (Haut-Namen) bzw. „Moieties" kennengelernt. Der Name bezeichnet die verwandtschaftliche Zugehörigkeit („Kinship") und beeinflusst die Rechte und Pflichten des Einzelnen sehr stark: Wer darf welches Tier jagen? Wer hat Zugang zu welchen Nahrungsquellen? Wer hat welche Aufgaben im Stamm? Der Name wirkt sich sogar auf die Möglichkeiten bei der Partnerwahl aus, indem er Inzest zuverlässig vermeidet. Die Aborigines, die wir kennengelernt haben, nennen dieses durchdachte System „natürliche Mathematik" („Natural Mathematics"). Den Moieties sind Totems (Abzeichen) zugeordnet, welche Eigenschaften der Gruppe charakterisieren und die Funktion dieser Gruppe widerspiegeln.

Auch die *First Nations* Nordamerikas kennen Totems, also bildliche Repräsentationen von *Spirits*, z. B. von *Krafttieren*. Berühmt sind die Totempfähle der an der Pazifik-Küste beheimateten Stämme, wie die der Haida oder Kwakwaka'wakw. An der nördlichen Westküste des amerikanischen Kontinents wachsen große Bäume, in deren Holz die Totems eingeschnitzt werden. Das Wort Totem ist aus der Sprache der Algonkin-Stämme abgeleitet und bezeichnet die Zugehörigkeit zu einer Verwandtschaftsgruppe. Der Totempfahl hatte übrigens eine völlig andere Funktion als die sogenannten Marterpfähle, die einige wenige Stämme einsetzten, um Menschen zu bestrafen.

Die First Nations Nordamerikas benutzen auch spirituelle Namen, die ein *Elder* in einer Zeremonie individuell vergibt. Zu dem Namen nennt der Elder auch die spezifische Aufgabe oder Mission sowie eine spezifische Farbe. Die Farbe soll einen an die erteilte

Aufgabe erinnern und den Namen bildlich repräsentieren. Auch wir selbst haben jeweils einen spirituellen Namen mit zugehöriger Farbe verliehen bekommen.

In dieser Tradition sind die spirituellen Namen auch mit einem Auftrag oder einer inneren Mission verbunden. Dies ist häufig ein Dienst an der Gemeinschaft. In diesem Sinne bezeichnet der Name auch die gesellschaftliche Funktion des Einzelnen. Diese Tradition ist in Europa ebenfalls bekannt: Auch im deutschen Sprachraum lassen viele Nachnamen noch auf das ursprüngliche Tätigkeitsfeld des Trägers schließen: Müller, Schmidt (Schmied), Schneider, Fischer, Weber, Meier (mittelalterlicher Amtsträger), Wagner, Becker, Hoffmann (Hof-Pächter), Schulz (Amt des Schultheiß), Schäfer, Koch, Bauer, Richter. Die Top-14 deutscher Familiennamen (Wikipedia 2015) sind direkte Berufsbezeichnungen – und unter den Top-100 sind ebenfalls die Mehrheit alte Berufsbezeichnungen. Im Unterschied zur Tradition in Deutschland sind bei den indigenen Gesellschaften die spirituellen Namen eher ein vorübergehendes Phänomen. Ändert sich die Funktion des Namensträgers in der Gemeinschaft, so kann sich auch sein spiritueller Name ändern – ggf. sogar mehrfach im Leben. Insofern ist die Identität in der indigenen Gesellschaft deutlich „flüssiger" als in westlichen Zivilisationen.

4.2.2.1 „Was ist deine Medizin?"

Der Einzelne ist in indigenen Gesellschaften angehalten, seine Talente zum Nutzen des Gemeinwesens einzubringen. Dies wird als seine „Medizin" bezeichnet und kann sich auch in seinem spirituellen Namen ausdrücken. Die Frage „Was ist deine Medizin?" fragt also nicht nach einer Pille oder einem Kraut, sondern nach dem Beitrag des Einzelnen zum Wohle der Gemeinschaft. Übertragen auf den hiesigen Kontext kann diese Gemeinschaft ein oder auch mehrere Systeme sein: das Unternehmen, die eigene Familie, die Gesellschaft (z. B. bei ehrenamtlicher Tätigkeit in einer Wohlfahrts- oder Naturschutzorganisation).

Logbuch

Notieren Sie in Ihrem Logbuch:
- ➲ Wie kann ich meine Talente (meine „Medizin") zum Wohle der Gemeinschaft einsetzen?
- ➲ Wen lasse ich an meinen Talenten teilhaben?
- ➲ Für wen will ich ein Vorbild sein?
- ➲ Welche Werte verkörpere ich?

4.2.3 Identität – das Herz des Selbstbildes

Im Modell der Logischen Ebenen (siehe Kap. 2.6 Mit den Augen der Ethnologen) enthält die Ebene der Identität alle Werte, Grundhaltungen und Überzeugungen – und weist über diese hinaus, indem sie alle Aspekte des Selbstbildes einer Person umfasst. Identitätsstiftend ist häufig vor allem das, was den Einzelnen aus seiner Perspektive von anderen Menschen unterscheidet. Bezogen auf die relevante Bezugsgruppe sind es die Merkmale (oder die Kombination von Merkmalen), die den Menschen einzigartig machen, die einen identitätsstiftenden Charakter haben.

Identitätsaspekte sind fundamental für das Selbstverständnis eines Menschen. Sie beziehen sich häufig auf angeborene Aspekte, wie biologisches Geschlecht, sexuelle Identität, Hautfarbe oder andere besondere Körpermerkmale (Körpergröße), angeborene oder auch im Laufe des Lebens erworbene körperliche oder geistige Einschränkungen. Auch biografische oder sozial-kulturelle Einflüsse können identitätsstiftend sein – wobei gerade Letztere häufig bereits den Aspekt der Zugehörigkeit betreffen, den wir in Kap. 4.3 Meine Zugehörigkeit analysieren.

▶   Identität und Zugehörigkeit stehen dabei in engem Zusammenhang: Menschen, die sich ihrer Identität bewusst sind, wissen, dass sie nicht belanglos oder austauschbar sind. Menschen, die sich Ihrer Zugehörigkeit bewusst sind, wissen, dass sie nicht allein sind.

Logbuch

Reflektieren Sie die folgenden Fragen und notieren Sie Ihre Gedanken in Ihrem Logbuch. Alternativen in [eckigen Klammern].

⮕ Welches Selbstbild habe ich von mir?

⮕ Was unterscheidet mich von anderen? Was macht mich aus? Was macht mich in gewisser Weise einzigartig?

⮕ Was hat mich im Leben besonders geprägt? Was hat mich zu dem werden lassen, der ich bin?

⮕ Wer wäre ich, wenn ich …
   – ein anderes Geschlecht oder eine andere Hautfarbe hätte?
   – eine andere sexuelle Identität (z. B. homosexuell) hätte?
   – in einer anderen Familie geboren worden wäre?
   – keine Geschwister hätte [mehr Geschwister hätte]?
   – der Erstgeborene [Letztgeborene] wäre?
   – mein ganz persönliches Leben nicht gelebt hätte?

4.2.4   Wer bin ich … wann, wo, für wen?

Nicht immer sind wir die gleiche Person – mit der gleichen Identität. Die am weitesten verbreitete Unterscheidung ist die zwischen Geschäftsmann/-frau und privater Person. Prüfen Sie unabhängig vom Inhalt, welchen Unterschied es macht, wenn man eine Frage an Sie unterschiedlich adressiert:

- Darf ich Ihnen als Experte in XY eine Frage stellen?
- Darf ich Sie um Ihren professionellen Rat fragen?
- Darf ich Ihnen als Mitarbeiter in diesem Unternehmen eine Frage stellen?
- Darf ich dir als Freund eine Frage stellen?
- Darf ich Ihnen, als Kind Ihrer Eltern, eine Frage stellen?
- Sofern anwendbar: Darf ich Ihnen, als Vater/Mutter eines Kindes, eine Frage stellen?

Sie werden vermutlich festgestellt haben, dass diese Fragen sehr unterschiedliche Gedanken und Empfindungen in Ihnen auslösen. Vielleicht empfanden Sie eine Frage sogar als unpassend. Die gedankliche Perspektive, in welcher Identität („als wer") wir uns angesprochen fühlen, macht häufig einen enormen Unterschied, wie wir eine Frage (oder Kommunikation generell) bewerten. Dazu später mehr in diesem Kapitel.

Logbuch

Fragen Sie sich (und notieren in Ihrem Logbuch):
- ➲ In welcher Identität („als wer") handle ich im Unternehmen?
- ➲ In welcher Identität („als wer") handle ich privat?
- ➲ Mit welchem inneren Fokus lese ich dieses Buch? Eher als Businessperson oder als Privatperson? Wenn es von beidem etwas ist: Mit welchem Schwerpunkt eher?

Die Komplexität der mit der Identität verbundenen Aspekte wird deutlich, wenn Sie die bereits vorgestellten Logischen Ebenen (siehe Kap. 2.6 Mit den Augen der Ethnologen) zur Differenzierung nutzen. Der Wechsel der Identitätsperspektive löst eine Kaskade von Wirkungen auf den übrigen Ebenen aus, die wir nachfolgend skizzieren.

4.2.4.1 Ebene des Kontextes und der Äußerlichkeiten

Die auffälligsten Merkmale des Identitätswandels beziehen sich häufig auf Kleidung und Accessoires. Der uniforme Charakter bestimmter Wirtschaftskreise ist sprichwörtlich: In diesem Sinne tragen Banker alle Anzug und Ingenieure alle ein kariertes Hemd. Im Unternehmen trägt man üblicherweise eine andere Kleidung, als wenn man privat unterwegs ist. Für manchen ist es sogar zum Ritual geworden, zu Hause als allererstes den Anzug gegen bequemeres Tuch einzutauschen. Darüber hinaus haben häufig auch Hobbies ihr ganz bestimmtes Outfit. Nicht nur Angler, Biker, Segler, Golfer oder Fußball-Fans pflegen ihr ganz individuelles Erscheinungsbild, auch die Mitglieder eines Freundeskreises einigen sich häufig – oft unbewusst – auf eine bestimmte Kleiderordnung. Für manche Menschen spielt der Kontext eine so große Rolle, dass sie andere zunächst gar nicht in einem fremden Umfeld erkennen. Der ansonsten vertraute geschäftliche Kontakt, der plötzlich am Strand auftaucht, kann dann partout nicht zugeordnet werden. Die Vertrautheit ist in dem Moment nicht mehr als eine blasse Ahnung. Vielleicht ist Ihnen das auch schon einmal so gegangen: Eine Person kommt Ihnen bekannt vor, aber sie kommen einfach nicht auf deren Namen oder wissen zunächst nicht einmal, woher Sie diese Person kennen. Es braucht einige Momente, bis es „klick" macht.

Logbuch

Notieren Sie in Ihrem Logbuch:
➲ Welche Kleidung oder Accessoires nutze ich (bewusst oder unbewusst), um mich auf eine Aufgabe vorzubereiten und mich für diese Aufgabe passend gekleidet zu fühlen?

4.2.4.2   Ebene des Verhaltens

Je nach Situation legen wir andere Attitüden oder eine andere Körperhaltung an den Tag. Manche Mimik oder Gesten sind gewissermaßen für spezielle Identitäten „reserviert". Häufig aktivieren wir auch ein anderes Vokabular und ändern die Klangfarbe der Stimme. Reporter oder Nachrichtensprecher haben eine besondere Radio-/TV-Stimme, wenn sie auf Sendung sind. Diese ist in der Regel deutlich getragener und betonter als die „Freizeit-stimme". Das gleiche gilt für viele Polizisten im Dienst. Sie verändern häufig nicht nur die Stimme, sondern auch ihre Körperspannung und -haltung. Die meisten Menschen kennen es von sich, dass sie je nach Kontext, in dem sie sich bewegen, unterschiedlich auftreten: Der besonnene Business-Mann oder die souveräne Business-Frau können zu hysterisch-euphorischen Fans werden, wenn sie im Fußballstadion oder auf einem Rockkonzert sind.

4.2.4.3   Ebene der Fähigkeiten

Je nach Identität sind unterschiedliche Sets von Fähigkeiten verfügbar. Selbst eine so grundlegend erscheinende Kompetenz wie Geduld kann je nach aktivierter Identität sehr unterschiedlich verfügbar sein. Wer als Großvater oder -mutter vielleicht eine Engelsge-duld mit dem Enkel hat, kann trotzdem im Unternehmen als ungeduldig und hart wahr-genommen werden. Jeder hat schon einmal erlebt, wie ihm bestimmte Fähigkeiten in manchen Situationen scheinbar verloren gegangen sind. Besonders in Stress-Situationen haben wir häufig keinen Zugang zu Kompetenzen, die uns sonst zur Verfügung stehen. Erstaunlicherweise macht es dabei einen Unterschied, in welcher Identität („als wer") wir diese Situation erleben. Dazu ein Beispiel aus dem Segelsport: Skipper geben Menschen, die seekrank sind oder es zu werden drohen, eine Aufgabe. Durch diese Aufgabe konzen-triert sich der Seekranke nicht mehr auf sich selbst, sondern auf seine Aufgabe – und in aller Regel geht es ihm dadurch besser, die Seekrankheit lässt nach.

Gedankenexperiment

Dazu ein kleines Gedankenexperiment: Stellen Sie sich vor, Sie gehen spät in der Nacht allein über eine dunkle, menschenleere Straße. Es regnet, ein kalter Wind bläst, Sie wollen nur nach Hause. Sie biegen um eine Straßenecke, und auf einmal bauen sich drei Männer vor Ihnen auf. Was empfinden Sie, wenn Sie daran denken? Unwohlsein,

Anspannung, Angst? Welche Gedanken gehen Ihnen durch den Kopf? Vermutlich wird
Sie die Vorstellung nicht gleichgültig lassen. Nun stellen Sie sich die gleiche Situation
vor – nur dass Sie jetzt ein Kind an der Hand haben, für das Sie Sorge tragen. Was ist
jetzt anders? Wie verändern sich Ihr Bild von der Situation und vor allem Ihr Selbstbild? Wie verändert sich Ihr Empfinden? Haben Sie vielleicht einen inneren Ruck gespürt und hat der Schutzreflex und die Verantwortung für das Kind die Angst um das
eigene Wohlbefinden vielleicht etwas verdrängt? Fühlen Sie sich – so paradox das ja
eigentlich ist – nun etwas stärker und selbstbewusster? Vielen Menschen geht es so.
Und auch wenn Sie etwas anderes erlebt haben, so konnten Sie bestimmt einen Unterschied für sich feststellen.

Logbuch

Notieren Sie in Ihrem Logbuch:
➲ Welche Erkenntnisse habe ich aus diesem Gedankenexperiment für mich gewonnen?

4.2.4.4   Ebene der Werte und Haltungen

Das Gedankenexperiment kann leicht auch für die Werte-Ebene genutzt werden. Stellen
Sie sich in der ursprünglichen Situation und in der um das Kind erweiterten Situation
jeweils die Frage: Was ist mir jetzt hier wichtig? Welche Werte will ich hier und jetzt
schützen? Was will ich sicherstellen? (siehe dazu auch Kap. 4.1 Meine Werte)

Stellen Sie den privaten und den beruflichen Bereich einander gegenüber, können Sie
deutlich sehen, wie sich Werte verschieben: Wenn Sie als Privatperson agieren, werden
Ihnen sicherlich ganz andere Aspekte wichtig sein, als wenn Sie als Fach- oder Führungskraft auftreten. Nur zwischen beruflicher und privater Sphäre zu unterschieden, ist ohnehin eine unzureichende Differenzierung. Wie schon weiter oben erwähnt, leben die
Menschen je nach Sphäre (Freundeskreis, Hobby-Gemeinschaft, beruflicher Zirkel, Fa-
milienkreis, …) völlig unterschiedliche Sets von Werten. Diese bestimmen auch in hohem
Maße den Erlaubnisrahmen, den Menschen sich zugestehen. „Ich als Führungskraft kann
es mir nicht erlauben, heute krank zu sein und zu fehlen." Kennen Sie diesen Satz von sich
selbst? Andere häufige Formulierungen für einen verkleinerten Erlaubnisrahmen:

- „Ich als … darf einfach nicht …"
- „Als … kann ich es mir nicht leisten, …"

Es geht allerdings auch in die andere Richtung, hin zu einem vergrößerten Erlaubnisrahmen.

- „Ich als … habe das Recht, …"
- „Ich als … kann es mir leisten, …"

Logbuch

Vielleicht haben Sie diese Formulierungen auch schon einmal bei sich oder Ihren Kollegen vernommen. Nehmen Sie sich einen Moment Zeit und notieren Sie Ihre Gedanken in Ihrem Logbuch:

➲ Wann habe ich schon einmal gedacht: „Ich als … kann es mir nicht erlauben, …“?
➲ Wann habe ich schon einmal gedacht: „Ich als … kann es mir leisten, …“?

4.2.5   Liquide, fluide, flüssige, facettenreiche Identitäten

Die Frage „Wer bin ich?" drückt ein monolithisches Verständnis des eigenen Selbst aus. Ich bin ich – immer und überall – identisch. Doch diese Sichtweise bröckelt. Das Model des vielzahligen Ichs ist inzwischen verbreitet und erfreut sich immer größerer Beliebtheit, was nicht zuletzt an populären Buchtiteln ablesbar ist („Wer bin ich – und wenn ja, wie viele?" von Richard David Precht). Ist es vor diesem Hintergrund noch sinnvoll zu versuchen, sein sogenanntes wahres Ich zu suchen, um endlich zu sich selbst zu kommen? Geht es nicht vielmehr darum, sein „flüssiges" Ich in seiner Vielfalt zu erkunden?

4.2.5.1   Exkurs: Das Konzept der Erfahrungswolke schwebt nicht im Vakuum

Im Kap. 3.2 Anwendungsfelder von Intuition haben Sie das Konzept der *Erfahrungswolken* kennengelernt. Die Erfahrungswolke beschreibt den Raum und die Vielzahl an Möglichkeiten, wie ein Mensch sich selbst erleben kann – und zwar in der äußeren Erscheinung wie auch dem inneren Erleben. In Kommunikationssituationen „verdichten" sich die Gesprächspartner jeweils an der sichtbaren Oberfläche und erscheinen dem anderen jeweils (unter dessen Blickwinkel) auf eine spezifische Weise. Das Konzept der Erfahrungswolken steht keineswegs isoliert da. Es existiert eine Reihe von vergleichbaren Konzepten, von denen wir einige vorstellen möchten.

Bereits im 18. Jahrhundert konstatierte der schottische Philosoph David Hume (Hume und Brandt 2013), dass die Identität des Menschen flüchtig und über die Zeit hinweg höchst veränderlich sei. Die Wurzeln dieses Gedankens reichen sogar noch weit tiefer in die Vergangenheit. Der vorsokratische Sophist Heraklit war der Auffassung, dass Stabilität und Identität irreführende Wahrnehmungen seien. Stabilität sei vielmehr ein Prozess der Bewegung – des Werdens. Ihm wird der berühmte Satz zugeschrieben: „Pantha rei" – alles fließt.

▶   Die menschliche Identität ähnelt keinem unveränderlichen, monolithischen
      Klotz, sondern eher einem zur Transformation fähigen, organischen Wesen.

Auch wenn wir uns bei unserem Konzept der Erfahrungswolke nicht explizit auf eine wissenschaftliche Tradition oder Denkschule beziehen, wollen wir nicht verschweigen, dass sich auch andere Autoren und sogar ganze wissenschaftliche Forschungsrichtungen mit dem Konzept der flexiblen Identität beschäftigt haben. Philosophische, soziologische und psychologische Denker haben sich dazu schon geäußert. Dabei hat sich bislang jedoch keine eindeutige Terminologie durchgesetzt. Manche Autoren sprechen vom flüssigen Ich, andere von fluiden Identitäten, wieder andere von Patchwork-Identitäten – um nur einige Begriffe zu nennen. Aufgrund der Unschärfe der Begriffe kann man nicht davon ausgehen, dass all diesen Konzepten identische Annahmen und Vorstellungen zugrunde liegen. Allen Begriffen und Definitionen gemein ist jedoch, dass sie nicht mehr von der unabänderlichen Identität ausgehen, sondern vielmehr ein wandelbares Selbst unterstellen.

Das Exzellenzcluster „Kulturelle Grundlagen von Integration" an der Universität Konstanz (2015) konstatiert: „Um wechselnden Adressierungen gerecht zu werden – seien sie situativ oder rollentechnisch bedingt –, müssen soziale Akteure sich bis zu einem gewissen Grad inkohärent verhalten, zumeist auf spontane Weise und ohne sich dessen bewusst zu sein. Das ist ihnen in dem Maß möglich, in dem ihre Identität nicht starr, sondern fluide und versatil ist."

Der Sozialpsychologe Heiner Keupp hat dem Begriff der Patchwork-Identität zu einer gewissen Bekanntheit verholfen (Keupp et al. 1999). Die Metapher des Patchworks illustriert, dass der Mensch in unterschiedlichen Kontexten und zu unterschiedlichen Zeiten eine andere Identität zeigt. Doch diese verschiedenen Identitäten sind nicht zerfleddert und unverbunden, sondern bilden eine Meta-Identität heraus, die auf den folgenden Faktoren beruht:

- Autobiografische Erzählung der Person: Keupp nennt dies die biografischen Kernnarrationen – wie erzähle ich mir meine Lebensgeschichte, so dass diese für mich sinnstiftend ist?
- Werte-Orientierungen, die für die Person relevant sind
- Identitätsgefühl: Authentizität und Kohärenzgefühl
- Dominierende Teilidentitäten (häufig ist dies das berufliche Selbstverständnis, z. B. „Ich bin Polizist.")

Die Psychologin Luise Behringer (1998, S. 46 f.) betont ebenfalls den andauernden Prozesscharakter des Identitätsverständnisses. „Identität bezeichnet nicht einen individuellen Besitzstand, eine Substanz, die ein Individuum hat oder nicht hat, sondern eine Konstruktion des Selbst. [...] Identität ist zu verstehen als lebenslanger Prozess. [...] Identitäten sind [...] offene Projekte, die sich immer wieder verändern können, unter Bedingungen von Offenheit ja sogar verändern müssen. [...] Die zu analysierenden Identitäten dürfen demnach nicht als feste Zuschreibungen interpretiert werden, sondern als Momentaufnahmen eines sich verändernden komplexen Selbstbildes."

Sie greift dabei Gedanken auf, die bereits Hans-Peter Frey und Karl Haußer (1987, S. 11) geäußert haben: „Identität ist keine Eigenschaft im Sinne eines dauerhaften Besitzes. Identität ist bestenfalls greifbar als momentaner, aber höchst fluktuierender Zustand. Ein Zustand, der nicht einfach da ist, sondern von der Person in Selbstreflexion hergestellt, ja erarbeitet werden muss."

Behringer spricht von einem hochgradig flexiblen Identitätsverständnis, das dabei jedoch nicht zerfällt, sondern in seiner Kohärenz und Kontinuität erhalten bleibt. Kohärenz beschreibt dabei die empfundene Stabilität über verschiedene Kontexte hinweg, während Kontinuität sich auf die empfundene Stabilität über die Zeit hinweg bezieht.

Diese Vorstellung einer kohärenten und kontinuierlichen Stabilität befindet sich im Einklang mit unserem Konzept einer hochgradig volatilen Erfahrungswolke. Denn die Erfahrungswolke bezieht sich in erster Linie auf die kurzfristige Verdichtung nach außen hin. Wie erleben mich andere – wie erlebe ich mich aber auch selbst (!) – in einem bestimmten Moment? Der Möglichkeitsraum der Erfahrungswolke wird aufgespannt durch sowohl zeitlich flexible (situative Faktoren) wie auch „fixierte" (Genetik, Kultur, Biografie) Stützpfeiler – ist also keineswegs beliebig. Das Konzept der Erfahrungswolke denkt die Vorstellung einer fluiden Identität konsequent weiter und bezieht alle zeitlichen Horizonte – von langfristig-biografisch bis kurzfristig-situativ – mit ein.

Die Überlegungen zur fluiden bzw. Patchwork-Identität wurden bereits Ende des vergangen Jahrtausends geäußert, sind jedoch aus unserer Sicht aktueller denn je (vgl. das Phänomen VUCA aus Kap. 1 Einleitung). Es ist daher nicht verwunderlich, dass auch andere Managementbuch-Autoren sich dieser Sichtweise nähern. Christiane Windhausen und Birgit-Rita Reifferscheidt (2012, S. 90) sagen: „Für die Herausforderungen unserer heutigen Zeit brauchen wir jedoch eine plastische Identität, die das Hin- und Herwechseln zwischen verschiedenen Wirklichkeiten ermöglicht, ohne sich dabei zu verlieren." Diese Ansicht können wir voll unterschreiben. Die Autorinnen des Buches „Das flüssige Ich" charakterisieren selbiges folgendermaßen: „Das flüssige Ich zeichnet sich aus durch emotionale Fühlbarkeit, mentale Klarheit und körperliche Präsenz. […] Durch ein flüssiges Ich entsteht eine neue Beweglichkeit – sowohl in uns als auch in unseren Beziehungen. Diese Beweglichkeit zeigt sich in unserer Kommunikation mit anderen, in unserer Selbstführung mit den eigenen Gefühlen und im Umgang mit unserem Körper" (Windhausen und Reifferscheidt 2012, S. 135).

4.2.6 Wechselhafte Identitäten im Unternehmen

Auch in Unternehmen nehmen Menschen unterschiedliche Rollen ein und haben unterschiedliche „Hüte" auf. Doch es sind nicht nur die externen Zuschreibungen, die sich damit ändern, sondern auch das eigene Selbstverständnis, die eigene Identität. Besonders deutlich wird dies bei Projektleitern oder -mitarbeitern, die nur für eine gewisse Zeit – und sei es einige Jahre – Verantwortung für eine Aufgabe übernehmen. Dazu ein Beispiel aus einem größeren Veränderungsprozesses, den wir in einem Konzern betreut haben:

Beispiele aus dem Leben einer Führungskraft

Beispiel 1: In einem Konzern stand ein großer Veränderungsprozess an. Die Leitung des Change Managements übernahm eine im Unternehmen gut vernetzte und etablierte

Mitarbeiterin. Als Kollegin hatte sie einen unmittelbaren, auch inoffiziellen Zugang zu vielen Mitarbeitern. Sie konnte sich gut in die Befürchtungen der Mitarbeiter hineinversetzen und deshalb intuitiv viele passende Entscheidungen treffen. Diese enge Verbundenheit brachte jedoch auch Nachteile mit sich: Als das Projekt von technischer Seite her ins Stocken kam und die Stimmung im Unternehmen kritischer wurde, fühlte sich die Mitarbeiterin in ihrer Position als Change Managerin immer unwohler. In ihrer aktuellen Rolle musste sie gute Miene zum bösen Spiel machen und Zuversicht verbreiten – trotz der offensichtlichen Schwierigkeiten bei der Implementierung der neuen Technologie. Sie erlebte dies als Wertekonflikt und machte sich Sorgen über ihre zukünftige Position im Unternehmen: „Ich muss hier auch noch arbeiten, wenn das Projekt vorbei ist und ich wieder meine Linienaufgabe übernehme." Sie hatte die Befürchtung, langfristig Nachteile dadurch zu erleiden, dass sie sich gegenüber einigen Kritikern des Projekts standhaft positionieren musste. So fühlte sie sich innerlich wie zerrissen – diese langfristigen Überlegungen gegenüber den kurzfristigen Anforderungen des Change Managements abzuwägen, überforderte sie.

Beispiel 2: Ein anderes Beispiel liefert ein Coaching-Fall aus unserer Praxis: Ein hochintelligenter und ambitionierter Teamleiter beklagte im Coaching, dass seine Mitarbeiter mit seiner Geschwindigkeit nicht mitkämen: „Die anderen halten mich auf – sie lähmen mich regelrecht." Der Teamleiter war auf einem rasanten Aufstiegspfad im Konzern und die nächsten internationalen Karriereschritte nur eine Frage der Zeit. Seine Haltung war: „Ich brauche kein Team!" Er dachte international und im Sinne des Konzerns global, während sein Team eher lokal geprägt war. Es fiel ihm äußerst schwer, diese gedankliche Brücke zu seinen Mitarbeitern zu schlagen. Dies führte natürlich zu Problemen zwischen ihm und dem Team. Wir konnten ihm mit einer metaphorischen Problemlösung helfen, einen besseren Zugang zu seinem Team zu finden. Wir griffen dabei die von ihm genutzte Metapher des Bergsteigers auf. Er sagt, als „Gipfelstürmer" könne er schneller und besser klettern als die übrigen in seinem Team. Im Rahmen dieser Metapher fanden wir gemeinsam einen weiteren Blickwinkel: Als bester und schnellster Kletterer könne er im individuellen Vorstieg das Terrain erkunden, um dann für seine Truppe einen leichteren Weg zu finden. Ihm leuchtete ein, dass er, wenn er auf den Gipfel wolle, dies nur in einer Seilschaft könne. Und um an eine fähige Seilschaft zu gelangen, müsse er sich auch in Geduld üben. Die nächste Expedition mit einer kompetenteren Seilschaft sei erst möglich, wenn er die aktuelle Truppe sicher auf den (niedrigeren) Berg bringe. Sein Selbstverständnis hatte sich verändert: Vom einsamen Kletterer war er nun zum Bergführer geworden, der für die Gruppe Verantwortung trug. So konnte er seine überragende Kompetenz einsetzen und hatte nicht länger das Empfinden, aufgehalten zu werden.

Fach- und Führungskräfte sind während ihrer Karriere immer wieder zu einer Veränderung ihres Selbstverständnisses genötigt. Weitere Beispiele können sein:

• Ein junger Mitarbeiter erhält zum ersten Mal Führungsverantwortung.

- Ein Mitarbeiter macht einen Sprung von einem kleinen Team zu einer großen Abteilung.
- Ein Mitarbeiter wird zum Vorgesetzten seiner ehemaligen Kollegen.
- Eine Fachkraft wird zur Führungskraft.

Karriereschritte oder Aufgabenwechsel erfordern häufig nicht nur eine Anpassung an die neuen Kontexte, andere oder erweiterte Kompetenzen oder auch eine andere Haltung. Vielmehr braucht es auch ein anderes berufliches Selbstverständnis, um dem neuen „Amt" gerecht zu werden.

4.2.6.1   Im Amt ist man Anteil eines Systems – Rechte und Pflichten als Amtsträger

Machen Sie sich bewusst, dass Sie als Anteil an einem größeren System eine Funktion auszufüllen haben. Das Bild vom Rädchen im System hat hier einen menschenunwürdigen Beigeschmack, der keinesfalls nötig ist. Sie können sich auch vorstellen, eine Zelle in einem schlagenden Herzen zu sein. Rhythmische Lebendigkeit braucht das Mitwirken jeder Zelle.

Die bereits vorgestellten *Logischen Ebenen* sind auf der obersten Ebene durch den Begriff „Zugehörigkeit" am treffendsten gekennzeichnet. Diese Zugehörigkeit kann sich ausdrücken in Form eines spirituellen Sinns oder der Überzeugung, mit allen Menschen oder Wesen der Erde allumfassend verbunden zu sein. Man kann diese Zugehörigkeit jedoch auch viel „weltlicher" verstehen – als Funktion in einem größeren System. Die Frage lautet dann: „Welchen Beitrag möchte ich leisten, um das System zu erhalten und zu fördern, dem ich zugehöre?" Bezogen auf ein Unternehmen hat jede Stelle eine betriebliche Funktion. Als Anteil am größeren System obliegt dem Einzelnen eine Funktion. Tom Andreas (2015) spricht hier von einem „Amt", das mit jeder Stelle einhergeht. Dieses Amt ermächtigt den Amtsträger zu gewissen Rechten – und bindet ihn an gewisse Pflichten. Diese Rechte und Pflichten sind keineswegs deckungsgleich mit dem, was der Einzelne als Mensch für sich als Rechte oder Pflichten ansieht. Der Mensch als *Erfahrungswolke* „verdichtet" sich als Amtsträger zu einer Identität, die durch den Rahmen der Institution bzw. des weiteren Kontextes beeinflusst wird. Dabei verliert der Amtsträger keineswegs sein Menschsein. Vielmehr gibt Letzteres dem Amt einen Körper und einen Charakter.

> ▶ Poetisch formuliert könnte man sagen: Die Funktion des Amtes scheint durch Sie als Führungs- oder Fachkraft hindurch und erhält erst durch Sie eine Gestalt. Sie sind verantwortlich für die Form, die diese Funktion annimmt. Sie können den Rechten und Pflichten ein menschliches Antlitz geben – oder ihr Amt als kaltherziger Amtsroboter ausführen. Das liegt ganz bei Ihnen.

4.2.6.2   Klar führen – nicht hart

Manche verwechseln an dieser Stelle Härte mit Klarheit. In Zeiten, in denen emotionale Intelligenz und Wertschätzung auch im Unternehmen nicht mehr so einfach verlacht werden können, ist eine Gegenbewegung zu spüren, die von manchen Autoren und Speakern propagiert wird. Mit populistischem Gespür pflegen sie reaktionäre Führungsgedanken, die aus unserer Sicht ohnehin noch viel zu weit in den Unternehmen verbreitet sind. In gewisser Weise ist diese Schaukelbewegung verständlich, wenn der Ausdruck von Wertschätzung mit „Dauer-Kuscheln" und „Weichspüler-Führung" verwechselt wird. Doch braucht es die sogenannte Härte, wenn Führung klar ist? Wir glauben nicht. Stellen Sie sich vor, Sie könnten alle Ihre Führungsaufgaben Ihres „Amtes" mit großer Klarheit ausführen – und zwar ohne Ihre menschliche Seite zu verleugnen. Je klarer Sie im Inneren sind, desto klarer können Sie auch gegenüber Ihren Mitarbeitern, Ihren Kollegen oder auch Vorgesetzten sein.

Logbuch

Prüfen Sie an dieser Stelle einige Fragen und notieren Sie Ihre Gedanken in Ihrem Logbuch:
- ⊃ Kann ich mir vorstellen, mit voller Klarheit zu führen?
- ⊃ Wenn nein: Woher kommt diese Haltung? Was behindert mich (vermeintlich)?
- ⊃ Kann ich mir überhaupt Menschen vorstellen, die zugleich klar und „menschlich" führen können?
- ⊃ Über welche Qualitäten müssen diese Menschen verfügen?
- ⊃ Wer kommt diesem Bild am nächsten? Wer könnte mir für diese Klarheit ein Vorbild sein?

4.2.6.3 Verbindung schafft Verbindlichkeit

Führung kann vom Blick auf andere Kulturen lernen. Die meisten Kulturen außerhalb Deutschlands definieren eine Geschäftsbeziehung vor allem über die Beziehung selbst. Die Beziehung trägt die Geschäftsbeziehung. Weit stärker als in unserer von Zahlen, Daten und Fakten getriebenen deutschen Geschäftskultur stellen andere Kulturräume die Beziehung als Grundlage für Vertrauen an den Anfang – und manchmal sogar in den Mittelpunkt jeder langfristigen Zusammenarbeit. In arabischen Ländern gilt sinngemäß: „Ich kann mit dir keine Geschäfte machen, solange wir uns nicht kennen." Die schriftlichen Verträge wiegen in solchen Kulturen weit weniger als in der mitteleuropäischen und vor allem deutschen Kultur. „Papier ist geduldig", heißt es dort. Erfolgreich kann man in arabischen, wie aber auch vielen fernöstlichen Ländern nur sein, wenn man sich auf einen langfristigen Beziehungsaufbau einlässt. Nur über die hergestellte Beziehung bzw. Verbindung entsteht Verbindlichkeit.

Beispiele aus dem Leben einer Führungskraft

Ein Coaching-Klient machte sich als Inhaber eines kleineren mittelständischen Betriebes große Sorgen um die Zukunft seines Unternehmens: Er hatte seit einiger Zeit massive gesundheitliche Probleme und konnte seiner Geschäftsführertätigkeit nur noch eingeschränkt nachkommen. Nun stand eine größere Operation an, die ihn (inklusive nachfolgender Reha) für mindestens ein halbes Jahr gänzlich arbeitsunfähig machen würde. Während des Coaching wurde ihm bewusst, dass er auf eine stabile Beziehung zu seinen Mitarbeitern vertrauen konnte. Diesen Aspekt hatte er völlig ausgeblendet. Es zeigte sich, dass seine Mitarbeiter trotz der langen Abwesenheit die Geschäfte loyal und motiviert weiterführten. Die langjährige Pflege der Beziehungskultur trug nun Früchte und rettete sein Unternehmen.

Das Beispiel zeigt, wie wichtig Beziehungsarbeit auch in der Führung ist – gerade dann, wenn keine hierarchische Macht den Untergebenen zum Gehorsam zwingt. In abteilungs- oder unternehmensübergreifenden Projekten sowie Matrixorganisationen kann sich die Projektleitung häufig nicht allein auf die strukturell vorgegebene Macht stützen, sondern muss auch Beziehungsarbeit leisten, um zu überzeugen. Auch im obigen Beispiel wäre es für die Angestellten ein leichtes gewesen, nur Dienst nach Vorschrift zu machen und sich insgeheim nach einer neuen Stelle umzuschauen.

Natürlich sollten Sie als Vorgesetzter (oder auch Kollege) nicht mit Ihren Befindlichkeiten hausieren gehen, um Ihre Ziele zu erreichen. Dann wird Sie schon bald niemand mehr ernst nehmen. Vielmehr geht es hier um Kommunikation auf Augenhöhe, die immer auch eine sozial-emotionale Komponente ausdrückt. Respektvolle Kommunikation beinhaltet, dass man sich mit offenem Visier begegnet. Der Alltag ist voll von Situationen, in denen wir jemand anders einen Gefallen tun, weil wir die Verbindung zu ihm nicht gefährden bzw. diese stärken wollen.

4.2.6.4   Die magische Formulierung „als …"

Das kleine Wörtchen „als" kann einen enormen Unterschied darin machen, wie Formulierungen beim Gesprächspartner aufgenommen werden. Sie verweist nämlich auf die Perspektive, aus der gesprochen wird – und damit auf die Identität des Sprechenden zu diesem Zeitpunkt. Sie gibt Auskunft darüber, in welcher Rolle jemand spricht. Und damit auch darüber, welche Funktion der Sprechende in diesem Moment ausfüllt. Dies ermöglicht eine sehr nützliche Differenzierung und trägt zur Klarheit und Orientierung in einem Gespräch bei.

Prüfen Sie einmal, wie unterschiedlich die beiden folgenden Formulierungen auf Sie wirken. Stellen Sie sich vor, Sie wollen sich gegenüber Ihrer jungen Assistentin oder Ihrem jungen Assistenten mit einer persönlichen Note für die geleistete Arbeit erkenntlich zeigen und außerdem die möglichen nächsten Karriereschritte besprechen.

Variante A: „Frau Schulz, ich möchte Sie heute Abend zu einem Cocktail in die Bar gegenüber einladen. Kommen Sie mit?"

Welche Gedanken gehen Frau Schulz in diesem Moment wohl durch den Kopf? Man kann sich leicht vorstellen, welche Kaskade von Phantasien durch diesen harmlosen Satz losgetreten werden kann. Welche Motive wird sie Ihnen möglicherweise unterstellen?

Alternative B: „Frau Schulz, ich habe gesehen, wie Sie in den letzten Wochen als meine Assistentin eine hervorragende Leistung gezeigt haben. Sie haben sich über das normale Maß hinaus für die Firma eingesetzt. Dafür möchte ich mich als Ihr Vorgesetzter gerne erkenntlich zeigen. Es würde mich freuen, wenn Sie heute Abend für eine halbe Stunde auf einen Cocktail in die Bar gegenüber Zeit hätten. Ich würde gerne mit Ihnen besprechen, welcher erweiterte Aufgabenbereich für Sie interessant sein könnte. Wäre das in Ihrem Sinne?"

Das klingt schon anders, oder? Der Rahmen des Gesagten ist viel deutlicher geworden und Frau Schulz weiß mit Sicherheit viel besser, wie sie Ihre Einladung einzuschätzen hat. Eine entscheidende Formulierung hierbei ist der Zusatz „als Ihr Vorgesetzter". Die Formulierung verdeutlicht unmittelbar, aus welcher Perspektive Sie sprechen. Vielleicht werden Sie jetzt denken: „Aber ist doch ganz klar, dass ich der Chef bin." Im Kopf und auf dem Papier mag dies jederzeit klar sein. Dem Bauch macht es jedoch ein ungutes Gefühl, weil die erste Variante eben nicht 100 % klar ist bezüglich Ihrer Motive.

4.2.7 Narrative Identität: Wie erzähle ich mir mein Leben?

Das Feld der Narrativen Psychologie beschäftigt sich damit, wie eine Person ihr Leben als Geschichte erzählt und dabei Erlebnisse der Vergangenheit aus Sicht der Gegenwart darstellt. Die narrative Identität drückt in Übereinstimmung mit den bereits vorgestellten Denkschulen zur „flüssigen" Identität eine aktiv-konstruktivistische Betrachtung der eigenen Persönlichkeit aus: der Mensch als Geschichtenerzähler seines Lebens. Das Lexikon der Psychologie (Wenninger 2000) sagt dazu: „Fragmentierte Identitätsbausteine müssen von den Subjekten in kohärenten Erzählmustern stimmig gemacht werden." Die vom Autor bzw. der Autorin entworfene individuelle Geschichte ist dabei eingebettet in die Meta-Erzählungen oder übergreifenden Skripte der Kultur und der Lebensumstände, in der sich das Individuum bewegt.

Auch die Narrative Psychologie zeigt: Das alte Verständnis von „Ich bin so" – und zwar immer und überall – weicht einem moderneren Verständnis von „Ich entwickle mich und bin mal so, mal so". Die eigene Identität wandelt sich im Lebenszyklus. Das erscheint fast allen Menschen heutzutage als selbstverständlich. Vorbei sind die Zeiten des Mittelalters, in denen Kinder tatsächlich als kleine Erwachsene gesehen und entsprechend so behandelt wurden (Ariès 1998). Heute wird jungen Menschen Entwicklungszeit eingeräumt. Und auch am anderen Ende der Altersskala wird betagten Menschen eine Veränderung zugestanden. Der Wandel ist für den Menschen also natürlich. Erstaunlicherweise wird diese Binsenweisheit vergessen, während man in einer bestimmten Phase des erwachsenen Lebens steckt. Die Betrachtung fokussiert dann auf den aktuellen Moment und friert die Zeit gewissermaßen ein. Die Fokussierung auf die aktuelle Lebensphase geht häufig einher mit einer verzerrten Vorstellung über die zukünftigen Lebensphasen. Prüfen Sie einmal für sich:

- ➲ Welche Vorstellung von einem x-jährigen (mit x = mein jetziges Alter) hatte ich, als ich Mitte zwanzig war?
- ➲ Entspricht jene Vorstellung meinem jetzigen Selbstbild von mir?
- ➲ Wie denke ich jetzt über Menschen die 15–20 Jahre älter sind als ich heute?

Wahrscheinlich haben Sie eine deutliche Abweichung Ihres jetzigen Selbstbildes vom phantasierten Bild als junger Erwachsener festgestellt. Vermutlich erleben Sie sich heute deutlich positiver und vitaler, als Sie sich in jungen Jahren einen Senior vorgestellt haben. Welche Vorstellung hatten Sie als junger Mensch von Chefs oder Managern? Und jetzt, wo Sie selbst einer sind, wie erleben Sie sich heute? Dieses Beispiel macht deutlich, dass jede Vorstellung von der Zukunft letztlich nur eine Phantasie oder Vermutung ist.

4.2.7.1   Verschlungener Lebenspfad vs. stringente Lebensgeschichte

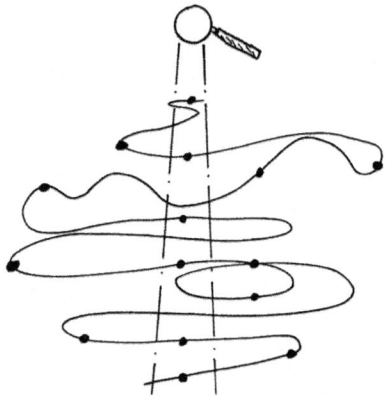

Menschen haben ein starkes Streben nach Kongruenz – also der Übereinstimmung von formulierten Absichten und gezeigtem Verhalten. Ein kongruentes Selbstbild ist auch für die Außendarstellung wichtig. Denn kongruentes Verhalten suggeriert Verlässlichkeit und Zuverlässigkeit. Kongruent handelnden Menschen kann man vertrauen. Aus diesem Bedürfnis nach einer kongruenten Innen- wie Außendarstellung rührt die Tendenz, die eigene Lebensgeschichte als stringente Abfolge von – am besten noch willentlich geplanten – Entscheidungen darzustellen. Nach der Schule spätestens beginnt die Phase des unaufhaltsamen Aufstiegs mit dem konsequent durchzogenen Studium, zielführenden Praktika, folgerichtiger Berufswahl sowie die darauf folgenden Karriereschritte – wie Perlen an einer Schnur. Das alles natürlich mit nebenher laufender Partnerwahl und Familiengründung – oder einer ebenso stringenten Begründung, warum dies aus Karrieregründen nicht möglich war. Im Nachhinein erzählt sich diese Geschichte wie eine logische Abfolge von durchdacht geplanten Schritten. Menschen erzählen ihre Lebensgeschichte auf eine den eigenen Selbstwert stützende Weise. Statt des mäandernden Hin und Her des tatsächlichen Lebenspfades präsentieren sie eine stringente Abfolge von bewussten Entscheidungen.

Die wenigsten Menschen wollen vor sich selbst oder vor anderen als sprunghafte, planlose oder antriebslose Person dastehen. Die Reihe der sozial nicht akzeptierten Motive ist dabei lang, obwohl sie in der gelebten Realität jedes Menschen eine Rolle spielen können:

• „Ach, da hatte ich eine Phase, da wollte ich einfach was anderes machen."
• „Zu der Zeit konnte ich mich einfach nicht entscheiden."

- „Da habe ich mich total verrannt."
- „Ich bin nur so lange dabei geblieben, weil mir der Wechsel in die andere Stadt zu viel Angst gemacht hat."
- „Es gab eigentlich keinen Grund – ich war einfach so träge und unentschlossen zu der Zeit."
- „Ich war gerade frisch verliebt und wollte die Beziehung zu meiner Partnerin/meinem Partner nicht gefährden."
- „Ich hatte 1000 Dinge um die Ohren und war den Anforderungen zu dem Zeitpunkt einfach nicht gewachsen."
- „An die Zukunft habe ich gar nicht gedacht, sondern wollte erstmal das Leben genießen."

Im Nachhinein passen solche Schilderungen einfach nicht in die erfolgreiche Lebensgeschichte. Daher werden unpassende Phasen umgedeutet oder kaschiert. Der notgedrungene Jobwechsel durch Kündigung wird als das Ergreifen einer neuen Chance dargestellt. Die Phase der beruflichen Stagnation wird zur Treue und Loyalität dem Unternehmen gegenüber.

4.2.7.2   Warum „Warum?" eine schlechte Frage sein kann

Beispiel

Das Filmprojekt Augenhöhe feierte Anfang 2015 Premiere im Museum der Arbeit in Hamburg. Es zeigte reale Beispiele für eine neue Arbeitswelt, in der Respekt und Potenzialentfaltung möglich sind. Im Film gibt ein Bewerber im Vorstellungsgespräch eine entwaffnend offenherzige Antwort auf die Frage, warum er einen bestimmten Ausbildungsweg eingeschlagen habe: „Weil ich wieder mehr Kontakt mit meiner Schwester haben wollte." Diese wohnte nämlich in dem Ort, an dem der damalige Azubi seine Stelle angetreten hatte. Nicht in allen Unternehmen oder auch in allen beruflichen wie privaten Situationen würde diese Offenheit als angemessen betrachtet.

Die Frage „Warum haben Sie diese Entscheidung getroffen?" kann eine innere Not zur Rechtfertigung erzeugen, die zur Notlüge bzw. zum Umdeuten der Geschehnisse führen kann. Das ist aufgrund des Kongruenzstrebens jedes Menschen – also dem Bedürfnis nach einem möglichst widerspruchfreien Selbstbild – sehr natürlich und verständlich. Insofern ist daran auch nichts auszusetzen. Interessant ist vielmehr, dass wir uns in Zeiten von Krisen häufig selbst unter Druck setzen, indem wir uns dem Dogma bzw. dem Streben nach einer geradlinigen Lebensgestaltung unterwerfen. Statt die verschlungenen Pfade des Lebens als Chance zur Entdeckung neuer Möglichkeiten, Talente und Ressourcen zu verstehen, erscheint uns in (individuellen) Krisenzeiten häufig nur noch die geradlinige Richtschnur als Ausweg aus dem Schlamassel.

„Warum?" fragt immer nach einem Grund und unterstellt ein Motiv. Jedem Verhalten wird eine bewusste Absicht unterstellt. Dies kann aus oben angesprochenen Gründen zu einer verzerrten Begründung führen. Prüfen Sie einmal für sich, wie es sich für Sie anfühlt, wenn Sie nach den Gründen für eine Entscheidung gefragt werden. Vergegenwärtigen Sie sich dazu eine Entscheidung, nach deren Gründen Sie vielleicht nicht so gerne gefragt werden. Zur Anregung hier einige Beispiele:

- Warum haben Sie nach der Kündigung Ihrer letzten Stelle so viel Zeit verstreichen lassen, bis Sie eine neue Stelle angetreten haben?
- Warum haben Sie die Beziehung zu Ihrem Partner/Ihrer Partnerin beendet?
- Warum haben Sie so viele Schulden?
- Warum haben Sie die Vereinbarungen nicht eingehalten?
- Warum haben Sie die Zielvorgaben nicht erreicht?

Fragen wie diese sind geeignet, den Interviewten unruhig auf dem Stuhl herumrutschen zu lassen. Es sind also perfekte Fragen, um dem anderen (oder auch sich selbst!) ein schlechtes Gewissen einzureden – doch wenig hilfreich, um die wahren Beweggründe und Umstände einer Entscheidung oder eines Geschehnisses zu beleuchten. Doch was ist eine bessere Frage als „Warum"? – Ersetzen Sie in den obigen Fragen das Wort „warum" durch:

- „Wie kam es dazu, dass Sie …?"

Prüfen Sie, welchen Unterschied Sie empfinden, wenn Sie die Fragen auf diese Weise hören. Vermutlich fühlen Sie sich durch diese Formulierung weniger angegriffen und Ihnen kommen auch andere Gedanken in den Sinn. Diese Formulierung unterstellt Ihnen nämlich kein Motiv mehr, sondern lässt offen, ob es eine bewusste Entscheidung war – oder der Rahmen („die Umstände") eine bestimmt Entwicklung nahegelegt haben.

4.2.7.3 Krisen-Analyse als Quell der inneren Stärke

Die Frage „Warum?" ist auch noch aus einem anderen Grund häufig unangemessen und problematisch. Sie unterstellt nämlich eine Sinnbezogenheit, die nicht immer sinnvoll ist. Die Frage „Warum muss das immer nur mir passieren!?" nimmt ein Motiv an, wo (in aller Regel) keines ist. Zum möglicherweise berechtigten Wunsch nach Analyse einer Situation sind andere Fragen nützlicher: „Wie kam es dazu, dass mir das passiert ist?" oder auch „Wie kommt es immer wieder dazu, dass ich in solche Situationen gerate?" Die Analyse einer Krise kann darüber hinaus auch noch weitere nützliche Hinweise geben.

Logbuch

Betrachten Sie eine vergangene Krise in Ihrem Leben. Notieren Sie Ihre Erkenntnisse in Ihrem Logbuch.

➲ Welche Lehren kann ich aus dieser Krise für mich ziehen?

➲ Mit welchen Ressourcen (eigene Fähigkeiten und Talente, Willensstärke; Unterstützung durch persönliches Netzwerk etc.) habe ich es geschafft, diese Krise zu überwinden?

➲ Inwiefern bin ich nun stärker als vor dieser Krise?

➲ Wie kann ich die hinzugewonnen Kompetenzen oder andere Ressourcen nutzen, um zukünftige Krisen zu bewältigen?

4.2.7.4 Flüssig bleiben – bloß nicht steckenbleiben

Krisen oder traumatische Erfahrungen sind nicht nur während des Erlebens belastend, sondern häufig auch noch in der Erinnerung daran. Dieses Erleben wird in der Sprache vieler Therapeuten oder Coaches häufig als Zustand des „Eingeklemmtseins" (Englisch: „Stuck State") bezeichnet. Dieser Begriff drückt zwar das Erleben des Betroffenen in diesem Moment aus – ist jedoch aufgrund der fixierten Betrachtung auch Teil des Problems. Besser wäre es, dieses Erleben „flüssiger" zu denken, nämlich als Übergangsprozess. Passender hieße es deshalb „Flutsch State"; so wäre leichter zu verstehen, dass der krisenhaft erlebte Moment flüchtig ist. Man „flutscht" durch eine Engpassstelle – unbequem, aber es geht vorbei.

▶ Das verinnerlichte Wissen um die Vergänglichkeit des Augenblicks sowie auch jeder längeren Phase ist eine der am häufigsten vergessenen inneren Ressourcen. Glückliche Momente rauschen nur so an einem vorbei und sind häufig leider wieder schnell vergessen. Als negativ erlebte Momente werden hingegen häufig als „stuck" abgespeichert, da sie als potenziell existenzbedrohend wahrgenommen werden. Die innere Überzeugung „Ich komme hier wieder raus. Es geht vorbei!" würde hingegen helfen, auch in schwierigen Phasen die Hoffnung und den Lebensmut zu behalten.

4.3 Meine Zugehörigkeit

Zugehörigkeit ist identitätsstiftend – ist sie erschüttert, verliert man das Vertrauen in sich und andere. Aus der Gemeinschaft, aus dem System ausgestoßen zu werden, ist eine der Urängste des Menschen. Das gilt für den privaten genauso wie für den beruflichen Kontext. Glücklicherweise können wir selbst viel dafür tun, dass wir uns zugehörig fühlen – auch im Unternehmen.

Wenn Sie dieses Unterkapitel gelesen haben, …
- … wissen Sie um die tiefe Bedeutung der Zugehörigkeit – auch für den unternehmerischen Kontext.
- … haben Sie größere Klarheit über die sozialen Kreise, denen Sie sich verbunden fühlen.
- … kennen Sie die Parameter, mit denen Sie Zugehörigkeit im Unternehmen herstellen oder zumindest unterstützen können.

Beispiele aus dem Leben einer Führungskraft

Beispiel 1: Frau Schulze arbeitet teilweise in ihrem Home Office. Dort stört sie der Trubel des Großraumbüros nicht und sie kann hochkonzentriert und viel effizienter ihre Aufgaben abarbeiten. Zudem kann sie sich die Zeit so einteilen, dass sie ihre Zwillinge morgens zum Kindergarten bringen bzw. nachmittags von dort wieder abholen kann. Ihr Arbeitspensum schafft sie ohne Probleme und auch ihre Vorgesetzte ist zufrieden. Allerdings hat Frau Schulze bemerkt, dass sie über das letzte Jahr hinweg den Kontakt zu den Kollegen etwas verloren hat. Früher war sie immer eine der ersten gewesen, die über die jüngsten Entwicklungen im Unternehmen informiert war. Heute erfährt sie diese Dinge viel später, nämlich erst auf offiziellem Wege über den Newsletter der Geschäftsleitung.

Beispiel 2: Herr Stein muss mit Veränderungen klarkommen: Nach einer Umstrukturierung, bei der zwei Teams zusammengelegt wurden, fühlt er sich, als säße er zwischen allen Stühlen. Seine neue Stelle ist nun bereits seit über einem halben Jahr nicht ausreichend definiert und er muss zwischen unterschiedlichen Aufgabenbereichen hin- und herspringen. Er ist darüber äußerst unzufrieden und wird auch vom neuen Teamleiter als Fremdkörper wahrgenommen. „Ich weiß gar nicht mehr, wo ich hingehöre", klagt Herr Stein.

Logbuch

Und jetzt Sie! Kennen Sie das…? Notieren Sie Ihre Überlegungen in Ihrem Logbuch:
- ⮑ Wo bzw. in welchen sozialen Kreisen empfinde ich mich als zugehörig?
- ⮑ Wo sage ich mir innerlich: Hier gehöre ich hin.
- ⮑ Zu welchem oder welchen größeren System(en) möchte ich einen Beitrag leisten?
- ⮑ Wo bzw. wann habe ich mich schon einmal außen vor gefühlt?

Und wenn Sie jetzt auf Ihr Unternehmen schauen:
- ⮑ Was ist meine Funktion im Unternehmen?
- ⮑ Wo gehöre ich im Unternehmen hin?
- ⮑ Oder in der Sprache des Organigramms: Wo ist meine Stelle bzw. Position verankert?

Die Ebene der Zugehörigkeit ist die oberste Ebene der Logischen Ebenen von Robert Dilts (vergleiche dazu Kap. 2.6 Mit den Augen der Ethnologen). Dabei ist es auch die Ebene, die am schwierigsten zu definieren ist. Der Begriff der Zugehörigkeit verweist auf etwas, was über den Einzelnen hinausgeht. Der Einzelne ist Anteil von etwas, was größer ist als er selbst. Für einige Menschen ist dieses größere System mit dem religiösen oder spirituellen Bereich verbunden. Doch auch auf der „bodenständigen" Ebene der menschlichen Gemeinschaft verbindet das Konzept der Zugehörigkeit den Einzelnen mit einem größeren System. Schauen wir zunächst auf dieses Verständnis von Zugehörigkeit, bevor wir später einen Blick auf Zugehörigkeit in Form eines höheren Sinns oder Spiritualität werfen.

4.3.1   Ausschluss als Urangst des Menschen

In vielen traditionellen nomadischen Gesellschaften war der Ausschluss aus der Gemeinschaft gleichbedeutend mit einem Todesurteil. Außerhalb des durch die Gemeinschaft geschaffenen Schutzraums war das Überleben in einer potenziell feindlichen Umwelt gefährlich. Wilde Tiere, verbrecherisch oder feindlich gesonnene Menschen oder auch die Unbill der Witterung – all das machte das Leben außerhalb der Gemeinschaft schwierig. Der Wechsel eines Ausgestoßenen in eine andere Gemeinschaft war in diesen Gesellschaften in aller Regel nicht möglich. Außerhalb von definierten Kontaktpunkten (z. B. durch Heirat oder Handelsbeziehungen) war der Fremde in anderen Gemeinschaften meist kein gern gesehener Gast.

Das Bedürfnis nach Zugehörigkeit ist in uns Menschen tief verwurzelt, auch wenn es heute in der modernen Zivilisation keineswegs den physischen Tod bedeutet, den Anschluss zum eigenen „Stamm" zu verlieren. Doch auch wenn die Risiken heute subtiler sind, sind sie doch für den Einzelnen als soziales Wesen genauso bedrohlich. Ohne die intensive Anbindung an das Unternehmen sind Karrierepfade häufig steinig, der Informationsfluss versiegt und die Anerkennung durch Kollegen und Vorgesetzte fehlt. Rückkehrende Expatriates berichten häufig davon, dass die erwarteten und oftmals auch versprochenen Karriereschritte in weite Ferne gerückt sind und sie sich wie ein Fremdkörper im heimischen Unternehmen vorkommen.

4.3.2   Mobbing – Ausschluss aus der Leistungsgemeinschaft

Die Bedeutung der Zugehörigkeit wird unmittelbar verständlich, wenn man sich ihre Abwesenheit vorstellt. Der Ausschluss aus der Gemeinschaft – und so fühlt sich mangelnde Zugehörigkeit an – wird vom Einzelnen nicht selten dramatisch erlebt.

▶   Auch Mobbing ist häufig kein Beziehungsproblem zwischen Einzelnen, sondern kommt einem Ausschluss aus der Gemeinschaft des Betriebes gleich.

Bei zwischenmenschlichen Problemen verortet der Betroffene das Problem bei sich oder (häufiger) beim anderen – oder ggf. sogar beim „Zwischen" (siehe dazu die Ausführungen zu Martin Buber im Kap. 2.2 Das Wesen der Kommunikation): „Die Chemie zwischen uns stimmt nicht", heißt es dann oft. Trotz aller Zwistigkeit behält der Betroffene in aller Regel jedoch das Ruder in der Hand und fühlt sich nicht ausgeliefert. Beim Mobbing hingegen stellt sich ein Gefühl der Ohnmacht ein. „Ich kann nichts machen. Die anderen schließen mich aus." Der Betroffene verliert den Rückhalt bei seinen Kollegen und gewinnt die Überzeugung, sich nicht (mehr) hilfesuchend an diese wenden zu können. Er kommt zu dem Schluss, dass er alleine da steht, fühlt sich einsam, isoliert, unverbunden. Die Anlässe für das Mobbing können vielfältig sein: Hautfarbe oder eine andere ethnische Herkunft, Bildungsunterschiede, Sprachschwierigkeiten, kulturelle oder religiöse Unterschiede, die zur Überfokussierung auf das Fremde führen.

Auch wer den Anforderungen im Betrieb nicht gewachsen ist, kann aus dem Rahmen fallen. Die Botschaft lautet dann: „Du gehörst nicht zu unserer Leistungsgemeinschaft, du kannst nicht mehr das leisten, was nötig wäre, um dazuzugehören." Und manchmal reicht selbst die Äußerung einer abweichenden Minderheitenmeinung aus, um sich von der Gruppe zu entfremden. Der erste Schritt ist die Isolation innerhalb der Gruppe; der zweite dann der Ausschluss aus der Gruppe. Manche Definitionen weisen Mobbing als Handlungsmuster aus, welches das explizite Ziel hat, den Betroffenen aus dem Unternehmen „zu ekeln". Mobbing ist ein komplexes Thema und soll hier nicht in allen Facetten diskutiert werden. Uns geht es an dieser Stelle darum, zu betonen, wie stark die persönlich empfundene Zugehörigkeit zum Unternehmen oder zur eigenen Kollegenschaft das Wohlbefinden des einzelnen Mitarbeiters beeinflusst.

Nicht immer muss die gefühlte soziale Isolation dabei durch explizites Mobbing hervorgerufen worden sein. Und natürlich empfinden Menschen sehr unterschiedlich, ob sie sich ausgeschlossen fühlen. Während manch einer den engen Austausch mit den Kollegen sucht, schätzt ein anderer die ungestörte Atmosphäre des Alleinseins als Wohltat. Der entscheidende Punkt ist jedoch, ob der Einzelne die Überzeugung hat, diese Kontaktintensität selbst mit beeinflussen zu können. Wer sich in seinem Einzelbüro gemütlich eingerichtet hat und das eigene Büro als verlängertes Wohnzimmer betrachtet, wird sich darin wohl fühlen. Wer sich jedoch abgeschoben fühlt, dem wird auch die Größe des eigenen Büros kaum verlockend erscheinen.

4.3.3   Manchmal ist Dazugehören alles

Der Begriff Ingroup bezeichnet laut Duden jene „Gruppe, zu der jemand gehört und der er sich innerlich stark verbunden fühlt". In diesem Begriff steckt bereits das Konzept von innen und außen. Innen heißt in diesem Fall zugehörig zur betreffenden Gruppe. Zusätzlich gibt es jedoch auch automatisch ein davon abzugrenzendes Außen. Der Duden definiert den entsprechenden Begriff der Outgroup als jene „Gruppe, der man sich nicht zugehörig fühlt und von der man sich distanziert (Fremdgruppe, Außengruppe)". Diese auf den ersten Blick nur logische Verknüpfung von innen und außen hat einen nicht zu unterschätzenden Effekt: die Distanzierung von der Umwelt bzw. Fremdgruppe. Es ist nicht nur ein „nicht dabei", sondern auch ein „außen vor" sein. Letzteres impliziert, dass der Zustand von Dabeisein wünschens- oder erstrebenswert sei. Mal angenommen, Sie hätten kein besonderes Verlangen, im örtlichen Kaninchenzüchter-Verein zu sein. Dann schmerzt es Sie auch nicht, wenn Sie nicht zur Ingroup gehören. Sie gehören aber eigentlich auch nicht zur Outgroup, da für Sie dieser ganze Bereich ohnehin nicht bedeutsam ist. Gemäß der Theorie der sozialen Identität, die Henri Tajfel bereits 1986 vorstellte, ist dieses Empfinden jedoch relevant, um eine Unterscheidung in Ingroup und Outgroup vorzunehmen.

Der eigene Wunsch nach Zugehörigkeit ist also bedeutsam. Doch dieser eigene gute Wille reicht keineswegs immer aus, um tatsächlich dazu gehören zu dürfen. Die Unterscheidung wird beim Vergleich von städtischen und ländlichen Gemeinschaften deutlich. In der Stadt kann man lange anonym bleiben – und bleibt es auch, wenn man selbst keine Anstrengungen unternimmt, mit anderen Menschen in Beziehung zu treten. Wer aber Kontakt will, findet schnell Anschluss an die Gemeinschaft – und hat es weitestgehend selbst in der Hand. Das liegt daran, dass die städtische Gemeinschaft sehr groß und damit viele neue Gesichter gewohnt ist. Auf dem Land kann es dagegen sein, dass man selbst nach einem Jahrzehnt guter Nachbarschaft immer noch „der Zugezogene" ist. Hier liegt die Entscheidung über die Aufnahme in die Gemeinschaft keineswegs nur im Bemühen des Neulings. Die eingeschworene Gemeinschaft der Dorfbewohner entscheidet häufig sehr streng darüber, ob sie neue Mitglieder aufnimmt. Es macht dabei einen höchst relevanten Unterschied, ob man zu Gast ist – oder tatsächlich Teil der Gemeinschaft sein will.

Beispiel

Unser Mentor, Tom Andreas, berichtet vom Fall zweier Frauen auf Kreta, die dort über Jahre hinweg gern gesehene Gäste als Touristinnen waren. Sie durften sich freizügig im Dorf bewegen und verstanden sich mit den Dorfbewohnern ausgesprochen gut. Als die beiden jedoch beschlossen, sich auf der Insel niederzulassen und Teil der Dorfgemeinschaft zu werden, wehte ihnen plötzlich ein ganz anderer Wind entgegen. Mit einem Male wurde sehr genau darüber gewacht, dass sie die Regeln von Anstand und Sitte – gemäß den traditionellen Vorstellungen des Dorfes – einhielten. Die Frauen wurden genötigt, lange Röcke zu tragen und ihr Haus verschlossen zu halten, um den männlichen Dorfbewohnern keinen Anlass zur Begierde zu geben. Das, was vorher über Jahre akzeptiert worden war und ihnen als Touristinnen zugesprochen wurde, war für sie nun als Bewohnerinnen des Dorfes nicht mehr statthaft und wurde unterbunden. Der Zwang zur Anpassung an die Kultur des Dorfes war der Preis für die Aufnahme in die Dorfgemeinschaft. Vielleicht nicht ganz so extrem, aber doch in vergleichbarer Weise, kann auch in Deutschland die Aufnahme in eine Familie erfolgen. Wer „dazugeheiratet" wird, muss sich in einigen Familien der Tradition unterwerfen: „Jetzt gehörst du zur Familie. Zieh dich anständig an und benimm dich angemessen!" Auch wenn ein Satz wie dieser eher der älteren Generation zugesprochen wird – so ganz aus der Welt ist er nicht. Einem Gast lässt man dies und das durchgehen – schon aus Gastfreundschaft. An ein Familienmitglied, das nun zum innersten Kreis gehört, werden viel höhere Ansprüche gestellt.

Im Unternehmen ist es für den Einzelnen in aller Regel äußerst wünschenswert, dazuzugehören. Somit gehört man automatisch zur Outgroup, wenn man nicht zur Ingroup gehört. Anders als beim Kaninchenzüchter-Verein schmerzt es daher, nicht dazuzugehören, also nicht Teil der Ingroup zu sein.

Logbuch

Prüfen Sie einmal für sich selbst und notieren Ihre Gedanken in Ihrem Logbuch:
➲ Wie fühlt es sich an, wenn ich fester Anteil einer Gruppe – und ganz dabei bin?
➲ Wie fühlt sich die Abwesenheit dieses Gefühls an?
➲ Wie fühlt es sich demgegenüber an, wenn ich gänzlich außen vor bin?

4.3.4   Zugehörigkeit im Unternehmen: Check mit der Kulturzwiebel

Wie drückt sich das Bedürfnis nach Zugehörigkeit im Unternehmen aus? Wie beeinflusst es die Kultur des Unternehmens? Die bereits in Kap. 2.6 Mit den Augen der Ethnologen vorgestellte Kulturzwiebel bietet hier nützliche Differenzierungen. Die Kulturzwiebel ist ein Modell, mit dessen Hilfe man eine Kultur charakterisieren kann. Um die „unsichtbaren", weil nicht direkt identifizierbaren Werte einer Kultur herum legen sich die drei „Schalen": Rituale, Helden, Symbole.

Die äußerste Schicht, die *Symbole*, ist häufig das am leichtesten zu identifizierende Merkmal der Werte-Gemeinschaft. Bezogen auf eine Unternehmenskultur fällt einem Außenstehenden z. B. die Architektur der Firmengebäude auf. Die Glastürme der Banken und Versicherungen drücken eine andere Kultur aus als die Bürogebäude eines Technologie- oder Internet-Konzerns. Das Unternehmenslogo ist gewissermaßen das Pendant zur Flagge eines Nationalstaats: der Stern von Mercedes, der angebissene Apfel von Apple, der Kranich des Lufthansa-Konzerns. Dabei müssen es keineswegs Global Player sein – auch für viele kleine Unternehmen ist das Logo identitätsstiftend und somit ein Symbol für die Unternehmensgemeinschaft. Manche Unternehmen haben Corporate Colors, die sie unverwechselbar machen: das Magenta der Deutschen Telekom; die blaue Box (mit gelben Akzenten) der IKEA-Möbelhäuser, das Gelb der Post, das Rot der Sparkassen. Es gibt noch viele weitere Beispiele dafür, was für ein Unternehmen Symbolcharakter hat (der Name, Kunst im Unternehmen, Anordnung von Mitarbeiterparkplätzen, Privilegien für die Führungsriege: Dienstfahrzeug, Eckbüro etc.).

Beispiele aus der Unternehmenspraxis

• Während eines größeren Change-Prozesses im Lufthansa-Konzern wurden wir mit einer Besonderheit des Lufthansa-Konzerns vertraut gemacht. Dort wird die Zugehörigkeit zum Mutterhaus durch einen gelben Ausweis ausgedrückt. Der gelbe Ausweis wird im Konzern wie ein geflügeltes Wort verwendet, um den Status eines Mitarbeiters als echter „Lufthanseat" auszudrücken. Wer in einer Tochtergesellschaft oder gar von einer externen Firma auf dem Gelände des Frankfurter Flughafens unterwegs ist, hat lediglich die Chance auf einen weißen Ausweis. Mit Letzterem kann man zwar auch durch die Sicherheitsschleusen treten – es werden einem jedoch die vielen Vergünstigungen verwehrt, die mit dem gelben Ausweis einhergehen. Es war bemerkenswert zu erleben, wie häufig die Diskussion über bestimmte Vor- oder Nachteile am Besitz oder Nichtbesitz des gelben Ausweises festgemacht wurden. Der Ausweis war Symbol für die Zugehörigkeit zum Mutterhaus – und damit zur Familie der Lufthanseaten.

- Die Metapher der Unternehmensfamilie wird häufig gerade in Großkonzernen verwendet, bei denen man eigentlich gar keine familiäre Struktur mehr erwarten würde. Dazu ein Beispiel aus dem öffentlichen Dienst: Die Abteilung Gebäudemanagement des Westdeutschen Rundfunks (WDR) wird im Rahmen einer Kostensenkungsinitiative in eine eigene Betreibergesellschaft ausgegliedert. Die Mitarbeiter bedauern dies sehr, da sie sich nun nicht mehr der „Familie" des WDR zugehörig fühlen. Nach über einem Jahrzehnt wird die Betreibergesellschaft aus steuerlichen Gründen wieder eingegliedert in das Mutterunternehmen. Die neu hinzu gekommenen Mitarbeiter können die Lobeshymnen der langgedienten Beschäftigten über die gute alte Zeit nicht verstehen. Die alteingesessenen Mitarbeiter beklagen, dass sich die Muttergesellschaft in der Zwischenzeit verändert habe und dort nun „ein ganz anderer Wind wehe." Man fühle sich dort nicht mehr heimisch.

Die nächste Schale der Kulturzwiebel sind die *Helden* oder Vorbilder einer Kultur. Im unternehmerischen Kontext sind dies häufig die Unternehmenslenker (Geschäftsführer, Vorstände). Es können aber auch auf niedrigerer hierarchischer Ebene „lokale Fürsten" (Vorgesetzte) sein. Nicht selten gibt es auch die „guten Geister" eines Unternehmens, die sich durch ihr Verhalten eine Vorbildfunktion erarbeitet haben. Manchmal gibt es eine alteingesessene Sekretärin, die als „Mutter der Kompanie" fungiert und das „Herz" des Unternehmens repräsentiert. Oder es sind einzelne Mitarbeiter, die aufgrund ihrer langjährigen Erfahrung jeden Stein im Unternehmen kennen. Zu den Helden eines Unternehmens gehören in aller Regel auch deren Gründer. Und das gilt nicht nur für die Lichtgestalten wie Apples Steve Jobs oder IKEAs Ingvar Kamprad, die sowohl in der Öffentlichkeit als auch innerhalb ihres Unternehmens geradezu verehrt werden. Die Strahlkraft der Unternehmensgründer wirkt in ähnlicher Weise in vielen Internet-Start-ups, aber auch in Handwerksbetrieben, wo der alte Meister wie die graue Eminenz noch geachtet wird, oder in kleinen bis mittelständischen Rechtsanwaltskanzleien oder Steuerberatungsgesellschaften, in denen der Inhaber eine besondere Stellung innehat.

Ein *Ritual* ist ein nach bestimmten Regeln vollzogene Handlung mit hohem Symbolcharakter. Diese innerste Schale der Kulturzwiebel ist nicht immer leicht zu identifizieren. Manchmal wird die Bedeutung eines Rituals erst fühlbar, wenn es wegfällt. Auch im betrieblichen Kontext existiert eine Vielzahl von Abläufen, die eine besondere Bedeutung haben und die über die rein funktionelle Nützlichkeit hinausgehen. Häufig ist damit auch ein expliziter Bezug auf die Gemeinschaft verbunden, wie z. B. bei der Weihnachtsfeier oder dem jährlichen Sommerfest. Doch nicht immer sind es die offiziellen Feierlichkeiten, die das Gefühl von Zusammengehörigkeit bestärken – sondern inoffizielle gemeinsame Aktivitäten. Diese Bande werden nicht selten unbeabsichtigt bei Veränderungsprozessen zerschnitten. So können z. B. Abteilungen in andere Gebäudeteile verlegt werden – oder auch einzelne Abteilungen getrennt werden. Wenn Mitarbeiter dann eingespielte Rituale wie z. B. das gemeinsame Mittagessen nicht mehr wahrnehmen können, werden sie unzufrieden, ihre Motivation sinkt ebenso wie ihre Loyalität. Rituale können aber auch ganz gezielt eingesetzt werden, um das Gemeinschaftsempfinden zu stärken. Dazu ein Beispiel des Möbelbauers IKEA: In vielen IKEA Offices weltweit wird mindestens einmal in der Woche das morgendliche Ritual „Fika" vollzogen. Für eine gute Viertelstunde kommen alle Mitarbeiter eines Büros zum gemeinschaftlichen Frühstück zusammen, um sich bei lockerem Small Talk auszutauschen.

Logbuch

Schauen Sie nun auf Ihr Unternehmen und notieren Sie Ihre Überlegungen in Ihrem Logbuch:
- ➲ Was sind die Symbole, die in meinem Unternehmen wichtig sind? Welche Artefakte symbolisieren unsere Gemeinschaft nach außen hin – welche nach innen?
- ➲ Welche Helden oder Vorbilder charakterisieren mein Unternehmen? Wer sind die offiziellen – wer aber auch die inoffiziellen oder stillen Helden?
- ➲ Welche Rituale spielen eine wichtige Rolle? Was (Ritual, Handlung) dürfte nicht ausfallen oder unterlassen werden, ohne dass es einen Aufschrei im Unternehmen gäbe?

4.3.5   Wie finde ich Anschluss?

Die Kulturzwiebel hat die ersten Hinweise darauf gegeben, wie die Kultur eines Unternehmens charakterisiert werden kann. Dies ist nützlich, wenn man die Zugehörigkeit zum System des Unternehmens intensivieren möchte. Wie das geht? Ganz einfach –„When in Rome, do as the Romans do." Wenn du in Rom bist, mache es wie die Römer. Diese einfache, aber wirkungsvolle Weisheit ist nicht nur ein Mantra in interkulturellen Trainings, sondern auch nützlich, um die Zugehörigkeit zum Unternehmen zu stärken – gerade für neue Mitarbeiter oder Führungskräfte. Die Regel lautet also: Betonen Sie Gemeinsamkeiten oder stellen Sie diese her. Dies kann ganz banal auf der Ebene der Äußerlichkeiten anfangen (vergleichen Sie dazu die Einführung der Logischen Ebenen in Kap. 2.6 Mit den Augen der Ethnologen). Die entscheidende Frage auf allen Ebenen ist dabei immer: Bist du einer von uns? Gehörst du zum gleichen „Stamm" wie wir?

4.3.5.1 Ebene des Kontextes und der Äußerlichkeiten

- **Dress-Code**: Was gilt als angemessener Kleidungsstil? Wer sich falsch kleidet, kann aus der Gemeinschaft ausgeschlossen werden. Wer z. B. in einer Bank arbeitet, hat einen Anzug oder eine Kostüm zu tragen. Jeder noch so sympathische Pulli-Träger wird schief angesehen.
- **Frisur und Körperschmuck** (Piercings, Tattoos): In Business-Kreisen, nicht nur in Banken und Versicherungen, und in allen Bereichen mit Kundenkontakt wird in den meisten Fällen ein dezentes und seriöses Äußeres verlangt – Piercings und Tattoos gehören nicht dazu. Ausnahmen bestätigen als Exoten und „Paradiesvögel" die Regel.
- **Zeit**: Wie ist der Umgang mit der Zeit im Unternehmen? Was gilt als pünktlicher Arbeitsbeginn? Wann „darf" man abends gehen, um noch als fleißig zu gelten? In welchem Umfang sind Zigarettenpausen akzeptiert? Wie sind Meetings zeitlich organisiert – straff oder lasch?
- **Ort**: Wo sind die „Hotspots" im Unternehmen? Wo muss man sich (wann) aufhalten, um die wichtigen Entwicklungen im Unternehmen bereits im Flurfunk mitzubekommen? Was sind die offiziellen Anlässe, was aber auch die informellen Rituale, bei denen die wichtigen Informationen ausgetauscht werden? Das kann z. B. auch die Raucherecke an einer windigen Ecke des Gebäudes sein. Nicht selten passiert es, dass gerade die Raucher die am besten informierten Menschen sind – einfach, weil sie sich regelmäßig treffen und dann fast notgedrungener Weise auch austauschen („Hast du schon gehört …?").

4.3.5.2 Ebene des Verhaltens
Die Ebene des Verhaltens entspricht der Schale der Rituale im Modell der Kulturzwiebel (siehe oben).

Logbuch

Schauen Sie nun auf Ihr Unternehmen und notieren Sie Ihre Überlegungen in Ihrem Logbuch:
- ➲ Welche äußeren Merkmale kennzeichnen in meinem Unternehmen Zugehörigkeit?
- ➲ Was ist tabu bzw. nicht erlaubt oder gern gesehen?
- ➲ Welches Verhalten wird gewürdigt?
- ➲ Welches Verhalten ist nicht erlaubt oder gern gesehen?

4.3.5.3 Ebene der Fähigkeiten

- **Zertifikate**: Welche Abschlüsse oder Titel sind notwendig, um dazuzugehören? An welcher Hochschule muss man studiert haben, um ein hohes Ansehen zu genießen?
- **Sprachliche Eigenarten**: Gibt es dialektale Färbungen (ggf. in Teilen des Unternehmens), die es Neuankömmlingen schwer machen, sprachlich „anzudocken"? Manch-

mal ist die Beherrschung des lokalen Dialekts nützlich, um zum inneren Zirkel dazu-zugehören. Im Gegensatz dazu kann ein ausgeprägter fremder Dialekt zum Ausschluss führen. Dies ist je nach Branche und Unternehmenskultur unterschiedlich ausgeprägt.

- **Tonalität:** Wie spricht man im Unternehmen? Welche Tonalität (z. B. beim Siezen oder Duzen) herrscht vor? Gibt es eine „Geheimsprache" (z. B. viele Abkürzungen oder In-sider-Begriffe), die es zu beherrschen gilt?

Manchmal fängt Zugehörigkeit mit Zuhören an. Unternehmen bilden eine eigene Kultur aus – ebenso wie andere Gruppen, die regelmäßig eine Gemeinschaft bilden. Und eines der kulturbildenden Elemente ist die Sprache. Manche Subkulturen haben sehr offensicht-lich eine eigene Sprache, die sich stark von derjenigen der Allgemeinheit unterscheidet. Man denke an die Jugendsprache mit ihren eigenen Ausdrücken. Das gleiche gilt jedoch auch für viele andere Subkulturen: Straßengangs und der regionale Computer-Club können gleichermaßen eine für Außenstehende unverständliche Sprache sprechen. Doch auch in vielen Unternehmen oder Branchen existiert eine von Spezialbegriffen (z. B. in Unterneh-mensberatungen) und Abkürzungen (z. B. in der Bundeswehr) durchdrungene Kunstspra-che, die sich dem Verständnis fremder Ohren widersetzt. Wer diese Sprache nicht fließend beherrscht, gehört ganz offensichtlich noch nicht zum Kreis der *Ingroup*. Doch auch in sprachlichen Kulturen, die nicht so leicht erkennbar von der Norm abweichen, macht der subtile Unterschied in der Sprache einen großen Unterschied bezogen auf das Zugehörig-keitsempfinden aus. Selbst innerhalb eines Unternehmens kann es zu Unterschieden kom-men, die dazu führen, dass sich Mitarbeiter aus unterschiedlichen Abteilungen gewisser-maßen nicht mehr verstehen. Ein von vielen sicherlich gut nachvollziehbares Beispiel: In der IT-Abteilung arbeiten Spezialisten, die Spezialprogramme für den internen Gebrauch programmieren oder auch externe Lösung konzipieren. Bei der Konzeption dieser Pro-gramme sind sie darauf angewiesen, die Wünsche und Bedürfnisse der anfordernden Abtei-lungen zu verstehen. Die dabei auftretenden Missverständnisse zwischen der „IT-Sprache" und der „Anwender-/Marketing-Sprache" sind nicht die Ausnahme, sondern die Regel.

Logbuch

Welche Sprache wird in Ihrem Unternehmen gesprochen? Notieren Sie Ihre Überle-gungen in Ihrem Logbuch:
- ➲ Ist es leicht, sprachlichen Zugang zu finden?
- ➲ Welche Metaphern werden genutzt?
- ➲ Gibt es eine „Geheimsprache" aus Abkürzungen oder Spezialbegriffen, die für Außenstehende schwer verständlich ist?

4.3.5.4   Ebene der Werte und Haltungen

Die Ebene der Werte und Haltungen haben wir ausführlich zu Beginn des Kapitels dis-kutiert. Es ist wichtig, sich vor Augen zu halten, dass die Werte eines Unternehmens nie unmittelbar sichtbar sind, sondern sich nur in den Handlungen (Ritualen), Vorbildern (Helden) und Symbolen einer Kultur ausdrücken.

Reflektieren Sie die Werte in Ihrem Unternehmen und notieren Sie Ihre Überlegungen in Ihrem Logbuch:

➲ Wie werden Werte in meinem Unternehmen zum Ausdruck gebracht?

➲ Welche Werte werden tatsächlich gelebt – welche stehen nur auf dem Papier?

4.3.5.5   Ebene der Identität

Die Identität hat den größten Einfluss auf die mögliche Zugehörigkeit zu einer Gemeinschaft. Rufen Sie sich die Kernmerkmale der Identität aus dem Kap. 4.2 Meine Identität in Erinnerung. Je homogener eine Gruppe bezogen auf ihr Identitätsmerkmal ist, desto schwieriger ist es für einen Fremden, dort heimisch zu werden – selbst wenn das Identitätsmerkmal eigentlich nicht das offizielle Gruppenmerkmal ist: als einzige Frau in einem Vorstand aus Männern; als einziger Europäer in einer Arbeitsgruppe, die ansonsten nur aus Asiaten besteht; als einziger Mensch mit körperlicher Behinderung in einer Gruppe von ansonsten körperlich unauffälligen Personen; als einziger Schwuler in einem ansonsten heteronormativ geprägten Umfeld.

Die gläserne Decke ist das metaphorische Bild für die Unmöglichkeit, in die obersten Führungspositionen aufzusteigen, obwohl diese in Sichtweite sind. Das Phänomen wurde in Deutschland und international intensiv untersucht und vor allem für Frauen belegt. Aber auch Menschen, die auf andere Weise anders sind als die Mehrheit der relevanten Bezugsgruppe, berichten von diesen Schwierigkeiten.

Um den Aspekt der auf Identität basierenden Zugehörigkeit besser zu verstehen, prüfen Sie die folgenden Fragen unter der hypothetischen Annahme, Ihre Identität hätte sich gewandelt (z. B. durch einen Wechsel vom Körper eines Mann in den einer Frau oder umgekehrt):

➲ Welche Kreise blieben mir dadurch verschlossen? Zu welchen Ressourcen hätte ich keinen (oder nur schwer) Zugang?

➲ Welche Kreise würden sich für mich öffnen? Zu welchen Ressourcen hätte ich dann leichter Zugang?

4.4   Meine Wandlungsfähigkeit

Wer sich in eine Sackgasse manövriert hat, kommt nur wieder heraus, wenn er die Laufrichtung ändert. Sprich: Wenn er etwas an seinem Verhalten oder der Herangehensweise ändert, die ihn an diesen Punkt gebracht hat. Umdenken ist gefragt, Flexibilität und Kreativität. Eine große Portion Humor erleichtert dabei vieles.

Wenn Sie dieses Unterkapitel gelesen haben, ...

- ... haben Sie sich (wieder) bewusst gemacht, wie wichtig es ist, aus eingefahrenen Routinen auszubrechen und andere Wege zu gehen.
- ... wissen Sie um die besondere Funktion und Nützlichkeit des „Heyoka" (Clowns) in Ihrem Unternehmen.
- ... können Sie Humor flexibler einsetzen, um eigene innere Spannungen abzubauen oder zwischenmenschliche Krisen im Unternehmen zu mildern.

Beispiele aus dem Leben einer Führungskraft

Zu Beginn eines schwierigen Veränderungsprozesses muss der Abteilungsleiter eines größeren Unternehmens vor rund 120 Mitarbeitern eine Rede halten, um diese auf die kommenden Herausforderungen einzustimmen. Trotz seiner unbestrittenen Kompetenz hat er keinen einfachen Stand bei den Mitarbeitern: Er ist stark übergewichtig, wirkt manchmal ungepflegt und kann auch nicht durch ausgeprägte Sozialkompetenz glänzen. Er weiß, dass hinter seinem Rücken über ihn getuschelt wird. Als er auf die Bühne tritt, ist ihm die Anspannung anzumerken. Er eröffnet mit den Worten: „Ich habe mal gehört, dass die Bühne der schlechteste Ort ist, um sich zu verstecken, wenn man Redeangst hat." – Der gesamte Saal lacht über diese selbstironische Bemerkung. Mit Humor und Augenzwinkern konnte er die ersten Sympathien gewinnen und die Atmosphäre verliert augenblicklich einen Großteil der Spannung.

Und jetzt Sie! Kennen Sie solche Situationen, in denen ...

- ⊃ ... eine Aktion „außer der Reihe" zu unerwartet positiven Auswirkungen geführt hat?
- ⊃ ... Sie einem „Störenfried" innerlich im Nachhinein zugestehen mussten, dass die Verwirrung nützlich war für den gesamten Prozess?
- ⊃ ... es Ihnen gelungen ist, mittels einer humorvollen Bemerkung eine spannungsgeladene oder peinliche Situation zu retten?
- ⊃ ... Ihre charmante Ader zum Vorschein kam und zur Beruhigung der Situation beigetragen hat?

4.4.1 Musterunterbrechung: Andersrum ist auch mal gut

Erfahrungen aus dem Reservat

Die Musterunterbrechung ist tief verwurzelt in vielen indigenen Gesellschaften Nordamerikas: Der „*Heyoka*" (Begriff aus der Sprache der Lakota) spielt deshalb bei vielen Stämmen eine wichtige Rolle. Als die Lakota die Gaukler und Clowns der Einwanderer sahen, bezeichneten sie diese auch als Heyoka, da sie in ihnen eine vergleichbare

Funktion sahen. Wir haben diese Tradition vor allem unter dem Begriff „to the contrary" kennengelernt. Manche *Elder* nehmen die Funktion des Heyoka ein und widersetzen sich damit den traditionellen Abläufen und der sonstigen Ordnung. Die Heyoka können dabei hoch angesehene Elder sein. Ihr abweichendes Verhalten ist vor allem für die Kenner der Tradition bemerkbar. Wir haben mitbekommen, wie z. B. rituelle Gegenstände, die sonst mit großer Vorsicht aus der *Schwitzhütte* getragen wurden, in einer Heyoka-Zeremonie am Ende aus der Schwitzhütte geworfen worden sind. Häufig wird auch die traditionelle Richtung umgedreht, in der eine Zeremonie vollzogen wird. Neben diesen für den Außenstehenden fast unscheinbaren Unterschieden haben wir eine Zeremonie erlebt, die durch einen Heyoka durchgeführt worden ist und dabei emotional sehr unter die Haut ging: Im Vorfeld einer *Yuwipi*-Zeremonie wurden die Anwesenden aufgefordert, ihre guten Wünsche und Hoffnungen zu negieren, indem sie diese grammatikalisch verneinten. Statt zu sagen: „Ich wünsche meiner Familie Gesundheit" sollte man sagen: „Ich wünsche meiner Familie keine Gesundheit." Die Umkehrungen waren teilweise sehr stark und emotional belastend:

- „Ich vermisse dich nicht" – gesprochen von jemanden, der sein Kind verloren hatte.
- „Ich wünsche dir nicht alles Gute."
- „Ich liebe dich nicht."
- „Du bist nicht mein Freund."
- „Ich werde nicht zu dir stehen."
- „Ich will kein guter Vater sein."
- „Ich will meine Familie nicht stolz machen."
- „Ich bin nicht dankbar, heute hier zu sein."

Die Stimmen der Sprechenden zitterten und die emotionale Beklommenheit war sehr präsent. Durch die Umkehrung wurde jedoch die Wahrhaftigkeit der eigentlichen – wohlmeinenden – Aussage umso deutlicher spürbar.

Vielleicht ist es kein Zufall, dass wir – als Externe – gerade zu jenen Eldern viel Kontakt hatten, die zu den Heyoka gehören. Bekannte Grenzen zu überschreiten, Neues einzuladen, externe Einflüssen zuzulassen – all das ist typisch für die Geisteshaltung des „Contrary".

Übung 7: Musterunterbrechung

Von Tom Andreas (2015) haben wir diese Übung kennengelernt, die er „Selbst verordnete Krisen" nennt. Statt auf die erzwungenen Wendungen des Lebens zu warten, geht es bei dieser Übung darum, den eigenen Handlungs- und Denkmustern auf die Schliche zu kommen – und sich dann bewusst für einen Ausbruch aus dieser Routine zu entscheiden.

Positive Auswirkungen

- Ihre Wandlungsfähigkeit steigt.
- Sie werden darin kompetenter, auch mit den unfreiwilligen Musterunterbrechungen leichter umgehen können.

Durchführung

Dauer: je nach gewählter Aktivität

(1) Wählen Sie für den Einstieg in die Musterunterbrechung einen Zeitraum, in dem Sie sich einigermaßen frei von externen Zwängen fühlen (z. B. am Wochenende oder im Urlaub) und niemand unmittelbar von Ihren Entscheidungen abhängt.

(2) Tun Sie Dinge, die für Sie untypisch sind oder die Sie noch nie getan haben. Dinge, die Sie zwar mit Ihren Werten vereinbaren können, aber von denen Sie eigentlich sagen: „Das passt gar nicht zu mir." Das muss nichts Großes sein und kann sich auch auf nebensächliche oder weniger wichtige Aspekte beziehen. Dazu einige Anregungen:

- In einen Laden gehen, den Sie sonst nie betreten würden, und sich dort das Sortiment anschauen.
- Im gut sortierten Zeitschriftenladen ein Magazin kaufen, das Sie sonst nie kaufen würden – z. B. zu einem für Sie abwegigen Hobby oder auch als Mann eine klassische Frauenzeitschrift – oder umgekehrt.
- Überraschen Sie Ihren Partner mit etwas, was Sie noch nie getan haben.
- Etwas essen, was Sie noch nie gegessen haben.
- Eine Veranstaltung der VHS oder des lokalen Bürgerzentrums besuchen.
- Einen Flohmarkt besuchen und um Nippes feilschen.
- Auf dem Bürgersteig oder in der Fußgängerzone konsequent gegen den Strom gehen und dabei jeden Entgegenkommenden anlächeln.
- Eine Nacht im Wald schlafen und den Mond anheulen wie ein Wolf.

Logbuch

Reflektieren Sie im Anschluss an diese Erfahrung der konsequenten Musterunterbrechung die folgenden Fragen und notieren Ihre Gedanken und Erkenntnisse in Ihrem Logbuch.

➲ Welche überraschenden Erfahrungen habe ich gemacht? Konnte ich im Neuen etwas für mich Interessantes entdecken?

➲ Welche Gedanken gingen mir durch den Kopf, während ich so (für mich) ungewohnt gehandelt habe?

➲ Welche gedanklichen – vielleicht sogar selbst auferlegten – Schranken engen mich ein?

Hinweise

Tun Sie auch Dinge, die Ihnen persönlich unangenehm sind oder die für Sie mit Ängsten verbunden sind. Gehen Sie emotionale Risiken ein! Natürlich gilt dabei: Vermeiden Sie größere gesundheitliche oder finanzielle Risiken. Wichtig auch: Vermeiden Sie größeren „sozialen Flurschaden"! Lassen Sie andere nicht zu Schaden kommen – auch nicht emotional.

4.4.2 Der Heyoka im Unternehmen

Systemisch betrachtet hat der Häuptling eine andere Funktion als der Heyoka. Und auch die Führungskraft kann nicht ständig „den Clown" mimen oder unablässig alle Ordnungen auf den Kopf stellen. Allerdings ist es durchaus möglich, vom Heyoka zu lernen und die Musterunterbrechung als Ressource für das System nutzen. Aus systemischer Sicht weist der Heyoka häufig auf Missstände hin oder sorgt dafür, dass die allzu große Harmonie nicht zur Trägheit wird. Der Heyoka prüft zudem, wie fehlertolerant ein Unternehmen ist. So wie dem Clown oder Gaukler in westlichen Kulturen werden dem Heyoka mehr Freiheiten zugestanden. Gesellschaften, in denen die Funktion des Heyoka strikt unterdrückt wird, haben häufig etwas Diktatorisches an sich. Als Führungskraft haben Sie die Möglichkeit, Mitarbeiter zu fördern, die die Heyoka-Funktion einnehmen. Im Unternehmen haben diese Menschen leider häufig andere, weniger schmeichelhafte Bezeichnungen: Störenfriede, Rebellen, Sonderlinge.

⮑ Wie flexibel bin ich selbst im Umgang mit unvorhergesehenen Situationen?
⮑ Welche Aspekte eines Heyoka habe ich in mir? Wo zeige ich diese im privaten oder beruflichen Bereich?
⮑ Welchen Nutzen für mein Unternehmen bringen die Heyoka – oder könnten sie zumindest bringen?
⮑ Wo im Unternehmen unterstütze ich „freie Radikale" oder „Clowns"?
⮑ Wer im Unternehmen stellt die unangenehmen Fragen?
⮑ Wer spricht, auch wenn sich sonst keiner traut?

4.4.3 Humor als Krisen-Kompetenz

„Lachen ist die beste Medizin", weiß der Volksmund – und nicht nur der deutsche. Uns hat sowohl in Australien bei den *Aborigines* als auch in Kanada bei den *First Nations* der selbstironische und teilweise alberne Humor der Menschen fasziniert und zum Lachen gebracht. Humor ist jedoch nicht nur Selbstzweck für die guten Momente des Lebens. Er hat darüber hinaus eine wichtige Funktion in den weniger guten Momenten: Humor fungiert häufig als *Separator* nach unerfreulichen Ereignissen und Blitzableiter für emotionale Spannungen, besonders auf der Beziehungsebene. Der Grat zwischen Selbstironie und bitterem Sarkasmus oder Galgenhumor ist jedoch schmal. Die Selbstironie, die wir bei den indigenen Gesellschaften erlebt haben, war immer von weicher, liebevoller Qualität und nie spöttisch.

Die Kunst, sich selbst auf die Schippe nehmen zu können, ist eine äußerst wertvolle Ressource, für sich selbst und auch für andere. Auch bei polizeilichen und militärischen Spezialeinheiten ist Humor eine gefragte Kompetenz. Dort wird sehr genau darauf geachtet, ob die Anwärter im Auswahlprozess „sportlich" mit eigenen Fehlern umgehen können. Wer sich selbst fertig macht oder die Stimmung des Teams herunterzieht, hat im Auswahlprozess keine Chance. Gerade unter den lebensgefährlichen Bedingungen des Einsatzes sind Teamplayer gefragt, die das eigene Erleben auch unter Extrembedingungen regulieren können. Und eines der möglichen Mittel, dies zu tun, ist der Humor oder das spielerische Element. Angst und Anspannung im Einsatz sind normal. Und auch Fehler passieren trotz bester Vorbereitung immer wieder. Wer dann keine hohe Frustrationstoleranz hat, gefährdet das gesamte Team und den Einsatz. Humor ist insofern ein guter Blitzableiter für angestaute Anspannungen.

Beispiele

Beispiel 1: Anfang des Jahrtausends lief in der BBC eine Fernseh-Show, in der unter realen Bedingungen der Auswahlprozess der britischen Spezialeinheit SAS mit Freiwilligen nachvollzogen und entsprechend unterhaltsam aufbereitet wurde. Die Teilnehmenden stellten sich der Frage: „Are you tough enough for the SAS?" Nach und nach unterzogen sich die Teilnehmenden, zu denen anders als bei der echten SAS auch Frauen zugelassen waren, den überaus anstrengenden und auch mental auszehrenden Übungen, von denen weite Teile im Dschungel von Borneo stattfanden. Auch wenn sich die Bedingungen der Fernseh-Show im Detail sicher von denen der echten SAS-Soldaten unterschieden, so blieb die erlebte Anstrengung der Teilnehmenden doch authentisch. Das Bemerkenswerte: In einer der Staffeln gewann am Ende eine zierliche (und sehr zähe!) Frau. Ihr entscheidender Pluspunkt: ihre humorvolle Art, mit der sie nicht nur sich selbst durch die erschöpfendsten Situationen brachte, sondern auch ihr Team immer wieder motivierte. Die körperliche Unterlegenheit gegenüber den männlichen Teilnehmern ließ sie zu anderen Erfolgsstrategien greifen. Ihr Humor – gemeinsam mit ihrem unglaublichen Willen und Zähigkeit – machte sie zur Siegerin unter Hunderten von Bewerbern.

Beispiel 2: Viele asiatische Länder sind für ihre Kultur des Lächelns bekannt. Interessant ist dabei auch, wie anders die Menschen dort mit peinlichen Situationen umgehen. Die Pein – also der Schmerz – wird anders als im Westen in diesen Kulturen häufig nicht durch die emotionale Zurschaustellung von Mitgefühl oder gar Mitleid betont. Vielmehr wird eine zugewandte Freundlichkeit aufrechterhalten, um die Spannung aus dem Moment zu nehmen. Humor mag hier das falsche Wort sein, da es eher um die Sicherstellung der Harmonie geht oder die Wahrung der persönlichen Integrität (um nicht das Gesicht zu verlieren). Es zeigt jedoch, dass es eine andere Möglichkeit des Umgangs mit peinlichen Situationen gibt.

Logbuch

Notieren Sie in Ihrem Logbuch:
➲ Wie hoch ist meine Frustrationstoleranz?
➲ In welchen Situationen gelingt es mir gut, die Ruhe zu bewahren?

⊃ In welchen Situationen nutze ich die Ressource Humor, um die Spannung für mich oder andere abzubauen?

⊃ Darf in den Kontexten, in denen ich mich bewege, über Missgeschicke gelacht werden? Ist das Lachen dabei von der Qualität des „auflösenden" Lachens, das Spannungen abbaut?

Erfahrungen aus dem Reservat

Wir haben zahlreiche humorvolle Situationen erlebt, in denen sich jemand selbst nicht ganz so ernst nahm. Wir wollen einige Situationen schildern und hoffen, die damit verbundene Komik transportieren zu können.

- Zu Beginn einer Zeremonie saßen wir mit einer Gruppe von Männern in einer *Schwitzhütte*, als einem der Anwesenden ein deutlich hörbarer „Wind" entwich. Die im wahrsten Sinne des Wortes „furztrockene" Bemerkung des *Elders* dazu: „Ah … the first spirits have arrived!" („Die ersten Geister sind angekommen!") Die ganze Hütte lachte.
- Glen (†) war der erste Elder, den wir bei den First Nations getroffen haben. Seine beiden Beine waren amputiert worden und er saß deshalb im Rollstuhl. Während unserer ersten Begegnung nannte er den „Grund" dafür: „In my young days I danced so hard that my legs fell off!" („In meinen jungen Tagen tanzte ich so heftig, dass meine Beine abfielen!")
- Nach einer äußerst anstrengenden Zeremonie – dem sogenannten *Yuwipi* – bemerkte einer der beiwohnenden Teilnehmer zum Elder, der sich schweißgebadet langsam von den Strapazen erholte: „I could have done better." („Ich hätte es besser gemacht.") Die Runde der Anwesenden lachte über diese offensichtlich augenzwinkernde Bemerkung.

Auch bei den Aborigines haben wir diese spezielle Art des augenzwinkernden Humors erlebt. Wenn Sie Geschmack auf den indigenen Humor bekommen haben, schauen Sie auf der Webseite zum Buch (www.auf-dem-pfad.com) nach einigen Kostproben.

4.5 Mein Erleben steuern

Auch unter Stress und Druck noch souverän, gelassen und kompetent zu agieren; den eigenen Emotionen nicht hilflos ausgeliefert zu sein; selbst die Verantwortung für die eigenen Gedanken zu übernehmen und nicht anderen Menschen dafür die Schuld zu geben, wenn man sich schlecht fühlt: All das gelingt Ihnen mit den Übungen, die wir Ihnen in diesem Unterkapitel vorstellen.

Wenn Sie dieses Unterkapitel gelesen haben, …

- … können Sie einfache Techniken anwenden, um sich innerlich zu zentrieren und zu entspannen.
- … können Sie Ihr Erleben wirkungsvoll steuern und auch in schwierigen Situationen auf Ihr Leistungspotenzial zugreifen.
- … wissen Sie, wie Sie Ihre Gedanken sortieren und sich selbst coachen können.
- … haben Sie ein umfassenderes Verständnis Ihrer eigenen Talente.
- … setzen Sie Ihre Intuition und Vorstellungskraft ein, um bislang ungenutzte innere Ressourcen zu aktivieren.

Vor jeder der nachfolgenden Übung machen Sie am besten eine der im Kap. 3.4 Achtsamkeit und Präsenz – sich und die Umwelt wahrnehmen vorgestellten Übungen, um sich innerlich zu zentrieren und Ihre Aufmerksamkeit in das Hier und Jetzt zu lenken. Vor allem Übung 1 „Basispräsenz" und Übung 2 „Ich bin. Jetzt. Hier." sind dazu bestens geeignet. Die Übungen sind wirkungsvoll und dabei sehr leicht durchzuführen.

Übung	Positive Auswirkungen
Übung 8 „Defokussieren"	• Sie weiten Ihren inneren Fokus in stressigen Situationen, wenn Sie innerlich einen Tunnelblick bekommen
	• Sie entspannen sich und Stress-Empfindungen lösen sich
	• Sie können sich geschmeidiger durch betriebsame Menschenmengen bewegen
Übung 9 „Moment of Excellence"	• Sie gewinnen eine hohe Bewusstheit über die eigenen Kompetenzen
	• Sie haben größeren Zugriff auf das eigene Leistungspotenzial
	• Sie können sich auf wichtige Termine, Präsentationen oder als herausfordernd empfundene Aufgaben vorbereiten
Übung 10 „Sich mit einer Atmosphäre umgeben"	• Wenn Sie sich dünnhäutig oder „wund" fühlen gegenüber externen Einflüssen, können Sie sich mit Hilfe dieser Übung dagegen schützen
	• Sie bleiben dabei flexibel und im Kontakt mit der Außenwelt
	• Sie können für sich eine „Schutzglocke" bilden, in der Sie konzentrierter arbeiten oder Gespräche führen können (Hotel-Lobby, Telefonate im Großraumbüro)
Übung 11 „Zwei-Stühle-Selbstcoaching"	• Durch diese Art der distanzierten Selbstreflexion gewinnen Sie Klarheit über die eigenen Fragen und können anschließend entschiedener handeln
	• Sie entzerren verstrickte Gedankenstränge und können sich aus gedanklichen Sackgassen herausführen
	• Sie erkennen Ihre eigenen „blinden Flecken" und kommen sich dadurch selbst auf die Schliche
Übung 12 „Talentschild"	• Sie machen sich ein umfassendes und neues Bild Ihrer persönlichen Talente und verborgenen Ressourcen
	• Sie entdecken scheinbar verlorene Talente der Kindheit wieder

Übung	Positive Auswirkungen
Übung 13 „Krafttiere im Hosentaschenformat"	• Sie gewinnen geistige Flexibilität und Erfahrungen im Umgang mit der eigenen Intuition
	• Sie genießen die durch die Krafttiere aktivierten Ressourcen

Übung 8: Defokussieren

Die biologische Reaktion des Körpers auf Stress ist die Fokussierung oder Kontraktion. Die Ausschüttung der Stress-Hormone Adrenalin und Noradrenalin bewirkt eine Reihe von „fokussierenden" Effekten: Das Blut wird aus der Peripherie in den Körperkern transportiert, die gesamte Muskulatur inklusive die der inneren Organe spannt sich an. Die Pupillen verengen sich und wir erleben den sprichwörtlichen Tunnelblick. Jeder kennt diese Reaktionen, die bei großem Stress oder Angst auftreten. Wir verlieren unsere Orientierung und nehmen nur noch extrem fokussierte Ausschnitte der Umwelt wahr. Menschen mit Trauma-Erfahrungen (z. B. durch einen schweren Verkehrsunfall) berichten, wie der Moment des Unfalls wie eingefroren zu sein scheint und übergroß vor dem inneren Auge präsent ist. Auch Phobie-Patienten beschreiben häufig das die Phobie auslösende Element als riesengroß: Die Spinne oder Wespe füllt dann das gesamte Blickfeld aus und wird regelrecht zum Monster. Wer hätte vor einem solchen Ungeheuer dann keine Angst? Und für manchen kann auch das Publikum bei einem Vortrag oder ein einschüchternder Gesprächspartner eine ähnliche Wirkung haben. Die hier vorgestellte Übung des Defokussierens ist vielleicht kein Allheilmittel für die heftigsten Stress-Situationen, aber eine nützliche Hilfe für die stressigen Momente des Alltags.

Erfahrungen aus dem Reservat

Der australische Busch ist in Queensland ein dichter Dschungel. Als wir mit Elder Peter einen Streifzug durch diesen Regenwald machten, blieb er plötzlich stehen und blickte aufmerksam in eine Richtung. „Da – seht ihr das? Dort sitzt ein Kookaburra!" Wir sahen nichts von dem Vogel, der in Deutschland als Lachender Hans bekannt ist. Erst nach einigen weiteren Hinweisen konnten wir ihn entdecken. Wir fragten Peter, wie er den Vogel bemerkt hatte, während wir nichts sahen außer Vegetation. „Ihr müsst euch mit allen Sinnen einbetten in die Umgebung. Ihr müsst eins werden mit dem Regenwald. So, als würdet ihr euch selbst auflösen."

Positive Auswirkungen

• Sie weiten Ihren inneren Fokus in stressigen Situationen, wenn Sie innerlich einen Tunnelblick bekommen.
• Sie entspannen sich und Stress-Empfindungen lösen sich.
• Sie können sich geschmeidiger durch betriebsame Menschenmengen bewegen.

Durchführung

Dauer: Zwischen 10 s (für Könner) und 2–3 min (für Anfänger)

(1) Stellen oder setzen Sie sich normal und entspannt hin, die Füße schulterbreit auseinander.

(2) Nehmen Sie wahr, wie Sie jetzt im Moment stehen oder sitzen.

(3) Atmen Sie einige Male ein und aus. Beobachten Sie Ihren Atem, ohne ihn zu beeinflussen. Gleichgültig, wie Sie nun atmen, es ist genau richtig.

(4) Schauen Sie ganz entspannt einfach gerade aus.

(5) Machen Sie nun Ihr Blickfeld weit, indem Sie Decke und Fußboden – zur gleichen Zeit – wahrnehmen. Ihr visueller Eindruck wird dabei etwas weicher bzw. unschärfer.

(6) Nehmen Sie nun Ihre Arme und strecken sie seitlich aus. Bewegen Sie dabei leicht Ihre Finger.

(7) Während Sie Decke und Boden weiterhin im Blickfeld behalten, nehmen Sie nun zusätzlich wahr, wie sich Ihre Finger am rechten und linken Rand Ihres Blickfelds bewegen.

(8) Sie nehmen nun Ihr gesamtes Blickfeld im Weitwinkel-Modus wahr. Oben und unten, links wie rechts – zur gleichen Zeit. Halten Sie diesen Blick für einige Momente.

Hinweise

- Der defokussierte Blick ist für die meisten Menschen ungewohnt und kann gelegentlich sogar als unangenehm empfunden werden. Mit der Zeit werden Sie jedoch bemerken, welchen entspannenden Effekt diese Art des Schauens hat – er kann beispielsweise in überfüllten Fußgängerzonen oder in der U-Bahn-Unterführung sehr wohltuend sein.

- Ähnlich zum visuellen Defokussieren kann man dies auch auditiv tun, zum Beispiel wenn der Alltagslärm als stressvoll erlebt wird. Hierzu nimmt man alle vorhanden Geräusche gleichzeitig wahr und lässt die Ohren bewusst rund um den eigenen Kopf hören.

- Setzen Sie sich vor einem Meeting alleine in den Besprechungsraum. Nehmen Sie von Ihrem Platz aus ganz bewusst die Höhe und Breite des Raumes wahr. Nehmen Sie auch den Bereich hinter sich wahr. Stellen Sie sich nun vor, wie dort in diesem Besprechungsraum gleich die anderen Personen sitzen werden. Auch nach Beginn des Meetings üben Sie jeweils für einige kurze Momente, den Raum defokussiert wahrzunehmen. Achten Sie darauf, welche Wirkung dies auf Sie hat.

- Defokussiertes Schauen lässt sich auch hervorragend in belebten Fußgängerzonen, Bahnhöfen oder Flughafen-Hallen üben. Lassen Sie sich auf die diffuse Sicht ein, während Sie weiterhin bewusst mit dem Außen verbunden bleiben. Kennen Sie das Gefühl, dass sich Ihnen ständig jemand in Ihren Weg zu stellen scheint? Sie müssen immer wieder hastig ausweichen, während Ihre Stress- und Ärger-Pegel steigen? – Defokussieren wirkt hier sehr entspannend. Machen Sie Ihren Blick weit und gehen zielstrebig, aber flexibel Ihren Weg. Sie werden feststellen, dass Sie den Weg der übrigen Personen auf einmal deutlich besser „vorhersagen" können. Sie selbst schwimmen wie ein Fisch durch die Freiräume. Sie können die sich öffnenden Freiräume intuitiv vorhersehen und gleiten mühelos durch sie hindurch.

Logbuch

Sammeln Sie Erfahrungen mit dieser Art der Fortbewegung und notieren Sie Ihre Erkenntnisse in Ihrem Logbuch.

➲ Wie gut konnte ich meinen Weg gehen?

➲ Wie gut konnte ich den Weg der anderen „vorhersehen"?

➲ Wie hat sich mein Stress-Empfinden geändert?

Übung 9: Moment of Excellence

Stellen Sie sich vor, es gäbe einen Moment, in dem Sie sich im Vollbesitz Ihrer Kompetenzen fühlten. Sie spüren, dass Sie rundum kompetent und auf gute Weise selbstbewusst sind. Können Sie sich das vorstellen? – Dann haben Sie die Übung „Moment of Excellence" gerade gemacht!

Wir alle haben diese Momente schon erlebt. Die kleinen oder größeren Höhepunkte des Lebens, in denen wir uns großartig gefühlt haben: Nach einem anstrengenden Aufstieg endlich auf dem Gipfel stehen; den Applaus nach einem wirklich gelungenen Vortrag empfangen; den Stolz auf die fertiggestellte Reparatur am eigenen Wagen; die Lösung eines kniffligen technischen Problems; die Gewissheit über die eigene Kompetenz nach einer überzeugenden Verhandlung. Dabei müssen diese Situationen nicht immer auch im Außen „großartig" gewesen sein. Manchmal sind uns die aus heutiger Sicht kleinen Momente der Kindheit noch sehr präsent, in denen wir uns aber „stolz wie Oskar" gefühlt haben. Wir haben das Gefühl, wir könnten die Welt umarmen. Ein Hochgefühl, bei dem wir uns sicher fühlen und keine Herausforderung zu groß erscheint.

Diese Momente sind das Gegenstück zu den angsterfüllten Momenten, in denen wir unsere Kompetenzen zu verlieren scheinen. Sicher haben Sie auch schon Situationen erlebt, in denen Sie Ihre Kompetenzen „vergessen" hatten. Was eben noch da war, ist nun in den Tiefen der Gehirnwindungen verborgen. Prüfungssituationen – und alle Situationen, die uns an jene erinnern – sind für viele Menschen ein Gräuel. Der „Moment of Excellence" kann dabei helfen, im Vollbesitz seiner Fähigkeiten zu sein.

Kontra-Indikation: Wenn man sich bereits schlecht fühlt oder Stress empfindet, ist es für den „Moment of Excellence" in der Regel bereits zu spät. Denn dann hat man die Fähigkeit der Vorstellungskraft bereits eingebüßt und ist nur noch mehr frustriert, dass es nicht zu klappen scheint.

Indigene Weltsicht

Menschen in indigenen Gesellschaften rufen auf eine vergleichbare Weise regelmäßig die guten Spirits an und bitten diese um Unterstützung in schwierigen Situationen. Sie erleben dabei, wie die eigene Kompetenz und Kraft wächst und bevorstehende Aufgaben souveräner angegangen werden können.

Positive Auswirkungen

- Sie gewinnen eine hohe Bewusstheit über die eigenen Kompetenzen.
- Sie haben größeren Zugriff auf das eigene Leistungspotenzial.

- Sie können sich auf wichtige Termine, Präsentationen oder als herausfordernd empfundene Aufgaben vorbereiten.

Durchführung

Dauer: Zwischen 30 s (für Könner) und 3–5 min (für Anfänger)

(1) Nehmen Sie sich etwas Zeit und überlegen sich, wo Sie einen Moment oder eine Situation erlebt haben, in der Sie sich absolut kraftvoll und kompetent gefühlt haben.

(2) Wenn Sie eine solche gefunden haben, konzentrieren Sie sich auf diese Situation und *assoziieren* sich gedanklich mit dieser, so als würden Sie diese gerade noch einmal erleben. Es ist hilfreich, dabei kurz die Augen zu schließen.

(3) Tauchen Sie emotional voll ein in die Situation und rufen Sie das „Erlebnis-Gesamtpaket" der Situation auf. Beobachten Sie dabei Ihre eigenen Empfindungen. Was sehen und hören Sie in dieser Situation? Möglicherweise riechen oder schmecken Sie sogar etwas.

(4) Bleiben Sie emotional mit der Situation verbunden und wenden Sie Ihre Aufmerksamkeit nach innen. Häufig gibt es ein Zentrum des guten Gefühls. Wie und wo in Ihrem Körper macht sich dieses bei Ihnen bemerkbar? Beschreiben Sie dieses gute Gefühl:
    - Wo im Körper ist es gerade aktiv?
    - Wie sieht es aus?
    - Welche Form und Größe hat es?
    - Welche Farbe und Konsistenz hat es?
    - Wie fühlt sich sein Äußeres an?
    - Wie warm oder kalt ist es?
    - Welche Wirkrichtung hat es (eher nach oben/unten, eher ausdehnend/zusammenziehend)?

(5) Genießen Sie dieses gute Gefühl noch für einen Moment und speichern es dann metaphorisch in jeder Zelle Ihres Körpers ab, sodass Sie zukünftig jederzeit Zugang zu dieser Kraftquelle haben.

Hinweise

- Ihre veränderte innere Haltung wird sich auch automatisch in einer veränderten äußeren Haltung ausdrücken. Bewusst oder unbewusst richten Sie sich auf, ggf. auch nur minimal, wenn Sie intensiv an eine Situation voller Kompetenz denken.
- Machen Sie die Übung frühzeitig als Vorbereitung, nicht erst dann, wenn Sie dringend Unterstützung brauchen.
- Nehmen Sie sich Zeit für diese Übung und feiern Sie auch den kleinen Erfolg – wenn es auch „nur ein bisschen" geklappt hat.
- Üben, üben, üben! Sie werden feststellen, dass es Ihnen immer leichter fallen wird, das gewünschte innere Erleben aufzurufen, je häufiger Sie trainiert haben. Gönnen Sie sich diesen Kurzurlaub im Reich der Kompetenzen!

Übung 10: Sich mit einer Atmosphäre umgeben

Die Erde ist von einer Atmosphäre umgeben, die vielfältige Funktionen erfüllt. Sie wirkt dabei wie ein Filter, der einerseits Schutz gegen die schädlichen Einflüsse des Weltraums bietet, andererseits aber die wärmenden und lebensnotwendigen Strahlen der Sonne hindurch lässt. Die Atmosphäre schützt und verbindet die Erde gleichermaßen mit der Außenwelt. Eine solche Atmosphäre ist auch eine nützliche Metapher für unseren eigenen Kontakt mit anderen Menschen und den Einflüssen der Umwelt.

Diese Atmosphäre ist dabei wiederum keine Panzerung und soll nicht von der Welt abschotten. Ein Panzer oder eine Rüstung schützen zwar auch, schränken aber das Sichtfeld ein und machen steif und unflexibel. In einem Panzer verliert man seine Geschmeidigkeit und kann kaum auf die Bewegungen des Kontaktpartners eingehen. Ganz abgesehen davon, dass die kriegerische Metapher fast zwangsläufig einen feindlichen Gegner impliziert. Gemütlich am Tresen kann man in einer Rüstung schlecht sitzen. Eine geschmeidige und durchlässige Atmosphäre ist da viel hilfreicher.

Indigene Weltsicht

In indigenen Gesellschaften umgibt der *Elder* in einer Zeremonie sich selbst und die Anwesenden häufig mit einer solchen Atmosphäre. Meist wird dieses Ritual symbolisch durch das Räuchern mit Kräutern, dem sogenannten „Smudgen", sichtbar gemacht. Damit soll nur das, was zur aktuellen Zeremonie unterstützend beiträgt, durch die Atmosphäre dringen, während alle störenden äußeren Einflüsse außen vor bleiben sollen.

Positive Auswirkungen

- Wenn Sie sich dünnhäutig oder „wund" fühlen gegenüber externen Einflüssen, können Sie sich mit Hilfe dieser Übung dagegen schützen.
- Sie bleiben dabei flexibel und im Kontakt mit der Außenwelt.
- Sie können für sich eine „Schutzglocke" bilden, in der Sie konzentrierter arbeiten oder Gespräche führen können (Hotel-Lobby, Telefonate im Großraumbüro).

Durchführung

Dauer: 2–5 min

(1) Geben Sie sich der Vorstellung hin, dass über dem höchsten Punkt Ihres Scheitels eine blau schimmernde Wolke schwebt, die sich angenehm warm anfühlt.

(2) Heben Sie nun die Arme und greifen mit beiden Händen in diese Wolke hinein. Ziehen Sie die Wolke in Ihrer Vorstellung nach unten, bis Sie selbst ganz von ihr eingehüllt sind.

(3) Nehmen Sie wahr, wie Sie nun von dieser gleichermaßen schützenden wie Kontakt ermöglichenden Atmosphäre umgeben sind.

(4) Fahren Sie mit den Händen mit einem Abstand von einigen Zentimetern über Ihre Arme, Ihren Kopf, Ihren Oberkörper und die übrigen Stellen Ihres Körpers. Nehmen Sie dabei die „Dicke" der Atmosphäre sowie ihre sonstigen Eigenschaften wahr.

(5) Entfernen Sie die besondere Atmosphäre, sobald Sie diese nicht mehr brauchen. Führen Sie dazu die ausgedehnte Wolke in umgekehrter Reihenfolge wieder zusammen. Dies unterstützt Sie symbolisch dabei, sich noch einmal klar zu machen, dass zum Beispiel ein anstrengendes Meeting beendet ist und Sie sich gedanklich auf das weitere Tagesgeschehen einlassen können.

Hinweis

- Auch hier gilt: Üben macht den Meister!
- Mit etwas Erfahrung können Sie die Übung auch ohne äußere Bewegung durchführen, solange Sie diese im Geiste vollziehen.
- Variieren Sie die Eigenschaften der Atmosphäre (Dichte, Farbe, Wärme etc.) und notieren Sie Ihre Erfolge in Ihrem Logbuch. Mit der Farbe Blau assoziiert man im mitteleuropäischen Kulturkreis häufig eine leicht beruhigende, mit Gelb eher eine leicht anregende oder kreative Wirkung.
- Nehmen Sie wahr, wie sich die Atmosphäre in beruflichen Alltagssituationen (schwierig empfundene Mitarbeitergespräche, Meetings oder businessrelevante Gespräche in Hotellobby oder Flughafen) aufrechterhalten lässt und wie dies Ihr Wohlbefinden beeinflusst.
- Nutzen Sie die Atmosphäre vor schwierigen Situationen, sobald Sie Übung darin erlangt haben.

Übung 11: Zwei-Stühle-Selbstcoaching

Ein Klient, der eine schwierige Entscheidung zu treffen hatte, kam zur Klärung zu uns ins Coaching. Nach anfänglichen Fortschritten drehte sich das Gespräch nach einer Weile im Kreis, da er den entscheidenden Fragen mit „Gummiantworten" beständig auswich. Es war fast mit Händen zu greifen, dass der Klient die Antwort von uns wollte. Daraufhin haben wir ihn eingeladen, sein eigener Coach zu sein. Bereits nach wenigen Platzwechseln wurde ihm klar, dass sein Ausweichen vor den wichtigen Fragen Teil seines Problems war. Durch die „Zumutung" des ständigen Platzwechsels erkannte er, wie er sich selbst auswich und im Kreis drehte. Nach einer Phase der Stille seufzte er und sagte: „Es hilft ja alles nichts …" – und konnte dann eine klare Entscheidung treffen. Er hatte das Ruder wieder selbst in die Hand genommen. Auch ohne das Beisein eines Coaches können Sie mit Hilfe dieser Übung sehr gut Ihre eigenen Gedankengänge reflektieren.

Positive Auswirkungen

- Durch diese Art der distanzierten Selbstreflexion gewinnen Sie Klarheit über die eigenen Fragen und können anschließend entschiedener handeln.
- Sie entzerren verstrickte Gedankenstränge und können sich aus gedanklichen Sackgassen herausführen.
- Sie erkennen Ihre eigenen „blinden Flecken" und kommen sich dadurch selbst auf die Schliche.

Durchführung

Dauer: Je nach Thema 15–60 min

(1) Stellen Sie zwei Stühle mit ca. 2 m Abstand so hin, dass die Sitzflächen zueinander zeigen. So, als würden gleich zwei Personen dort sitzen und miteinander reden. Einer der beiden Stühle (A) dient Ihnen dazu, sich intensiv und mit Ihrer Frage oder Ihrem Anliegen zu beschäftigen. Der andere Stuhl (B) ist der Stuhl für die Sichtweise des Coaches. Von hier betrachten Sie sich selbst aus einer nüchternen Distanz, mit dem kühlen Kopf eines Coaches.

(2) Setzen Sie sich nun auf Stuhl (A). Nehmen Sie sich etwas Zeit und gehen Sie in sich. Welche Frage beschäftigt Sie gerade? Welche Gedanken gehen Ihnen diesbezüglich durch den Kopf? Wie fühlen Sie sich, wenn Sie daran denken?

(3) Wenn Sie das Gefühl haben, sich genügend mit Ihrer Frage beschäftigt zu haben, wechseln Sie zügig den Platz. Setzen Sie sich, in einer deutlich anderen Sitzposition, auf Stuhl (B).

(4) Blicken Sie nun aus der Distanz auf Stuhl (A), auf dem Sie eben noch gesessen haben. Betrachten Sie die Situation von hier aus. Nehmen Sie sich etwas Zeit und geben Sie sich aus der Distanz, als externer Coach, Anregungen, Ideen oder weiterführende Fragen. Sie dürfen von hier aus auch den Finger in die Wunde legen.

(5) Wechseln Sie anschließend wieder auf Stuhl (A) auf und hören noch einmal, ganz als Sie selbst, die Anregungen und Fragen des Coaches.

(6) Treten Sie auf diese Weise in einen Dialog mit Ihrem inneren Coach. Wiederholen Sie den Platzwechsel, bis Sie gedanklich einen Schritt weiter sind.

Hinweise

- Der Platzwechsel zur Veränderung der Wahrnehmungsposition zwischen Klient und Coach ist absolut entscheidend, um die innere Sortierung der Gedanken zu unterstützen. Halten Sie die beiden Positionen und dazugehörenden Gedanken und Kommentare sauber voneinander getrennt. Kurz gesagt: Der Po hilft dem Denken!
- Erlauben Sie sich in der Rolle als Coach eine andere Sitzhaltung, Mimik, Sprache etc. All dies unterstützt den inneren Sortierprozess.
- Sprechen Sie Ihre Gedanken laut aus. Dies erleichtert es Ihnen enorm, mit diesen beiden Rollen einen klärenden Dialog zu führen.

Logbuch

Notieren Sie Ihre Erfahrungen in Ihrem Logbuch. Finden Sie heraus, bei welchen Fragestellungen die Methode „Zwei-Stühle-Coaching" für Sie am besten funktioniert.

Übung 12: Talentschild

Talente sind Tätigkeiten, die wir immer und immer wieder alltäglich gerne machen und trainieren, ganz automatisch. Talente finden bei vielen indigenen Völkern Nordamerikas symbolischen Ausdruck im sogenannten Medizinschild („medicine shield"). Dieser Schild ist eine runde Scheibe aus Leder, die mit verschiedenen Symbolen verziert ist. Oftmals nutzt man die Vierer-Struktur des *Medizinrades*, mit einem oder mehreren Symbolen je Bereich. Die Symbole sind häufig in Form von Tieren dargestellt und zeigen Dritten, welche Talente eine Person hat oder im Laufe des Lebens noch entwickeln möchte. Der Rahmen des Schildes stellt symbolisch auch den Rahmen der eigenen Identität dar. Metaphern sind uns Menschen sehr geläufig. Lange vor Erfindung der Schrift haben Menschen Geschehnisse in Form von Malereien festgehalten. Davon zeugen heute noch berühmte Höhlenmalereien.

Erfahrungen aus dem Reservat

Auf dem Gelände der kanadischen Bundespolizei in Regina, der Hauptstadt Saskatchewans, werden regelmäßig *Schwitzhütten*-Zeremonien von *Eldern* durchgeführt. Dort nehmen im Rahmen eines Resozialisierungsprogramms auch junge Intensivtäter im Alter von ca. 16 bis 25 Jahren teil. Neben der Teilnahme an der traditionellen Zeremonie und Reflexionsgesprächen mit den Eldern gehört das Nachdenken über die eigenen Talente zum Programm. Ein Stammesältester erzählte uns, dass man gute Erfahrung damit gemacht habe, Medizinschilder anfertigen zu lassen. Diese unterstützten die vom Weg abgekommenen jungen Erwachsenen darin, wieder Klarheit über die eigene Rolle in der Gesellschaft zu bekommen.

Häufig ist uns gar nicht bewusst, welche Talente in uns schlummern. Das Paradoxe ist, dass wir gerade die Talente, die uns besonders auszeichnen, gar nicht bemerken. Sie sind so normal und selbstverständlich für uns, dass wir sie kaum erwähnenswert finden. Diesen verborgenen Talenten wollen wir mit der Übung „Talentschild", die wir in dieser Form bei Tom Andreas (2015) kennengelernt haben, auf die Spur kommen. Machen Sie sich dazu zunächst die folgenden vier Talentfelder klar:

(1) *Erworbenes Talent*: Hierzu zählen die eigene Ausbildung, die Expertise und das Können, das Sie in verschiedenen Fachgebieten erworben haben.
  ➲ Was kann ich gut? Für welche Talente bewundern mich andere? Wo haben ich mir Kompetenzen angeeignet?

(2) *Müheloses Talent*: Hierzu zählen Fähigkeiten, die Sie gar nicht als Talent wahrnehmen (z. B. während des Joggens Probleme lösen).
  ➲ Was gelingt mir mühelos und leicht? Was ist für mich so selbstverständlich, dass ich es gar nicht als Talent sehe? Wo gelingen mir Dinge, ohne dass ich bewusst darüber nachdenken muss? Was hat mir als Kind/Jugendlicher Spaß gemacht? Welche Talente haben mir Menschen in meinem Umfeld nachgesagt, als ich Kind/Jugendlicher war?

(3) *Ererbtes Talent*: Hierzu gehören unbewusst tradierte Werte, die aus der eigenen Familie und der eigenen Kultur stammen.
  ➲ Welche Ressourcen/Talente hat mir meine Familie mit in die Wiege gelegt? Was konnten meine Eltern/Großeltern gut, was war ihr Beruf? Was an Fähigkeiten/Charakterzügen meiner Ahnen scheint durch mich hindurch? Welche Werte werden in meiner Familienkultur gelebt? Welche ungelebten (= nicht verwirklichten) Berufswünsche hatten meine Eltern/Großeltern?

(4) *Krisen-Talent*: Hierzu zählt die eigene erworbene Kompetenz im Umgang mit Krisen bzw. die eigene *Resilienz*.
  ➲ Welche Fähigkeiten/Ressourcen habe ich in schwierigen Zeiten gezeigt/bewiesen? Welche habe ich in solchen Zeiten erworben? Wo bewahre ich mir Qualitäten in Situationen, in denen andere diese verlieren?

Positive Auswirkungen

- Sie machen sich ein umfassendes und neues Bild Ihrer persönlichen Talente und verborgenen Ressourcen.
- Sie entdecken scheinbar verlorene Talente der Kindheit wieder.

Durchführung

Dauer: ca. 90 min

(1) Ziehen Sie sich für die nächsten 90 min an einen ruhigen Ort zurück, an dem Sie sich wohl fühlen. Es kann durchaus sinnvoll sein, dazu in die Natur zu gehen.
(2) Nehmen Sie vier Din A4 Blätter und beschriften diese mit den vier genannten Talentfeldern.
    - Alternativ können Sie auch Symbole (Steine, Stöcke, Pflanzen, Bilder…) nutzen, die Sie mit den entsprechenden Talentfeldern verbinden.
(3) Legen Sie Ihre beschrifteten Zettel/Symbole um sich herum auf dem Boden aus. Lassen Sie mindestens einen Meter Abstand zwischen den Zetteln. Dies erlaubt Ihnen, die einzelnen Talentfelder zu begehen.
(4) Gehen Sie nun über die einzelnen Talentfelder. Nehmen Sie sich pro Feld 10 min Zeit, um sich ganz auf diese einzulassen und diese zu reflektieren. Nutzen Sie dazu auch die oben genannten Fragen. Machen Sie sich Notizen in Ihrem Logbuch.

Hinweise

- Fertigen Sie ein persönliches Talentschild an. Auch wenn Sie dieses nicht öffentlich zeigen wollen, so wird es Ihnen eine gute Erinnerung an die eigenen Talente sein. Lassen Sie Ihren kreativen Fähigkeiten freien Ausdruck – sei es in Form einer Zeichnung, Malerei oder auch einer Collage. Es geht dabei nicht um Schönheit, sondern um die symbolische Kraft Ihres Talentschildes. Gerade auch in schweren und mutlosen Zeiten kann es Sie an Ihre Stärken erinnern.
- Nehmen Sie im Alltag bewusst wahr, in welchen Situationen Sie Ihre Talente – inklusive den bisher vergessenen – einsetzen.

Logbuch

Notieren Sie Ihre Erkenntnisse aus dieser Übung in Ihrem Logbuch. Von Zeit zu Zeit kann es eine nützliche Ressource zu sein, sich diese in verschriftlichter Form in Erinnerung zu rufen, gerade in Zeiten des Selbstzweifels.

Übung 13: Krafttiere im Hosentaschenformat

Indigene Kulturen kennen die Unterstützung durch Krafttiere oder Totems. Sie verleihen charakteristische Fähigkeiten wie Mut, Achtsamkeit, Ausdauer oder auch Raffinesse. Im Volksmund gibt es auch bei uns Aussagen wie „stark wie ein Bär" oder „schlau wie ein Fuchs". In indigenen Gesellschaften geht diese Metaphorik noch weiter. Hier „leihen" sich Menschen die Qualitäten eines bestimmten Tieres, um sich zum Beispiel mental auf die Jagd vorzubereiten. Je nach Kultur können sich die Qualitäten des gleichen Tieres unterscheiden. Weitere Informationen zum indigenen Denken im Kap. 2.1 Das indigene Weltbild.

Positive Auswirkungen

- Sie gewinnen geistige Flexibilität und Erfahrungen im Umgang mit der eigenen Intuition.
- Sie genießen die durch die Krafttiere aktivierten Ressourcen.

Durchführung

Dauer: 5–10 min

(1) Mal angenommen, es existierte eine Welt – vielleicht in einem Paralleluniversum –, in der es nur Tiere gäbe – keine Menschen. Aber Sie gäbe es dort, in Tierform. Wie wäre das? Notieren Sie Ihre Gedanken in Ihrem Logbuch:
  ➲ Welches Tier wäre ich (am ehesten) dort in dieser Welt?
  ➲ Was an dem Tier erinnert mich an Eigenschaften von mir?
  ➲ Welche Qualitäten verbinde ich mit diesem Tier?

(2) … und mal weiter angenommen, dieses Tier würde Ihnen seine Qualitäten für den heutigen Tag einfach ausleihen:
  ➲ Wie werde ich den Tag dann heute erleben?
  ➲ Wie werde ich die Welt durch die Augen dieses Tieres sehen, mit all den Qualitäten, die ich mit diesem Tier verbinde?
  ➲ Vor dem Hintergrund dessen, was heute auf mich zukommt: Könnten diese Qualitäten auch eine nützliche Ressource für mich sein?
  ➲ Woran würde ich konkret bemerken, dass ich die Eigenschaften des Tieres nutze? Woran würden es andere an mir bemerken?

Hinweise
- Probieren geht über Studieren. Beginnen Sie spielerisch und mit Situationen, in denen Sie innerlich die Muße haben, auf die sanften Signale Ihres Körpers und Ihrer Umwelt zu achten.
- Je mehr Sie sich auf die unterschiedlichen Vorgehensweisen einlassen, desto mehr können Sie sich davon überraschen lassen, in welchen Situationen Sie die Unterstützung durch die Krafttiere als hilfreich für sich erleben.
- Wenn Sie etwas Übung gewonnen haben, können Sie sich auch inspirieren lassen, in dem Sie zufällig oder unbewusst ein Tier auswählen. Dazu eignen sich zum Beispiel im Buchhandel erhältliche Karten-Sets, auf denen unterschiedliche Tiere (heimische oder exotische) abgebildet sind.

Beispiele aus dem Leben einer Führungskraft

Ein Coaching-Klient beklagte die schlechte Atmosphäre in seiner Abteilung. Er beschrieb, wie hinter dem Rücken mancher Personen negativ über sie geredet würde und dass insgesamt viel Misstrauen unter den Mitarbeitern herrsche. Er selbst sei derzeit völlig verunsichert: einerseits wolle er seine nächsten Karriereschritte machen, andererseits habe er Angst, in der jetzigen Situation das Falsche zu tun. Ihn plage zudem, dass er sich ob seines Zögerns nicht wie ein Feigling fühlen wolle. Über die Thematik der Krafttiere kam er zu der Eigenmetapher des Rehbocks: Dies sind sehr sensible und hochwachsame Tiere, die im Dickicht bleiben, sobald sie Gefahr wittern. Durch diese Eigenmetapher konnte er sein eigenes Verhalten besser einordnen. Er fühlte sich jetzt nicht mehr gedrängt, sondern hatte das Gefühl, nun einfach auf den richtigen Moment warten zu können.

4.6   Spuren hinterlassen: Selbst machen. Verwirklichen. Nachhalten.

Nehmen Sie Ihr Logbuch zur Hand und notieren Sie alle Gedanken, die Ihnen spontan oder auch im Nachgang zu einer Frage kommen. Nichts ist so flüchtig wie ein Gedanke. Halten Sie die Gedanken – auch die nur „gefühlten" – schriftlich fest, damit Sie später darauf zurückkommen können.

(1) Lassen Sie das gesamte Kapitel mit all seinen Themen Review passieren: Werte, Identität, Zugehörigkeit, Wandlungsfähigkeit sowie die Anregungen zur Steuerung des eigenen Erlebens. Werfen Sie noch einmal einen Blick auf die Reflexionsfragen und Ihre Notizen dazu in Ihrem Logbuch.
(2) Transfer in den eigenen Kontext
    a. Denken Sie über Ihr Unternehmen oder den erweiterten Arbeitskontext nach, in dem Sie tätig sind. Wo und wann spielen Werte oder Fragen von Identität oder Zugehörigkeit dort eine Rolle? Wo erleben Sie für sich ein Spannungsfeld in diesen Bereichen?

b. Notieren Sie drei konkrete Situationen, die für Sie persönlich relevant sind. Wählen Sie diejenige aus, die für Sie derzeit am bedeutsamsten ist.

c. Wie ließe sich eine relevante Veränderung in diesem konkreten Fall verwirklichen? Was werden Sie tatsächlich tun, um auch im Außen einen Unterschied zu machen?

➲ Welche Handlung werden Sie vollziehen?

➲ Welchen allerersten, ggf. sehr kleinen, Schritt in diese Richtung der Veränderungen können Sie bereits innerhalb der kommenden 72 h tun?

➲ Welche äußere Zeichen/Symbole könnte diesen Prozess unterstützen?

(3) Nutzen Sie die logischen Ebenen zur Vertiefung des Veränderungsimpulses:

Zugehörigkeit und systemische Wirkungen	➲ Zu welchem Kreis darf ich mich zugehörig fühlen, wenn ich häufiger gemäß meiner Werte handle oder diese mir vorab zumindest bewusst mache?
	➲ Welche Bedeutung wird mein Handeln (möglicherweise) haben?
	➲ Welche positiven Veränderungen werden dadurch in meinem System (in den unterschiedlichen Lebensbereichen) möglich?
	➲ Welcher höhere (für mich relevante) Sinn wird dadurch gefördert?
Identität	➲ Wem werde ich ähnlicher bzw. zu wem entwickele ich mich, wenn ich mehr in diese Richtung tue?
	➲ Wer kann mir in diesem Aspekt ein Vorbild sein?
Werte und Überzeugungen	➲ Wie wichtig ist es mir, kongruent gemäß meiner Werte zu handeln?
	➲ Welche Werte wachsen dadurch, dass ich häufiger meine Ich-Kraft stärke?
Fähigkeiten	➲ Welche Fähigkeiten will ich mir aneignen bzw. einüben?
	➲ Inwiefern entwickeln sich dadurch auch meine anderen Fähigkeiten? Wo ergeben sich Synergien?
Handeln	➲ Was muss ich tun, um zur besten Version meines Selbst zu werden?
	➲ Welche kleinen oder größeren Rituale kann ich etablieren, um diesen Weg zu festigen?
	➲ Woran werden andere bemerken, dass ich mich in dieser Hinsicht entwickele?
	➲ Welche äußerlich sichtbaren oder hörbaren Zeichen für meine Entwicklung werden andere bemerken können?
Kontext	➲ Wer kann mich dabei unterstützen?
	➲ In welchen Kontexten/Umgebungen kann ich diese neuen oder veränderten Handlungsweisen am ehesten ausprobieren?
	➲ Welche Anker kann ich nutzen, die mich daran erinnern, weiter diesen Pfad zu beschreiten?
	➲ Welche Symbole können im Außen ein Zeichen setzen, das auch andere bemerken können?

(4) Nachdem Sie nun die Übungen zu diesem Thema bearbeitet und die Gedanken dazu reflektiert haben, rufen Sie sich Ihren (geheimen) Wunsch ins Gedächtnis, den Sie am Anfang des Buches notiert haben:

➲ Welche nützlichen Einsichten oder Erkenntnisse konnten Sie diesbezüglich möglicherweise für sich gewinnen?

➲ Welche interessanten gedanklichen Verknüpfungen können Sie erkennen?

➲ Ergeben sich daraus für Sie weitere Handlungsimpulse?

➲ Wie können Sie diese konkretisieren und in der „Welt der Tatsachen" verwirklichen?

Literatur

Quellen

Andreas T (2015) Unveröffentlichtes Skript, Köln. www.tomandreas.de

Ariès P (1998) Geschichte der Kindheit. dtv, München

Behringer L (1998) Lebensführung als Identitätsarbeit: der Mensch im Chaos des modernen Alltags. Campus, Frankfurt a. M.

Brusberg-Kiermeier S , Greve W (2014) Die Evolution des James Bond: Stabilität und Wandel. Vandenhoeck & Ruprecht, Göttingen

Frey HP, Haußer K (1987) Entwicklungslinien sozialwissenschaftlicher Identitätsforschung. In: Frey HP (Hrsg) Identität – Entwicklungen psychologischer und soziologischer Forschung. Enke, Stuttgart, S 3–26

Hume D, Brandt R (2013) Ein Traktat über die menschliche Natur: Buch I: Über den Verstand. In: Brandt HD (Hrsg) Philosophische Bibliothek 646a. Meiner, Hamburg

Keupp H, Ahbe T, Gmür W et al (1999) Identitätskonstruktionen. Das Patchwork der Identitäten in der Spätmoderne. Rowohlt, Hamburg

Universität Konstanz Exzellenzcluster (2015) Identifikation und Identitätspolitik. https://exzellenzcluster.uni-konstanz.de/157.html. Zugegriffen: 24. April 2015

Wenninger (2000) Lexikon der Psychologie. Spektrum Akademischer Verlag, Heidelberg. http://www.spektrum.de/lexikon/psychologie/narrative-identitaet/10312. Zugegriffen: 27. April 2015

Wikipedia (2015) Liste der häufigsten Familiennamen in Deutschland. https://de.wikipedia.org/wiki/Liste_der_h%C3%A4ufigsten_Familiennamen_in_Deutschland. Zugegriffen: 13. Juli 2015

Windhausen C, Reifferscheidt BR (2012) Das flüssige Ich: Führung beginnt mit Selbstführung. Books on Demand, Norderstedt

Weitere Lesetipps

Mehr zum flüssigen Ich, Das oben angegebene Buch von Windhausen und Reifferscheidt (2012) ist sehr lesenswert und bietet im zweiten Teil eine Kompetenz-Matrix, die zur Entwicklung eines flüssigen Ichs genutzt werden kann.

Fluide Identität im Auftrag Ihrer Majestät, Eine durchaus amüsante Betrachtung einer fluiden Identität liefern Brusberg-Kiermeier und Greve (2014) in ihrem Buch „Die Evolution des James Bond: Stabilität und Wandel" (Vandenhoeck & Ruprecht, Göttingen). Sie untersuchen, inwiefern der Filmheld James Bond im Laufe der Jahrzehnte eine „fluide Identität" gezeigt hat.

Hohe Kriegerschule

5

► Was macht einen Chef zu einem guten Chef? Fragt man dessen Mitarbeiter, kommen die Antworten meist schnell und klar: „Er steht zu dem, was er sagt!" – „Auf seine Entscheidungen kann man sich verlassen." – „Er sagt immer offen, was Sache ist." Das zeigt: Eine gute Führungskraft weiß, wie wichtig es ist, den eigenen Werten zu folgen und sich gleichzeitig auch den Werten des Unternehmens unterzuordnen – ganz bewusst und keinesfalls aus einer falsch verstandenen Opferhaltung heraus. Dazu gehören Selbstdisziplin und viel Mut, sich immer wieder den eigenen Ängsten zu stellen und Entscheidungen zu treffen. Wie Sie diese Selbstdisziplin und diesen Mut gewinnen, zeigen wir Ihnen in diesem Kapitel.

Wenn Sie dieses Kapitel gelesen haben, ...
- … kennen Sie das indigene Verständnis von Eigenverantwortung.
- … unterscheiden Sie zwischen „sich opfern" und „Opfer sein".
- … wissen Sie, dass das Streben nach Kongruenz ein wichtiger Antrieb für Menschen ist.
- … wissen Sie, dass Entscheiden Mut braucht und einen Preis fordert.
- … können Sie die mentale Strategie von Selbstdisziplin für sich nutzen und Ihre Willensstärke trainieren.
- … kennen Sie Techniken, um sich Ihren Ängsten im Business erfolgreich zu stellen.

© Springer Fachmedien Wiesbaden 2016
D. Goetz, E. Reinhardt, *Selbstführung: Auf dem Pfad des Business-Häuptlings*,
DOI 10.1007/978-3-658-08912-2_5

Der Begriff des Kriegers oder der Kriegerin ist in unserem Kulturkreis ganz anders besetzt als in indigenen Gesellschaften. Dort ist ein Krieger nicht gleichzusetzen mit einem Soldaten – oder gar mit einem tumben, kriegslüsternen Raufbold oder Schlächter. Der Krieger ist keineswegs kriegslüstern. Vielmehr hat der Krieger eine Haltung verinnerlicht, die ihn zwar bereit für den Krieg macht – er weiß jedoch gleichzeitig, dass kriegerische Handlungen entbehrlich sind. Die geistige Haltung des Kriegers „verleitet" ihn zur Besonnenheit. Der Krieger bewahrt seine innere Mitte in Situationen, in denen andere ihre Balance verlieren. Wer außer sich ist vor Wut, Enttäuschung, Angst oder Trauer, agiert vielleicht noch, handelt jedoch kaum noch bewusst. Der Krieger bewahrt sich seine Fähigkeit zum bewussten Handeln – oder auch Nicht-Handeln. Dieses Verständnis von Kriegertum als innere Haltung ist auch sehr stark in den asiatischen – im Speziellen: japanischen – Kampfkünsten anzutreffen.

5.1   Indigene Perspektive: Der Sonnentanz

Der *Sonnentanz* ist das höchste Ritual der Prärie-Indianer. Es fordert den Tänzern Heldenhaftes ab: tagelang fasten und am Ende das eigene Fleisch für das Wohl des Stammes opfern. Mühsal und Leiden des viertägigen Rituals sind keine Mutprobe oder ein unterhaltsamer Zirkus. Vielmehr ist die bewusste und sinnvolle Hingabe ein heiliger Akt zugunsten eines höheren Gutes: die Verbindung mit den „Spirits" und dem, was die Menschen als größer empfinden als sie selbst – und auch die Verbundenheit mit der Gemeinschaft. Der Held opfert sich, ohne Opfer zu sein.

Wir stellen Ihnen an dieser Stelle den Sonnentanz vor, weil wir uns im Lauf des Kapitels an vielen Stellen darauf beziehen bzw. auf die dahinter stehende *indigene* Haltung zum Thema Opferbereitschaft – von der wir im Business-Leben lernen können.

5.1.1   Organisation und Ablauf des Sonnentanzes

Die Zeremonie des Sonnentanzes dauert traditionell vier Tage und beginnt am Donnerstag vor der Hauptzeremonie, die am vierten Tag stattfindet. Der Termin wird von den *Eldern* einige Wochen im Voraus festgelegt und richtet sich nach dem Wachstum und Stand des Grases. Jede Gemeinschaft (z. B. in einem Reservat) legt den Zeitpunkt eigenverantwortlich fest. Nachfolgend einige Erläuterungen zum Ablauf des Rituals. Weitere Informationen finden Sie auf der Webseite zum Buch (www.auf-dem-pfad.com), darunter auch ein Link zu unserer Rede auf der TEDxKoeln zu diesem Thema.

5.1.1.1   Tag 1: Walk of Life und Camp einrichten

Am Donnerstag bei Sonnenaufgang versammeln sich die Mitglieder der Gemeinschaft zum „Walk of Life". Dieser führt über vier Stationen zu den heiligen Stätten, an denen der

Sonnentanz abgehalten wird. An jeder der vier Stationen machen die Teilnehmenden Halt und führen eine *Pfeifenzeremonie* durch. An den heiligen Stätten sind die Lodges aus den vergangen Jahren zu sehen. Eine Lodge ist die bauliche Struktur, in welcher der Sonnentanz am dritten und vierten Tag stattfindet; mehr dazu weiter unten. Die Lodge wird jedes Jahr neu errichtet und am Ende der Zeremonie der Natur überlassen, also nicht wieder abgebaut. Die zunehmend verwitternden Lodges der letzten Jahre sind also an den heiligen Stätten noch sichtbar. Den Platz für die aktuelle Lodge ermitteln die Elder.

Nach Abschluss des Walk of Life bauen die Mitglieder der Gemeinschaft ihre Zelte auf und richten das Camp ein, zu dem das große Gemeinschaftstipi gehört, in dem auch zeremonielle Akte am vierten Tag stattfinden. Ein großes Feuer wird entfacht, das ein „Wächter des Feuers" über die vier Tage hinweg pflegt – es darf in dieser Zeit niemals erlöschen. Am Nachmittag gibt es im großen Kreis – bei unserem Sonnentanz bestand er aus ca. 150 Personen – ein gemeinschaftliches Mahl. Im Anschluss beginnt das Fasten für die Tänzer und Tänzerinnen des Sonnentanzes.

5.1.1.2   Tag 2: Bau der Sun Dance Lodge und Jagen des heiligen Baums

Der zweite Tag ist dem Bau der Sun Dance Lodge gewidmet. Die Lodge – die mit „Hütte" nur unzureichend übersetzt werden kann – ist ein runder, offener Bau aus Holzstämmen und Zweigen, mit einem Durchmesser von ca. 20 Metern. In der Mitte wird die Lodge getragen vom „Tree of Life".

Der Tree of Life wird von den Eldern ausgewählt und in einer speziellen Zeremonie „gejagt". Dazu fährt eine Gruppe von Helfern, zu denen auch die Sonnentänzer zählen können, zum ausgewählten Baum und „erlegt" diesen im Anschluss an eine Pfeifenzeremonie mit einem Gewehrschuss in die Luft. Dann transportieren die Gruppenmitglieder den Baum zum Standort der zu errichtenden Lodge, wobei sie zwischendurch viermal weitere Pfeifenzeremonien durchführen.

5.1.1.3   Tag 3: Tanzen und meditieren – von Sonnenaufgang bis Sonnenuntergang

Am frühen Morgen des dritten Tages, kurz vor Sonnenaufgang, wird man vom Klang der großen Trommel geweckt. Die Sonnentänzer machen sich bereit für einen anstrengenden

Tag: Einige beziehen einen Platz innerhalb der Lodge, mit dem Rücken nah am Außenrand. Andere begeben sich auf einen einige hundert Meter entfernten Hügel, um dort in Einsamkeit und absoluter Reglosigkeit zu meditieren.

Zum Ablauf des Tages: Die Sonnentänzer in der Lodge tanzen unablässig, vom Schlagen der Trommeln und den begleitenden Gesängen angetrieben – sie beginnen mit den ersten Sonnenstrahlen und hören erst auf, wenn die Sonne hinter dem Horizont versunken ist. Dabei sind ihre Augen auf den mit rituellen Schnitzereien verzierten Tree of Life gerichtet. Mit einer dünnen Pfeife, traditionell aus dem Bein eines Adlers gefertigt, stoßen sie unablässig kurze, hohe Signaltöne aus, die an das hochfrequente Kreischen des Adlers erinnern. So tanzend und den Kopf nach oben gerichtet, erlauben sie sich lediglich dann ein kurzes Innehalten, wenn die Trommel schweigt und die Gesänge stoppen, um die Trommler zu wechseln. Dabei dürfen die Tänzer – genauso wenig wie während des Tanzens – nicht umherschauen oder Kontakt mit den anderen aufnehmen. Sie bleiben auf diese Weise leichter in Trance. Im Verlauf des Tages bringen Hilfesuchende bunte Tücher und erbitten Unterstützung für sich oder ihre Angehörigen. Die Tücher wickeln sie nacheinander um den Tree of Life, sodass dieser in Kopf- bis Oberkörperhöhe immer dicker wird.

Die Sonnentänzer, die sich auf den Hügel zurückgezogen haben, sehen das Camp und die Lodge nur aus der Ferne. Die Schläge der Trommeln dringen nur gedämpft zu ihnen hinauf. Sie suchen sich einen Platz, an dem sie den gesamten Tag über in Stille und Bewegungslosigkeit sitzend verharren. Sie harren dabei anfangs der feuchten Kälte des frühen Morgens, während ihnen ab Mittag die Hitze der Sonne zu schaffen macht und Haut und Mund austrocknet. Zecken und andere kleine Tierchen laufen über ihren Körper, während sie in der Einsamkeit ihre Gedanken beobachten. Wie bei den Tänzern in der Lodge auch, setzen der Hunger und vor allem der Durst Körper und Psyche zu.

Nach Sonnenuntergang treffen sich beide Gruppen von Tänzern wieder im Camp.

5.1.1.4   Tag 4: Sein eigenes Fleisch opfern

Vor Sonnenaufgang ruft die große Trommel die Sonnentänzer erneut in das Rund der Lodge. Diesmal finden sich auch jene Tänzer in der Lodge ein, die bisher auf dem Hügel meditiert haben. Die Sänger begleiten die Trommler mit – in unseren Ohren „schreienden" – Gesängen. Nach einigen Stunden, wenn die Sonne im Zenit steht, beginnt der Höhepunkt der Zeremonie. Dazu stellen sich die Sonnentänzer in einer Reihe auf, um nacheinander ihr eigenes Fleisch zu opfern. Sie werden einzeln von Helfern gepackt, um den Tree of Life herumgeführt und mit dem Rücken nach unten auf ein Bisonfell gelegt. Dort werden sie von den Helfern gehalten, während ein Elder mit einem spitzen und scharfen Messer zwei Schnitte in die Brusthaut setzt, ein Stück oberhalb der Brustwarzen. Der Elder hebt die Haut ein Stück an, um so eine „Öse" zu erstellen. Durch diesen Hautlappen werden kleine Stöcke (von nicht ganz der Größe des kleinen Fingers) gesteckt. Diese symbolisieren Adlerklauen, aus denen sie traditionell gefertigt worden sind. Die beiden Stöckchen werden nun mit einer Kordel fest verbunden, sodass eine Art Geschirr entsteht.

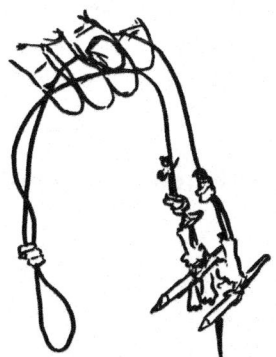

Dieser Harnisch wird über ein langes Seil mit der Spitze des Tree of Life verbunden. Nun tanzt der Sonnentänzer viermal auf der linken Seite des Tree of Life hin und her, während er weiterhin mit der Pfeife die hohen Signaltöne ausstößt. Das Seil muss dabei gespannt sein, sodass die Haut an seiner Brust nach vorne gezogen wird. In der Vorstellung der *First Nations* symbolisiert das Seil die Nabelschnur und stellt eine direkte Verbindung zum „*Creator*" dar (vgl. Kap. 2.1 Das indigene Weltbild). Zum Abschluss wirft sich der Sonnentänzer nach hinten, sodass die Hölzchen aus der Haut herausgerissen werden. Symbolisch wird er auf diese Weise neu geboren.

Nachdem alle Sonnentänzer das Ritual der Wiedergeburt vollzogen haben, wird im großen Gemeinschaftszelt das Fasten gebrochen.

An dieser Stelle sei noch einmal daran erinnert, dass wir hier lediglich unsere eigene Erfahrung bei der Gemeinschaft der Piapot First Nations schildern. Andere Formen des Sonnentanzes sind bei anderen Gemeinschaften oder Stämmen möglich.

5.2   What you give you get. Eigenverantwortung im indigenen Verständnis

Für manche Menschen mag der Begriff des Kriegers oder selbst der des Helden zu sehr nach machohaftem Egomanen klingen. Lassen Sie sich jedoch davon nicht irritieren. Wenn wir hier von Kriegern und Helden sprechen, meinen wir nicht egozentrische Strahlemänner mit übermenschlichen Fähigkeiten. Wir meinen vielmehr den Helden, der auch als Vorbild für andere gilt und der sein Handeln in den Kontext der Gemeinschaft setzt. Was diese Helden ausmacht: Sie übernehmen Verantwortung für ihr eigenes Handeln und Erleben. Ja, Sie haben richtig gelesen: Verantwortung auch für das eigene Erleben. Die First Nations sagen auch hier: What you give you get.

Die Aussage: „What you give you get" teilt das Schicksal des Krieger- oder Heldenbegriffs: Sie wird ebenfalls häufig missverstanden. Die zwei häufigsten Missverständnisse lauten:

- **Missverständnis 1: „You give and you take"**. Es geht bei „What you give you get" überhaupt nicht um das Geben und Nehmen. Es ist auch keine gleichgültige oder gar fatalistische Einstellung im Sinne von: „Mal gewinnt man, mal verliert man." Wobei auch dies eine nützliche Überzeugung sein kann – sie ist jedoch hier nicht gemeint. Es ist auch keineswegs eine egoistische Einstellung im Sinne von: „Ich gebe, was ich will, und nehme mir, was ich brauche."

- **Missverständnis 2: Buchführung der Gefälligkeiten.** Ein sehr häufiger Einwand gegen „What you give you get" ist, dass dies eine Aufforderung zur Selbstausbeutung sei, da die eigenen Bemühungen nicht entsprechend wertgeschätzt würden. Diesem Einwand liegt die Erwartung zugrunde, dass Bemühungen aufgerechnet würden, nach dem Motto: „Ich tue dir etwas Gutes und im Gegenzug bekomme ich von dir etwas Gutes." Im beruflichen Kontext könnte dies sein: „Ich liefere gute Leistung ab. Dafür muss mir mein Chef doch auch Anerkennung zollen." So ist die Aussage „What you give you get" jedoch nicht gemeint.

▶   „What you give you get" bedeutet: Wofür stehe ich ein? Was ist mir etwas wert? Die eigenen Werte können nur wachsen und gedeihen, wenn man sie nährt und schützt. Man zahlt also auf sein eigenes Guthaben-Konto ein, wenn man den eigenen Werten folgt. So wird man zum Held seiner eigenen Geschichte. Diese Überzeugung drückt eine Leidenschaft zur Eigenverantwortung aus. Anders gesagt: Was ich gebe, erlebe ich auch.

5.2.1   Verantwortung für das eigene Handeln übernehmen

Eigenverantwortung ist kein einfacher Begriff. Zum einen drückt er eine Verantwortung gegenüber anderen Menschen oder auch der Gesellschaft aus: „Was du nicht willst, das man dir tu, das füg' auch keinem anderen zu", sagt die saloppe Version der goldenen Regel der praktischen Ethik. Immanuel Kant (1900, S. 421) hat es in seinem kategorischen Imperativ etwas feinsinniger formuliert: „Handle nur nach derjenigen Maxime, durch die du zugleich wollen kannst, dass sie ein allgemeines Gesetz werde." Ebenso wichtig ist es jedoch, sich selbst im Spiegel der Verantwortung zu berücksichtigen. Der indigene Imperativ hieße also vielleicht: „Handle so, dass du auch im Nachhinein noch so gehandelt haben willst."

Erfahrungen aus dem Reservat

Der Aspekt der Eigenverantwortung ist uns bei den First Nations immer wieder begegnet. Uns hat beeindruckt, wie konsequent die Menschen dort den Gedanken von „What you give you get" verinnerlicht haben. Ein Beispiel aus dem Sonnentanz verdeutlicht dies: Während des viertägigen Rituals legen die Sonnentänzer ein Fastengelöbnis im Sinne einer Selbstverpflichtung („Commitment") ab, das sich auch auf das Trinken bezieht. Diese Selbstverpflichtung schließen sie nur mit sich selbst und dem *Creator* ab. In der christlichen Tradition würden wir hier vom Schöpfer sprechen. Allerdings denken die indigenen Kulturen Nordamerikas anders über Manitu, als es Christen über Gott tun. Es wird keine väterliche Figur adressiert, schon gar keine mit weißem Rauschebart und wallendem Gewand, sondern vielmehr das schaffende Prinzip selbst. Abstrakter formuliert bezeugen die Sonnentänzer die Selbstverpflichtung also vor der „höheren Instanz" – welche Vorstellung sie davon auch immer haben. Daher wird das Fastengelöbnis von außen auch nicht kontrolliert. Es wird nicht nachgehalten, ob man vielleicht doch heimlich isst oder trinkt oder auf andere Weise gegen sein eigenes Versprechen verstößt. Das bedeutet: Die „Polizei" ist man selbst. Die Zeremonie des Sonnentanzes ist somit kein öffentlicher Beweis der persönlichen Selbstverpflichtung – und schon gar kein Wettkampf zwischen den Teilnehmenden. Vielmehr bietet die Zeremonie den Rahmen, in dem es möglich ist, seine Selbstverpflichtung zu erfüllen.

5.2.2 Verantwortung für das eigene Erleben übernehmen

Viele Menschen empfinden es leichter, die eigenen Handlungen zu steuern als das eigene Erleben. Allzu häufig sehen wir uns als Opfer der Umstände oder anderer Menschen – und vor allem als Opfer der daraus scheinbar zwangsläufig resultierenden Emotionen. „Das Wetter macht mir schlechte Laune." – „Die Wirtschaftskrise hat mich depressiv gemacht." – „Der andere hat mich durch sein Verhalten zur Weißglut gebracht." – „Seine Aussage hat mich traurig gemacht." – „Dadurch konnte ich nichts mehr machen und war zur Untätigkeit verdammt." – „Die anderen haben mich gemobbt, das hat mich krank gemacht." Im indigenen Verständnis sind wir jedoch fähig, unser eigenes Erleben zu beeinflussen und können entsprechend auch Verantwortung dafür übernehmen.

Erfahrungen aus dem Reservat

Eine Erfahrung während des Sonnentanzes hat uns sehr deutlich gezeigt, was es bedeutet, Eigenverantwortung für sein eigenes Erleben zu übernehmen: Als Teilnehmer des Sonnentanzes haben wir beide zwar ähnliche äußere Prozesse durchlaufen, aber dabei äußerst unterschiedliche Erfahrungen gemacht.

Daniel Goetz: Für mich war das Opfer des eigenen Fleisches ein stolzer Akt. Ich sah einen stolzen und stoischen „Indianer-Krieger" vor mir und fühlte mich in diesem Moment auch selbst so. Dies gab mir nicht nur Kraft, sondern ließ mich auch aufrecht und unbeugsam diesen letzten Teil des Rituals erdulden. Im Nachhinein musste ich schmunzeln über das holzschnittartige, fast karikaturartige Bild, das mich in diesem Moment geleitet hat.

Eike Reinhardt: Ich habe den Prozess gänzlich anders erlebt. Für mich stand der Aspekt der Aufopferung für das Gemeinwesen des Stammes im Vordergrund. Das ganze Vorbereitungsjahr über ging mir immer wieder durch den Sinn, welche Bedeutung der Sonnentanz auch für die First Nations hat. Für mich war klar, dass ich alles geben musste und wollte. Und so kam es dann auch. Es fühlte sich an, als würde sich die Grenze zwischen innen und außen auflösen. Dies bedauerte ich in diesem Moment allerdings nicht. Vielmehr war es für mich klar, dass dies genau so sein müsse.

Die beiden unterschiedlichen Erfahrungen zeigen, welchen Unterschied die eigene Einstellung auf das eigene Erleben hat. Während für den einen das Leitbild des stolzen

Kriegers im Vordergrund stand, war es für den anderen der Aspekt der Aufopferung für die Gemeinschaft. Beides waren durchaus angemessene und in diesem Fall willkommene Erfahrungen.

5.2.3   Sich opfern vs. Opfer sein

Es gibt einen großen Unterschied zwischen „Opfer sein" und „sich opfern". Der Held opfert sich aktiv. Es ist seine Entscheidung, das zu tun. Dadurch wird er erst zum Helden. Mühsal und Risiko anzunehmen und Widerstände zu überwinden, gehört dazu. Mancher wird jetzt fragen: „Aber ist das nicht furchtbar mühselig und anstrengend?" – Ja klar, manchmal. Und trotzdem macht es der Held.

Das vielleicht beste Beispiel für solche mit Opfern verbundenen Heldentaten ist die Kindererziehung. Die Eltern opfern sich für das Wohl Ihrer Kinder auf. Nicht nur nach dem Zweiten Weltkrieg war die Motivation vieler Eltern, dass es ihre Kinder besser haben sollten als sie selbst. Auch in der heutigen Zeit steht für die meisten Eltern ganz oben, den eigenen Kindern einen gewissen Lebensstandard oder auch einen Erfahrungsreichtum bieten zu können. Beides kann mit einer starken Konsumneigung einhergehen, muss es aber nicht. Und auch völlig unabhängig von materiellen Dingen sind Eltern dazu genötigt, das eigene Wohlbefinden hintenan zu stellen. Wenn sie an die ersten Lebensjahre ihrer Kinder denken, erinnern sich Eltern in den meisten Fällen auch an die monatelange Zeit des schlechten, kurzen und unterbrochenen Schlafs – die sogar jahrelang gedauert haben kann, wenn Eltern nicht nur eins, sondern mehrere Kinder haben.

Auch außerhalb dieser sehr privaten Sphäre sind wir häufig bereit, unsere Projekte und Ziele mit Leidenschaft zu verfolgen. Ob ambitioniertes Hobby oder motivierendes Karriereziel – das innere Feuer der Hingebung zu dem höheren Ziel brennt häufig so heftig, dass die äußeren Widerstände dagegen verblassen. Im Nachhinein betrachtet sind es gerade die Errungenschaften, für die wir den (auch emotional) höchsten Preis bezahlt haben, die uns am teuersten geworden sind. Gerade wenn wir die „Schule des Lebens" als hart empfunden haben, wertschätzen wir das, was wir dadurch erreicht oder verteidigt haben, in besonderer Weise.

Helden sind nicht immer klug und mit Sicherheit auch nicht immer rational in ihrem Handeln. Aber sie hören auf ihre innere Stimme und folgen ihr. Und wenn es sein muss, dann auch mit Kämpferherz. Leidenschaft und Passion – durch diese Worte scheint das Heldenhafte bereits durch.

Logbuch

Halten Sie einen Moment inne und notieren Sie in Ihrem Logbuch:
- ➲ Für was brenne ich?
- ➲ Für was bin ich bereit, mich zu opfern?

5.2.4   Kleine Helden-Typologie

Welche „Arten" von Helden kann man unterscheiden? Was zeichnet diese Helden jeweils aus? Wir unterscheiden vier Typen von Helden:

- Der Held, der für seine Werte einsteht oder Zivilcourage zeigt
- Der Held, der Tag für Tag Selbstdisziplin zeigt
- Der Held, der klaglos Phasen des Leidens erduldet und Opferbereitschaft zeigt
- Der Held, der sich seinen Ängsten stellt und damit wahre Größe zeigt

Jeder dieser Helden-Typen hat Bewunderung verdient und kann mit Recht stolz auf sich sein. Und selbstverständlich ist die weibliche Heldin auf gleiche Weise gedanklich einbezogen.

5.3   Der Held, der für seine Werte einsteht oder Zivilcourage zeigt

Damit ist nicht notwendigerweise der scheinbar furchtlose Held aus den Hollywood-Streifen gemeint. Wenn Bruce Willis und Arnold Schwarzenegger ihre Charaktere in stoischer Ruhe durch das Feuer in das einstürzende Haus laufen lassen, um ein kleines Kind zu retten – dann ist das nicht die Art von Held, den wir hier meinen. Wir meinen vielmehr denjenigen (oder diejenige!), der für seine Werte einsteht und Zivilcourage zeigt. Kennen Sie solche Menschen, die handeln, während andere wegschauen?

In die Medien schaffen es meist nur die spektakulären Fälle von Zivilcourage. Daneben gibt es aber auch zahlreiche „stille" Versionen von Zivilcourage, die sich vielleicht lediglich darin äußern, dass der Held einen Schnipsel Papier aufhebt und in die Mülltonne wirft, an dem viele andere schon vorbei gegangen sind. Es gibt Menschen, die auch ohne den öffentlichen Applaus handeln, einfach aus der Überzeugung heraus, das Richtige zu tun. Gehören Sie selbst vielleicht zu diesen Menschen?

Es kommt dabei im Grunde nicht darauf an, ob ein Mensch in dem Moment Angst spürt oder nicht. Es gibt Situationen, in denen er so felsenfest davon überzeugt ist, handeln oder eingreifen zu müssen, dass er die innere Risikobewertung ignoriert. In diesen Fällen mutet er sich selbst mehr zu, als er von anderen erwarten würde. Kennen Sie Situationen, in denen Sie selbst aus Überzeugung für die gute Sache gehandelt haben – die Sie Ihren Kindern, Ihrem Lebenspartner oder einem anderen geliebten Menschen jedoch nicht aufbürden wollen? Dann stehen die Chancen hoch, dass Sie in diesem Moment zum Helden des Alltags geworden sind – ohne es vielleicht bewusst gemerkt zu haben. Doch es gibt auch die Situationen, in denen einem der Angstschweiß auf Stirn und Hände tritt, das Herz bis zum Hals schlägt und eine kalte Hand die inneren Organe zu zerdrücken droht. Menschen, die hier für das eintreten, was ihnen wichtig ist, sind Helden, besonders dann, wenn sie dafür ihre letzten Mutreserven aufbringen müssen.

Logbuch

Prüfen Sie für sich die im obigen Abschnitt und nachfolgend gestellten Fragen und notieren Sie Ihre Gedanken in Ihrem Logbuch.

➲ Wann habe ich schon einmal Zivilcourage gezeigt – im Kleinen oder im Großen?

➲ Wann bin ich dafür vielleicht schon einmal über meinen eigenen Schatten gesprungen oder musste meinen ganzen Mut zusammennehmen?

➲ Wen aus meinem persönlichen Umfeld bewundere ich dafür, dass er/sie Zivilcourage zeigt?

5.3.1   Menschen streben nach Kongruenz

Ein Verhalten, eine Aussage oder eine Entscheidung wird als kongruent bezeichnet, wenn sie im Einklang steht mit den eigenen Werten und Überzeugungen, dem Selbstbild und den Vorstellungen des größeren Systems, dem sich der Einzelne zugehörig fühlt. Entsprechend wird als inkongruent oder widersprüchlich erlebt, wenn diese innere Konsistenz nicht vorhanden ist. Wer von anderen als kongruent erlebt wird, ist für diese vorhersagbar und wird als verlässlich und vertrauenswürdig eingestuft. Typische Aussagen sind dann: „Sie ist sich immer treu geblieben" oder „Bei ihm weiß man, woran man ist". Dabei kommt es nicht einmal darauf an, ob derjenige immer das Gleiche tut. Es ist vielmehr das erkennbare Muster, das für die Vertrautheit beim anderen sorgt. Selbst wenn ein Mensch also als unstet und wechselhaft bekannt ist, ist er für die anderen einschätzbar. Es kann dann eher als Abweichung verstanden werden, wenn derjenige sich konstant verhält: „Du bist immer noch an dieser Sache dran? So kenne ich dich ja gar nicht."

▶   Als Menschen streben wir in aller Regel danach, uns kongruent zu verhalten und auch nach außen hin so zu wirken. Wir wollen sowohl uns selbst gegenüber treu bleiben, als auch anderen gegenüber als vertrauenswürdig erscheinen. Verhalten sich Menschen inkongruent, so bewerten wir dies als negativ, wir werden skeptisch und ggf. sogar misstrauisch gegenüber dieser Person.

• Kennen Sie das falsche Lächeln, das wie aufgesetzt wirkt? Wir nehmen ein Lächeln als inkongruent wahr, wenn dieses nur mit dem Mund erfolgt, aber die Augenpartie nicht einbezogen wird. Es wirkt dann häufig eher wie ein Zähnefletschen.

• Wer „Ich heiße Sie herzlich willkommen" mit monotoner Stimme und ausdrucksloser Miene sagt, wird kaum als herzlicher Gastgeber (und sei es nur einer Konferenz oder Sitzung) wahrgenommen werden. Die Chance auf eine verbindliche Begrüßung wird zugunsten einer automatisierten und hohlen Floskel vertan.

• Wer von seinen Mitarbeitern eine offene und vertrauensvolle Kommunikation einfordert, dann aber jeden Vorschlag oder jede abweichende Meinung niedermacht, wird schnell das Vertrauen der anderen verlieren.

- Gerade Mitarbeiter, die bereits durch Veränderungsprozesse im Unternehmen gegangen sind, berichten oft davon, dass die Argumente und Versprechungen für den Wandel nicht mit der erlebten Realität übereinstimmen. Die Unternehmensleitung und die Führungskräfte werden als inkongruent erlebt.

Es ist von großem Vorteil, als kongruente und „stimmige" Person wahrgenommen zu werden. Jede Führungskraft, die als inkongruent – und damit nicht vertrauenswürdig – wahrgenommen wird, hat einen schweren Stand. Wer hart, aber fair entscheidet, wird vielleicht nicht immer gemocht, aber in aller Regel geachtet. Wer jedoch willkürlich handelt, wird als Despot wahrgenommen und verliert sehr schnell die Gefolgschaft seiner Mitarbeiter. Allerdings ist es nicht immer leicht, sich kongruent zu verhalten. Der Alltag ist voller Versuchungen und Anreize, sich mit kleinen „Notlügen" das Leben leichter zu gestalten. Doch als Held geht man diesen Herausforderungen des Lebens nicht aus dem Weg, sondern stellt sich ihnen.

5.3.1.1   Entscheidungen als identitätsstiftende Prüfsteine des Kongruenzstrebens

Entscheidungen stellen uns vor die Wahl, uns kongruent zu verhalten. Denn viele Entscheidungen sind eben nicht nur rein objekthafte Sachentscheidungen, sondern fordern uns heraus, uns auch innerlich zwischen kongruentem und inkongruentem Verhalten zu entscheiden. Ist die Entscheidung für mich stimmig? Ist sie im Einklang mit meinen bisherigen Entscheidungen bzw. mir als Person? Passt diese Entscheidung zu mir? Wir definieren uns über unsere Entscheidungen. Wie sich unsere generelle Haltung ausdrückt oder wir in einer besonderen Situation handeln – immer liegt diesem Verhalten ein bewusster oder unbewusster Abgleich mit dem eigenen Kongruenzempfinden zugrunde. Entscheidungen und Selbstkonzept sind in gegenseitiger Abhängigkeit miteinander verbunden. Unsere Entscheidungen definieren uns. Gleichzeitig entscheiden wir gemäß unserer Werte, unserer Identität und gemäß dessen, was in dem größeren System, dem wir uns zugehörig fühlen, als richtig und angemessen angesehen wird.

5.3.1.2   Wenn falsches Handeln richtig ist

Menschen sind keine Maschinen, daher darf man kongruentes Verhalten nicht als absolutistische Aussage verstehen. Das geflügelte Wort von der die Regel bestätigenden Ausnahme ist dabei nicht das einzige Motiv, das zum vermeintlich inkongruenten Handeln den Ausschlag gibt. Manchmal definieren wir uns auch darüber, dass wir entgegen unserer Überzeugungen entscheiden. Es gibt mindestens vier gute Gründe, die auch ein scheinbar inkongruentes Verhalten für den Handelnden „stimmig" werden lassen.

- **Ausnahmen**: Dies trifft zum Beispiel dann zu, wenn wir ausnahmsweise einmal den von uns selbst oder auch von anderen gesetzten Rahmen überschreiten. Wer sich ansonsten sehr gesund ernährt, erlaubt sich vielleicht bewusst, bei bestimmten Süßigkeiten schwach zu werden. Und auch wem Ehrlichkeit sehr wichtig ist, wird bei Bedarf zur Notlüge greifen, ohne sein Selbstbild in Frage zu stellen.

- **Phasen**: In vielen Fällen ist es auch eine Sache des zeitlichen Horizonts. Wir erlauben uns, für eine Weile anders zu sein und zu handeln, als wir eigentlich sind bzw. handeln würden, sofern wir den Eindruck haben, diese Phase sei nur temporär. Auf diese Weise geben wir uns innerlich die Erlaubnis, auch inkongruent zu handeln.
- **Folgen**: Auch ein vorab gefasster – kongruenter – Entschluss, kann in der Folge dazu führen, dass wir eigentlich als inkongruent empfundene Handlungen vollziehen: „Wer A sagt, muss auch B sagen." Mit diesen Worten wird das eigene Handeln als ein fast un-ausweichlicher Effekt der ursprünglich getroffenen Entscheidung gerahmt. „Das zieh' ich jetzt durch", ist der innere Kampfschrei, um diese eigentlich als unangenehm oder unangemessen empfundenen Durststrecken zu überwinden.
- **Höherer Sinn**: Manchmal kann ein scheinbar inkongruentes Verhalten sogar einem höheren – kongruenten – Ziel dienen. Dazu zwei Beispiele:
  - Auch Führungskräfte, die sich um ein gutes Betriebsklima und eine freundschaft-liche Beziehung zu ihren Mitarbeitern bemühen, müssen gelegentlich harte Ent-scheidungen fällen, um ihrer Funktion im Unternehmen (vergleiche Kap. 4.2 Meine Identität) nachzukommen. Kurzfristig kann dies die vertrauensvolle Beziehung zu den Mitarbeitern beeinträchtigen; langfristig sichert es jedoch den Unternehmens-erfolg und damit die Arbeitsplätze (auch) der Mitarbeiter.
  - Ein Unternehmen, das sich für den Umweltschutz engagiert oder Bio-Produkte vertreibt, dürfte im Hinblick auf die eigene Öko-Bilanz eigentlich nicht auf eine wichtige Konferenz am anderen Ende der Welt reisen. Allein der notwendige Lang-streckenflug würde den CO_2-Fußabdruck unansehnlich anschwellen lassen. Vor dem Hintergrund des Informationsgewinns, des Austausches mit anderen Experten und des eigenen Wirkungsgrads vor Ort, wird dieser eigentlich inkongruente Akt der Flugreise wieder stimmig.

5.3.2   Entscheiden braucht Mut

Sich zu entscheiden braucht Mut. Denn jede Entscheidung für etwas ist gleichzeitig eine Entscheidung gegen eine oder mehrere andere Optionen. Und die Entscheidung gegen eine Option ist häufig mit einem Verlustempfinden verbunden. In der Wirtschaftspsychologie ist das Phänomen des Bedauerns nach einer Kaufentscheidung (Regret-Theorie) erforscht worden (Loomes und Sugden 1982, S. 805 f.). Gerade dann, wenn wir intensiv über einer Entscheidung gebrütet haben und dabei viele rationale Gründe abgewogen haben, kommt es häufig zum Effekt des nachträglichen Bedauerns. Wer hingegen Entscheidungen aus dem Bauch heraus trifft, ist in der Regel darüber auch dauerhaft glücklich. Die Gründe da-für sind noch nicht vollständig geklärt, aber es ist plausibel, dass die „verlorene Zeit" des Nachgrübelns bedauert wird und gedanklich mit der nicht gewählten Option verbunden wird. Das ist natürlich vor allem dann der Fall, wenn die Alternative auch positive Aspekte hatte (was aber klar ist, da sonst die Entscheidung ohnehin ohne langes Nachdenken ge-fallen wäre).

Ein prominentes Beispiel dazu: Es ist eine vieldiskutierte Frage, ob sich – vor allem für Frauen – Kind und Karriere vereinbaren lassen. Sicherlich ist es in vielen Fällen möglich, beides zu verwirklichen. Doch dafür ist ein Preis zu zahlen, der sich zum Beispiel in besonderem Organisationsaufwand ausdrückt, in einem Mangel an Schlaf und Zeit des entspannten Nichtstuns oder ggf. auch in einem extra Maß an diplomatischem Geschick, um das regelmäßig frühzeitige Verlassen der Arbeitsorts zu rechtfertigen. All dies kann es wert sein, um sich den Kinderwunsch zu erfüllen und Zeit mit dem eigenen Nachwuchs zu verbringen. Anders ausgedrückt: Man ist bereit, diesen Preis zu zahlen.

Auch in vielen anderen Bereichen des Lebens und vor allem im beruflichen Kontext sind wir andauernd bewusst oder unbewusst vor Entscheidungsfragen dieser Art gestellt. Dazu einige Beispiele:

- Der Wunsch nach geringer Reisetätigkeit vs. dem Streben nach Erreichen der vereinbarten Zielgrößen
- Die innere bescheidene Haltung vs. der Notwendigkeit, seine Leistung optimal zu präsentieren
- Das Bedürfnis nach Stressreduktion vs. dem Anspruch, ein Top-Performer zu sein
- Der Wunsch, als angenehmer und freundlicher Vorgesetzter oder Kollege angesehen zu werden vs. dem Streben, eine starke und wirksame Führungskraft zu sein
- Ambitionierte Karriereziele verfolgen vs. Zeit mit der Familie oder in der Partnerschaft zu verbringen

Zugegeben, die obigen Illustrationen stellen keineswegs immer unvereinbare Pole dar. Für die meisten Menschen stellen sich diese Abwägungen jedoch als Dilemma dar. Und selbst wenn beide Wünsche bzw. Ziele zu vereinbaren sind, ist auch dafür in aller Regel auf anderer Ebene ein Preis zu zahlen.

Logbuch

Prüfen Sie für sich die folgende Frage, bezogen auf ein konkretes Projekt oder Ziel, das Sie für sich verwirklichen möchten. Notieren Sie Ihre Gedanken in Ihrem Logbuch.
➲ Auf was bin ich bereit zu verzichten, um diesen Wunsch zu verwirklichen oder dieses Ziel zu erreichen?

5.3.2.1 Die Bereitschaft, einen Preis zu zahlen

Der Preis für ein Gut bezeichnet im besten Falle den Gegenwert, dem man dem Gut beimisst. Die hochpreisige Stereoanlage oder auch das kostspielige Auto sind uns auch deshalb so wichtig bzw. wertvoll, weil wir dafür eine entsprechend hochwertige Gegenleistung vermuten. Gerade für viele luxuriöse oder aufwendig verarbeitete Produkte gilt die Annahme, dass ein hoher Preis auch mit einer hohen Wertigkeit einhergeht. Und damit ist nicht einmal der Prestigefaktor einer Luxus- oder Designermarke gemeint. Auch bezogen auf unsere eigenen Bemühungen gilt: Je höher der Einsatz, desto wertvoller wird in aller Regel das Ergebnis unserer Bemühungen. Wir sind besonders stolz auf jene Leistungen, für deren Erreichen wir viel Einsatz zeigen oder Opfer geben mussten. Das Erreichen von Spitzenleistungen erfordert häufig ein Maß an Entbehrung und Opferbereitschaft, das wir ansonsten ablehnen oder sogar für „verrückt" halten.

Die Projektmanagerin, die mit hohem Engagement in einer Krisensitzung die unterschiedlichsten Interessen der Projektpartner zu vereinen sucht, um eine Lösung zu finden. Der Tüftler, der regelmäßig bis spät in die Nacht an seiner Erfindung werkelt – und dabei seine sozialen Kontakte vernachlässigt. Die Programmiererin, die alles um sich herum vergisst, um das Problem zu knacken – und dabei nicht auf die Signale ihres Körpers hört. Oder auch die Künstlerin oder der Sportler, die ohne Rücksicht auf die langfristigen finanziellen Perspektiven an ihrem Traum arbeiten. Diese Art von „Besessenheit" von den guten Geistern wird häufig als „Flow" beschrieben. Mihály Csíkszentmihályi (2007) hat diesen Begriff bekannt gemacht und ausgiebig erforscht. Im Flow merken wir gar nicht, welche Anstrengungen wir unternehmen – Arbeit wird beinahe zum selbstvergessenen Spiel. Während dieser Zeit sind wir hochkonzentriert und unser Selbst absorbiert im Augenblick. Wir arbeiten auf Hochtouren, ohne es zu merken.

Doch auch diese Art von Beschäftigung hat natürlich langfristig ihren Preis. Das Bedauern kommt dann im Nachhinein: fehlende Freunde oder soziale Kontakte; das Gefühl von Einsamkeit; der körperliche Abbau und gesundheitliche Symptome; eingeschränktes kulturelles Vergnügen oder anderer Genuss. Wer sich nur über das eine Tätigkeitsfeld definiert, verliert die Anbindung an das weiter gespannte System. Die extreme Fokussierung auf den (kurzfristigen) Moment verstellt den Blick auf die (langfristige) Perspektive. Was kurzfristig notwendig oder förderlich ist, kann langfristig in die Sackgasse führen. Daher ist es so wichtig, das eigene Leben umsichtig und ganzheitlich zu betrachten – mit einem langfristigen Zeithorizont.

5.3.3 Kreidekreis statt Teufelskreis – wenn Entscheiden das Wichtigste ist

Charles de Gaulle soll gesagt haben: „Es ist besser, unvollkommene Entscheidungen durchzuführen, als ständig nach vollkommenen Entscheidungen zu suchen, die es niemals geben wird." Diese Einsicht lässt sich gut an folgender Geschichte vom Kreidekreis verdeutlicht. Sie ist angelehnt an die Version des deutschen Schriftstellers Klabund (Alfred

Henschke) – nicht jene von Bertold Brecht. Die Ursprünge der Geschichte reichen in das China des 11. Jahrhunderts und thematisieren die Entscheidung des Richters Bao Zheng.

Der Kreidekreis

Zwei Frauen behaupten, Mutter eines noch sehr kleinen Babys zu sein. Lange haben sie sich schon gestritten und alle möglichen Bewohner des Dorfes befragt und versucht auf ihre Seite zu ziehen. Die Stimmung im Dorf ist aufgeheizt und alle Bemühungen, eine einvernehmliche Einigung zu finden, sind gescheitert. Es gibt keine objektiven Hinweise und auch keine verlässlichen Zeugen. Die beiden Frauen ziehen daher vor den kaiserlichen Richter, um eine Entscheidung zu erwirken. Nachdem der Richter beide angehört hat, zieht er mit Kreide einen Kreis auf den Boden, legt den Säugling hinein und sagt: „Greift je einen Arm und zieht. Die wahre Mutter wird die Kraft besitzen, ihr Kind zu sich zu ziehen."

An dieser Stelle stoppen wir die Geschichte und stellen einige moralische Fragen. Um was geht es bei dieser Entscheidung? Um das Recht der Mutter? Um das Wohl des Kindes? Um das abstrakte Prinzip der Gerechtigkeit? Vielleicht ein bisschen von allem. Aber worum es eigentlich (!) geht, ist die Entscheidung des Richters. Ob das Urteil gerecht oder ungerecht ist bzw. als solches erlebt wird, ist zwar nicht unwichtig – aber es ist nicht das Entscheidende in dieser Situation. Das Entscheidende ist, dass der Richter ein Urteil fällt. Das Entscheidende ist, dass – wenn die Kontrahentinnen den Gerichtssaal verlassen haben – ein Urteil gefällt worden ist.

Systemisch betrachtet würde ein Nicht-Entscheiden des Richters – der im kaiserlichen Auftrag handelt und das Kaiserliche in diesem Moment repräsentiert – zur Schwächung des gesamten (kaiserlichen) Systems beitragen. Für das System ist nichts schlimmer, als dass es als Ganzes in Frage gestellt wird. Über eine als falsch oder ungerecht empfundene Entscheidung wird man sich eine Weile ärgern. Doch schlimmer wäre es, wenn der Richter ohne Urteil abgezogen wäre. Dies hätte nicht nur seine persönliche Autorität, sondern auch die des kaiserlichen Systems untergraben. Als Repräsentant des Systems musste er eine Entscheidung fällen. Dies trifft im Übrigen bis heute auf alle höchstrichterlichen Entscheidungen zu. Lediglich die unteren Gerichte haben im Ausnahmefall die Möglichkeit, „urteilslos" an die höhere Instanz zu verweisen.

Und auch der Führungskraft im Unternehmen fällt häufig diese Funktion der richterlichen Entscheidung zu. Dies äußert sich vielleicht seltener in Form von ganz bewussten und öffentlichen Entscheidungen zwischen zwei Kontrahenten. Doch von Führungskräften wird immer ein klarer Standpunkt verlangt. Nichts wirkt verunsichernder auf ein Team oder eine Abteilung als ein wankelmütiger und entscheidungsschwacher Vorgesetzter. Eine der Kernaufgaben von Führung ist es, Entscheidungen zu treffen und für diese einzustehen. In diesen Momenten gilt es, die eigenen Werte und Profil zu zeigen. Dies bedeutet jedoch keineswegs, dass hier in jedem Fall „ein Machtwort" gesprochen werden muss. Das sollte die Ausnahme bleiben. Vielmehr ist es häufig auch in verfahrenen Situationen produktiver und langfristig besser für die Entscheidungskultur im Unternehmen, die konkurrierenden Parteien im Dialog zu halten und als Moderator aufzutreten. Als Führungskraft darf man nur keine Scheu vor einsamen Entscheidungen haben, da dies die eigene Position und damit die eigene Führungskraft schwächt. Aus einer souveränen Position der Stärke heraus kann man sich erlauben, auch Entscheidungsprozesse zu moderieren.

Hier nun noch der Ausgang der Geschichte in der Version von Klabund. Es kam zu einem „salomonischen Urteil". Letzterer Begriff hat seinen Ursprung übrigens in einer nahezu identischen Geschichte von zwei Frauen, welche die Mutterschaft von dem alttestamentarischen König Salomon klären lassen wollten. Salomon zückte dazu sein Schwert, um das Kind zu teilen und jeder der Frauen eine Hälfte zu überlassen. Die wahre Mutter wurde erkannt, als sie daraufhin entsetzt ihr Kind unbeschadet der anderen Frau überlassen wollte. Auch der Richter in der Geschichte vom Kreidekreis bewies diese Weisheit und sprach letztlich der Frau das Kind zu, die aus Fürsorge für ihr Kind frühzeitig den Arm des Säuglings losgelassen hatte.

Im folgenden Kap. 6 Kognitiver Pfad stellen wir Ihnen mit dem Tetralemma eine Möglichkeit vor, wie Sie mit indischer Logik und Intuition selbst Entscheidungen treffen können, indem Sie sich auf das beziehen, worauf es wirklich ankommt.

5.4   Der Held, der Tag für Tag Selbstdisziplin zeigt

Ein Held ist nicht immer jemand, der von außen unmittelbar als heldenhaft erkannt wird. Sondern er ist jemand, der regelmäßig die zahlreichen kleinen emotionalen Hürden im Alltag überwindet: nach der Arbeit noch zum Sport gehen; Fremdsprachenkenntnisse vertiefen; regelmäßig Fachliteratur lesen; betriebliche Dokumentationspflichten einhalten; die private Buchführung für die Steuererklärung auf dem Laufenden halten; für Ordnung auf dem eigenen Schreibtisch sorgen. All dies zahlt sich langfristig aus, geht jedoch kurzfristig leicht im Tagesgeschäft unter oder wird aus anderen Gründen vor sich hergeschoben. Für manchen ist es auch eher eine tägliche Herausforderung, negative Gewohnheiten zu unterlassen: zu viel Sitzen; zu viel Süßigkeiten oder andere kalorienreiche Nahrung; zu viel Zeit im Internet vertrödeln; abends zu spät noch fernsehen; sich zu oft über andere Menschen ärgern. Das „Fasten" von diesen Gewohnheiten bedeutet für viele Menschen ebenfalls heroischen Verzicht.

Für die *First Nations* hat eine mündlich gegebene Absichtserklärung oder Zusage eine große Bedeutung. Denn mit dem Ausspruch wird gewissermaßen auch der Geist („*Spirit*") der Aussage entlassen und als eigenständiges Wesen wahrgenommen. Dieser „Spirit" kann später auch nicht mehr zurückgenommen werden. Noch schwerer wiegt der Bruch dieses Versprechens („Commitment"), da über den „Spirit" auch eine Verbindung zum „großen Geist" (*Manitu*) bzw. dem schaffenden Prinzip selbst hergestellt wird. Wer seine Zusagen nicht einhält, schneidet sich somit selbst vom schaffenden Prinzip ab – oder dem Leben an sich. Das Commitment ist daher nicht oder nicht nur eine Zusage gegenüber einer anderen Person, sondern vor allem eine Selbstverpflichtung.

5.4.1   Für Profis ist Selbstdisziplin eine mentale Strategie

Den Schreibtisch aufzuräumen und Süßigkeiten wegzulassen hat nichts Heldenhaftes, sagen Sie? Gut, dann lassen Sie den Begriff weg und nennen es einfach Fleiß und Selbstdisziplin. Der Autor Malcolm Gladwell (2008, S. 35) zitiert in seinem Buch „Outliers" zahlreiche Studien, die den Weg zur Meisterschaft untersucht haben: sei es in der Musik, der Malerei oder auch beim Programmieren von Software. Das einhellige Ergebnis: Es braucht 10.000 Stunden, um eine Kompetenz wirklich meisterhaft zu beherrschen. Laut Gladwell macht erst die Übung das Talent zum Genie, egal ob Mozart, Picasso oder Bill Gates. Insofern stimmt das Sprichwort: Die Übung macht den Meister. Und diese Übung braucht Selbstdisziplin.

▶ Julius Erving, einer der bekanntesten Basketball-Stars in der Geschichte der amerikanischen Profi-Liga NBA, sagt: „Profi zu sein bedeutet, die Dinge die man liebt, zu tun – auch und gerade an jenen Tagen, an denen man sich nicht danach fühlt" (Pink 2011, S. 125).

Logbuch

Prüfen Sie Ihre eigene Selbstdisziplin. Notieren Sie Ihre Erkenntnisse im Logbuch.
➲ Bei welchen Tätigkeiten zeige ich große Selbstdisziplin?
➲ Wie schaffe ich es, mich regelmäßig dafür zu motivieren?
➲ Wie denke ich über die Tätigkeit, sodass es mir gelingt, die Motivation aufzubringen?
➲ Bei welchen Tätigkeiten vermisse ich Selbstdisziplin?
➲ Wie denke ich über diese Tätigkeiten, sodass es mir nicht gelingt, die Motivation aufzubringen?
➲ Kann ich von mir selbst lernen? Kann ich meine Selbstdisziplin-Strategie vom einen Bereich auch auf den anderen übertragen? Wie könnte das gelingen?

Glücklich dürfen sich die Menschen schätzen, für die die Gewohnheit aus einer inneren Haltung gespeist wird. Diese Menschen äußern dann: „Ohne könnte ich gar nicht" oder „Da habe ich nicht lange drüber nachgedacht" oder „Das war doch normal" oder „Das macht man doch einfach so". Es ist einfach keine Frage mehr, dies oder das zu tun – es wird einfach getan.

Logbuch

Stellen Sie sich vor, Sie hätten eine bisher ungeliebte oder vernachlässigte Tätigkeit als „normal" in Ihr Leben integriert. Vielleicht haben Sie sogar inzwischen Spaß daran gefunden. Aber zumindest tun Sie es, ohne lange darüber nachzudenken. Dann fragen Sie sich – und notieren die Antworten in Ihr Logbuch:

⊃ Welche Befriedigung würde ich daraus ziehen, wenn ich diese Tätigkeit gewohnheitsmäßig beibehalten würde?

⊃ Zu wem würde ich mich entwickeln, wenn diese Tätigkeit für mich weiterhin zur Normalität gehören würde?

⊃ Auf welche Weise würde sich mein Selbstverständnis verändern, wenn ich diese Art von Selbstdisziplin weiterhin beweisen würde?

5.4.1.1   Verzichten können: Selbstdisziplin beim Marshmallow-Test

Die Fähigkeit, unmittelbare Belohnungen zugunsten einer zukünftigen, höheren Belohnung aufzuschieben, wurde zuerst Ende der 1960er-Jahre vom österreichische Psychologen Walter Mischel (2015) untersucht. Sein berühmt gewordener Marshmallow-Test zum Gratifikationsaufschub bei Schulkindern kann als Impulskontrolle interpretiert und damit als Teil von Selbstdisziplin verstanden werden. Bei dem Test wurden die Kinder vor die Wahl gestellt, entweder einen vor ihnen liegenden Marshmallow sofort zu verspeisen oder auf den Versuchsleiter zu warten, um später einen zweiten Marshmallow zu erhalten. Es zeigte sich in einer Langzeitstudie, dass diejenigen Kinder später sowohl in der Schule als auch in der akademischen Laufbahn erfolgreicher waren, die bei dem Test länger auf die Belohnung in Form des zweiten Schaumzuckers warten konnten. Neben dieser bemerkenswerten Korrelation förderten die Untersuchungen auch zutage, wie sich die zum Aufschub fähigen Kinder während des Tests verhielten. Eine der erfolgreichsten Strategien war, sich von der Versuchung abzulenken, z. B. indem sich die Kinder auf ihre Hände setzten, ein Lied sangen – oder versuchten, zu schlafen. Manche Kinder redeten mit sich und sprachen sich selbst Mut zu. Mischel ist sicher, dass die Kompetenz des Gratifikationsaufschubs erlernbar ist und keineswegs eine Fessel der Gene. Auch im Erwachsenalter lässt sich diese Kompetenz noch aneignen.

Tipps zur Steigerung der Selbstdisziplin:

- **Visualisierung der Erfolges**: sich selbst sehen (*assoziieren*), während man den Erfolg erlebt
- **Vermeidung von „Versuchungen"**: z. B. Ablenkungen in Form von Telefonaten, sozialen Medien oder kommunikativen Kollegen
- **Sich selbst Mut zusprechen**: positive Affirmationen nutzen
- **Drohszenarien entwerfen**: für den Fall, dass man der Versuchung nicht widersteht
- **Ziel-Chunking**: das große Ziel in kleine Ziele unterteilen (z. B. zeitlich)

5.4.2   Die Macht des Rahmens: Haltung braucht Halt

Handeln wird sowohl von den Motiven und Überzeugungen des Handelnden bestimmt wie auch vom rahmengebenden Kontext. Die Selbstdisziplin buddhistischer oder auch mancher christlicher Klostermönche oder -Nonnen ist bewundernswert und speist sich aus einem Streben nach dem höheren Sinn, den diese Menschen in ihrer Religion sehen. Dies lässt sie jeden Morgen in aller Frühe zum Gebet auf die Knie gehen. Gleichermaßen spielt jedoch eine Rolle, dass der klösterliche Ablauf diesen Rahmen festlegt. Die Mönche und Nonnen haben um eine gewissen Uhrzeit zu beten – so sieht es die klösterliche Sitte vor. Dem oder der Einzelnen ist die Entscheidung dadurch in gewisser Weise abgenommen. Natürlich könnte der Einzelne theoretisch entscheiden, mal einen Morgen auszuschlafen und erst später den Tag zu beginnen. Realistisch ist das jedoch nicht, denn es stellt sich gar nicht die Frage, ob dies im eigenen Ermessen liegt. Der Tabubruch wäre ungeheuerlich. Liegenzubleiben ist einfach undenkbar. Auch außerhalb der klösterlichen Mauern ist das Leben voll von diesen rahmengebenden Ritualen. Für viele ist der Arbeitsbeginn mit einer genau getakteten Anwesenheit im Büro verbunden. So paradox es auf den ersten Blick scheinen mag: Diese Rituale helfen, Selbstdisziplin zu zeigen.

Mancher wird sich jetzt fragen: Aber ist Selbstdisziplin nicht gerade die innerliche Unbeugsamkeit, die ohne Unterstützung von außen auskommt oder sogar gegen alle Widerstände zum Handeln antreibt? Möglich ist diese Form der Selbstdisziplin, jedoch nicht die Regel. Ein erlebter höherer Sinn kann einen Menschen auch dauerhaft zu Höchstleistungen anstacheln. Sportler, die für die Olympischen Spiele trainieren, beweisen über Jahre hinweg höchste Selbstdisziplin. Gleichzeitig sind sie in aller Regel in einen Verband eingebunden, der auf die regelmäßige Leistungserbringung pocht – auch während der Olympiade (welche die Zeit zwischen den Olympischen Spielen bezeichnet). Der Bruch mit diesen Vorgaben wäre ein Tabu und würde den Ausschluss aus der Gemeinschaft der (geförderten) Sportler bedeuten.

Umgekehrt machen es andere Rituale besonders schwer, Selbstdisziplin aufrecht zu erhalten. Wenn der ganze Tag von Hektik und einem vollgepackten Terminkalender bestimmt ist, dann braucht es ein außerordentliches Maß an Selbstdisziplin, um abends doch noch alleine Sport zu machen – statt sich mit einem fettigen Wohlfühllessen auf der Couch zu verwöhnen.

Rituale müssen nicht immer extern vorgegeben sein. Genauso hilfreich kann es sein, sich selbst Rituale zu geben. Die Einführung eines Eigenrituals ist möglich – erfordert jedoch bereits ein gewisses Maß an Selbstdisziplin. Zugegeben: Hier beißt sich die Katze selbst in den Schwanz. Die gute Nachricht ist jedoch, dass jeder und jede auf ein Potenzial an Selbstdisziplin zurückgreifen kann. Denn wir alle kennen Bereiche oder Tätigkeiten, in denen wir mit oder ohne externen Rahmen (selbst)diszipliniert handeln. Dieses Talent können wir von einem auf den anderen Bereich übertragen.

Logbuch

Notieren Sie sich in Ihr Logbuch Ihre Gedanken zu diesen Fragen:
- ⮕ Welche Rituale und Mitstreiter unterstützen mich darin, meine Selbstdisziplin bei manchen Tätigkeiten aufrecht zu erhalten?
- ⮕ Welche lästigen oder aufgezwungenen Aufgaben und Pflichten unterstützen mich dabei, regelmäßig und (selbst)diszipliniert bestimmte Aufgaben zu erledigen?

⊃ Welche Rituale könnte ich nutzen, um meine Selbstdisziplin in Bereichen zu stärken, in denen ich gerne disziplinierter wäre?

⊃ Welche Mitstreiter und Unterstützer könnte ich gewinnen, um dies zu erleichtern?

Besonders der letzte Punkt ist wichtig: Wir raffen uns viel häufiger – und in aller Regel
auch leichter! – beispielsweise zum Sport auf, wenn wir uns mit einem Kollegen oder
Freund dazu verabreden. „Ich kann den anderen ja schließlich nicht hängen lassen", denken wir uns. Auch der Personal Trainer übernimmt diese Rolle. Neben der professionellen Anleitung geht es vielen Menschen darum, einen Termin zum Sport zu haben – und
jemanden, dem man sich bis zu einem gewissen Grad verpflichtet fühlt. Der Aspekt der
Beziehung zum anderen spielt eine große Rolle, denn auch hier gilt: Verbindung schafft
Verbindlichkeit (siehe Kap. 4.2 Meine Identität).

5.4.3   Rituale zur Stärkung der Selbstdisziplin

Wie lässt sich ein Ritual zur Stärkung der Selbstdisziplin initiieren? Hierzu ist es hilfreich,
sich die *Kulturzwiebel* (siehe Kap. 2.6 Mit den Augen der Ethnologen) in Erinnerung zu
rufen. Im Inneren der Kulturzwiebel liegen die – an sich unsichtbaren – Werte und Haltungen. In diesem Falle also konkret die Selbstdisziplin. Diese zeigt sich im Außen durch
Rituale (Handlungen), „Helden" bzw. Vorbilder (oder auch Mitstreiter) und Symbole. Um
eine Kultur der Selbstdisziplin zu stärken, ist es nützlich, sich diese Schichten zur Hilfe zu
nehmen. Sie können aber auch die Rituale von nicht nur indigenen, sondern auch anderen
Völkern genauer betrachten – darin gibt es diese wiederkehrenden Elemente:

• Zeremonie zur Einführung
• Regelmäßige Ausführung des Rituals
• Andere partizipieren lassen
• Symbole und Artefakte einsetzen
• Erfolge feiern

5.4.3.1   Zeremonie zur Einführung

Der feierliche Startschuss ist wichtig, um einen bewussten Beginn festzulegen und die
Bedeutung des Rituals zu markieren. Selbst wenn der Kopf eigentlich schon weiß, wie
wichtig ein Vorhaben ist, verlangt der Bauch auch nach einem emotionalen Anker, um
die Relevanz zu verinnerlichen. Dazu kann es auch nützlich sein, die Zeremonie in einem
öffentlichen Rahmen oder zumindest vor Vertrauten durchzuführen – statt dies nur für sich
allein zu tun.

Ein Ritual ist immer mehr als nur eine Handlung. Die Handlung ist nie Selbstzweck, sondern vielmehr nur Mittel zu einem höheren Zweck. Stellen Sie diesen dahinter liegenden
Sinn von Anfang an in den Mittelpunkt! Im übertragenen Sinne heißt das: Man muss die

„guten Geister" anrufen und sich des höheren Sinns vergewissern. Das Ritual würdigt und dient diesem höheren Zweck. Ansonsten würde es allzu leicht zu einer lästigen Tätigkeit geraten.

Übertragung auf den Business-Kontext

Wollen Sie zum Beispiel eine neue Fremdsprache lernen, um sich auf eine Auslandsentsendung vorzubereiten, so können Sie den Entschluss mit Freunden feiern (z. B. indem Sie einen „landestypischen" Abend gestalten mit passendem Essen und Filmen).

In einem anderen Fall, kann es bereits ausreichen, den eigenen Entschluss im Kreis der Kollegen kundzutun. „Heute beginne ich damit …" oder auch: „Gestern war das letzte Mal, dass ich …" Hierbei steht dann zwar weniger der zeremonielle Charakter im Vordergrund, aber der Aspekt der öffentlichen Bekundung bleibt erhalten.

Die Bedeutung der Zeremonie ist dann besonders groß, wenn es um die Motivation und Selbstdisziplin einer Gruppe oder eines Teams geht: Veranstaltungen zum Kick-off eines Projekts dienen vor allem diesem Zweck.

5.4.3.2   Regelmäßige Ausführung des Rituals

Analysiert man die Rituale unterschiedlicher Kulturen, tritt ein eindeutiges Muster zutage: Es gibt große und aufwendige Rituale, die jedoch eher selten vollzogen werden (häufig im Jahresrhythmus): das Weihnachtsfest der Christen, der *Sonnentanz* der *First Nations*, die Sommerfeier im Betrieb oder auch die Jahreshauptversammlung einer Aktiengesellschaft. Demgegenüber gibt es die kleinen, aber häufig durchgeführten Rituale: das „Montagsmeeting" in der Abteilung, das Fitness-Training zweimal in der Woche, das tägliche Zähneputzen. Dazwischen tummeln sich die mittelgroßen und mittelhäufig durchgeführten Rituale: der gelegentliche Kirchenbesuch im besten Anzug, der Besuch der Verwandtschaft alle paar Monate, die Quartalskonferenzen im Unternehmen.

Für den Aspekt der Selbstdisziplin ist es in den meisten Fällen nützlicher, ein kleines, dafür aber regelmäßiges Ritual zu nutzen. Daneben kann allerdings auch ein großes und aufwendiges Ritual hilfreich sein, um sich selbst zu zeigen: „Ja, ich kann es noch!" Stellen Sie sich einen Läufer vor, der neben seinem wöchentlichen Training zumindest einmal im Jahr an einem Marathon teilnimmt. Oder auch ein halbjährliches Großreinemachen im Frühjahr und Herbst, das im Büro nicht nur bedeutet, dass Sie Ihren Schreibtisch leer räumen, sondern auch alte E-Mails und Dateien auf Ihrem Rechner ausmisten.

5.4.3.2.1   Rituale an Routinen andocken

Am leichtesten geht es, wenn neue Routinen oder Rituale an bereits bestehende angedockt werden. Das Verknüpfen von Ritualen hat eine lange Tradition. Manche christlichen Rituale (z. B. das Erntedankfest) lehnen sich in ihren Abläufen oder auch Symbolen sehr an die ursprünglich heidnischen Bräuche an. Auf diese Weise wird eine ohnehin bestehende Routine umgedeutet (sogenanntes *Reframing*) und leicht modifiziert, um den neuen, gewünschten Vorstellungen zu entsprechen. Dies kann man sich auch für die eigenen Vorhaben zunutze machen.

Legen Sie sich Erinnerungsanker „in den Weg", sodass Sie ganz automatisch an das Ritual erinnert werden. Nach einiger Zeit verblassen viele dieser Anker zwar wieder – der gelbe Zettel am Spiegel wird dann gar nicht mehr wahrgenommen –, aber bis dahin sind diese vielleicht schon zur tatsächlichen Routine geworden und brauchen keine Erinnerungsstütze mehr. Nutzen Sie diese Verkettung von Routinen v. a. für die Einführung eines neuen Rituals. Wenn Sie zum Beispiel mehr achtsame Momente in Ihr Leben integrieren wollen, können Sie das ohnehin täglich mehrfach durchgeführte Zähneputzen als Gelegenheit zur Reflexion nutzen. Schließen Sie direkt im Anschluss an das Zähneputzen die Augen und nehmen noch im Badezimmer für eine Minute den eigenen Atem bewusst wahr.

Übertragung auf den Business-Kontext
Im Beispiel des Fremdsprachenlernens: Sofern Sie regelmäßige Wartezeiten haben (im Zug oder Flugzeug, auf dem Bahnhof oder Flughafen) nehmen Sie sich vor, diese mit kleinen Lerneinheiten zu verbinden. Gerade fremdsprachliche Hörbücher oder Audio-Sprachhilfen sind dafür geeignet. Oder Sie verbinden Dinge, die Sie ohnehin tun würden, mit der neuen Sprache: Kino oder Nachrichten (via Internet) in einer anderen Sprache hören und/oder lesen. Oder Sie setzen die Startseite Ihres Browsers (auch auf dem Smartphone) auf ein fremdsprachliches Nachrichtenportal, das Sie bei jedem Öffnen kurz betrachten.

Logbuch

Notieren Sie in Ihrem Logbuch:
➲ Wo in meinem Alltag kann ich kleine Veränderungsrituale an bestehende Routinen andocken?

5.4.3.3   Andere partizipieren lassen

Eine afrikanische Weisheit besagt: „Willst Du schnell vorankommen, gehe alleine. Willst Du weit kommen, gehe in Gemeinschaft." Selbstdisziplin ist ein Marathon, kein Sprint, daher ist die Unterstützung durch andere Menschen so wichtig. Neben den Anfeuerungsrufen der solidarischen Zuschauer ist es genauso entscheidend, Mitläufer zu haben. In diesem Sinne ist Konkurrenz das Beste, was einem passieren kann. Etymologisch heißt konkurrieren nämlich nichts anderes, als gemeinsam zu laufen (lateinisch „concurrere"). Doch die Einbeziehung von anderen Menschen kann Sie auf vielfältige Weise unterstützen, Ihr Vorhaben diszipliniert zu verfolgen. Nehmen Sie es sportlich und akzeptieren Sie Ihr Streben nach Selbstdisziplin als Wettkampf.

- **Öffentliches Bekenntnis:** Machen Sie es öffentlich und lassen Sie andere von Ihrer „Challenge" wissen. Sie werden nach einem öffentlichen Bekenntnis weniger leicht davon zurücktreten können. Machen Sie es sich schwer, vom eingeschlagenen Pfad allzu leicht abzuweichen oder diesen aufzugeben. Nutzen Sie Ihr Pflichtbewusstsein und Ihr Schamgefühl, um sich (im besten Sinne) selbst ein Schnippchen zu schlagen.
  - Beispiel: Sie wollen in Vorbereitung auf Ihre neue Stelle in Brasilien Portugiesisch lernen. Erzählen Sie dies im Kollegen- und Bekanntenkreis bereits zu Beginn.
- **Zwischenschritte zeigen**: Zeigen Sie anderen, dass Sie dran bleiben. Lassen Sie sich beklatschen und anfeuern, wenn Sie etwas vorzuzeigen haben. Und dass nicht erst am Ende, sondern auch schon entlang des Weges. Zeigen Sie nicht nur das finale Resultat, sondern auch schon die Zwischenschritte und kleinen Erfolge. Selbst kleinere Misserfolge und Durststrecken werden leichter, wenn man von (freundlich gestimmten) Beobachtern unterstützt wird.
  - Beispiel: Bestellen Sie in einem portugiesischen oder brasilianischen Restaurant in der Landessprache.
- **Konkurrenz**: Nutzen Sie die Chance, die in einem Konkurrenten liegt. Ob unter Freunden, Kollegen oder auch Widersachern: Konkurrenz spornt an. Suchen Sie sich dazu einen Wettbewerber vergleichbarer Leistungsstärke. Ist dieser zu stark, werden Sie zu schnell frustriert. Sind Sie zu stark, wird der Konkurrent kein Ansporn sein, sondern Sie träge werden lassen. Im Langstreckenlauf und auch beim Radrennen gibt es gelegentlich vom Veranstalter gestellte Läufer (die sogenannten „Hasen"), die zu Beginn das Tempo vorgeben und damit die Hauptläufer unterstützen, eine gute Zeit zu erzielen.
  - Beispiel: Fangen Sie gemeinsam mit einem Kollegen an, der ebenfalls in vergleichbarer Situation ist. Selbst wenn er vielleicht nach China muss, statt nach Brasilien – vergleichen Sie Ihr jeweiliges Sprachniveau und machen einen (vergnüglichen) Wettkampf daraus.
- **Mitstreiter**: Gewinnen Sie „Mitläufer". Ein langer Weg lässt sich leichter gehen, wenn man nicht jeden Schritt alleine machen muss. Man kann sich gegenseitig ermuntern, nach Niederlagen ermutigen oder auch gemeinsam nach Lösungen suchen. Und manchmal tut es einfach gut, sich für eine Weile mit einem Leidensgenossen über die Schwierigkeiten und eigenen Befindlichkeiten auszutauschen.
  - Beispiel: Finden Sie online oder auch lokal einen Lern-Buddy, mit dem Sie sich austauschen können. Sei es per E-Mail, Telefon oder Web-Konferenz.

5.4.3.4 Symbole und Artefakte einsetzen

Symbole und Artefakte helfen bei der Erinnerung an das Ritual und dessen dahinter liegenden Sinn. Zu Beginn eines Sprachkurses gönnt man sich vielleicht ein hochwertiges Paar Ohrstöpsel, um auch auf Reisen den Audio-Inhalten folgen zu können. Wer eine neue berufliche Position annimmt, legt sich vielleicht einen schicken neuen Anzug zu. Das beginnende Fitness-Programm wird mit einem Satz neuer Sportkleidung und dem Kauf einer Körperfettwaage unterstützt.

Doch es braucht nicht immer kostspielige Artefakte. Manchmal tut es ein Zettel am Garderobenspiegel, der zu mehr Gelassenheit aufruft. Oder es ist ein weiser oder aufmunternder Spruch auf dem Bildschirmschoner des Smartphones, der zu mehr Achtsamkeit auffordert.

Auch ein Vorbild kann eine gute Erinnerungsstütze für eine Haltung oder auch ein Verhalten sein. Im Model der Kulturzwiebel sind dies die Helden. Gerade bei dem Aspekt der Selbstdisziplin wirkt es oft Wunder, sich zu fragen: Was würde mein Vorbild XY in dieser Situation wohl tun? – Allein diese Frage reicht häufig aus, um sich wieder auf das zu besinnen, was einem wichtig ist.

5.4.3.5 Erfolge feiern

Können Sie sich einen Comic von Asterix und Obelix vorstellen, in dem der Erfolg am Ende nicht mit einem deftigen Wildschwein-Gelage gefeiert wird? Wohl kaum. Erfolge zu feiern, gehört einfach dazu. Das – im besten Falle öffentliche – Feiern erfüllt eine Reihe von Funktionen: Es ist der Moment, in dem der Würdigung des Erreichten Raum gegeben wird. Wie bereits bei der Eröffnungszeremonie spielt hier die Öffentlichkeit eine verstärkende Rolle. Alle Entbehrungen bekommen dadurch ihren Sinn: Es wird an den höheren Sinn erinnert, dem diese Opfer dienten.

Entscheidend ist, dass das Feiern mit einem Belohnungsgefühl verbunden ist. Nicht wenige Menschen haken Erfolge einfach ab und gehen weiter. Und selbst wenn sie diese feiern, dann häufig nur mechanisch oder der Form halber. Doch diese Art von besinnungslosem Feiern ist im Grunde verschenkte Lebenszeit. Denn die innere, auch emotionale Unterschiedsbildung zur Phase der disziplinierten Anspannung ist enorm wichtig. Es braucht den Moment des inneren Loslassens – wissend, dass auch dies kein Dauerzustand ist. Wenn die regelmäßige Übung den Muskel der Selbstdisziplin trainiert, dann ist das Feiern der Erfolge die notwendige Erholungsphase, die dem Muskel überhaupt das nächste Training ermöglicht.

5.4.4 Mehr vom Guten machen: Tipps zum Durchhalten

Befragt man Menschen, die sich durch große Selbstdisziplin und Zähigkeit auszeichnen, wie sie sich dauerhaft motivieren können, erhält man eine große Bandbreite von Antworten. Wie bei vielen nützlichen Tipps zeichnen sich diese weniger durch ihre Komplexität oder Tiefsinnigkeit aus, als vielmehr durch ihre anwendbare Einfachheit. Häufig ist es nicht mehr als gesunder Menschenverstand. Doch gerade dieser geht in schlechten Momenten schnell verloren. Da ist eine kleine Erinnerung an das Machbare oft hilfreich. Denn das Machen macht den Unterschied – gerade bei den folgenden Hinweisen:

- **Sich das höhere Ziel bewusst machen**: Erinnern Sie sich immer wieder daran, aus welcher Motivation heraus Sie durchhalten wollen. Kaum ein Ziel ist Selbstzweck. Vielmehr dient fast jedes Ziel einem dahinter liegenden Ziel – oder einem darüber liegenden höheren Zweck. Nichts korrumpiert das Durchhaltevermögen so wie die Frage: „Warum tue ich mir das bloß alles an?"

- **Akzeptieren, dass es ist, wie es ist**: So banal es klingt – das Unausweichliche zu akzeptieren ist der erste Schritt, um voranzukommen. Körperliches Unbehagen, miese Umstände, fiese Mitmenschen, eine ungerechte Behandlung – jedes nur erdenkliche Ungemach muss zunächst angenommen werden. Die Situation zu leugnen oder nach den Schuldigen zu suchen, lenkt die Energie nur von der notwendigen Tätigkeit ab.

- **Das Licht am Ende des Tunnels im Blick behalten**: Wenn man knietief in der Frustration steckt oder einem das Wasser schon bis zum Hals steht, scheint das Durchhaltevermögen auf eine schier endlose Probe gestellt zu werden. Dann ist es nützlich, sich der Endlichkeit der Durststrecke bewusst zu werden. Manchmal hilft dann sogar eine fast fatalistische Einstellung: „Egal wie es läuft, in X Stunden/Tagen/Wochen ist es vorbei."

- **Sich selbst anfeuern**: Klingt seltsam, ist aber eine der effektivsten Möglichkeiten, die eigene Selbstdisziplin zu stärken.
  - „Da musst du jetzt durch."
  - „Los jetzt! Diese Aufgabe soll heute noch fertig sein."
  - „Du kannst das – du schaffst das."
  - „So eine Aufgabe ist dir in der Vergangenheit bereits gelungen. Also, auf ein Neues!"

- **In den Spiegel schauen**: Studien zeigen, dass Menschen, die sich beobachtet fühlen oder sich selbst im Spiegel sehen, ihren eigenen Werten und den äußeren Normen treuer sind. Nutzen Sie diese einfache Möglichkeit, um sich selbst „ernst in die Augen zu schauen".

- **Wut im Bauch zulassen**: Kurzfristig kann es sehr hilfreich sein, die eigene Frustration und Verärgerung zur Überwindung von Hindernissen zu nutzen. Doch Vorsicht: Dieser extra Kick an Energie darf nicht zum Dauerzustand werden, da sonst langfristig somatische Beschwerden die Folge sein können. Die Wut im Bauch äußert sich dann manchmal in Magengeschwüren oder Verdauungsproblemen.

- **Erfolge sehen**: Ein häufig gemachter Fehler ist es, ausschließlich auf die vor einem liegende Strecke zu schauen. Das Erreichte ist ebenso wichtig, denn es ist der Ausweis der eigenen bisherigen Zähigkeit. Vielfach redet man sich die bisherigen Fortschritte auch klein. Auch „Baby-Schritte" zählen! Schärfen Sie Ihre Wahrnehmung für diese kleinen Fortschritte.

- **Mentale Brücken bauen**: Es gibt zwei mentale Strategien, wie man auf eine größere zu bewältigende Aufgabe schauen kann. Beide können gut funktionieren. Die eine Strategie repräsentiert einen Berg von Arbeit, der nach und nach abgetragen wird. Das Negative wird weniger und man entfernt sich Stück für Stück vom defizitär bewerteten Zustand. Auch das Rückwärtszählen bis zu einem Stichtag fällt unter diese Kategorie. Diese Strategie könnte man als Defizit-Abbau (oder auch „Weg von"-Strategie) bezeichnen. Stellen Sie sich vor, wie ein riesiger Stapel an Dokumenten nach und nach weniger wird oder Sie die Punkte einer To-do-Liste nacheinander abhaken. Demgegenüber steht beim Bonus-Aufbau im Vordergrund, Positives hinzuzugewinnen. Stein auf Stein wächst das Haus oder Puzzlestück für Puzzlestück fügt sich das Bild zusammen. Jeder Schritt bringt einen ein Stückchen dem Gipfel näher. Nach und nach leuchtet ein grünes Lämpchen mehr auf dem Projektplan. Finden Sie heraus, welche Strategie für Sie am besten geeignet ist.

- **„Den Atem des Drachen spüren"**: Für manche Menschen kann es nützlich sein, sich frühzeitig (!) das Drohszenario des Scheiterns und seiner Auswirkungen vor Augen zu führen – und daraus Durchhaltewillen zu beziehen. Im Sinne der obigen „Weg von"-Strategie kann dies eine effektive Möglichkeit für einen mentalen „Tritt in den Hintern" sein. Diese Strategie ist jedoch vor allem bei frühzeitiger Anwendung sinnvoll, denn erfahrungsgemäß stellt sich die Angst vor dem Drachen kurz vor Abgabetermin (oder der sonstigen Deadline) meist ohnehin ein.
- **Rituale festlegen**: Je nach Tätigkeit, für die Zähigkeit gefragt ist, kann das unterstützende Ritual dazu sehr unterschiedlich aussehen. So können Sie für die Zeit der Tätigkeit eine Kerze anzünden (die Sie auch wieder löschen, sobald Sie eine Pause einlegen), eine bestimmte Musik auflegen oder sich einen Tee aufgießen.
- **Ablenkung reduzieren**: Ein Tipp für ungestörtes Arbeiten auch im Alltag: Für die Zeit der intensiven Bearbeitung Telefon ausschalten, das Internet oder zumindest soziale Online-Netzwerke schließen und spontane Kontakte vermeiden.
- **Symbole einsetzen**: Visuelle oder auch haptische Anker verwenden, die für Zähigkeit oder auch das zu erreichende Ziel stehen – sei es ein Bild an der Wand oder als Desktop-Hintergrund, ein Notizzettel am Spiegel, ein persönlich bedeutsamer Gegenstand oder ein Artefakt aus der Familienhistorie.
- **Eigenmetapher finden**: Als wer fühlen Sie sich, wenn Sie so zäh und diszipliniert dranbleiben? Finden Sie eine Metapher, die Sie insgesamt als positiv (!) bewerten und die in Ihren Augen für großes Durchhaltevermögen steht: die fleißige Biene; den wagemutigen Abenteurer; den buddhistischen Zen-Mönch oder den stolzen Samurai.
- **Pausen einlegen!** Regelmäßig Pause machen. Entweder nach Bedarf oder – wenn Sie dazu neigen, die Pausen zu vergessen – geplant und mit Weckruf, der Sie beizeiten daran erinnert.
- **Persönliches Energie-Management**: Je gesünder und leistungsstärker Sie sich fühlen, desto leichter werden Sie auch die Zähigkeit für die unangenehmen Dinge aufbringen. Essen Sie gesund; schlafen Sie ausreichend; gehen Sie in die Natur oder zumindest an die frische Luft.
- **Sozialen Kontakt pflegen**: Sich mit anderen auszutauschen, kann Wunder wirken. Es liefert im Bedarfsfall nicht nur emotionale Unterstützung, sondern hilft allgemein, auf andere Gedanken zu kommen. Auch das Gespräch unter „Leidensgenossen" kann sehr hilfreich sein, denn geteiltes Leid ist halbes Leid. Die Gespräche dürfen nur nicht zu einem Dauerjammern verkommen.

5.5 Der Held, der klaglos Phasen des Leidens erduldet und Opferbereitschaft zeigt

Selbstdisziplin und Opferbereitschaft sind verwandte Motive. Während bei der Selbstdisziplin jedoch der Nutznießer in der Regel nur der Handelnde selbst ist, wird durch die Opferbereitschaft häufig (auch) jemand anders begünstigt. Die Übergänge sind jedoch fließend. Wenn man die Namen Mutter Theresa oder Mahatma Gandhi hört, denkt man unmittelbar an den selbstlosen Einsatz für andere Menschen bzw. den gewaltlosen Widerstand gegen Unterdrückung und Ungerechtigkeit. Dieser Einsatz für das höhere Gut ist nur unter großen Opfern möglich. Doch auch im privaten Bereich des Alltags sind wir häufig herausgefordert, Opferbereitschaft zu zeigen, ob wir es wollen oder nicht: Krankheiten (eigene oder die von Angehörigen), Unfälle oder Behinderungen (ob durch Unfall oder angeboren). Für manche Berufstätigen ist die Pflege der kranken oder altersschwachen Eltern eine Bürde, die nur mit großer Opferbereitschaft zu schultern ist.

Logbuch

Manchen Menschen fällt es leichter als anderen, mit solchen Schicksalsschlägen umzugehen. Kennen Sie solche Menschen (oder gehören Sie vielleicht selbst dazu)? Prüfen Sie für sich die folgenden Fragen und notieren Sie Ihre Gedanken in Ihrem Logbuch.
- ⮑ Was wäre, wenn ich selbst so ein Mensch wäre, der mit Schicksalsschlägen leichter umgehen könnte (als viele andere)?
- ⮑ Was würde mir dann möglich sein?
- ⮑ Zu welcher gereifteren Version meiner selbst würde ich mich dann entwickeln?

5.5.1 Opferbereitschaft nährt sich aus dem Streben nach einem höheren Sinn

Noch viel stärker als die Selbstdisziplin nährt sich die Bereitschaft, Ungemach und sogar Leid zu erdulden, aus dem Streben nach einem höheren Sinn. Dieser höhere Sinn kann dabei sehr individuell sein und muss keineswegs immer gemeinnützig sein. Auch eine eher abstrakte Idee oder Vision kann den Einzelnen antreiben, was in manchen Fällen sogar der Ausgangspunkt für eine Firmengründung ist. Manchmal ist es auch das Empfinden einer Verpflichtung gegenüber der eigenen Familienhistorie, die einen Menschen dazu motiviert, z. B. der Tradition zu folgen, statt sich nach den persönlichen Wünschen zu richten. Neben ideellen Aspekten können natürlich auch materielle Gewinne oder Statusaspekte ein Motivator sein, wie z. B. bei einer erfolgreichen Karriere, die nicht nur mit finanziellem Erfolg, sondern auch Ansehen einhergeht. Doch materielle Aspekte und Status motivieren häufig nur bis zu einem bestimmten Grad. Und für manch einen verlieren sie bereits früh ihre motivierende Wirkung, wenn der empfundene Preis dafür (z. B. ein Verlust an Lebensqualität) zu hoch wird.

Etwas mit Leidenschaft zu tun, beinhaltet die Bereitschaft, dafür Opfer zu geben. Wer „für etwas brennt", kann ungeheure Energie aus dem eigenen Handeln ziehen. Bei vielem, das wir mit Hingabe und Leidenschaft tun, bemerken wir die Opfer gar nicht, die wir dafür bereit sind zu geben – zumindest nicht kurzfristig. Langfristig zahlen wir dann zwar möglicherweise einen hohen Preis, doch auch dieser steht dem „Gegenwert" des erfahrenen Sinns gegenüber.

Häufig sind die sinnstiftenden Aspekte höchst individuell und von außen betrachtet sogar teilweise banal. Vielfach haben diese Aspekte ihren Ursprung auch nicht im beruflichen Bereich. Denn nicht jeder kann oder will im Beruf auch eine Berufung sehen. Doch das ist auch nicht nötig, um durch einen Sinn – der in einem anderen Bereich des Lebens (z. B. im sozialen oder seelischen) seinen Ursprung hat – auch im beruflichen Bereich motiviert zu werden. Denn dann ist der Beruf zwar nicht Selbstzweck, aber immerhin noch ein gutes Mittel, um die Ressourcen für das Sinnstreben in einem anderen Bereich bereitzustellen.

▶   Fakt ist: Wer für sich klar hat, wofür er lebt und wofür er arbeitet, kann auch
     Phasen der Belastung leichter erdulden.

Zur Opferbereitschaft im Business gleich mehr.

5.5.2   Der Sinn des Sonnentanzes: Opfergabe und Dankbarkeit

Im Anschluss an die Zeremonie des vierten Tages, nachdem alle Sonnentänzer ihr Opfer gebracht haben, gibt es ein großes Dankesritual. Dabei bringen einzelne Mitglieder des Stammes oder auch ganze Familien Dankesgaben, die sie an die Sonnentänzer verschenken. In der Lodge breiten sie dazu Dutzende von Geschenken aus: Decken, Kissen, Äxte, aber auch mal Spielzeug, sowie viele andere – meist nützliche – Gegenstände aus dem Haushalt oder dem Bedarf des täglichen Lebens. Jeder Sonnentänzer wird von den Schenkenden mit Handschlag begrüßt und darf sich anschließend aus den auf dem Boden ausgebreiteten Spenden frei bedienen. Nachdem alle Sonnentänzer gewählt haben, werden die verbleibenden Gegenstände an die bedürftigen Mitglieder der Gemeinschaft gespendet. Auf diese Weise stiftet das Ritual auch einen karitativen Nutzen und unterstreicht, wie bedeutsam die Aspekte von Gemeinschaft und Verbundenheit beim Sonnentanz sind.

Erfahrungen aus dem Reservat

Wir selbst waren sehr überrascht, als wir zu diesem Ritual gerufen wurden; unser Elder Murray hatte uns nichts davon gesagt. Wir waren sehr dankbar, am hohen Ritual des Sonnentanzes teilhaben zu dürfen. Und dann bekamen wir zu allem Überfluss auch noch Geschenke! Wir konnten die Gaben natürlich nicht ablehnen, nahmen uns jedoch jedes Mal nur kleine, symbolische Geschenke. Uns wurde erst in diesem Moment so richtig bewusst, welche Bedeutung die Opfergabe des Sonnentanzes für die First Nations hatte.

Auch für uns persönlich hatte die Teilnahme am Sonnentanz eine Bedeutung, die über die individuelle Entwicklung hinausgeht. Unser Anspruch war immer, nur authentisch über das zu berichten, was wir selbst erlebt haben. Ein reines Buchwissen über indigene Kulturen war und ist uns nicht genug. Daher hat uns dieses Erlebnis auch den Legitimationsraum geöffnet, authentisch über unsere Erfahrungen sprechen zu können. Unser Elder Murray der auch für die medizinische Versorgung verantwortlich war, nahm uns direkt im Anschluss an die Opfergabe zu sich und sagte: „ You are warriors now. When you are back home, tell your people. Tell them, how much we love Mother Earth." Für uns bedeutete dies nicht nur eine enge Verbundenheit mit ihm und den First Nations, sondern auch die Erlaubnis und Aufforderung, diese Erlebnisse außerhalb der indigenen Gemeinschaft mit Menschen zu teilen.

Die Erfahrung aus dem Reservat zeigt, dass der Sonnentanz keineswegs eine individuelle Mutprobe oder ein rein persönlicher Initiationsritus ist. Die eigene Zähigkeit unter Beweis stellen zu können, ist eher ein Nebeneffekt der Zeremonie. Vielmehr ist der Sonnentanz ein leidenschaftlicher Dienst an der Gemeinschaft. Eine Heldentat, die im besten Sinne eine Opfergabe für das Gemeinwesen ist. Der Gedanke der Opferung – also des persönlichen Erduldens von Leid für ein höheres Gut – ist auch in westlichen Ritualen enthalten. Viele klösterliche Gemeinschaften tragen das Gebot von Armut („ora et labora" des Benediktiner-Ordens) und Franziskaner-Mönche leben ein einfaches Leben in Enthaltsamkeit. Alle Christen sind in der Zeit vor Ostern zum Fasten angehalten, alle Muslime während des Ramadan.

Das Dankesritual im Anschluss zeigt, wie ungeheuer wichtig der Aspekt des Austausches in diesem Zusammenhang ist. Jenseits der materiellen Gabe ist es vor allem die öffentliche Würdigung der Sonnentänzer, die Anerkennung ausdrückt. Auch die persönliche Danksagung in Form des Händeschüttelns drückt die Wertschätzung gegenüber den Tänzern aus. Die Anteilnahme des gesamten Stammes an dieser abschließenden, langen Zeremonie macht deutlich, dass der Sonnentanz auch Ausdruck des Empfindens von Verbundenheit ist. Die auf den ersten Blick individuelle „Höchstleistung" und Passion der Sonnentänzer erfüllt eine soziale Funktion und wird entsprechend in der und durch die Gemeinschaft gewürdigt.

5.5.3   Opferbereitschaft im Business

Fach- und Führungskräften in gehobener Position werden Opfer abverlangt, ob sie es wollen oder nicht. Kurz- und mittelfristig können sie sich den Anforderungen kaum entziehen, wenn sie ihren Verpflichtungen nachkommen will. Langfristig sollte jeder für sich entscheiden, ob er oder sie bereit ist, den geforderten Preis dafür zu zahlen. Die Beispiele über alle Zeithorizonte sind vielfältig:

- Anspruchsvolle Projekte verlangen häufig über Wochen und Monate Überstunden.
- Angestrebte Karriereschritte erfordern es zeitweise, ungeliebte Posten oder (Auslands-) Einsätze zu übernehmen.
- Der Wunsch nach mehr Lebensqualität in der Zukunft erzwingt es nicht selten, auf momentane Lebensqualität zu verzichten: tägliches Pendeln über lange Strecken; viel Reisetätigkeit; eingeschränkte Urlaubszeiten.

Jeder muss für sich selbst entscheiden, was das rechte Maß an Opferbereitschaft ist. Wichtig ist jedoch, dass man diese Entscheidung bewusst trifft – und sich nicht zum Opfer der Umstände machen lässt. Erinnern Sie sich an die eingangs beschriebenen Abläufe beim Sonnentanz! Eigentlich würde man glauben, dass sich niemand diesen Strapazen freiwillig aussetzt. Und gegen den eigenen Willen würde das Aufschneiden der Haut sicher den Tatbestand der Körperverletzung und Folter erfüllen. Und doch unterwerfen sich die Sonnentänzer bewusst diesem Ritual – da sie genau wissen, zu welchem höheren Zweck sie es tun. Im Sinn des „What you give you get" wird die scheinbare Tortur zum Akt der Sinnstiftung.

Auch im Unternehmen ist man gut beraten, den eigenen tieferen Sinn nicht aus den Augen zu verlieren – selbst wenn der Beruf nicht Selbstzweck ist. In Zeiten, in denen die eigene Tätigkeit Spaß macht, stellt sich diese Frage meist nicht. In den schwierigen Zeiten kann das Wissen um das, „worum es eigentlich geht", jedoch helfen, Durststrecken zu überwinden.

Auch das Unternehmen als Ganzes kann aus dem Sonnentanz etwas lernen, denn es ist in gewissen Aspekten mit einer Stammesgemeinschaft vergleichbar, in der auch Opfer gebracht werden müssen. Die öffentliche Würdigung zum Beispiel – sie ist ein wichtiger Aspekt beim Sonnentanz: kein privates Ritual mit anonym vollzogener Auszeichnung, sondern ein gemeinschaftliches und damit verbindendes Ereignis. Im Unternehmen kann diese Anerkennung von „Opferbereitschaft" je nach Unternehmenskultur unterschiedliche Formen annehmen. Sie sollte jedoch nicht unter den Tisch fallen. Auf der persönlichen Ebene kann hier auch die Führungskraft schon eine wichtige Funktion übernehmen – ganz ohne aufwendiges Ritual. Denn gerade in Zeiten hoher Belastung geht es Mitarbeitern häufig vor allem darum, dass ihre Einsatzbereitschaft vom Vorgesetzten gesehen und anerkannt wird. Und damit ist kein automatisiert ausgesprochenes Lob gemeint (mehr dazu in Kap. 10.1 Schenke Resonanz). Mitarbeiter bemerken in aller Regel bereits sehr wohlwollend, wenn ihr Vorgesetzter sich kurz Zeit für sie nimmt und einfach nur mit Interesse zuhört, wenn sie von den Herausforderungen ihrer Tätigkeit berichten.

Logbuch

Übertragen Sie diese Sichtweise auf Ihr persönliches Umfeld oder auch Ihr Unternehmen. Wagen Sie einen prüfenden Blick auf Ihren Sinnhorizont und auf den Umgang mit Opferbereitschaft in Ihrem Unternehmen. Notieren Sie Ihre Erkenntnisse in Ihrem Logbuch.

➲ Wo in meinem Umfeld bemerke ich Menschen, die sich „für die Sache" oder auch einen höheren Zweck aufopferungsvoll einsetzen?

➲ Welche Funktion erfüllt dieser Einsatz für das „Gemeinwesen"?

➲ Drücke ich meine Dankbarkeit gegenüber diesen „Heldinnen" oder „Helden" aus?

➲ Wird dieser Einsatz auch von anderen ausreichend wertgeschätzt?

➲ Welche Formen der öffentlichen Würdigung existieren?

5.6 Der Held, der sich seinen Ängsten stellt und damit wahre Größe zeigt.

Heldenhaft, mutig und stark sind wir alle gerne. Doch niemand ist immer und zu jedem Zeitpunkt so. Was uns als Menschen ausmacht, ist ebenso das, was wir gerne verschweigen, wofür wir uns schämen oder wovor wir Angst haben.

Es macht uns als Menschen aber ebenso aus, ob wir an unseren Herausforderungen wachsen wollen oder ihnen dauerhaft aus dem Weg gehen. Sind Sie bereit, Ihre Komfortzone zu erweitern? Wenn Sie die Angst vor dem Schmerz verlieren wollen, müssen Sie in gewisser Weise die Angst zu Ihrem Freund machen – stellen Sie sich Ihrem Schatten! Die Anlässe sind individuell verschieden, aber immer vielfältig, auch im Business-Kontext:

• Angst, Reden zu halten oder auf der Bühne zu stehen
• Angst vor der Übernahme größerer Verantwortung, z. B. bei einem Karriereschritt
• Scheu, um eine Gehaltserhöhung oder eine bessere Position zu fragen
• Angst vor dem Urteil der Mitarbeiter oder Kollegen
• Angst vor dem Verlust der eigenen Reputation oder des eigenen Images
• Angst vor einsamen Entscheidungen, bei denen es niemanden gibt, den man um Rat fragen kann

5.6.1 Sich seinen Schatten stellen

Es gehört zu unserem Leben als Menschen dazu, hin und wieder auch einmal schwach und ängstlich zu sein oder dunkle Gedanken zu haben. Manchmal erwächst daraus die Vorstellung, diese Gedanken oder Empfindungen seien schädlich oder gar böse. Die moralische Bewertung als „böse" ist jedoch in den wenigsten Fällen hilfreich, um ein Problem zu lösen. Vielmehr verstellt diese moralische Kategorie häufig den Blick auf die Lösung. Stellen Sie sich einen heftigen Orkan vor. Dieser kann, sofern er sich menschlichen Behausungen nähert, äußerst zerstörerisch sein. Dennoch wäre es töricht, den Orkan als „böse" zu bezeichnen. Was uns im Falle des Orkans einleuchtet, vergessen viele Menschen jedoch, wenn es um die Bewertung von sich oder anderen Menschen geht.

Indigene Völker bezeichnen diese zerstörerischen Aspekte, die uns das Leben schwer machen, häufig als „Dämon". Dieser Begriff ist jedoch durch die christliche Sozialisation in der westlichen Welt stark mit den Aspekten der Hölle besetzt, aus welcher die Dämonen im christlichen Weltbild stammen. Diese christlichen Dämonen sind hier nicht gemeint. Daher verwenden wir den Begriff des Schattens, der zudem einen entscheidenden Vorteil hat. Der eigene Schatten gehört immer zum denkenden Subjekt – er ist kein Fremdkörper, auch wenn er vielleicht fremd erscheint. Der Schatten ist ohne den Schattenspender nicht möglich und jederzeit mit diesem verbunden. Er ist eben kein externes Wesen, das aus der Hölle oder sonstigen bösen Orten aufsteigt. Es ist vielmehr derjenige Anteil von uns, den wir ausblenden, dem wir ausweichen und vor dem wir uns fürchten.

5.6.2   Transformation durch Verbindung – nicht durch Abgrenzung

In der christlichen Kirche gibt es die Tradition des Exorzismus, die in einigen Teilen der Welt immer noch angewandt wird – mit teilweise schlimmen Folgen für die Betroffenen. Dabei wird der als böse betrachtete Dämon aus dem „besessenen" Menschen getrieben. Die Vorstellung ist, dass ein fremdes, böses Wesen vom Menschen Besitz ergriffen hat und ausgetrieben werden muss. Diese Vorstellung des „Wegmachens" gibt es auch im Alltag, außerhalb jedes kirchlichen Bezugs. Der Arzt soll die Krankheit „wegmachen" und kranke Organe notfalls herausschneiden. Auch bei den eigenen Schwächen oder Ängsten wollen die meisten Menschen, dass diese „weg" seien. Der Arzt, Therapeut oder auch Coach bekommt dann die Aufgabe, alles Störende „herauszuschneiden". Bei vielen organischen Beschwerden gelingt dies mit einem chirurgischen Eingriff tatsächlich manchmal. Allerdings kann man argumentieren, dass die Schulmedizin geradezu daran krankt, dass sie statt einer ganzheitlichen Betrachtung allzu sehr auf die Krankheit fokussiert, statt den Menschen in seiner Gesamtheit wahrzunehmen. Der Arzt oder der Therapeut gelten als Reparaturbetrieb, der im besten Falle die „Betriebsfähigkeit" wiederherstellt und dabei notfalls neue „Ersatzteile" einbaut. Hauptsache, der Patient ist schnell wieder einsatzbereit und muss selbst nichts dafür tun. Viele Patienten sind maximal dazu bereit, Pillen und Tabletten zu schlucken. Das ist ja auch viel einfacher, als sein Leben umzustellen und Verantwortung für die eigene Gesundheit zu übernehmen.

Indigene Kulturen kennen neben diesem Exorzismus des Störenden auch noch eine andere Form der „Heilung", nämlich die Integration des Ungeliebten oder vermeintlich „Bösen". Der belgische Ethnologe Luc de Heusch prägte dafür den Terminus des Adorzismus. Beim Adorzismus geht es darum, sich mit dem Ungeliebten zu verbinden. Statt den Geist zu vertreiben, wird diesem ein Platz eingeräumt. Vereinfacht kann man sagen, dass der Exorzismus die Abgrenzung unterstützt, während der Adorzismus die Durchlässigkeit und Verbundenheit betont (Streck 2006, S. 31). Diese Denkweise ist vor allem in polytheistischen Gemeinschaften anzutreffen, die – anders als die monotheistischen Religionen von Judentum, Christentum und Islam – mehr als den einen Gott erlauben. Die buddhistische Tradition kennt ebenfalls die Auseinandersetzung und Aussöhnung mit den eigenen Schatten.

Schatten erscheinen uns deshalb so bedrohlich, weil wir sie nicht durchschauen können. Wir wissen nicht, was sich in ihnen verbirgt – und nehmen dabei an, dass dort im Dunkeln etwas Gefährliches oder Böses sitzt. Das ist in aller Regel eine übertriebene Befürchtung. Die Redewendung „Angst vor seinem eigenen Schatten haben" veralbert diese nicht-rationalen Ängste. Doch der Mensch ist und denkt eben nicht nur rational und logisch, sondern empfindet vor allem emotional und psycho-logisch. Daher helfen rationale Gedanken in vielen Fällen nicht dabei, mit den eigenen Ängsten fertig zu werden. Menschen können sich aber ihren Ängsten stellen. Und manchmal hilft die Erfahrung der Überwindung von Angst, damit diese als ungefährlicher Schatten erkannt wird. Das kann quasi nebenher passieren, während man sich zusammenreißt, um eine Situation zu meistern. Nicht selten bleibt jedoch die emotionale Herausforderung auch nach dem x-ten Mal bestehen – und die Ängste werden eher zur Seite geschoben. In diesen Fällen wächst der Schatten – und damit die Angst.

Ängste speisen sich in aller Regel aus dem Reich des Unbewussten. Nur sehr selten ist es der echte Säbelzahntiger, vor dem wir Angst haben. Viel häufiger sind es die eigentlich unbegründeten – oder zumindest in dieser Intensität unbegründeten – Ängste, die uns zu schaffen machen. Wer beispielsweise Angst vor dem Fliegen hat, denkt nicht völlig irrational, da es Jahr für Jahr tatsächlich tödliche Ereignisse gibt. Allerdings bleibt das Fliegen viel sicherer als der Straßenverkehr.

5.6.2.1   Weglaufen, verbannen und bekämpfen ist bei Schatten nutzlos

Wir verhalten uns häufig abwehrend gegenüber unseren Schattenseiten. Wir wollen von unseren dunklen Gedanken oder Ängsten nichts wissen und kehren ihnen den Rücken. Dadurch wachsen sie jedoch und pochen umso vehementer auf ihre Existenz. Wer vor seinen Schatten wegläuft, wird von diesen eingeholt. Manch einer hat eine große Fertigkeit darin entwickelt, seine Schatten in die tiefsten Verliese seines Inneren zu verbannen. Doch Schatten lassen sich auf diese Weise nicht dauerhaft aussperren. Sie neigen dazu, aus der Verbannung immer wieder zurückzukehren. Scheinbar überfallen sie uns dann in den ungünstigsten Momenten, in denen wir uns ohnehin schwach und schutzlos fühlen.

Langfristig sinnvoller und nachhaltiger ist es, sich ihnen zu stellen. Sich seinen Ängsten zu stellen bedeutet jedoch nicht, mit ihnen zu kämpfen. Dies wird häufig missverstanden. Aus indigener Sicht geht es nicht darum, seine Ängste zu bezwingen. Vielmehr geht es darum, seinen Schattenseiten ins Auge zu blicken – und den Kontakt aufrecht zu halten, auch im Angesicht der Angst. Die Verbindung mit dem Schatten verhindert, dass wir wie das sprichwörtliche Kaninchen vor der Schlange in eine Schockstarre verfallen. Statt seine eigenen Schatten zu bekämpfen, ist es viel nützlicher, sich diese zu Verbündeten zu machen. Wie diese Annäherung gelingen kann, zeigen die folgenden Übungen.

5.6.3 Übungen

5.6.3.1 Überlegungen zur Selbstfürsorge

Die nachfolgenden Übungen können, je nach aktueller und persönlicher Verfassung, sehr kraftvoll sein. Je mehr Sie sich auf diese einlassen, umso intensiver kann das Erleben sein. Das ist nützlich und so gewollt. Allerdings kann es für Einzelne ein regelrecht überwältigendes Erlebnis sein, auf diese Weise den eigenen Ängsten und einschränkenden Vorstellungen zu begegnen. Daher unser Rat zur Selbstfürsorge: Wenn Sie von schwerwiegenden psychischen Störungen wissen oder bei sich vermuten, befragen Sie vor der Durchführung der folgenden Übungen Ihren Arzt. Sie führen diese Übungen auf eigene Verantwortung durch. Wir als Nicht-Mediziner können hier verständlicherweise weder gesundheitliche Aussagen machen – noch können wir Ihren individuellen Fall beurteilen. Gehen Sie soweit, wie es sich für Sie gut oder zumindest akzeptabel anfühlt. Die Auseinandersetzung mit den eigenen Schwächen und Ängsten ist selten angenehm. Nur Sie selbst können wissen und entscheiden, wie offen Sie diesen begegnen wollen. Machen Sie die Übungen in einem Umfeld, in dem Sie sich wohl und sicher fühlen. Es kann hilfreich sein, eine Vertrauensperson (oder vielleicht auch Ihren persönlichen Coach) in der Nähe (z. B. im Nebenraum) zu wissen. Lesen Sie die Schritte zur Durchführung zunächst aufmerksam durch, um einen Eindruck von den Übungen zu gewinnen.

Übung 1: Fragen an Licht und Schatten

Licht und Schatten sind zwei Aspekte, die untrennbar miteinander verbunden sind. Die folgende Übung dient dazu, sich der eigenen Schatten und des eigenen Lichtes bewusst zu werden. Vergegenwärtigen Sie sich zunächst noch einmal Ihre starken Seiten und all das, zu dem Sie hinstreben. Notieren Sie Ihre Gedanken im Logbuch.

5.6.3.2 Fragen an das Licht (Was sind meine Stärken?)

➲ Was leitet mich? Wozu fühle ich mich berufen?
➲ Wofür stehe ich ein?
➲ Wofür bin ich bereit, ein Opfer zu geben?
➲ Was tue ich mit Leidenschaft, mit Passion?
➲ Was soll durch mich in der Welt wachsen?
➲ Wer darf ich mir selbst erlauben zu sein?
➲ Und zu wem erlaube ich mir, mich zu entwickeln?

Diesen „lichten" Gedanken stehen bei jedem Menschen auch die dunklen Gedanken gegenüber. Jene Aspekte, die uns im Leben zurückhalten, vor denen wir zurückweichen oder die uns schlicht ängstigen. Nehmen Sie sich etwas Zeit, auch diesen Aspekten Ihres Lebens Aufmerksamkeit zu schenken. Halten Sie Ihre Gedanken in Ihrem Logbuch fest.

5.6.3.3 Fragen an den Schatten (Was sind meine Schattenseiten?)

⮕ Wovor laufe ich weg? Ggf. schon mein Leben lang?

⮕ Welche Situationen scheue ich?

⮕ Woran scheitere ich (häufiger)?

⮕ Wem weiche ich aus? In der Gegenwart welcher Menschen fühle ich mich unwohl?

⮕ Welchen Bereich des Lebens verbiete ich mir unbewusst? Wo sage ich mir: „Dafür bin ich einfach nicht der Typ!" ... und bedauere es im Innersten?

⮕ Welche Gefühle verbiete ich mir? Welche Beziehungen?

⮕ Für wen bin ich selbst „ein Schatten"? Wer weicht mir aus? Wem bereite ich Bauchschmerzen?

⮕ Über welche „emotionale Umweltverschmutzung" durch mich haben sich andere schon beklagt? Beispiele:

„Andere sagen mir manchmal, dass ich zu viel rede und sie nicht zu Wort kommen lasse."

„Ich bekomme manchmal gar nicht mit, wie ich andere aus dem Gespräch ausschließe."

⮕ Was an meinen eigenen Stärken und Talenten steht mir manchmal selbst im Weg?

Zuviel Kreativität kann im Chaos enden.

Zuviel Liebe kann für andere erdrückend sein.

Zuviel Sorgfalt kann pedantisch sein.

Zuviel Heiterkeit kann anderen auf die Nerven gehen.

Wer fühlt sich angesichts meiner Größe, Talente und Schönheit klein und hässlich?

Wie viel Schatten erzeuge ich durch mein Licht?

⮕ Welche Fragen stelle ich mir erst gar nicht (... obwohl ich sehr wohl weiß, dass sie wichtig sind ...)?

Die Fragen zu den eigenen Stärken und Talenten haben Sie vielleicht überrascht. Jedoch sensibilisieren sie Sie dafür, dass es immer auf das rechte Maß ankommt. Selbst scheinbar ausschließlich positive Eigenschaften haben in der Regel eine Kehrseite, wenn sie maßlos oder auch zum unpassenden Zeitpunkt eingesetzt werden.

Übung 2: Den Schatten interviewen

Der Schatten wird nicht zuletzt deswegen als so bedrohlich empfunden, weil er undurchschaubar ist und sich dem Blick entzieht. In dieser Übung lernen Sie Ihren Schatten näher kennen. Auf diese Weise verliert er viel von seinem Schrecken.

Vorbereitung: Den Schatten identifizieren

1. Lesen Sie die Vorgehensweise zunächst vollständig durch, um einen Überblick über den generellen Ablauf zu gewinnen.

2. Lenken Sie Ihre Achtsamkeit auf das Hier und Jetzt. Nutzen Sie dazu beispielsweise die Übung 1 „Basispräsenz" in Kap. 3 Intuition.

3. Wählen Sie einen Schatten aus, mit dem Sie für diese Übung arbeiten möchten. Nutzen Sie zur Vertiefung zum Beispiel diese Fragen:

➢ Was saugt Energie aus mir heraus?

➢ Was zieht mich herunter?

➢ Was zehrt an mir?

➢ Welche Situation beunruhigt mich?

4. Geben Sie dem Schatten einen Platz. Sie können dazu einen Gegenstand in ein bis zwei Metern Entfernung vor sich auf den Boden legen. Stellen Sie sich dem Schatten gegenüber.

Durchführung (A): Dem Schatten eine Gestalt geben

5. Vergegenwärtigen Sie sich den Schatten, mit dem Sie arbeiten möchten. Rufen Sie sich dazu eine konkrete Situation in Erinnerung, bei der Sie der Schatten beeinträchtigt hat. Nehmen Sie wahr, wie sich Ihre Gedanken und körperlichen Empfindungen nun verändern.

➢ Welche Empfindungen kann ich wahrnehmen, wenn ich so intensiv über den Schatten nachdenke?

➢ Wo im Körper spüre ich die Auswirkungen des Schattens?

6. Visualisieren Sie den Schatten und hauchen Sie ihm Leben ein.

– Um besser mit dem Schatten kommunizieren zu können ist es hilfreich, aus ihm ein „lebendiges", personifiziertes Wesen werden zu lassen. Nutzen Sie dafür all Ihre Sinne.

– Intensivieren Sie dazu das Gefühl, das Sie bislang in Ihrem Körper gespürt haben. Lassen Sie dieses Gefühl auf dem designierten Platz vor Ihnen Gestalt annehmen.

– Lassen Sie es einfach aus sich heraus frei entstehen, ohne bewusste Beeinflussung.

– Für den Fall, dass sich der Schatten nicht als Person zu erkennen gibt, sondern sich zunächst als Gegenstand oder als etwas Undefinierbares zeigt: Fragen Sie ihn: „Wie würdest du dich zeigen, wärst du ein lebendiges Wesen?"

– Nehmen Sie die Augen Ihres Schattens wahr und laden Sie ihn ein, Sie anzuschauen.

– Vertrauen Sie dem Prozess des Entstehens.

7. Befragen Sie den Schatten, um ihn näher kennenzulernen.

➢ Wie siehst du aus?

➢ Welche Form und Größe hast du?

➢ Welche Farbe und Konsistenz hast du?

➢ Wie fühlt sich dein Äußeres an?

➢ Wie warm oder kalt bist du?

➢ Wie alt bist du?

➢ Wie ist dein Gemütszustand?

➢ Wenn du Geräusche machen würdest, wie würde es sich anhören?

➢ Wenn du einen Geruch hast, wonach riechst du?

Durchführung (B): Den Schatten befragen und seine Bedürfnisse verstehen

8. Befragen Sie Ihren Schatten nun auf respektvolle Weise:
   - ➲ Wer bist du?
   - ➲ Was möchtest du von mir?
   - ➲ Was brauchst du von mir?
   - ➲ Wie fühlst du dich, wenn du bekommst, was du brauchst?

9. Wechseln Sie auf die Position, auf welcher der Schatten Gestalt angenommen hat.
   - – Schlüpfen Sie in die Haut des Schattens. Füllen Sie diesen komplett aus und fühlen Sie sich in diesen ein.
   - – Häufig hat man beim ersten Anschauen eine Idee davon, was der Schatten brauchen könnte. Doch erst, nachdem man sich in den Schatten hineinversetzt hat, erkennt man dessen wahre innere Gestalt und seine wahren Bedürfnisse. Dieser Prozess kann sehr überraschend sein.

10. Der Schatten äußert sein Bedürfnis. Wenn Sie sich vollkommen mit dem Schatten identifiziert haben, äußern Sie – als Schatten – Ihre Bedürfnisse und Wünsche:
    - ➲ Ich, der Schatten, möchte von dir Folgendes: …
    - ➲ Ich, der Schatten, brauche von dir …
    - ➲ Wenn ich bekomme, was ich brauche, dann …

11. Wechseln Sie auf Ihre alte Position und werden Sie wieder ganz Sie selbst. Nehmen Sie von hier nun die Antworten des Schattens wahr.
    - – Differenzieren Sie, was der Schatten möchte – und was er braucht.
    - – Es kann sein, dass die Wünsche des Schattens noch unangemessen erscheinen („Ich will deine ganze Lebensenergie"). Hören Sie dann ganz genau auf die dahinter liegenden Bedürfnisse des Schattens.
    - – Auch dem Schatten fällt es gelegentlich schwer, seine Bedürfnisse klar zu formulieren. Hören Sie wohlwollend zu und unterstützen Sie ihn, seine tiefer liegenden Bedürfnisse angemessen zu formulieren.

12. Treten Sie innerlich wie äußerlich einen Schritt zurück. Reflektieren Sie aus dieser *Meta-Position* heraus das „Interview" mit dem Schatten. Notieren Sie Ihre Gedanken in Ihrem Logbuch.
    - ➲ Wie habe ich das Interview mit dem Schatten erlebt?
    - ➲ Welche neuen – vielleicht überraschenden – Erkenntnisse habe ich dadurch gewonnen?
    - ➲ Was habe ich über den Schatten erfahren?
    - ➲ Was habe ich über mich erfahren?
    - ➲ Welche Bedürfnisse hat der Schatten? Was möchte er für sich – oder auch für mich – sicherstellen?

Hinweise

- An dieser Stelle können Sie einen Moment innehalten oder auch die Übung beenden. Sie können allerdings auch direkt anschließen mit der folgenden Übung „Den Schatten füttern".

- Nicht immer ist nach diesem Interview der eigene Schatten bereits zu einem besten Freund geworden. Doch es erweitert sich in aller Regel das Verständnis für die Bedürfnisse und Absichten des Schattens. Vergegenwärtigen Sie sich, dass der Schatten im Grunde ein Anteil Ihres Selbst ist. Das, was Sie für den Schatten tun, tun Sie für sich selbst.

- Sie können sich die Schritte auch von einer anderen Person vorlesen lassen, um sich leichter und ohne Unterbrechung auf die einzelnen Positionen (vor allem jene des Schattens) einlassen zu können.

Übung 3: Den Schatten füttern

Diese Übung ist die Fortführung der Übung „Den Schatten interviewen".

In der buddhistischen Tradition heißt diese „schärfere" Variante auch „Sich dem Dämon zum Fraß vorwerfen". Dies drückt einen intensiven Transformationsprozess aus, in dem sich das eigene Ego auflöst, um sich dann neu zu verfestigen. Viele Kulturen kennen diesen Prozess der Umwandlung des Selbst – häufig in der Form ritueller Tänze oder entbehrungsreicher Rituale (Allione 2009).

Erfahrungen aus dem Reservat

Elder Murray, mit dem wir den vertrautesten Kontakt hatten, berichtete uns von einem Ritual, in dem er sich seinem Schatten gestellt und mit diesem getanzt hatte. Dazu zog er sich in die Einsamkeit der Natur zurück und beschwor seine Schatten, also seine Ängste, herauf. Über mehrere Tage und Nächte hielt er sich an einem Ort auf, ohne Nahrung, ohne Zelt oder Schlafsack, ohne Feuer. Er sagte: „Geh dahin, wo du dich fürchtest. Stelle dich deinem Dämon, deinen Ängsten. Lade ihn ein, sich dir zu zeigen." Im Rahmen seiner Initiation als Traditional Healer hatte er sich seinen Ängsten gestellt. Nur so könne er andere bei der Heilung unterstützen, da er selbst sonst zu voreingenommen sei und den anderen nur durch den Schleier der eigenen Ängste und Vorstellungen sehen könne.

Die hier vorgestellte Übung kann man als Vorstufe oder „domestizierte" Variante dieser Tradition verstehen. Die Übung verliert damit ihren furchteinflößenden Charakter und wird für viele Menschen anwendbarer. Für diese Übung ist auch noch einmal Ihre Vorstellungskraft gefragt und Ihre Bereitschaft, sich auf neue Gedanken einzulassen und diese zu erproben.

Durchführung

1. Lenken Sie Ihre Achtsamkeit auf das Hier und Jetzt. Nutzen Sie dazu beispielsweise die Übung 1 „Basispräsenz" in Kap. 3 Intuition.
2. Vergegenwärtigen Sie sich Ihren Schatten (siehe dazu Übung „Den Schatten interviewen" weiter oben). Blicken Sie ihm in die Augen.
3. Vergegenwärtigen Sie sich die tieferen Bedürfnisse Ihres Schattens. Machen Sie sich klar, dass Ihr Schatten nicht gegen Sie gerichtet ist, sondern lediglich für sich (oder auch Sie!) Bedürfnisse sicherstellen will.

4. Geben Sie sich nun der Vorstellung hin, Ihren Schatten mit diesen befriedigten Bedürfnissen zu füttern. Lassen Sie sich dazu innerlich „zerfließen" wie goldenen Honig. Lassen Sie diesen Honig (mit dem befriedigten Bedürfnis) nun hinüberfließen zu Ihrem Schatten. Seien Sie freigiebig mit Ihrer Energie, sodass Ihr Schatten sich regelrecht satt essen kann an dem süßen und goldenen Honig.

5. Nehmen Sie wahr, wie sich Ihr Schatten nun mit zunehmender Nahrungsaufnahme verändert.
   – Wie verändern sich seine Gestalt, Farbe, Wärme oder andere Ausdruckformen?
   – Auf welche Weise kommt Ihr Schatten innerlich zur Ruhe, gewinnt Energie und wird ausgeglichener?

6. Wenn Sie den Eindruck haben, dass Ihr Schatten sich ausreichend gesättigt hat: Befragen Sie ihn und nehmen Sie achtsam dessen Antworten wahr. Geben Sie ihm bei Bedarf noch etwas Honig, um die Transformation des Schattens weiter zu unterstützen.
   ➲ Bist du nun mein Helfer?
   ➲ Wirst du mich zukünftig unterstützen?

7. Bedanken Sie sich bei Ihrem Schatten.

8. Treten Sie innerlich wie äußerlich einen Schritt zurück. Reflektieren Sie aus dieser *Meta-Position* heraus und notieren Sie Ihre Gedanken in Ihrem Logbuch.

Was kann ich zukünftig tun, um meinen Schatten zu unterstützen?
Was habe ich über mich selbst gelernt, durch die Arbeit mit meinem Schatten?

Übung 4: Mit dem Schatten tanzen

Diese Übung können Sie im Anschluss an die Übungen „Den Schatten interviewen" oder „Den Schatten füttern" durchführen. Wenn Sie die Scheu vor Ihrem Schatten verloren haben, können Sie einen weiteren Schritt gehen, um diesen in Ihr Leben zu integrieren. Die Schritte (1) bis (3) sind identisch mit denen aus der Übung „Den Schatten füttern".

1. Lenken Sie Ihre Achtsamkeit auf das Hier und Jetzt. Nutzen Sie dazu beispielsweise die Übung 1 „Basispräsenz" in Kap. 3 Intuition.

2. Vergegenwärtigen Sie sich Ihren Schatten (siehe dazu Übung „Den Schatten interviewen"). Blicken Sie ihm in die Augen.

3. Vergegenwärtigen Sie sich die tieferen Bedürfnisse Ihres Schattens. Machen Sie sich klar, dass Ihr Schatten nicht gegen Sie gerichtet ist, sondern lediglich für sich (oder auch Sie!) Bedürfnisse sicherstellen will.

4. Fragen Sie sich innerlich: „Bin ich bereit, meinen Schatten zu integrieren?"

5. Wenn Sie dazu bereit sind, gehen Sie nun auf Ihren Schatten zu, bis Sie auf dessen Position stehen. Verbinden Sie sich innerlich mit Ihrem Schatten, während Sie Ihre innere Zentriertheit bewahren.
   – Alternative A: Stellen Sie sich dabei vor, wie Sie Ihren Schatten liebevoll umarmen.

- Alternative B: Geben Sie sich der Vorstellung hin, dass Ihr Schatten sich auflöst und in Ihren Körper hinein gleitet.
- Erinnern Sie sich daran, dass Ihr Schatten lediglich ein innerer Anteil Ihres Selbst ist, der sich auf unangemessene Weise ausgedrückt hat. Schenken Sie ihm Aufmerksamkeit und Zuneigung, sodass er einen anderen, angemesseneren Ausdruck finden kann.

6. Atmen Sie bewusst, um alle (eventuell vorhandene) „überschüssige" Energie abzuleiten. Stellen Sie sich dazu vor, diese Energie würde mit jedem Atemzug über Ihre Beine in den Boden abgeleitet.
7. Sagen Sie nun laut oder innerlich zu Ihrem Schatten „Ich nehme dich wahr. Ich nehme dich an. All das, was du bisher für mich auf unangemessene Weise zum Ausdruck gebracht hast, brauchst du nun nicht mehr zu tun. Denn ich gebe dir eine Heimat."
8. Nehmen Sie die Resonanz Ihres Schattens wahr. Nehmen Sie wahr, wie sich die Aussöhnung mit Ihrem Schatten für Sie selbst anfühlt.
9. Gehen Sie einen Schritt nach vorne – durch Ihren Schatten hindurch. Nehmen Sie wahr, wie dieser nun wie eine neu gewonnene Ressource hinter Ihnen steht.
10. Bedanken Sie sich innerlich bei Ihrem Schatten und sich selbst dafür, dass Sie sich beide auf diesen „Tanz" eingelassen haben.
11. Treten Sie innerlich wie äußerlich einen Schritt zurück. Reflektieren Sie aus dieser *Meta-Position* heraus und notieren Sie Ihre Gedanken in Ihrem Logbuch.
    ⊃ Was habe ich über mich selbst gelernt, durch die Arbeit mit meinem Schatten?
    ⊃ Was wird mir nun und in Zukunft durch die Integration meines Schattens möglich?

Diese Übung können Sie noch erweitern, indem Sie tatsächlich anfangen zu tanzen. Werfen Sie Ihre Vorbehalte und all das, was Sie zurückhält, für einen Moment über Bord. Finden Sie einen körperlichen Ausdruck, welcher der neu gewonnen Energie eine Bewegung verleiht. Schließen Sie die Augen. Summen oder singen Sie. Finden Sie einen Ort oder eine Räumlichkeit, die Ihnen dazu passend erscheint: Ihr Wohnzimmer, eine Wiese auf einer Bergkuppe oder ein einsamer Strand.

Übertragung auf den Business-Kontext

Wenn Sie auf diese Weise Ihren Schatten integriert haben, kann er Ihnen als nützliche Ressource dienen. Ein Klient von uns hatte beispielsweise große Angst, vor Gruppen zu reden. Er lernte dann, seinen Schatten herbeizurufen, statt diesen vor einem Auftritt „verscheuchen" zu wollen. Er spricht ihn dazu aktiv an: „Schatten – ich brauche dich jetzt. Wir können dies hier nur gemeinsam schaffen. Verleihe mir deine Energie – und ich verleihe dir meinen Körper und meine Stimme." Er berichtet, dass seine Angst – die er nun als Aufregung wahrnehmen kann – ihn bei Vorträgen und öffentlichen Auftritten unglaublich beflügelt.

5.7   Spuren hinterlassen: Selbst machen. Verwirklichen. Nachhalten.

Nehmen Sie Ihr Logbuch zur Hand und notieren Sie alle Gedanken, die Ihnen spontan oder auch im Nachgang zu einer Frage kommen. Nichts ist so flüchtig wie ein Gedanke. Halten Sie die Gedanken – auch die nur „gefühlten" – schriftlich fest, damit Sie später darauf zurückkommen können.

1. Transfer in den meinen Kontext
   a. Denken Sie über Ihr Unternehmen oder den erweiterten Arbeitskontext nach, in dem Sie tätig sind. In welchen Momenten werden Sie zum Helden? Aber auch: Wo und wann begegnen Sie Ihren Schatten im Beruf?
   b. Notieren Sie drei konkrete Situationen, die für Sie persönlich relevant sind.
2. Nutzen Sie die logischen Ebenen zur Vertiefung:

Zugehörigkeit und systemische Wirkungen	➲ Zu welchem Kreis darf ich mich zugehörig fühlen, wenn ich häufiger „heldenhaft" (im hier vorgestellten Sinne) handle?
	➲ Welche Bedeutung wird mein Handeln (möglicherweise) haben?
	➲ Welche positiven Veränderungen werden dadurch in meinem System (in den unterschiedlichen Lebensbereichen) möglich?
	➲ Welcher höhere (für mich relevante) Sinn wird dadurch gefördert?
Identität	➲ Wem werde ich ähnlicher bzw. zu wem entwickele ich mich, wenn ich mehr in diese Richtung tue?
	➲ Wer kann mir in diesem Aspekt ein Vorbild sein?
Werte und Überzeugungen	➲ Welche Werte stärke ich dadurch, dass ich häufiger „heldenhaft" agiere?
	➲ Welche Werte wachsen dadurch, dass ich mich meinen Schatten stelle?
Fähigkeiten	➲ Welche Fähigkeiten will ich mir aneignen bzw. einüben, um diese „hohe Kriegerschule" meistern zu können?
	➲ Inwiefern entwickeln sich dadurch auch meine anderen Fähigkeiten? Wo ergeben sich Synergien?
Handeln	➲ Was muss ich tun, um zur besten Version meines Selbst zu werden?
	➲ Welche kleinen oder größeren Rituale kann ich etablieren, um diesen Weg zu festigen?
	➲ Woran werden andere bemerken, dass ich mich in dieser Hinsicht entwickele?
	➲ Welche äußerlich sichtbaren oder hörbaren Zeichen für meine Entwicklung werden andere bemerken können?
Kontext	➲ Wer kann mich bei meinem Weg unterstützen?
	➲ In welchen Kontexten/Umgebungen kann ich diese neuen oder veränderten Denk- und Handlungsweisen am ehesten ausprobieren?
	➲ Welche „Anker" kann ich nutzen, die mich daran erinnern, weiter diesen Pfad zu beschreiten?
	➲ Welche Symbole können im Außen ein Zeichen setzen, das auch andere bemerken können?

3. Nachdem Sie nun die Übungen zu diesem Thema bearbeitet haben und die Gedanken dazu reflektiert haben, rufen Sie sich Ihren (geheimen) Wunsch ins Gedächtnis, den Sie am Anfang des Buches notiert haben:

⮑ Welche nützlichen Einsichten oder Erkenntnisse konnte ich diesbezüglich gewinnen?

⮑ Welche anderen interessanten gedanklichen Verknüpfungen kann ich erkennen?

⮑ Ergeben sich daraus für mich weitere Handlungsimpulse?

⮑ Wie könnte ich diese konkretisieren und in der „Welt der Tatsachen" verwirklichen?

Literatur

Quellen

Allione T (2009) Den Dämonen Nahrung geben – Buddhistische Techniken zur Konfliktlösung. Arkana, München

Csikszentmihályi M (2007) Flow: Das Geheimnis des Glücks. Klett Cotta, Stuttgart

Gladwell M (2008) Outliers – the story of success. Little, Brown and Company, New York

Kant I (1900) Grundlegung zur Metaphysik der Sitten. Ausgabe der Preußischen Akademie der Wissenschaften, Berlin 1900 ff., AA IV

Loomes G, Sugden R (1982) Regret theory: an alternative theory of rational choice under uncertainty. Econ J 92:805–824. http://teaching.ust.hk/~bee/papers/misc/Regret%20Theory%20An%20Alternative%20Theory%20of%20Rational%20Choice%20Under%20Uncertainty.pdf. Zugegriffen: 28. Juli 2015

Mischel W (2015) Der Marshmallow-Test: Willensstärke, Belohnungsaufschub und die Entwicklung der Persönlichkeit. Siedler, München

Pink D (2011) Drive – the surprising truth about what motivates us. Canongate Books, Edingburgh

Streck B (2006) Fremdauslegung im Selbst – Besessenheit und Trance in der ethnologischen Forschung. In: Schäfer A, Wimmer M (Hrsg) Selbstauslegung im Anderen – Grenzüberschreitungen Pädagogik und Kulturwissenschaften. Waxmann, Münster

Kognitiver Pfad

6

▶ Wer eine starre, dogmatische Haltung einnimmt, ist weder ein angenehmer Gesprächspartner noch eine souveräne Führungskraft. Gerade im Unternehmenskontext – wenn es darum geht, viele verschiedene Bedingungen, Ansichten, Tendenzen zu integrieren und kluge, weitreichende Entscheidungen zu treffen –, ist es wichtig, die jeweilige Situation aus verschiedenen Perspektiven zu betrachten. In diesem Kapitel erfahren Sie, wie Sie es schaffen, jederzeit und schnell Kommunikationssituationen zu analysieren, Ihre Gedanken zu sortieren – und so zu guten Entscheidungen zu kommen.

Wenn Sie dieses Kapitel gelesen haben, …
- … haben Sie Ihre geistige Gelenkigkeit trainiert.
- … nutzen Sie die unterschiedlichen Wahrnehmungsperspektiven, um eine Kommunikationssituation zu analysieren.
- … klären Sie Ihre Gedanken, indem Sie räumliche Anker einsetzen.
- … kommen Sie mit dem Tetralemma zu neuen Lösungen.
- … beleuchten Sie mit zirkulären Fragen die „blinden Flecken" eines Systems.
- … nutzen Sie die Zeitperspektive bewusster bei Entscheidungen und in Kommunikationssituationen.

In den letzten beiden Kapiteln haben Sie sich intensiv mit Ihrer Identität, Zugehörigkeit und Ihren Werten beschäftigt. Zudem haben Sie die vielfältigen Aspekte des alltäglichen Heldentums reflektiert. Im aktuellen Kapitel weiten Sie Ihre Perspektive, um Ihren Gesprächspartner sowie das zugehörige, eingebundene System zu erfassen. Außerdem lernen Sie, die Zeitperspektive als wichtige Komponente in Ihre Überlegungen miteinzubeziehen.

© Springer Fachmedien Wiesbaden 2016
D. Goetz, E. Reinhardt, *Selbstführung: Auf dem Pfad des Business-Häuptlings,*
DOI 10.1007/978-3-658-08912-2_6

6.1 Geistige Gelenkigkeit

Verstehen Sie dieses Kapitel als Möglichkeit, Ihre geistige Gelenkigkeit zu trainieren. Die vorgestellten Übungen dienen Ihnen dabei als „Dehnübungen". Geistige Flexibilität und Differenzierungsfähigkeit erfordern es, den eigenen mentalen Standpunkt verlassen zu können. So wie Ihr Körper Stretching braucht, um sein volles Bewegungspotenzial abrufen zu können, so braucht auch Ihr Geist mentale Dehnübungen, um sich von der geistigen Trägheit zu befreien.

6.1.1 Die Differenzierungsfähigkeit verbessern

Vielleicht empfinden Sie es auch so, dass die Medien in den letzten Jahren in ihren Berichterstattungen immer stärker auf vereinfachende und polarisierende Verkürzungen zurückgreifen. Immer weniger Menschen scheinen bereit, einem Gedanken länger zu folgen und sich auch auf die unterschiedlichen Facetten einer Argumentation einzulassen. Vor allem die Kommunikation in den sozialen Medien wie Facebook, Twitter & Co., aber auch der Stil der Internet-Newsportale, wie z. B. SPIEGEL ONLINE, haben eine Verkürzung von Gedanken auf Schlagzeilen gefördert. Zugegeben – ganz so neu ist diese Entwicklung nicht. Vermutlich nicht erst seit es Zeitungen gibt, sind Menschen fasziniert von Schlagzeilen. In der Kürze liegt die Würze. Dass diese Würze jedoch schnell einseitig und nur noch „versalzen" schmeckt, scheint unbemerkt zu bleiben. Der kurze Kick wird dem ausgewogenen und umfassenden Blick vorgezogen – obwohl mehr Informationen denn je immer und überall zur Verfügung stehen. Die digitale Revolution hat in diesem Sinne leider auch das *digitale Denken* (siehe Kap. 2.6 Mit den Augen der Ethnologen) unterstützt.

Unsere Erfahrungen bei den First Nations sowie den Aborigines haben uns eine bemerkenswert differenzierte Betrachtung von Sachverhalten und Argumentationen nähergebracht. Die Weisheit indigener Kulturen liegt aus unserer Sicht auch darin, dass sie sich die Zeit für eine differenzierte Betrachtung nehmen und sich nicht vorschnell auf Phrasen und Positionen festlegen. Ein wichtiger Aspekt dabei ist die Fähigkeit, Perspektiven zu wechseln. Ein weiterer, fast noch grundlegenderer Aspekt ist die Kompetenz, sich aller Perspektiven zu enthalten – oder anders ausgedrückt: aus einer dissoziierten Metaperspektive heraus die Welt zu betrachten. Ein erster Schritt auf diesem Pfad ist es dabei, sich innerlich in ein neutrales Erleben zu bringen.

Erfahrungen aus dem Reservat

Bei den First Nations haben wir an zahlreichen Schwitzhüttenzeremonien teilgenommen. Vor Beginn des eigentlichen Rituals war es wichtig, sich von allen Gedanken zu reinigen, die während der Zeremonie fehl am Platz wären. Daher wurde ein Räucherwerk entzündet, in dessen Rauch man sich auf rituelle Weise viermal „wusch". Neben den Händen wurden sowohl die Sinne (Auge, Ohr, Nase etc.) als auch der kognitive Geist sowie das Herz (im Sinne des Gemüts) durch den Rauch gereinigt. Auf diese Weise entledigte man sich aller in diesem Moment störenden Gedanken und lenkte seine Aufmerksamkeit ganz auf die kommende Zeremonie. Erst im Anschluss durfte man die Schwitzhütte betreten.

Logbuch

Reflektieren Sie kurz für sich, wie Sie „den Geist freibekommen", bevor Sie sich in eine Kommunikationssituation (z. B. ein Meeting oder ein Telefonat) begeben. Notieren Sie Ihre Erkenntnisse im Logbuch.
- ➲ Wie gelingt es mir, mich innerlich zu sammeln, bevor ich einen Raum betrete oder den Telefonhörer abnehme?
- ➲ Welche kleinen Rituale oder Erinnerungsstützen nutze ich dabei?
- ➲ Welche inneren Bilder rufe ich ggf. dafür auf?
- ➲ Wenn es mir bisher nicht so gut gelingt: Wie könnte ich es zukünftig besser angehen?

Im folgenden Unterkapitel lernen Sie die unterschiedlichen Wahrnehmungsperspektiven kennen und erfahren, wie Sie diese für Ihre beruflichen und privaten Kontexte nutzen können.

6.2 Wechsle die Perspektive

Die Kompetenz, die Perspektive zu wechseln, ist grundlegend sowohl für die kognitive wie auch die emotionale Intelligenz. Gerade Führungskräfte können ohne die Fähigkeit, sich auf den Blickwinkel eines Gesprächspartners einzulassen, ihre Funktion nicht erfüllen. Das Gleiche gilt für viele Fachkräfte, die im Team arbeiten oder auch alle Mitarbeiter, die Kundenkontakt haben. Wer die Position des anderen verstehen möchte, muss zunächst dessen Perspektive einnehmen. Kognitive und emotionale Perspektivenübernahme gehen dabei im besten Falle Hand in Hand und fördern auf symbiotische Weise das umfassende Verständnis der Position der anderen Person. Man könnte dies als perspektivische Intelligenz beschreiben.

Erfahrungen aus dem Reservat

Während unseres Aufenthaltes bei den Aborigines im tropischen Nordosten Australiens hatten wir die Gelegenheit, der Zusammenkunft verschiedener Stämme eines Gebietes beizuwohnen. Bei diesem Treffen fällten die Anwesenden wichtige Entscheidungen über den Einsatz der zur Verfügung stehenden staatlichen Mittel. Dabei bedienten sie sich einer bemerkenswerten Vorgehensweise: Sie legten einen Stock in die Mitte, der das diskutierte Thema symbolisierte, in diesem Fall also die Aufteilung und Verwendung des Budgets. Daraufhin tauschten die Stammesvertreter ihre unterschiedlichen Perspektiven aus. Im Anschluss gab es einen Zeitraum, in dem die Anwesenden sich frei im Raum herum bewegten, um die gehörten Perspektiven noch einmal aus der Position des Sprechers Revue passieren zu lassen. Die im Raum verortete Perspektive des Sprechers wurde also ganz pragmatisch mit dessen Meinung verbunden. Ein Stammesmitglied erklärte uns, dass dies den Prozess der Meinungsbildung unterstütze und auf diese Weise viel leichter ein Konsens gefunden würde. Unserer Beobachtung nach wurden die unterschiedlichen Positionen sehr bewusst und mit großer Ernsthaftigkeit eingenommen.

Von dieser Vorgehensweise können Sie einige nützliche Tipps für Ihre eigene geistige Gelenkigkeit ableiten. Der körperliche Positionswechsel unterstützt Sie auf vielfältige Weise dabei, Ihre Gedanken zu entdecken und zu sortieren.

- **Bewegung** tut dem Denken gut. Die körperliche Bewegung unterstützt die geistige Beweglichkeit.
- **Unterschiedliche Gedanken** kommen leichter, wenn diese explizit aus der unterschiedlichen Perspektive heraus gedacht werden. Die Metapher deckt sich hier mit dem tatsächlichen Handeln.
- **Sortierung:** Gerade wenn bereits eine Vielzahl von unterschiedlichen Gedanken auf dem Tisch liegt, kann es sehr nützlich sein, diese über die körperliche Erfahrung zu „sortieren". Ganz automatisch werden auch im Anschluss die einzelnen gedanklichen Positionen mit den räumlichen Positionen verbunden. Die flüchtigen Gedanken werden so gegenständlicher und können mithilfe von Gesten im Raum (und damit auch gedanklich) „verschoben" werden.
- **Separator:** Die Wechsel der Position im Raum fungiert dabei nicht nur als Pause, sondern als zusätzlicher Separator zwischen den unterschiedlichen gedanklichen Positionen.
- **Erinnerung:** Zudem werden auch später die gedanklichen Positionen mit den Positionen im Raum verbunden und lassen sich in der Erinnerung leichter abrufen.

Übertragung auf den Business-Kontext
Tipp 1
Nutzen Sie unterschiedliche Positionen im Raum, um unterschiedliche Perspektiven eines Themas oder einer Fragestellung zu beleuchten. Legen Sie gedanklich – oder noch besser: symbolisch – ein Objekt in die Mitte des Raumes. Gehen Sie um dieses symbolisierte Thema herum. Wählen Sie dabei auch unterschiedliche Abstände oder steigen Sie ggf. auf einen Stuhl oder Tisch, um das Thema auch aus der gedanklichen Distanz betrachten zu können.

Tipp 2
Wenn Sie eine Teamsitzung leiten, laden Sie Ihre Kollegen und Mitarbeiter ein, ein Thema auf ähnliche Weise zu untersuchen. Dazu können Sie vereinfachend Flipcharts mit Thesen oder Argumenten an die Wand hängen und diese für eine Zeit lang wie eine Galerie betrachten lassen. Dabei ist zu beachten, dass sich die Anwesenden tatsächlich auch auf diese Vorgehensweise einlassen. Ein reines „Rumgerenne" im Raum bleibt natürlich sinnlos.

6.2.1 Mit dem Gesäß sieht man besser

Besser als sich etwas nur vorzustellen ist es, es zu erfahren. Oder in diesem Fall: zu ersitzen. Körper und Geist bilden eine Einheit und unterstützen sich gegenseitig. Nutzen Sie daher die Chance, durch die körperliche Veränderung der Position auch die gedankliche Perspektive leichter verändern zu können.

Übertragung auf den Business-Kontext
Tipp 1
Nach Meetings (auch Einzelgesprächen) setzen Sie sich im Anschluss auf den Stuhl Ihres Gesprächspartners oder Ihrer Gesprächspartner. Reflektieren Sie aus dieser Position heraus noch einmal die Argumente Ihres Gesprächspartners. Hören Sie auch Ihre eigenen Argumente mit den Ohren des Gesprächspartners.
Tipp 2
Nehmen Sie sich vor einem Treffen die Zeit, sich auf die Stühle Ihrer Gesprächspartner zu setzen. Reflektieren Sie von hier aus die Perspektive des Gesprächspartners. Nutzen Sie dazu auch alle Schichten der Logischen Ebenen (siehe Kap. 2.6 Mit den Augen der Ethnologen). Sie sind auf diese Weise nicht nur besser auf die möglichen Argumente der Gesprächspartner vorbereitet, sondern können diese vor allem besser verstehen.

Die letzten beiden Tipps berücksichtigen wir übrigens selbst häufig bei Trainings oder Teamentwicklungsmaßnahmen. Dieses Vorgehen ist aus unterschiedlichen Gründen äußerst nützlich: Zum einen hilft es, alle organisatorisch-technischen Aspekte für eine gelungene Präsentation zu berücksichtigen. Zum anderen unterstützt es das Verständnis der gedanklichen Perspektive und damit auch der argumentativen Position einer Person.

6.2.1.1 Organisatorisch-technische Perspektiven

- Ist der Blick auf die Präsentationsfläche von allen Plätzen aus gut? Oder versperrt ggf. eine Säule oder eine große Pflanze den Blick von einigen Plätzen?
- Sind die Stühle richtig angeordnet – oder muss z. B. jemand an einer Tischecke sitzen oder vor Tischbeinen? Sind die Stühle zu nah beieinander?

- Sind die Stühle (einigermaßen) gleichwertig angeordnet? Gibt es gute und schlechte Plätze – und wo sind diese? Jede Anordnung (U-Form, parlamentarisch, Stuhlkreis etc.) hat Vor- und Nachteile.

6.2.1.2   Gedankliche Perspektiven

Wenn Sie selbst die Sicht „ersessen" haben, werden Sie viel leichter daran denken, die Menschen auf diesen Plätzen entsprechend aufmerksam miteinzubeziehen. Ansonsten tendiert man als Präsentator allzu leicht dazu, nur die zentralen („guten") Plätze zu adressieren und mit diesen in Kontakt zu kommen. Doch gerade bei Verhandlungen oder Projektbesprechungen mit Widersachern kommt es vor, dass diese sich auf die („schlechten") Nebenplätze setzen. Dies führt tendenziell dazu, dass diese Positionen weniger Aufmerksamkeit erhalten und zunächst unberücksichtigt bleiben. Diese Vernachlässigung rächt sich – denn wie ein Bumerang kommen deren Auswirkungen später wieder zurück, und das meist zur Unzeit.

6.2.2   Die Wahrnehmungsperspektiven

Für die Reflexion der eigenen wie auch der fremden Wahrnehmungsperspektive eignen sich die in Kap. 2.6 Mit den Augen der Ethnologen vorgestellten Logischen Ebenen. Sie erlauben es, eine Ähnlichkeiten und Unterschiede eingehend zu analysieren, die zwischen zwei Personen und ihren gedanklichen Perspektiven bestehen. Wahrgenommene Ähnlichkeiten sind Brücken, über die Verständigung leichter gelingen kann. Mehr dazu im Kap. 4.3 Meine Zugehörigkeit. Im Folgenden lernen Sie die einzelnen Wahrnehmungsperspektiven kennen.

6.2.2.1   Ich selbst

In Kap. 4 Ich-Kraft haben Sie die unterschiedlichen Facetten des eigenen Selbstkonzepts analysiert: Werte, Identität, Zugehörigkeit. Es ist nützlich, sich diese vor Augen zu führen, um zu erkennen, dass man eine andere Person niemals neutral betrachten und erleben kann, sondern immer nur durch den Schleier der eigenen *Erfahrungswolke*. Vergegenwärtigen Sie sich noch einmal das Konzept der Erfahrungswolke aus Kap. 3.2 Anwendungsfelder von Intuition mit den vier Einflussfaktoren: momentbezogene, biografische, sozio-kulturelle und genetische Faktoren.

6.2.2.2   Der andere

Machen Sie sich bewusst, dass alle Facetten des Selbstkonzepts natürlich in gleicher Weise für Ihren Gesprächspartner relevant sind. Nutzen Sie zur Analyse der Perspektive Ihres Gesprächspartners die Logischen Ebenen und die Einflussfaktoren auf die Erfahrungswolke. Beachten Sie dabei auch die sozio-kulturellen Unterschiede. Ganz konkret können u. a. folgende Aspekte relevant sein:

- **Ethnisch-kultureller Hintergrund**: Bei internationalem Geschäftskontakt sind diese Unterschiede augenscheinlich. Aber auch bei inländischem Kontakt können die ethnischen und kulturellen Wurzeln noch einen Unterschied machen, selbst wenn Ihr Ansprechpartner in Deutschland geboren und aufgewachsen ist.

- **Regionale Herkunft**: Auch regionale Unterschiede innerhalb Deutschlands können relevant sein. Der typische Hanseat unterscheidet sich vom typischen Kölner, der typische Berliner vom typischen Münchner und der typische Städter vom typischen Landbewohner.
- **Alter oder Generation**: Nicht erst seit der demografische Wandel die Altersstruktur in Deutschland verändert hat, existieren häufig Unterschiede zwischen den Generationen.
- **Unternehmenskultur**: Auch in Unternehmen wirken Kulturen. Ein inhabergeführtes Unternehmen wird in aller Regel andere Werte leben als eine Aktiengesellschaft; Unternehmensgröße, Unternehmenszweck oder Branche sind weitere Einflussfaktoren, die als kultureller Hintergrund Ihres Gesprächspartners dessen Erfahrungswolke – und damit die Kommunikationssituation mit Ihnen – verändern können.

Die obigen Merkmale sind lediglich mögliche Quellen für Unterschiede (oder auch explizite Gemeinsamkeiten), die eine Vielzahl von Ausprägungen haben können. Dazu zählt auch das Zeitverständnis, das wir im Kap. 6.4 Beachte den Zeithorizont thematisieren. Machen Sie sich diese Merkmale bewusst, ohne jedoch darauf zu fokussieren – denn das leistet einer Stereotypisierung Vorschub. Die Übung 1 „Wahrnehmungsperspektiven wechseln" in diesem Kapitel gibt Ihnen Anregungen, wie Sie die Perspektive Ihres Gesprächspartners weiter analysieren können.

6.2.2.3 Das Wesen der Kommunikation

Rufen Sie sich noch einmal das indigene Verständnis eines Wesens der Kommunikation aus Kap. 3.2 Anwendungsfelder von Intuition in Erinnerung. Zur Beschreibung dieses Wesens und dessen „Wohlbefinden" eignen sich die im Kap. 3.5 Was macht intuitives Erleben und Handeln aus? vorgestellten Submodalitäten. Berücksichtigen Sie die Anwesenheit dieses Wesens der Kommunikation während eines Treffens mit anderen Personen als eigenständige Perspektive.

6.2.2.4 Die Metaperspektive

Der Präfix „Meta-" weist daraufhin, dass es hier um einen inneren Abstand von den aktuellen Aspekten geht. Das Einnehmen der Metaperspektive ist immer mit einer *Dissoziation* vom aktuellen Erleben verbunden: Sie betrachten einen Sachverhalt von einer höheren oder entfernteren Stufe aus. Diesen inneren Abstand können Sie meist leichter erreichen, wenn Sie auch einen räumlichen (und ggf. zeitlichen) Abstand herstellen, zum Beispiel durch einen Wechsel der räumlichen Position. Die Bezeichnung Metaperspektive wird dabei häufig für zwei – eigentlich voneinander zu unterscheidenden – Perspektiven genutzt.

▶ **Metaperspektive als Ort der Beobachtung** Von hier aus wird nur wahrgenommen, was es in der „Welt der Tatsachen" wahrzunehmen gibt. So neutral, emotionslos und unbeteiligt, wie es eben geht. Und dabei mit hoher Präzision und großer Achtsamkeit. Von hier aus kann sich der Beobachter sogar selbst beim Beobachten beobachten – ohne sich dabei etwas zu denken. Im Folgenden bezeichnen wir diese Position auch als wahrnehmende Metaperspektive oder „Kamera".

▶   **Metaperspektive als Ort der Bewertung** Von hier aus kann man mit Abstand
und kühlem Kopf alle Informationen in der Gesamtschau betrachten – und
bewerten. Von hier aus werden Schlüsse gezogen, Erkenntnisse eingesammelt
sowie darauf basierende Entscheidungen gefällt.

So trivial die wahrnehmende Metaperspektive erscheint, so schwierig ist sie häufig im Alltag einzunehmen. Man muss sich voll und ganz dissoziieren – sich also mit der Dissoziation assoziieren. Äußerst nützlich zum Trainieren der wahrnehmenden Metaperspektive
ist die in Kap. 3 Intuition vorgestellte Übung 5 „Gedanken-Sensor".

Gedankenexperiment: Assoziation mit der Dissoziation

Machen Sie sich mit der folgenden kurzen Gedankenreise noch einmal die besondere
Qualität dieser wahrnehmenden Metaperspektive bewusst.

Ich öffne meine Sinne in alle Richtungen und für alle Eindrücke: visuell – auditiv –
kinästhetisch – olfaktorisch – gustatorisch. Ich defokussiere – mit Augen und Ohren.
Ich nehme die Umwelt um mich herum – 360 Grad – wahr. Ich mache mich „leer" und
öffne mich allen Gedanken. Ich registriere mein eigenes Denken. Ich nehme wahr, wie
ich mich und die Umwelt wahrnehme. Gleichzeitig bemerke ich, „wie" ich denke: Ich
nehme Strukturen im Außen wahr (wie ich sitze, mit welcher Tonalität ich spreche,
…) – wie auch meine Gedanken, Empfindungen und Wertungen im Inneren. Ich bemerke so zum Beispiel, falls ich den anderen sympathisch oder unsympathisch finde
oder falls ich ungeduldig oder ärgerlich werde. Ich nehme all dies – vor allem mein
inneres Erleben – wahr, ohne zu werten. Und falls ich mich beim Werten erwische,
bringe ich mich sachte wieder in ein neutraleres Erleben. Ich unterlasse jeglichen Ver-
such, den Gesprächspartner analysieren zu wollen oder eine Strategie zu verfolgen. Ich
bin und mache mir jederzeit bewusst, dass ich niemals neutral wahrnehmen kann. Alle
Wahrnehmungen sind bereits durch meine eigenen inneren Konzepte auf eine Weise
gefiltert, die mir nicht bewusst ist. Ich weiß um meine eigene verzerrte Wahrnehmung,
inklusiver aller Überbetonungen und blinden Flecken.

Übertragung auf den Business-Kontext

Üben Sie sich darin, Ihre Gedanken und Ihr Handeln sowie Ihre Körperhaltung,
Gestik und Mimik wahrzunehmen – auch und gerade in Gesprächssituationen. Fangen Sie in unbeobachteten Momenten damit an, üben Sie dann in weniger wichtigen
Gesprächen, bis Sie die Fähigkeit auch in wichtigen oder schwierigen Situationen
aufrechthalten können. Diese Form der Selbstbeobachtung ist zu Beginn noch eine
geistige und teilweise auch emotionale Herausforderung. Mit der Zeit werden Sie
jedoch feststellen, dass Sie viel mehr Autonomie und Bewusstheit über Ihr Handeln
und damit auch Ihre Wirkung beim Gesprächspartner gewinnen.

Übung 1: Wahrnehmungsperspektiven wechseln

Wählen Sie für diese Übung eine Kommunikationssituation mit einer (einzelnen) anderen Person, über deren Blickwinkel Sie mehr erfahren möchten. Wählen Sie für das erste Mal, wenn Sie diese Übung durchführen, eine einfache Situation. Wenn Sie das Prinzip der Vorgehensweise verstanden haben, können Sie dies auf die Analyse schwierigerer Situationen übertragen.

Positive Auswirkungen

- Sie gewinnen ein tieferes Verständnis Ihrer eigenen Motivationen und Ihres inneren Erlebens.
- Sie können Ihre Gedanken und Gefühle bezüglich der Situation sortieren.
- Sie gewinnen ein tieferes Verständnis für das innere Erleben und die Perspektive Ihres Gesprächspartners.
- Sie gewinnen ein objektiveres Bild der Situation.
- Sie lernen aus der Situation und können diese für zukünftige Situationen nutzen.

Durchführung

Dauer: 30–60 min (für erste Durchführung, danach geht es deutlich zügiger)

Die Übung erfordert es, dass Sie sich auf die Perspektive des anderen einlassen, und lädt dazu ein, auch über dessen Empfinden und Gedanken zu spekulieren. Dabei geht es natürlich eher um den intuitiven Zugang zur inneren Welt der anderen Person – nicht um ein richtig oder falsch im Sinne des *digitalen Denkens*. Der Ablauf der Übung ist dabei sehr einfach. Lassen Sie sich von der Länge nicht abschrecken. Sie nehmen nacheinander fünf unterschiedliche Positionen ein und prüfen für sich jeweils die dort relevanten Fragen.

Vorbereitung

1. Identifizieren Sie eine (!) konkrete Situation, in der Sie mit der ausgewählten Person im direkten Kontakt kommuniziert haben.
2. Beschriften Sie drei Zettel und legen diese in Form eines gleichseitigen Dreiecks auf dem Boden aus. Lassen Sie dabei mindestens 1,5 Meter Abstand zwischen den Zetteln.
   - Ein Zettel mit Ihrem Namen; diese Position repräsentiert Sie in jener Situation.
   - Ein Zettel mit dem Namen der anderen Person; diese Position repräsentiert diese Person in jener Situation.
   - Ein Zettel mit der Aufschrift „KAMERA". Dazu unten mehr.
3. Beschriften Sie einen weiteren Zettel mit der Aufschrift „WESEN DER KOMMUNIKATION" und legen diesen zwischen die beiden Zettel mit den Namen der beteiligten Personen.
4. Beschriften Sie einen weiteren Zettel mit der Aufschrift „META" und legen diesen deutlich abseits des Dreiecks.

Position 1: Ich selbst

5. Stellen Sie sich auf die Position, die Ihren Namen trägt. Vergegenwärtigen Sie sich dort noch einmal die konkrete Situation, in der Sie sich damals befunden haben. Erleben Sie die Situation noch einmal so, als würden Sie diese jetzt erleben.

6. Beantworten Sie die nachfolgenden Fragen, während Sie mit der damaligen Situation *assoziiert* bleiben. Nehmen Sie sich die Zeit, die einzelnen Aspekte gewissenhaft zu prüfen.

- ➲ Was genau sehe ich hier? Was höre ich? Welche anderen Sinneseindrücke (Geruch, Geschmack etc.) kann ich wahrnehmen?
- ➲ Wie nehme ich die andere Person wahr? Was tut sie? Wie – auf welche Weise genau – spricht sie?
- ➲ Wie atme ich? (tief oder flach, schnell oder langsam)
- ➲ Wie ist meine Körperhaltung? Wie meine Gestik und Mimik?
- ➲ Wie fühle ich mich?
- ➲ Welche Gedanken gehen mir über die andere Person durch den Kopf? Was und wie denke ich über mich selbst?

7. Während Sie weiterhin assoziiert bleiben, nutzen Sie die Logischen Ebenen zur weiteren Analyse.

- ➲ **Kontext:** Wo genau befinde ich mich? Was geschah unmittelbar davor? Wer ist noch anwesend oder in der Nähe?
- ➲ **Verhalten:** Was genau tue ich? Was genau tut der andere?
- ➲ **Fähigkeiten:** Wie kompetent und fähig fühle ich mich? Auf welche Kompetenzen habe ich guten Zugriff – auf welche nicht?
- ➲ **Werte, Haltung, Motivation, Bedürfnisse**: Was ist mir hier wichtig? Was will ich für mich sicherstellen?
- ➲ **Identität**: Als wer trete ich hier in dieser Situation auf? Wer bin ich für den anderen?
- ➲ **Zugehörigkeit**: Welchem höheren Ziel fühle ich mich verpflichtet? Welchem System fühle ich mich hier zugehörig?

8. Machen Sie einen entschiedenen Schritt zurück und lösen sich gedanklich von der Situation. Orientieren Sie sich wieder ganz im Hier und Jetzt. Schauen Sie dazu zum Beispiel aus dem Fenster oder auf die Uhr.

Position 2: Die andere Person

9. Machen Sie sich bereit, für einen Moment ganz diese andere Person zu verkörpern – diese andere Person in jener Situation zu „sein". Stellen Sie nun auf die Position der anderen Person in jener Situation.

10. Wiederholen Sie exakt die gleichen Fragen, die Sie vorher bereits beantwortet haben – nur diesmal aus der Perspektive dieser Person. Bleiben Sie dabei komplett die Person, auf deren Position Sie gerade stehen.

- • Steht zum Beispiel „Herr Meier" auf dem Zettel an Ihrer Position, prüfen und beantworten Sie die Fragen als Herr Meier: „Ich – Herr Meier – sehe hier in dieser Situation … Ich atme (schnell/flach …) Meine Körperhaltung ist … Ich nehme die Person dort drüben als … wahr."
- • Es ist außerordentlich wichtig, dass Sie ausschließlich aus dem Munde – und mit dem Kopf, Körper und Herzen – der Person sprechen, auf deren Position Sie gerade stehen.

11. Machen Sie einen entschiedenen Schritt zurück und lösen sich gedanklich von der Situation – und Person. Orientieren Sie sich wieder ganz im Hier und Jetzt.

Position 3: Das Wesen der Kommunikation

12. Stellen Sie sich auf die Position des Wesens der Kommunikation. Von hier aus nehmen Sie intuitiv Kontakt zu den *submodalen* Qualitäten der Kommunikationssituation auf. Machen Sie sich bewusst, dass die hier wahrgenommenen Impulse durchaus flüchtig sein können. Hier auf dieser Position werden Sie zur Qualität der Kommunikation selbst und nehmen alle atmosphärischen Einflüsse wahr, die zwischen den Kommunikationsparteien wirken.

13. Als Wesen der Kommunikation prüfen Sie die folgenden Aspekte:

    ➲ Wie ist die Atmosphäre zwischen den Kommunikationspartnern?

    ➲ Wie lassen sich die Qualitäten dieser Atmosphäre auf submodale Weise beschreiben?

    ➲ Welche körperlichen Empfindungen spüre ich – als Wesen der Kommunikation? Welche inneren Bilder kommen in mir hoch? Welche intuitiven Gedanken und Metaphern?

14. Machen Sie einen entschiedenen Schritt zurück und lösen sich gedanklich von der Situation. Orientieren Sie sich wieder ganz im Hier und Jetzt.

Position 4: Kameraperspektive (als Ort der dissoziierten Beobachtung)

15. Stellen Sie sich auf die Position der Kamera. Von hier aus nehmen Sie die gesamte Situation und die beiden Menschen als völlig neutrale und emotionslose Kamera wahr. Vergewissern Sie sich, dass Sie als Kamera beide Personen völlig symmetrisch wahrnehmen und auch im Laufe des Geschehens immer beide im Blickfeld behalten. Dazu kann es hilfreich sein, mit dem Finger auf die jeweilige Position zu zeigen, um eine der beiden Personen zu beschreiben und Formulierungen zu nutzen wie: „Diese Person dort (… macht dies und das …), während diese Person dort dabei … (… dies und das macht …)." Wichtig: Halten Sie zu beiden Personen den gleichen emotionalen Abstand.

16. Als Kamera prüfen Sie die folgenden Aspekte:

    ➲ Was genau sehe ich – aus der Perspektive eines völlig neutralen Beobachters?

    ➲ Was kann ich an der Körperhaltung, Gestik und Mimik der beiden Personen erkennen?

    ➲ Wie groß sind die beiden Personen – neutral betrachtet?

    ➲ Was gibt es bezüglich Stimmlage, Tonfall und Wortwahl zu registrieren?

    ➲ Wie verhalten sich die beiden?

17. Machen Sie einen entschiedenen Schritt zurück und lösen sich gedanklich von der Situation. Orientieren Sie sich wieder ganz im Hier und Jetzt.

Position 5: Metaperspektive (als Ort der dissoziierten Bewertung)

18. Stellen Sie sich auf die Metaperspektive. Von hier aus analysieren Sie alle eingesammelten Informationen und beurteilen diese mit emotionalem Abstand.

19. Prüfen Sie die folgenden Fragen.

    ➲ Welche neuen Informationen habe ich gewonnen?

    ➲ Welche Ähnlichkeiten zwischen den beiden Personen in dieser Situation sind zu erkennen?

⮥ Welche Werte und Bedürfnisse wollen die beiden Personen für sich selbst (!) jeweils sicherstellen?

⮥ Welche Werte verbinden die beiden Personen? Welche höheren Ziele verfolgen beide auf ihre Weise? Gibt es Parallelen – wenn nicht an der Oberfläche, dann vielleicht in der Struktur darunter?

20. Prüfen Sie auch, wie sich das Wesen der Kommunikation während dieser Situation verändert hat.

⮥ Was hat dazu beigetragen, dass das Wesen der Kommunikation lebendig war oder (wieder) geworden ist?

⮥ Was hat das Wesen der Kommunikation eher starr und leblos werden lassen?

21. Welche Erkenntnisse lassen sich aus dieser Gesamtschau aller Informationen gewinnen?

22. Machen Sie nun gedanklich noch einen Schritt zurück und fragen sich:

⮥ Was kann ich aus dieser Situation für mich lernen?

⮥ Welche Erkenntnisse habe ich über mich gewonnen?

⮥ Welche über die andere Person?

⮥ Was kann ich daraus für zukünftige Kommunikationssituationen lernen?

Hinweise

• Es ist wichtig, dass Sie eine konkrete Situation auswählen. Wenn ähnliche Situationen mit dieser Person immer wieder auftauchen, wählen Sie eine spezifische aus.

• Übertragung auf als schwierig empfundene Situationen: Nutzen Sie das Vorgehen für Situationen, in denen Sie sich über die anderen Person geärgert haben, Sie sich zurückgesetzt fühlten oder es zum Streit kam. Auch unklare Situationen (zum Beispiel wenn es zu Missverständnissen gekommen ist) sind geeignet.

• In leicht modifizierter Form lässt sich das Vorgehen auch auf Situationen übertragen, in denen die Kommunikation nicht von Angesicht zu Angesicht stattgefunden hat, wie zum Beispiel am Telefon oder in E-Mails. In einem solchen Fall ist es besonders wichtig, mit den Augen und Ohren der anderen Person zu lesen bzw. zu hören und auf die Nuancen der Sprache zu achten. Identifizieren Sie mögliche „Gelegenheiten" für Missverständnisse. Die Leitfrage lautet: „Wie könnte man das möglicherweise falsch verstehen?"

Übertragung auf den Business-Kontext

- Das Vorgehen eignet sich auch für Gruppensituationen wie Meetings, Vorträge oder bei mehreren Gesprächspartnern. Dann werden entweder die relevanten Einzelpersonen nacheinander analysiert – oder die Personen zu Parteien gruppiert und als ein Wesen wahrgenommen (zum Beispiel: „das Publikum" oder „die Gruppe der Zuhörer").
- Die Methode eignet sich auch zur Vorbereitung auf ein schwieriges Gespräch oder Meeting. Nutzen Sie die strukturierte Analyse, um sich bereits im Vorfeld auf die Perspektive des Gesprächspartners oder der Gesprächspartner einzustellen.
- Gerade bei Situationen in beruflichen Kontexten ist bei den ersten beiden Positionen auch die professionelle Identität relevant. Vergegenwärtigen Sie sich dazu noch einmal die Überlegungen aus Kap. 4.2 Meine Identität. Auf den ersten beiden Positionen fragen Sie sich daher:
  - ➲ Wozu fühle ich mich – aus meinem „Amt" und professionellen Perspektive heraus – verpflichtet? Was will ich sicherstellen, um meine Aufgabe gut erfüllen zu können?
  - ➲ Wozu fühlt der andere sich verpflichtet? Was will er sicherstellen, um seinem „Amt" gerecht zu werden?

6.2.3   Tetralemma: indische Logik plus Intuition

Das Tetralemma ist neben dem Wechsel der Wahrnehmungsperspektiven eine weitere äußerst nützliche Struktur, um systematisch die geistige Gelenkigkeit zu trainieren. Seit dem 2. Jahrhundert kennt die indische Logik durch den Philosophen Nagarjuna die vier Positionen des Tetralemma, welches das auch im Westen bekannte Dilemma (das eine oder das andere) erweitert. Die Grundstruktur des Tetralemma ist einfach:

- Position 1: Es gibt eine Option A (inklusive ihrer Variationen).
- Position 2: Demgegenüber gibt es eine Option B, die mathematisch „Nicht-A" ist – also alles, außer A. Bei Entscheidungssituationen können A und B jedoch auch „nur" zwei unterschiedliche Alternativen sein.
- Position 3: Die dritte Position ist die Verbindung von A und B. Dies wird häufig als Schnittmenge dargestellt, wobei es jedoch zahlreiche Ausprägungen von „A und B" geben kann. So könnte eine Verschiebung entlang der zeitlichen Achse stattfinden: „Zunächst das eine, dann das andere." Dies kann auch in alternierender Folge geschehen, sodass A und B abwechselnd zum Zuge kommen. Oder es kommt zu einer Verschiebung auf der räumlichen Achse: „Hier das eine, dort das andere." Manchmal ist auch eine Vermischung denkbar, bei der sich durch die Vereinigung von A und B etwas Neues ergibt, das Merkmale von beiden Optionen hat.
- Position 4: Die vierte Position verneint sowohl A als auch B.

Zur Veranschaulichung ein Beispiel aus dem Alltag:

Gedankenexperiment

Stellen Sie sich vor, Sie würden eine Entscheidung bezüglich Ihrer Abendgarderobe zu treffen haben. Sie wollen abends auf ein Konzert gehen und stehen mit der Frage vor dem Kleiderschrank, was Sie anziehen sollen – das rote Hemd (Option A) oder das blaue Hemd (Option B)?

- Position 1: Sie ziehen das rote Hemd an.
- Position 2: Sie ziehen das blaue Hemd an.
- Position 3: Sie ziehen sowohl das blaue als auch das rote Hemd an. Oder Sie ziehen eines an und nehmen das andere mit, um es später am Abend zu wechseln. Oder Sie ziehen das rot-blau gestreifte Hemd an, das Sie auch noch im Schrank haben.
- Position 4: Sie ziehen weder das blaue noch das rote Hemd an (oder eine sonstige Kombination daraus). Stattdessen ziehen Sie ein weißes T-Shirt oder einen grauen Pullover an – oder nutzen ausschließlich Body-Painting ohne weiteres Textil.

6.2.3.1   Die geheimnisvolle fünfte Position

Die vier klassischen Positionen ergänzte Nagarjuna um eine fünfte Position, die alle vorherigen Positionen verneint – und sich selbst auch. Wenn Sie jetzt einen gedanklichen Knoten im Kopf haben, sind Sie zumindest auf dem richtigen Weg: Diese sich selbst verneinende Position ist über die normale Logik kaum noch zu erfassen, sondern erfordert einen gedanklichen Sprung aus dem gegebenen Rahmen. Am Beispiel des Kleiderschranks wird der praktische Nutzen deutlich: Statt sich endlos mit der Auswahl eines vermeintlich möglichst passenden Kleidungsstücks zu befassen, kommen Sie zu der Erkenntnis, dass der ganze Zinnober ja lediglich den Sinn hat, später am Abend Spaß auf dem Konzert zu haben. Und daraus folgt die Einsicht, dass Sie sich nicht länger mit der Entscheidung über mögliche Oberbekleidung aufhalten und darüber ärgern wollen. Stattdessen behalten Sie an, was Sie bereits tragen, rufen Ihre Freunde an und fragen, ob Sie sich nicht alle schon vor dem Konzert auf ein Kaltgetränk treffen wollen. Zeit haben Sie ja jetzt. – Die fünfte Position erlaubt – in diesem Beispiel (!) – die Rückbesinnung darauf, worum es eigentlich geht. In dem Sinne: „Warum stelle ich mir überhaupt diese Frage? Wie kommt es, dass mir das wichtig ist?" In anderen Kontexten kann dies auch eine kreative Innovation sein – oder die zündende Idee, die eine vertrackte Verhandlung weiterbringt. Die fünfte Position kommt häufig als Aha!-Moment daher und zieht eine neue Dynamik an weiteren Fragen nach sich.

Dazu noch ein Beispiel: Erinnern Sie sich an die Geschichte des Kreidekreises aus Kap. 5.3 Der Held, der für seine Werte einsteht oder Zivilcourage zeigt? Dort hatte der kaiserliche Richter über eine ungeklärte Mutterschaft zwischen zwei Frauen zu entscheiden. Übertragen auf die Struktur des Tetralemma, hatte der Richter folgende Möglichkeiten:

- Position 1: Er spricht der einen Frau das Kind zu.
- Position 2: Er spricht der anderen Frau das Kind zu.
- Position 3: Er spricht beiden Frauen das Kind zu. Zum Beispiel könnten beide Frauen im gleichen Haushalt das Kind gemeinsam aufziehen oder es würde eine Woche bei der einen, eine Woche bei der anderen Frau aufwachsen.
- Position 4: Er spricht keiner der beiden Frauen das Kind zu. Das Kind wird zur Adoption für eine fremde Person freigegeben oder in ein Waisenhaus gesteckt.
- Position 5: Er findet eine Lösung auf einer anderen Ebene.

Der Richter hat sich für eine Lösung auf einer anderen Ebene entschieden, indem er durch sein Urteil – das Kind der am kräftigsten an dessen Arm ziehenden Frau zu geben – die Mutterliebe auf eine Probe gestellt hat. Mit Hilfe dieser fünften Position konnte er die wahre Mutter erkennen.

Doch wie kommt man zu dieser begehrten fünften Position? Dazu braucht es einen intuitiven Sprung aus dem bestehenden (logischen) Rahmen heraus – das berühmte „Out of the box"-Denken. Doch wie kommt man raus aus der Box? Durch formale Variation einzelner Parameter (z. B. in einer Tabelle) kann man bisher übersehene Kombinationsmöglichkeiten aufspüren, die dann auf Nützlichkeit hin überprüft werden. Dieses schematische Vorgehen bleibt jedoch dem mechanisch-analytischen Denkrahmen verhaftet. Die Identifikation der relevanten (!) Parameter, die eine sinnvolle Variation erlauben, erfordert bereits eine intuitive Komponente. Ergo: Ohne Intuition keine fünfte Position. Häufig ist die Hinterfragung der Fragestellung eine nützliche „Absprungrampe", um den bisherigen gedanklichen Rahmen zu verlassen.

6.2.3.2 Die zyklische Natur des Tetralemma

Wer die Gedanken zum Tetralemma und insbesondere zur fünften Position nachvollzieht, bemerkt, dass die fünfte Position häufig keineswegs das Ende der Fahnenstange ist. Vielmehr wird sie zu einer neuen Position 1 bzw. einer Option A – in einem größeren System, in einer anderen Fragestellung. Gerade die Hinterfragung der Fragestellung lädt dazu ein, den bisherigen gedanklichen Rahmen zu verlassen – und damit selbst den Sprung auf die fünfte Position nur als Zwischenschritt zu begreifen.

Die gewählten Beispiele könnten den Eindruck erwecken, es ginge immer darum, die fünfte Position zu erreichen, um eine gute Entscheidung fällen zu können. Dem ist nicht so. Jede der einzelnen Positionen kann richtig – im Sinne von kontextbezogen angemessen – sein. Und natürlich geht es ohnehin nicht um eine normative oder gar moralische Richtigkeit. Vielmehr fordert das Tetralemma dazu auf, *analog* zu denken. Um eine gute Entscheidung fällen zu können, muss zunächst der potenzielle Möglichkeitenraum erkannt werden. Häufig ist jedoch das Blickfeld in den Möglichkeitenraum so eingeschränkt, dass nur wenige der Positionen überhaupt wahrgenommen werden. Im Extremfall wird eine Situation gar nicht mehr als Entscheidung erlebt, sondern nur noch als ausweglose Sackgasse. In einem solchen Fall wird nur die Position 1 als realisierbar gesehen. Schwierige

Entscheidungssituationen werden häufig als Entweder-oder-Dilemma wahrgenommen. Für diese Fälle kann bereits das Erkennen der dritten Position ein augenöffnender Moment sein.

Das Tetralemma erscheint auf den ersten Blick simpel. Das liegt auch an der hier gewählten vereinfachten Darstellung. Das Tetralemma ist aber bei näherer Betrachtung sehr tief und komplex. Wer sich ausgiebig und in allen Facetten mit diesem gedanklichen Ansatz beschäftigen will, findet bei Mathias Varga von Kibéd (Logik-Professor an der LMU München) ein schier endloses Meer gedanklichen Tiefgangs (v. a. in seinem Buch „Ganz im Gegenteil"). Gemeinsam mit Insa Sparrer wendet er das Modell des Tetralemma kunstvoll in systemischen Strukturaufstellungen an.

6.3   Nimm das System wahr

In Unternehmen wird häufig beklagt, dass die linke Hand nicht wisse, was die rechte tue. Damit sind Entscheidungen „von oben" gemeint, die dem Alltag der Mitarbeiter zuwiderlaufen; aber auch nicht aufeinander abgestimmte Entscheidungen zwischen unterschiedlichen Abteilungen oder unverständliche Maßnahmen in Veränderungsprozessen, ob intern initiiert oder von externen Beratern.

Entgegen der häufig vermuteten Einschätzung, dies liege an der Dummheit oder dem Desinteresse (oder sogar dem Mutwillen) der Entscheider, ist es häufiger die Komplexität des veränderten Systems, die zu den Schwierigkeiten der Beteiligten führt.

Beispiel aus dem Unternehmenskontext

Häufig erscheint eine Anweisung oder Regel dann sinnlos, bürokratisch oder verantwortungslos, wenn diese eigentlich für einen anderen Kontext entwickelt oder aus diesem übernommen wurde. Ein Beispiel dazu, das wir bei einem ursprünglich kleineren Betrieb (von rund 50 Mitarbeitern) nach der Übernahme durch ein großes Mittelstandsunternehmen mit bereits konzernähnlichen Strukturen erlebt haben: In dem Kleinunternehmen arbeiteten in der Buchhaltung langjährige Mitarbeiter, die viel Entscheidungsfreiheit besaßen und großes Vertrauen genossen. Nach der Übernahme durch den Mittelständler wurde ein Vier-Augen-Prinzip eingeführt, das bedingte, dass bestimmte Dokumente nun von vier Personen statt von einer einzigen geprüft und unterschrieben werden mussten. In dem Betrieb gab es jedoch keine vier Personen in der Buchhaltung, so dass die Regel nur für Kopfschütteln sorgte und „kreativ" umgangen wurde. Im Kontext der konzernähnlichen Struktur war die Regel sinnvoll: Hier gab es eine gewollt hohe Fluktuation der Führungskräfte und teilweise auch der Fachkräfte auf den einzelnen Stellen. Die Rotation sollte der internationalen Ausrichtung entgegenkommen. Aufgrund der dadurch deutlich verkürzten Beziehungsdauer zwischen Führungskraft und den übrigen Standortmitarbeitern, musste viel mehr Kontrolle stattfinden, als dies bei langjährigen, auf Vertrauen fußenden Beziehungen nötig gewesen wäre.

Das Beispiel zeigt, wie eine eigentlich sinnvolle Maßnahme des einen Kontextes im anderen Kontext zur Absurdität gerät, wenn sie nicht an das neue System angepasst wird. Diese Form von Systemblindheit ist leider häufig anzutreffen, wenn es zu Problemen im Unternehmen kommt. Daher möchten wir Sie in diesem Unterkapitel ermuntern, der Systemperspektive größere Aufmerksamkeit zu schenken – wobei wir uns auf die sozialen Interaktionen konzentrieren. Menschliche Kommunikation ist ein an Komplexität kaum zu übertreffendes Feld und profitiert in besonderer Weise von Systemachtsamkeit.

6.3.1 Funktion im System

Auch eigentlich unliebsame Dinge, wie zum Beispiel Krankheiten oder Phobien, können einen positiven – meist verborgenen – Nutzen haben. Im Falle der Erkrankung spricht man dann vom primären oder sekundären Krankheitsgewinn, wie zum Beispiel die Freistellung von einer bevorstehenden Prüfung oder auch befürchteten Auseinandersetzung. Das ungeliebte Symptom kann Ausdruck eines inneren Anteils sein, der auf unangemessene Weise etwas Positives für das Subjekt zu erreichen versucht.

Die besondere Funktion des Heyoka für das Gemeinwesen eines Stammes hatten wir in Kap. 4.4 Meine Wandlungsfähigkeit schon angesprochen. Im Unternehmen hat jeder Mitarbeiter neben der offiziellen Funktion, wie sie vielleicht in Stellenbeschreibungen formuliert und in bestimmten Aufgaben operationalisiert ist, auch immer eine Reihe von inoffiziellen oder sogar unbewussten Funktionen im System. Diese aufzuspüren und sich bewusst zu machen, kann eine große Bedeutung für die Entscheidungsfindung und Mitarbeiterführung haben. Zwei Wirkungen sind zu beachten, wenn man die Funktion einer Person im zugehörigen System betrachtet:

- Die **Wirkung auf das Selbstverständnis** der Person. Dies betrifft Aspekte der Identität und Zugehörigkeit, wie wir sie im Kap. 4 Ich-Kraft thematisiert haben.
- Die **Auswirkungen im System** selbst: Welche Funktion erfüllt die Person innerhalb des Systems?

Anders formuliert stellt der zweite Punkt die Frage: Was würde an Effekten im System entstehen – oder auch ausbleiben (!) – wenn die betreffende Person fehlen würde?

In komplexen Systemen sind die Auswirkungen der Veränderung einer der Systemkomponenten häufig kaum vorhersagbar. Komplexität beschreibt das Ausmaß an wechselseitig voneinander abhängigen Variablen (Interdependenzen). Die Antwort auf zunehmende Komplexität heißt häufig Reduktion von Komplexität. In vielen Fällen ist dies jedoch Augenwischerei. Der Organisationspsychologe Peter Kruse (2008) formuliert, dass nur ein kompliziertes System durch Trivialisierung, also die Reduktion auf wenige Kriterien, vereinfacht werden kann. Komplizierte Systeme lassen sich zudem vereinfachen, indem man sie unterteilt. Ein kompliziertes System kann man vereinfachen, ohne die interne Struktur des Systems zu zerstören – so wie man einen unübersichtlichen mathematischen Bruch kürzt. Ein komplexes System hingegen lässt sich nicht vereinfachen, ohne dass es zerstört wird – oder anders ausgedrückt: ohne dass dabei etwas Neues erschaffen wird.

Kruse empfiehlt deshalb für Entscheidungen innerhalb von komplexen Systemen die Bewertung mittels der Intuition und emotionaler Faktoren.

Beispiel aus dem Unternehmenskontext

Ein häufig anzutreffendes Beispiel aus dem Unternehmen: Kennzahlen (KPI) werden herangezogen, um Erfolge und den Status von Prozessen messbar und dokumentierbar zu machen und dadurch das Unternehmen zu steuern. Die Fokussierung auf diese Werte führt zur Reduktion von Komplexität, weil Teile der Realität dadurch ausgeblendet werden. Die zugrundeliegende Hoffnung ist, dass die simplifizierenden Kennzahlen in hinreichender Weise die Realität abbilden. Und zwar so, dass diese noch nützlich bleiben – so wie eine Landkarte auch nicht jedes Detail abbildet, sondern nur die zur Navigation notwendigen Elemente. Die Nützlichkeit des Detailreichtums bzw. des Grades an Vereinfachung ist dabei kontextabhängig, je nachdem ob man einen Weltatlas oder eine Wanderkarte aufschlägt. In Unternehmen wird dabei häufig vergessen, dass durch eine übermäßige Fokussierung auf die Kennzahlen die Steuerung im Unternehmen nicht funktionieren kann. Das Gleiche trifft auch auf die Navigation in der Topografie zu: Wer sich nur auf die Karte oder das Navigationsgerät verlässt, bemerkt vielleicht erst zu spät, dass er gegen einen Baum gelaufen ist oder veraltetes Kartenmaterial verwendet. Im Unternehmen wirkt sich eine Überfokussierung auf (häufig) kurzfristig orientierte Kennzahlen langfristig nicht selten ungünstig auf die Motivation der Mitarbeiter oder die Qualität der Produkte und Leistungen aus.

Patentrezepte für das rechte Maß an Vereinfachung gibt es nicht. Je komplexer das System, desto schwieriger sind die Auswirkungen abzuschätzen. Im Sinne des Spruchs „hinterher weiß man mehr" lassen sich jedoch häufig im Nachhinein Lehren aus vergangenen Entscheidungen ziehen.

Logbuch

Rufen Sie sich Entscheidungen in Ihrem Unternehmen oder ggf. auch privater Natur in Erinnerung, bei der relevante Systemkomponenten – zum Beispiel einer bestimmten Person im Unternehmen – vereinfacht oder verändert wurden. Nutzen Sie die Fragen als Hilfestellung zur Analyse und notieren Sie Ihre Erkenntnisse im Logbuch.
- Welche unerwarteten positiven oder negativen Auswirkungen hatte die Veränderung?
- Welche bislang ausgeblendete Funktion der Systemkomponente lässt sich daraus ableiten, dass sich diese Veränderung gezeigt hat?

6.3.2   Zirkuläre Fragen zur Erkundung des Systems

Zirkuläre Fragetechniken sind eine gute Möglichkeit, um den unscheinbaren oder verborgenen Funktionen im System auf die Schliche zu kommen. Die Grundidee beim zirkulären

Fragen ist es, „um die Ecke" bzw. „über Bande" zu fragen – statt direkt. Am deutlichsten wird dies anhand von Beispielen:

- Direkte Frage: „Welche Funktion hat Herr Meyer im Unternehmen?"
- Alternative zirkuläre Fragen:
  - „Welche Funktion erkennen die Kollegen in Herrn Meyer?"
  - „Was würde im Unternehmen fehlen, wenn Herr Meyer nicht mehr da wäre?"
  - „Woran würden die Menschen im Unternehmen merken, dass Herr Meyer nicht mehr da ist?"
  - „Wie sehen seine Mitarbeiter Herrn Meyer, wie seine Vorgesetzten?"

Das zirkuläre Fragen ist im Grunde genommen eine Einladung, die Perspektive zu wechseln. Dies hat sich als sehr nützlich zur Analyse von (wahrgenommenen) Beziehungskonstellationen innerhalb eines Systems erwiesen. Beispiele:

- Wie würde die Abteilungsleiterin reagieren, wenn wir uns direkt an den Vorstand wenden?
- Wie käme es bei den anderen Abteilungen an, wenn nur wir das neue System jetzt schon installierten? (alternativ: neue Fahrzeuge/Büromöbel/Trainingsmaßnahmen etc. bekämen)

Zirkuläre Fragen lassen sich nicht nur nutzen, um Argumente und Hypothesen zu finden, sondern auch, um neue Perspektiven zu identifizieren.

- Wer sitzt gedanklich noch mit am Tisch? Wessen Meinung muss berücksichtigt werden?
- Wer könnte Nachteile durch diese Regelung/Vereinbarung befürchten – und uns Steine in den Weg legen?
- Wer wäre überrascht, wenn wir hier zu einer Lösung kämen?

Das Prinzip lässt sich jedoch auch auf andere unternehmerische Fragestelen anwenden – um zum Beispiel im Rahmen eines Gesprächs oder einer Teamsitzung die externe Perspektive einzuladen (Stakeholder-Perspektive). Nachfolgend einige Beispiele dazu:

- Wie würden unsere Kunden darauf reagieren, wenn wir [den Preis jetzt erhöhen]?
- Was würde der Markt dazu sagen, wenn wir [die Qualitätsprobleme mit dem Produkt jetzt einräumen]?
- Was würden unsere Konkurrenten denken, wenn sie von unseren Streitigkeiten wüssten?
- Wie würde unser Unternehmensgründer jetzt vermutlich entscheiden?

- Wie würden unsere Zulieferer reagieren, wenn wir [die abgestimmten Prozesse jetzt verändern]?
- Wie würde es auf die Banken/Geldgeber wirken, wenn wir nun diese Entscheidung träfen?

Gedankenexperiment: Die zwei Wächter

Zirkuläre Fragen können auch bei der Lösung von Geheimnissen helfen – wenn sie in der Form dieser amüsanten Knobelei daherkommen: Stellen Sie sich vor, Sie sind durch ein tiefes Loch in die Mitte eines Labyrinths gefallen. Nach Tagen des Umherirrens kommen Sie in einen Raum, dessen Zugang hinter Ihnen verschüttet wird, sobald Sie den Raum betreten haben. Am anderen Ende des Raums sind zwei identische Türen, vor denen jeweils eine Sphinx Wache hält. Auf einem Schild steht geschrieben: „Suchender! Zwei Türen – eine davon führt dich zurück ins Leben – die andere in den unmittelbaren Tod. Zwei Wächter – einer davon spricht immer die Wahrheit, der andere spricht immer die Unwahrheit. Der Fragen eine (!) du hast. Wähle deine Worte weise. Viel Glück." – Welche Frage stellen Sie welcher Sphinx? Sie dürfen nur eine einzige Frage stellen, um Ihr Leben zu retten. Beachten Sie die Aussagen auf der Tafel genau!

Kommen Sie darauf? Am Ende des Kapitels steht die Auflösung. Kleiner Tipp: Es hat tatsächlich etwas mit zirkulärem Fragen zu tun.

6.3.3   Die Metaperspektive als Systemperspektive

Ein besseres Verständnis für ein System bekommen Sie nicht nur, wenn Sie eine einzelne Systemkomponente betrachten, sondern auch dann, wenn Sie die Metaperspektive einnehmen. Im indigenen Verständnis ist dies die Adlerperspektive, denn gleich dem Greifvogel gewinnt man Abstand vom Geschehen am Boden und damit einen besseren Überblick. Man hat dann zum einen die Chance, das gesamte Geschehen als ein zusammengehöriges System zu begreifen. Zum anderen erlaubt es, zu erkennen, dass das eigene System in ein umfassendes, größeres System eingebettet ist, wo es dort positioniert ist und wie es sich darin bewegt.

Gedankenexperiment: Die Expedition auf der Eisscholle

In Anlehnung an die Erfahrungen des großen Antarktis-Forschers Sir Ernest Henry Shackleton folgendes Gleichnis: Eine Polarexpedition möchte den Südpol erreichen und lässt sich von einem Flugzeug auf dem mächtigen Eispanzer absetzen. Die Teilnehmer marschieren mit dem Kompass in der Hand über das ewige Eis Richtung Süden. Sie können nur einmal am Tag ihre genaue Position anhand der Sterne bestimmen. Nach dem ersten Tag stellen sie verwundert fest, dass sie sich nördlicher (!) befinden als noch am Vorabend. Der Expeditionsleiter weist den Navigator an, die Karten und die technische Ausrüstung zu überprüfen. Alles scheint in Ordnung. Am Ende des zweiten Tages befinden sie sich jedoch wiederum ein Stück weiter nördlich als am Vortag. Unwirsch weist der Expeditionsleiter den Navigator an, nochmals alle Gerätschaften und Berechnungen zu überprüfen. Als am Folgeabend jedoch wieder eine Position nördlich der Ausgangslage festgestellt wird, befiehlt der Expeditionsleiter, für den Folgetag die Anzahl der Kontrollen zu erhöhen, was nur mit erheblichem zeitlichem Aufwand möglich ist. Zum Ausgleich feuert der Expeditionsleiter die Mannschaft an, schneller zu marschieren. Doch am Abend befindet sich die Expedition wiederum nördlicher als am Vortag. Der Expeditionsleiter brüllt den Navigator und die übrige Mannschaft an und wirft ihnen Unfähigkeit vor. Er beschließt, die Navigation am kommenden Tag selbst zu übernehmen. Doch erneut befindet sich die Expedition am Abend ein Stück weiter nördlich, obwohl der Leiter penibel darauf geachtet hat, strammen Schrittes nach Süden zu marschieren. Völlig entgeistert und frustriert starrt der Leiter auf die Ergebnisse. Seine Mannschaft meutert und weigert sich, auch nur einen Schritt zu machen. Während die gesamte Expedition am nächsten Tag über das weitere Vorgehen streitet und einige sogar anregen, Richtung Norden zu marschieren, um vielleicht so Richtung Süden zu kommen, erscheint ein kleines Flugzeug am Horizont. Nach der Landung springt ein Vertreter des heimischen Koordinationsteams aus dem Flugzeug und meldet: „Gut, dass ich Sie erreiche. Wir haben bemerkt, dass sich in den letzten Tagen eine riesige Eisscholle vom Festland gelöst hat. Diese wird durch die Meeresströmung leicht im Kreis gedreht und driftet dabei nach Norden. Sie befinden sich auf dieser Eisscholle."

Alles richtig gemacht und höchsten Einsatz gezeigt – und doch landet man am Ende nicht beim erhofften Ergebnis. Die Geschichte ist ein schöner Beleg dafür, dass Unkenntnis oder Ignoranz der Systemperspektive nicht nur eine Expedition, sondern auch ein Projekt oder ein ganzes Unternehmen scheitern lassen kann.

6.4 Beachte den Zeithorizont

In Kap. 2.3 Sprache schafft Realität haben Sie den polysynthetischen Charakter indigener Sprachen kennengelernt. Rufen Sie sich noch einmal die Übung 1 „Werte verflüssigen" in Erinnerung, um sich die Wirkung dieser unterschiedlichen Denkweise zu veranschaulichen. Und in Kap. 2 Gedankliche Wurzeln haben wir über das Medizinrad sowie das zyklische Zeitverständnis als grundlegende Strukturen der indigenen Sicht auf die Welt geschrieben.

Die Zivilisationen der Neuzeit richten sich stark nach der chronologischen Zeit. Durch Uhren, die Sekunden, Minuten und Stunden anzeigen, wird Zeit quantifizierbar – und scheinbar linear. Doch auch das moderne menschliche Leben ist voller wiederkehrender und ineinander eingebetteter Kreisläufe, selbst wenn uns dies weniger präsent ist als in Kulturen, die noch näher an den Abläufen der Natur sind. Denn die Zeiten der Natur sind zyklisch organisiert: Die Zyklen der Tage, der Wochen, der Jahreszeiten oder selbst jener des menschlichen Lebens von Geburt bis Tod – überall lässt sich eine beständige Wieder-kehr von Abläufen erkennen. Betrachtet man die Abläufe in der Natur, so lassen sich selbst auf globaler Ebene Kreisläufe entdecken: Das Element Feuer verzehrt nicht nur – zum Beispiel bei Bränden –, sondern gebiert auch neues Land: Überirdische Vulkane speien Lava aus und unterirdische Magmaströme schieben Kontinente aufeinander und lassen Berge wachsen. Das Element Wasser trägt über lange Zeiträume diese Gebirge wieder ab. Der Zyklus des Wassers: Regen ergießt sich in Flüsse und Flüsse in Meere. Von dort steigen Wolken auf und tragen das Wasser wieder über das Land, wo es erneut abregnet. Aus der Erde wachsen Keimlinge zu Pflanzen heran, die wiederum absterben und zu Erde zerfallen. Luft strömt immer in Wirbeln.

6.4.1 Exkurs: Zeitverständnis als Kulturgut

Das Zeitverständnis kann als *Metaprogramm* eines Menschen verstanden werden, da es dem Denken und Handeln eines Menschen eine grundlegende Struktur gibt. In unter-schiedlichen Kulturen herrscht ein unterschiedliches Zeitverständnis. Auf das zyklische Zeitverständnis indigener Kulturen haben wir bereits in Kap. 2.5 Die zyklische Natur der Zeit hingewiesen. Doch auch weniger exotische Kulturen, darunter jene unserer euro-päischen Nachbarn, kennen ein anderes Zeitverständnis als der deutschsprachige Raum. Nachfolgend geben wir Ihnen einen kurzen Überblick über die Forschung auf diesem Gebiet, das auch für die tägliche Kommunikation wichtig sein kann – nicht nur in der interkulturellen Zusammenarbeit.

6.4.1.1 Polychron versus monochron

Der Anthropologe Edward T. Hall unterscheidet monochrone und polychrone Kulturen (Rothlauf 2009). Der deutschsprachige Raum ist ein typischer Vertreter einer monoch-ronen Kultur. Nach Hall gelten daneben die USA und viele nord- und mitteleuropäische Kulturen als monochron, während lateinamerikanische, arabische und mediterrane Kultu-ren eher ein polychrones Zeitverständnis aufweisen. Charakteristika der beiden Zeitver-ständnisse in der folgenden Tabelle.

Menschen mit monochronem Zeitverständnis …	Menschen mit polychronem Zeitverständnis …
… machen eine Sache nach der anderen (lineares Abarbeiten)	… machen mehrere Dinge gleichzeitig (parallel)
… konzentrieren sich auf die Aufgabe	… sind offen für Ablenkungen und Unterbrechungen
… halten Zeitvereinbarungen immer ein	… sehen Zeitvereinbarungen als Absichten
… machen Zeitpläne und halten sich strikt daran	… ändern Pläne nach Bedarf
… sind pünktlich	… haben ein flexibles Empfinden von Pünktlichkeit
… empfinden Stress, wenn unvorhergesehene Dinge geschehen oder Pläne geändert werden	… sind flexibel und gelassen im Umgang mit unvorhergesehenen Geschehnissen

Die industrielle Welt hat seit jeher eher das monochrone Zeitverständnis unterstützt bzw. war mit diesem kompatibel. Das Fließband kann als Inbegriff der hintereinander ablaufenden Zeit verstanden angesehen werden. Die digitale Revolution mit ihren zahllosen Möglichkeiten der Ablenkung und Gleichzeitigkeit (zum Beispiel in den sozialen Medien) verkörpert hingegen ein eher polychrones Zeitverständnis. Dies zeigt, dass Kulturen nie homogen sind und sich auch wandeln können, wenn einzelne Trends stark genug werden. Möglicherweise öffnet die digitale Revolution auch die Tür für ein neues Zeitverständnis.

6.4.1.2   Multiaktiv versus linearaktiv

Ein aktuell populäres Kulturmodell stammt von Richard R. Lewis (2005) und greift diese zeitliche Komponente von Kultur auf. Es klassifiziert die Kulturen entlang eines Dreiecks, an deren Ecken die folgenden „Kulturtypen" stehen: Linearaktive, multiaktive und reaktive Kulturen. Die deutsche Kultur gilt dabei als Prototyp für die linearaktive Ausprägung, die viele Merkmale des monochronen Zeitverständnisses aufweist. Multiaktive Kulturen, wie zum Beispiel jene lateinamerikanischer Länder, weisen (wie schon in der Klassifizierung von Hall) polychrone Charakteristika auf. In diesem Modell als reaktiv bezeichnete Kulturen, zu denen vor allem die ostasiatischen Kulturen zählen, lassen sich zwar nicht unmittelbar zum monochronen oder polychronen Zeitverständnis zuordnen, legen aber im Vergleich zum monochron-linearen Kulturraum mehr Wert auf die langfristige Beziehungspflege. Auf der Webseite von Lewis wird sein Kulturmodell anschaulich erklärt (auf Englisch): http://www.crossculture.com. Er zeigt dabei unter anderem die Verbindung zum Verhandlungs- und Managementstil in den unterschiedlichen Kulturen auf.

6.4.1.3   Weitere Forschungen zum Umgang mit der Zeit

Der Kulturforscher Geert Hofstede hat auf Basis seiner intensiven Forschung mit Daten von Mitarbeitern von IBM sogenannte Kulturdimensionen identifiziert, die sich für die Charakterisierung einer Kultur eignen und in der interkulturellen Forschung zum Standard entwickelt haben. Auch er fand kulturelle Unterschiede in der Betrachtung der Zeit.

Die entsprechende Kulturdimension hat er Langzeitorientierung (Long Time Orientation) genannt. Diese bezieht sich jedoch vor allem auf Aspekte, die traditionell in der chinesischen, vom Konfuzianismus geprägten Kultur relevant sind.

Der Psychologe Philip Zimbardo nähert sich dem Umgang mit der Zeit von der individualpsychologischen Seite her. Zimbardo hat durch das von ihm durchgeführte Standford-Prison-Experiment Berühmtheit erlangt, bei dem im Rahmen einer simulierten (!) Gefängnissituation innerhalb kürzester Zeit eine Eskalation der Gewalt unter den beteiligten Probanden festzustellen war, die letztlich zum Abbruch des Experiments führte. Zimbardos Forschungen zur Zeit sind bislang weniger bekannt (Zimbardo und Boyd 2009). In seinen Studien ermittelt Zimbardo fünf (später ergänzt um eine sechste) unterschiedliche Zeitperspektiven. Auf der Webseite des Forschers kann ein entsprechender Test inzwischen individuell nachvollzogen werden (auf Englisch): http://www.thetimeparadox.com/ zimbardo-time-perspective-inventory/

Logbuch

Prüfen Sie Ihr Verständnis von Zeit und notieren Ihre Erkenntnisse im Logbuch.

⊃ Wie beurteile ich mein eigenes Zeitverständnis? Überwiegen bei mir monochron-lineare Aspekte oder eher polychron-multiaktive?

⊃ Wie gehe ich mit Menschen um, die ein deutlich anderes Zeitverständnis haben?

⊃ Wie gelassen bleibe ich innerlich, wenn ich mit diesen Menschen umgehe?

⊃ Wie kann ich zukünftig mit diesen Unterschieden äußerlich wie innerlich gelassener und souveräner umgehen?

⊃ Was kann ich von anderen Menschen oder Kulturen bezüglich meines Zeitverständnisses lernen? Welche Strategien davon könnten auch für mich nützlich sein?

Übung 2: Rat des älteren Ichs

Oft stehen wir in unserem Leben vor Entscheidungen. Wie schön wäre es manchmal, schon im Vorfeld den Rat seines eigenen älteren, reiferen Ichs haben zu können. Die folgende Übung ist eine gedankliche Reise in die Zukunft. Wählen Sie für die Übung ein persönliches Thema oder eine Fragestellung aus, die längerfristig für Sie relevant ist, bei der Sie aber im Moment das Gefühl haben, nicht weiterzukommen. Die Übung eignet sich besonders gut, wenn Sie unterschiedliche Optionen haben, zwischen denen Sie wählen können (oder müssen). Doch auch bei vielfältigeren Perspektiven gewährt der Blick zurück aus der Zukunft oft erstaunliche Einsichten.

Positive Auswirkungen

• Sie erweitern Ihre gedankliche Perspektive um den zeitlichen Horizont.

• Sie zapfen die intuitiven Einsichten Ihres Unbewussten an, während Sie die Zeitachse nachvollziehen.

Durchführung

Dauer: 30 min

1. Notieren Sie auf einem Zettel die Fragestellung oder ein Stichwort, welches das Thema repräsentiert.

2. Denken Sie sich einen mehrere Meter langen Zeitstrahl im Raum. Legen Sie den Zettel an den Punkt der Gegenwart und blicken Sie von dort in Richtung Zukunft.

3. Assoziation: Vergegenwärtigen Sie sich die Fragestellung oder das Thema, das Sie beschäftigt. Beobachten Sie dabei Ihre Gedanken und Empfindungen. Richten Sie Ihre Aufmerksamkeit nach innen:

    ➲ Welchen Gedanken, Befürchtungen oder Hoffnungen gehen mir durch den Kopf?

    ➲ Wie fühle ich mich dabei, während ich diese Gedanken denke?

    ➲ Wo im Körper spüre ich, dass eine Entscheidung ansteht?

4. Wählen Sie nun probehalber eine der zur Verfügung stehenden Optionen oder Entscheidungsrichtungen. Es spielt dabei keine Rolle, mit welcher Sie beginnen. In einer späteren Runde werden Sie auch die übrigen Möglichkeiten des Entscheidungsraums erkunden.

5. Machen Sie nun einige Schritte auf der Zeitachse nach vorne in Richtung Zukunft und lassen Sie dabei innerlich die Zeit verstreichen.

6. Am neuen Platz angekommen geben Sie sich der Vorstellung hin, Sie hätten die Entscheidung bereits vor einiger Zeit getroffen. Fragen Sie sich:

    ➲ Wie lebt es sich nun mit dieser Entscheidung?

    ➲ Was ist jetzt hier anders?

    ➲ Ist meine Stimmung hier eher heller oder trüber geworden?

    ➲ Bin ich jetzt eher erleichtert oder ist es mir eher schwer ums Herz geworden?

7. Gehen Sie gedanklich langsam, Monat für Monat, Schritt für Schritt ein Jahr weiter in die Zukunft, während Sie weitere Schritte auf der im Raum gedachten Zeitachse machen. Fragen Sie sich währenddessen:

    ➲ Wie entwickele ich mich mit dieser Entscheidung?

    ➲ Welche Gefühle tauchen auf?

    ➲ Was in meiner Umgebung verändert sich, was bleibt gleich?

8. Bleiben Sie am neuen Ort stehen und drehen sich um, sodass Sie entlang des Zeitstrahls zurück in die Vergangenheit blicken. Richten Sie Ihre Aufmerksamkeit nach innen. Fragen Sie sich:

    ➲ Um welche Erfahrung bin ich nun reicher?

    ➲ Welche meiner Werte habe ich verwirklicht?

    ➲ Welche meiner Werte habe ich gefährdet?

    ➲ Zu wem bin ich hier geworden?

    ➲ Wie fühle ich mich hier nun?

    ➲ Welche Gedanken und Empfindungen bemerke ich bei mir?

9. Machen Sie einen Schritt zur Seite, sodass Sie neben der älteren Version Ihres Selbst stehen. Nehmen Sie von dort die Wirkung im System wahr. Fragen Sie sich:

➲ Welchen Unterschied könnte eine andere Person jetzt an mir bemerken?

➲ Wie würde mich diese Person äußerlich wahrnehmen?

➲ Wie würde mich diese Person beschreiben?

10. Gehen Sie wieder zurück auf die Position Ihres älteren Selbst und blicken von dort in Richtung Zukunft. Mit all dem Mehr an Wissen gehen Sie innerlich wie äußerlich rückwärts auf der gedachten Zeitachse zurück, bis Sie wieder zum Ausgangspunkt – dem Hier und Jetzt – angekommen sind.

11. Danken Sie Ihrem älteren Ich für die gemachten Erfahrungen und den Austausch der Erkenntnisse mit Ihnen. Anschließend gehen Sie einen Schritt zur Seite von der Zeitachse.

12. Von dieser Metaperspektive aus reflektieren Sie die gewonnen Erkenntnisse. Notieren Sie sie in Ihrem Logbuch.

Hinweise

- Wiederholen Sie das Vorgehen für alle relevanten Optionen oder Perspektiven. Mit etwas Übung werden Sie die unterschiedlichen Möglichkeiten blitzschnell auch im Kopf durchgehen können. Zu Beginn üben Sie jedoch das Vorgehen in der vorgestellten Weise, ohne die unterschiedlichen Optionen zu vermischen. Dies erleichtert das gedankliche Sortieren ungemein.

- Je nach Fragestellung kann es sinnvoll sein, noch weiter in die Zukunft zu gehen, also zum Beispiel zehn Jahre oder mehr. Nehmen Sie von dort aus wahr, wie sich die Entscheidung – oder auch die gesamte Fragestellung als solche – entwickelt hat.

- Als anknüpfende Übungen eigenen sich aus Kap. 8 Seelischer Pfad die Übung 1 „Go ask your grandfather" sowie die Übung 2 „Die eigene Grabrede schreiben". Beide dehnen die zeitliche Perspektive noch aus und beziehen zusätzliche Aspekte mit ein.

- Üben Sie sich darin, die zeitliche Perspektive in all Ihre Entscheidungen miteinzubeziehen. Sie werden feststellen, dass innerhalb kurzer Zeit diese weitere Perspektive ein nützlicher gedanklicher Standard wird.

6.5   Spuren hinterlassen: Selbst machen. Verwirklichen. Nachhalten.

Nehmen Sie Ihr Logbuch zur Hand und notieren Sie alle Gedanken, die Ihnen spontan oder auch im Nachgang zu einer der unten genannten Fragen kommen. Nichts ist so flüchtig wie ein Gedanke. Halten Sie die Gedanken – auch die nur „gefühlten" – schriftlich fest, damit Sie später darauf zurückkommen können.

1. Transfer in Ihren Kontext

   a. Denken Sie über Ihr Unternehmen oder den erweiterten Arbeitskontext nach, in dem Sie tätig sind. Wo und wann kann die in diesem Kapitel vorgestellte Form von geistiger Gelenkigkeit nützlich sein?

   b. Notieren Sie drei konkrete Situationen, die für Sie persönlich relevant sind, bei denen Sie Anregungen aus diesem Kapitel anwenden können.

2. Nutzen Sie die logischen Ebenen zur Vertiefung:

Zugehörigkeit und systemische Wirkungen	⮑ Zu welchem Kreis darf ich mich zugehörig fühlen, wenn ich häufiger meine geistige Gelenkigkeit einsetze?
	⮑ Welche Bedeutung wird mein Handeln (möglicherweise) haben?
	⮑ Welche positiven Veränderungen werden dadurch in meinem System (in den unterschiedlichen Lebensbereichen) möglich?
	⮑ Welcher höhere (für mich relevante) Sinn wird dadurch gefördert?
Identität	⮑ Wem werde ich ähnlicher bzw. zu wem entwickele ich mich, wenn ich mehr in diese Richtung tue?
	⮑ Wer kann mir in diesem Aspekt ein Vorbild sein?
Werte und Überzeugungen	⮑ Welche Werte stärke ich dadurch, dass ich häufiger bewusst andere Perspektive einnehme und das System sowie den zeitlichen Horizont beachte – bei mir und anderen?
Fähigkeiten	⮑ Welche Fähigkeiten in Bezug auf meine geistige Gelenkigkeit will ich mir aneignen bzw. einüben?
	⮑ Inwiefern entwickeln sich dadurch auch meine anderen Fähigkeiten? Wo ergeben sich Synergien?
Handeln	⮑ Was muss ich tun, um zur besten Version meiner selbst zu werden?
	⮑ Welche kleinen oder größeren Rituale kann ich etablieren, um diesen Weg zu festigen?
	⮑ Woran werden andere bemerken, dass ich mich in dieser Hinsicht entwickele?
	⮑ Welche äußerlich sichtbaren oder hörbaren Zeichen für meine Entwicklung werden andere bemerken können?
Kontext	⮑ Wer kann mich auf diesem Weg unterstützen?
	⮑ In welchen Kontexten/Umgebungen kann ich diese neuen oder veränderten Denk- und Handlungsweisen am ehesten ausprobieren?
	⮑ Welche „Anker" kann ich nutzen, die mich daran erinnern, weiter diesen Pfad zu beschreiten?
	⮑ Welche Symbole können im Außen ein Zeichen setzen, das auch andere bemerken können?

3. Nachdem Sie nun die Übungen zu diesem Thema bearbeitet haben und die Gedanken dazu reflektiert haben, rufen Sie sich Ihren (geheimen) Wunsch ins Gedächtnis, den Sie am Anfang des Buches notiert haben:
   ⮑ Welche nützlichen Einsichten oder Erkenntnisse konnte ich diesbezüglich gewinnen?
   ⮑ Welche anderen interessanten gedanklichen Verknüpfungen kann ich erkennen?
   ⮑ Ergeben sich daraus für mich weitere Handlungsimpulse?
   ⮑ Wie könnte ich diese konkretisieren und in der „Welt der Tatsachen" verwirklichen?

6.5.1   Auflösung: Wie man mit den Sphinxen spricht

Es gibt prinzipiell zwei Fragen, mit der Sie die Tür des Lebens finden können. Beachten Sie, dass sich die Türen von außen nicht unterscheiden – und dass Sie auch nicht wissen können, welche Sphinx die Wahrheit spricht und welche lügt. Erstaunlicherweise ist es gleichgültig, welche Sphinx Sie ansprechen! Die erste Variante der Lösungsfrage lautet: „Ehrwürdige Sphinx, welche Türe, würdest du sagen, führt mich ins Leben?" Der Trick ist die zirkuläre – auf sich selbst beziehende Frage an die Sphinx. Die immer die Wahrheit sprechende Sphinx sagt – wahrheitsgemäß –, dass sie auf die Lebenstür weisen würde. Die immer lügende Sphinx würde zwar eigentlich auf die Todestüre weisen, da sie jedoch darüber lügen muss, weist sie im Sinne einer doppelten Verneinung auch auf die Lebenstüre. Die zweite Variante der Frage baut noch eine Stufe der Verneinung mehr ein und erfordert ein weiteres Umdenken beim Handelnden – Ihnen. „Ehrwürdige Sphinx, welche Türe, würde die andere Sphinx sagen, führt mich ins Leben?" Da die Sphinxen natürlich (als langjährige „Kolleginnen") wissen, wie die andere jeweils antwortet, würde die wahrheitsliebende Sphinx korrekt angeben, dass die andere auf die Todestüre weisen würde. Die lügenliebende Sphinx würde ebenfalls auf die Todestüre weisen, da sie die Aussage der wahrheitsliebenden Sphinx ja ins Gegenteil verkehren muss. Da beide Sphinxe bei dieser Frage auf die Todestüre weisen, würden Sie bei dieser Variante natürlich die jeweils andere Tür wählen. – In diesem Sinne, einen guten Lebensweg mit klugen zirkulären Fragen.

Literatur

Quellen

Kruse P (2008) Wie reagieren Menschen auf wachsende Komplexität? Konferenz SCOPE_08: The future of learning – Im Gespräch mit Lutz Berger und Ulrike Reinhardt. https://www.youtube.com/watch?v=m3QqDOeSahU. Zugegriffen: 27. Mai 2015

Lewis RD (2005) When cultures collide – Leading across cultures: leading, teamworking and managing across the globe. Nicholas Brealey Publishing, Liverpool

Rothlauf J (2009) Interkulturelles Management: Mit Beispielen aus Vietnam, China, Japan, Russland und den Golfstaaten. Oldenbourg Wissenschaftsverlag, München

Zimbardo PG, Boyd J (2009) Die neue Psychologie der Zeit und wie sie Ihr Leben verändern wird. Spektrum Akademischer Verlag, Heidelberg

Weitere Lesetipps

Mehr zum Tetralemma, Sparrer I, Varga von KM (2005) Ganz im Gegenteil. Tetralemmaarbeit und andere Grundformen Systemischer Strukturaufstellungen – für Querdenker und solche, die es werden wollen. Carl Auer, Heidelberg

Webseite Philip Zimbardo mit Zimbardo Time Perspective Inventory zum Selbsttest. http://www. thetimeparadox.com/zimbardo-time-perspective-inventory/ Zugegriffen: 02. Mai 2015

Webseite Richard D. Lewis mit Kulturmodell, Lewis RD (2015) The Lewis Model. http://www. crossculture.com. Zugegriffen: 27. Mai 2015

Zirkuläres Fragen leicht verständlich, Simon FB, Rech-Simon C (2014) Zirkuläres Fragen. Systemische Therapie in Fallbeispielen: Ein Lernbuch. Carl Auer, Heidelberg Zwar eigentlich aus dem Bereich der Familientherapie, aber sehr empfehlenswert für das Verständnis des zirkulären Fragens

Sozialer Pfad

7

▶ Beziehungen nehmen dort ihren Anfang, wo ein Mensch mit sich selbst verbunden ist. Deshalb ist die Qualität der Beziehungen eines Menschen davon
abhängig, welches Bild von anderen er in sich trägt und was er selbst zu geben
bereit ist. Und das gilt auch für die Führungskompetenz: Nur wer einen guten
Kontakt zu seinen eigenen Empfindungen und seinem eigenen Erleben hat,
sich frei von schnellen Bewertungen macht, kann eine souveräne Führungskraft sein. Außerdem erfahren Sie hier, warum es gerade für Manager wichtig
ist, ein großes Ego zu haben. Ein großes Ego? Ja – aber nicht so, wie Sie jetzt
vielleicht meinen.

Wenn Sie dieses Kapitel gelesen haben, …
- … kennen Sie die Besonderheiten des Konzepts „Beziehung".
- … wissen Sie, wie Ihr Menschenbild Ihre Kommunikation beeinflusst.
- … können Sie gleichermaßen klar und von Herzen kommunizieren.
- … sind Sie in der Lage, oberflächliche Absichten von tieferen Intentionen zu unterscheiden.
- … kennen Sie den Wert der kontemplativen Freuden.
- … wissen Sie, wie Sie Netzwerke als soziale Ressource nutzen und sich dort positionieren können.

Zum sozialen Pfad gehören nicht nur die Beziehungen, die man mit anderen Menschen
pflegt, sondern auch die emotionalen Aspekte des eigenen Erlebens. Im Kap. 4.3 Meine
Zugehörigkeit haben Sie bereits erfahren, wie Sie über den Aspekt der Ähnlichkeit die Zugehörigkeit im Unternehmen unterstützen können. Darauf aufbauende Hinweise, wie Sie

© Springer Fachmedien Wiesbaden 2016
D. Goetz, E. Reinhardt, *Selbstführung: Auf dem Pfad des Business-Häuptlings*,
DOI 10.1007/978-3-658-08912-2_7

das Wesen der Kommunikation im unternehmerischen Kontext anwenden, finden Sie im Kap. 10 Das Wesen der Kommunikation nähren. Doch alle Techniken wirken roboterhaft, wenn sie nur automatisiert und ohne die angemessene Haltung angewendet werden. Daher erhalten Sie in diesem Kapitel bereits gedankliche Impulse, Ihre sozialen Beziehungen aus unterschiedlichen Blickwinkeln zu betrachten.

7.1   Pflege deine Beziehungen

Lebenszeit ist die knappste Ressource, die wir als Menschen zur Verfügung haben. Daher ist das kostbarste, was man einem Menschen schenken kann, bewusst mit ihm bzw. ihr verbrachte Zeit („Quality Time"). Warten Sie damit nicht, bis es zu spät ist! Viele Menschen bedauern rückblickend, nicht genügend Zeit mit den Menschen verbracht zu haben, die ihnen wichtig sind.

Logbuch

Im Kap. 2.4 Medizinrad haben Sie sich bereits Gedanken zu Ihrem sozialen Umfeld gemacht. Sehen Sie Ihre Notizen zu den Fragen dort noch einmal durch, bevor Sie sich den ergänzenden Fragen hier widmen.

Familie
⮞ Wie ist das Verhältnis zu meinen Eltern?
⮞ Wie das zu meinen Kindern (sofern zutreffend)?

Partnerschaft
⮞ Wie glücklich bin ich in meiner Partnerschaft (bzw. als Single)?
⮞ Kann ich mit meinem Partner/meiner Partnerin über alles reden?

Freunde
⮞ Was investiere ich in meinen Freundeskreis?
⮞ Wen will ich in 20 Jahren als meinen Freund bezeichnen?
⮞ Wenn ich morgen ins Krankenhaus käme, wer würde mich besuchen?

Geschäftsbeziehungen
⮞ Wie ist das Verhältnis zu meinen Vorgesetzten, Kollegen und Mitarbeitern?
⮞ Wie groß ist mein berufliches soziales Netzwerk?

7.1.1   Verbundenheit und Resonanz

In der indigenen Vorstellung sind wir Menschen jederzeit miteinander verbunden. Diese Verbundenheit erstreckt sich dabei nicht einmal nur über die derzeit lebenden Menschen, sondern auch über die Ahnen und die – im Sinne von *Animismus* und *Totemismus* – beseelten Wesen von Flora und Fauna. Das Volk der Kogi, ein indigener Stamm im heutigen Kolumbien, versteht sich als „Hüter der Erde" und hat die Vorstellung von heiligen Seen, die miteinander in Kontakt stehen und wichtige Kraftorte darstellen. Doch selbst wem diese Vorstellung zu weit geht, kann mit Sicherheit der – möglicherweise überraschenden – Einsicht folgen, dass wir über die Materie unseres Planeten – Mutter Erde, wie die First Nations sagen – allzeit miteinander verbunden sind. Atom für Atom.

Menschen sind Beziehungswesen. Ohne soziale Beziehung würden wir Menschen eingehen wie Pflanzen, die kein Wasser mehr bekommen. Als Menschen brauchen wir die Resonanz aus der Umwelt, um uns selbst erfahren zu können und uns als lebendig wahrzunehmen. Bei einer Rede sagte einer der Elder: „Die großen Führer haben es verstanden, die Menschen zu verbinden, nicht zu trennen." Dies trifft sicherlich nicht nur auf indigene Gesellschaften zu, sondern kann auch auf den unternehmerischen Kontext übertragen werden. Führung ist auch Beziehungsarbeit: Menschen gehen dorthin und bleiben dort, wo sie gerne gesehen werden; wo sie sich in ihrem „so sein" zeigen dürfen; wo sie angenommen werden, ohne sich verstellen zu müssen.

7.1.1.1 Metaphern für Beziehungskultur

Im Kap. 5.2 What you give you get. Eigenverantwortung im indigenen Verständnis haben wir über die indigene Perspektive zur Eigenverantwortung geschrieben. Bezogen auf eine angestrebte Beziehungskultur ist hier ein Aspekt besonders wichtig: Es geht bei der Aussage „What you give you get" keineswegs um eine „Buchführung der Gefälligkeiten", bei der Nettigkeiten gegeneinander aufgerechnet werden. Wer den sozialen Austausch kaufmännisch betrachtet („Ich habe A getan, dafür kriege ich dann aber auch B zurück"), verwechselt unterschiedliche Ebenen. Um Missverständnissen vorzubeugen: Natürlich dürfen Sie für eine Leistung eine Gegenleistung erwarten oder sogar verlangen. Jedoch bezieht sich dies auf die professionelle Ebene des Kontakts. Der Austausch von Leistung (z. B. Geld) gegen Leistung (z. B. Arbeitseinsatz) ist in nahezu allen Kulturen bekannt. Diese Denkweise führt jedoch in eine Sackgasse, wenn man sie auf den rein sozialen Aspekt des Kontaktes bezieht. Wer Freundlichkeit als reine Dienstleistung versteht, erwartet natürlich eine Gegenleistung. Allerdings darf er sich dann nicht wundern, wenn diese nur in Geld erbracht wird – und nicht in Form von Wertschätzung oder emotionaler Zuwendung.

Da der Mensch vor allem ein soziales Wesen ist, führt eine Fokussierung auf die Kaufmannsmetaphorik emotional geradezu „in den roten Bereich". Natürlich sind die individuellen Bedürfnisse bezüglich des sozialen Austausches verschieden. So kann ein im beruflichen Kontext sehr isoliert arbeitender Mensch sein Bedürfnis nach sozialem Kontakt in einem anderen Kontext (z. B. Familie oder Freunde) ausgleichen. Für viele Menschen ist es jedoch wichtig, auch im beruflichen Kontext sozialen Austausch und Anerkennung durch Kollegen, Führungskräfte oder Kunden zu erfahren. Denn jede Komponente von beruflicher Wertschätzung hat einen sozialen Aspekt: Selbst das goldene Zertifikat an der Wand wird erst dadurch wertvoll, dass es seinem Besitzer die soziale Anerkennung verschafft, die mit der Verleihung bzw. dem Besitz verbunden sind.

Wenn die soziale Buchführung keine geeignete Metapher ist, was könnte eine sein? Vielleicht ist eine organische Wachstumsmetapher sinnvoller. Der Garten der Kommunikation kann nur Früchte tragen, wenn man bereit ist, diesen regelmäßig in seinen Beziehungen zu pflegen. Und gute Kommunikation wächst mit Wertschätzung, Anerkennung, Verbindlichkeit (um nur einige zu nennen). Kommunikation „vertrocknet", wenn sie nicht gehegt und gepflegt wird. Und um in der „grünen" Metapher zu bleiben: Der Wunschgarten kann ein klassisch englischer Garten mit hohen formalen Anforderungen sein – oder ein Wildgarten, in dem Kraut und Rüben wachsen dürfen. Letztlich ist dies einem selbst überlassen, solange man die Verantwortung für das Ergebnis übernimmt.

7.1.1.2   Selbstverbundenheit ist der Anfang von Beziehung

Verbundenheit mit anderen Menschen setzt Verbundenheit mit sich selbst voraus. Ansonsten sucht man im anderen vergeblich, was man bei sich selbst nicht findet. Man kann nur mit dem in Resonanz gehen, was man bereits in sich trägt. Silvia Richter-Kaupp (2013), Expertin für wertschätzende Kommunikation im Unternehmen, differenziert in diesem Zusammenhang die häufig verwechselten oder synonym verwendeten Konzepte von Selbstwert, Selbstliebe und Selbstempathie.

- Der **Selbstwert** beschreibt unser Urteil über unseren eigenen Wert. Der Selbstwert ist dabei durchaus starken Schwankungen unterworfen und leitet sich häufig auch aus den aktuellen Umständen ab. Der Selbstwert wird bei vielen Menschen häufig vom sozialen Vergleich beeinflusst.
- Die **Selbstliebe** beschreibt demgegenüber die allumfassende Annahme und uneingeschränkte Liebe zu sich selbst. Sie ist unabhängig davon, ob man sich gut oder schlecht fühlt, ob man Erfolge feiert oder unter den eigenen Fehlern leidet. Sie ist der Kern für die Fähigkeit, auch mit anderen Menschen eine verbindliche Beziehung aufbauen können.
- Die **Selbstempathie** ist die Voraussetzung, um diese Selbstliebe wahrnehmen zu können. Wer keinen guten Kontakt zu sich selbst hat, hat (wenn überhaupt) auch nur ein unbestimmtes Gefühl von Selbstliebe. Wer seine Gefühle oder Empfinden nicht benennen kann, fühlt sich häufig von diesen abgeschnitten. Empathie gegenüber sich selbst kann man jedoch lernen. Selbstempathie fängt uns auf, wenn uns unser Selbstwertgefühl im Stich lässt.

Logbuch

Prüfen Sie, wie es um Ihre Selbstempathie bestellt ist. Notieren Sie Ihre Gedanken in Ihrem Logbuch.
- ➲ Kann ich mich gut annehmen, wie ich bin?
- ➲ Wie denke ich über mich, wenn es mir schlecht geht?
- ➲ Wie denke ich über mich, wenn mir Dinge nicht gelingen oder ich Misserfolge zu verkraften habe?
- ➲ Was könnte ich zukünftig anders machen, um liebevoller mit mir umzugehen?
- ➲ Was könnte mich daran erinnern, mir regelmäßig empathisch zu begegnen?

7.1.1.3   Beziehungen kann man nicht herstellen

Es ist wichtig zu verstehen – mit dem Kopf, aber vor allem mit dem Bauch bzw. Herzen –, dass eine Beziehung nicht herstellbar ist wie ein Produkt. Erinnern Sie sich an das Wesen der Kommunikation, das im Kontakt zwischen Menschen entsteht – oder eben besser: „geschieht"! In diesem Sinne bezeichnet das Wort „Beziehung" am ehesten eine Qualität des Kontakts zwischen Menschen. Die Qualität des Kontakts zu beeinflussen ist möglich, jedoch weder trivial noch deterministisch. Man kann nicht „machen", dass eine bestimmte Kontaktqualität entsteht. Es ist in gewissem Sinne viel einfacher zu verhindern, dass eine bestimmte Qualität entsteht.

Gedankenexperiment

Stellen Sie sich vor, Sie seien Gastgeber einer Party. Natürlich wollen Sie dann, dass sich alle Gäste wohlfühlen und die Stimmung gut ist. Doch verordnen lässt sich dies nicht. Selbst wenn Sie alles perfekt hergerichtet haben, die Gäste untereinander vorstellen und alle herzlich willkommen heißen, könnte die Stimmung immer noch lahm bleiben. Sie könnten jedoch mit Leichtigkeit dafür sorgen, dass sich alle unwohl fühlen: keine Musik laufen lassen; keine Getränke oder Snacks bereithalten; selber ein langes Gesicht ziehen. Das Wesen der Kommunikation auf dieser Party würde mit hoher Wahrscheinlichkeit sehr traurig aussehen.

Übertragung auf den Business-Kontext

Die Gedanken lassen sich sehr leicht auf den geschäftlichen Bereich übertragen – egal, ob im Umgang mit Mitarbeitern oder Kollegen oder auch mit Kunden. Vor allem als Führungskraft sind Sie häufig in der Funktion des Gastgebers eines Meetings. Nutzen Sie diesen Gestaltungsrahmen! Gerade wenn eine Beziehung noch nicht stabil ist, braucht es oft nicht viel, um den sich anbahnenden guten Kontakt abbrechen zu lassen: ein nicht erwidertes Lächeln; ein zu schnelles Fokussieren auf die Zahlen, Daten und Fakten; dem Gesprächspartner keine Zeit zum innerlichen Ankommen geben, sondern sofort thematisch beginnen; keine klare Orientierung über den organisatorischen oder auch inhaltlichen Rahmen eines Treffens geben; vage Andeutungen über mögliche negative Konsequenzen machen und den eigenen konkreten Standpunkt verschleiern. Und wie bei der Party gilt auch im Meeting: das Anbieten eines Getränks hat vor allem eine soziale Funktion, keine durststillende.

7.1.1.4   Beziehungen kann man nicht haben

Eine Beziehung kann man nicht haben – wie einen Gegenstand, den man besitzt. Eine Beziehung ist ein Prozess, an dem Menschen mehr oder weniger und auf eine bestimmte Weise beteiligt sein können. Ein Mensch kann sich auf einen anderen beziehen – und umgekehrt. Nur von außen betrachtet (dissoziiert) lässt sich dann sagen, dass die Beteiligten eine Beziehung haben.

Logbuch

Prüfen Sie für sich, wie Sie über Beziehung denken. Was bedeutet der Begriff für Sie? Nehmen Sie eine konkrete Beziehung, die Sie (im herkömmlichen Verständnis) zu einer anderen Person haben. Prüfen Sie die nachfolgenden Varianten und notieren Sie die wahrgenommenen Unterschiede in Ihrem Logbuch.

➲ Wie denke ich über die Beziehung zu dieser anderen Person?

➲ Wie beziehe ich mich auf diese Person? Auf welche Weise möchte ich mich auf diese Person beziehen?

➲ Auf welche Weise soll sich die andere Person auf mich beziehen?

7.1.2   Die indigene Perspektive: Umarme mit deinem Ego die Welt

Häufig wird kritisiert, wenn eine Person ein zu großes Ego hat. Die Person handle dann egoistisch und schädige andere Personen oder die Umwelt. Das trifft jedoch nur dann zu, wenn man von einer unverbundenen und individualistischen Gruppe von Menschen ausgeht. Diese Sicht ist in der westlichen Welt weit verbreitet; vergleichen Sie dazu Kap. 2.6 Mit den Augen der Ethnologen. In der indigenen Vorstellung herrscht jedoch die Grundüberzeugung, dass alle Menschen allzeit miteinander verbunden sind. In diesem Sinne zeugt problematisches Handeln, bei dem egoistisches zum asozialen Verhalten wird, von einem zu kleinen Ego. Nur wer ein großes Ego hat, kann übergeordnet denken, das große System in den Blick nehmen, entscheiden, was gut für dieses große System ist und dann entsprechend handeln. Lassen Sie also Ihr Ego so groß werden, dass es zum System-Ego wird. Reflektieren Sie dazu das folgende Gedankenexperiment und notieren Ihre Gedanken im Logbuch.

Gedankenexperiment

Nehmen Sie zunächst Ihr Ego wahr – so, wie es ist. Denken Sie sich Ihr Ego als räumliche Ausdehnung (z. B. in Form einer Wolke), die Sie umgibt. Prüfen Sie nun, welchen Verantwortungsbereich Sie empfinden. Anders gesagt: Was ist Ihnen wichtig, für was fühlen Sie sich verantwortlich?

Nun vergrößern (!) Sie Ihr Ego, indem Sie dieses sich räumlich ausdehnen lassen, sodass es das gesamte Haus umfasst, in dem Sie wohnen. Umfassen Sie gedanklich auch die übrige Hausgemeinschaft. Prüfen Sie nun: Was ist Ihnen – als Haus – nun wichtig, für was fühlen Sie sich verantwortlich?

Dehnen Sie Ihr Ego auf die gesamte Straße aus, in der das Haus steht. Beziehen Sie alle Menschen mit ein, die dort leben. Prüfen Sie nun: Was ist Ihnen jetzt –als Straße – wichtig?

Dehnen Sie Ihr Ego weiter aus: auf die gesamte Stadt, das ganze Land, den ganzen Kontinent, die ganze Erde. Wie verändert sich jeweils Ihr Gefühl von Verantwortung? Was ist Ihnen nun wichtig, wenn Sie als das jeweilige System denken und empfinden?

7.1.3 Wertschätzung und Menschenbild

Menschen in Unternehmen diskutieren zunehmend den Begriff der Wertschätzung und bemühen sich um eine entsprechende Führungskultur. Dabei gibt es häufig ein großes Missverständnis – denn Wertschätzung bedeutet keineswegs eine Anerkennung oder ein Lob für erbrachte Leistungen. Vielmehr ist es eine bedingungslose, positive und wohlwollende Haltung sich selbst und anderen gegenüber (Richter-Kaupp 2015). In Kap. 10 Das Wesen der Kommunikation nähren greifen wir den Aspekt der Wertschätzung im unternehmerischen Kontext auf und wenden ihn auf die Führung von Mitarbeitern im Sinne einer lebendigen Resonanzkultur an. Dort stellen wir auch den Unterschied zwischen Feedback und anderen Formen der Rückmeldung bzw. Meinungsäußerung dar. Sicher ist jedoch: Wer Wertschätzung ernten will, darf nicht über mangelnde Wertschätzung klagen, sondern muss sie selbst säen.

7.1.3.1 Persönlicher Standpunkt

Die Aspekte des Sozialen Pfads lassen sich nicht betrachten, ohne auch moralische Fragen zu diskutieren. Deshalb gleich vorneweg: Wir als Autoren beziehen zu etlichen Themen eindeutig Stellung – hier einen neutralen Standpunkt einzunehmen, halten wir für illusorisch.

Grundsätzlich gilt: Zwischenmenschliche Kontakte sind sehr komplex, und Kommunikation kommt nicht ohne die Option des Konflikts aus. Doch Meinungsverschiedenheiten müssen nicht im emotionalen Desaster enden. Wir glauben vielmehr, dass es trotz aller Schwierigkeiten möglich ist, klar zu führen und dabei sinnbildlich das Herz der Geführten zu halten – und zwar nicht im Würgegriff, sondern wohlwollend und verantwortungsvoll.

7.1.3.2 Fehlgriffe der Führung: Eltern-Kind-Analogien

Manche deutschsprachigen Redner und Akademie-Betreiber vertreten allen Ernstes die Auffassung, dass Führungskräfte ihre Mitarbeiter durch das Maß an gewährter Zuwendung führen sollten. Aufmerksamkeit und Wertschätzung als Mittel zu Steuerung von Mitarbeitern: gutes, „folgsames" Verhalten wird mit Zuneigung belohnt; „unartiges" durch „Liebesentzug" bestraft. Das aus der Kindeserziehung stammende Vokabular kommt nicht von ungefähr. Denn tatsächlich begründen die Vertreter dieser Denkrichtung dieses Vorgehen, indem sie sich explizit auf die Erziehung beziehen. Es existieren bis heute Erziehungsratgeber, die dieses Spiel mit emotionaler Nähe und Distanz als angemessen propagieren.

Aus der systemischen Sicht haben Eltern – wie auch Führungskräfte – eine wichtige Funktion zu erfüllen; das „Amt" des Eltern-Seins ermächtigt und verpflichtet gleichermaßen. Vergleichen Sie zum Amtsbegriff den Abschnitt „Im Amt ist man Anteil eines Systems – Rechte und Pflichten als Amtsträger" in Kap. 4.2 Meine Identität. Aufgrund ihres Amtes dürfen Eltern auch entscheiden, wann das Kind Hausaufgaben zu machen und ins Bett zu gehen hat. Oder sie dürfen Strafen verhängen, wenn es nötig ist. Doch dies sollte nichts mit der prinzipiellen emotionalen Zuwendung der Eltern zu tun haben. Leider verstehen dies jedoch nicht alle Eltern so.

In den modernen westlichen Kulturen gilt das Leistungsprinzip. Dies kommt bereits in der Kindererziehung zum Tragen – Kinder werden früh dazu angehalten, Leistung zu erbringen. Prinzipiell ist dagegen nichts einzuwenden. Problematisch wird es jedoch, wenn die Leistung mit Liebe vergolten wird – und mangelnde Leistung mit verringerter Zuwendung bestraft. Der Blick über den eigenen kulturellen Tellerrand kann hier die Augen für ein anderes Konzept von Wertschätzung öffnen. Auf Bali zum Beispiel werden Kinder bereits für ihr „so sein" geliebt und wertgeschätzt (Liedloff und Cameron 1992). Durch diese bedingungslose Zuwendung gewinnen Kinder früh das gute Gefühl von Sicherheit. Sie müssen sich ihren Platz in dieser Welt nicht durch Leistung erarbeiten, sondern erleben das bedingungslose Wohlwollen der Gemeinschaft ihnen gegenüber. Vor dem Hintergrund dieses Erziehungsverständnisses ist es dann nicht verwunderlich, dass die Kinder dort auch nicht für Leistungen gelobt werden, während in der westlichen Welt der Leistung von Kindern und Jugendlichen große Beachtung geschenkt wird. Kein Hochjubeln bei guter Leistung, aber auch keine Bestürzung bei schlechter Leistung.

7.1.3.3 Menschenbilder filtern die Sicht auf Führung

Führung im Unternehmen wird heute anders verstanden als noch vor wenigen Jahrzehnten. Die patriarchalische oder streng hierarchisierte Unternehmenskultur ist um ein modernes Verständnis von Kommunikation ergänzt, wenn nicht sogar durch dieses ersetzt worden. Hier sind Nähe-Distanz-Spiele mit emotionaler Wärme oder Kälte ohnehin kaum noch zeitgemäß. Doch verlassen wir das dünne Eis der Eltern-Kind-Analogie für die Kommunikation zwischen Erwachsenen. Was braucht es für den respektvollen Austausch auf Augenhöhe? Ein dazu passendes Menschenbild gehört sicherlich dazu. Prüfen Sie doch einmal für sich:

➲ Welches Menschenbild habe ich?
➲ Wie denke ich über meine Mitarbeiter?

Die folgenden Gedanken sind Ausdruck eines aus unserer Sicht problematischen Verständnisses von Führung:

- „Die Mitarbeiter müssen mal so richtig auf Trab gebracht werden."
- „Ein Wort – und die springen!"
- „Da musste ich mal auf den Tisch hauen."
- „Denen habe ich Feuer unter dem Hintern gemacht."
- „Man darf die Möhre immer nur direkt vor die Nase halten, sie aber nie verfüttern."
- „Man muss die Leute ködern."

Wer solche Parolen mit stolzgeschwellter Brust von sich gibt, wird vermutlich in diesem Buch wenige für sich passende Anregungen gefunden haben. Es geht hierbei nicht darum, dass man mal einen solchen Gedanken denkt, sondern vielmehr um die grundsätzliche Haltung, die man den Mitmenschen – in diesem Fall den Mitarbeitern – entgegen bringt.

Wer erwachsene Menschen wie unmündige Kinder behandelt, hat vielleicht ein berechtigtes Bedürfnis (zum Beispiel Selbstwirksamkeit), aber keinesfalls das moralische Recht auf dieses aus unserer Sicht unangemessene Verhalten. Hier ist eine moralische Entscheidung gefragt, ob und in welcher Form man als Führungskraft lediglich seine eigenen Bedürfnisse befriedigen möchte und dabei das Wohl des Unternehmens aus dem Blick verliert – oder eben nicht.

7.1.3.4   Eine Brücke in den heiligen Raum bauen

Wenn sich das Wesen der Kommunikation verhärtet, reagieren die Beteiligten auf diese Verhärtung. Die Paartherapeutin Hedy Schleifer hat es in ihrem TED-Talk sehr eindrücklich beschrieben. Sie bezieht sich dabei auf Martin Buber (siehe Kap. 2.2 Das Wesen der Kommunikation): „Beziehung lebt im Raum zwischen uns. Sie lebt nicht in mir oder in dir, und selbst nicht im Dialog zwischen uns beiden. Sie lebt in dem Raum, den wir gemeinsam leben. – Dieser Raum ist heiliger Raum." Sie beschreibt, wie der ursprünglich „heilige Raum" der Kommunikation auf unbeabsichtigte Weise durch die Kommunikationspartner „kontaminiert" wird. Der Raum, das Zwischen, wird auf diese Weise für die Gesprächspartner ungemütlich, sodass diese auf das Unbehagen reagieren. Dadurch wird das Zwischen – oder das Wesen der Kommunikation, wie wir sagen würden – noch unbehaglicher. Dieser selbstverstärkende Prozess führt dazu, dass das Zwischen als gefährlich wahrgenommen wird. Und auf diese Gefahr reagieren wir mit Härte und Aggression – oder mit defensivem Zurückweichen hinter die inneren Mauern. Beides führt dazu, dass das Wesen der Kommunikation an der eigenen Verhärtung regelrecht erstickt und als leblos, kalt, gefährlich erlebt wird.

Hedy Schleifer – und wir schließen uns an! – ruft dazu auf, die Verantwortung für diesen Raum, dieses Wesen der Kommunikation – zu übernehmen und eine Brücke zu bauen, die eine Begegnung auf Augenhöhe ermöglicht (Schleifer 2010). Eine Begegnung, die von gegenseitiger Wertschätzung, Respekt und Aufrichtigkeit gekennzeichnet ist. Wir legen Ihnen diese knapp 20-minütige Rede sehr ans Herz. Uns hat sie vor einigen Jahren so berührt, dass wir den englischen Text transkribiert und ins Deutsche übersetzt haben. Beide Varianten finden Sie als Untertitel auf dieser YouTube-Seite: TEDxTelAviv – Hedy Schleifer – The Power of Connection (https://youtu.be/HEaERAnIqsY).

7.1.4   Klar und herzhaft kommunizieren

Wie kann Kommunikation gelingen, die das Wesen der Kommunikation nährt? Neben dem bereits angesprochenen generellen Menschenbild trägt auch die unmittelbare Haltung, die man in einer Gesprächssituation aufrechterhält, zu diesem Gelingen bei. Dazu ist es nützlich, die Bedürfnisse und die daraus abgeleiteten Intentionen zu reflektieren – die eigenen wie auch die des Gesprächspartners.

7.1.4.1   Intentionen und Bedürfnisse erforschen

Vor dem Hintergrund eines wohlwollenden Menschenbilds will kaum ein Mensch nur aus böser Absicht heraus anderen schaden. Wenn man menschliches Verhalten aus einer bedürfnisorientierten Perspektive heraus betrachtet, verliert es häufig sein bösartiges Antlitz.

In Kap. 6 Kognitiver Pfad haben Sie die Übung 1 „Wahrnehmungsperspektiven wechseln" genutzt, um die Bedürfnisse des Gesprächspartners zu erkunden. Machen Sie sich noch einmal bewusst, dass sich das gezeigte Verhalten einer Person aus einer Bandbreite zugrunde liegender Intentionen speisen kann. Es lohnt sich, auch diese tieferen Intentionen zu erforschen. Denn häufig ist die an der Oberfläche vermutete oder sogar geäußerte Absicht des Handelnden nicht das, worum es ihm eigentlich geht. In der Coaching-Richtung NLP gibt es ein Axiom, das besagt, dass jedem Verhalten eine positive Intention zugrunde liegt. Anders ausgedrückt: Mit jedem Verhalten – und sei es noch so unangemessen – möchte der Handelnde etwas für sich (!) Positives sicherstellen.

Beispiel aus der Praxis

Dazu ein Beispiel: Ein Kunde streitet sich mit Ihnen über eine aus seiner Sicht nicht vollständig erbrachte Leistung. Er ist dabei aufbrausend, unterbricht Sie ständig und nutzt Kraftausdrücke. Sie empfinden das Verhalten als Unverschämtheit und fühlen sich ungerecht behandelt. Ihr erster Gedanke ist vielleicht: „Dieser Armleuchter! Der will mich fertig machen."

- **Schritt 1: Absicht (Oberflächenstruktur):** Sie vermuten, dass das der Kunde an Ihnen ein Exempel statuieren oder Sie persönlich fertig machen will.
- **Schritt 2: Intention (Tiefenstruktur):** Mit etwas innerlichem Abstand und einem gedanklichen Perspektivwechsel kommen Sie zu dem Schluss, dass der andere in seinem Unternehmen großem Druck ausgesetzt ist und sich selbst gut darstellen will.
- **Schritt 3: Intention hinter der Intention:** Sie erkennen nun, dass es dem anderen eigentlich darum geht, sicher und stressfrei arbeiten zu können (was er in seinen Augen nicht kann, wenn er ein für sein Unternehmen schlechtes Ergebnis abliefert).

Natürlich ist dieses Hinterfragen der Intention auch nur eine Annahme, da wir in aller Regel nicht alle Hintergründe kennen und schon gar nicht dem anderen hinter die Stirn schauen können. Dennoch erweist sich diese wohlwollende Vorannahme in aller Regel als nützlicher (für einen selbst und die Beziehung), als die Annahme einer bösen Absicht, die meist als erstes in den Sinn kommt. Hinter dem rüpelhaften Auftreten eines Elefanten im Porzellanladen steckt häufig das Ego einer kleinen Maus, die auch nur sicher leben will (ohne von den vielen Elefanten zertreten zu werden). Anders gesagt:

▶ Menschen reagieren häufig ungeschickt in der Befriedigung ihrer Bedürfnisse, was leicht zu sozial unangemessenem Verhalten führen kann. So kann es sein, dass aus einem Schutzbedürfnis heraus nach außen hin Härte gezeigt oder die andere Person niedergemacht wird.

Eine innere „Basta!"-Mentalität kommt häufig hart und herzlos beim anderen an. Dabei geht es dem Sprecher doch vor allem darum, sich in der eigenen Position sicher fühlen zu dürfen und nicht in Frage gestellt zu werden. Die tiefer liegenden Intentionen zu kennen, macht aus einem unangemessenen Verhalten noch lange kein angemessenes. Und es befreit den Handelnden auch nicht von einer eventuellen Schuld. Für Sie als Beteiligtem wird die Handlung jedoch leichter nachvollziehbar. Auf diese Weise öffnet sich auch ein Tor zu anderen möglichen Lösungswegen. Denn nun können Sie andere Handlungsoptionen vorschlagen, die das Bedürfnis befriedigen bzw. sicherstellen, dabei aber angemessener sind.

Übung 1: Intentionen aufspüren

Unterziehen Sie jedes unangemessene Verhalten einer mindestens dreistufigen Filterung, um die tieferen Intentionen und Bedürfnisse zu ergründen.
   Positive Auswirkungen
- Sie erkennen die Bedürfnisse des anderen hinter einer Aussage oder Handlung.
- Sie gewinnen innerlich Abstand von unangemessenen Verhaltensweisen und deren emotionalen Belastungen.
- Sie können die Beziehung zu einer anderen Person dadurch leichter klären und von emotionalen Altlasten bereinigen.

Durchführung
   Dauer: 5–10 min
(1) Nehmen Sie Ihr Logbuch zur Hand und notieren Sie eine Situation, in der Sie sich über das Verhalten einer Person Ihnen gegenüber geärgert haben.
(2) Reflektieren Sie die nacheinander folgenden Fragen:
   – **Schritt 1: Absicht (Oberflächenstruktur)**: Was ist die vermutete oder geäußerte Absicht hinter dem gezeigten Verhalten?
   – **Schritt 2: Intention (Tiefenstruktur)**: Was möchte der andere mit diesem Verhalten für sich (!) sicherstellen?
   – **Schritt 3: Intention hinter der Intention**: Um was geht es dem anderen **eigentlich**, wenn er dieses Verhalten zeigt, um das in Schritt 2 erkannte Bedürfnis für sich sicherzustellen? Was ist sein eigentliches Bedürfnis?

(3) Wie denken Sie nun über die Person?

(4) Auf welche angemessenere Weise hätte die Person ihr Bedürfnis sicherstellen können? Welche Handlungsoptionen könnten Sie zukünftig „mitdenken", um die Gesprächssituation für alle angenehmer zu gestalten?

(5) Notieren Sie Ihre Erkenntnisse in Ihrem Logbuch.

Hinweise

Achten Sie darauf, die Intention des anderen spätestens im dritten Schritt so zu formulieren, dass Sie selbst sagen können: „Ja, das ist natürlich ein berechtigtes Bedürfnis." Ansonsten fügen Sie einen weiteren Schritt ein, der nochmals danach fragt, um was es dem anderen eigentlich geht, wenn er so handelt.

Logbuch

Natürlich können Sie die Vorgehensweise auch nutzen, um Ihr eigenes Verhalten zu hinterfragen. Wählen Sie dazu eine Situation, in der Sie sich – im Nachhinein betrachtet – unangemessen verhalten haben oder in der Sie gerne souveräner geblieben wären.

➲ Was wollte ich sicherstellen, als ich mich so verhalten habe?

➲ Um was ging es mir eigentlich?

➲ Wie hätte ich mein Bedürfnis auf angemessenere Weise sicherstellen können?

7.1.4.2 Ich halte dein Herz

Hinterher weiß man mehr – das gilt auch für schwierige Gesprächs- oder Konfliktsituationen. Entscheidend ist es jedoch, die gewonnenen Erkenntnisse auch für zukünftige Situationen zu nutzen. Nehmen Sie sich also bewusst vor, bereits mit einer anderen inneren Haltung in ein Gespräch zu gehen – gerade dann, wenn es vermutlich herausfordernd wird. Das braucht zugegebenermaßen Mut und eine bewusste Entscheidung. Bevor Sie in das Gespräch gehen, sagen Sie sich innerlich: „Ich halte dein Herz. Und ich spreche meine Gedanken klar und frei aus." Nutzen Sie dazu die aus Kap. 4 Ich-Kraft bekannte Übung 9 „Moment of Excellence".

Häufig fehlen die angemessenen Mittel, die eigenen Bedürfnisse, Wünsche oder auch Auffassungen auf wertschätzende Weise zu äußern. In Kap. 10 Das Wesen der Kommunikation nähren werden Sie lernen, wie Sie diese innere Haltung in der Kommunikation mit einem Gesprächspartner zum Ausdruck bringen können.

7.1.5 Wertungen und Wissen sind subjektiv

Gerade in Bezug auf andere Menschen sind wir häufig von felsenfesten Überzeugungen geprägt. Auch wenn wir uns eingestehen müssen, manchmal selbst über unsere Motive nicht im Klaren zu sein – die Absichten anderer Menschen scheinen wir mit absoluter Sicherheit deuten zu können. Oder so glauben wir es zumindest. Dabei kann es durchaus befreiend sein, sich von dieser Deutungsobsession zumindest gelegentlich eine Auszeit zu nehmen.

7.1.5.1 Die indigene Perspektive: Little People

Die First Nations berichteten uns von einem Phänomen, das man auf den ersten Blick als Aberglauben abtun kann – bei näherer Betrachtung aber eine wichtige Funktion erfüllt. In den Hügeln des Reservats, so wurde uns erzählt, wohne das Volk der „Little People". Diese lebten versteckt und zeigten sich nur sehr vereinzelt den Menschen, meist einsamen Wanderern. Gleichwohl beeinflussten sie das Leben der Menschen, indem sie ihnen Streiche spielen und die Menschen damit auf die Probe stellen. So ließen sie manchmal Dinge verschwinden oder legten sie von einem Ort an einen anderen. Sie testeten damit, wie die Menschen mit Frustration, Ärger und vor allem miteinander umgehen: Gibt es böses Blut untereinander oder werden die Sachverhalte mit kühlem Kopf und reinem Herzen besprochen?

Logbuch

Kennen Sie solche Herausforderungen in Ihrem Alltag? Notieren Sie in Ihrem Logbuch, wie Sie mit den „Streichen" der Little People umgehen.
- ⮕ Wie gehe ich damit um, wenn Dinge einfach weg zu sein scheinen? Bleibe ich ruhig und gelassen oder rege ich mich auf?
- ⮕ Auf welche Weise spreche ich andere an, wenn ich glaube, sie hätten mir etwas weggenommen? Wie früh urteile ich? Kann ich verzeihen und Güte und Humor zeigen?
- ⮕ Wie wäre es, wenn ich dies stattdessen als Prüfung durch die Little People auffassen würde? Wie würde ich dann reagieren?

7.1.5.2 Bewertungs-Fasten

Hand aufs Herz: Wie oft kommt es vor, dass Sie über einen anderen Menschen in negativer oder abwertender Weise denken. Diese Gedanken hemmen häufig das eigene Handeln und Wohlbefinden, da sie die Sicht auf die Welt trüben. Wenden Sie daher die Übung 5 „Gedanken-Sensor" aus Kap. 3 Intuition speziell auf diese Sorte von Gedanken an.

7.1.5.3 Ist das wahr? – Hinterfragen der eigenen Gewissheiten

Zum Abschluss dieses Unterkapitels weisen wir noch auf eine sehr einfache, aber wirkungsvolle Methode hin, die auf konsequenter Eigenverantwortung aufbaut und damit das in Kap. 5.2 What you give you get. Eigenverantwortung im indigenen Verständnis vorgestellte Prinzip von „What you give you get" auf die eigenen Denkmuster anwendet.

Wir haben die Methode – die eine Form der Meditation ist, wenn man sie regelmäßig anwendet – als sehr nützlich erlebt, wenn es darum geht, die eigenen einschränkenden Überzeugungen, sogenannte Glaubenssätze, aufzulösen. Dies gilt vor allem für den zwischenmenschlichen Bereich. Beginnen Sie z. B. mit einem negativen oder bewertenden Gedanken über eine andere Person und wenden Sie dann die Fragen auf diese Aussage an. Byron Katie (2013) fasst ihre Methode, die sie auf Basis der Überlegungen der Rational-emotiven Therapie (RET) von Albert Ellis entwickelte, in einem Satz zusammen (ebd., S. 6): „Urteilen Sie über Ihren Nächsten, schreiben Sie es auf. Stellen Sie vier Fragen, kehren Sie es um." The Work of Byron Katie® beschränkt sich auf die konsequente Reflexion von vier Fragen:

1. Ist das wahr?
2. Können Sie mit absoluter Sicherheit wissen, dass das wahr ist?
3. Wie reagieren Sie, wenn Sie diesen Gedanken denken?
4. Wer wären Sie ohne diesen Gedanken?

Auf weitere Ausführungen verzichten wir hier, da es eine gute Einführung sowie weitere Arbeitsblätter und Leitfäden auf Deutsch frei verfügbar zum Download auf der Seite zu The Work of Byron Katie® gibt: www.thework.com/deutsch.

7.2   Pflege dein Netzwerk

Das Zeitalter einer neuen Form der Führung ist eingeläutet. Starre Hierarchien werden zunehmend aufgebrochen – zugunsten von agilen Projekt- oder sogar Netzwerkstrukturen, die sich temporär auf eine Problemlösung ausrichten. Das in Kap. 1.1 Die Business-Welt wird VUCA: volatil, unsicher, komplex, ambigue vorgestellte Konzept (zur Beschreibung einer komplexen und sich schnell wandelnden Businesswelt) wird diese Prozesse auch weiterhin begünstigen.

▶   Hierarchien werden zukünftig daher weniger wichtig sein als die Einbindung in
        ein vielfältiges und ressourcenreiches Netzwerk. Das Netzwerk fungiert dabei
        als soziale Ressource.

Die Frage „Wen kenne ich?" war in vielen Fällen schon immer wichtiger als die Frage „Was weiß oder kann ich selbst?" Ein gut aufgestelltes Netzwerk hält ein großes Potenzial an Optionen bereit, auf die man im Bedarfsfall zurückgreifen kann: ob bei Problemen des beruflichen Alltags; bei der Karriereplanung; oder auch zur Abfederung von Rückschlägen, nach denen man sich neu ausrichten muss. Die Bedeutung von guten Kontakten wird sich in Zukunft noch verstärken – und die Kompetenz zur Beziehungspflege somit ebenfalls.

Das Netzwerk der Kontakte, die man persönlich getroffen und mit denen man gemeinsame Erfahrungen teilt, wird dabei – bis auf weiteres – im Zentrum stehen. Persönliche

Bindung und Vertrauen lassen sich in erster Linie im persönlichen Kontakt („Face-to-Face") aufbauen. Inzwischen sind jedoch auch die Online-Netzwerke zunehmend wichtiger geworden. Bei der Pflege der digitalen Netzwerke geht es jedoch um mehr als nur um die technische Verwaltung von hunderten von Kontakten auf LinkedIn, XING oder Facebook als besseres Adressbuch.

7.2.1 Sich einen Namen machen

Ein Netzwerk kann man als eigenständiges System verstehen. Und wie im System des Unternehmens (vergleiche Kap. 4.2 Meine Identität) gilt, dass Sie dort als Person mit äußerst unterschiedlichen Facetten wahrgenommen werden. Es liegt an Ihnen, sich entsprechend zu positionieren.

Logbuch

Betrachten Sie Ihr berufliches Netzwerk und stellen Sie sich die folgenden Fragen. Notieren Sie Ihre Gedanken in Ihrem Logbuch.
➲ Wofür stehe ich in meinem Netzwerk? Als wer bin ich dort bekannt?
➲ Für welche Fragen gelte ich als Experte?
➲ Für welche Aspekte bin ich vielleicht ein Vorbild? Was sehen andere in mir?
➲ Mit welchen Anliegen außerhalb der rein fachlichen Expertise kommen Menschen zu mir? Bei welchen Fragen werde ich um Hilfe gebeten?

Gerade in digitalen sozialen Netzwerken gilt: Ich bin so wichtig wie die Resonanz, die ich erzeugen kann. Diese zeigt sich in Form von Klickraten auf Interesse-Buttons („Gefällt mir") oder Seitenaufrufen von Profilen. Nur wer wahrgenommen wird, wird für andere als wichtiger Knotenpunkt des Netzwerks angesehen.

7.2.2 Den Austausch anregen

Doch wann beziehen sich Leute auf mich bzw. meine Beiträge? Das inhaltliche Interesse seines Bezugsnetzwerks zu treffen, ist dabei sicherlich ein Aspekt. Daneben spielen jedoch noch weitere Faktoren eine Rolle, welche die Resonanz innerhalb des Netzwerks erhöhen. Eine keineswegs erschöpfende Liste von förderlichen Aspekten:

- Mit wem bin ich vernetzt? Wer kennt mich? – Hat man wichtige Knotenpunkte im Netzwerk, so steigt auch die eigene Reputation.
- Werde ich als vertrauensvoll wahrgenommen? Hierbei spielen auch die guten Erfahrungen und Interaktionen der Vergangenheit eine wichtige Rolle.
- Laden meine Beiträge im Netzwerk zur Interaktion ein? Fördern sie die Partizipation anderer Netzwerkpartner?

- Sind meine Beiträge „technisch" gut gemacht? Kurze Beiträge mit einer knackigen Überschrift regen mehr an als ellenlange Texte in formaler Sprache.
- Sind meine Beiträge ästhetisch ansprechend? Bilder spielen dabei eine wichtige Rolle, aber auch die Gestaltung des Textes (Gliederung, Überschriften, Absätze).

Ein Netzwerk muss lebendig sein und die Kommunikation der einzelnen Knotenpunkte untereinander fördern. Ein Netzwerk von „Karteileichen" ist nutzlos. In einem lebendigen Netzwerk fließen die Informationen schneller und sind besser untereinander verdrahtet. Und Sie selbst sollten sich als möglichst aktiven Knotenpunkt positionieren, über den viel Informationsaustausch stattfindet. Um den Austausch im eigenen Netzwerk zu unterstützen, sind drei Aspekte wichtig:

- **Selbst Quelle von Informationen sein:** Geben Sie selbst Informationen in Ihr Netzwerk. Das kann proaktiv geschehen oder wenn Sie jemand konkret um Unterstützung anfragt.
- **Den Informationsfluss anregen:** Regen Sie den Austausch innerhalb des Netzwerkes an – auch dann, wenn Sie selbst davon nicht unmittelbar profitieren. Stellen Sie z. B. Kontakte untereinander vor oder teilen Sie interessante Beiträge mit Personen, die davon profitieren könnten.
- **Resonanz schenken:** Geben Sie selbst Feedback zu Beiträgen, die man mit Ihnen geteilt hat.

7.3 Mehre deinen Erlebensreichtum

Im indigenen Verständnis gehört das emotionale Erleben zum Sozialen Pfad. Denn nur wer seine eigene emotionale Vielfalt kennt, kann mit derjenigen des Gesprächspartners in Resonanz gehen und so eine Beziehung aufbauen. Die moderne westliche Welt ist eine Welt der Sprache. Erfahrungen drücken wir im sprachlichen Diskurs oder im inneren Dialog aus. Sprache erzwingt jedoch, Erfahrungen zu linearisieren – dabei sind sie wesentlich komplexer und mehrdimensionaler, als sich dies in einfacher, sequenzieller Alltagssprache ausdrücken lässt. Als Konsequenz neigt der Verstand dazu, nur auf bestimmte Aspekte zu fokussieren und andere Aspekte des Erlebens auszublenden. Diese verzerrte Repräsentation führt häufig zu einer Verarmung des Erlebens (Shafarman 2005).

Doch das muss nicht sein, wenn man sich dem Erleben „pur" widmet, ohne es im Nachhinein analysieren – oder besser: zerreden – zu wollen. Jeder Mensch hat einen anderen Zugang zum überwältigenden Reichtum des inneren Erlebens. Dabei sind hier vor allem die Emotionen gemeint, denen wir die Zeit geben, zu wirken. Es wäre schade, wenn Sie Ihren emotionalen Pfad aufgrund von Nichtbenutzung verwildern ließen.

7.3.1 Fährtensuche im Reich der Künste

Was fühlen Sie, wenn Sie Amazing Graze hören? Spüren Sie das jahrhundertelange Empire der britischen Krone, wenn die britische Hymne erklingt? Läuft Ihnen ein wohliger Schauer über den Rücken, wenn Maria Callas oder Luciano Pavarotti singen? Können Sie sich vom Ballett verzücken lassen? Können Sie sich in den Augen der Mona Lisa verlieren? Kommen Ihnen die Tränen bei „Bambi" oder „E.T."? Bei welchem Lied oder Spielfilm werden Sie zum Helden? Wann schmelzen Sie hingegen – wie verzückt – dahin? Welche Poesie kann Sie in unbeschreibliche Gefühle stürzen? Egal, was diese Emotionen bei Ihnen auslöst – das ist Erleben pur!

Die Palette des kulturellen Angebots ist reichhaltig: Musik, Kino, bildende Künste, Tanz, Ballett, Oper, klassische Musik, Literatur. Jedoch leben wir heute in Zeiten, in denen Momente innerer Berührtheit im öffentlichen Raum rar geworden sind. Sich diese kostbaren Momente auch im Privaten zu verbieten oder nicht bewusst zu würdigen, wäre ein Verlust. Die heutige Zeit hat das Spektrum des Erlebens weit in den euphorischen Raum verschoben: Extremsportarten und andere aktionsgeladene Aktivitäten garantieren den Adrenalinrausch – Bungee-Jumping, Fallschirmspringen und Mount-Everest-Expeditionen für jedermann. Der „Kick" als Konsumversprechen scheint gut in die dynamische Welt zu passen. Im Prinzip ist dagegen nichts einzuwenden. Es wäre nur bedauerlich, wenn über die Suche nach dem Nervenkitzel die eher rezeptiven, kontemplativen und inneren Freuden verarmen würden.

Logbuch

Prüfen Sie Ihre persönlichen Momente der emotionalen Berührtheit und notieren Sie Ihre Gedanken.

➲ Wann gönne ich mir Momente der inneren Berührung?

➲ Wann werde ich von der Kunst, der Landschaft oder einem besonderen Moment regelrecht ergriffen?

➲ Wann lasse ich mich von einer Woge der inneren Begeisterung überfluten?

Neben den Künsten können Landschaften, Berge, das Meer oder auch ein Lagerfeuer eine Woge der stillen Überwältigung auslösen, von der wir uns davontragen lassen können – sofern wir es zulassen. Allzu leicht jedoch verlieren wir den Zugang zu diesem Erlebensreichtum – aus Unbedachtheit oder weil wir uns bewusst diesen Teil der Wirklichkeit verbieten. „Dafür bin ich nicht der Typ", sagen wir dann häufig. Manchmal liegt der Zauber auch im eigenen Tun. Können Sie sich zum Beispiel beim Tanzen selbst vergessen? Keine Bange: Sie müssen überhaupt nichts davon tun. Aber vielleicht haben Sie ja Lust bekommen, Ihren persönlichen Möglichkeitsraum auch um dieses Erleben aktiv zu erweitern. Viele Tabus sind kulturbedingt oder durch unsere Erziehung bzw. das engere soziokulturelle Umfeld geprägt.

7.4   Spuren hinterlassen: Selbst machen. Verwirklichen. Nachhalten.

Nehmen Sie Ihr Logbuch zur Hand und notieren Sie alle Gedanken, die Ihnen spontan oder auch im Nachgang zu einer der unten genannten Fragen kommen. Nichts ist so flüchtig wie ein Gedanke. Halten Sie die Gedanken – auch die nur „gefühlten" – schriftlich fest, damit Sie später darauf zurückkommen können.

1. Transfer in Ihren Kontext: Denken Sie über Ihr Unternehmen oder den erweiterten Arbeitskontext nach, in dem Sie tätig sind. Wo und wann stehen die sozialen Prozesse im Vordergrund?
2. Nutzen Sie die logischen Ebenen zur Vertiefung:

Zugehörig-keit und systemische Wirkungen	➲ Zu welchem Kreis darf ich mich zugehörig fühlen, wenn ich häufiger den Gedanken des Sozialen Pfades folge?
	➲ Welche Bedeutung wird mein Handeln (möglicherweise) haben?
	➲ Welche positiven Veränderungen werden dadurch in meinem System (in den unterschiedlichen Lebensbereichen) möglich?
	➲ Welcher höhere (für mich relevante) Sinn wird dadurch gefördert?
Identität	➲ Wem werde ich ähnlicher bzw. zu wem entwickele ich mich, wenn ich mehr in diese Richtung tue?
	➲ Wer kann mir in diesem Aspekt ein Vorbild sein?
Werte und Überzeugun-gen	➲ Wie wichtig ist es mir, meine sozialen Kontakte zu pflegen?
	➲ Welche Werte stärke ich dadurch, dass ich häufiger die Bedürfnisse und Inten-tionen der Anderen zu ergründen suche?
Fähigkeiten	➲ Welche empathischen Fähigkeiten will ich mir aneignen bzw. einüben?
	➲ Inwiefern entwickeln sich dadurch auch meine anderen Fähigkeiten? Wo ergeben sich Synergien?
Handeln	➲ Was muss ich tun, um zur besten Version meiner selbst zu werden?
	➲ Welche kleinen oder größeren Rituale kann ich etablieren, um diesen Weg zu festigen?
	➲ Woran werden andere bemerken, dass ich mich in dieser Hinsicht entwickele?
	➲ Welche äußerlich sichtbaren oder hörbaren Zeichen für meine Entwicklung werden andere bemerken können?
Kontext	➲ Wer kann mich auf meinem Sozialen Pfad unterstützen?
	➲ In welchen Kontexten/Umgebungen kann ich diese neuen oder veränderten Denk- und Handlungsweisen am ehesten ausprobieren?
	➲ Welche „Anker" kann ich nutzen, die mich daran erinnern, weiter diesen Pfad zu beschreiten?
	➲ Welche Symbole können im Außen ein Zeichen setzen, das auch andere bemerken können?

3. Nachdem Sie nun die Übungen zu diesem Thema bearbeitet haben und die Gedanken dazu reflektiert haben, rufen Sie sich Ihren (geheimen) Wunsch ins Gedächtnis, den Sie am Anfang des Buches notiert haben:

➲ Welche nützlichen Einsichten oder Erkenntnisse konnte ich diesbezüglich gewinnen?
➲ Welche anderen interessanten gedanklichen Verknüpfungen kann ich erkennen?
➲ Ergeben sich daraus für mich weitere Handlungsimpulse?
➲ Wie könnte ich diese konkretisieren und in der „Welt der Tatsachen" verwirklichen?

Literatur

Quellen

Katie B (2013) The work of Byron Katie. Eine Einführung. www.thework.com/deutsch. Zugegriffen: 13. Juni 2015

Liedloff J, Cameron C (1992) Back from Bali – An interview with Jean Liedloff. The Liedloff Society for the Continuum Concept. Zugegriffen: http://www.continuum-concept.org/reading/backFromBali.html. Zugegriffen: 15. Juli 2015

Richter-Kaupp S (2013) Selbstführung. In: Psychologie-Unterricht 09, S 28–30

Richter-Kaupp S (2015) Persönliche Kommunikation. Karlsruhe

Schleifer H (2010) The power of connection. TEDxTelAviv. https://youtu.be/HEaERAnIqsY. Zugegriffen: 21. Juli 2015

Shafarman S (2005) Die Feldenkrais-Schule. Heyne Verlag, München

Seelischer Pfad

▶ „Was hat meine Führungsrolle mit meiner Seele zu tun?" – Alles! Die Aspekte der professionellen Identität eines Menschen sind immer mit den ganz privaten, seelischen Aspekten seiner Identität verbunden. Sie lassen sich nicht voneinander trennen. In diesem Kapitel erfahren Sie, wie Sie sich in Ihrer Führungsrolle als ganzheitlicher Mensch zeigen. Und wie Sie es schaffen, sich innerlich den Anforderungen des Tagesgeschäfts zu entziehen und einen übergeordneten Blick auf das große Ganze des Unternehmens zu werfen.

Wenn Sie dieses Kapitel gelesen haben, ...
- ... haben Sie sich bewusst gemacht, dass Zeit die wertvollste Ressource im Leben ist.
- ... wissen Sie, wie Sie die Fallgruben der Sinnsuche vermeiden.
- ... können Sie die Weisheit des Alters als Quelle der Orientierung nutzen.
- ... sind Sie sich klarer geworden über das, was Ihren Beitrag in der Welt ausmacht.
- ... können Sie die verbindende und wohltuende Kraft des Dankens für sich nutzen.

Dieses Kapitel ist das kürzeste – und inhaltlich eines der wichtigsten. Es führt die Gedanken fort, die wir in Kap. 4 Ich-Kraft beim Aspekt der Zugehörigkeit begonnen haben. Im Modell der Logischen Ebenen (siehe Kap. 2.6 Mit den Augen der Ethnologen) gehören Fragen nach Seele, Sinn oder Spiritualität zur obersten Ebene. Während wir in Kap. 4 noch relativ abstrakt von der Zugehörigkeit zu einem System gesprochen haben, geht es nun um die Seele als Anbindung an das, was Ihrer persönlichen Vorstellung vom großen Ganzen am nächsten kommt. Wir laden Sie ein, die in diesem Kapitel angesprochenen As-

© Springer Fachmedien Wiesbaden 2016
D. Goetz, E. Reinhardt, *Selbstführung: Auf dem Pfad des Business-Häuptlings*,
DOI 10.1007/978-3-658-08912-2_8

pekte als Anregung zur eigenen Reflexion zu nutzen – nicht als Angaben über vermeintlich richtige oder falsche Konzepte.

8.1   Erkunde Seele und Sinn

Die ersten Schritte in dieses Kapitel möchten wir mit Beispielen aus dem beruflichen Kontext der Führungskräfte tun, denen wir in unseren Coachings und Führungskräftetrainings begegnen. Denn dort sprechen unsere Klienten regelmäßig Themen wie Seele oder auch Spiritualität an. Es sind dabei keineswegs nur die „Silberrücken" der Alterskohorten von 55 +, die sich in ihrer vermeintlich letzten Berufsphase mit dem beschäftigen, was außerhalb der üblichen Karriereschritte liegt. Vielmehr sind es unserer Erfahrung nach gerade die Mittvierziger, die einerseits bereits eine Bilderbuchkarriere vorzuweisen haben, andererseits von einer inneren Lücke oder Leere berichten, die sie fragen lässt: „Mein Auto, mein Haus, meine Familie mit zwei Kindern. – Aber ist da nicht noch mehr?" Vereinzelt können wir sogar bestätigen, was man der jungen Generation (Generation Y und jünger) nachsagt: Nämlich dass für sie die Lebensqualität bereits jetzt im Vordergrund steht und die Arbeit bzw. der berufliche Erfolg nicht alles im Leben ist. Letztlich spiegeln all diese Beispiele die Erkenntnis wider, dass Lebenszeit die knappste Ressource ist, die wir als Menschen zur Verfügung haben.

8.1.1   Warum sollte ich mich als Führungskraft mit dem Seelischen Pfad beschäftigen?

Aus Sicht indigener Gesellschaften ist der Seelische Pfad integraler Bestandteil des Lebens. In unserer Kultur sprechen wir dabei häufig von einer ganzheitlichen Betrachtung des Lebens, mit all seinen Höhen und Tiefen, durch die der Mensch erst vollständig werde.

Vielleicht fragen Sie sich jetzt: „Aber ist das nicht eine reine Privatangelegenheit, die im Unternehmen keine Rolle spielt?" Wir denken: Ihre unterschiedlichen Identitäten (z. B. beruflich und privat) sind untrennbar miteinander verbunden. Aus dem Quantum an Möglichkeiten, das Sie als Erfahrungswolke (siehe Kap. 3.2 Anwendungsfelder von Intuition) in sich tragen, wird im beruflichen Kontext zwar Ihre professionelle Identität aktiviert – dennoch sind die übrigen Aspekte jederzeit abrufbar und bleiben mit den Aspekten der professionellen Identität verbunden. Es liegt an Ihnen, ob und in welcher Form Sie Ihre seelischen Aspekte auch im professionellen Kontext durchscheinen lassen. Eines wissen wir jedoch genau: Ihre Mitarbeiter werden es Ihnen danken und Sie anders wahrnehmen, wenn Sie diesen Anteil Ihrer Erfahrungswolke nicht verstecken, sondern handlungsleitend in Ihre Arbeit und vor allem den sozialen Austausch integrieren.

8.1.1.1 Verbindende Worte

Die Gedanken zu dem, was „die Welt im Innersten zusammenhält", sind für die meisten Menschen so grundlegend, dass bereits die Wahl der Begrifflichkeiten, mit denen man sich dem Thema nähert, innere Hürden aufbauen kann. Allzu leicht gerät man ins Kreuzfeuer fundamentaler Standpunkte, die wie Schützengraben auf dem verminten Feld der – erlauben Sie uns hier den für uns passenden Begriff – Spiritualität verlaufen. Deswegen finden Sie in diesem Kapitel auch keine Definitionen der Begriffe. Gerne wollen wir Sie jedoch zu einer persönlichen Differenzierung einladen.

8.1.2 Seele und Psyche

Sprachforscher führen den Begriff der Seele auf das altgermanische Wort „Saiwaz" zurück, das See bedeutet. In der altgermanischen Mythologie glaubte man, dass die Seen Heimat der Seelen vor der Geburt und nach dem Tod seien. In verschiedenen Glaubensrichtungen beschreibt die Seele jenen Anteil des Menschen, der über den körperlichen Tod hinaus weiter fortbesteht. Die Vorstellungen, was mit der Seele nach dem Tod genau geschieht, sind dabei je nach Kultur und Glauben höchst unterschiedlich. Gemeinsam ist den unterschiedlichen Glaubensvorstellungen jedoch die Ansicht, dass die Seele weder materiell noch durch Raum und Zeit begrenzt ist (Ejerfeldt 1971).

Der Begriff Psyche entstammt dem Altgriechischen und bedeutet sinngemäß Atem oder Hauch. Die Idee, dass einem fleischlichen Körper der symbolische Atem des Lebens eingehaucht wird, findet sich in vielen Glaubensrichtungen (Pfeifer 1993).

Teilweise werden die Begriffe Seele und Psyche synonym verwendet. In diesem Kapitel benutzen wir den Begriff der Seele in diesem weiter gefassten Sinne, der auch psychische Aspekte beinhaltet. Dem Begriff Psyche wird mehr Wissenschaftlichkeit zugestanden. Der Begriff der Seele beinhaltet eine Qualität von Transzendenz, also eine Erfahrung von Verwandlung, die über das derzeit wissenschaftlich Bekannte hinausgeht und mit der Wissenschaft nicht in Einklang zu bringen ist.

8.1.3 Die indigene Perspektive: The Great Spirit

In der indigenen Weltsicht sind Materie und Geist nicht voneinander zu trennen. Daher haben Lebenskrisen oder Erkrankungen immer auch einen psychisch-seelischen Aspekt. Indigene Heilkundige suchen Deutungszusammenhänge zunächst in diesem Bereich, wenn jemand mit Beschwerden zu ihnen kommt. Wir schreiben hier bewusst Deutungszusammenhänge und nicht Ursachen. Denn das indigene Verständnis von einer zyklischen Zeit und einer Allverbundenheit führt zu einer enormen Komplexität, die rein monokausale Ursache-Wirkungs-Mechanismen verbietet. Entsprechend sind Erklärungen keine absolute Wahrheit (im Sinne eines *digitalen* Denkens, siehe Kap. 2 Gedankliche Wurzeln), sondern – häufig sinngebende – Deutungen aus einer bestimmten Perspektive heraus.

In der Mythologie vieler traditioneller Gesellschaften entsteht alles aus Gedanken heraus. Die Traumzeit australischer Aborigines beschreibt auf metaphorische Weise, wie aus einem raum- und zeitlosen Universum (im Sinne von Universalität) das entsteht, was man dann als Realität bezeichnet. Dieser Schöpfungsprozess erzeugt neue Inspirationen, die wiederum die Traumzeit nähren. Es ist ein synchron ablaufender, immerwährender Kreislauf ohne Anfang oder Ende (Voigt und Drury 1998).

Im indigenen Sinne ist die menschliche Seele ein Anteil einer größeren, allumfassenden Weltseele bzw. eines „Great Spirit". Das Bild einer Welle auf einem großen See versinnbildlicht diese Vorstellung sehr schön. Die Welle erhebt sich für einen Moment erkennbar als Welle über die ansonsten glatte Oberfläche. Sie ist dabei aber nicht abgetrennt und eigenständig, sondern bleibt Anteil der viel größeren Wassermasse. Anders als bei der Annahme einer losgelösten Individualseele unterstützt diese Vorstellung das Gefühl von allumfassender Verbundenheit, auch mit der Natur. Der Mensch weiß sich auch nach seinem Tod – dem Verblassen seiner physischen Präsenz – aufgehoben im Meer der Weltseele. Die Definition des Menschen als ein von der Umwelt abgetrenntes Wesen mit einem festen Persönlichkeitskern existiert bei indigenen Gesellschaften nicht. Die unterschiedlichen Ausdrucksformen (Lebewesen, Naturphänomene, Gegenstände etc.) sind alle miteinander verbundene und beseelte Anteile des „Great Spirit". Somit ist der Tod kein Ende, sondern lediglich eine Verwandlung der Form. Die Worte „To all my relations" sind der verbale Ausdruck dieser tiefen Überzeugung indigener Menschen, da selbst mit den Ahnen noch eine Beziehung bestehen kann.

►   In der indigenen Vorstellung durchdringen Materie und Geist einander. Eine
       dualistisch getrennte Sichtweise gibt es nicht.

Logbuch

Halten Sie einen Moment inne und notieren Sie in Ihrem Logbuch:
➲ Was verstehe ich persönlich unter dem Begriff Seele?
➲ Welche Bedeutung hat dieser Begriff für mich?

8.1.4   Ursache und Sinn

In modernen Gesellschaften entstand mit der Säkularisierung für viele Menschen eine Sinnlücke: Die christlichen Kirchen haben an Bedeutung für die Sinnfragen der Menschen verloren. Viele, lange Zeit heilige Aspekte der monotheistischen Glaubensrichtungen werden heute von vielen Menschen als profan betrachtet, teilweise sogar belächelt. Die Wissenschaft, allen voran die Neurowissenschaften, haben teilweise den Platz einer neuen modernen „Religion des Wissens" übernommen. Viele psychische Phänomene sind heute neurobiologisch erklärbar. So faszinierend diese wissenschaftlichen Fortschritte sind, so wenig taugen sie für die meisten Menschen als Antworten auf Fragen nach der Sinnhaftigkeit. Die Naturwissenschaften können nur erklären, wie etwas funktioniert. Sie können gewisse Prozesse und Zusammenhänge erforschen. Die Frage nach dem Sinn dahinter können sie allerdings nicht beantworten.

8.1.4.1 Orientierungslosigkeit auf dem Seelischen Pfad
Sinnhaftigkeit und seelisches Gleichgewicht sind grundlegende menschliche Bedürfnisse, deren Befriedigung jedoch individuell unterschiedlich ist. Manch einer verliert dabei die Orientierung. Zugespitzt formuliert: Die Lücke der Orientierungslosigkeit versuchen Menschen auf unterschiedliche Weise zu „stopfen".

Sinnsuche durch Überbetonung des Materiellen
Basierend auf einem materialistisch-mechanistischen Weltbild betrachten manche Menschen sich selbst als rein biologische Funktionseinheit. Das Bedürfnis nach seelischem Gleichgewicht wird negiert oder ins Lächerliche gezogen. Da es zu wenig greifbar ist, wird es banalisiert und rationalisiert. Die Überbetonung des logischen Verstandes verhindert jedoch nicht das Bedürfnis; der Hunger nach Sinn bleibt. Menschen flüchten sich dann in Ersatzbefriedigungen mit weltlichem Charakter: übermäßiges Surfen im Internet, übersteigerter Konsum von Alkohol oder anderen Drogen, ein Zuviel an Essen, Shoppen oder aber auch Statusdenken und übermäßiges Anhäufen von materiellem Besitz. Die Maßlosigkeit der Ersatzbefriedigung betäubt die Sinnsuche für eine Weile. Doch nach einiger Zeit spendet dies keinen Trost mehr und der wohltuende Betäubungseffekt lässt nach.

Der Begriff Materie leitet sich nach Ansicht vieler Sprachforscher vom lateinischen „mater", also Mutter, ab. Indigene Gesellschaften bezeichnen die Erde häufig als „Mutter Erde". In diesem Sinn kann man sagen: Je mehr man sich von der symbolischen Mutter der Menschen entfernt, desto mehr versucht man über materielle Güter wieder Geborgenheit zu finden (Welsch et al. 2012).

Sinnsuche durch Überbetonung des Spirituellen
Das Gegenkonzept zur materiellen Sinnsuche ist ebenfalls häufig anzutreffen: die „Flucht" in spirituelle Vorstellungen. Das Bedürfnis nach Sinn wird durch eine Suche im Feld des Mystisch-Esoterischen befriedigt. Die Faszination für das Unerklärliche – Transzendente – ist nachvollziehbar (auch aus unserer persönlichen Perspektive). Es wird jedoch zur sozialen Umweltverschmutzung, wenn sich die Betreffenden als etwas Besonderes gerieren und sich über andere Menschen stellen („Du bist noch nicht so weit …"). Die vermeintliche Erleuchtung ist dann nichts weiter als die Überhöhung des eigenen (kleinen) Egos (vergleiche dazu die Gedanken zum großen Ego in Kap. 7.1 Pflege deine Beziehungen).

Suche ohne Dogma

Aus unserer Sicht ist die Suche nach Antworten – auch im Bereich des Unergründlichen – legitim. Das Beharren auf Antworten hingegen behindert die persönliche seelische wie auch soziale Entwicklung. Diese Einsicht haben wir aus unseren Erfahrung bei den *Eldern* der kanadischen First Nations und der australischen Aborigines ganz deutlich mitgenommen. Dort haben wir zu keinem Zeitpunkt eine dogmatische Sicht auf die Welt kennengelernt. Zudem war der Umgang mit Sinnstiftung und Spiritualität immer sehr „bodenständig". Selbst heilige Zeremonien wurden pragmatisch durchgeführt. Nie wurde die Zeremonie als solche über die Bedürfnisse des Menschen gestellt. Die Elder dort begreifen sich selbst als Lernende, die mit großem Interesse an der Welt kluge Fragen stellen, mit ideologischen Konzepten zur Erklärung der Welt demütig umgehen und diese nicht als alleingültig ansehen. Sich selbst betrachten sie als natürliche Ressource des Gemeinwesens – nicht als „Gurus". Sie betonen, dass sie ihre Traditionen auf der Basis der Überlieferungen ihrer Vorväter weitertragen – dass aber andere Traditionen oder Ausdrucksformen (wie sie z. B. in einem anderen Reservat gelebt werden) ebenso wertvoll seien.

▶   Demut bewahrt einen Menschen davor, den Boden unter den Füßen zu verlieren.

8.1.4.2   Sinnstiftung als bewusster Willensakt

Der Holocaustüberlebende, Psychotherapeut und Begründer der Logotherapie („lógos", griechisch für „Sinn") Viktor Frankl bezog sich immer wieder auf einen Satz des Philosophen Friedrich Nietzsche: „Wer ein Warum zum Leben hat, erträgt fast jedes Wie" (Frankl 2015, S. 35). Nach Frankl will der Mensch vor allem Sinn in seiner Existenz finden. Er erforschte, wie es Menschen selbst unter widrigsten Lebensbedingungen, sogar unter jenen lebensfeindlichen eines Konzentrationslagers, trotzdem gelingen kann, zu überleben und dabei ihre Menschlichkeit zu bewahren. Nach Frankls Ansicht gibt es dabei nicht die eine sinnstiftende Ursache. Vielmehr ist der Mensch aufgefordert, eigenverantwortlich nachzudenken, in sich zu kehren und sich zu besinnen, sich zu erforschen und in sich selbst immer wieder nach Bedeutung und Sinn zu suchen. Seine Aussagen machen dies deutlich: „Sinn kann nicht gegeben, sondern muss gefunden werden." (Frankl 2006, S. 155) Frankl ist dabei optimistisch: „Sinn muss aber nicht nur, sondern kann auch gefunden werden" (ebd. S. 156) – wobei er das Gewissen als Organ zur Sinnsuche bezeichnet. Mit Hilfe des Gewissens lasse sich dem Sinn auf die Spur kommen. Dabei ist in seinem Verständnis der Prozess der Sinnsuche individuell, aber der Sinn selbst nicht bloß subjektivistisch oder willkürlich, sondern vielmehr bereits in der Welt: „Sinn muss gefunden werden, kann aber nicht erzeugt werden." (ebd. S. 155) Frankl hat drei Wertekategorien identifiziert, die es dem Menschen ermöglichen, Sinn zu verwirklichen (Frankl 1997):

- **Schöpferische Werte:** Das Erschaffen von Werken, wobei der Aspekt der Vollendung wichtig ist. Der Einzelne muss zumindest um seinen Beitrag am Ganzen wissen und sich dabei auch in seiner eigenen Kreativität einbringen können (nicht nur reines Ausführungsorgan sein).
- **Erlebniswerte:** Emotionale Anregung durch Kultur oder Natur, vor allem aber durch die Beziehung zu anderen Menschen. Das heißt für den beruflichen Kontext: auch dort als Mensch wahrgenommen zu werden und gemeinsam mit den anderen Emotionen zu teilen.
- **Einstellungswerte:** Im beruflichen Kontext entspräche dies der Minimalanforderung, die Entscheidungen der Vorgesetzten zumindest nachvollziehen zu können.

In einer Untersuchung zu den Zusammenhängen zwischen psychosozialen Faktoren und metabolischen Erkrankungen konnte nachgewiesen werden, dass sich der subjektive soziale Status eines Menschen auf seine physische Gesundheit auswirkt. Der subjektive soziale Status beschreibt, welche Bedeutung und welchen Sinn ein Mensch sich selbst und seinem eigenen Wirken in einer Gesellschaft oder Organisation zuschreibt. Die Gesundheit der Probanden stieg proportional mit der der persönlichen Sinn- und Bedeutungsgebung (Marmot 2005).

Logbuch

Halten Sie einen Moment inne und notieren Sie Ihre Gedanken zu den folgenden Fragen in Ihrem Logbuch:
➲ Was an meinem Beruf erfüllt mich mit Sinn?
➲ Was erfüllt mein Leben mit Sinn?

▸   Sinn wird nicht von außen gegeben, sondern wächst von innen heraus. Sinnstiftung ist ein individueller Prozess, bei dem der Einzelne in Resonanz mit den äußeren Impulsen geht.

8.2   Erkunde deine Endlichkeit

Der Alltag ist voll von Dingen, die wir für wichtig halten. Der Unterschied zwischen dem, was dringlich und was wichtig ist, ist häufig nur einer der zeitlichen Perspektive. Kurzfristig sind (oder erscheinen) andere Dinge wichtig als langfristig. Dies trifft vor allem dann zu, wenn die langfristige Perspektive mehrere Jahrzehnte umfasst. Dann kommen Aspekte ins Blickfeld, die im tagtäglichen Business oder auch im Bemühen um die vielbeschworene Work-Life-Balance unsichtbar bleiben.

8.2.1   Was bleibt?

Der Spruch „Alles hat ein Ende" ist banal geworden – die damit ausgesprochene Wahrheit jedoch fundamental geblieben. Den meisten Menschen ist es unvorstellbar zu denken, dass am Ende des Lebens alles vorbei sein könnte. Unabhängig von der Vorstellung eines möglichen Lebens nach dem Tod kann der Geist oder Spirit eines Menschen in seinem sozialen Kontext als Andenken weiterleben. Dieser Spirit nährt sich aus den Erinnerungen an das Wesen und die Taten des Menschen, vielleicht sogar aus dessen Streben nach einem höheren Gut.

Dieses höhere Gut zu Lebzeiten zu leben, kann große Herausforderungen mit sich bringen und einem Menschen geradezu Heldenhaftes abverlangen (vergleiche Ausführungen zur Heldentypologie in Kap. 5 Kriegerschule, vor allem Unterkapitel 5.5 Der Held, der klaglos Phasen des Leidens erduldet und Opferbereitschaft zeigt). Die Leiden werden in gewisser Weise leichter und in jedem Falle sinnvoller, wenn sich der Opferbereite einem größeren System oder Sinnzusammenhang zugehörig fühlt.

Logbuch

Nutzen Sie die folgenden Fragen als Anregung zur Reflexion. Notieren Sie Ihre Gedanken in Ihrem Logbuch.
- ⮒ Was ist mein Beitrag für die Welt?
- ⮒ Wer würde mich vermissen, wenn ich weg wäre? Für wie lange?
- ⮒ Wer ist der/die Letzte, der/die noch an mich denken würde?
- ⮒ Wann würde niemand mehr an mich denken? Was bliebe dann noch übrig?
- ⮒ Was würde ich mir wünschen, dass dann noch übrig bliebe? Was soll mich überdauern?
- ⮒ Was soll über mich berichtet werden?
- ⮒ Was soll von dem, dem ich mich zugehörig fühle, noch in der Welt sein und bleiben?

8.2.1.1   Back to Business

Vielleicht wird sich mancher jetzt fragen: Was haben diese fundamentalen Fragen mit meiner täglichen Arbeit zu tun? – Anders als praktische Tipps und Techniken ist der Praxisnutzen von grundlegenden Gedanken nicht trivial. Doch häufig bekommt man eine neue Sicht auf die Herausforderungen des Alltags, wenn man sie vor den Hintergrund des großen Ganzen stellt.

Logbuch

Übertragen Sie Ihre Gedanken aus der vorherigen Reflexion auf Ihren beruflichen Kontext. Notieren Sie Ihre Gedanken in Ihrem Logbuch.
- ⮒ Was bedeuten die obigen Überlegungen für meine konkrete berufliche Situation?

➲ Wie kann ich mich selbst – und vielleicht auch andere – wissen lassen, dass ich nun häufiger diese Erkenntnisse berücksichtige?

➲ Welche Handlungsschritte lassen sich ggf. daraus ableiten?

Übung 1: Go ask your grandfather

Die Ahnen spielen in indigenen Gesellschaft eine große Rolle. In Kulturen, in denen keine Schriftsprache existiert, sind die Alten die Hüter des Wissens. Entsprechend genießen sie bei den jüngeren Menschen aufgrund ihrer Lebenserfahrung auch dann großes Ansehen, wenn die Jüngeren mit deren Ansichten nicht einverstanden sind. Weiß eine Person in wichtigen Lebensfragen keinen Rat mehr, so sagen die First Nations: „Go ask your grandfather." Dem indigenen Weltbild entsprechend fühlen sich die First Nations auch mit ihren verstorbenen Ahnen verbunden. Diese stehen jederzeit als Ressource zur Verfügung.

Diesen Dialog mit den Ahnen können auch Sie nutzen, um für sich wichtige Fragen zu klären und die Lebensweisheit der Älteren miteinzubeziehen. Traditionell fragen Männer eher ihre Großväter, Frauen eher ihre Großmütter. Umgekehrt kann jedoch ebenso gearbeitet werden.

Durchführung

Dauer: ca. 30 Min

1. Ziehen Sie sich an einen Ort zurück, an dem Sie ungestört sind und setzen sich dort auf einen Stuhl.
2. Zentrieren Sie sich und vergegenwärtigen Sie sich das Hier und Jetzt. Nutzen Sie dazu beispielsweise die Übung 1 „Basispräsenz" oder die Übung 2 „Ich bin. Jetzt. Hier." aus Kap. 3 Intuition.
3. Markieren Sie in einem Abstand von einem Meter eine Position, an der Ihr Vorfahre steht [hier im Beispiel: Ihr Großvater].
4. Visualisieren Sie vor Ihrem inneren Auge, wie Ihr Großvater vor Ihnen steht. Nehmen Sie mit der Zeit immer mehr Details wahr: seine Körpergröße, sein Äußeres, seine Statur, seine Kleidung, seine Augen, seine Mimik, seine Stimme. Nehmen Sie ihn so wahr, wie ein Enkel bzw. eine Enkelin seinen/ihren Großvater wahrnimmt.
5. Sprechen Sie Ihren Großvater an: „Großvater, ich sehe dich. Danke, dass du hier bist."
6. Wechseln Sie auf den Platz Ihres Großvaters und werden Sie dadurch zu ihm. Blicken Sie aus den Augen des Großvaters auf den Platz, auf dem Sie eben noch als Enkel gesessen haben. Schauen Sie mit diesen Augen auf Ihr Enkelkind dort. Nehmen Sie – als der Großvater – nun wahr, wie Ihr Enkelkind dort auf dem Stuhl sitzt: Körperhaltung, Gestik, Mimik, Stimme, …
7. Nehmen Sie als Großvater auf eine Ihnen eigene Weise Kontakt mit Ihrem Enkelkind auf. Zum Beispiel könnten Sie ihm zuzwinkern oder es anlächeln.

8. Machen Sie einen bewussten Schritt zurück, aus der Position des Großvaters heraus, und seien wieder ganz Sie selbst. Setzen Sie sich wieder auf Ihren Platz. Stellen Sie nun Ihrem Großvater eine Frage, die Sie ganz persönlich interessiert und die Sie Ihrem Großvater gerne stellen möchten. Es kann auch die Bitte um einen Rat sein. Wenn Sie nicht wissen, womit Sie anfangen wollen, können Sie mit der Frage beginnen: „Großvater, was glaubst du mit all deiner Lebensweisheit, erwartet das Leben von mir?"

9. Stehen Sie auf und gehen Sie in die Position des Großvaters. Hören Sie noch einmal, wie Ihr Enkelkind Ihnen eine persönliche und wichtige Frage gestellt hat. Nehmen Sie sich als Großvater kurz Zeit, die Frage auf sich wirken zu lassen. Geben Sie Ihrem Enkelkind eine erste Antwort auf seine Frage.

10. Machen Sie einen entschiedenen Schritt zurück, aus der Position des Großvaters heraus und seien Sie wieder ganz Sie selbst. Setzen Sie sich wieder auf Ihren Platz. Nehmen Sie von hier aus die Stimme und die Antwort Ihres Großvaters wahr. Lassen Sie seine Antwort einen Moment auf sich wirken.

11. Wiederholen Sie den Platzwechsel oder die gesamte Übung. Treten Sie auf diese Weise in einen Dialog mit Ihrem Großvater. Vertiefen Sie die Fragen und nehmen Sie Antworten des Großvaters wahr sowie die Resonanz, die diese bei Ihnen auslösen.

Hinweise

- Diese Übung kann eine sehr kraftvolle und tiefgreifende Erfahrung sein, wenn man sich voll auf sie einlässt. Verstärken Sie die Wirkung noch, indem Sie die Fragen und Antworten laut aussprechen. Es ist dabei sehr wichtig, die Position auch körperlich immer wieder zu wechseln.
- Wenn Sie sich nicht mehr an Ihren Großvater erinnern oder ihn gar nicht kannten, repräsentieren Sie ihn so, wie er für Sie in bester Weise sein sollte. Horchen Sie in sich hinein und befragen Ihren Körper und Ihre Zellen. Ihre Zellen enthalten in jedem Falle auch die Gene Ihres Großvaters.
- Wenn Sie mit Ihrem Großvater insgesamt negative Aspekte verbinden, wählen Sie einen anderen Ahnen. Wenn Sie mit all Ihren Ahnen „auf Kriegsfuß stehen", imaginieren Sie einen weisen Mentor so, wie Sie sich einen guten Großvater vorstellen. Nutzen Sie die Gelegenheit im Anschluss an die Übung, um zu überlegen, was an Ihren Ahnen Sie ablehnen. Dazu eignet sich die Übung 1 „Wahrnehmungsperspektiven wechseln" aus Kap. 6 Kognitiver Pfad.
- Wenn Sie das Prinzip der Übung verinnerlicht haben, werden Sie Ihren Großvater oder anderen Mentor auch im Alltag immer wieder bei Problemen oder Entscheidungskonflikten um Rat fragen können und eine Antwort oder andere Form der Resonanz erhalten.
- Eine gesprochene Anleitung der Übung finden Sie auf der Webseite zum Buch (www.auf-dem-pfad.com).

Übung 2: Die eigene Grabrede schreiben

Der Tod – vor allem der eigene – ist ein Tabuthema, mit dem sich die meisten Menschen ungern beschäftigen. Diese Übung lädt Sie zu einem Ritt auf der Zeitachse ein, der Ihnen eine neue Perspektive auf Ihr Leben ermöglicht. Nehmen Sie gedanklich das Unvermeidliche vorweg, um im Hier und Jetzt Orientierung und neue Handlungsimpulse zu gewinnen. Die eigene Endlichkeit anzunehmen, kann die Lebensqualität steigern, indem das Mögliche neu priorisiert und der eigenen Existenz damit im besten Falle ein Sinn gegeben wird.

Durchführung

Dauer: ca. 60–120 Min

1. Ziehen Sie sich an einen Ort zurück, an dem Sie ungestört sind.
2. Zentrieren Sie sich und vergegenwärtigen Sie sich das Hier und Jetzt. Nutzen Sie dazu beispielsweise die Übung 1 „Basispräsenz" oder Übung 2 „Ich bin. Jetzt. Hier." aus Kap. 3 Intuition.
3. Markieren Sie in einem Abstand von ein bis zwei Metern eine Position, die den Ort und den Zeitpunkt Ihrer eigenen Beerdigung symbolisiert.
4. Gehen Sie auf diese Position. Nehmen Sie aus der Perspektive eines unbeteiligten Beobachters das Geschehen wahr.
5. Nehmen Sie nun aus der Position des unbeteiligten Beobachters wahr, wie eine oder auch mehrere Grabreden gehalten werden, die dem oder der Verstorbenen auf zugleich wohlwollende und treffende Weise gerecht werden. Der oder die Redner können gute Freunde, Kollegen oder sogar prominente Persönlichkeiten sein. Es sind in jedem Falle Menschen, die der oder die Verstorbene gerne auf seiner oder ihrer Beerdigung sprechen hören möchte. Registrieren Sie als Beobachter …
   - … mit welchen Worten der (bzw. die) Verstorbene charakterisiert wird.
   - … welche Anekdoten über ihn/sie erzählt werden.
   - … welche Charakterzüge hervorgehoben werden.
   - … welche Leistungen und Errungenschaften genannt werden.
   - … für welche Überzeugungen er/sie einstand.
   - … als wer er/sie den anderen in Erinnerung bleiben wird.
   - … welche guten Wünsche ihm/ihr für die jenseitige Reise mitgegeben werden.
6. Im Anschluss an die Zeremonie verlassen Sie den Ort und Zeit der Beerdigung – und machen einen entschiedenen Schritt zurück, um sich aus der Position des Beobachters zu lösen und wieder ganz im Hier und Jetzt anzukommen.
7. Aus der Metaperspektive heraus reflektieren Sie nun die Erfahrungen dieser Zeitreise. Nutzen Sie dazu auch die folgenden Fragen und notieren Sie Ihre Gedanken im Logbuch.
   - ➲ Welche meiner Qualitäten möchte ich ganz besonders hervorgehoben haben?
   - ➲ Als wen sollen mich die Menschen in Erinnerung behalten?
   - ➲ Für was will ich als Person und in meinem Wirken rückblickend gestanden haben?
   - ➲ Wer soll (falls er/sie selbst noch lebt) auf meiner Beerdigung anwesend sein?

8. Verfassen Sie nun eine richtige Rede, in der Art und Weise, wie Sie sie sich wünschen, dass jemand Sie und Ihr Lebenswerk am Ende würdigt.

9. Welcher Spruch oder Gedicht soll Ihre Grabstätte zieren?

10. Machen Sie innerlich noch einen Schritt zurück und reflektieren Sie, welche Erkenntnisse und Handlungsimpulse Sie aus dieser Übung für sich ziehen können. Notieren Sie diese wiederum in Ihrem Logbuch.

Hinweise

- Es kann sehr hilfreich sein, im Anschluss an Schritt 9 einen Tag Pause zu machen, um mit Abstand weitere Schlüsse aus der gemachten Erfahrung zu ziehen. Legen Sie sich diese Übung auf Wiedervorlage, um im Abstand von mehreren Wochen oder auch Monaten weitere Erkenntnisse einzusammeln, die sich in der Zwischenzeit entwickelt haben. Vielleicht machen Sie sich die Übung ja auch zur jährlichen Gewohnheit, im Sinne einer rituellen „Sinnmarkierung".

- Wenn Sie eine andere Vorstellung vom Ablauf Ihres Begräbnisses haben als hier skizziert (z. B. ein Seebegräbnis o. Ä.), fühlen Sie sich frei darin, das Setting gemäß Ihren Vorstellungen anzupassen.

- Ein sehr schönes Beispiel einer Grabrede in Form eines Gedichts verfasste 1910 Henry Scott Holland, Domherr der Christ Church Cathedral in Oxford, anlässlich des Todes von König Edward VII. Sie finden die Originalversion auf der Webseite zu diesem Buch (www.auf-dem-pfad.com).

8.3   Erkunde Demut und Dankbarkeit

Der weltliche Ausdruck eines Bewusstseins der eigenen Endlichkeit ist für viele Menschen mit dem Begriffspaar Demut und Dankbarkeit zu beschreiben. Für Momente mit diesen Qualitäten braucht es jedoch die Bereitschaft zur Stille – im Außen und vor allem im Innen. Die Businesswelt ist hingegen gekennzeichnet von Lärm, Zeitdruck, Informationsflut und emotionalen Belastungen. Umso dringender braucht die Seele dann Orte der Stille.

8.3.1   Orte der Stille

Hier ist nicht das „stille Örtchen" gemeint – wobei dieser Ort für manche Menschen tatsächlich den einzigen Ort darstellt, an dem sie während eines hektischen Tages einige Minuten Zeit für sich selbst finden. Gemeint sind hier vielmehr Orte von großer natürlicher Schönheit oder auch menschengemachte Orte der inneren Einkehr.

Suchen Sie diese Orte auf, um in Resonanz zu gehen mit der Form von Stille, die diese Orte ausstrahlen. Dies kann ein Kloster oder ein schön gestalteter, alter Friedhof sein, eine große Kathedrale oder auch eine kleine Kapelle. Auch die Natur hält diese magischen Orte von Ehrfurcht gebietender Schönheit und Stille bereit, wie zum Beispiel mächtige Berge oder horizontüberspannende Meere. Manchmal reicht es, sich nachts den Sternenhimmel anzuschauen, um sich der eigenen Winzigkeit bewusst zu werden. Das für unser irdisches Leben so existenziell wichtige Zentralgestirn, die Sonne, ist lediglich ein Stern – von vermuteten 70 Trilliarden (70.000.000.000.000.000.000.000) Sternen, die in den Weiten des Universums seit Milliarden von Jahren existieren.

8.3.1.1   Geräusche für die Stille

Nicht das Gleiche, für den Alltag aber manchmal eine nützliche Alternative kann es sein, sich mit entsprechender Musik oder Naturgeräuschen innerlich an diese Orte der Stille zu begeben. Im Internet (z. B. auf YouTube oder den großen Musik-Streaming-Diensten) findet sich ein reicher Fundus an Wald- oder Wassergeräuschen, gregorianischen Gesängen, Kirchengeläut oder auch sphärischen Klängen. Probieren Sie aus, ob und welche Audiounterstützung für Sie persönlich wirkungsvoll ist, um sich innerlich an einen Ort der Stille zu begeben.

▶   Stille ist der Raum, den die Seele von Zeit zu Zeit braucht, um sich zu entfalten.

8.3.2   Demut als Vertrauen in eine Kraft, die größer ist als man selbst

Demut ist unsexy. Sie hat etwas von gesenktem Kopf und Aufgabe des eigenen Willens. – Zumindest ist das eine Perspektive auf Demut. Doch Demut muss nicht Selbstaufgabe heißen. Und Demut kann sogar entlastend sein.

Der Streben nach rationaler Erklärbarkeit aller Abläufe wurzelt auch im Bedürfnis nach Sicherheit. Denn was ich mir erklären kann, macht mir keine Angst mehr. Es wird scheinbar vorhersagbar und kontrollierbar. Gleichzeitig birgt diese mechanistische Grundüberzeugung neben der Gefahr einer Machbarkeitsphantasie („Alles ist machbar!") auch den Verlust an mythischen Deutungen. Aus einer sinnstiftend empfundenen Fügung wird der bloße Zufall, der mit dem Gesetz der großen Zahlen zu beschreiben ist. Wenn ich alles erklären und steuern kann, bedeutet das auch: Ich muss alles steuern. Wenn ich es nicht tue, trage ich dafür selbst die Verantwortung (oder lade sogar „Schuld" auf mich).

Demgegenüber betont der Anthropologe Christoph Wulf (2005), der sich mit Imaginations- und Ritualforschung befasst, dass das Vertrauen in eine Kraft, die größer ist als man selbst, Balsam für die menschliche Seele sei. Der Dialog mit dieser größeren Kraft kann sehr wohltuend sein, denn Menschen sind soziale Wesen und auf Beziehung angewiesen. Versenkt sich ein Mensch in das Gebet, so tritt er in einen Dialog, bei dem die gleichen Hirnareale aktiviert sind wie in einer realen Kommunikation mit einem Menschen (Schjoedt et al. 2013).

Führungskräfte leiden in besonderer Weise an den Auswirkungen des Strebens nach Rationalität. Manche Manager leiden vor allem an ihren Machbarkeitsphantasien: Ihnen fehlt das rechte Maß bei der Beurteilung dessen, was machbar ist oder auch sein sollte. Andere Führungskräfte – vermutlich die meisten von ihnen – wollen ihren Job gut machen und fühlen sich für alles verantwortlich, was schlecht läuft. Dieses übersteigerte

Empfinden von Verantwortlichkeit blendet aus, dass selbst die gewissenhafteste und beste Führungskraft keineswegs allein für den Erfolg – oder eben auch den Misserfolg – verantwortlich ist. Sich alleine im Erfolg zu sonnen ist ebenso unangemessen wie alleine die Verantwortung für Misserfolge auf sich zu nehmen. Hierbei sind nicht die vertraglichen oder rechtlichen Aspekte gemeint, sondern allein die emotionale Relevanz für jeden Einzelnen.

Logbuch

Wie denken Sie über Erfolg und Misserfolg? Nutzen Sie die folgenden Fragen als Anregung zur Reflexion. Notieren Sie Ihre Gedanken in Ihrem Logbuch.
- ➲ Wie denke ich über meine Erfolge? Wenn ich zum Beispiel denke: „Das habe ich super hinbekommen!"
- ➲ Wie denke ich über meine Misserfolge? Wenn ich zum Beispiel denke: „Da habe ich Mist gebaut."

Es geht bei den obigen Überlegungen keineswegs darum, die eigene Verantwortung herunterzuspielen. Eine Prise demütiger Haltung erinnert jedoch daran, dass man immer auch in einen Kontext eingebunden ist, der ebenfalls seine Wirkung entfaltet – in positiver wie in negativer Weise. Demut beinhaltet auch einen Dank an die Vielfalt des Lebens – inklusive all seiner menschlichen Haltungen und Verhaltensweisen.

Gedankenexperiment

Was wäre wenn ... alle nicht nur nach Ihrer Pfeife tanzen würden, sondern sogar alle so wären wie Sie? Notieren Sie Ihre Gedanken zu dieser Vorstellung in Ihrem Logbuch.
- ➲ Wenn alle so wären wie ich: In was für einer Welt würde ich dann leben?

8.3.3 Dankbarkeit als Dienst an sich selbst

In allen Kulturen gibt es feierliche Rituale, die Demut und Dank an das Leben ausdrücken, meist gegenüber einer höheren Schöpfungskraft. Ein bekanntes Beispiel dafür ist das Erntedankfest. Auch viele andere Zeremonien und Rituale sind von Opfergaben begleitet, die einen Dank symbolisieren. Der in Kap. 5 Kriegerschule (5.5 Der Held, der klaglos Phasen des Leidens erduldet und Opferbereitschaft zeigt) beschriebene Sonnentanz macht dabei als höchstes Ritual der indigenen Gesellschaften Nordamerikas keine Ausnahme. Dort symbolisieren nicht nur die um den Baum des Lebens gebundenen bunten Tücher einen Dank, auch praktische Gegenstände des Alltags werden als Dankesgaben an die Sonnentänzer und die übrige Gemeinschaft verschenkt.

Doch auch im täglichen Leben, bei Reden und kleineren Ritualen (Schwitzhütten- oder Pfeifenzeremonie) ist uns die Formulierung „To give thanks to ..." immer wieder aufgefallen. Der Aspekt der Dankbarkeit bzw. Danksagung ist bei indigenen Gesellschaften verbreiteter als in der hiesigen Kultur.

8.3.3.1   Dank verbindet

Dank drückt Verbundenheit aus, da er immer gerichtet ist: entweder an eine Person oder auch an das schaffende Prinzip (im christlichen Sinne: „den Schöpfer") selbst. Wer dankt, ist nie allein. Darüber hinaus ist Dank im sozialen Kontakt auch eine Form des Austausches, um dem Prinzip der Gegenseitigkeit (Reziprozität) zu dienen. Dank stärkt also soziale Bindung.

Zum Danken gehört es auch, Dank anzunehmen. Wer gleichgültig auf den Dank eines anderen reagiert, verschenkt die Gelegenheit zur Stärkung der sozialen Bindung. Manchmal kann sogar die gutgemeinte und vielleicht aus einer Idee von Bescheidenheit gespeiste Formulierung „Nicht dafür!" die Dankesbemühungen einer anderen Person zunichtemachen. Die Aussprache zum Dank ist eine Selbstaussage des Dankspenders. Lassen Sie ihm diese Freude und wertschätzen Sie diese mit Ihrer Achtsamkeit („Sehr gerne. Das habe ich gerne für Sie gemacht!").

Logbuch

Prüfen Sie, wo und wann Sie – im beruflichen oder privaten Kontext – jemandem Dank aussprechen können, um Wertschätzung auszudrücken und damit die soziale Bindung mit dieser Person zu stärken. Notieren Sie Ihre Gedanken in Ihrem Logbuch.

➲ Wann habe ich das letzte Mal jemandem von Herzen gedankt?

➲ Bin ich bereit, auch für Kleinigkeiten zu danken?

➲ Wie reagiere ich, wenn mir jemand dankt? Nehme ich den Dank von Herzen an?

8.3.3.2   Dank vertreibt schlechte Gedanken

Danken für das, was da ist, kann eine höchst potente Form des Selbstcoachings sein. Gerade bei düsteren Gedanken, wenn man glaubt, es laufe nur noch schlecht und die Welt hätte sich gegen einen selbst verschworen, ist der Dank eine mächtige Brücke zurück auf die lichtere Seite des Lebens. Denn es kann anstrengend sein, das Mantra des positiven Denkens vom halbvollen statt halbleeren Glas zu wiederholen, wenn man vom Gegenteil überzeugt ist. Wir alle wissen, dass auf Mist (= Dünger) die schönsten Rosen blühen. Doch diese kunstvolle Umdeutung von scheinbar miesen Umständen braucht etwas Übung und gelingt nicht jedem auf Anhieb. Da kann es zu Beginn einfacher sein, für das zu danken, was bereits da ist. Im Sinne der Glasmetapher also für den nächsten Schluck, der in jedem Fall noch möglich ist. Wer bereit ist zu danken, erkennt das an, was da ist. Die lösungsfokussierte Therapie von Steve De Shazer (2009) hat sich dieses Grundprinzip der Würdigung des Vorhandenen zur Behandlung von depressiven Patienten zunutze gemacht.

Logbuch

Lenken Sie Ihren Fokus auf das, was da ist. Sie können einen Bereich wählen, in dem Sie derzeit „düstere Gedanken" haben, für die Zwecke dieser Übung aber auch Ihr Leben als Ganzes betrachten. Nutzen Sie die folgenden Fragen zur Reflexion und notieren Sie Ihre Gedanken in Ihrem Logbuch.

➲ Was läuft denn gut?

➲ Was soll so bleiben wie es ist? Was sollte sich nicht ändern (auch wenn ich es derzeit vielleicht für selbstverständlich halte)?

➲ Wofür bin ich – trotz allem – dankbar?

Übung 3: Dankbarkeits-Meditation

Nicht immer fällt es leicht, die guten Kleinigkeiten um einen herum zu erkennen. Gerade im alltäglichen Trubel fällt einem häufig das eher auf, was gerade nicht so gut läuft. Die guten Dinge scheinen auf einmal nicht mehr existent. Jedoch sind gerade sie es, die einen Menschen in Balance halten.

Durchführung

Dauer: ca. 5–10 Min

1. Nehmen Sie sich einen Moment Zeit, um vor Ihrem inneren Auge die letzten Stunden oder Tage Revue passieren zu lassen.

2. Während die Erlebnisse vor Ihrem inneren Auge ablaufen, halten Sie jedes Mal kurz inne, wenn Sie Dinge erkennen, für die Sie dankbar sind – so banal sie auch erscheinen mögen. Sprechen Sie innerlich dafür einen kurzen Dank aus. Dabei ist es wichtig, dass Sie diesen Dank auch tatsächlich empfinden und nicht nur Sätze plappern. Beispiele: „Ich bin dankbar dafür, dass …"

   ➲ … ich heute Morgen (gesund) aufgewacht bin.

   ➲ … ich Zähne habe, die ich putzen kann.

   ➲ … ich sauberes, fließendes Wasser zum Duschen und Trinken habe.

   ➲ … ich Arbeit habe.

   ➲ … sich meine Kollegin heute bei mir bedankt hat.

   ➲ … ich in einer Region lebe, die nicht vom Krieg geplagt ist.

   ➲ … ich dieses Projekt leiten darf/durfte.

3. Notieren Sie in Ihrem Logbuch, welche Aspekte Sie besonders bewusst erlebt haben und welche Erkenntnisse Sie für sich aus der Meditation ziehen konnten.

Hinweise

Diese Übung können Sie auch abends vor dem Schlafengehen als Abschluss des Tages durchführen und zu Ihrem Einschlafritual machen.

8.4   Spuren hinterlassen: Selbst machen. Verwirklichen. Nachhalten.

Nehmen Sie Ihr Logbuch zur Hand und notieren Sie alle Gedanken, die Ihnen spontan oder auch im Nachgang zu einer der unten genannten Fragen kommen. Nichts ist so flüchtig wie ein Gedanke. Halten Sie die Gedanken – auch die nur „gefühlten" – schriftlich fest, damit Sie später darauf zurückkommen können.

1.   Transfer in Ihren Kontext: Denken Sie über Ihr Unternehmen oder den erweiterten Arbeitskontext nach, in dem Sie tätig sind. Wo und wann könnten dort Aspekte des Seelischen Pfades von Bedeutung sein?
2.   Nutzen Sie die logischen Ebenen zur Vertiefung:

Zugehörigkeit und systemische Wirkungen	⊃ Zu welchem Kreis darf ich mich zugehörig fühlen, wenn ich häufiger den Gedanken des Seelischen Pfades folge?
	⊃ Welche Bedeutung wird mein Handeln (möglicherweise) haben?
	⊃ Welche positiven Veränderungen werden dadurch in meinem System (in den unterschiedlichen Lebensbereichen) möglich?
	⊃ Welcher höhere (für mich relevante) Sinn wird dadurch gefördert?
Identität	⊃ Wem werde ich ähnlicher bzw. zu wem entwickele ich mich, wenn ich mehr in diese Richtung tue?
	⊃ Wer kann mir in diesem Aspekt ein Vorbild sein?
Werte und Überzeugungen	⊃ Wie wichtig ist es mir, meine seelische Entwicklung zu fördern?
	⊃ Welche Werte stärke ich dadurch, dass ich häufiger die Bedürfnisse der Seele beachte?
Fähigkeiten	⊃ Welche Fähigkeiten will ich mir aneignen bzw. einüben, um dem Seelischen Pfad beschreiten zu können?
	⊃ Inwiefern entwickeln sich dadurch auch meine anderen Fähigkeiten? Wo ergeben sich Synergien?
Handeln	⊃ Was muss ich tun, um zur besten Version meiner selbst zu werden?
	⊃ Welche kleinen oder größeren Rituale kann ich etablieren, um diesen Weg zu festigen?
	⊃ Woran werden andere bemerken, dass ich mich in dieser Hinsicht entwickele?
	⊃ Welche äußerlich sichtbaren oder hörbaren Zeichen für meine Entwicklung werden andere bemerken können?

Kontext	➲ Wer kann mich auf meinem Seelischen Pfad unterstützen?
	➲ In welchen Kontexten/Umgebungen kann ich diese neuen oder veränderten Denk- und Handlungsweisen am ehesten ausprobieren?
	➲ Welche „Anker" kann ich nutzen, die mich daran erinnern, weiter diesen Pfad zu beschreiten?
	➲ Welche Symbole können im Außen ein Zeichen setzen, das auch andere bemerken können?

3. Nachdem Sie nun die Übungen zu diesem Thema bearbeitet haben und die Gedanken dazu reflektiert haben, rufen Sie sich Ihren (geheimen) Wunsch ins Gedächtnis, den Sie am Anfang des Buches notiert haben:
   ➲ Welche nützlichen Einsichten oder Erkenntnisse konnte ich diesbezüglich gewinnen?
   ➲ Welche anderen interessanten gedanklichen Verknüpfungen kann ich erkennen?
   ➲ Ergeben sich daraus für mich weitere Handlungsimpulse?
   ➲ Wie könnte ich diese konkretisieren und in der „Welt der Tatsachen" verwirklichen?

Literatur

Quellen

De Shazer S (2009) Das Spiel mit Unterschieden – Wie therapeutische Lösungen lösen. Carl Auer, Heidelberg

Ejerfeldt L (1971) Germanische Religion. In: Asmussen JP, Lassoe J (Hrsg) Handbuch der Religionsgeschichte, Bd. 1. Vandenhoeck und Rupprecht, Göttingen

Frankl V (1997) Das Leiden am sinnlosen Leben. Psychotherapie für heute. Herder, Freiburg

Frankl V (2006) Der Mensch vor der Frage nach dem Sinn. Eine Auswahl aus dem Gesamtwerk. Piper, München

Frankl V (2015) Psychotherapie für den Alltag. Kreuz, Freiburg

Marmot M (2005) The status syndrome – how social standing affects our health and longevity. Holt Paperbacks, New York

Pfeifer W (1993) Etymologisches Wörterbuch des Deutschen. Akademie, Berlin

Schjoedt U, Soerensen J, Nielbo KL et al (2013) Cognitive resource depletion in religious interactions. Brain Behav. doi:/abs/10.1080/2153599X.2012.736714

Voigt A, Drury N (1998) Das Vermächtnis der Traumzeit – Leben, Mythen, Traditionen der Aborigines. Droemer Knaur, München

Welsch N, Schwab J, Liebmann C (2012) Materie. Springer Gabler, Berlin

Wulf C (2005) Zur Genese des Sozialen – Mimesis, Performativität, Ritual. Transcript, Bielefeld

Körperlicher Pfad

► Voraussetzungen für persönliche Entwicklung gibt es viele. Aber kaum eine ist so wichtig wie ein gesunder Körper – vor allem für Fach- und Führungskräfte, die in ihren Jobs viel zu viel sitzen und in Monitore starren. Wer ein gutes Gefühl für die Natur seines Körpers entwickelt, weiß meist sehr schnell, wann er an seine Grenzen kommt, welchen Weg er gehen muss, welche Entscheidungen richtig sind. Erfahren Sie, was Sie tun können, um wieder zu einem gesunden, organischen Körpergefühl zurückzufinden und sich dauerhaft fit und leistungsfähig zu halten.

Wenn Sie dieses Kapitel gelesen haben, …
- … wissen Sie um den enormen Einfluss eines gesunden Körpers auf Ihre Psyche und wie Ihr Körper Basis tiefgreifender Wandlungsprozesse in Ihrer persönlichen Entwicklung sein kann.
- … kennen Sie die Faktoren, die Ihren Körper gesund und leistungsfähig erhalten.
- … haben Sie konkrete Tipps bekommen, wie Sie Ihren Körper auch auf Businesstrips fit halten können.
- … erkennen Sie schneller die Signale Ihres Körpers und wissen, was Ihnen wirklich gut tut.
- … haben Sie wieder oder wieder mehr Lust an der Bewegung bekommen.

Neben den sehr auf teils kognitive, teils auf emotionale Gesichtspunkte reflektierenden Fragen sprechen wir nun auch Aspekte der Körperlichkeit an – aus unserer Überzeugung liegen gerade in der westlichen Zivilisation hier die größten Defizite. Je kopflastiger die Arbeit, desto notwendiger ist es, körperlich-sinnliche Aspekte zu betonen. Der Körper

© Springer Fachmedien Wiesbaden 2016
D. Goetz, E. Reinhardt, *Selbstführung: Auf dem Pfad des Business-Häuptlings*,
DOI 10.1007/978-3-658-08912-2_9

wird in der Moderne häufig nur als zu optimierende Maschine betrachtet. Die stille Verbundenheit mit dem eigenen Körper kommt abhanden. In diesem Kapitel wollen wir Sie deshalb für die unterschiedlichen Facetten von Körperlichkeit begeistern – Sie bekommen Anregungen, wie Sie wieder auf Ihre natürliche Körperintelligenz zugreifen können.

9.1   Spüre dich! – Körpergefühl statt Talking Head

Die innere Haltung eines Menschen entscheidet darüber, wie er sich selbst und die Welt wahrnimmt. Haltung ist in erster Linie das Ergebnis und die Verwandlung von Erfahrungen, die im Laufe eines Lebens gemacht werden. Ein wichtiges „Medium", um Erfahrungen machen zu können, ist der physische Körper.

Als wir uns über die Unterschiede und Gemeinsamkeiten unserer Kulturen unterhielten, sagte uns ein kanadischer First Nation: „Many people in western civilizations appear to us like talking heads." („Viele Menschen in westlichen Zivilisationen erscheinen uns als sprechende Köpfe.") Der Begriff der „Talking Heads" beschreibt Menschen, die in erste Linie kognitiv und rational denken und vergessen zu haben scheinen, dass sie aus weit mehr bestehen als ihrem Kopf. Eine ausbalancierte Verbindung zum eigenen Körper scheinen immer weniger Menschen zu haben. Der Körper wird als funktionierende Maschine angesehen und gerät erst dann in den Fokus der Aufmerksamkeit, wenn er nicht mehr so funktioniert, wie er soll, wenn er schmerzt oder wenn er der derzeitigen ästhetischen Norm nicht entspricht.

▶   Viele Menschen in der westlichen Moderne haben zwar ein gutes kognitives
     Verständnis ihres Körpers, verfügen aber selten über ein gutes Körpergefühl.
     Diese Tendenz nimmt aktuell durch die Digitalisierung noch zu, vor allem bei
     jungen Menschen.

9.1.1   Körper und Geist

Körper und Geist bilden eine Einheit. So banal dieser Satz sein mag, so handfest sind die Auswirkungen, wenn man ihn ernst nimmt. Körper und Geist bilden ein symbiotisches System. Beide sind voneinander abhängig und beeinflussen sich gegenseitig. Nutzen Sie

Ihren Körper, um gedankliche Veränderungsprozesse in Gang zu bringen oder zu unterstützen.

- **Der Körper beeinflusst den Geist**: Bereits die antiken Römer wussten: Mens sana in corpore sano. Ein gesunder Geist wohnt nur in einem gesunden Körper. Wissenschaftliche Studien haben den unmittelbaren Einfluss der Körperhaltung auf das emotionale Erleben festgestellt: Power-Posen lassen uns in kürzester Zeit selbstbewusster werden. Breites Lächeln verbessert die Stimmung. Und auch wir sind aus unserer Coaching- und Trainingspraxis heraus überzeugt: Bewegung tut dem Denken gut.
- **Der Geist beeinflusst den Körper**: Sportler feuern sich selbst an, um sich zu motivieren und die eigene Leistungsfähigkeit zu erhöhen. Für viele Menschen wirkt zudem die persönliche Lieblingsmusik wie ein Motivationsfeuer, das die eigene Trägheit zu überwinden hilft.

Seit der Zeit der Industrialisierung, also vor rund 150 Jahren, bauen, bedienen und programmieren die Menschen der westlichen Welt Maschinen. Und gleichzeitig begannen sie damit, wie Maschinen zu denken. Das ist unter dieser Perspektive sicherlich hilfreich und auch eine erstaunliche Leistung. Im Vergleich mit der Zeitspanne der gesamten Geschichte des modernen Menschen, also mindestens 100.000 Jahre, ist dieser Zeitraum winzig. Dennoch hat diese Art des Denkens dazu geführt, dass etwas Wesentliches ins Hintertreffen geraten ist: das Wissen darum, dass Menschen selbst keine Maschinen sind, sondern organische Wesen. Ununterbrochene Verfügbarkeit von Licht, Wärme (Heizung), Nahrung und Betäubung durch chemische Substanzen oder unterhaltsame Informationsflut gaukeln vor, dass Menschen nicht mehr den Gesetzen der Natur unterliegen. Diese Sicht ist natürlich stark verzerrt. Der biologische Tag- und Nacht-Rhythmus des menschlichen Körpers beispielsweise ist abhängig von den Bewegungen von Erde, Mond und Sonne auf ihren Kreisbahnen und den damit einhergehenden Auswirkungen (Licht, Jahreszeiten, Gezeiten). Organische Wesen sind anderen Bedingungen unterworfen und haben andere Bedürfnisse als Maschinen.

Nassim Nicholas Taleb, Autor des Bestsellers „Antifragilität: Anleitung für eine Welt, die wir nicht verstehen", beschreibt in seinem Buch unter anderem die wesentlichen Unterschiede zwischen (organischen) Menschen und (mechanischen) Maschinen. Anders als Maschinen, die eine Reparatur und ständige Wartung von außen brauchen, können sich Menschen bis zu einem gewissen Grad selbst heilen. Maschinen haben zwar keinen Erholungsbedarf – altern jedoch aufgrund von Gebrauch. Stressoren verursachen Materialermüdung. Beim Menschen sieht dies etwas anders aus. Er braucht Erholung zwischen den Belastungsphasen. Eine gewisse Anzahl von Stressoren ist aber notwendig, um beispielsweise Degeneration in Form von Muskelschwund oder Osteoporose vorzubeugen. Natürlich altert auch der Mensch mit der Zeit – aber Alterung entsteht zu einem Großteil durch den Nicht-Gebrauch des Körpers, zumindest in den westlichen Industrienationen (Taleb 2013).

Mit zunehmender Technisierung wurden immer mehr körperliche Empfindungen „outgesourct". Das Monitoring von Puls, Sauerstoffgehalt im Blut, Blutdruck, Blutzucker,

Laktatwerten, Schrittzahl und verbrannten Kalorien pro Tag, Kalorienaufnahme und vielem mehr sind ohne Frage beeindruckende Errungenschaften der menschlichen Spezies und in der Notfall-und Reha-Medizin genauso unentbehrlich wie im Profisport. Gleichzeitig bergen sie bei inflationärem Gebrauch im Alltag die Gefahr, dass man gar nicht mehr aus sich selbst heraus spürt und fühlt, was man tatsächlich braucht oder wie es einem geht. Der Mensch verarmt jedoch innerlich, wenn diese Erfahrungen selbst vernachlässigt werden. Der Physiker und Begründer der Feldenkrais Methode, Moshe Feldenkrais, nannte das Lernen durch Bewegung mit dem eigenen Körper organisches Lernen. Diese Form des Lernens unterscheidet sich vom Lernen, bei dem man anhand der Verhaltensweisen von Vorbildern lernt, oder dem rein akademisch-kognitiven Lernen (Shafarman 2005).

▶   Um sich als Mensch ganzheitlich weiterzuentwickeln, braucht es unbedingt die
     Reflexion durch den eigenen Körper. Menschen müssen wieder lernen, in sich
     hinein zu horchen und zu spüren, ohne dabei die Resonanz mit der Umwelt
     auszuschalten – und diese Kompetenz muss wieder eine Rolle im zukünftigen
     Lernverhalten des Menschen in den westlichen Nationen spielen.

Auch in einer immer stärker technisierten Welt mit all den wunderbaren Errungenschaften dürfen wir gleichzeitig uns selbst und unsere Herkunft als Organismen nicht vergessen. Die Entwicklung des Menschen und auch des menschlichen Gehirns in seiner ganzen Komplexität ist eng verbunden mit dem physischen Körper und mit Bewegung. Es gibt kein anderes Lebewesen auf der Erde, das so komplex denken kann und solche komplexen Bewegungsmuster ausführen kann wie der Mensch.

9.1.2   Musik und Tanz verbinden Geist und Körper

Tanzen ist ein Ritual des Erfahrungsausdrucks, das bei allen Völkern und in allen Kulturen auf dieser Welt verbreitet ist. Der Tanz stärkt, erneuert und wandelt in symbolischer Form die Normen, Werte und Rituale innerhalb einer Volksgruppe. Die Unterschiede in der Bewegung, das damit verbundene körperliche Empfinden und die erweckten Assoziationen unterscheiden sich deutlich, wenn man beispielsweise bayerische Marschmusik, portugiesischen Fado, nordafrikanischen Rai oder finnischen Tango hört. Sie können es ja selbst einmal ausprobieren: Hören Sie Musik aus unterschiedlichen Kulturen (beispielsweise die oben genannten) und beobachten Sie dabei die Gedanken und Emotionen, die auftauchen oder Ihnen in den Sinn kommen.

Erfahrungen aus dem Reservat

Der Powwow ist eine traditionelle Zusammenkunft zum Tanzen und Singen bei zahlreichen indigenen Völkern Nordamerikas. Powwows werden heute sowohl in traditioneller Form abgehalten, als auch als kommerzielle Großveranstaltung durchgeführt. Wir waren immer wieder beeindruckt, mit welcher Hingabe und Ausdruckskraft die

Tänzer tanzten – teilweise über Stunden ohne Pause. Die Tänzer geraten durch die Rhythmen von Trommeln, Gesang und die eigene Bewegung in eine leichte Trance, in der sich das Empfinden und die Wahrnehmung verändern. Der prachtvolle, in Handarbeit hergestellte Ornat mit Federschmuck und verschiedenen symbolischen Accessoires unterstreicht diesen Eindruck. Ein traditioneller Heiler, der mit einem Wolfsfell samt Schädel bekleidet war, berichtete uns, dass es für ihn und auch für viele andere Tänzer wie eine Therapie sei, auf einem Powwow zu tanzen. Er verwandle beim Tanzen alle Eindrücke und Emotionen, die er im Alltag aufnimmt, und transformiere diese in Trance zu neuen Erfahrungen.

Trancetänze sind auch in anderen Kulturen bekannt, z. B. bei den Derwischen der Sufi-Bruderschaften. Wie ein Derwisch zu tanzen, ist sogar in unserem Sprachraum zum geflügelten Wort geworden. Bei diesem Tanz drehen sich die Tänzer um die eigene Achse, sodass sie in eine Trance fallen. Der Sufismus ist eine Strömung des Islam. Der Ursprünge des charakteristischen Tanzes reichen jedoch vermutlich in die vorislamische Zeit zurück und wurzeln in schamanischen Praktiken.

9.1.3   Die intuitive Expertise der Körperintelligenz

Judo-Olympiasieger Ole Bischof sagt, dass er sich bei Wettkämpfen in hohem Maße auf seine Intuition verlässt. Und dabei spielt der sensorische Input, den er über seinen Körper erhält, eine herausragende Rolle. Bischof sieht nicht, wie ein Gegner angreift – er fühlt es. Das Auge ist zu langsam für die schnellen Bewegungen. Nur über das Erspüren und intuitive Reagieren des eigenen Körpers hat er eine Chance, den Kampf zu gewinnen. Die Absichten seines Gegners kann er nur über die taktilen Reize, das sensorische Fühlen, erahnen. Aus eigener mehrjähriger Erfahrung als Ausbilder für Festnahme- und Festlegetechniken für Einheiten der Polizei und des Militärs im In- und Ausland weiß Autor Eike Reinhardt, dass sich auch zahlreiche Kampfkünste auf diese Form der Körperintelligenz verlassen. Ohne die Aktionen des Gegners intuitiv spüren zu können, ist man den blitzschnellen Schlägen und Tritten wehrlos ausgeliefert.

Auch in anderen Sportarten ist das Auge teilweise zu langsam, um die Handlung im Detail zu verfolgen. Das gilt z. B. für das Tischtennisspielen. Der Ball kommt so schnell über die Platte, dass das menschliche Auge viel zu träge ist, dem Flug des Balles zu folgen. Vielmehr verlässt sich der Spieler auf die millionenfache Erfahrung mit der Flugbahn des Balles. Die minimalen Schwankungen in der Bewegungsausführung des Gegenspielers werden intuitiv erkannt – das Wort „analysiert" liegt hier zwar auf der Zunge, würde der Realität jedoch völlig widersprechen. Die Großhirnrinde, in der unsere analytischen Fähigkeiten verborgen liegen, ist für diese rasante Berechnung viel zu langsam. Vielmehr reagiert der Spieler intuitiv und spielt dann nahezu automatisiert den Rückpass. Er nutzt dabei seine Körperintelligenz, die er in zahllosen Übungsstunden trainiert hat.

Den virtuosen Körperkünsten der taktilen Profis steht ein ebenso bemerkenswertes Phänomen der Allgemeinbevölkerung – und hier vor allem der im Büro tätigen Menschen

– gegenüber. Durchschnittlich rund sieben Stunden verbringt jeder Erwachsene pro Tag im Sitzen. Dies ergab eine Studie des Meinungsforschungsinstitutes Forsa, das im Auftrag der Techniker Krankenkasse 2013 über 1.000 Menschen befragte (Meusch 2013). Ob vor einem Bildschirm oder auch zur Unbeweglichkeit verdammt in einem Meeting – der Mensch sitzt. Und selbst wer im Außendienst arbeitet, verbringt häufig lange Stunden sitzend im Auto oder in der Bahn. Deutschland, das Land der Sitzer und Denker – ein Land in Sesselhaft?

Das Problem der körperlichen Degenerierung ist übrigens nicht nur eines von Fach- und Führungskräften, sondern inzwischen ein gesellschaftliches. Untersuchungen des Robert-Koch-Instituts bei Kindern und Jugendlichen im Alter von 4 bis 17 Jahren haben erbracht, dass bereits jedes dritte Kind nicht mehr in der Lage ist, auf einem Balken wenige Schritte stolperfrei rückwärts zu gehen. Und sogar fast 9 von 10 Kindern schaffen es nicht, eine Minute lang auf einem Bein zu stehen. Vergleiche mit vor 20 Jahren erhobenen Werten zeigen eine deutliche Abnahme der körperlichen Leistungsfähigkeit und vor allem der Koordinationsfähigkeit dieser Altersgruppe (Hölling et al. 2012).

9.1.4 Den Körper kommunizieren lassen

Der Körper ist eines der mächtigsten Ausdrucksinstrumente. In der direkten Kommunikation (von Angesicht zu Angesicht) ist er sogar strenggenommen die einzige Ausdrucksform, da selbst alle Aspekte der Stimme letztlich nur durch den körperlichen Aspekt ausgedrückt werden. Doch selbst wenn man sich nur auf die Körpersprache im herkömmlichen Sinne beschränkt, bleibt noch ein – häufig wenig bewusstes – Repertoire an Nuancen: Körperhaltung, Körperspannung, Gesten, Mimik, Mikrobewegungen. All dies wirkt nicht nur in der statischen Betrachtung, sondern vor allem auch über die Zeit: Veränderung und Rhythmus geben nicht selten auf unbewusster Ebene die wichtigsten Hinweise darauf, wie eine Kommunikationssituation zu deuten ist. Der Körper informiert dabei nicht nur den Gesprächspartner, sondern vor allem auch den Sprechenden selbst. Vergegenwärtigen Sie sich noch einmal die Erkenntnisse von Körpersprache-Expertin Amy Cuddy aus Kap. 3.2 Anwendungsfelder von Intuition: Der Körper drückt zwar aus, wie Sie sich fühlen – aber er *beeinflusst* vor allem, wie Sie sich fühlen. Sie können Ihren Körper also auch einsetzen, um auf sich selbst – in bester und wohlwollender Weise – einzuwirken.

Im Theater kennt man das Spiel mit dem Status eines Charakters, das sich vor allem in ausgeprägter Körpersprache ausdrückt: Der König kommt im „Hochstatus" daher, während ihm das Volk demütig im „Tiefstatus" begegnet. Dies ist wichtig, sodass auch noch der Zuschauer in der letzten Reihe mitbekommt, was vorne auf der Bühne geschieht und in welcher hierarchischen Beziehung die Akteure zueinander stehen.

Angelehnt an diese Tradition wird in manchen Trainings oder Literatur für Führungskräfte empfohlen, diese Form von Statusspiel anzutrainieren: Der für eine Führungskraft angeblich angemessene Hochstatus solle mit geschwellter Brust, geradem Hals, durchgedrückten Knien etc. zum Ausdruck verholfen werden. Diese sehr eindimensionale Blickweise führt leider dazu, dass manche Führungskraft ihre natürliche Autorität gegen eine aufgeplusterte Fassade eintauscht, mit der sie im schlimmsten Falle wie eine Marionette wirkt. Von Kollegen und Mitarbeitern wird dies in aller Regel als arrogant und unsympathisch wahrgenommen – nicht als souverän. Auf Dauer führt eine solche Verstellung zu Verspannungen des Körpers, die im Extremfall in degenerative Gelenk- und Organprobleme münden können. Eine souveräne, der Person und Situation angemessene und flexible Körperhaltung entwickelt man so jedenfalls nicht.

Wesentlich differenziertere und aus unserer Sicht angemessenere Anregungen und Übungen finden sich in den Forschungen zum sogenannten „Embodiment". Diese aus den Kognitionswissenschaften stammende Forschungsrichtung untersucht die enge Verknüpfung von Körperhaltung und Psyche. Unter gleichnamigem Titel haben der Neurowissenschaftler Prof. G. Hüther und die Begründerin des Züricher Ressourcen Modells, Maja Storch, gemeinsam mit zwei weiteren Autoren ein praxisnahes Buch herausgebracht. Wer sich genauer mit dieser Thematik befassen will, dem sei dieses Werk ans Herz gelegt (Storch et al. 2006).

Übung 1: Grundhaltung für einen erfahrungsbereiten Körper

Die folgende Übung ist angelehnt an eine Variante aus dem o. g. Werk zum Embodiment. Durch diese Übung lernen Sie, Ihren Körper in eine Haltung bringen, die es Ihnen erlaubt, flexibel und präsent für neue Erfahrungen zu sein.

Positive Auswirkungen

- Sie werden offener für neue Erfahrungen und flexibler im Umgang mit diesen.
- Sie entwickeln eine offene und natürliche Ausstrahlung. Auch Ihr Umfeld wird dies positiv zur Kenntnis nehmen.
- Sie werden selbstbewusster und souveräner agieren.

Durchführung

Dauer: 1–2 min

1. Stellen Sie sich etwa hüftbreit hin.
2. Bleiben Sie locker in den Knien (nicht bis zur Endposition durchdrücken).
3. Bleiben Sie in dieser Haltung stehen und bewegen Sie Ihre Füße so, dass diese eine leichte V-Form einnehmen. Die Fersen sind dabei ein wenig enger zusammen, sodass die Fußspitzen ein wenig nach außen zeigen.
4. Balancieren Sie Ihren Stand so aus, dass Ihre Fußsohlen hauptsächlich auf dem Großzehengrundgelenk und der Ferse aufliegen. Die Fußgewölbe strecken sich entlang dieser Querverbindung.
5. Ihre Knie ruhen locker und zentral über den Sprunggelenken.
6. Richten Sie nun Ihr Becken auf. Ihre Sitzbeinhöcker und das Steißbein strecken Sie ganz sanft etwas Richtung Fersen. Sie spüren dabei eine angenehme leichte Dehnung im unteren Rücken.
7. Nun richten Sie Ihre Wirbelsäule sanft auf. Beginnen Sie beim Steißbein und richten Sie Wirbel für Wirbel bis zum Kopf auf.
8. Suchen Sie nun das Gefühl, dass an Ihrem höchsten Scheitelpunkt ein Faden befestigt ist, der Ihren Kopf ganz sanft nach oben zieht.

9. Dehnen Sie Ihren Oberkörper, indem Sie Ihre Schlüsselbeine leicht auseinander ziehen.

10. Entspannen Sie nun Ihre Schulter- und Armmuskeln. Die Schultern ziehen sich dabei minimal nach außen, und die Arme hängen locker ohne jegliche Anspannung herunter.

11. Laden Sie sich selbst ein, innerlich ein wenig zu lächeln. Dieses Lächeln wird sich in Ihrem Gesicht widerspiegeln.

Hinweise

- Führen Sie diese Grundhaltung die ersten Male sanft und langsam durch.
- Haben Sie das Gefühl zu verkrampfen oder es hakt an einigen Stellen, dann lockern Sie Ihre Beine und Arme und beginnen von vorne.
- Wenn Sie die Übung einige Male durchgeführt haben, merken Sie, wie Ihr Körper flexibler und entspannter wird.
- Sie können diese Übung gut mit der Übung 1 „Basispräsenz" oder Übung 4 „Körper-Scan" aus Kap. 3 Intuition kombinieren. Im Unterschied zu Letzterer lenkt die Übung 1 „Grundhaltung für einen erfahrungsbereiten Körper" nicht nur die Aufmerksamkeit auf das körperliche Empfinden, sondern arbeitet aktiv mit dem Körper.

9.2 Finde deine Natur!

Unterschiedliche Menschen fühlen sich an unterschiedlichen Orten in der Natur wohl. Während die einen die Berge bevorzugen, mögen andere die Strände. Für den einen hat die grasbewachsene Kuppel eines Hügels eine magische Anziehungskraft, während für den anderen die Kargheit der Wüste eine Faszination ausübt. Manch eine Person mag die verwunschen erscheinenden Pfade eines dichten Waldes, während eine andere den weiten Blick über die Landschaft liebt. Die Aufzählung ließe sich endlos fortführen.

Logbuch

Überlegen Sie doch einmal:
- ⊃ Welche Landschaften mag ich besonders? In welchen Landschaften fühle ich mich wohl?
- ⊃ Welche Landschaften lehne ich vielleicht ab bzw. fühle mich in diesen unwohl?
- ⊃ Was spricht mich an der einen Landschaft an – was missfällt mir an der anderen?
- ⊃ An welchen Orten in der Natur fühle ich mich wohl? Habe ich einen Lieblingsplatz?

Traditionell lebende Völker wissen um ihre Abhängigkeit von „Mutter Erde". Entsprechend überlebenswichtig ist für sie der gute Kontakt zur Natur. Und auch heute noch haben sich viele indigene Gesellschaften einen unmittelbareren Zugang zur Natur bewahrt, selbst wenn sie bereits die Errungenschaften der Moderne nutzen. In der westlichen Welt hingegen haben sich die meisten Menschen bereits mit Siebenmeilenstiefeln von der Natur – und damit vielleicht auch von ihrer eigenen Natur – entfernt. Wir möchten Sie in diesem Unterkapitel ermutigen, sich Schritt für Schritt wieder Ihrer Natur zu nähern.

9.2.1 Sinnenreiche Naturerfahrung

Einem Blinden ein Gemälde zu erklären oder einem Tauben eine Symphonie, ist eine kaum angemessen zu erfüllende Aufgabe. Über die Natur nur etwas zu wissen, ist auf gleiche Weise stumpf und hohl. Natur will erfahren werden. Nutzen Sie den Reichtum Ihrer Sinne, um in und mit der Natur Erfahrungen zu sammeln. Nachfolgend einige Anregungen, wie Sie die Natur um sich herum auf neue Weise entdecken können.

9.2.1.1 Visuelle Eindrücke

- Als Erstes schließen Sie Ihre Augen – sie sind permanent einer überwältigenden Vielzahl von Eindrücken ausgesetzt. Wenn Sie oft und lange am Computer arbeiten, sind Ihre Augen gezwungen, über ausgedehnte Phasen in einem fixierten Zustand zu fokussieren. Gönnen Sie Ihren Augen einen kostbaren Moment des bewussten Nichtschauens. Lassen Sie sie sanft in alle Ecken des hypothetischen Blickfelds wandern. Beschreiben Sie Achten mit Ihren Augen – linksherum und rechtsherum. Nehmen Sie die Lichtreflexe und Helligkeitsunterschiede wahr, die Sie mit geschlossenen Augen bemerken können.
- Öffnen Sie die Augen und nehmen Sie die Umwelt um sich herum wahr. Defokussieren Sie bewusst (Übung 8 „Defokussieren", Kap. 3 Intuition) und geben Sie sich der Vorstellung hin, einen vollständigen Rundblick (auch hinter Ihrem Rücken) wahrnehmen zu können. Nehmen Sie rechts wie links gleichzeitig wahr – oben und unten zur gleichen Zeit.
- Wenn Sie durch die Natur gehen, interessieren Sie sich für das Kleine und Winzige. Lassen Sie sich davon überraschen, was Sie unter Laub und Steinen entdecken oder hinter einem Busch. Erkunden Sie das Verborgene.

9.2.1.2 Auditive Eindrücke

- Defokussieren Sie mit Ihren Ohren (Übung 8 „Defokussieren", Kap. 3 Intuition). Nehmen Sie alle Geräusche rund um sich herum wahr.
- Hören Sie auch Ihren eigenen Atem.
- Interessieren Sie sich für die unterschiedlichen Klangqualitäten, welche die Natur Ihnen bietet (hier am Beispiel des Waldes):
  - das Zwitschern der Singvögel
  - das Hämmern des Spechts
  - das Summen und Zirpen der Insekten
  - das Rauschen der Blätter
  - das Knirschen des Weges, auf dem Sie gehen

- das Knacken und Raschelns des Waldbodens
- das Gurgeln und Plätschern des Baches
- das Rauschen des Flusses
- die Geräusche des Windes
- die gelegentliche Stille, wenn scheinbar nichts zu hören ist
• Erzeugen Sie selbst Geräusche und Töne, wenn Ihnen danach ist:
  - Werfen Sie einen Stein ins Wasser.
  - Schlagen Sie zwei Stöcke aneinander.
  - Machen Sie Tierlaute nach.
  - Pfeifen Sie.
  - Summen und brummen Sie (das geht auch ganz leise …).

Auf der Webseite zum Buch (www.auf-dem-pfad.com) finden Sie weitere Anregungen zum guten Hören, u. a. vom „Sound Consultant" Julian Treasure.

9.2.1.3   Haptisch-kinästhetische Eindrücke

• Fassen Sie die vielfältigen Strukturen der Natur an: Rinde, Steine, Erde, Sand, Stöcke, Gras, Blüten, Wasser, …
• Nehmen Sie die Unterschiede in der Oberflächenbeschaffenheit wahr:
  - warm bis kalt
  - rau bis glatt
  - weich bis hart
  - zerklüftet bis eben
  - scharfkantig oder spitz bis stumpf
  - flüssig, fest, körnig, klebrig, …
• Stehen Sie bewusst. Nehmen Sie Ihren Körperschwerpunkt wahr. Kreisen Sie in kleinen, unmerklichen Bewegungen um diesen Schwerpunkt herum. Wiederholen Sie diese Übung an einer unebenen oder schrägen Stelle (z. B. einem Hang). Bemerken Sie, wo Ihr körperlicher Schwerpunkt nun ist.
• Nehmen Sie einen schweren Gegenstand in die Hand. Wiegen Sie ihn in Ihren Händen. Spüren Sie, wie Ihr Körper und dieses „Gegengewicht" einen neuen Schwerpunkt finden.
• Nehmen Sie die Spannung in Ihrem Körper wahr, die notwendig ist, um diesen Gegenstand zu halten. Legen Sie den Gegenstand ab und bemerken Sie, wie Ihr Körper allmählich die Spannung löst, auch nachdem Sie den Gegenstand schon abgelegt haben.
• Gehen Sie barfuß, wenn Ihnen danach ist. Geben Sie sich der Vorstellung hin, kleine Wurzeln würden aus Ihren Fußsohlen in den Boden hineinwachsen. Nehmen Sie wahr, wie es sich anfühlt, so mit der Erde verwurzelt zu sein.

9.2.1.4   Olfaktorisch-gustatorische Eindrücke

• Riechen Sie die Luft. Sie können dazu kräftig einatmen – oder auch ganz sachte die Luft im Nasen- und Mundraum hin und her bewegen. Öffnen Sie ggf. dazu leicht Ihren Mund.

- Nehmen Sie wahr, wie Waldboden, ein Baumstamm, ein Stein oder verwittertes Stück Holz riechen.
- Schmecken Sie Beeren oder Wasser, wenn es Ihnen hygienisch genug erscheint.
- Riechen Sie an Ihren Händen, an Ihrem Unterarmen oder auch Ihrer Armbeuge oder unter den Achseln.
- Wie gut können Sie sich – olfaktorisch – selbst riechen? Und was denken Sie über diesen Geruch?

Logbuch

Lassen Sie Ihre Naturerfahrung Revue passieren und notieren Sie Ihre Eindrücke und Gedanken in Ihrem Logbuch.
- ➲ Welche Eindrücke sind mir in Erinnerung geblieben?
- ➲ Was habe ich „entdeckt"?
- ➲ Welche Gedanken oder Einsichten sind mir bewusst geworden?
- ➲ Welche Abläufe oder Strukturen in der Natur sind mir aufgefallen?
- ➲ Wenn man aus der Natur etwas lernen kann, dann …
- ➲ Was könnte ich konkret für meine Arbeit daraus lernen?

Außerdem lassen sich die Eindrücke für einen „Kurzurlaub in der Natur" innerlich abspeichern. Gerade unter Stress, wenn Menschen den Tunnelblick bekommen, blenden sie Sinneseindrücke aus (vergleiche Effekte von Stress im Kap. 3.1 Was ist Intuition? – Eine Differenzierung). Dann ist es ein einfaches Gegenmittel, diese bewusst wieder dazuzuschalten. In einem stressigen Moment also kurz innezuhalten und bewusst zum Beispiel die Geräusche um sich herum wahrzunehmen.

- ➲ Welche Eindrücke kann ich zukünftig dazu nutzen, mich in stressigen Situationen an die innere Balance meines Körperschwerpunkts zu erinnern? Welche Eindrücke helfen mir auch zukünftig dabei, mich innerlich zu erden?
- ➲ Welches Artefakt aus der Natur (Stein, Wurzel, Blatt etc.) kann mich daran erinnern, auch im Beruf zwischendurch immer mal wieder einen kurzen Moment der Besinnung einzulegen? Wo kann ich dieses Artefakt platzieren (oder mitführen), sodass es mich häufiger daran erinnert?

9.2.2 Selbstcoaching im Grünen

In indigenen Kulturen ziehen sich die Menschen regelmäßig in die Natur zurück, um Lebensfragen zu klären (wie z. B. bei der Visionsarbeit). Doch auch bei uns wird zunehmend die Natur als Erfahrungsraum für die persönliche Entwicklung genutzt. Angebote zum Coaching in und mit der Natur haben in den letzten Jahren stark zugenommen. Ein externer Coach ist in vielen Fällen nützlich zur Unterstützung, aber auch Sie selbst können die

Natur als Inspirationsquelle zur Klärung von Gedanken nutzen. Dabei bewegen Sie sich achtsam durch die Natur und lassen sich von dem anregen, was Sie wahrnehmen. Diese gedanklichen Angebote aus der Natur setzen Sie dann metaphorisch in Bezug zu dem Anliegen, das Sie derzeit beschäftigt.

Beispielsweise kann Sie eine Weggabelung daran erinnern, dass Sie derzeit auch eine Entscheidung zu treffen haben. Und wenn Sie dort so stehen fällt Ihnen beispielsweise auf, dass Ihnen einer der Wege bekannt ist (weil Sie ihn schon häufig gegangen sind), während Ihnen der andere noch unbekannt ist – Sie aber schon gehört haben, dass der neue Weg zu einer interessanten Aussichtsplattform führt. Das setzen Sie in Bezug zu Ihrem Anliegen – und Ihnen fallen (in diesem Beispiel) Parallelen zu Ihrer Entscheidungssituation auf (wo auch ein unbekannter, aber verheißungsvoller Weg auf Sie wartet). So metaphorisch die Angebote aus der Natur sind, so schnell werden sie spezifisch – wenn man sie auf das eigene Anliegen bezieht und sich auf diese Sprache der Natur einlässt. Probieren Sie selbst aus, auf welche Weise die Natur mit Ihnen „spricht". Die eingangs beschriebenen Anregungen zu einer sinnenreichen Naturerfahrung sind dazu eine gute Grundlage.

Praxisbeispiele

Beispiel 1: Eine Klientin von uns berichtete, dass sie mit einer Vielzahl von beruflichen wie auch privaten Herausforderungen zu kämpfen habe. Beim Wandercoaching durch den Wald wählte sie einen Weg querfeldein, da sie sagte, dass dies am besten ihrer derzeitigen, chaotischen Situation entspräche. So kamen wir an eine Engpass-Stelle, die durch dichtes Unterholz versperrt war. „Das ist wie in meinem Leben: Ein Kollege versperrt mir den weiteren Karriereweg. Der muss erst weg, bevor ich weiterkommen kann." Wir umgingen das unwegsame Gebiet großräumig und querten eine Schonung mit Sprösslingen, durch die wir uns mit großer Vorsicht bewegten. Die Stimmung der Klientin änderte sich dabei merklich. Am Ende der Wanderung sagte sie mit einer optimistischen Haltung: „Etwas ist mir klar geworden: Statt unter großen Mühen mit dem Unterholz (= dem Kollegen) zu kämpfen, um starr dem beabsichtigten Weg zu folgen, bin ich einfach flexibel ausgewichen – und habe eine wertvolle Entdeckung gemacht, bei der ich zwar vorsichtig vorgehen musste, die in mir aber sehr große Neugier geweckt hat und irgendwie verheißungsvoll war." Sie hatte den Impuls bekommen, aus ihrer jetzigen beruflichen Position heraus eine bislang kaum beachtete Idee weiter zu verfolgen, bei der sie nicht auf den schwierigen Kollegen angewiesen war.

Beispiel 2: Auch im Teamcoaching haben wir schon gute Erfahrungen mit der „Methode Natur" gemacht. Das betreffende Team fühlte sich in einem zäh verlaufenden Projekt gefangen, sodass es zu internen Querelen kam. Ein gemeinsames Offsite-Event im Grünen mit angeleiteten Outdoor-Aktivitäten und Reflexionen sollte helfen, das Team aus der Krise zu führen. Es kam jedoch anders als gedacht: Bei der Wanderung am zweiten Tag erhielten die Teilnehmenden die Vorgabe, achtsam durch die Natur zu gehen und den anderen jeweils zu signalisieren, wenn sie einen (für sich) relevanten Impuls wahrgenommen hatten. Bei der Querung einer Straße, die zwei angrenzende Waldgebiete teilte, blieb einer der Teilnehmer zurück und blickte nachdenklich auf ein

Stopp-Schild, das sich an der Straße befand. Die anderen kamen hinzu – und ohne viele Worte war allen klar: Das ist die Situation des Projekts. Was bisher nur unausgesprochen in der Luft lag, machte dieses Schild sehr deutlich, sodass es allen wie Schuppen von den Augen fiel: Das Projekt musste – zumindest temporär – gestoppt werden, da ohnehin niemand mehr an den Erfolg geglaubt hatte. Im Anschluss waren alle sehr erleichtert, da sie nun sehr offen miteinander Meinungen austauschen konnten und über alternative Wege nachzudenken begannen.

9.3 Sorge für dich!

Menschen, die Verantwortung für andere tragen, vergessen nicht selten die wichtigste Person – sich selbst. Ob aufopferungsvolle Führungskraft oder junge Eltern: Wer nicht auch für sich selbst sorgt, handelt langfristig unverantwortlich. Erinnern Sie sich an die Anweisungen im Flugzeug: Erwachsene sollen im Notfall zunächst sich selbst die Maske mit der Luftzufuhr überziehen, bevor sie Kindern oder anderen Hilfsbedürftigen helfen. Und auch an der Unfallstelle gilt: Eigenschutz geht vor, das gilt selbst für den professionellen Rettungsdienst.

Die Mahnung, die eigenen Kräfte und das eigene Wohl zu beachten, gilt natürlich nicht nur in lebensbedrohlichen Situationen, sondern auch im Unternehmenskontext – wenn es darum geht, Ziele zu erreichen. Sicher: Sein Ziel erreicht nur, wer sich mit großem Eifer dafür einsetzt. Viele Menschen vergessen aber dabei, dass sie dafür auch langfristig einen (häufig gesundheitlichen) Preis bezahlen. Aus Jorge Bucays Buch „Komm, ich erzähl dir eine Geschichte" möchten wir Ihnen das Gleichnis des Holzfällers nacherzählen (Bucay 2008, S. 125):

Ein Gleichnis

Ein hoch motivierter Holzfäller möchte den Vorarbeiter durch seine Leistungsbereitschaft beeindrucken. Am ersten Tag fällt er mit seiner Axt eine beachtliche Anzahl an Bäumen, wofür er das Lob und die Anerkennung des Vorarbeiters erhält. Am nächsten Tag will er seine Leistung noch steigern, schafft es jedoch nicht einmal, die gleiche Anzahl an Bäumen zu fällen – es ist einer weniger als am Vortag. An den Folgetagen strengt er sich immer mehr an, lässt sogar die Mittagspausen ausfallen. Mehr Bäume schafft er trotzdem nicht, im Gegenteil: Jeden Tag sind es weniger als am Vortag. Am Ende der Woche hat er sich völlig verausgabt und sitzt frustriert auf den kümmerlichen Haufen geschlagenen Holzes. Enttäuscht fragt er den Vorarbeiter: „Was ist bloß passiert? Ich habe geackert bis zum Umfallen und trotzdem immer weniger erreicht." – „Hmm …", sagt der Vorarbeiter. „Hast du denn auch deine Axt regelmäßig geschärft?" – „Nein, das ging nicht. Dafür hatte ich doch gar keine Zeit!"

9.3.1   Exkurs auf die Piste: Was man vom Snowboarden über Führung lernen kann

Skifahren und Snowboarden sind technisch schwierige und körperlich anspruchsvolle Sportarten. Und wer diese Sportarten ambitioniert betreibt, weiß, dass nach einem langen Tag am Berg die Kräfte schwinden. Doch bevor man überhaupt merkt, dass der eigene Energiepegel sinkt, verliert man in aller Regel als erstes die Geschmeidigkeit der eigenen Bewegungen. Die Bewegungen sind nicht mehr fließend, und das, was man am Vormittag noch mühelos konnte, wird auf seltsame Weise beschwerlich und gelingt nicht mehr. Der Körper wird steifer und insgesamt fester. Darauf reagiert man paradoxerweise mit mehr Kraftanstrengung – was die Ermüdung verstärkt. Schließlich wirft man sich nur noch von links nach rechts in die Schwünge hinein und alle Eleganz und Freude am Gleiten sind dahin. Die Frustration steigt, weil der größeren Anstrengung ein immer schlechteres Gelingen gegenüber steht. Die Unfälle auf der Piste nehmen zu, da sich die Wahrnehmung verengt und man nur noch mit sich selbst beschäftigt ist. Wer technisch versiert ist, braucht weniger Kraft beim Fahren und kann sich seine Energiereserven so besser einteilen – und damit länger geschmeidig fahren. Doch letztlich kommt auch für die Experten der Punkt, an dem die Kräfte nachlassen.

Verlassen wir die verschneite Piste und wechseln in die Welt des Business. Können Sie die Analogie schon sehen? Jede Führungskraft hat nicht nur gewisse Karriereambitionen, sondern häufig auch die größten Ansprüche an sich selbst. Sie will gut führen und dafür auch von den Mitarbeitern respektiert und geachtet werden. Gerade die Bereiche, in denen Kommunikation und Sozialkompetenz gefordert sind, stellen an die Führung hohe Ansprüche. Und ja, Führung kann auch kräftezehrend sein. Wer als Führungskraft jedoch die eigenen Energiereserven nicht achtet, verliert die „Geschmeidigkeit" in der Kommunikation und der eigenen „Führungskraft". Man ist plötzlich als „Pisten-Rowdy" verschrien und es kommt zu zwischenmenschlichen Beinahe-Zusammenstößen oder handfesten Unfällen, die ggf. vor der Personalabteilung oder gar vor dem Arbeitsgericht verhandelt werden. Die Frustration steigt – sowohl die eigene als auch jene der übrigen, mit denen man auf der „Piste" ist. Und je mehr man sich anstrengt, desto frustrierender wird es häufig.

▶   Die Quintessenz dieser Analogie lautet: Jede Führungskraft muss auf die eigenen Kräfte selbst achten, um die Geschmeidigkeit des eigenen Handelns zu erhalten. Selbstfürsorge ist das Stichwort. Nur wer auch auf sich selbst Acht gibt und Sorge trägt, kann für andere Sorge tragen und diese dauerhaft führen. Und dies ist auch ganz im Sinne der „Geführten" bzw. Mitarbeiter. Sonst wird man selbst als Führungskraft leicht zum „Social Hazard".

Logbuch

Prüfen Sie für sich und notieren in Ihrem Logbuch:

➲ Achte ich auf meinen Energiehaushalt und betreibe ich ausreichend Selbstfürsorge?

➲ Erkenne ich selbst, wenn mein Energiepegel sinkt und ich in der Kommunikation oder im zwischenmenschlichen Bereich unflexibel werde und meine Geschmeidigkeit verliere?

Nutzen Sie die in diesem Kapitel vorgeschlagenen Anregungen, um Ihren Energiehaushalt im grünen Bereich zu halten. Halten Sie regelmäßig inne, um Ihren Energiepegel zu prüfen und machen Sie einen inneren Kurzurlaub in der Natur (siehe vorheriger Abschnitt), um sich wieder in Balance zu bringen.

9.4 Raus aus der Sesselhaft!

Der Businessalltag von Führungskräften sieht meist so aus: Sie sitzen in geschlossenen Gebäuden oder Verkehrsmitteln herum. Am Schreibtisch, im Meeting, im Vortrag, beim Geschäftsessen, im Flugzeug, in der Bahn, im Auto. Zwischendurch legen sie ein paar Schritte zwischen Meeting und Büro zurück oder eilen mit dem Koffer zum Gate am Flughafen. Und das geht nicht nur Führungskräften so: Gemäß einer Studie sitzen deutsche Berufstätige satte siebeneinhalb Stunden im Inneren von Gebäuden (Tauber 2015).

Der Körper sei die Bühne der Gefühle, sagt Hirnforscher Antonio Damasio (2003). Der Körper ist zudem Schnittstelle zur Umwelt. Zum einen nehmen Menschen Informationen aus der Umwelt auf und viele davon bleiben im Körpergedächtnis hängen. Gleichzeitig werden innere Gefühle, die im Menschen entstehen, ebenfalls über den Körper ausgedrückt. Der Ausdruck der Gefühle und verarbeiteten Informationen über den Körper nennt man Somatisierung. Um nun ausbalanciert leben zu können, ist es wichtig, diese somatisierten Gefühle und Informationen zu transformieren (z. B. das Auflösen von Frustration oder Wut durch Achtsamkeitsmeditation oder auch Bewegung).

In der westlichen Medizin steht die Behandlung von Krankheiten und deren Ursachen im Vordergrund. Dem Ansatz liegt also ein defizitärer Gedanke zugrunde. In indigenen Gesellschaften wird der Gesunderhaltung viel mehr Aufmerksamkeit geschenkt. Auch Vertreter östlicher Philosophien haben ein ähnliches Verständnis und fokussieren darauf, was den Menschen gesund erhält. Dennoch beginnt die westliche Wissenschaft, sich für diese Denkweise zu interessieren. Eine Forschungsrichtung untersucht zum Beispiel, wie Empfindungen in speziellem Gewebe, den sogenannten Faszien, gespeichert werden.

Faszien sind dünne, teilweise nur einen Millimeter dicke Hüllen aus Kollagen, Wasser und Zucker-Eiweißverbindungen, die sich um Muskeln und Organe herum befinden. Man kann sich das wie ein Netzwerk vorstellen, das den gesamten Körper miteinander verbindet, ihm Stabilität gibt und komplexe geschmeidige Bewegungen ermöglicht. Faszien sind mit etlichen Nervenenden ausgestattet, sodass diese mit dem Gehirn kommunizieren können. Mangelnde Bewegung oder Stress führen zu Verhärtungen oder Verklebungen dieses wichtigen Netzwerkes. Forschungsergebnisse zeigen, dass emotionaler Stress die Beschaffenheit der Faszien verändert. Ein konstant hoher Stresspegel lässt das Fasziengewebe verkleben und verhärten. Das Resultat können Schmerzen im Bewegungsapparat oder Beeinträchtigungen der Organfunktionen sein; selbst Stimmungsschwankungen sind möglich. Faszien stellen einen entscheidenden Teil des Körpergedächtnisses dar (Schleipp und Bayer 2014; Storch et al. 2006).

▶   Ein Übermaß an sitzender Haltung führt zu muskulärem Ungleichgewicht und übt einseitigen Druck auf die inneren Organe aus. Muskuläre Dysbalancen führen auf Dauer zu Haltungsschäden. Die Komprimierung innerer Organe der Bauchhöhle kann zu ungünstigen Spannungen führen, welche die Funktion wiederum beeinträchtigen kann. Verdauungsbeschwerden, falsche Atmung bis hin zu Denkblockaden und Beeinträchtigung der Psyche etc. können daraus resultierende Folgen sein (Storch et al. 2006; Dämon 2014).

Durch eine höhere Nährstoffdichte in der Ernährung, eine deutlich bessere medizinische Versorgung und verbesserte soziale und hygienische Lebensgrundlagen leben Menschen in der westlichen Welt heute im Durchschnitt deutlich länger. Alles gut – könnte man meinen. Durch das Überangebot an Nahrungsmitteln und dem Unterangebot an körperlicher Bewegung sind jedoch neue Herausforderungen entstanden. Es geht daher darum, die aktuellen Faktoren zu überdenken und angemessener damit umzugehen. Im Klartext bedeutet dies für den Durchschnitt der Führungskräfte: mehr Bewegung und quantitativ weniger, dafür aber qualitativ hochwertigere Nahrung.

▶   Wer sich nicht mehr bewegt, von äußeren Umwelteinflüssen entkoppelt und gedankenlos mit Nahrung vollstopft, verarmt an Erfahrung. Genau diese Art der Erfahrung ist aber wichtig, damit der Mensch sich persönlich weiterentwickeln kann.

In indigenen Kulturen betrachtet man die direkte Anbindung an und die körperliche Bewegung in der Natur als wesentlich für ein ausbalanciertes Leben. Die Luft, die Umgebung in der Natur, Witterungsbedingungen und das natürliche Licht – all das beeinflusst die menschliche Gesundheit. Man weiß heute, dass beispielsweise Sonnenlicht entscheidend ist für die Bildung von Vitamin D, das die Stimmung hebt und vor Osteoporose schützt. Zudem stört ein Übermaß an kurzwelligen, künstlichen blauen Lichtquellen, wie sie heute

in Büroräumen, Computern, Handys und Tablets anzutreffen sind, den Biorhythmus des
Körpers und schädigt die Augen (Roehlecke et al. 2013).

Beispiel

Der ehemalige Judotrainer (Sensei) des Autors Eike Reinhardt trainierte noch im Alter
von 84 Jahren selbst aktiv. Und auch heute noch macht er jeden Tag Yoga und geht eine
knappe Stunde im angemessenen Tempo joggen. Sein Motto ist, jeden Tag etwas für
seinen Körper zu tun. Zehn Minuten seien besser als gar nichts. Und diese Rüstigkeit
ist nicht etwa nur mit einer guten Veranlagung zu erklären. Trotz eines anspruchsvollen
Berufs hat er sich jeden Tag körperlich gefordert.

Von dieser Haltung können wir uns alle eine Scheibe abschneiden. Das Beispiel kann
als Inspiration dienen, wie aus der angemessenen Haltung heraus mit Willensstärke und
Selbstdisziplin ein langes, gesundes Leben möglich ist. Wenn die Schwerkraft übermäch-
tig zu sein scheint und das eigene Befinden so gar nicht dem von der Werbung suggerier-
ten Lifestyle-Sportgefühl entsprechen will, kann der Gedanken an diesen alten Herrn mit
seinen knapp 90-jährigen Knochen vielleicht Ansporn sein, die Couch regelmäßig sich
selbst zu überlassen. Häufig braucht es nur diesen ersten „Kick", sich zu überwinden.
Denn wenn man einmal dran ist, überwiegt in aller Regel die Freude an der Bewegung,
oder nicht?

Logbuch

➲ Wie sieht mein persönliches Fitnessbarometer aus? Fühle ich mich körperlich vital
und fit?

➲ Wie kann ich die Zeit meiner „Sesselhaft" verkürzen und häufiger „Freigang" nutzen? (Treppen statt Aufzüge nutzen, Fahrrad statt Auto fahren, zu Kollegen rüber-
gehen statt eine E-Mail schreiben, …)

➲ Hand aufs Herz: Was sind meine „liebsten Ausreden", um nicht regelmäßiger Sport
zu treiben?

9.4.1   Als Business-Nomade fit bleiben

Um sich körperlich fit zu halten, auch auf Geschäftsreisen, brauchen Sie kein aufwendiges Equipment. Das wichtigste haben Sie ohnehin immer dabei – Ihren eigenen Körper.
Sportler in Entwicklungsländern beweisen, dass selbst mit einfachsten Mitteln Höchstleistungen möglich sind, wenn man Willensstärke beweist und zu improvisieren weiß.
Sich ohne Fitnessstudio fit halten zu können, ist zudem eine Freiheit, die sich immer mehr
Menschen auch in hiesigen Ländern gönnen. Der derzeitige Trend, Sport ohne Geräte,
dafür mit dem eigenen Körpergewicht zu betreiben, trägt Namen wie Bodyweighttraining

oder Calisthenics. Teilweise werden dabei sehr komplexe Bewegungsmuster ausgeführt. Die verletzungsfreie Beherrschung erfordert regelmäßiges, intensives Üben. Auf der Website zum Buch (www.auf-dem-pfad.com) finden Sie ein Repertoire von Übungen, die Sie als Inspiration für Ihr persönliches Trainingsprogramm nutzen können. Die Übungen sind einfach gehalten, ermöglichen dabei jedoch den Aufbau einer guten Grundfitness und sind überall und jederzeit einsetzbar, da sie mit minimalem Equipment auskommen.

9.4.2 Lauf, Forrest, lauf!

Der Mensch ist von Natur aus ein Bewegungswesen, ein Läufer. Im Grunde genommen unterscheidet sich der heutige Mensch kaum vom Menschen, der vor 10.000 Jahren gelebt hat. Was sich dagegen deutlich geändert hat, sind die Lebensumstände in den letzten rund 150 Jahren, vor allem nach Ende des Zweiten Weltkriegs. Bis zur Erfindung der Automation und der Büroarbeit war der Mensch auf Bewegung deutlich mehr angewiesen, denn ohne körperliche Betätigung gab es nichts zu essen (Deichmann et al. 2011).

Eine der natürlichsten Bewegungsformen ist das Laufen. Ritualisierte Formen des Laufens gibt es in allen Kulturen – ob Pilgerwanderungen, Fastenläufe oder Meditationsläufe. Auch in vielen indigenen Gesellschaften kennt man Langstreckenläufe. Angehörige der *First Nations* laufen teilweise Strecken von über 200 Kilometern am Stück (McDougall 2010). Der Fokus liegt dabei jedoch nicht auf Schnelligkeit und Zeit, sondern auf dem innerlichen Transformationsprozess der eigenen Haltung. Meist begleitet den Läufer eine innere Frage, mit der er sich während des Laufens beschäftigt, um auf diese Weise tiefer in das eigene Innere vorzudringen.

Nun muss man nicht unbedingt eine solche Distanz auf sich nehmen, um Transformationsprozesse zu durchlaufen. Viel wichtiger als Tempo und Distanz ist die Achtsamkeit während der Bewegung. Um negative Gefühle loszuwerden oder zu verwandeln, muss man diese erst einmal wahrnehmen. Ein Klient, Führungskraft in einem großen Logistik-Unternehmen, läuft immer dann, wenn er eine wichtige Entscheidung zu treffen hat. Er nimmt sich die Fragestellung oder Entscheidung mit auf den Lauf und löst diese für sich in der Bewegung. Er sagt, dass er die Bewegung brauche, um einen klaren Kopf zu bekommen, anderenfalls gerate er zu leicht in eine gedankliche Sackgasse.

▶   Es geht darum, in Resonanz mit der Natur und dem eigenen Körper zu kommen. Nur wenn man tief verwurzelt im eigenen Körper ist, ist es möglich, einen echten Transformationsprozess im Denken und Handeln zu vollziehen.

Laufen stellt neben anderen Bewegungslehren wie beispielsweise Yoga, Pilates, Bagua oder Qi Gong eine weitere Möglichkeit dar, durch weiche dynamische Bewegungen den eigenen Körper zu spüren und sich aus dem täglichen Korsett zu befreien und so Transformationsprozesse in Ganz zu setzen, wie z. B. das Auflösen von verhärteten Emotionen oder Stressempfindungen.

9.5 Iss bewusst!

„Lass die Nahrung deine Medizin sein und Medizin deine Nahrung!" Diese Aussage hat bereits der griechische Philosoph Hippokrates formuliert. Die Bedeutung des Essens hat sich in den letzten Jahrzehnten gewandelt. Zwar essen heutige Menschen, genau wie ihre Vorfahren vor tausenden Jahren auch, um den Körper mit Nährstoffen und Energie zu versorgen. Dabei hat sich jedoch die psychische Komponente der Nahrungsaufnahme verschoben. In der mangellosen heutigen Zeit essen Menschen nicht nur, um satt zu werden, sondern auch, um damit einen psychischen Hunger zu stillen. Stress oder innere Leere führen schnell und schleichend zu einer Überernährung, die häufig auch noch einseitig ist. Die Leere der Seele wird mit Kalorien gestopft, statt mit geistig-emotionaler Nahrung. Je weiter man außerhalb der individuellen Balance lebt, desto mehr versucht man die Balance über Nahrung zu kompensieren. Je größer der Stress ist, desto schmackhafter – und damit leider häufig auch ungesünder – wählt man die Nahrungsmittel aus. Interessanterweise kennt man in den meisten traditionellen Heilkünsten, allen voran jenen aus Indien, China oder Tibet, metaphorische Umschreibungen dieses Phänomens. Die Rede ist dann beispielsweise von körperlichen Zuständen der „inneren Leere", „Hitze" oder „Fülle". Diese zeigen sich beispielweise in gedankenverlorenen Heißhungerattacken oder scheinbar unstillbarer Lust auf Süßigkeiten. Der gierende Impuls stammt dabei nicht aus körperlichem Hunger, sondern einem seelischen Ungleichgewicht.

Der Alltag im Unternehmen unterstützt leider häufig keinen gesunden Ernährungsstil. Einseitiges Kantinenessen oder häufige Geschäftsessen schränken die Autonomie der Nahrungsaufnahme ein. In Meetings verleiten Gebäck, andere Süßigkeiten oder zuckerhaltige Getränke dazu, „Kalorienbomben" aufzunehmen. Erst vereinzelt haben einige Unternehmen angefangen umzudenken und stellen Obst, Nüsse und Naturjoghurt bereit. Für viele Arbeitnehmer, allen voran Führungskräfte, gehört auch ein übermäßiger Kaffeekonsum dazu, um durch den Tag zu kommen. Und nicht selten brauchen gerade gestresste Manager am Ende des Tages noch „Seelennahrung" in Form von Chips, Bier oder Wein, um sich zu entspannen und die nötige Bettschwere zu erlangen. All dies bewirkt, dass der Metabolismus Achterbahn fährt, der Blutzuckerspiegel schwankt und übermäßig Hormone ausgeschüttet werden.

Nach Meinung des US-Mediziners und Bestseller-Autors zum Thema Ernährung, Dean Ornish (2006), ist ein Großteil der Herz-Kreislauf-Erkrankungen der US-Amerikaner auf eine einseitige Ernährung mit zu viel Fett, Fleisch und Zucker zurückzuführen. In etlichen ostasiatischen Ländern hingegen beträgt der durchschnittliche Fettkonsum nur etwa die Hälfte dessen und auch die Krankheitsrate des Herz-Kreislauf-Systems ist um die Hälfte niedriger. In den deutschsprachigen Ländern sieht es nicht ganz so drastisch aus wie in den USA, allerdings ist seit Ende der 80er-Jahre der kulturell-wirtschaftliche Einfluss der USA auch in der Ernährung spürbar, v. a. auf den Fast-Food-Konsum.

9.5.1   Die indigene Perspektive: Achtsam statt massenhaft

Dass der Nahrungsaufnahme besondere Achtsamkeit geschenkt wird, haben wir auch bei indigenen Völkern erlebt. Für indigene Kulturen hat das Essen auch immer mit Dankbarkeit zu tun. *First Nation Elder* Murray sagte uns einmal: „The shortest way of praying is to give thanks." Die kürzeste Form zu beten ist es, Danke zu sagen. Diese simple Einsicht ist nicht nur ein kraftvoller Ausdruck indigenen Verständnisses, sondern sicherlich auch für unsere hiesige Welt ein sinnvolles Ritual. Gleichgültig ob und welche Vorstellung man sich von einem Gott macht: ein kurzes Innehalten, einen Dank dafür, dass man Nahrung auf dem Teller hat, und das Bewusstsein, dass ein anderes Lebewesen sein Leben dafür gegeben hat, damit man selbst leben kann. Das Gros der Menschen aus den wohlhabenden Industrienationen gehört aus der globalen Perspektive betrachtet zu den wenigen Privilegierten, die sich jeden Tag frische Nahrung und Fleisch leisten können. Nicht nur vor dem Hintergrund einer gesundheitsbewussten Ernährung kann es im Sinne eines achtsamen Lebensstils sinnvoll sein, sich vor Augen zu führen, welchen Prozess das Tier oder die Pflanze durchlaufen hat, das oder die vor einem auf dem Teller liegt.

Eine einheitliche traditionelle Ernährung indigener Völker existiert nicht. Diese sind vielmehr stark abhängig von den geografischen und klimatischen Bedingungen. Allerdings gibt es gewisse Merkmale, die man übereinstimmend vorfindet: Es werden in der Regel wenig Kohlehydrate gegessen. Vor allem einfacher Zucker sowie industriell verarbeitetes Salz finden sich nicht. Der Fett-und Fleischkonsum ist deutlich geringer. Eine Ausnahme bilden Völker im hohen Norden, wie z. B. die Inuit. In Untersuchungen zur Ernährungsweise traditioneller Gesellschaften konnte man die Folgen westlicher Überernährung gut beobachten: Bei Völkern, in denen sich eine westliche Durchschnittsernährung breit gemacht hatte, zeigten sich binnen weniger Jahre eine um 15 % erhöhte Krankheitsrate an typischen Zivilisationskrankheiten wie Diabetes und Herz-Kreislauf-Erkrankungen. Bei den sich weiterhin (oder wieder) traditionell ernährenden Gesellschaften sind diese „modernen" Krankheiten deutlich seltener anzutreffen (Diamond 2012). Die Stammesführer der First Nations zeigen großes Engagement, wieder eine traditionelle Ernährung zu kultivieren. Diese basiert hauptsächlich auf Beeren- und Wildfrüchten, wilden Kräutern, Wurzelgemüsen, Kürbisgewächsen, Nüssen, Samen, Bohnen, Fisch sowie maßvollem Salz- und Wildfleischkonsum.

9.5.2   Danke für das Essen!

Nicht nur indigene Gesellschaften kennen das Ritual des Gebets vor dem Essen. Auch in unseren Breiten hat das Dankesgebet eine lange Tradition, die heutzutage jedoch vor allem im Kindergarten oder bei Religionsgemeinschaften gepflegt wird. Dabei ist die Integration in den eigenen – auch beruflichen – Alltag kaum einfacher (und unauffälliger) möglich. Ein kurzes Innehalten, bevor der erste Bissen in den Mund geschoben wird, verbunden mit einem inneren Dank für diese Nahrung, ist selbst in einer Kantine, bei einem Geschäftsessen oder einem Steh-Imbiss möglich.

- **Tipp 1:** Nutzen Sie den Moment vor dem ersten Bissen für ein „Little Prayer". Beten Sie, in welcher Form auch immer, vor dem Essen, stillschweigend ein kurzes Danke dafür, dass die Nahrung auf Ihrem Teller liegt. Vergegenwärtigen Sie sich währenddessen kurz, was Sie essen, wie die Nahrung möglicherweise entstanden oder gewachsen ist, wie sie gelebt hat.
- **Tipp 2:** Essen Sie bewusst, nehmen Sie Geschmack, Geruch, Konsistenz und Temperatur wahr. So gewöhnen Sie Ihren Körper langsam wieder daran, von sich aus besser unterscheiden zu können, was Ihnen gut tut und was Verdauungsbeschwerden oder Unwohlsein erzeugt.

9.5.3 Einfallsreich statt einfaltsreich

Weltweit zeigen Forschungen, dass Menschen ihr Risiko für Herzerkrankungen, Diabetes Typ-2 oder auch Prostatakrebs deutlich reduzieren können, wenn sie ihren Ernährungsstil ändern. Auch die Gefäße im Gehirn oder den Sexualorganen werden besser mit Blut versorgt. Die Tipps zur Umstellungen der Ernährungsweise sind dabei inzwischen nicht mehr revolutionär, sondern gehören – eigentlich – bereits zum Allgemeingewissen: Nahrung in Ruhe und mit Genuss essen; Reduktion von Fett- und Fleischkonsum, dafür mehr Gemüse essen; weniger einfache Kohlehydrate (v. a. Zucker) und Salz. Wie bei vielen Weisheiten des Lebens macht hier das Handeln (oder eben Unterlassen) den Unterschied.

Es gibt zahlreiche gute, nicht nur gesundheitliche Gründe, sich vegetarisch zu ernähren. Leider ist die deutsche Küche traditionell nicht besonders einfallsreich, wenn es um die fleischlose Ernährung geht. Hier kann man von anderen Kulturen lernen. Vorbild für eine schmackhafte und vielfältige Ernährung ist die indische Küche, bei der man keine Sekunde das Gefühl hat, es würde Fleisch fehlen. Gleichzeitig sollte man sich vor der Falle hüten, einerseits auf Fleisch zu verzichten, dabei aber auf mit Geschmacksverstärkern und Zucker vollgepumpte Industrienahrung auszuweichen (Ornish 2006).

- **Tipp 1:** Beginnen Sie den Tag (auch auf Geschäftsreisen) mit einer Tasse heißen Wassers. Dies fördert die Verdauung.
- **Tipp 2:** Trinken Sie über den Tag verteilt immer wieder warmes bis heißes Wasser, gerade an Tagen mit vielen Meetings oder wenn Sie viel reden müssen. In der traditionellen indischen Medizin verwendet man diese Methode seit Jahrhunderten, um den Körper zu reinigen. Tatsächlich hat dies sogar einen leicht hungerstillenden Effekt.
- **Tipp 3:** Starten Sie den Tag – auch im Hotel – nicht mit Weißmehlbrötchen, sondern mit Vollkornbrot, Joghurt oder frischem Obst. Sie fühlen sich dadurch kraftvoller und haben mehr Energie.

- **Tipp 4:** Machen Sie sich mit einigen Stücken Ingwer einen Ingwertee. Dies ist gerade an kalten Tagen sinnvoll und unterstützt die Verdauung, wenn man diesen kurz vor dem Essen trinkt.
- **Tipp 5:** Interessant für Viel-Redner: Ingwertee wirkt sich positiv auf die Stimme aus und hält diese geschmeidig.
- **Tipp 6:** Trinken Sie Kräutertees wie Brennnessel- oder Schafgarbentee. Diese heimischen Pflanzen sind voll mit wichtigen Mineralien und Spurenelementen.
- **Tipp 7:** Für Geschäftsreisen: Zermahlen Sie die getrockneten Blätter in einem Mixer zu Pulver und füllen Sie dieses in kleine Döschen (erhältlich im Outdoorhandel). Eine Messerspitze auf einen Becher heißen oder warmen Wassers ergibt dann einen Tee.
- **Tipp 8:** Reduzieren Sie Ihren Fleisch- und Fettkonsum. Essen Sie möglichst hochwertiges, mageres Fleisch.
- **Tipp 9:** Erhöhen Sie Ihren Anteil an Obst und vor allem an Gemüse. Ernährungsexperten empfehlen mindestens fünf Einheiten (z. B. fünf Hände oder Tassen voll) pro Tag.
- **Tipp 10:** Um nach Geschäftsessen ein „Suppenkoma" zu vermeiden beginnen Sie mit einer warmen Suppe vor der Hauptmahlzeit. Dies steigert das Sättigungsgefühl und verhindert, dass Sie schneller essen, als dass Ihr Magen Ihnen „Genug!" signalisieren kann.
- **Tipp 11:** Vermeiden Sie generell große Mengen an Kohlehydraten (Nudeln, Reis, Kartoffeln), speziell spät abends.
- **Tipp 12:** Verzehren Sie Obst, Nüsse, Kerne, Naturjoghurt oder getrocknete Datteln als Zwischenmahlzeit und lassen Sie dich häufig bei Meetings oder auf Konferenzen angebotenen Süßigkeiten und Teigwaren links liegen.
- **Tipp 13:** Essen Sie Obst nicht als Nachtisch. Es gärt und führt zu Verdauungsbeschwerden. Obst am besten immer mit einem zeitlichen Abstand von mindestens 30 bis 60 min zu anderen Mahlzeiten essen.

9.5.3.1   Wenn weniger mehr ist

Seit Mitte der 70er-Jahre erforschen japanische und amerikanische Forscher, wieso Menschen auf der zu Japan gehörenden Inselkette Okinawa so viel länger gesund leben als an vielen anderen Orten dieser Welt. Die Quote der über 100 Jährigen, die noch in diesem hohen Alter rüstig und voller Lebenswillen sind, ist bemerkenswert. Es gibt dort eine niedrigere Rate an Herz-Kreislauf-Erkrankungen, Schlaganfällen, Brust-, Prostata-, Darm- und Magenkrebs. Altersdemenz und Osteoporose sind auf der Insel kaum bekannt (Müller 2012). Nach Schätzungen der Forscher ist nur ein Drittel des Langlebigkeits-Geheimnisses durch genetische Faktoren zu erklären. Einen gewichtigen Einfluss auf die Gesundheit haben daneben die traditionelle Lebensweise der Bewohner sowie deren Ernährung. Es werden viele Lebensmittel mit geringer Kaloriendichte verwendet, zum Beispiel Brokkoli und Spinat. Außerdem wird weniger Fleisch und Fett gegessen, dafür viel Fisch und Tofu.

Darüber hinaus spielt auch die Essenskultur eine wichtige Rolle. Eine wichtige Grund-regeln beim Essen lautet: „hara hachi bu." Dies bedeutet sinngemäß: Höre auf zu essen, bevor (!) du satt bist. Bereits bei rund 80 %igem Sättigungsgefühl hören die Menschen auf zu essen (Lauk 2014). Diesem Prinzip folgend, nehmen die Insulaner pro Tag nicht mehr als 1800 Kalorien zu sich. Im Vergleich dazu vertilgt ein deutscher Mann im Durchschnitt fast 70 % mehr (Müller 2012). Ein weiterer Aspekt dieser besonderen Esskultur ist, dass sich viel Zeit genommen wird, um das Essen zu genießen – das wirkt sich auf die Gesund-heit aus!

Tipps zum Ausprobieren

- **Tipp 1:** Nehmen Sie Ihr Sättigungsgefühl bewusst wahr. Horchen Sie in sich hinein und bemerken Sie die Signale Ihres Körpers.
- **Tipp 2:** Hören Sie auf zu essen, bevor Sie vollständig gesättigt sind. Lassen Sie sich rund 20 % „Platz im Magen".
- **Tipp 3:** Bevor Sie sich am Buffet, am Kühlschrank oder bei Tisch bedienen, halten Sie einen Moment inne und prüfen Sie für sich: Wieso esse ich gerade das, was ich esse und warum? Ist es gerade echter Hunger oder ist es eher ein psychisch-seeli-sches Verlangen (z. B. weil ich gerade eher Ruhe brauche)?

9.5.3.2 Wenn gar nichts gut ist

Last but not least sei noch das Fasten erwähnt. Fasten ist fester Bestandteil der mensch-lichen Geschichte. Sei es unfreiwillig in Form von Hungern wegen mangelnder Jagdbeute oder schlechter Ernte in Folge von Naturkatastrophen oder Kriegen. Oder sei es freiwillig aus weltanschaulichen oder gesundheitlichen Gründen. Beide Arten sind in allen Kul-turen bekannt. Bestimmte Formen des freiwilligen Fastens können positive gesundheit-liche Folgen haben. Seit über 50 Jahren beschäftigen sich russische Ärzte mit den Mög-lichkeiten des Fastens als therapeutischem Ansatz für eine Vielzahl von Erkrankungen. Aufgrund der bislang ausschließlich russischen Veröffentlichungen sind die Ergebnisse dieser Forschung im Westen nahezu unbekannt. Eine aufschlussreiche Dokumentation des Fernsehsenders Arte aus dem Jahr 2011 („Fasten und Heilen – Altes Wissen und neueste Forschung") beleuchtet die faszinierenden Resultate und verknüpft sie mit neueren For-schungsergebnissen der Molekularbiologie. Weitere Informationen dazu auf der Webseite zu diesem Buch (www.auf-dem-pfad.com).

Logbuch

- ➲ Esse ich bewusst und genieße ich das, was ich esse?
- ➲ Ist mein „Konto des gesunden Essens" im grünen Bereich? Wo zahle ich Guthaben ein, wo mache ich Schulden?

9.6   Schlaf gut!

Auf jede Anspannung muss Entspannung erfolgen, damit der Körper sich erholen und regenerieren kann. Eine lebensnotwendige Erholung stellt der Schlaf dar. Schlaf ist der Rückzug aus Zeit und Raum. Die zeitliche Länge des Schlafbedürfnisses ist individuell verschieden und schwankt zwischen sechs und neun Stunden pro Nacht. Im Schlaf werden wichtige Stoffwechselprozesse durchgeführt. Wie wichtig Schlaf für ein langes und gesundes Leben ist, bestätigen Studien der Molekularbiologin und Nobelpreisträgerin Prof. Elizabeth Blackburn. Ihr Schwerpunkt ist die Forschung auf dem Gebiet der Telomere. Diese sitzen an den Enden der Chromosomen und schützen das Erbgut. Bei jeder Zellteilung werden sie ein kleines Stück kürzer. Unterschreiten sie eine gewisse Länge, stirbt die Zelle. Dieser Effekt kann durch das Enzym Telomerase aufgehalten werden. Dieses Enzym wird im Schlaf gebildet. Schlafstörungen über einen längeren Zeitraum können Diabetes, Krebs, Demenz und vorzeitiges Altern begünstigen.

9.6.1   In einer wohligen Wolke versinken

„Ich muss jetzt schlafen." Diese Formulierung klingt nach harter und aktiver Arbeit. Schlafen ist jedoch eher ein passiver Prozess des Loslassens. Schlaf überkommt einen. Man kann Schlaf nicht erzwingen. Man kann jedoch die Rahmenbedingungen so gestalten, dass das Hinübergleiten in das Reich des Schlafes leichter gelingt.

Häufiger fragen Klienten mit Einschlafproblemen danach, wie sie sich besser abgrenzen können von den Problemen des Alltags. Das Bedürfnis hinter diesem Wunsch ist sehr nachvollziehbar, denn trotz Müdigkeit nicht einschlafen zu können, kann eine Qual sein. Wenn einen jedoch die Gedanken des Tages wach halten, nützt ein Abgrenzen in der Regel wenig. Die Metapher des aktiven Abgrenzens oder Trennens beinhaltet nämlich leider einen Haken: Abwehrversuche erzeugen innerlichen Gegendruck, da die störenden Gedanken ja meist eine Berechtigung haben (und nur zur Unzeit auftauchen). Darüber hinaus verhärten diese Abwehrmaßnahmen den Körper. Wer will schon in einem harten und steifen Panzer schlafen?

Hilfreicher ist es, Gedanken vor dem Schlafengehen zu sortieren – denn selbstverständlich ist es unangemessen, wenn Ihr Chef oder Kunde bei Ihnen abends gedanklich mit im

Bett liegt. Manch einer beginnt sich dann selbst dafür zu beschimpfen, dass er die „falschen" Gedanken hat. Dabei sind die Gedanken an sich nicht falsch, sondern erscheinen nur zur unpassenden Zeit an unpassendem Ort (Bankhofer 2015).

Von Einschlafexperten lernen: Befragt man Menschen, die gut und gerne einschlafen können, wie ihnen dies gelingt, so sagen sie fast nie, dass sie sich gut abgrenzen können. Vielmehr betonen sie, wie gemütlich ihr Bett sei, wie wohlig sie sich in die Decke kuscheln oder wie entspannend der Moment des stillen Ruhens auf der Matratze ist. Diese Schlafprofis genießen die Phase des Einschlafens, indem sie ihre Aufmerksamkeit auf die schönen Aspekte lenken.

Menschen sind unterschiedlich – auch beim Einschlafen. Während manche Menschen vor dem Einschlafen noch Kaffee trinken, Action-Thriller anschauen oder knifflige Fragen diskutieren können – für die meisten Menschen sind dies keine nützlichen Tipps, wenn es um das leichtere Einschlafen geht. Sehen Sie die folgenden Hinweise als Anregungen, Ihren persönlichen Einschlafstil zu entdecken.

9.6.1.1   Rituale zur Entspannung vor dem Zubettgehen

Rituale sind ein äußerst nützliches Hilfsmittel, um die Gedanken und den gesamten Körper auf das Zubettgehen einzustimmen. Dabei sind die Rituale des Unterlassens ebenso nützlich wie jene des Handelns. Halten Sie die Rituale möglichst auch auf Geschäftsreisen ein.

Rituale des Unterlassens

- Verschieben Sie problematische Gespräche oder Gedanken auf den nächsten Tag.
- Machen Sie es sich zur festen Regel, wichtige Probleme und Entscheidungen nur tagsüber zu fällen. Nachts sind die Gedanken düsterer.
- Lesen Sie abends keine E-Mails mehr. Erteilen Sie der Arbeit, Kollegen und Geschäftspartnern innerlich ein Hausverbot.
- Vermeiden Sie abends aktivierende Ablenkungen. Machen Sie eine „Kur" von TV-Genuss oder jeglicher Bildschirmarbeit.
- Unabhängig vom Inhalt gilt: Bildschirme strahlen in der Regel Licht mit hohem Blauanteil aus. Dieses macht wach (West et al. 2011). Dies gilt auch für Tablets oder Smartphones.
- Reduzieren Sie generell den Lichtinput gegen Abend.
- Reduzieren Sie den Geräuschpegel und verhalten sich selbst auch leise.
- Verzichten Sie abends auch auf allzu flotte oder anregende Musik. Bei manchen Menschen bleibt ein „Ohrwurm" über Stunden im Kopf und lenkt vom Einschlafen ab.
- Wenn Sie sich leicht in eine Geschichte hineinziehen lassen, hören Sie im Bett keine Hörbücher mehr.
- Vermeiden Sie intensiven Sport kurz vor dem Schlafengehen.
- Jeder weiß um die anregende Wirkung von Koffein in Kaffee, grünem oder schwarzem Tee oder in einigen Erfrischungsgetränken. Also: Spätestens ab dem späten Nachmittag (ggf. früher) sein lassen, wenn Sie auf Koffein empfindlich reagieren.

- Essen Sie mindestens eine (besser mehr) Stunde vor dem Schlafen keine schwerverdauliche Kost mehr. Verzichten Sie auch auf Süßigkeiten, da diese den Blutzuckerspiegel kurzzeitig nach oben schnellen lassen.
- Vermeiden Sie Alkohol. Nutzen Sie ihn nicht als Schlummertrunk. Zwar erleichtern Wein oder Bier bei manchen Menschen das Einschlafen. Allerdings erkauft man sich dies mit einem unruhigeren Schlaf in der zweiten Nachthälfte (Ebrahim et al. 2013). Ohne Alkohol sind Sie am nächsten Morgen erholter.

Rituale des Handelns

- Machen Sie abends leichte Yoga- oder Dehnübungen.
- Meditieren Sie. Die Übung 1 „Basispräsenz" oder die Übung 4 „Körper-Scan" (beide aus Kap. 3 Intuition) sind einfache Formen der Meditation.
- Hören Sie entspannende Musik. Manche Menschen empfinden das Hören direkt im Bett oder mit Kopfhörern als zu intensiv. Hören Sie die Musik auf der Couch und gehen dann ins Bett. Der Ortswechsel wirkt als weiterer *Separator* und unterstützt das gedankliche Sortieren und innere Abschalten.
- Planen Sie bereits den Start in den nächsten Tag – deutlich bevor Sie zu Bett gehen. Schließen Sie „offene Loops" gedanklich.
- Trinken Sie ein warmes Glas Milch oder einen Kräutertee; v. a. Baldrian, Hopfen oder Melisse haben eine beruhigende Wirkung.
- Überlegen Sie, auf was Sie sich am nächsten Tag freuen können. Das kann der frische Kaffee, die warme Dusche, eine Begegnung mit einem besonderen Menschen, das frisch gebügelte Hemd (oder der gemütliche Pulli) sein. Legen Sie sich ggf. die Sachen schon abends zurecht, sodass Sie sich am nächsten Morgen wirklich auf den Genuss einlassen können.
- Führen Sie allabendlich die Übung 2 „Abendliches Gedankensortieren" durch (siehe unten).

Tipps fürs Bett

- Nehmen Sie die Gemütlichkeit Ihrer Schlafstätte ganz bewusst wahr. Entdecken Sie das wohlige Empfinden, mit dem Ihr Körper auf der Matratze zur Ruhe kommt.
- Atmen Sie einige Male bewusst über die Lippen aus, sodass alle Anspannung aus Ihrem Körper „herausgeblasen" wird, ähnlich wie der Überdruck aus einem Ventil.
- Schicken Sie unangemessene Gedanken höflich vor die Tür und sagen Sie diesen, dass Sie sich morgen früh wieder um sie kümmern werden.
- Halten Sie einen Block und Stift bereit, um besonders hartnäckige Gedanken dort niederzuschreiben und Ihre „innere Festplatte" von diesen Gedanken befreien zu können.
- Versichern Sie sich: „Hier bin ich jetzt ganz privat und ich selbst."

- Geben Sie sich die innere Erlaubnis, sich wohlig und sicher wie ein Baby fühlen zu dürfen. Stellen Sie sich dazu vielleicht sogar ein im Schlaf lächelndes Kleinkind vor.
- Finden Sie das dazu passende wohlige Gefühl im Körper – und lassen Sie es von dort wachsen und im ganzen Körper ausbreiten.
- Lassen Sie dieses Gefühl weiter wachsen, über die Grenzen Ihres Körpers hinaus – bis es Sie umhüllt wie eine wohlige Wolke. Lassen Sie diese Wolke das ganze Zimmer ausfüllen.

Sollten Sie nachts aufwachen, ärgern Sie sich nicht. Gedanken darüber, dass man am nächsten Tag müde sein wird, machen nur noch wacher. Akzeptieren Sie, dass Sie im Moment wach sind (Kabat-Zinn 2006). Manchmal ist es hilfreich, die Gedanken aufzuschreiben, die einen wach halten. Das wirkt wie ein mentales Outsourcing. Sollten Sie nicht wieder einschlafen können, dann meditieren Sie. Hilfreich ist dabei wiederum die Übung 4 „Körper-Scan" aus Kap. 3 Intuition.

Wenn Sie gerade schwerwiegende Probleme oder Lebensfragen plagen, die Sie am Schlafen hindern, machen Sie sich bewusst, dass auch dies nur eine Phase ist, die vergehen wird. Das macht es vielleicht im aktuellen Moment nicht einfacher zu schlafen, erleichtert jedoch manchmal den Ausblick in die Zukunft. Massive Schlafstörungen können jedoch auch Signale des Körpers sein, die Sie ernst nehmen sollten. Oft sind Sie Ausdruck großer innerer Belastung. Bei hartnäckigen Einschlaf- oder Durchschlafproblemen ist es ratsam, diese von einem Facharzt abklären zu lassen. Psychische Erkrankungen wie Depressionen oder Angstneurosen lassen sich mit den oben genannten Tipps alleine nicht behandeln, hier ist die Begleitung durch einen Experten notwendig.

Übung 2: Abendliches Gedankensortieren

Für manche Menschen ist das Schreiben eines Tagebuchs ein nützliches Ritual, um die eigenen Gedanken und Emotionen zu sortieren und um sich auch später noch an das Erlebte zu erinnern. Das Schreiben dient aber nicht nur der reinen Rekapitulation: Es ermöglicht auch, die Dinge intern zu verarbeiten, da vorsprachliches Erleben in Worte gefasst wird. Nutzen Sie diesen Prozess mit Hilfe dieser einfachen Übung für sich!

Positive Auswirkungen

- Sie nutzen ein kleines Ritual, um den Tag Revue passieren zu lassen und Ihre Gedanken vor dem Zubettgehen zu sortieren.
- Sie haben etwas, worauf Sie sich morgen freuen können.
- Sie schaffen sich ein „Nachschlagewerk" der guten Gedanken, in dem Sie auch später immer wieder gerne nachschauen können, um Energie zu tanken.

Durchführung

Dauer: 5 min jeden Abend

1. Stellen Sie sich konsequent jeden Abend diese drei Fragen und notieren Sie Ihre Gedanken in Ihrem Logbuch (oder ggf. in einem eigenen Tagebuch).
   ⮑ Wofür bin ich heute dankbar (bezogen auf die Ereignisse des Tages)?
   ⮑ Worauf bin ich heute stolz (bezogen auf die Ereignisse des Tages)?
   ⮑ Worauf freue ich mich am morgigen Tag?
2. Nach einem längeren Zeitraum ziehen Sie Bilanz:
   – Welche wiederkehrenden Muster können Sie aus Ihren Aufzeichnungen erkennen?
   – Welche Erkenntnisse können Sie daraus gewinnen?

9.6.2   Nur ganz kurz: Powernapping

Längere Schlafphasen während des Tages können bewirken, dass der Kreislauf stark absackt. Ein kurzer Powernap hingegen kann vitalisierend sein. Diese Methode ist auch unter der Bezeichnung „Schlüsselschlaf" bekannt. Dazu machen Sie ein Nickerchen im Sitzen, während Sie einen Schlüsselbund in der Hand halten. Dieser fällt geräuschvoll zu Boden, sobald Sie in den Tiefschlaf abgleiten. Dadurch wachen Sie wieder auf. Sie können auch die Weckfunktion Ihres Mobilfunkgeräts nutzen. Stellen Sie dazu eine Dauer von 15 bis 20 min ein. Manche Geräte erlauben auch eine sanfte Methode mit ansteigendem Weckton oder Naturgeräuschen. Längere Schlafphasen während des Tages sind ungünstig, da der Kreislauf im Anschluss zu lange braucht, um wieder auf Touren zu kommen.

Logbuch

Falls Sie Schlafprobleme haben, nutzen Sie die obigen Anregungen zur Analyse und Verbesserung Ihrer Schlafsituation. Beobachten Sie die Wirkung der Veränderungen über einige Wochen und notieren Sie die Fortschritte in Ihrem Logbuch.
⮑ Welche der vorgestellten Anregungen haben für mich persönlich am besten funktioniert?
⮑ Unabhängig von den Anregungen: Was habe ich an den Tagen getan (oder unterlassen), an denen ich ganz natürlich gut eingeschlafen bin und eine erholsame Nachtruhe hatte? Welche Rituale kann ich daraus für mich ableiten?

9.7   Spuren hinterlassen: Selbst machen. Verwirklichen. Nachhalten.

Nehmen Sie Ihr Logbuch zur Hand und notieren Sie alle Gedanken, die Ihnen spontan oder auch im Nachgang zu einer Frage kommen. Nichts ist so flüchtig wie ein Gedanke. Halten Sie die Gedanken – auch die nur „gefühlten" – schriftlich fest, damit Sie später darauf zurückkommen können.

1. Transfer in Ihren Kontext

   a. Denken Sie über Ihr Unternehmen oder den erweiterten Arbeitskontext nach, in dem Sie tätig sind. Wo und wann können Sie Veränderungen vornehmen, um auf dem Körperlichen Pfad Schritte in die richtige Richtung zu machen?

   b. Notieren Sie drei konkrete Situationen, die für Sie persönlich relevant sind.

2. Nutzen Sie die logischen Ebenen zur Vertiefung:

Zugehörigkeit und systemische Wirkungen	➲ Zu welchem Kreis darf ich mich zugehörig fühlen, wenn ich häufiger die Signale meines Körpers beachte und gemäß der Bedürfnisse meines Körpers handle? ➲ Welche Bedeutung wird mein Handeln (möglicherweise) haben? ➲ Welche positiven Veränderungen werden dadurch in meinem System (in den unterschiedlichen Lebensbereichen) möglich? ➲ Welcher höhere (für mich relevante) Sinn wird dadurch gefördert?
Identität	➲ Wem werde ich ähnlicher bzw. zu wem entwickele ich mich, wenn ich mehr in diese Richtung tue? ➲ Wer kann mir in diesem Aspekt ein Vorbild sein?
Werte und Überzeugungen	➲ Welche Werte stärke ich dadurch, dass ich häufiger gemäß meiner körperlichen Bedürfnisse agiere?
Fähigkeiten	➲ Welche Fähigkeiten will ich mir aneignen bzw. einüben, um den Körperlichen Pfad meistern zu können? ➲ Inwiefern entwickeln sich dadurch auch meine anderen Fähigkeiten? Wo ergeben sich Synergien?
Handeln	➲ Was muss ich tun, um zur besten Version meiner selbst zu werden? ➲ Welche kleinen oder größeren Rituale kann ich etablieren, um diesen Weg zu festigen? ➲ Woran werden andere bemerken, dass ich mich in dieser Hinsicht entwickele? ➲ Welche äußerlich sichtbaren oder hörbaren Zeichen für meine Entwicklung werden andere bemerken können?
Kontext	➲ Wer kann mich bei meinem Weg unterstützen? ➲ In welchen Kontexten/Umgebungen kann ich diese neuen oder veränderten Denk- und Handlungsweisen am ehesten ausprobieren? ➲ Welche „Anker" kann ich nutzen, die mich daran erinnern, weiter diesen Pfad zu beschreiten? ➲ Welche Symbole können im Außen ein Zeichen setzen, dass auch andere bemerken können?

3. Nachdem Sie nun die Übungen zu diesem Thema bearbeitet haben und die Gedanken dazu reflektiert haben, rufen Sie sich Ihren (geheimen) Wunsch ins Gedächtnis, den Sie am Anfang des Buches notiert haben:

➲ Welche nützlichen Einsichten oder Erkenntnisse konnte ich diesbezüglich gewinnen?

➲ Welche anderen interessanten gedanklichen Verknüpfungen kann ich erkennen?

➲ Ergeben sich daraus für mich weitere Handlungsimpulse?

➲ Wie könnte ich diese konkretisieren und in der „Welt der Tatsachen" verwirklichen?

Literatur

Quellen

Bankhofer H (2015) Wer spät zu Bett geht, schläft mit negativen Gedanken ein. http://blog.wenatex.
    com/wer-spaet-zu-bett-geht-schlaeft-mit-negativen-gedanken-ein. Zugegriffen 02 Juni 2015
Bucay J (2008) Komm, ich erzähl dir eine Geschichte. Fischer, Frankfurt a. M.
Damasio AR (2003) Der Spinoza-Effekt: Wie Gefühle unser Leben bestimmen. List, München
Dämon K (2014) Ungesunde Büroarbeit – Wer länger sitzt ist früher tot. In: Die Wirtschaftswo-
    che.   http://www.wiwo.de/erfolg/beruf/ungesunde-bueroarbeit-wer-laenger-sitzt-ist-frueher-tot/
    10134854-all.html. Zugegriffen 10 Mai 2015
Deichmann T, Ganten D, Spahl T (2011) Die Steinzeit steckt uns in den Knochen: Gesundheit als
    Erbe der Evolution. Piper, München
Diamond J (2012) Das Vermächtnis: Was wir von traditionellen Gesellschaften lernen können. S.
    Fischer, Frankfurt a. M.
Ebrahim IO, Shapiro CM, Williams AJ et al (2013) Alcohol and Sleep I: Effects on Normal Sleep.
    Alcohol Clin Exp Res 37:539–549. doi:10.1111/acer.12006
Hölling H, Schlack R, Kamtsiuris R et al (2012) Die KIGGS- Studie. Bundesgesundheitsblatt
    55:836–842. doi:10.1007/s00103-012-1486-3
Kabat-Zinn J (2006) Gesund durch Meditation: Das große Buch der Selbstheilung. Fischer, Frank-
    furt a. M., S 292–294
Lauk M (2014) Steinalt und Kerngesund: 100 Jahre erfüllt leben. Draksal, Leipzig
McDougall C (2010) Born to run: Ein vergessenes Volk und das Geheimnis der besten und glück-
    lichsten Läufer der Welt. Blessing, München
Meusch D (2013) Bleib locker Deutschland – TK Studie zur Stresslage der Nation. https://www.
    tk.de/centaurus/servlet/contentblob/590188/Datei/115474/TK_Studienband_zur_Stressumfrage.
    pdf. Zugegriffen 20 Mai 2015
Müller I (2012) Super Senioren – Die Hochburgen der 100-jährigen http://www.netdoktor.de/maga-
    zin/super-senioren-die-hochburgen-der-100-jaehrigen/. Zugegriffen 20 Mai 2015
Ornish D (2006) Revolution in der Herztherapie. Lüchow, Stuttgart
Roehlecke C, Schumann U, Ader M et al (2013) Stress reaction in outer segments of photoreceptors
    after blue light irradiation. PLoS ONE 8(9):e71570. doi:10.1371/journal.pone.0071570
Schleipp R, Bayer J (2014) Faszien-Fitness: vital, elastisch, dynamisch in Alltag und Sport. Riva,
    München
Shafarman S (2005) Die Feldenkrais-Schule: Gesundheit und Wohlbefinden durch bewusstes Be-
    wegen. Heyne, München
Storch M, Cantieni B, Hüther G et al (2006) Embodiment: Die Wechselwirkung von Körper und
    Psyche verstehen und nutzen. Huber, Bern
Taleb NN (2013) Antifragilität. Knaus, München
Tauber J (2015) DKV Studie – Ein Volk von Sitzenbleibern. Ärztezeitung online. http://www.aerzte-
    zeitung.de/medizin/krankheiten/adipositas/article/877781/dkv-studie-volk-sitzenbleibern.html.
    Zugegriffen 23 April 2015
West KE, Jablonski MR, Warfield B et al (2011) Blue light for astronauts' body clocks. Thomas
    Jefferson University. doi:10.1152/japplphysiol.01413.2009

Das Wesen der Kommunikation nähren

10

▶ Sie als Führungskraft müssen nicht nur Menschen, sondern vor allem auch Gespräche führen können. Und das gelingt Ihnen nur, wenn Sie eine ganz bestimmte innerliche Haltung gegenüber Ihren Gesprächspartnern einnehmen, emotional gefestigt sind, dabei gleichzeitig herzlich und rational-analytisch, souverän und menschlich sind. Dann können Sie in Resonanz zu Ihren Mitarbeitern gehen – und Resonanz ist überlebenswichtig, für Menschen genauso wie für Unternehmen. Führen Sie kraft Ihrer Fähigkeit, die Kommunikation zwischen Ihnen und Ihren Gesprächspartnern positiv zu gestalten! Wie das geht, erfahren Sie in diesem Kapitel.

Wenn Sie dieses Kapitel gelesen haben, …
- … wissen Sie, wie und warum sich Feedback positiv auf die Leistungsfähigkeit eines Unternehmens auswirkt.
- … können Sie kompetent Feedback geben und nehmen.
- … wissen Sie, wie Sie die Resonanzkultur im Unternehmen fördern können.
- … haben Sie erfahren, wie wichtig es ist, die Impulse des Gesprächspartners aufzunehmen und zu spiegeln.
- … wissen Sie, wie Sie das Wesen der Kommunikation durch eine Vielzahl von Aspekten positiv beeinflussen können.

© Springer Fachmedien Wiesbaden 2016   331
D. Goetz, E. Reinhardt, *Selbstführung: Auf dem Pfad des Business-Häuptlings*,
DOI 10.1007/978-3-658-08912-2_10

In den bisherigen Kapiteln haben Sie sich mit den unterschiedlichen Facetten der Selbstführung auf dem Pfad des Business-Häuptlings beschäftigt, dabei intensiv Ihre intuitiven Fähigkeiten eingesetzt und erfahren, welche innere Haltung dafür hilfreich ist. In diesem Kapitel richten wir den Fokus auf die Kommunikation im unternehmerischen Kontext. Sie erfahren, wie Sie Ihre neu gewonnenen Erkenntnisse und Vorgehensweisen anwenden können, um so die kommunikativen Prozesse zu steuern, an denen Sie beteiligt sind. Ein Schwerpunkt wird dabei auf dem Geben von Feedback liegen. Dabei werden Sie mindestens von folgenden Ansätzen profitieren, die wir Ihnen bisher schon dargestellt haben:

- die Logischen Ebenen aus Kap. 2.6 Mit den Augen der Ethnologen
- die Einflussfaktoren auf den Menschen als Erfahrungswolke aus Kap. 3.2 Anwendungsfelder von Intuition
- die Aspekte von Identität und Zugehörigkeit aus Kap. 4 Ich-Kraft
- die unterschiedlichen Wahrnehmungsperspektiven und die systemische Sicht aus Kap. 6 Kognitiver Pfad
- die Aspekte der Beziehungspflege aus Kap. 7 Sozialer Pfad

Bei all dem geht es darum, das Wesen der Kommunikation positiv zu beeinflussen, um so die Kommunikation und das menschliche Miteinander produktiv und lebendig zu gestalten.

10.1 Schenke Resonanz

Resonanz bezeichnet im technischen Sinne das Mitschwingen eines schwingfähigen Systems auf der Basis von Impulsen aus einem anderen System. Ohne Resonanz wäre unsere Welt still, leer und tot. Und Resonanz ist überlebenswichtig. Können Sie sich eine Welt ohne Resonanz vorstellen? Waren Sie schon einmal in einem schalltoten Raum? In einem solchen Raum können bis zu 99,99 % der Geräusche absorbiert werden (Kami 2012). Das ist technisch manchmal nützlich. Aber in einem solchen Raum hält es niemand länger als 45 min aus – zu beklemmend ist der Eindruck. Man fühlt sich isoliert, wie ein Astronaut im Weltall. Der Entzug von sinnlichen Reizen wird als sensorische Deprivation bezeichnet. Auf Wikipedia ist dazu zu lesen: „Wird der Geist vollständig von Außenreizen abgeschirmt, stellen sich bald Halluzinationen und ein verändertes Bewusstsein ein" (Wenninger 2000; Wikipedia 2015). Bestimmte Formen der sensorischen Deprivation werden daher sogar als Foltermethode eingesetzt.

10.1.1 Resonanz statt Halluzination

Übertragen Sie das Konzept auf die soziale Resonanz: Erfährt ein Mensch keine Resonanz, so fühlt er sich wirkungslos – beliebig – austauschbar. Das ist fast das Schlimmste, was einem Menschen passieren kann.

▶ Menschen definieren sich über Resonanz – den Unterschied, den sie in der Welt machen, die Reaktionen, die sie bekommen. Sie nehmen sich selbst überhaupt erst dadurch wahr. Wir wüssten nicht, wer wir sind, wenn wir keine Resonanz erlebten (Kasten 2011).

Im übertragenen Sinne kann es auch im Unternehmen zu den angesprochenen Halluzinationsphänomenen kommen: nämlich dann, wenn Führungskräfte, selbständig arbeitende Fachkräfte oder Außendienstmitarbeiter den Kontakt zur übrigen Belegschaft verlieren. Statt am Puls des Unternehmens zu sein, grübeln sie dann auf Basis von Vermutungen und Annahmen. In der Folge werden ihre Entscheidungen für die übrigen Mitarbeiter immer weniger nachvollziehbar.

Um in Resonanz mit der Umwelt gehen zu können und die Feedbacksignale wahrzunehmen, ist es wichtig, sich innerlich von den eigenen Standpunkten befreien können. Eine Gitarre ist deswegen hohl, weil sie schwingen können muss. Saiten allein auf einem Holzklotz klängen weniger gut. Analog muss man auch als Kommunikationspartner bereit sein, sich innerlich leer zu machen, um mit den externen Impulsen mitschwingen zu können. Und auch übertragen auf das Unternehmen als System gilt, dass es „schwingfähig" sein muss, damit die Menschen gemeinsam in Resonanz gehen können. Strikte Hierarchien, harte Fronten und feste Standpunkte verhindern, dass Menschen gedanklich mitschwingen können – die Resonanz bleibt aus.

▶ Daher sollte eine Führungskraft Prozesse im Unternehmen unterstützen, welche die Resonanzkultur fördern, denn genau das ist es, was ein lebendiges Wesen der Kommunikation braucht: Resonanzfähigkeit.

10.1.1.1 Vorteile einer lebendigen Resonanzkultur im Unternehmen

Resonanz kann die Produktivität unmittelbar erhöhen. Eine Studie in der japanischen Shinsei-Bank hat gezeigt, dass diejenigen Bank-Angestellten produktiver waren, die ein unmittelbares Feedback zu ihrer Leistung erhalten hatten (Gino und Staats 2011). Das Feedback wurde hier tagesaktuell auf technischem Wege gegeben. Eine andere Form des technischen Feedbacks sind die Key Performance Indicators aus der Balanced Scorecard. – Aber machen wir uns nichts vor: Nicht alles lässt sich über technisches Feedback lösen. Es ist vielmehr die Kernaufgabe der Führung, Feedback zu geben und für eine gute Resonanz im Unternehmen zu sorgen. Es gibt einige Studien, die diese Aussage untermauern:

- AOK-Studie (2008, 15.000 befragte Mitarbeiter): Zwischenmenschliche Aspekte werden darin als Krankheitsfaktor Nr. 1 identifiziert. Hauptursache: schlechtes Betriebsklima und eine als ungerecht empfundene Behandlung durch Vorgesetzte (Bauer 2010).
- Gallup-Studie (jährlich seit 2002): Untersucht wird die emotionale Bindung der Mitarbeiter an ihren Arbeitgeber. Lediglich 15 % der befragten Mitarbeiter (2014) äußern eine hohe emotionale Bindung an ihr Unternehmen. Hingegen hat bereits jeder Vierte innerlich gekündigt. Als Hauptgrund dafür wird die direkte Führungskraft angegeben:

Mangelnde Anerkennung, kein konstruktives Feedback, man werde nicht als Mensch wahrgenommen. Anders ausgedrückt: Es fehlt an Resonanz (Tödtmann 2015).

- Studie „Value of Corporate Culture" (2013, durchgeführt von drei angesehenen US Business Schools bei 1000 Unternehmen): Untersucht wurde, wie die Mitarbeiter das Management wahrnehmen. Ihr Ergebnis: Unternehmen, in denen Mitarbeiter das Management als integer erleben – und diese Integrität nicht nur in Hochglanz-Broschüren zur Schau gestellt wird –, weisen eine höhere Produktivität, eine höhere Rentabilität und eine höhere Attraktivität für künftige Bewerber aus (Guiso et al. 2013).
- Fehlzeitenreport Deutschland (Wissenschaftliches Institut der AOK, 2011): Die Auswirkungen schlechten Führungsverhaltens auf die Arbeitnehmerschaft sind Gegenstand dieser Studie. Lediglich 54 % der Befragten geben an, für ihre Leistung von Vorgesetzten wertgeschätzt zu werden. Die Beschäftigten wünschen sich von ihrer Führungskraft häufigeres Feedback und häufigeres Lob für gute Arbeit. Beschäftigte, die von ihren Führungskräften gut informiert werden und Anerkennung erfahren, haben weniger gesundheitliche Beschwerden und identifizieren sich häufiger mit ihrem Unternehmen (Badura et al. 2011).
- Stressreport Deutschland (2012, 17.000 befragte Berufstätige): Ansprechbarkeit, klare Aufgabenstrukturierung und Unterstützung der direkten Vorgesetzten sind wichtige Ressourcen. 41 % der Angestellten fehlt diese Resonanz. Die Befunde belegen: je mehr Unterstützung durch den direkten Vorgesetzten, desto seltener klagen die Mitarbeiter über gesundheitliche Beschwerden (Lohmann-Haislah 2013).
- Eine Meta-Analyse (2003) von 72 Feldstudien zeigte: Geld motiviert zwar etwas stärker als nur soziale Anerkennung oder Feedback allein. Aber: Die Kombination aller drei Aspekte verdoppelte (!) die Leistung der Mitarbeiter (Stajkovic und Luthans 2003).

Management-Guru Dr. Reinhard Sprenger (2012, S. 122) hat es so zusammengefasst: „Menschen kommen zu Unternehmen – aber sie verlassen Vorgesetzte." Und Rita Gunther McGrath (2014), Professorin an der Columbia Business School, ruft das „Zeitalter der Empathie" aus – Menschen wollen und brauchen einen neuen Führungsstil.

10.1.1.2 Die Resonanzkultur im Unternehmen fördern

Wenn eine lebendige Resonanzkultur so wichtig ist – wie kann sie im Unternehmen wachsen und gedeihen? Was können Sie als Führungskraft tun, um diese zu nähren? Idealerweise durchdringt die Resonanzkultur das gesamte Unternehmen: von der organisationalen Struktur über die Team-Ebene bis zum direkten zwischenmenschlichen Austausch. Man kann sogar ganz für sich selbst Resonanz organisieren, selbst wenn keine andere Person zur Verfügung steht.

- **Organisationale Ebene**: Die Strukturen und Prozesse im Unternehmen sind auf den offenen Austausch ausgerichtet.
- **Abteilungs-/Teamebene**: Die Abläufe auf der Ebene einzelner, kleinerer Einheiten im Unternehmen werden demensprechend kultiviert. Darunter kann die Steuerung von Teamsitzungen fallen.

- **Interpersonelle Ebene**: Im unmittelbaren Kontakt, zum Beispiel im Zweiergespräch (Dyade).
- **Intrapersonelle Ebene**: Hier sind die in den vorherigen Kapiteln dieses Buches angesprochenen Aspekte der Selbstführung gemeint: mit sich selbst in Resonanz gehen, sich selbst reflektieren und dabei auf die eigene innere Stimme hören.

Im unmittelbaren Umfeld kann eine Führungskraft üblicherweise den meisten Einfluss nehmen. Sie kann Teamsitzungen resonanzfördernd gestalten, zum Beispiel indem kleine Einstiegs-/Ausstiegsrituale eingehalten werden, die Agenda auch Phasen für Rückmeldungen vorsieht oder auch indem sie eine Gesprächskultur des respektvollen Austausches fördert. Die Führungskraft selbst kann auch für achtsames und wertschätzendes Feedback Vorbild sein – und so im Sinne der Kulturzwiebel zum „Helden" der Resonanzkultur werden. Die Vorgaben und vor allem das Vormachen der Führungskraft stiften die Mitarbeiter dazu an, es ihren Führungskräften gleichzutun. Auf diese Weise öffnet die Führungskraft den Erlaubnisrahmen für alle Mitarbeiter.

Selbst die Unternehmensstruktur kann eine lebendige Resonanzkultur unterstützen. Innovative Modelle der Entscheidungsfindung und des Organisationsaufbaus wie Soziokratie oder Holarchie/Holakratie sind an die Kreisstruktur angelehnt, die sich auch bei indigenen Stämmen findet. Das Modell der Holakratie will dabei gänzlich auf Hierarchien verzichten und setzt auf die Selbstorganisation durch unternehmensinterne Arbeits- und Entscheidungskreise. Zahlreiche Unternehmen in den USA, aber auch im deutschsprachigen Raum, haben die generelle Praxistauglichkeit dieses Ansatzes bereits bewiesen. Auch wenn sich diese Konzepte nicht auf jedes Unternehmen vollständig übertragen lassen, so schlummert dort jedoch ein Potenzial, das viele Unternehmen bislang ausblenden.

Doch selbst wer den Umbau der Organisation scheut oder nicht vorantreiben kann, sollte als Führungskraft hellhörig werden, wenn der Psychoneuroimmunologe Joachim Bauer (2006, S. 37) sagt: „Motivationssysteme schalten ab, wenn keine Chance auf soziale Zuwendung besteht." Erkenntnisse der Hirnforschung belegen, dass eine Führungskraft als sozialer Resonanzkörper die Mitarbeiter stark beeinflusst. Das Gehirn ist vor allem ein soziales Organ, das auf die komplexen Prozesse menschlicher Kommunikation optimiert ist. Dabei ist es jedoch vor allem der unbewusste, intuitive Bereich, der das Erleben steuert (Kap. 3 Intuition).

Logbuch

Prüfen Sie, wie es um die Resonanzkultur in Ihrem Unternehmen bestellt ist.
- Wie lebendig ist der Austausch der Mitarbeiter untereinander?
- Wie offen und regelmäßig ist der Kontakt von Führungskräften zu Mitarbeitern?
- Welchen Charakter haben Team- oder Abteilungssitzungen?
- Wie nah an den Mitarbeitern fühlt sich die Geschäftsleitung – und umgekehrt?
- Wie werden Entscheidungen im Unternehmen gefällt?

Erinnern Sie sich an die in Kap. 2.6 Mit den Augen der Ethnologen vorgestellte Kulturzwiebel und nutzen Sie das Modell, um die Situation in Ihrem Unternehmen zu analysieren und konkrete Handlungsschritte abzuleiten:

- **Rituale**: Welche bewusst vollzogenen Rituale oder auch Routinen im Unternehmen sind Ausdruck einer lebendigen Resonanzkultur? An welchen Handlungen lässt sich dies festmachen?
- **Vorbilder**: Wer im Unternehmen steht für eine offene und wertschätzende Kommunikation?
- **Symbole**: Welcher materielle Aspekt ist Zeugnis dieser Kultur des Austausches? Dies können auch banale Kleinigkeiten sein – wie die Schale mit Süßigkeiten, die alle Mitarbeiter immer wieder auffüllen. Oder ein aufgrund des regelmäßigen Einsatzes bereits stark abgenutzter Bereich im Gemeinschaftsraum.

10.1.2   Feedback als Form der Resonanz

Gutes Feedback geben zu können, ist eine Kunst. Wie jede Kunst kann man diese zumindest bis zur Fertigkeitsstufe des Kunsthandwerks lernen, selbst wenn man kein großer Künstler mehr wird. Doch es gehört gewissermaßen zum Pflichtteil – zum guten Handwerkszeug – einer Führungskraft, aussagekräftiges und wirkungsvolles Feedback geben zu können.

Wir alle kennen das: Manchmal trifft uns ein Kommentar, eine Rückmeldung oder ein noch so wohlgemeintes Feedback innerlich. Wir fühlen uns verletzt, herabgesetzt, herausgefordert, zum Widerstand angeregt, ungerecht behandelt, hilflos oder manchmal sogar wie gelähmt. Wäre es nicht großartig, wenn wir selbst zumindest die Kompetenz hätten, uns auf das Verhalten oder die Äußerungen eines anderen zu beziehen – ohne bei demjenigen diese Empfindungen auszulösen? Feedback geben, das klar und herzlich ist? Das geht!

Feedbackgeben ist ein Prozess, in den Geber und Nehmer gleichermaßen eingebunden sind. Machen Sie sich bewusst, dass wie bei jedem kommunikativen Akt der Feedbacknehmer ebenso daran beteiligt ist wie der Feedbackgeber. Sinnbildlich gesprochen ist es eher ein Akt des Geschenkeüberreichens und weniger ein simples Zustellen eines Pakets. Die gute Nachricht ist: Sie als Feedbackgeber können erheblich dazu beitragen, dass der Feedbacknehmer dies ebenso sieht.

10.1.2.1   Merkmale von Feedback

Im allgemeinen Verständnis und auch in der Literatur gibt es keine allgemeingültige Auffassung darüber, was Feedback überhaupt genau ist. Häufig wird darunter eine ganze Reihe höchst unterschiedlicher Rückmeldungen verstanden. Um Klarheit zu schaffen, definieren wir Feedback für dieses Buch wie folgt, wobei wir zwischen notwendigen und optionalen Aspekten unterscheiden. Feedback in diesem Sinne bezieht sich vor allem auf Aspekte des kommunikativen oder zwischenmenschlichen Handelns (siehe dazu die Unterscheidung zur Leistungsbeurteilung unten).

Zu den notwendigen Bestandteilen von Feedback zählen:

* **Wohlwollen des Feedbackgebers**: Alle Analogien von Feedback als Geschenk sind Makulatur, wenn die Rückmeldung nicht mit der angemessenen Haltung gegeben wird. Wer als vermeintlicher Feedbackgeber nur den eigenen Frust ablassen oder seinen Status demonstrieren will oder auch aus einer Haltung von Belanglosigkeit heraus agiert, gibt kein Feedback, sondern macht nur eine Selbstaussage (siehe nachfolgende Differenzierung).
* **Ich-Perspektive des Feedbackgebers**: Der Feedbackgeber muss für seine eigene Einschätzung einstehen und dies auch deutlich in der Formulierung ausdrücken („Auf mich wirkten Sie in diesem Fall etwas passiv." Statt „Sie sind ja eher als zurückhaltender Mensch bekannt."). Auch wenn er sich der Auffassung einer anderen Person anschließt, muss er dies erkennbar formulieren („Einzelne Kollegen haben mir gegenüber geäußert, dass Sie in diesem Fall ...").
* **Sinnesspezifische Rückmeldung**: Der Feedbackgeber muss klarmachen, auf welches Verhalten sich sein Feedback bezieht. Ein Feedback muss sich immer auf sichtbares Verhalten oder andere wahrnehmbare Aspekte beziehen (also auf die untersten beiden Logischen Ebenen). („Sie haben während des Gesprächs mehrfach die linke Augenbraue hochgezogen." Oder „Sie hatten kaum Blickkontakt mit mir und ich habe während der Präsentation nur Ihren Rücken gesehen.") In Ergänzung dazu kann der Feedbackgeber kundtun, wie er dieses Verhalten wahrgenommen hat bzw. wie es auf ihn gewirkt hat („… und das hat auf mich gewirkt, als seien Sie mit meiner Meinung nicht einverstanden gewesen.").
* **Angebotscharakter**: Der Feedbackgeber muss sein Feedback so vermitteln, dass es als Angebot wahrgenommen wird. Der Feedbacknehmer muss auch die Option haben, es teilweise oder vollständig nicht anzunehmen – sonst ist es kein Angebot.

Sinnvollerweise enthält das Feedback zudem noch folgende Aspekte:

* **Potenzialorientierung**: Die Potenzialorientierung verdeutlicht nicht nur das Wohlwollen des Feedbackgebers, sondern öffnet Perspektiven. Ein Fokus nur auf dem Negativen engt hingegen den Möglichkeitenraum ein und führt häufig zu reinen Fehlervermeidungsstrategien.
* **Zukunftsorientierung**: Eine Aussage über die Zukunft erlaubt, danach zu handeln. Rein vergangenheitsbezogene Aussagen führen nur zur Frustration (siehe nachfolgende Differenzierung).
* **Handlungsofferten**: Spezifische Handlungsmöglichkeiten geben dem Feedbacknehmer eine konkrete Vorstellung davon, um was es dem Feedbacknehmer geht.
* **Freiwilligkeit**: Dieser Aspekt ist sehr wünschenswert, jedoch im beruflichen Kontext nicht immer zu gewährleisten. Wer als Feedbacknehmer aktiv ein Feedback einfordert, ist in der Regel offener auch für deutliche Worte. Im Alltag ist es jedoch nicht selten der Feedbackgeber, der seine Perspektive vortragen möchte. Dann ist neben dem an-

gemessenen Rahmen (siehe unten) oft hilfreich, eine rhetorische Frage („Darf ich Ihnen ein Feedback dazu geben …?") als Brücke zu nutzen, um vom Feedbacknehmer eine Einladung zum Feedback zu erhalten.

- **Dialogbereitschaft**: Ein Feedback sollte optimalerweise die Einladung zum Dialog sein und nicht wie ein abschließendes Urteil klingen. Ein „hingeworfenes" Feedback, das keine Bereitschaft zum weiteren Austausch signalisiert, verhindert, die Perspektive des Feedbacknehmers kennenzulernen.

Feedback formulieren

Gutes Feedback zu formulieren, ist eine Kunst. Und Kunst liegt immer auch im Auge des Betrachters. Daher gibt es auch nicht die eine, perfekte Formulierung, um wertschätzend eine Rückmeldung zu geben, die der andere auch noch als nützlich empfindet. Von Tom Andreas (2015) haben wir jedoch diese Formulierung, die wir häufig einsetzen und selbst schon viele Male als äußerst nützlich erlebt haben (im Coaching sowie bei Feedback- und Selbstführungs-Trainings): „Ich frage mich, wie es Ihre Möglichkeiten erweitern könnte, wenn Sie beim nächsten Mal zusätzlich [eine Visualisierung einsetzen/Ihre Kernaussagen am Ende noch einmal klar formulieren/häufiger den Blickkontakt zum Auditorium suchen]. Können Sie sich das vorstellen?" – Die Ich-Perspektive wird klar ausgedrückt und der Feedbacknehmer eingeladen, den Gedanken für sich selbst prüfen. Auch der konkrete Zukunftsbezug wird deutlich. Zudem fällt es den meisten Menschen leichter, eine Anregung anzunehmen, wenn diese nicht den Verzicht oder die Einschränkung der bestehenden eigenen Positionen erfordert, sondern lediglich „zusätzlich" gilt. Die meisten Menschen mögen es nicht, wenn ihnen etwas weggenommen wird – und sei es die eigene, selbst als unangemessen erkannte, Verhaltensweise, Auffassung oder Haltung. Ein Teilaspekt der Kunst des Feedbackgebens ist, auf neue Lösungsräume hinzuweisen – statt nur alte Gewohnheiten verbieten zu wollen. Dann empfindet der Feedbacknehmer die Rückmeldung nicht als Verlust, sondern viel eher tatsächlich als Geschenk. Experimentieren Sie mit unterschiedlichen Feedback-Formulierungen und finden Sie eine Variante, die sich auch für Sie selbst stimmig anhört.

Bitte nicht psychologisieren!

Die eigene Meinung und Einschätzung können nützliche Bestandteile von Feedback sein. Dazu zählt auch, wie man die andere Person wahrnimmt. Hier ist jedoch Achtsamkeit geboten, denn man begibt sich auf das sprichwörtliche dünne Eis. Menschen reagieren höchst sensibel auf Urteile zur eigenen Person – und zwar umso sensibler, je höher sich der Aspekt auf den *Logischen Ebenen* befindet. Aussagen zum Verhalten werden in der Regel leichter richtig verstanden (und als Feedback einsortiert) als Aussagen auf den höheren Ebenen.

Prüfen Sie die folgenden (absichtlich harsch formulierten) Aussagen:

- **Ebene 1 (Kontext, Äußerlichkeit):** „Mit dieser Kleidung haben Sie in diesem Unternehmen keine Zukunft."
- **Ebene 2 (Verhalten):** „Mit diesem Verhalten haben Sie in diesem Unternehmen keine Zukunft."
- **Ebene 3 (Fähigkeiten):** „Mit diesem Mangel an Fähigkeiten haben Sie in diesem Unternehmen keine Zukunft."
- **Ebene 4 (Werte und Grundeinstellungen):** „Mit dieser Einstellung haben Sie in diesem Unternehmen keine Zukunft."
- **Ebene 5 (Identität):):** „Mit dieser Persönlichkeit haben Sie in diesem Unternehmen keine Zukunft."
- **Ebene 6 (Zugehörigkeit):** „Mit dieser Religion [alternativ: Herkunft, Nationalität] haben Sie in diesem Unternehmen keine Zukunft."

Üblicherweise empfinden Menschen die Aussagen auf den höheren Ebenen als zunehmend anmaßender.

Beachten Sie, dass die angesprochene Ebene nicht immer so leicht zu erkennen ist. Manchmal kann eine vermeintliche Äußerlichkeit, wie eine Frisur oder Schmuck (z. B. ein Halskette mit Kreuz oder ein Kopftuch), für den Träger eine im Sinne der Logischen Ebenen höhere Bedeutung haben.

Doch wie lässt sich nun die persönliche Perspektive so formulieren, dass der andere sie als solche erkennt und nicht als Wertung missversteht? Indem Sie achtsam formulieren, dass die dargestellte Sichtweise (lediglich) Ihre Perspektive darstellt! Es ist ein feiner Grat zwischen einer Unterstellung und einer klaren Ich-Botschaft. Und nicht immer steht es einem als Kollegen oder auch Führungskraft zu, zu allen Aspekten (ungefragt) Stellung zu nehmen. Der folgende Satz kann leicht als übergriffig erlebt werden, selbst wenn er mit wohlwollender Absicht formuliert wird:

- „Ich glaube, Sie sind von der Persönlichkeit her ein introvertierter Typ."

Als Führungskraft sind Sie kein Therapeut und sollte von solchen persönlichkeitsbezogenen Vermutungen Abstand nehmen. Deutlich besser werden hingegen in der Regel folgende Formulierungen erlebt:

- „Ich nehme Sie als sehr zurückhaltend wahr."
- „Ich erlebe Sie als …"
- „Ich habe Sie/die Situation so erlebt, dass Sie …"
- „Mir schien es, dass Sie …"
- „Aus meiner Perspektive war es so, dass …"
- „Als Sie XY gemacht haben, kam mir der Gedanke, dass …"
- „Während ich Sie bei dem Vortrag beobachtete, schien es mir, dass Sie …"

Beziehen Sie sich möglichst auch auf das wahrgenommene Verhalten. Allein das kann für den anderen bereits eine wertvolle Information sein, auch ohne eine zusätzliche Wertung oder Vermutung. Die beiden letzten Beispiele formulieren eine Synchronizität bzw. Chronologie von Wahrnehmung und innerem Erleben beim Beobachter.

▶   Hüten Sie sich jedoch vor Kausalitätszuschreibungen. Formulieren Sie niemals
    Aussagen, die sprachlogisch auf der Identitätsebene angesiedelt sind:
    •   „Sie sind [extrovertiert/nervös/beherrscht/…]."
    •   „Man konnte sehen, dass Sie nervös waren, da Sie mit dem Stift gespielt
        haben."

Nutzen Sie die Tipps zum Formulieren von intuitiven Vermutungen gegenüber einer anderen Person aus Kap. 3.2 Anwendungsfelder von Intuition, wenn Sie zum Beispiel eine Vermutung darüber äußern möchten, wie sich die andere Person fühlen könnte.

▶   Daher gilt, dass Feedback frei sein sollte von jeglichen:
    •   Aussagen zu vermeintlichen **Einstellungen** des Feedbacknehmers
    •   Aussagen zu **Persönlichkeitsaspekten**

Nur für die Goldwaage?
Manch einer wird jetzt vielleicht denken, dass diese sprachlichen Spitzfindigkeiten doch arg untauglich für den Alltag sind und dort ohnehin keinen Unterschied machen. Das Gegenteil ist jedoch der Fall: Gerade in schwierigen Situationen neigen Menschen dazu, jedes Wort auf die sprichwörtliche Goldwaage zu legen. Wer dann die Kommunikation mit gedanklicher Klarheit und sprachlicher Kompetenz steuern kann, hat handfeste Vorteile im täglichen Miteinander.

Logbuch

Checkliste für Ihr nächstes Feedback:
➲ Gebe ich das Feedback aus einer wohlwollenden Haltung heraus?
➲ Spreche ich für mich selbst oder mache ich zumindest klar, wann ich Perspektiven
   von anderen wiedergebe?
➲ Sind sowohl meine Haltung als auch meine Formulierung so, dass das Feedback als
   Angebot verstanden werden kann?
➲ Nenne ich spezifische Situationen und Verhaltensweisen, auf die sich mein Feed-
   back bezieht?
➲ Unterlasse ich Aussagen über die Persönlichkeit bzw. die Person als solche?
➲ Drücke ich aus, welches Potenzial ich in dem anderen sehe?
➲ Biete ich zukunftsorientierte Handlungsofferten an, die für den anderen nützlich
   sein könnten?

Es geht dabei nicht um die checklistenhafte Erfüllung der einzelnen Punkte. Oft ist es mit der angemessenen Haltung auch dann möglich, ein gutes Feedback zu geben und den richtigen Ton zu treffen, wenn man einzelne Aspekte auslässt. Jedoch geben die aufgeführten Punkte eine gute Orientierung, um den Prozess des Feedbackgebens erfolgreich zu gestalten.

10.1.2.2 Feedback von anderen Aussagen differenzieren

Im Sinne Gregory Batesons lernen wir durch Unterschiedsbildung. Daher ist es sinnvoll, Feedback gegenüber anderen Aussagen zu differenzieren und sich damit zu vergegenwärtigen, was Feedback eben nicht ist.

- **Bitte:** Die Bitte enthält häufig auch eine persönliche Komponente und betont stark die Beziehungsqualität. Der Empfänger kann die Bitte ablehnen, wobei sich auch hier die Beziehungskomponente ausdrückt. Wie so häufig gilt auch bei der Bitte: Der Ton macht die Musik. Darüber hinaus spielt die systemische Abhängigkeit (z. B. durch formelle oder informelle Hierarchie oder auch Aspekte von Seniorität) eine bedeutende Rolle, ob das Ausschlagen der Bitte tatsächlich als möglich oder angemessen empfunden wird. Die Bitte ist in Bezug auf die Freiwilligkeit von der Anweisung zu unterscheiden (s. u.).
  Beispiel: Die Führungskraft sagt: „Herr Schneider, ich sehe Sie so selten am späten Nachmittag noch im Büro. Ich weiß, Sie kommen morgens sehr früh, aber vielleicht können Sie das häufiger mal anders machen. Dann haben Ihre Kollegen mehr von Ihnen und die Vereinbarung von Terminen wird leichter. Ist das möglich?" Non- und paraverbale Aspekte der Kommunikation (siehe Kap. 2.3 Sprache schafft Realität) sind hierbei natürlich ebenfalls wichtig. Je nach Unternehmen kann die obige Formulierung auch durchaus schon als Anweisung verstanden werden.
- **Anweisung**: Anders als bei der Bitte beruft sich der Anweisende hier auf eine hierarchische oder sonstige Autorität gegenüber dem Empfänger der Anweisung. Aus Gründen der Höflichkeit oder um eine freundlich-kollegiale Arbeitsatmosphäre zu fördern, kann die Anweisung wie eine Bitte formuliert sein. Wichtig ist jedoch, dass diese für den Empfänger klar als Anweisung identifizierbar ist. Erneut steht hier das weite Feld der non- und paraverbalen Aspekte der Kommunikation offen, um diese Bedeutung in der Aussage zu vermitteln.
  Beispiel: Die Führungskraft sagt: „Bitte seien Sie ab jetzt jeden Morgen spätestens um 8.30 Uhr am Arbeitsplatz."
- **Leistungsbeurteilung**: Im betrieblichen Kontext ist gelegentlich die Rede von Feedbackgesprächen. Dabei ist jedoch häufig etwas anderes gemeint als Feedback im Sinne dieses Buches. Nicht selten handelt es sich dabei eher um Aufarbeitung von Zielvereinbarungen (im Sinne des Management by Objectives). Die Leistungsbeurteilung ist nützlich und wertvoll, gerade für den professionellen Bereich. Sie gibt die Möglichkeit, die eigene Leistung einschätzen zu können. Problematisch wird es jedoch, wenn dies mit der Beurteilung der Person verwechselt oder vermischt wird. Dies geschieht im betrieblichen Alltag leider jedoch häufig.

Beispiel: Die Führungskraft sagt: „Ich bin mit Ihren Leistungen des vergangenen Quartals absolut nicht zufrieden. Die Anzahl der Verkaufsabschlüsse [Kundenbeschwerden/ Fehler] entspricht nicht den Erwartungen, die ich an Sie als meinen Mitarbeiter habe. Ihre Leistung liegt im unteren Viertel aller bei uns Beschäftigen."

- **Selbstaussage:** Hier gibt der Sprecher bewusst oder unbewusst etwas vom eigenen inneren Erleben preis. Gelegentlich werden solche Aussagen zwar eingeleitet mit Formulierungen wie: „Ich möchte Ihnen mal ein Feedback geben" – das ist jedoch keineswegs eine Garantie dafür, dass dann auch ein echtes Feedback kommt. Eine Selbstaussage kann durchaus Teil eines Feedbackgesprächs sein. Gerade wenn es um Aspekte der Beziehung geht, ist dies auch notwendig. Zudem informiert es den Feedbacknehmer über die Wirkung, die sein Verhalten beim Feedbackgeber ausgelöst hat. Es fehlen jedoch häufig die Aspekte der sinnesspezifischen Rückmeldung sowie der Potenzialorientierung oder Handlungsoption, die wir oben als sinnvollen Teil eines Feedbacks definiert haben.

  Beispiel 1: „Ich bin enttäuscht von Ihnen. Das hatte ich mir wirklich anders vorgestellt, als wir damals die Vereinbarung getroffen haben." Oder: „Das haben sie toll gemacht, ich bin begeistert." – Die beiden Sätze vermischen Selbstaussagen mit Fakten bzw. Bewertungen. Beides sollte tunlichst vermieden werden. Besser ist es, Selbstaussagen unabhängig von anderen Aspekten zu machen und das eigene Empfinden nicht als Urteil über den anderen zu formulieren.

  Beispiel 2: „Meiner Meinung nach haben Sie das toll gemacht. Ich bin begeistert." – Hier sind beide Sätze (Bewertung und Selbstaussage) deutlich aus der Ich-Perspektive formuliert.

- **Deklarationen ohne Subjekt:** Das ist der Klassiker schlechter Kommunikation, der nahezu unmittelbar das Wesen der Kommunikation und die Beziehung der Beteiligten beeinträchtigt. Hier identifiziert sich der Sprecher nicht explizit, sondern spricht auf so allgemeine Weise, als sei die Aussage allgemeingültig. Der Sprecher versteckt sich hinter einer anonymen Instanz. Die Aussagen werden dadurch stärker und wirken wie über jeden Zweifel erhaben.

  Beispiel: „So können Sie unser Unternehmen nicht repräsentieren."

Gedankenexperiment

Stellen Sie sich die folgenden Aussagen mit der Einleitung „Ich denke …" oder „Meiner Meinung nach …" vor und prüfen Sie, welchen Unterschied dies jeweils macht.

- „Die Zahlen, die Sie im letzten halben Jahr verantwortet haben, sind enttäuschend."
- „So kann man doch nicht auftreten. Da muss man sich im Griff haben."
- „Das entspricht nicht der Art und Weise, wie wir die Dinge hier tun."

Beobachten Sie, welche Aussagen Sie den Tag über machen, wenn Sie anderen Menschen eine Rückmeldung geben. Analysieren Sie, welcher Art Ihre Aussagen sind.

⮫ Wann formuliere ich eine Bitte, wann eine Anweisung oder ein Urteil? Wann mache ich eine Selbstaussage? Wann eine vermeintlich allgemeingültige Aussage?

⮫ Unterscheide ich die unterschiedlichen Aussagen bewusst und deutlich voneinander – oder vermische ich sie?

⮫ Nutze ich die jeweiligen Aussagen zum angemessenen Zeitpunkt?

10.1.2.3 Gefühle zeigen ist doch menschlich, oder?

Seine Gefühle nicht dauerhaft hinter einer Maske zu verbergen, ist wichtig – und sicherlich auch ein Credo dieses Buch. Allerdings gehört zur Selbstführung auch, diese Empfindungen und vor allem deren Ausdruck steuern zu können. Jeder Mensch hat das Recht, verärgert, enttäuscht, schlecht gelaunt oder auch begeistert zu sein. Allerdings muss er den Ausdruck dieser Emotionen im beruflichen Kontext regulieren können – sowohl als Mitarbeiter als auch als Führungskraft.

Dazu ein Beispiel: Menschen haben Erwartungen an einander – und diese Erwartungen können enttäuscht werden. In bestimmten Situationen ist daher ein Satz wie: „Ich bin enttäuscht von Ihnen" menschlich zu verstehen. Unter bestimmten Umständen kann er sogar zur Klärung einer Beziehung hilfreich sein. Aber er kann auch das professionelle Verhältnis zu einem Mitarbeiter vergiften, wenn er aus einer ungleichen Beziehung heraus geäußert wird, die im Unternehmen schon aufgrund von hierarchischen Unterschieden häufig gegeben ist.Prüfen Sie diese Fragestellung aus systemischer und kultureller Perspektive:

• Kommunizieren beide Gesprächspartner auf Augenhöhe miteinander oder liegt dem Gespräch ein asymmetrisches Verhältnis zugrunde (z. B. durch Abhängigkeit oder hierarchischen Status)?

• Hat der Mitarbeiter auf gleiche Weise die Freiheit, dies so zu äußern?

• Empfindet er diese Freiheit tatsächlich auch so?

• Welche Wirkung hat der „Gefühlsausbruch" innerhalb des Systems (dem Unternehmen oder der Abteilung)?

10.1.2.4 Lob ist süßes Gift

Eine weit verbreitete Annahme ist, dass in Unternehmen zu wenig gelobt wird. Aus unserer Sicht ist das nicht so. Zwar stimmen wir der Aussage zu, dass im Unternehmen mehr Anerkennung ausgesprochen werden sollte. Allerdings nicht in Form von Lob, sondern als Anerkennung auf Augenhöhe.

▶ Lob beinhaltet ein Hierarchieverständnis, das sich in einer asymmetrischen Kommunikation ausdrückt.

Neben der Formulierung spielen natürlich auch die non- und paraverbalen Aspekte von Kommunikation eine wichtige Rolle. Wie bei vielen in diesem Buch vorgestellten Aspekten geht es nicht um ein digital gedachtes Richtig-oder-Falsch, sondern vielmehr um die analoge Wahrnehmung von Nuancen.

Die meisten Menschen werden im folgenden Satz den Chef als den Sprecher vermuten: „Das haben Sie gut gemacht. Weiter so!" Oder können Sie sich vorstellen, dass ein Mitarbeiter dies zu seinem Chef sagt? Demgegenüber ist der folgende Satz hierarchieneutral formuliert: „Aus meiner Sicht ist Ihr Beitrag sehr gut gelungen. Vielen Dank dafür!" Hier könnten sowohl der Vorgesetzte als auch der Mitarbeiter der Sprecher sein.

Die Nachteile von Lob sind aus unserer Perspektive:

- **Lob infantilisiert und wirkt schnell gönnerhaft.** Menschen haben ein feines Gespür für Statusunterschiede und nehmen diese sehr genau wahr. In hierarchischen Unternehmenskulturen wird Lob als Ausdruck von Anerkennung noch erwartet – die meisten Unternehmen streben jedoch Kommunikation auf Augenhöhe an. Hier kommt Lob schnell als herablassend an.
- **Lob wird leicht als bloßes Mittel zum Zweck wahrgenommen.** Lob bewertet häufig nur die vollbrachte Leistung im Sinne des Endresultats. Für den Leistenden ist es jedoch oft viel wichtiger, dass seine Anstrengung (zur Erreichung dieser Leistung) gewürdigt wird. Statt nur den erfolgreichen Projektabschluss zu loben, ist die Anerkennung der langen Arbeitstage, des Urlaubsverzichts oder die schwierige Kommunikation mit dem Kunden für den Mitarbeiter häufig viel wichtiger. Ein Lob ohne Anerkennung der Bemühungen wird von Mitarbeitern leicht missverstanden als reines „Zuckerbrot" und als Aufforderung, noch schneller und härter zu arbeiten.
- **Lob ist gesichtslos.** Lobende Formulierungen haben häufig einen generalisierenden Charakter, der die Identität des Sprechers maskiert. Der Lobende gibt weniger seine eigene persönliche Einschätzung preis, sondern fällt dem Anschein nach ein allgemeingültiges Urteil.
- **Lob macht die Mitarbeiter süchtig.** Lob kann etwas sehr Schönes sein, denn es bekundet Anerkennung für die eigene Leistung. Doch als Form der extrinsischen Motivation hält Lob selten lange vor. Der Belobigte arbeitet tendenziell weniger aus dem inneren Antrieb heraus, sondern für das Lob des Vorgesetzten. Entsprechend demotiviert ist er, wenn dieses Lob trotz guter Leistung dann ausbleibt.
- **Lob erschöpft die Führungskraft.** Lob kann Mitarbeiter kurzfristig motivieren. Doch es erzeugt auch den Zwang, gute Leistung loben zu müssen, um den Motivationsschub zu erneuern. Viele Führungskräfte empfinden diese Form des „Loben-Müssens" als Belastung.

10.1.2.5 Anerkennung auf Augenhöhe

Verdeutlichen Sie sich die Unterschiede zwischen Wertschätzung, sozialer Anerkennung und Lob.

- **Wertschätzung:** Erinnern Sie sich an die Aussagen zur Wertschätzung aus Kap. 7.1 Pflege deine Beziehungen: Wertschätzung ist keine Anerkennung oder ein Lob für erbrachte Leistungen. Vielmehr ist es eine bedingungslose, positive und wohlwollende Haltung sich selbst und anderen gegenüber. Wertschätzung wird dem Menschen bereits für sein „so sein" entgegengebracht.
- **Soziale Anerkennung:** Anerkennung wird für den gezeigten Einsatz und die damit verbundenen Mühen ausgedrückt. Diese Mühen können von Erfolg gekrönt sein. Doch auch ein gescheitertes Projekt kann eine Anerkennung wert sein, wenn sich der Mitarbeiter dafür intensiv engagiert hat. Neben der hier im Vordergrund stehenden sozialen Anerkennung können darüber hinaus natürlich auch noch andere Formen (z. B. finanzielle Anerkennung besonderer Leistungen) angebracht sein.
- **Lob bzw. Anerkennung für die vollbrachten Leistungen (Resultate):** Die Goldmedaille beim sportlichen Wettkampf oder das Bild mit dem „Verkäufer des Monats" sind im Sinne der Kulturzwiebel die Artefakte (Symbole) dieser Anerkennung. Sie ehren jedoch nur das Ergebnis, nicht bereits die Mühen des Athleten bzw. Mitarbeiters.

Wie lässt sich nun soziale Anerkennung im obigen Sinne auf Augenhöhe aussprechen?

- **Erheben Sie Urheberschaft auf Ihr Urteil.** Geben Sie sich klar als Urheber Ihrer Meinung zu erkennen, statt sich hinter floskelhaften und gesichtslosen „man"-Formulierungen zu verstecken. Weisen Sie sich als Bezugspunkt aus, statt sich auf eine nicht näher identifizierte Instanz zu beziehen. Statt zu sagen: „Das haben Sie gut gemacht." Nutzen Sie die Formulierung: „Aus meiner Sicht haben Sie das gut gemacht."
- **Machen Sie sich selbst zum Benchmark.** „Also ich muss schon sagen: alle Achtung! Ich weiß nicht, ob ich das so elegant hinbekommen hätte wie Sie. Von Ihren kommunikativen Fähigkeiten schneide ich mir gerne eine Scheibe ab."
- **Danken Sie.** „Ich bin beeindruckt, wie gewissenhaft Sie an dieser Stelle nachgehakt haben. Ich danke Ihnen für Ihre Beharrlichkeit in diesem Punkt."
- **Freuen Sie sich mit.** Freuen Sie sich gemeinsam mit dem Kollegen oder Mitarbeiter. „Ich freue mich über das, was Sie geleistet haben. Ihr Vorbild bringt uns alle in der Abteilung weiter."

10.1.3 Feedback geben

Wenn Sie Feedback geben, sollten Sie berücksichtigen, dass sich die Aussagen nicht auf eine Beurteilung von erbrachten Leistungen beziehen, sondern auf zwischenmenschliches Handeln. Dies kann in vielen Fällen Teil der erbrachten Leistung sein (z. B. bei Kundenkontakt), muss es jedoch nicht (z. B. bei der Beurteilung von quantifizierten Zielen). Die Übergänge sind dabei manchmal fließend und beide Aspekte sind Teil einer aktiven Resonanzkultur:

- Feedback als Perspektivpreisgabe
- Rückmeldungen als Bewertung oder Einschätzung

10.1.3.1 Ein Blick aus dem Fenster weitet den Horizont

Ein einfaches Modell macht den Nutzen von Feedback verständlich: das sogenannte Johari-Fenster. Informationen zu einer Person werden dort einem der vier Bereiche zugeordnet:

- **Der öffentliche Bereich**: Dies sind Informationen, die sowohl der jeweiligen Person als auch deren Umfeld bekannt sind.
  Beispiel: Die Person hält regelmäßig und souverän Vorträge und Reden. Sie zählt diese Kompetenz zu ihren Stärken und auch das Umfeld nimmt dies so wahr.
- **Der private Bereich**: Informationen in diesem Bereich sind das Geheimnis der Person und nur ihr selbst (bzw. anderen Personen, die zu diesem Vertrauensbereich Zugang haben) bekannt.
  Beispiel: Die Person ist trotz der nach außen hin sichtbaren Souveränität innerlich sehr nervös vor Auftritten – ähnlich manchen Schauspielern, die selbst nach Jahren noch Lampenfieber haben.
- **Der blinde Fleck**: Dieser Bereich ist nur für die anderen sichtbar. Man könnte hier vom Unterschied zwischen Selbst- und Fremdwahrnehmung sprechen. In diesem Bereich wird gut formuliertes und vermitteltes Feedback zur wertvollen Erkenntnisquelle. Hier erfährt die Person etwas über sich, das ihr vorher nicht bekannt oder zumindest bewusst war.
  Beispiel: Das Umfeld spiegelt der Person, dass gerade zu Beginn eines Auftritts die Mimik der Person arrogant wirkt.
- **Der unbekannte Bereich**: Über diesen Bereich weiß weder die Person noch ihr Umfeld etwas. Durch Annahme von Feedback und die Preisgabe von Privatem verkleinert sich dieser Bereich, sofern die dafür notwendige Vertrauensbasis existiert.
  Beispiel: Durch die Preisgabe des Geheimnisses der heimlichen Nervosität sowie die Mitteilung über die Wirkung als arrogant kann es zu einem gemeinsamen Verständnis kommen, bei dem die Person sich erlaubt, die Nervosität zu zeigen und das Umfeld die vermeintlich arrogante Mimik besser zu deuten weiß.

Zum obigen Beispiel zum blinden Fleck sei noch ergänzend gesagt, dass dies zwar kein Feedback in dem hier verstandenen Sinne ist, da die sinnesspezifische Spezifizierung fehlt. Doch natürlich kann eine Aussage wie: „Ich habe dich als arrogant erlebt." oder „Sie kamen für mich arrogant rüber." trotzdem eine wertvolle Information für die angesprochene Person beinhalten. Gerade dieses Beispiel zeigt jedoch, dass es eine solide Vertrauensbasis braucht, um ein Feedback auf dieser persönlichen Ebene geben zu können.

Beispiel aus der Praxis

Das Johari-Fenster ist auch bei weniger persönlichen Aspekten nützlich. Stellen Sie sich dazu eine Person vor, die sich selbst als hervorragenden Kundenberater einschätzt. Im blinden Fleck könnten die Kollegen oder auch der Vorgesetzte mitteilen, dass es hinter vorgehaltener Hand bereits eine Reihe von Beschwerden seitens der Kunden gab. Das Feedback könnte dann nach der gemeinsamen Klärung der Fakten (Kundenbeschwerden) folgendermaßen formuliert sein [Anmerkungen in eckigen Klammern]: „Ich als Vertriebsleiter bin über die doch recht hohe Zahl an Beschwerden besorgt. [Selbstaussage aus der Ich-Perspektive] Wenn ich Ihnen aus meiner Perspektive dazu ein Feedback geben darf …? [Einladung zum Feedbackgeben abwarten] Ich schätze Ihr Engagement bei der Arbeit sehr. Mir ist jedoch schon mehrfach aufgefallen, dass Sie den Kunden – und übrigens auch Ihren Kollegen – häufiger mal ins Wort fallen und diese dann auch kaum noch zu Wort kommen lassen. [sinnesspezifische Beobachtung] Ist es für Sie vorstellbar, bei den nächsten Gesprächen besonders darauf zu achten, dem anderen das Wort zu lassen und Ihren Gesprächsanteil bewusst zu senken?" Dem Vertriebsleiter steht es frei, neben diesen Feedbacks auch eine klare Erwartungshaltung zu formulieren: „Ich erwarte, dass sich die Anzahl der Beschwerden im kommenden Quartal deutlich verringert. Abgemacht?"

10.1.3.2   Feedback anhand der Logischen Ebenen strukturieren

Nutzen Sie die Logischen Ebenen (siehe Kap. 2.6 Mit den Augen der Ethnologen), um sich auf das Gespräch vorzubereiten, Ihr Feedback zu strukturieren und so dem anderen Orientierung zu geben. Zudem können Sie die Übung 1 „Wahrnehmungsperspektiven wechseln" aus Kap. 6 Kognitiver Pfad nutzen, um die Perspektive des Gesprächspartners besser einschätzen zu können. In den nachfolgenden Beispielen geht es um unterschiedliche Situationen, in denen Sie Feedback als Perspektivpreisgabe nutzen. Die Struktur können Sie in vielen anderen Gesprächskontexten des beruflichen oder auch privaten Bereichs sinnvoll einsetzen. Dies gilt besonders, wenn Sie die Fragen nicht als formale Checkliste, sondern als gedankliche Richtschnur verstehen.

Ebene 1: Kontext (Wo, wann, mit wem?)

➲ Auf welche Fakten stütze ich mein Feedback?
➲ Um welchen Zeitraum oder welche Ereignisse genau geht es?

Beispiel: „Ich habe mir Ihre Ergebnisse des letzten halben Jahres angeschaut. Und ich habe eine Abweichung gegenüber früheren Projekten festgestellt. Ganz konkret nehme ich Bezug auf Ihre Tätigkeit im Projekt …"

Ebene 2: Verhalten (Was genau?)

➲ Auf welches konkrete Verhalten beziehe ich mich?
➲ Auf was genau bezieht sich mein Feedback? Was genau hat mich gestört bzw. möchte ich anmerken?

Beispiel: „Ich beziehe mich ganz konkret auf das letzte Meeting, bei dem ich Sie als wenig offen für die Rückmeldungen Ihrer Kollegen erlebt habe."

Ebene 3: Fähigkeiten (Wie genau?)

➲ Welche Schlussfolgerungen ziehe ich aus meinen Beobachtungen bezogen auf die Fähigkeiten und Kompetenzen des Feedbacknehmers? – Machen Sie sich bewusst, dass Sie dessen Fähigkeiten nicht direkt sehen können, sondern diese aus seinem Verhalten nur ableiten.

Beispiel: „Mir scheint, dass Sie in diesem Bereich noch Aufholbedarf haben. Aufgrund der geschilderten Beispiele schlage ich vor, dass Sie …"

Ebene 4: Werte, Grundeinstellungen und Vorannahmen (Warum?)
Ab der Ebene 4 reflektieren Sie vor allem Ihre eigene Position, um mit größerer Klarheit sprechen zu können.

➲ Was ist mir wichtig daran, jetzt Feedback auf das genannte Verhalten zu geben?

Beispiel: „Mir ist der offene Austausch in der Abteilung wichtig. Daher möchte ich Sie frühzeitig darauf hinweisen, dass …"

Ebene 5: Identität (Als wer?)
Identitätsklarheit ist wichtig, nicht nur um ein differenziertes Feedback geben zu können.

➲ Aus welcher Position bzw. Identität heraus gebe ich das Feedback? – Machen Sie dies in Ihrer Formulierung deutlich, damit es keine Verwechslung auf dieser Ebene gibt. Nutzen Sie ggf. die Gelegenheit, zwischen persönlicher und professioneller Perspektive zu differenzieren.

Beispiel: „Persönlich kann ich Ihre Lage verstehen. Ich als Ihr Vorgesetzter muss jedoch auch die Interessen des Unternehmens vertreten und Ihnen, als dem Projektleiter, daher sagen …"

Aus einer klaren Identität als Vorgesetzter heraus können Sie unterschiedliche Perspektiven differenzieren und äußern:

- Beurteilung der Leistung des anderen
- Entscheidungen des Unternehmens vermitteln – als „Amtsträger" und Repräsentant des Systems (Anknüpfung an Aspekte aus Ebene 6)
- Persönliches Interesse am Wohlergehen des anderen bzw. „Coaching"

Gelegentlich hört man in Unternehmen die Forderung, die Führungskräfte sollen ihre Mitarbeiter „coachen". Der Wunsch nach Coaching durch interne Kräfte ist nachvollziehbar – und zugleich unangemessen.

▶ Ein Vorgesetzter kann prinzipiell niemals die Funktion eines Coaches für seine Mitarbeiter ausüben.

Dieses Ansinnen unterschätzt nicht nur die Erfahrung und Spezialisierung eines professionellen Coaches. Vor allem übersieht es die unabdingbaren Voraussetzungen für eine Coach-Klienten-Beziehung, die aufgrund der *systemischen* Abhängigkeit von Mitarbeitern innerhalb eines Unternehmens nicht erfüllt werden können. Ein Coach muss unabhängig vom Klienten sein – und umgekehrt. Beides ist im Unternehmen nicht gegeben. Einige einfache Prüffragen verdeutlichen dies: Kann der Klient den Coach ablehnen? Kann der Coach den Klienten ablehnen? Ist der Klient überzeugt davon, dass die – für ein Coaching unbedingt erforderliche – Vertraulichkeit in jedem Falle gewahrt bleibt und er auch langfristig keine Nachteile (z. B. in der Karriere) zu fürchten hat, auch wenn er ganz offen spricht? Was ist, wenn der Mitarbeiter im sogenannten „Coaching" über einen Konflikt mit dem Vorgesetzten sprechen will? – All diese Gedanken verdeutlichen, dass ein Vorgesetzter nicht zugleich Coach seines Mitarbeiters sein kann. Allerdings kann eine Führungskraft sehr wohl Coaching-Kompetenzen (!) nutzen, um Gespräche zu steuern und die Entwicklung der Mitarbeiter zu fördern.

Ebene 6: Zugehörigkeit, Mission (Wozu?)

Die Ebene 6 ist nützlich, um sich vor Beginn eines Gesprächs klar zu machen, was der eigentliche Zweck des Gesprächs ist – der tiefere Nutzen hinter dem oberflächlichen Anlass. Diese gedankliche Perspektive hilft häufig, sich vom alltäglichen Klein-Klein zu lösen, gerade wenn es um problematische Themen geht.

➲ Um was geht es mir eigentlich (!) in diesem Gespräch?
➲ Um was geht es aus Sicht des Systems – also des Unternehmens bzw. der Organisation?
➲ Welchem Zweck dient dieses Gespräch aus Sicht des Systems?

Beispiele für Aspekte um die es „eigentlich" geht: ein gutes Betriebsklima fördern; weniger Stress mit dem Mitarbeiter empfinden; die eigene Position im Unternehmen sichern. Nicht alle diese Aspekte sind dazu geeignet, sie mit dem Gesprächspartner zu teilen. Doch die geeigneten können eine Brücke der Gemeinsamkeit herstellen, wenn Sie sie mit dem Gesprächspartner teilen.

⮞ Auf welchen höheren Zweck beziehe ich mich? – Betonen Sie die gemeinsame Basis, die Sie mit dem Feedbacknehmer haben. Dies kann über die Betonung gemeinsamer Erfolge, des Unternehmensziels oder auch eines besonderen Gemeinschaftsgefühls geschehen.

Beispiel: „Wir haben in dieser Abteilung in der Vergangenheit gemeinsam einen hohen Qualitätsstandard erarbeitet. Deshalb ist es mir so wichtig, dass wir uns auch zukünftig daran messen lassen."

10.1.3.3   Zukunftsorientierung von Feedback

Üblicherweise wird Feedbackgeben vor allem als Spiegelung vergangener Ereignisse gesehen, denn wir sind es gewohnt, Bewertungen bezogen auf die Vergangenheit abzugeben. Wir erleben das schon sehr früh in der Schule: Alle Bewertungen – in Form von Noten – beziehen sich auf eine Leistung aus der Vergangenheit. Und auch in den Unternehmen ist das so: Die Bewertungsgespräche beziehen sich immer auf das, was schon längst hinter uns liegt. Doch was nützt dem Empfänger der Bewertung eine rein vergangenheitsbezogene Betrachtung? Die Bewertung des Vergangenen darf immer nur ein Teil des Feedbacks sein. Der wichtigere Teil ist der zukunftsbezogene Aspekt – in Schulen wie in Unternehmen wird jedoch leider viel zu selten potenzialorientiert gedacht (Hüther 2011).

▶ Sicher ist es sinnvoll, aus seinen Fehlern auch zu lernen und sie deshalb noch einmal genauer anzuschauen. Es ist jedoch nicht sinnvoll, diesen Fehlerfokus beizubehalten. Das Lernen aus Fehlern ist nur dann ein Lernen, wenn es einen Bezug zur Zukunft hat. Auf dem bereits Vergangenen herumzureiten, das ja ohnehin nicht mehr zu ändern ist, verhindert häufig die positive Entwicklung. Denn nicht selten steht dann zukünftig nur noch die Fehlervermeidung im Vordergrund. Der Raum für Entwicklung wird dadurch eingeengt.

Es ist natürlich viel einfacher, über die Vergangenheit eine Aussage zu machen als über eine mögliche Zukunft. Während bezogen auf die Vergangenheit die Fakten auf dem Tisch zu liegen scheinen, ist die Zukunft – quasi per Definition – ungewiss. Hier spielen auch Aspekte von Gerechtigkeit und Vergleichbarkeit von Leistung eine Rolle. Das ist alles verständlich. Und doch darf es nicht dazu führen, die Zukunftsorientierung zu vernachlässigen. Man darf das Schwierige nicht unterlassen, nur weil es schwierig ist. – Und hier ist die Führungskraft gefragt: weniger als bewertender Lehrer, sondern als mutiger „Zukunftsschauer". Die Fehler der Vergangenheit sollen lediglich dazu dienen, die Potenziale der Zukunft zu verwirklichen. Die Stärken zu stärken ist allemal sinnvoller, als nur die Fehler ausmerzen zu wollen.

10.1.3.4 Keine Feedback-Sandwiches schmieren

In der Managementliteratur ist häufig der Ratschlag zu lesen, kritisches Feedback in einer positiven Umverpackung zu servieren: positive Aussage zum Einstieg, dann die Kritik bzw. negative Aussage und zum Abschluss wieder eine positive Aussage. Der Gedanke, die grundsätzlich positive Haltung dem Feedbacknehmer gegenüber auch in entsprechend positiven und bestärkenden Aussagen deutlich zu machen, ist sicherlich vernünftig. Allerdings ignoriert das nur formale Befolgen dieser Regel, dass Menschen lernen. Und die „Sandwich-Regel" kennen inzwischen nicht nur die meisten Führungskräfte, sondern auch deren Mitarbeiter. Die Mitarbeiter wissen oder ahnen bereits im Vorfeld, dass die positiven Eingangsbemerkungen lediglich die Ouvertüre für das kommende Donnerwetter sind. Statt den kritischen Rückmeldungen den Boden zu bereiten, führt die Fixierung auf das Schema dazu, dass die Mitarbeiter sich für das drohende Unheil rüsten und auch die positiven Bemerkungen nur als taktisches Spiel deuten.

Feedback schmeckt nicht immer

Doch wie lässt sich Kritik bzw. negatives Feedback vermitteln? Menschen machen Fehler und Menschen verhalten sich unangemessen. Feedback ist eine Möglichkeit, der betreffenden Person dies als Resonanz der Umwelt zur Verfügung zu stellen. Im besten Fall ist auch dieser Inhalt des Feedbacks als Potenzial für den Feedbacknehmer zu sehen. Manchmal ist das aber schwer, machen wir uns nichts vor. Doch je mehr Sie als Feedbackgeber die Überzeugung haben, dass Ihr Feedback dem anderen eine nützliche Rückmeldung zur Entwicklung sein kann, desto eher wird es auch der Feedbacknehmer so sehen.

> ▶ Ihre innere Haltung macht dabei den Unterschied: Je wohlwollender und verbindlicher Sie Ihr Feedback ausdrücken, desto größer sind die Chancen, dass Ihr Gesprächspartner Ihr Feedbackangebot auch selbst innerlich prüft – statt sich nur dafür zu rechtfertigen.

Um in der Nahrungsmetapher zu bleiben: Feedback ist kein Buffet, an dem man sich nur die süßen Rosinen herauspicken kann. Aber es ist eben auch keine Zwangsernährung, denn Menschen sind keine Mastgänse, denen man den Brei maschinell in den Rachen stopft. Wer dem anderen das eigene Feedback „reindrücken" will, braucht sich nicht über die entsprechende Reaktion zu wundern.

Zeitnah Feedback geben

Feedback sollte möglichst zeitnah gegeben werden. Zeitnah heißt in diesem Fall allerdings nicht unbedingt sofort. Gerade bei kritischen Rückmeldungen ist es häufig angeraten, den passenden Rahmen abzuwarten. Unmittelbar im Anschluss an eine kritikwürdige Situation ist nicht selten die Stimmung aufgeheizt und im Sinne des Wesens der Kommunikation nicht kooperativ genug. Auch ist zwischen Tür und Angel nicht der ideale Platz für Feedback. Im nächsten Unterkapitel („Halte den Rahmen") erfahren Sie, wie Sie den Kontext gestalten und gute Rahmenbedingungen schaffen können. Feedback sollte allerdings auch nicht verschleppt werden. Der empfundene Zusammenhang zwischen dem gemachten Fehler und der ausgesprochenen Kritik schwindet, wenn zu viel Zeit zwischen beiden Ereignissen verstreicht.

10.1.4   Feedback nehmen

Feedback geben ist das eine. Feedback einholen und annehmen das andere. Doch es geht hier nicht um das Austeilen oder Einstecken. Wer so denkt, hat die Haltung zum Feedback noch nicht verinnerlicht. Eher geht es darum: Wer Geschenke verteilt, muss auch welche akzeptieren.

Eine gute erste Frage für Führungskräfte ist häufig:

➲ Wie denke ich selbst über Feedback und Kritik?
➲ Bin ich Vorbild für meine Mitarbeiter, wenn es um das Feedbacknehmen geht?

Wer mit gutem Beispiel vorangeht, wird im Sinne der Kulturzwiebel zum Helden bzw. Vorbild der Resonanzkultur.

Führungskräfte haben die Not und Pflicht gleichermaßen, sich mit Resonanz zu versorgen. Im stillen Kämmerlein hungern Top-Führungskräfte oft nach Resonanz. Wie alle Menschen wollen sie gern Positives hören. Aber nichts ist schlimmer, als zu wissen, dass man gar kein echtes Feedback mehr bekommt, sondern alle einem nur noch nach dem Mund reden. Da wird das (Geschäfts-)Leben schnell zu einer einsamen Angelegenheit. Für manche Führungskräfte gerät das Unternehmen zum schalltoten Raum – mit der Gefahr, „mit Halluzinationen und verändertem Bewusstsein" leben zu müssen.

10.1.4.1   Eine offene Haltung signalisieren
Kritisches Feedback wird häufig dann als unangemessen erlebt, wenn man innerlich nicht dafür bereit ist. Die folgenden Anregungen helfen Ihnen, sich innerlich für die Feedbacksituation zu öffnen.

Wenn Sie Feedback gelegentlich als Angriff erleben, kann für Sie die Übung 10 „Sich mit einer Atmosphäre umgeben" aus Kap. 4 Ich-Kraft als Vorbereitung auf ein Feedback nützlich sein.

Dank aussprechen
Unterschätzen Sie nicht, dass es manche Menschen Überwindung kostet, ein Feedback zu geben. Würdigen Sie dieses Bemühen, indem Sie das Feedback als Preisgabe einer Perspektive sehen und dem anderen dafür danken, selbst wenn Sie eine völlig andere Sicht der Dinge haben („Danke, dass Sie mir Ihre Perspektive geschildert haben.").

Seien Sie wohlwollend gegenüber ungeschickten Formulierungen Ihres Feedbackgebers und nehmen Sie ihm diese nicht übel. Metaphorisch gesprochen: Schmeißen Sie nicht das Geschenk weg, nur weil die Verpackung hässlich ist.

Kenntnisnahme ist nicht gleich Annahme

Ein Feedback von vornherein abzuweisen ist nicht nur eine verpasste Gelegenheit, eine externe Perspektive zu bekommen, es ist auch häufig eine Belastung für die Beziehung zum Feedbackgeber. Allerdings zwingt Sie niemand, ein achtsam und mit hoher Wertschätzung zur Kenntnis genommenes Feedback auch anzunehmen. Genauso wenig wie Ihre eigene Perspektive ist diejenige des anderen richtig oder falsch. Ihnen steht es selbst zu, die dargestellte Perspektive und Wirkung auf den Gesprächspartner einzuordnen. Sagen Sie also nicht automatisch eigene Verhaltensänderungen zu, wenn Sie selbst eine andere Auffassung haben. Interessieren Sie sich eher dafür, wie es dazu kam, dass der andere Sie so wahrnehmen konnte, um auf diese Weise Ihren „blinden Fleck" zu erkunden. Entscheiden Sie erst dann, ob Sie Ihr Verhalten ändern wollen.

Die zeitliche Passung erhöhen

Nehmen Sie sich die Freiheit, den Zeitpunkt des Feedbacks zu beeinflussen. Es ist ein Zeichen von Fairness, dem anderen zu signalisieren, wenn es nicht der richtige Zeitpunkt für das Feedback ist („Gerne nehme ich mir die Zeit für Ihr Feedback. Jetzt im Moment bin ich allerdings nicht offen dafür. Mein Kopf steckt gerade mitten im Projektabschluss. Kann ich dazu kommende Woche auf Sie zukommen?").

Nehmen Sie sich auch die Zeit, ein Feedback in Ruhe zu reflektieren. Fühlen Sie sich nicht gedrängt, eine unmittelbare Erwiderung aussprechen zu müssen („Danke für diese Rückmeldung. Ich muss das ein wenig sacken lassen. Passt das für Sie?").

10.1.4.2 Nützliche Formulierungen

Worte drücken Haltungen aus – und bereits einzelne Formulierungen können einen großen Einfluss auf das Wesen der Kommunikation und die Bereitschaft des Feedbackgebers haben, seine Perspektive zu teilen.

Hinterfragen – nicht in Frage stellen

In Kap. 4.2 Meine Identität haben Sie gelesen warum „Warum?" eine schlechte Frage sein kann. Dies gilt auch für das Erkunden von Feedback. Besser als die motivunterstellende Frage „Warum?" ist häufig die Frage: „Wie kommen Sie darauf?", die sich für das Wie interessiert und dem anderen die Chance gibt, seine Perspektive näher darzustellen: „Ach, interessant, das war mir gar nicht bewusst. Können Sie das näher erläutern?"

Wenn Sie sich tatsächlich für die Motive des anderen interessieren, ist die folgende Frage geeigneter: „Um was geht es Ihnen, wenn Sie mich darauf [den Aspekt XY] hinweisen?" Dies gilt vor allem dann, wenn der andere Feedback auf ungeschickte Weise gibt, z. B. in Form einer Anklage.

„Ja. Und ..." – statt „Ja, aber ..."

Sie werden es selbst schon in Diskussionen oder auch Feedbackgesprächen erlebt haben: Die Formulierung „Ja, aber ..." signalisiert zwar formal zunächst eine Zustimmung, bedeutet im Klartext aber „Nein." Zumindest schränkt es die Meinung oder die Argumente des Gesprächspartners ein und weist diese ganz oder teilweise zurück. In der Folge will der andere natürlich seinen Standpunkt zurückerobern – und es kommt schnell zu Grabenkämpfen, in denen weniger um die guten Ideen gerungen, als vielmehr die eigene Position verteidigt wird.

Eine kleine, aber wirkungsvolle Veränderung kann Sie befähigen, das Wesen der Kommunikation deutlich entspannter und kooperativer zu halten. Tauschen Sie „Ja, aber …" einfach durch „Ja. Und …" aus.

- **Schritt 1 („Ja."):** Nehmen Sie das Argument des anderen würdigend zur Kenntnis. Senken Sie die Stimme, so wie Sie es am Ende eines Satzes ganz natürlich tun.
- **Schritt 2 (Pause):** Setzen Sie eine minimale Pause als *Separator* ein.
- **Schritt 3 („Und …"):** Führen Sie Ihre Perspektive aus.

Probieren Sie es aus – in einem Feedbackgespräch oder auch sonstigen Konversationen. Sie werden unmittelbar feststellen, welchen Unterschied dies für das Wesen der Kommunikation macht.

10.2   Halte den Rahmen

Die Aspekte in diesem Unterkapitel dienen dazu, das Wesen der Kommunikation in einem Gespräch mit Kollegen, Mitarbeitern, aber auch Kunden oder anderen Geschäftspartnern positiv zu gestalten. Das Wesen der Kommunikation kann nicht direkt kontrolliert werden, es gibt jedoch eine Reihe von Handlungsmöglichkeiten, um es in positiver Weise zu beeinflussen. Voraussetzung für die kompetente Steuerung der Kommunikation ist, dass Sie das Wesen der Kommunikation wahrnehmen und sich von Ihren intuitiven Empfindungen leiten lassen (siehe Kap. 3 Intuition). Halten Sie den kommunikativen Raum offen, damit darin eine förderliche Kommunikation stattfinden kann. Steuern Sie sich selbst und denken Sie zugunsten einer lebendigen und produktiven Kommunikation auch für die anderen Gesprächspartner mit. Das Wesen der Kommunikation wird es Ihnen danken.

10.2.1   Rapport als Lebenselixier für das Wesen der Kommunikation

Rapport (französisch für Beziehung, Verbindung) bezeichnet in der Psychologie und Psychotherapie den guten Kontakt zwischen kommunizierenden Menschen. Er liegt vor, wenn das Wesen der Kommunikation als lebendig, offen und kommunikativ beschrieben werden kann. Manchmal wird in der Literatur oder im Coaching-Kontext von gutem oder schlechtem Rapport gesprochen. Passender ist jedoch die Differenzierung zwischen (vorliegendem) Rapport und mangelndem Rapport. In diesem Sinne verwenden wir den Begriff hier. Rapport kann nicht mechanisch hergestellt werden. Es ist vielmehr eine Qualität, die automatisch entsteht, wenn man echtes Interesse am anderen hat. Rapport ist also etwas, was bei guter Kommunikation automatisch geschieht.

Auch von außen betrachtet lässt sich häufig sehr leicht wahrnehmen, wenn Menschen in Rapport miteinander sind. Die Körpersprache der Gesprächspartner synchronisiert sich, die Bewegungen finden einen gemeinsamen Rhythmus, die Melodie der Sprache gleicht sich an. Die sichtbaren Emotionen werden von beiden geteilt: gemeinsames Lächeln oder Lachen; ein ernster oder trauriger Gesichtsausdruck auf beiden Seiten; der Ausdruck von Überraschung oder Ekel. Gesten werden gleichzeitig (oder minimal zeitversetzt) ausgeführt. Selbst die Körperspannung und die Atmung der Gesprächspartner passen sich aneinander an. Kurz gesagt: Die nonverbalen und paraverbalen Aspekte der Kommunikation (siehe Kap. 2.3 Sprache schafft Realität) synchronisieren sich.

Doch auch die verbalen Aspekte gleichen sich an: Die Gesprächspartner verwenden ähnliche Metaphern oder sogar identische Redewendungen. Außerdem sind viele zustimmende Gesten (z. B. Kopfnicken) oder bejahende Formulierungen zu bemerken („Ja…, ja genau…, stimmt…, ist mir auch schon aufgefallen …, absolut …").

Wenn Menschen in Rapport miteinander sind, gehen sie miteinander in Resonanz und schwingen sich auf die gleiche Wellenlänge ein.

Logbuch

Analyse 1: Denken Sie an eine Situation, in der Sie in gutem Kontakt mit einem anderen Menschen waren. Dies kann eine Situation aus dem beruflichen oder privaten Bereich sein. Rufen Sie sich mit allen Sinnen in Erinnerung, auf welche Weise der Kontakt so gut war. Prüfen Sie, was geschehen ist, während der Kontakt gut war. Versuchen Sie nicht herauszufinden, warum der Kontakt gut war. Das ist eher hinderlich bei der Beobachtung des kommunikativen Prozesses.

Analyse 2: Schauen Sie im Internet (z. B. bei YouTube oder auch den Mediatheken der Rundfunkanstalten) nach Szenen, in denen Menschen auf natürliche Weise in Rapport sind. Analysieren Sie diese Szene, indem Sie sie mehrfach anschauen. Sehr interessant und aufschlussreich kann es auch sein, sich die Szene verlangsamt anzuschauen oder alternativ im Schnelldurchlauf oder auch rückwärts (sofern technisch machbar). So kommen Sie den kommunikativen Mustern auf die Spur, die sonst dem Bewusstsein verborgen bleiben. Stellen Sie auch den Ton ab und achten nur auf die körpersprachlichen Aspekte.

Analyse 3: Analysieren Sie im Kontrast dazu Aufnahmen, in denen die Menschen nicht im Rapport miteinander sind. Talkshows oder Moderationsrunden zu konfliktreichen Themen bieten dazu häufig einen reichen Fundus an Beispielen.

10.2.1.1 Ähnlichkeit unterstützt Rapport

Rapport wird über die wahrgenommene oder empfundene Ähnlichkeit zwischen den Kommunikationspartnern erleichtert. Erinnern Sie sich an die in Kap. 4.3 Meine Zugehörigkeit aufgeführten Aspekte zur Stärkung der Zugehörigkeit, die sich an den Logischen Ebenen orientieren.

Das Prinzip der Ähnlichkeit wirkt auch unbewusst auf intuitivem Wege. Wenn fremde Menschen in einer Gruppe zusammenkommen (z. B. auf einer Konferenz oder bei einem offenen Trainingsangebot), passiert es nicht selten, dass sie sich über Ähnlichkeitsmerkmale wie zufällig finden und nebeneinander setzen oder in der Pause ins Gespräch miteinander kommen. Erst im weiteren Verlauf (oder manchmal auch gar nicht) wird diese Gemeinsamkeit entdeckt: ähnliche Schicksalsschläge oder auch ähnliche Berufe oder Interessen. Auch die sichtbaren (wenn auch häufig nicht bewussten) Merkmale wie Geschlecht, Alter oder Kleidungsstil führen häufig zu einer unbewussten Gruppierung der Teilnehmenden.

Sie können sich dieses Prinzip auch aktiv zunutze machen. Sprechen Sie andere Menschen auf Aspekte an, zu denen Sie selbst auch einen Bezug haben. Das können so banale Dinge wie Schmuck („Das ist eine sehr schöne, klassische Uhr, die Sie tragen. Von meinem Großvater habe ich eine sehr ähnliche vererbt bekommen.") oder ein Aufkleber sein („Ich habe den Sylt-Aufkleber auf Ihrem Auto gesehen. Sind Sie auch öfter mal dort?"). Interessieren Sie sich für den anderen. Sprechen Sie über gemeinsame Erfahrungen (z. B. Reisen in ähnliche Länder), gemeinsame Hobbies oder vergleichbare Ausbildungswege. Fahnden Sie entlang der Logischen Ebenen nach Gemeinsamkeiten, um Kontakt und Rapport zum anderen aufzubauen. Bekunden Sie Interesse an der Perspektive und dem Wohlergehen des anderen („Hatten Sie auch so einen Stau auf dem Weg hierher?").

Beispiel

Zur Verdeutlichung ein Beispiel, in dem sich die Führungskraft um Rapport mit dem sehr zurückhaltend agierenden Mitarbeiter bemüht (z. B. bei einem Entwicklungs- oder auch Einstellungsgespräch). Einzelne Aspekte zur Unterstützung des Rapports könnten sein (in Klammern die Aspekte, auf die wir nachfolgend näher eingehen werden):

- „Ich weiß noch, wie ich vor Jahren bei einem Vorstellungsgespräch [alternativ: meinem ersten Entwicklungsgespräch] so angespannt war, dass …" (Ähnlichkeit auf Verhaltensebene und indirekte Ansprache von möglicher Nervosität beim Bewerber/ Mitarbeiter – Erlaubnisrahmen)
- „Sie haben Ihre Ausbildung auch in … gemacht?" (Ähnlichkeit auf der Ebene der Zugehörigkeit)
- „Sie sind auch Ingenieur [Jurist/Betriebswirt/…], genau wie ich. Da wissen Sie ja, dass …" (Ähnlichkeit auf Ebene der Fähigkeiten bzw. Identität)
- „Sie kommen ursprünglich doch aus …, oder? Da habe ich letztes Jahr Urlaub gemacht [eine Messe/Kunden besucht]." (Ähnlichkeit bzw. Kompliment auf der Ebene der Identität oder sogar Zugehörigkeit, v. a. wenn der andere heimatverbunden ist)
- „Darf ich Ihnen ein Glas Wasser anbieten?" (Wertschätzung ausdrücken und mögliche Zustimmung des anderen einholen)
- Sitzposition mit dem Gesprächspartner synchronisieren (Körpersprache spiegeln)
- „Ach, interessant – ja, das ist ein wichtiger Aspekt." (selbst zustimmen)

10.2.1.2   Externalisierung: nicht immer starren hilft

Waren Sie schon einmal in einer Situation, in der Sie „Auge in Auge" mit jemandem eine konfrontative Diskussion geführt haben? Oder kennen Sie Situationen, in denen Ihnen jemand intensiv versucht hat, ein Argument oder ein Produkt zu verkaufen, sodass Sie das Wesen der Kommunikation als äußerst angespannt und aufdringlich erlebt haben? Erwischen Sie sich vielleicht manchmal selbst dabei, so auf andere zu wirken?

Es gibt einen sehr einfachen und dabei äußerst nützlichen Trick, um das Konfrontationspotenzial in einer Diskussion oder Meinungsverschiedenheit zu verringern: Die Körperhaltung bzw. Stellung der beiden Gesprächspartner zueinander hat einen entscheidenden Einfluss darauf, wie diese sich gegenseitig wahrnehmen. Bereits der sprachliche Ausdruck gibt hier Hinweise: Bei einer Konfrontation stehen sich die Kontrahenten frontal gegenüber. Lässt man die Gesprächspartner hingegen nebeneinander stehend in den gleichen Raum schauen, entsteht eine viel kooperativere Konstellation – und genau das ist der Trick, den wir hier meinen. Tom Andreas (2015) spricht von der „Arbeitsbühne", auf der die Themen verhandelt werden.

▶   Wenn beide Gesprächspartner in dieselbe Richtung schauen, steht das Problem nicht mehr zwischen ihnen. Vielmehr stehen sie gemeinsam an der Werkbank, untersuchen ein Thema und beleuchten es aus unterschiedlichen Perspektiven.

In der Literatur ist dieses „Herausziehen" des Themas aus der zwischenmenschlichen Ebene als Externalisierung bekannt. Auf einem Tisch können Stifte, Gläser oder Zettel zusätzlich unterschiedliche Aspekte oder Personen repräsentieren und so das gedankliche Bild noch besser abbilden. So können während eines Gesprächs unkompliziert die Argumente auf der einen Seite (erstes Glas) den Argumenten auf der anderen Seite (zweites Glas) auf der Tischplatte gegenübergestellt werden. Zusätzlich könnte eine weitere Perspektive (zum Beispiel die Geschäftsleitung, der Kunde, die Konkurrenz oder die Zulieferer – symbolisiert durch unterschiedliche Moderationsmarker) aufgestellt werden. Diese Aufstellung von Argumenten, Perspektiven und Personen sortiert die Gedanken und erleichtert es in der Folge auch, immer wieder darauf zurückzukommen, indem man mit dem Finger auf die Gegenstände zeigt.

Ein weiterer Tipp: Aus der Kindheit sind wir sehr daran gewöhnt, auch beim Zuhören Augenkontakt zu halten. „Schau mir in die Augen, wenn ich mit dir rede!" ist ein immer noch verbreiteter Erzieherspruch. Was für die mäandernde Aufmerksamkeit eines Kindes möglicherweise noch eine gelegentliche Berechtigung hat, ist dem eigenständigen Denken (nicht nur des erwachsenen Menschen) jedoch abträglich. Denn durch die Fixierung auf die andere Person – oder sogar deren Augen – ist man nicht mehr „bei sich selbst". Je nach Gewohnheit ist es natürlich möglich, auch bei direktem Blickkontakt selbst eigenständig zu denken. Allerdings fällt es den meisten Menschen leichter, wenn sie sich von dieser sozialisationsbedingten Fixierung befreien.

Logbuch

Probieren Sie während eines normalen Gesprächs die unten genannten unterschiedlichen Positionen aus und nehmen Sie die Unterschiede wahr. Wie fühlen Sie sich jeweils? Wie beschreiben Sie das Wesen der Kommunikation jeweils? Notieren Sie Ihre Erkenntnisse im Logbuch.

- **Frontale Position:** Sie stellen sich frontal dem anderen gegenüber und halten möglichst häufig langen Blickkontakt aufrecht, sowohl beim Sprechen als auch beim Zuhören.
- **Externalisierte Sprechposition:** Sie stellen sich im 45-Grad-Winkel seitlich neben den Gesprächspartner und lösen den Blickkontakt immer wieder einmal. Schauen Sie stattdessen bewusst auf einen imaginären Punkt vor Ihnen, den Sie mit Gesten zusätzlich andeuten.

Die Zuhilfenahme der Hände ist gerade bei unterschiedlichen Argumenten oder Aspekten sinnvoll, um diese im Geiste zu sortieren. Die Hände im Raum helfen dabei, die Gedanken im Kopf zu entzerren, zu sortieren oder auch zu gruppieren. Die Kultur im deutschsprachigen Raum ist im globalen Vergleich eher arm an Gestik oder Mimik. Hier können wir von anderen Kulturräumen (z. B. dem Mittelmeerraum) lernen. Es geht dabei nicht um wildes Herumfuchteln, sondern um den bewussten Einsatz der Hände. Denn die Hände machen Argumente „begreifbar" und verorten sie im Raum. Wer dies bewusst einsetzt, unterstützt nicht nur eine dem Rapport förderliche Körperhaltung, sondern argumentiert auch anschaulicher und nachvollziehbarer.

Als Alternative zum expliziten Operieren auf der „Arbeitsbühne" kann es je nach Situation (vor allem beim Zuhören) auch passend sein, in die Ferne zu gucken oder wie in Gedanken versunken auf den Boden. Dabei sollte man allerdings durch körperliche (Nicken) oder stimmliche Signale („Hmm…, ja…") deutlich machen, dass man weiterhin aufmerksam zuhört, dabei aber die Gedanken innerlich reflektiert.

10.2.2   Pacing als Rapport-Kompetenz

Soziale Kompetenz gehört inzwischen zu den grundlegenden Anforderungen an eine Fach- oder Führungskraft. Sie ist eine handfeste Voraussetzung, um Mitarbeitergespräche führen zu können, aber auch Verhandlungen, Meetings oder sonstige Gespräche des beruflichen Alltags. Gerade Führungskräfte müssen in besonderer Weise fähig sein, ein

Gespräch konstruktiv zu steuern. Pacing (englisch für Schritthalten) bezeichnet die Fähigkeit, sich aktiv auf einen anderen Menschen einstellen zu können, um den Rapport zu begünstigen. Wer aus einer grundlegend wohlwollenden inneren Haltung dem Gesprächspartner gegenüber an einem lebendigen Wesen der Kommunikation interessiert ist, muss nicht befürchten, die vorgestellten Handlungsoptionen mechanisch auszuführen. Respektvolles Pacing, das sich aus einem echten Interesse am anderen Menschen speist, läuft nicht Gefahr, als reines Nachäffen missverstanden zu werden. Vielmehr beschreibt es die bewusste Unterstützung dessen, was bei guter Kommunikation ohnehin geschieht.

10.2.2.1 Körpersprache spiegeln

Pacing ist das bewusste Zulassen von Ähnlichkeit. Das grundlegende Prinzip des Pacing ist das Spiegeln der Impulse des Gesprächspartners. Durch die Anlehnung an den Rhythmus des anderen erlebt dieser ein Gefühl von Vertrautheit. Metaphorisch gesprochen erleben sich beide Gesprächspartner als „vom gleichen Stamm".

Die allermeisten nonverbalen und paraverbalen Aspekte der Kommunikation (siehe oben) lassen sich auch bewusst spiegeln. Man kann selbst die eigene Atmung an die des anderen angleichen (dies mag für einen Coach oder Therapeuten relevanter sein als für eine Führungskraft).

Lassen Sie sich von Ihrem intuitiven Gespür leiten und versuchen Sie „mitzuschwingen". Pacing ist ein dynamischer Prozess mit vielen kleinen Anpassungs- und Veränderungsbewegungen, kein statisches Abhaken von Einzelaspekten. Nachfolgend einige Beispiele dazu.

- **Stand:** Machen Sie sich das Prinzip der Externalisierung zunutze. Häufig können vorhandene Tische oder Theken dazu einbezogen werden.
- **Sitzposition:** Lehnen Sie sich zurück oder kommen Sie nach vorne, wenn Ihr Gesprächspartner es tut. Stellen Sie (annähernde) Symmetrie in der Körperhaltung her.
- **Gestik:** Übernehmen Sie die statischen wie auch die dynamischen Gesten Ihres Gesprächspartners. Dabei können Sie auch ein wenig Zeit verstreichen lassen, um die Bewegungen nicht abrupt ausführen zu müssen. Hüten Sie sich vor deutenden Zuschreibungen. Vor der Brust verschränkte Arme signalisieren keinesfalls immer Verschlossenheit oder Ablehnung.
- **Mimik:** Hier geht es nicht darum, Grimassen zu schneiden. Erlauben Sie sich vielmehr eine innere Flexibilität und Weichheit und gehen Sie innerlich mit den Schilderungen des Gesprächspartners mit. Lassen Sie zu, dass sich Ihr inneres Erleben auf Ihrem Gesicht zeigt. Den Rest macht Ihr Körper von alleine!

10.2.2.2 Verbales Spiegeln

Greifen Sie die sprachlichen Wendungen oder metaphorischen Sprachbilder Ihres Gesprächspartners auf. Spielen Sie mit der Grundmetapher und formulieren Sie Ihre Gedanken darin aus. Beispiel: Ihr Gesprächspartner spricht von einer „festgefahrenen Situation". Greifen Sie die Metapher auf und nutzen Sie für Ihre Argumentation die Wendung: „Das würde den Karren wieder aus dem Dreck ziehen."

Es ist bei einer Diskussion vielleicht dynamischer, das Gesagte noch einmal in den eigenen Worten zusammenzufassen. In einem (vertraulichen) Gespräch ist es jedoch im Sinne des Pacing manchmal nützlicher, die Worte des Gesprächspartners wiederzuverwenden.

10.2.2.3 Zustimmen

Signalisieren Sie Zustimmung, großzügig und regelmäßig. Zustimmung zur Beziehung und zur Person des anderen – nicht unbedingt zu dessen Argumenten. Die asiatische Kultur ist für ihre lächelnde Zustimmung bekannt. Dort stehen der Erhalt der Beziehung und die Wahrung des Gesichts (im Sinne von Ehre und Integrität) im Vordergrund, nicht das Rechthaben über die Argumente. Lernen Sie von dieser Haltung. Sie können Ihre Sache genauso überzeugt und überzeugend vertreten, wenn Sie gleichzeitig die Beziehung würdigen.

- **Körpersprachliches Zustimmen:** Nicken Sie. Wenn Sie in der Sache nicht explizit widersprechen, unterlassen Sie Gesten, die als Ablehnung verstanden werden können (egal ob diese für Sie in dem Moment Ablehnung ausdrücken oder nicht!): die Nase rümpfen, den Kopf schütteln, den Kopf (skeptisch) zurücknehmen, die Arme vor der Brust verschränken.
- **Verbales Zustimmen:** Zustimmendes „Brummen" („Hmm …") kann eine sehr effektive Möglichkeit sein, um eine Haltung von „Ja, ich höre Ihnen zu!" zu signalisieren.

10.2.3 Leading als Kompetenz zur Steuerung von Kommunikationssituationen

Auf Basis eines belastbaren Rapports ist es möglich, die Kommunikation zu steuern. Der Begriff Leading (englisch für führen) bezeichnet die aktive Beeinflussung einer kommunikativen Situation. Leading ist allerdings kein Instrument zum Führen von Menschen, so wie ein Nasenring ein Instrument ist, mit dem sich eine Ochse führen lässt. Es geht nicht darum, den Gesprächspartner zu führen, sondern darum, die Kommunikation selbst zu führen. Der Gesprächspartner wird dann folgen, wenn er es für angemessen hält. Führen gelingt immer nur soweit, wie der Geführte bereit ist, mitzugehen. Führen ist daher ein gemeinsamer Prozess und keineswegs eine Qualität oder Handlung nur des Führenden.

Bei allen Bemühungen um erfolgreiches Leading und die Steuerung der Kommunikationssituation ist zu bedenken: Pacing kommt vor Leading. Nur wenn ausreichend Rapport besteht, wird der Gesprächspartner den kommunikativen Einladungen folgen. Und Rapport wird durch echtes Interesse und Zugewandtheit genährt. Menschen haben ein äußerst feines Gespür dafür, ob sie nur formal oder mechanisch behandelt werden oder ob das Wesen der Kommunikation als vertrauensvoll wahrgenommen wird.

▶ Wer den Gesprächspartner als störrischen Esel erlebt, der auf engagiertes Leading mit Widerstand reagiert, sollte zunächst einmal sein eigenes inneres Bild von der Situation und dem Gesprächspartner überdenken. Wer kommunikative

Kniffe und Techniken als manipulative Tricks einsetzt, fliegt mit seiner falschen Nummer schnell auf.

10.2.3.1 Leading ist Veränderungsarbeit

Gerade im beruflichen Kontext haben Gespräche häufig eine Absicht und dienen der Zielerreichung: ob Mitarbeitern Entscheidungen vermittelt werden, Veränderungsprozesse überzeugend vertreten werden müssen oder auch in Verkaufsgesprächen die Leistungen des Unternehmens angepriesen werden sollen. Doch der Erfolg liegt nicht allein im kurzfristigen Überzeugen (oder gar Überreden) des Gesprächspartners mit verkäuferischen Überfalltaktiken. Langfristige Beziehungspflege funktioniert mit einem auf Rapport basierenden Leading. Leading muss die Bereitschaft beinhalten, beständig kleine kommunikative Offerten zu machen, auf die der Gesprächspartner eingehen kann (aber nicht muss). Häufig gelingt dies dann am besten, wenn Sie als Initiator auftreten und zum Nachmachen einladen. Im kommunikativen Bereich können dies ganz banale Aspekte sein:

- **Angebote machen:** Bieten Sie einen Sitzplatz oder ein Glas Wasser an, vor allem, wenn Sie der Gastgeber sind. Gießen Sie sich selbst auch etwas ein.
- **Positive Gedanken äußern:** Offerieren Sie Ihre eigene positive Grundstimmung: „Ich bin wirklich froh, dass wir dieses schwierige Thema jetzt gemeinsam angehen."
- **Dank aussprechen:** Würdigen Sie die Bemühungen des anderen (z. B. für das Erscheinen des anderen), indem Sie ihm danken: „Danke, dass Sie sich trotz Ihres vollen Terminkalenders und den derzeitigen Turbulenzen die Zeit für dieses Gespräch genommen haben."
- **Fragen stellen:** Die eigene Meinung lässt sich durch kompetentes Fragen häufig viel eleganter einbringen, als durch die direkte Positionierung in Form von Aussagen. Erinnern Sie sich an die Technik des zirkulären Fragens aus Kap. 6.3 Nimm das System wahr, um eine ganze Reihe von unterschiedlichen Sichtweisen einbringen zu können. Dadurch machen Sie Ihre eigene Meinung auf indirekte Weise sichtbar. Zudem laden Sie Ihren Gesprächspartner dazu ein, seine Perspektive mitzuteilen.
- **Stille nutzen:** In manchen anderen Kulturkreisen sind Phasen der Stille während eines Gesprächs viel üblicher als im europäisch geprägten Raum. Die Stille erlaubt es, dass das Gesagte mehr Gewicht erhält und im Dialograum etwas Neues entstehen kann. Im Kulturraum des Nahen bis Fernen Ostens werden ausgedehnte Momente der Stille sogar teilweise aktiv eingesetzt, um in Verhandlungen den westeuropäischen Verhandlungspartner aus der Reserve zu locken, da dieser die Stille als unangenehm empfindet. Stille lässt sich jedoch positiv gestalten, wenn sie von kleinen Zustimmungslauten begleitet wird, die ein inneres Reflektieren widerspiegeln und dem Gesprächspartner signalisieren: „Ja, ich bin ganz dabei. Ich denke über das nach, was Sie gesagt haben."

10.2.3.2 Leading öffnet den Erlaubnisrahmen

Häufig bemängeln Vorgesetzte die Einstellung ihrer Mitarbeiter. Sie unterschätzen dabei allzu oft den eigenen Einfluss auf die Belegschaft. Vor allem inkongruentes Verhalten (das eine sagen, das andere tun) stößt bei den Mitarbeitern bitter auf. Daher gilt:

- Wer Offenheit fordert, muss auch selbst offen sprechen.
- Wer die Bereitschaft zum Feedbacknehmen einfordert, muss selbst zum Feedback einladen und dieses souverän anhören.
- Wer davon spricht, dass man „über alles reden könne", muss mit gutem Beispiel vorangehen und über Dinge sprechen, die andere nicht ansprechen.
- Wer kreatives Querdenken einfordert, darf scheinbar verrückte Vorschläge nicht niedermachen.
- Wer ein Klima des Vertrauens haben will, darf keine Hidden Agenda haben.
- Wer Respekt haben will, muss selbst respektvoll kommunizieren.

Die Liste ließe sich noch beliebig fortführen. Oft ist es jedoch so: Die Führungskraft wünscht sich tatsächlich (zum Beispiel) mehr Offenheit und einen respektvollen Umgang im Unternehmen – weiß jedoch nicht, wie dies zu verwirklichen ist. Dabei braucht es oft nicht viel, um die Mitarbeiter (oder auch Kollegen) in einen erweiterten Erlaubnisrahmen einzuladen. Hier sind einige Beispiele dafür:

- Vertrauen wird vor allem durch die persönliche Bindung aufgebaut. Erzählen Sie also von sich selbst: Berichten Sie von Ihren eigenen Fehlern – und was Sie daraus gelernt haben. Erzählen Sie auch von Ihren Erfolgen, aber ohne sich selbst als Superhelden herauszustellen. Lassen Sie andere von den Schwierigkeiten und persönlichen Herausforderungen wissen, denen Sie begegnet sind – und wie Sie damit umgegangen sind.
- In einem Meeting steuern Sie den Prozess, indem Sie ganz bewusst auf die *Metaebene* gehen oder explizit andere Wahrnehmungsperspektiven ansprechen (Kunden, Konkurrenten, die langfristige Perspektive etc. – vergleiche Übung 1 „Wahrnehmungsperspektiven wechseln" in Kap. 6 Kognitiver Pfad).
- Wenn Sie wollen, dass sich Ihre Mitarbeiter aktiver in Diskussionen einbringen, dann hören Sie aktiv zu, statt die meiste Zeit selbst zu reden. Vermeiden Sie außerdem, dass die Mitarbeiter nur mit Ihnen reden statt mit allen Beteiligten der Runde (einfacher Trick: dauernden Blickkontakt vermeiden und stattdessen nur leicht Nicken und/oder „hmm" machen).

Mitarbeiter honorieren in aller Regel, wenn ihre Führungskraft fachlich kompetent ist und selbst hohe Einsatzbereitschaft zeigt. Doch genauso wichtig ist ihnen, dass sie emotional gefestigt ist. Eine Führungskraft muss vor allem emotional vorangehen können. Dies erfordert Kompetenz im Umgang mit den eigenen Emotionen (vergleiche Übungen zur Selbststeuerung in Kap. 4.5 Mein Erleben steuern). Wer sowohl herzlich als auch rational-analytisch sein kann, gleichzeitig souverän und menschlich (statt unnahbar), der kann auch seinen Mitarbeitern ein Vorbild sein. Als Führungskraft gilt auch hier: „Go first!"

10.2.3.3   Holen Sie Zustimmung ein

Wie oben erwähnt stärkt Zustimmung den Rapport und führt dazu, dass das Wesen der Kommunikation als positiv und kooperativ erlebt wird. Stimmen Sie nicht nur Ihrem Gesprächspartner zu, sondern laden Sie ihn auch dazu ein, Ihnen bzw. der gemeinsamen Auffassung zuzustimmen. Dazu markieren Sie regelmäßig gedankliche Zwischenschritte, zu denen Sie die Zustimmung durch kurze Formulierungen abfragen:

- „Passt das so für Sie?"
- „Ist Ihnen das recht?"
- „Ist es okay, wenn wir jetzt …?"
- „Abgemacht?"
- „Soweit stimmig für Sie?"
- „Ist das plausibel?"
- „Sind wir mit diesem Zwischenschritt auf dem richtigen Weg?"

Zu diesen Wegmarkierungen können Sie auch später immer wieder zurückkehren:

- „Wir waren uns ja eben noch einig, dass der Punkt XY wichtig ist."
- „Ich erinnere an unser gemeinsames Verständnis von XY: …"
- „Wenn wir noch einmal an den Punkt zurückkehren, an dem wir noch einer Meinung waren …"

10.2.4   Den Kontext gestalten

Erinnern Sie sich an das in Kap. 3.2 Anwendungsfelder von Intuition vorgestellte Konzept von Menschen als Erfahrungswolken, die in einer Kommunikationssituation aufeinander treffen bzw. miteinander diffundieren? Ein Aspekt, der auf die Erfahrungswolken und damit in der Folge auf das erfahrene Wesen der Kommunikation einwirkt, sind die momentbezogenen Faktoren. Zu diesen zählen oft scheinbare Kleinigkeiten, die aber einen Unterschied für das Erleben einer Kommunikationssituation machen können. Denken Sie bei der Gestaltung von Gesprächen und vor allem längeren Meetings an die Analogie einer Inszenierung, wie zum Beispiel die Akte eines Theaterstücks oder auch die Inszenierung in einem Zirkus. In gewisser Weise können Sie als Zirkusdirektor fungieren, um das Wesen der Kommunikation und damit die Kommunikationserfahrung für alle positiv zu beeinflussen.

10.2.4.1   Vorbild sein und die Systemfunktion ausfüllen

Führungskräfte setzen für ihre Mitarbeiter den Erlaubnisrahmen und können so leichter zum Vorbild für eine lebendige Resonanzkultur werden. Sie sind im besten Falle die Leuchttürme, an denen sich die übrigen Mitarbeiter orientieren. Aufgrund ihrer herausgehobenen Position haben Führungskräfte häufig einen höheren Wirkungsgrad für die Unternehmenskultur als einfache Mitarbeiter. Zumindest aus der systemischen Betrachtung heraus sollte dies so sein. Dieser Systemfunktion zu dienen, ist Teil der Führungsaufgabe. Dies gilt nicht nur in Unternehmen mit ausgeprägtem Hierarchiebewusstsein. Selbst in hierarchielosen Projekten oder Arbeitsgruppen gibt es immer Personen, die inoffiziell die Führung übernehmen und an denen sich die übrigen orientieren.

Anwendung im Business-Kontext

Machen Sie sich vor einem wichtigen Gespräch bewusst, welche Funktion aus systemischer Sicht Sie auszufüllen haben. Als Führungskraft genießen Sie das Privileg und die Pflicht der Führung. Nutzen Sie innere Anker, um sich Ihr „Amt" in Erinnerung zu rufen. Fragen Sie sich dazu:

➲ Wie mache ich mir bewusst, dass ich diese Funktion zu erfüllen habe?

➲ Gibt es eine innere Repräsentation oder einen Ort in meinem Körper, mit dem ich diese Vorbildfunktion verknüpfe?

➲ Wie kann ich diese inneren Anker bewusst nutzen, um mich vor oder während eines Gespräches an diese Vorbildfunktion zu erinnern?

10.2.4.2   Den richtigen Zeitpunkt wählen und einen Rhythmus finden

Das richtige Timing zu finden, ist für viele Gespräche wichtig. Etwas zwischen Tür und Angel zu besprechen, kann selbst dann problematisch werden, wenn eigentlich alle Beteiligten offen für das zu besprechende Thema sind. Erlauben Sie sich und dem Gesprächspartner daher immer, sich gedanklich auf ein wichtiges Gespräch vorzubereiten.

Vollkontakt mit voller Aufmerksamkeit

Sorgen Sie dafür, dass Sie Ihrem Gesprächspartner in dieser Zeit ungestört Ihre volle Aufmerksamkeit widmen können. Obwohl dies eigentlich eine kaum erwähnenswerte Selbstverständlichkeit ist, verleiten E-Mail und Smartphone viele Menschen dazu, immer wieder auf den Bildschirm zu schauen. Dies hat unmittelbaren Einfluss auf das Wesen der Kommunikation und wird zudem vom anderen leicht als Respektlosigkeit interpretiert.

Separatoren bewusst einsetzen

Als Separator wird eine (oft handlungsbasierte) Veränderung bezeichnet, die den kommunikativen oder gedanklichen Fluss kurz unterbricht und so eine leichtere gedankliche Neuorientierung erlaubt. Separatoren schaffen gedankliche und emotionale Klarheit. Menschen neigen dazu, Gedanken innerlich zu vermischen, gerade wenn es sich um emotional anspruchsvolle Themen handelt (wie zum Beispiel bei Konflikten oder kontroversen Diskussionen oder auch bei Leistungsbeurteilungen oder Feedback im Mitarbeitergespräch).

- **Machen Sie Themenwechsel deutlich und markieren Sie diese auch sprachlich.** Nicht selten werden bei einem Gespräch unterschiedliche Themen angesprochen. Wenn man ohne Unterbrechung von einem zum anderen „huscht", entsteht häufig eine Konfusion über das Gesagte. Besser ist es, Themenwechsel explizit zu markieren und besprochene Themen auf diese Weise gedanklich abzuschließen („Okay, belassen wir es im Moment dabei." Oder: „Gut, haben wir das."). Zusätzlich kann ein visuelles Abhaken auf einem Zettel oder Flipchart hilfreich sein.

- **Notizen machen:** Stehen Sie auf und notieren Sie etwas am Whiteboard oder Flipchart, ggf. auch als Zeichnung. Dies fasst nicht nur Aspekte und Auffassungen zusammen, sondern setzt auch einen gedanklichen Marker bei allen Anwesenden.
- **Standortwechsel:** Ein (zwischenzeitlicher) Wechsel des Raums (z. B. in kleinere Räume zur Gruppenarbeit) kann sehr nützlich sein, um gedanklich neue Perspektiven zu entdecken.

Separatoren können zudem helfen, ein angespanntes Wesen der Kommunikation wieder „geschmeidiger" werden zu lassen. Dies kann gerade bei längeren, festgefahrenen Diskussionen nützlich sein.

- **Temporärer Themenwechsel:** Flechten Sie ein Thema ein, dass die Beziehungskultur des Gesprächs stärkt und zur Auflockerung beiträgt („Ich hätte da zwischendurch mal eine ganz andere Frage: …").
- **Humorvoll sein:** Humor kann eine gewünschte Leichtigkeit vermitteln. Allerdings ist hier Vorsicht geboten, da Humor individuell unterschiedlich wahrgenommen wird. Keinesfalls darf er spöttisch oder hämisch sein.
- **Snacks als Seelenfutter:** Trinken Sie einen Schluck Wasser oder Kaffee und schenken Sie anderen ein. Auch kleine Snacks können für diesen Zweck eingesetzt werden.
- **Wechsel der Sitzposition:** Manchmal kann bereits ein bewusster Wechsel der Position einen Unterschied machen – für einen selbst, und in der Folge damit auch für den Gesprächspartner. Manchmal kann man auch den anderen zum Positionswechsel einladen („Kommen Sie doch einmal kurz hier rüber – ich will Ihnen gerne etwas zeigen …").
- **Fenster öffnen:** Simpel und effektiv. Die Bewegung im Raum sowie die Veränderung der Luft können auch den Geist erfrischen.

Pausen als Produktivfaktor nutzen

Gerade bei längeren (ggf. ganz- oder mehrtägigen) Meetings ist die Einhaltung von Pausenzeiten wichtig, um nicht in ein Energieloch zu fallen. Zudem erlauben Pausen einen Wechsel des Settings (z. B. Verlassen des Konferenzraums), der auch gedanklich einen neuen Impuls und nicht selten eine merkliche Auflockerung oder Entspannung bringt, die sich im Wesen der Kommunikation niederschlagen. Nicht nur auf Messen und Konferenzen sind die Pausengespräche häufig die wichtigsten, da sie einen informelleren Rahmen zur Verfügung stellen als der durch eine Agenda getaktete Meeting-Raum.

10.2.4.3 Den Raum nutzen

Die Gestaltung des Raums gehört ebenso zur Inszenierung wie jene des zeitlichen Ablaufs. Auch hier sind es wieder die Kleinigkeiten, die einen relevanten Unterschied machen können.

- **Passender Kontext:** Achten Sie darauf, einen störungsfreien Kontext zu finden, der dem Anlass gerecht wird. Dies betrifft nicht nur offizielle Mitarbeitergespräche, sondern auch die alltäglichen Aussprachen (z. B. auch Kritikäußerungen). Beachten Sie

vor allem die (Nicht-)Anwesenheit von anderen Personen, um einen empfundenen Ge-
sichtsverlust zu vermeiden, der unmittelbar negativ auf das Wesen der Kommunikation
wirkt.

- **Das „Territorium" bewusst wählen:** Es kann einen enormen Unterschied machen,
  ob Sie einen Mitarbeiter in Ihr Büro bitten, ihn an dessen Arbeitsplatz aufsuchen oder
  einen neutralen Ort für das Gespräch wählen. Wer hinter einem wuchtigen Schreibtisch
  auf seinem Chefsessel thront, signalisiert nicht, dass ihm an einer Kommunikation auf
  Augenhöhe gelegen ist.
- **Sitzposition bewusst einrichten:** Erinnern Sie sich an das in diesem Kapitel vorgestellte Prinzip der Externalisierung und wenden Sie es vorausschauend auf die Sitz-
  konstellation im Besprechungsraum an.
- **Perspektive des Gesprächspartners:** Setzen Sie sich vorab auf den Platz, an dem
  der andere sitzen wird. Neben den in Kap. 6.2 Wechsle die Perspektive benannten gedanklichen Aspekten fällt Ihnen vielleicht so schon im Voraus auf, falls das Licht des
  Fensters auf diesem Platz blendet, weil die Jalousien offen sind. Sie vermeiden so auch,
  die zusammengekniffenen Augen des anderen später als kommunikatives Signal falsch
  zu interpretieren.

10.2.4.4   Eine Polemik: Die Kunst des Problematisierens – 13 Giftstacheln für jede Diskussion (oder auch Selbstgespräche)

Zum Abschluss noch eine nicht ganz ernst gemeinte Zubereitungsempfehlung, um jedem
Gespräch das Leben zu nehmen und das Wesen der Kommunikation zu vergiften. Ingre-
dienzien für einen gelungenen Problem-Cocktail:

- Fokussieren Sie auf Schwächen. Vermeiden Sie konsequent den Blick auf Ressourcen
  und Potenziale.
- Fokussieren Sie nur auf den Moment. Ignorieren Sie alle längerfristigen Perspektiven.
- Fokussieren Sie ausschließlich auf das, was schiefgehen kann.
- Hören Sie nicht auf, in der Vergangenheit nach Gründen und Ursachen von Problemen
  zu suchen.
- Identifizieren Sie Schuldige.
- Nutzen Sie militärische Metaphern.
- Verteidigen Sie Standpunkte, statt Lösungsräume zu erkunden.
- Verabsolutieren Sie gnadenlos. Nutzen sie jede noch so kleine Ungereimtheit in der
  Argumentation zur totalen Abwehr abweichender Ansichten.
- Werten Sie Meinungen anderer konsequent ab und vermischen Sie inhaltliche mit Be-
  ziehungsaspekten.
- Erschlagen Sie intuitive Gedanken und Bauchgefühle mit der Macht kalter Logik.
- Nutzen Sie den Begriff "wissenschaftlich belegt", um Totschlagargumente ins Feld zu
  führen.
- Verbitten Sie sich jede Form des Querdenkens: „Das gehört hier jetzt nicht hin!" Oder
  auch: „Für solchen Unsinn haben wir jetzt keine Zeit!"

- Erlauben Sie keinesfalls, dass zwischendurch aus der Metaperspektive gesprochen wird. Verweigern Sie sich dem Überblick und bestehen Sie darauf, dass zuerst alle kleinen Probleme gelöst werden müssen: „Bleiben Sie doch mal beim Thema!"

10.3   Spuren hinterlassen: Selbst machen. Verwirklichen. Nachhalten.

Nehmen Sie Ihr Logbuch zur Hand und notieren Sie alle Gedanken, die Ihnen spontan oder auch im Nachgang zu einer der unten genannten Fragen kommen. Nichts ist so flüchtig wie ein Gedanke. Halten Sie die Gedanken – auch die nur „gefühlten" – schriftlich fest, damit Sie später darauf zurückkommen können.

1. Transfer in Ihren Kontext: Denken Sie über Ihr Unternehmen oder den erweiterten Arbeitskontext nach, in dem Sie tätig sind.
   a. Reflektieren Sie für sich:
      ⮑ Wo ergeben sich in meinem Unternehmen Möglichkeiten, die Resonanzkultur zu stärken?
      ⮑ Wann kann ich das nächste Mal eine veränderte Form von Feedback praktizieren?
   b. Notieren Sie drei konkrete Situationen, die für Sie persönlich relevant sind.
2. Nutzen Sie die logischen Ebenen zur Vertiefung:

Zugehörigkeit und systemische Wirkungen	⮑ Zu welchem Kreis darf ich mich zugehörig fühlen, wenn ich häufiger die Resonanz im Unternehmen stärke und meine eigene Feedbackpraxis übe?
	⮑ Welche Bedeutung wird mein Handeln (möglicherweise) haben?
	⮑ Welche positiven Veränderungen werden dadurch in meinem System (in den unterschiedlichen Lebensbereichen) möglich?
	⮑ Welcher höhere (für mich relevante) Sinn wird dadurch gefördert?
Identität	⮑ Wem werde ich ähnlicher bzw. zu wem entwickele ich mich, wenn ich mehr in diese Richtung tue?
	⮑ Wer kann mir in diesem Aspekt ein Vorbild sein?
Werte und Überzeugungen	⮑ Welche Werte stärke ich dadurch, dass ich häufiger auf diese Weise handle?
Fähigkeiten	⮑ Welche Fähigkeiten in Bezug auf kompetentes Feedbackgeben (oder auch -nehmen) will ich mir aneignen bzw. einüben?
	⮑ Inwiefern entwickeln sich dadurch auch meine anderen Fähigkeiten? Wo ergeben sich Synergien?
Handeln	⮑ Was muss ich tun, um zur besten Version meiner selbst zu werden?
	⮑ Welche kleinen oder größeren Rituale kann ich etablieren, um diesen Weg zu festigen?
	⮑ Woran werden andere bemerken, dass ich mich in dieser Hinsicht entwickele?
	⮑ Welche äußerlich sichtbaren oder hörbaren Zeichen für meine Entwicklung werden andere bemerken können?

Kontext	➲ Wer kann mich auf diesem Weg unterstützen?
	➲ In welchen Kontexten/Umgebungen kann ich diese neuen oder veränderten Denk- und Handlungsweisen am ehesten ausprobieren?
	➲ Welche „Anker" kann ich nutzen, die mich daran erinnern, weiter diesen Pfad zu beschreiten?
	➲ Welche Symbole können im Außen ein Zeichen setzen, das auch andere bemerken können?

3. Nachdem Sie nun die Übungen zu diesem Thema bearbeitet haben und die Gedanken dazu reflektiert haben, rufen Sie sich Ihren (geheimen) Wunsch ins Gedächtnis, den Sie am Anfang des Buches notiert haben:

➲ Welche nützlichen Einsichten oder Erkenntnisse konnte ich diesbezüglich gewinnen?

➲ Welche anderen interessanten gedanklichen Verknüpfungen kann ich erkennen?

➲ Ergeben sich daraus für mich weitere Handlungsimpulse?

➲ Wie könnte ich diese konkretisieren und in der „Welt der Tatsachen" verwirklichen?

Literatur

Quellen

Andreas T (2015) Unveröffentlichtes Manuskript. Köln. www.tomandreas.de

Badura B, Ducki A, Schröder H et al (2011) Fehlzeiten-Report 2011 – Führung und Gesundheit. Springer, Berlin

Bauer J (2006) Prinzip Menschlichkeit: Warum wir von Natur aus kooperieren. Hoffmann und Campe, Hamburg

Bauer J (2010) Das Gedächtnis des Körpers – Wie Beziehungen und Lebensstile unsere Gene steuern. Piper, München

Gino F, Staats BR (2011) Driven by social comparisons: how feedback about coworkers' effort influences individual productivity. Harvard Business School – Working Paper 11-078. Baker Library, Boston. http://ftp.zew.de/pub/persons/Susanne_Neckermann/LiteraturSeminarSS2011/Gino_Staats2011.pdf. Zugegriffen: 21. Juli 2015

Guiso L, Sapienza P, Zingales L (2013) The value of corporate culture. J Financ Econ 117(2015):60–76. http://www.eief.it/files/2015/07/guiso_sapienza_zingales_joffe_2015.pdf. Zugegriffen: 21. Juli 2015

Hüther G (2011) Was wir sind und was wir sein könnten: Ein neurobiologischer Mutmacher. S. Fischer, Frankfurt a. M.

Kami (2012) Die verstörende Wirkung des stillsten Ortes der Welt. Die Welt online. http://www.welt.de/vermischtes/kurioses/article106185009/Die-verstoerende-Wirkung-des-stillsten-Ortes-der-Welt.html. Zugegriffen: 16. Juni 2015

Kasten E (2011) Wenn das Gehirn sich auf einen Trip macht. Spektrum der Wissenschaft: Gehirn & Geist – Das Magazin für Psychologie und Hirnforschung 11:37–39. http://www.spektrum.de/magazin/bilder-im-dunkeln/1124557. Zugegriffen: 30. Juli 2015

Lohmann-Haislah A (2013) Stressreport Deutschland 2012 – Die wichtigsten Ergebnisse. BAuA-Bibliothek. http://www.bmas.de/DE/Service/Publikationen/Publikation-Stressreport-kurzfassung.html. Zugegriffen: 21. Juli 2015

McGrath RG (2014) Das Zeitalter der Empathie. Harvard Business Manager. http://www.harvardbusinessmanager.de/blogs/manager-brauchen-neuen-fuehrungsstil-a-987288-2.html. Zugegriffen: 30. Juli 2015

Sprenger R (2012) Radikal führen. Campus, Frankfurt a. M.

Stajkovic AD, Luthans F (2003) Behavioral management and task performance in organizations: conceptual background, meta-analysis, and test of alternative models. Pers Psychol 56:155–194. doi:10.1111/j.1744-6570.2003.tb00147.x

Tödtmann C (2015) Gallup-Studie zu Mitarbeiter-Engagement: Die Meisten schieben nur Dienst nach Vorschrift – hinter ihrem Unternehmen stehen sie nicht. Management Blog der Wirtschaftswoche. http://blog.wiwo.de/management/2015/03/11/gallup-studie-zu-mitarbeiter-engagement-die-meisten-schieben-nur-dienst-nach-vorschrift-hinter-ihrem-unternehmen-stehen-sie-nicht. Zugegriffen: 21. Juli 2015

Wenninger G et al (Hrsg) (2000) Sensorische Deprivation. Lexikon der Psychologie. Spektrum, Heidelberg. http://www.spektrum.de/lexikon/psychologie/sensorische-deprivation/14102. Zugegriffen: 11. Juni 2015

Wikipedia (2015) Deprivation. http://de.wikipedia.org/wiki/Sensorische_Deprivation Zugegriffen: 16. Juni 2015

Wrap-up: So hinterlassen Sie Spuren 11

▶ Der Pfad des Business-Häuptlings – nun kennen Sie ihn und sind doch noch nicht am Ende angelangt. Halten Sie einen Moment inne, überlegen Sie, was Sie unterwegs Wichtiges gelernt haben, nehmen Sie wahr, was sich verändert und weiterentwickelt hat. Und schauen Sie dann in die Zukunft – was wollen Sie weiter verändern, welche Schritte können Sie gehen? Die Fragen, die wir in diesem Kapitel für Sie aufgeschrieben haben, werden Sie in Ihrem Reflexionsprozess unterstützen – und Sie auf dem Pfad des Business-Häuptlings begleiten, dem Sie hoffentlich noch lange folgen.

Wenn Sie dieses Kapitel gelesen haben, …

- … wissen Sie, was die wichtigsten Erkenntnisse sind, die Sie aus diesem Buch gewonnen haben.
- … haben Sie in die Zukunft geschaut und weitere Schritte geplant, die Sie gehen können, um auf dem Pfad des Business-Häuptlings zu bleiben.
- … sind Sie Ihrem Wunsch, den Sie am Ende von Kap. 1 Einleitung formuliert haben, ein ganzes Stück nähergekommen.

11.1 Rückschau, Umschau, Vorschau

„Quinta essentia" – das fünfte Element. Nicht nur Aristoteles war auf der Suche danach, auch in unserem Leben suchen wir nach der Quintessenz aus einer gemachten Erfahrung. Deshalb an dieser Stelle die Frage an Sie: Was ist für Sie das Wesentliche Ihrer Überlegungen oder Erkenntnisse, die Sie im Laufe des Lesens dieses Buches gewonnen haben?

© Springer Fachmedien Wiesbaden 2016

D. Goetz, E. Reinhardt, *Selbstführung: Auf dem Pfad des Business-Häuptlings*,

DOI 10.1007/978-3-658-08912-2_11

11.1.1 Rückschau

Beginnen Sie mit einem Rückblick auf den Pfad des Business-Häuptlings, den Sie bislang gegangen sind.

11.1.1.1 Inhaltsverzeichnis des Buches

Blättern Sie zurück zum Inhaltsverzeichnis des Buches. Schauen Sie es noch einmal aufmerksam von vorne nach hinten durch. Erinnern Sie sich an die in den einzelnen Kapiteln angesprochen Themen.

Logbuch

Reflektieren Sie die folgenden Fragen und notieren Sie Ihre Gedanken im Logbuch.
- ➲ Welche Themen sind mir noch gut in Erinnerung?
- ➲ Welche Themen habe ich ggf. übersprungen oder ausgelassen?
- ➲ Bei welchen Themen spüre ich den Impuls, mich noch einmal damit zu beschäftigen?
- ➲ Welche Themen werden mich vermutlich noch etwas länger begleiten?

11.1.1.2 Ihr persönliches Logbuch

Nehmen Sie sich nun die Zeit, Ihr Logbuch von vorne bis hinten durchzublättern. Rufen Sie sich zu Ihren Notizen die zugehörigen Themen und Fragestellungen in Erinnerung. Ergänzen Sie gegebenenfalls diese oder weitere Notizen, die Ihnen jetzt dazu noch in den Sinn kommen.

Logbuch

Führen Sie Ihr Logbuch fort, während Sie es durchblättern. Notieren Sie Ihre Gedanken zu den folgenden Fragen.
- ➲ Welche der notierten Gedanken sind für mich besonders relevant geblieben?
- ➲ Welche Erkenntnis bietet für mich auch beim nochmaligen Lesen erneut ein Aha-Erlebnis?
- ➲ An welchen Stellen sind mir inzwischen neue Gedanken oder Erkenntnisse gekommen?
- ➲ Zu welchen Themen habe ich in der Zwischenzeit neue Erfahrungen gesammelt?
- ➲ Welche Übungen oder Praxistipps habe ich auch in meinem Alltag befolgt? Welche Erfahrungen und Erkenntnisse habe ich dadurch gewonnen?
- ➲ Bei welchen Themen spüre ich den Impuls, mich noch einmal damit zu beschäftigen?
- ➲ Welche Themen werden mich vermutlich noch etwas länger begleiten?

11.1.1.3 Quintessenz: Top-10 meiner Erkenntnisse

Erstellen Sie nun auf einer neuen Seite im Logbuch Ihre persönliche Top-10-Liste der Erkenntnisse. Gibt es so etwas wie eine tiefere, gemeinsame Botschaft aus all diesen Erkenntnissen – eine Quintessenz? Notieren Sie diese ebenfalls und markieren die entsprechende Seite im Logbuch, sodass Sie zukünftig leicht darauf zurückgreifen können.

11.1.2 Umschau

Vergegenwärtigen Sie sich zunächst noch einmal die vier Bereiche des Lebens, wie Sie sie im Kap. 2.4 Das Medizinrad kennengelernt haben.

11.1.2.1 Status quo

Halten Sie nun einen Moment inne, um eine Momentaufnahme Ihres aktuellen Lebens zu machen.

Logbuch

 ➲ Notieren Sie Ihre Gedanken zu den folgenden Fragen.
 ➲ Welche Themen beschäftigen mich derzeit – beruflich oder privat?
 ➲ Aus welchen Lebensbereichen kommen diese Themen?
 ➲ Wie kann ich diese aktuellen Themen mit den Einsichten verknüpfen, die ich während der Beschäftigung mit dem Buch gewonnen habe?

11.1.2.2 Mein geheimer Wunsch

Vergegenwärtigen Sie sich noch einmal Ihren (geheimen) Wunsch, den Sie in Kap. 1 Einleitung formuliert haben.

Logbuch

Notieren Sie Ihre Gedanken zu den folgenden Fragen.
 ➲ Bin ich meinem Wunsch schon nähergekommen oder habe ich ihn vielleicht schon verwirklicht?
 ➲ Inwiefern hat sich mein Wunsch vielleicht inzwischen verändert?

11.1.2.3 Unterschiedsbildung

Erinnern Sie sich an den in Kap. 2.6 Mit den Augen der Ethnologen vorgestellten Satz von Gregory Bateson, dass Lernen eine Unterschiedsbildung erfordert. Wir bemerken Veränderung und Fortschritt durch Unterschiedsbildung über die Zeit hinweg. Nicht jede Veränderung ist auch persönlich relevant. Prüfen Sie, welche Unterschiede Sie wahrnehmen und welche für Sie bedeutsam sind.

Logbuch

Notieren Sie Ihre Gedanken zu den folgenden Fragen.
- ➲ Was hat sich in meinem Leben getan, seitdem ich das Buch lese – was ist im Außen und Innen geschehen?
- ➲ Welche Veränderungen bemerke ich an mir selbst?
- ➲ Haben mich andere schon auf Veränderungen angesprochen, die sie an mir bemerken?
- ➲ Inwiefern erlebe ich Kommunikationssituationen mit anderen Menschen nun anders?
- ➲ In welchen Situationen kann ich nun anders handeln oder auch fühlen?
- ➲ Zu welcher „besseren Version meiner selbst" habe ich mich entwickelt?

11.1.3　Vorschau

Wie geht es nun weiter? – Das liegt ganz bei Ihnen. Und woran würden Sie erkennen, dass sich bereits wieder etwas getan hat?

11.1.3.1　Es gibt nichts Gutes, außer man tut es!

Reservieren Sie eine Doppelseite in Ihrem Logbuch, um aus der bisherigen Bestandsaufnahme Handlungen abzuleiten. Im Verlaufe des Buches haben Sie sicherlich schon einige Dinge ausprobiert und Veränderungen in Ihrem Leben vorgenommen. Jetzt ist die Zeit zu schauen, wie es damit auch zukünftig weitergehen kann.

Logbuch

Notieren Sie zunächst Ihre Gedanken zu den folgenden Fragen.
- ➲ Was sind die einfachen, ersten Schritte, die ich tun kann? Wo kann ich kurzfristig auf einfache Weise (kleine) Erfolge feiern?
- ➲ Was sind die Bereiche, aus denen ich mittelfristig den größten Nutzen ziehe – auch wenn mir eine Veränderung dort vielleicht nicht so leicht fällt?

Legen Sie eine Tabelle an, in der Sie einen Aktionsplan für die angestrebten Veränderungen entwerfen. Zeichnen Sie Spalten mit den folgenden Überschriften:

- **Meine Veränderungsabsicht**: Tragen Sie hier Ihr Ziel ein. Das „Kind" braucht einen wohlklingenden Namen!

- **First Step**: Welchen allerersten kleinen Schritt können Sie bereits heute oder in den nächsten zwei Tagen tun, um diesem Ziel näherzukommen?
- **Was ich dazu tue**: Hier führen Sie die wichtigsten Handlungsschritte auf, die Sie tun wollen, um das Ziel zu erreichen.
- **Benötigte Mittel/Ressourcen**: Welche finanziellen oder materiellen Mittel (z. B. Ausstattung, Raumanforderungen) brauchen Sie, um Ihr Ziel zu erreichen?
- **Unterstützer**: Wer kann Sie bei dem Vorhaben unterstützen?
- **Herausforderungen**: Was könnte Ihnen in die Quere kommen? Wie können Sie diese Hürden überwinden oder ihnen ausweichen?
- **Zeugen**: Berichten Sie anderen Menschen von Ihren Absichten. Bitten Sie Vertraute, Sie in dem avisierten Vorhaben zu unterstützen – durch Nachfragen oder Erinnerungen.
- **Erfolge**: Woran erkennen Sie, dass Sie auf dem richtigen Weg sind? Welche Meilensteine geben Ihnen Orientierung und Anzeichen dafür, dass Sie auf dem richtigen Weg sind? Feiern Sie die Erfolge – auch die Etappensiege – gebührend!
- **Zeithorizont**: Bis wann wollen Sie einen relevanten Unterschied bemerkt haben?

Erinnern Sie sich auch an die Tipps, die wir in Kap. 5.4 Der Held, der Tag für Tag Selbstdisziplin zeigt gegeben haben, um zum Beispiel neue Routinen zu etablieren.

11.1.3.2 Ausblick mit Logischen Ebenen

Sie haben durch die Bearbeitung des letzten Abschnitts in jedem der Kap. 4 bis 10 bereits einige Übung in der Anwendung und Übertragung der Logischen Ebenen auf unterschiedliche Fragestellungen gewonnen. Nutzen Sie die Logischen Ebenen auch zukünftig als Analyseinstrument, um Gründe zu erforschen, Einsichten zu erlangen oder auch Handlungsimpulse zu gewinnen.

Zugehörigkeit und systemische Wirkungen	⮑ Zu welchem Kreis darf ich mich zugehörig fühlen, wenn ich mich weiterhin in diese Richtung entwickle?
	⮑ Welche Bedeutung wird mein Handeln (möglicherweise) haben?
	⮑ Welche positiven Veränderungen werden dadurch in meinem System (in den unterschiedlichen Lebensbereichen) möglich?
	⮑ Welcher höhere (für mich relevante) Sinn wird dadurch gefördert?
Identität	⮑ Wem werde ich ähnlicher bzw. zu wem entwickele ich mich, wenn ich mehr in diese Richtung tue?
	⮑ Wer kann mir in diesem Aspekt ein Vorbild sein?
Werte und Überzeugungen	⮑ Welche Werte stärke ich in meinem Leben dadurch?
	⮑ Welche Überzeugungen bilden oder festigen sich dadurch in mir?

Fähigkeiten	⊃ Welche Fähigkeiten will ich mir aneignen bzw. einüben, um mehr in diese Richtung tun zu können?
	⊃ Inwiefern entwickeln sich dadurch auch meine anderen Fähigkeiten? Wo ergeben sich Synergien?
Handeln	⊃ Was muss ich tun, um zur besten Version meiner selbst zu werden?
	⊃ Welche kleinen oder größeren Rituale kann ich etablieren, um diesen Weg zu festigen?
	⊃ Woran werden andere bemerken, dass ich mich in dieser Hinsicht entwickele?
	⊃ Welche äußerlich sichtbaren oder hörbaren Zeichen für meine Entwicklung werden andere bemerken können?
Kontext	⊃ Wer kann mich bei meinem Weg unterstützen?
	⊃ In welchen Kontexten/Umgebungen kann ich diese neuen oder veränderten Denk- und Handlungsweisen am ehesten ausprobieren?
	⊃ Welche „Anker" kann ich nutzen, die mich daran erinnern, weiter diesen Pfad zu beschreiten?
	⊃ Welche Symbole können im Außen ein Zeichen setzen, dass auch andere bemerken können?

Mein Talisman

Indigene Heiler („Traditional Healer") sammeln manchmal Artefakte, die sie in zeremonieller Weise zu einem Altar zusammenstellen (häufig ein Kreis besonders ausgewählter Steine). Jeder Stein hat eine besondere Bedeutung und erinnert den Heiler an eine besondere Qualität. Mit der Übung 12 „Talentschild" aus Kap. 4.5 Mein Erleben steuern haben Sie bereits eine Möglichkeit kennengelernt, wie Sie Symbole nutzen können, um sich an die eigenen Talente zu erinnern. Nutzen Sie dieses Prinzip doch, um sich einen persönlichen Talisman (ein Stein, ein Schmuckstück, ein Anhänger, eine Wurzel etc.) zu erstellen, der für Sie Ausdruck Ihrer persönlichen Entwicklung ist und Sie täglich an die Quintessenz der neu gewonnen Erkenntnisse erinnert! Lassen Sie sich mit der Suche nach einem passenden Gegenstand ausreichend Zeit. Die Suche danach ist ebenso wichtig wie das Finden eines für Sie passenden Symbols.

11.1.3.3   Noch einen Wunsch?

Werfen Sie nun einen Blick in Ihre Zukunft. Sie haben sicherlich eine Reihe von wünschenswerten Veränderungen an sich feststellen können – und vielleicht sind Sie Ihrem geheimen Wunsch auch schon ein Stück nähergekommen. Erlauben Sie sich nun, diesen positiven Weg gedanklich weiter in die Zukunft entwickeln zu lassen.

Logbuch

Mal angenommen, Sie entwickeln sich in Zukunft weiterhin in einem für Sie selbst positiven Sinne – wie wäre das? Notieren Sie Ihre Gedanken zu den folgenden Fragen:
➲ Welche positive Perspektive wird dann für mich in der Zukunft möglich?
➲ Welche möglichen Chancen könnten sich daraus entwickeln?
➲ Welchen Wunsch (oder sogar Traum) erlaube ich mir dann zu denken?

Kommen Sie in Zukunft immer wieder mal auf Ihren hier geäußerten Wunsch zurück. Und vergessen Sie nicht: Denken Sie ab jetzt zyklisch. Jede Wiederkehr ist eine weitere Chance, einen neuen Entwicklungsschritt zu gehen – folgen Sie dem Pfad des Business-Häuptlings!

Zu guter Letzt möchten wir Ihnen noch eine kleine „Wegzehrung" mitgeben:

Eine Geschichte am Lagerfeuer

Die indigenen Völker der Prärie erzählen sich folgende Geschichte: Ein kleiner Junge kommt abends aufgeregt in das Tipi seines Großvaters („Nimosôm" in der Sprache der Cree First Nation) gelaufen. „Nimosôm, Nimosôm – ich habe geträumt! Ich habe geträumt, in meiner Brust, da kämpfen zwei Wölfe miteinander. Der eine Wolf, er war grimmig, missgünstig, verbittert und feige. – Der andere Wolf, er war friedfertig, hoffnungsvoll, geduldig und weise." Der Alte lächelt: „Diese beiden Wölfe kämpfen in der Brust jedes Menschen." „Und, Nimosôm…", der Junge schaut den Alten mit großen Augen an: „Welcher Wolf wird in mir siegen?" Und der Alte spricht: „Der Wolf, den du nährst."

Glossar

Aborigines: Sammelbezeichnung für die indigene Bevölkerung des australischen Kontinents, die aus hunderten, höchst unterschiedlichen Stammesgesellschaften besteht.

Achtsamkeit: Inneres Erleben von defokussierter Aufmerksamkeit. Man kann es als mentales Defokussieren beschreiben. Achtsamkeit ist die Voraussetzung, um die intuitiven Prozesse wahrnehmen zu können. Achtsamkeit ist im Vergleich zur Konzentration ein passiver, rezeptiver Vorgang. Im Unterschied zur Konzentration sind die Bewusstseinsressourcen nicht gerichtet, sondern nehmen alle bewusst wahrnehmbaren Umwelteinflüsse, Gedanken, Gefühle etc. nur zur Kenntnis, ohne diese zu beurteilen oder ihnen eine besondere Bedeutung beizumessen.

Adorzismus: Der belgische Ethnologe Luc de Heusch prägte den Terminus Adorzismus, der die Integration des Ungeliebten oder vermeintlich „Bösen" beschreibt. Im Gegensatz zum Exorzismus, bei dem die vermeintlich bösen Geister ver- bzw. ausgetrieben werden, erhalten sie im Adorzismus ihren Platz. Der Exorzismus unterstützt die Abgrenzung, während der Adorzismus die Durchlässigkeit und Verbundenheit betont. Diese Denkweise ist vor allem in polytheistischen Gemeinschaften anzutreffen, die – anders als die monotheistischen Religionen von Judentum, Christentum und Islam – mehr als den einen Gott erlauben. Die buddhistische Tradition kennt ebenfalls die Auseinandersetzung und Aussöhnung mit den eigenen Schatten.

Analoges Denken: Assoziatives Denken, das die „Unschärfe" der Realität und des menschlichen Erlebens akzeptiert. In der analogen Welt darf eine Frage offen bleiben oder mit „sowohl als auch" beantwortet werden. Metaphern, bildhafte Sprache und Storytelling sind hier zuhause. „Man weiß es nicht genau", ist hier eine erlaubte Aussage. Das Gegenteil von *digitalem Denken* (siehe auch dort).

Animismus: (Lateinisch: animus = Wind, Hauch): Vorstellung, die besagt, dass so gut wie alles beseelt und damit lebendig ist, also selbst Gegenstände. So sind beispielsweise Steine in der Tradition indigener nordamerikanischer Völker wichtige Lehrmeister und symbolisieren als „Grandfather Rocks" die Vorväter der Menschen.

© Springer Fachmedien Wiesbaden 2016
D. Goetz, E. Reinhardt, *Selbstführung: Auf dem Pfad des Business-Häuptlings,*
DOI 10.1007/978-3-658-08912-2

Anteil: Die Begriffe Teil und Anteil werden in der Regel synonym verwendet. Wir differenzieren die beiden Wörter jedoch, da der Anteil immer zugleich auch einem größeren System zugehörig ist und damit der Aspekt der Verbundenheit mit diesem erhalten bleibt. Ein Teil kann ohne Zugehörigkeit zu einem größeren System existieren und gedacht werden, ein Anteil nicht.

Assoziation: Inneres Erleben, bei dem sich die Person voll und ganz auf die Wahrnehmung der inneren Empfindungen und *Repräsentationen* einlässt. Ist die Person mit einem bestimmten inneren Erleben assoziiert, so erlebt sie dieses mit allen Sinnen, nimmt die inneren Bilder wahr, lässt auch Gefühle „an sich heran" und erlebt eine vorgestellte oder erinnerte Situation so „als wäre sie jetzt". Das Gegenteil von Dissoziation (siehe auch dort).

Aufmerksamkeit: Die fokussierte (Konzentration) oder defokussierte (Achtsamkeit) Nutzung von Bewusstseinsressourcen, zum Beispiel auf bestimmte äußere Umwelteinflüsse, fremdes oder das eigene Verhalten, Gedanken oder Gefühle.

Chief: Anführer/Häuptling einer indigenen Stammesgesellschaft.

Creator (auch: Manitu, Great Spirit): Bezeichnet in der Vorstellung indigener Gesellschaften (vor allem Nordamerikas) die schöpferische Kraft bzw. das schaffende Prinzip, das allen Wesen, Dingen, Handlungen und Erscheinungen zugrunde liegt. Damit ist jedoch kein personifizierter, von der Welt getrennter Hochgott gemeint, wie ihn die monotheistischen Religionen (Judentum, Christentum, Islam) kennen.

Cree: Indigenes Volk Nordamerikas, das weite Teile des heutigen Kanada (vor allem in der Prärie im Landesinneren) bewohnte.

Deixis: (Altgriechisch: δείκνυμι = zeigen) In den Sprachwissenschaften bezeichnet der Begriff Deixis die die örtlich-räumlichen, zeitlichen oder personalen Verweise eines Sprechers, mit dem deiktischen Zentrum: „Ich, hier, jetzt."

Digitales Denken: Die digitale Perspektive kennt nur zwei Zustände: an oder aus, richtig oder falsch. Sie fordert: „Zahlen, Daten, Fakten!". Hier muss es klare und eindeutige Antworten auf Fragen geben. Hier wird unterschieden zwischen richtig und falsch. Das Gegenteil von *analogem Denken* (siehe auch dort).

Dissoziation: Inneres Erleben, bei dem sich die Person innerlich von einer Situation oder auch ihren Empfindungen oder Gefühlen distanziert. Das Gegenteil von *Assoziation* (siehe auch dort).

Elder: Kulturkundiges Mitglied eines Stammes in indigenen Gesellschaften. Häufig mit besonderen sozio-kulturellen Aufgaben betraut, die dem Gemeinwohl des Stammes dienen (*Traditioneller* Heiler, Master of Ceremony etc.).

Erfahrungswolke: Metaphorische Beschreibung für ein Identitätskonzept, das die hohe Variabilität und situationsbedingte Anpassungsfähigkeit des Menschen in den Vordergrund stellt. Es unterstellt keine feste Identität, sondern eine flüchtige „Identitätswolke", die in einem bestimmten Moment von unterschiedlichen Faktoren beeinflusst wird: momentbezogene, biografische, kulturelle und genetische Faktoren. Die Erfahrungswolke ist angebunden an das Konzept des *Wesens der Kommunikation*: Begegnen sich zwei Menschen, so „diffundieren" ihre Wolken (so wie es zwei Gase tun, die sich vermischen).

Eurozentrisch: Ideologische Beurteilung außereuropäischer Gesellschaften nach europäischen Maßstäben, Werten und Normen.

Exorzismus: (Griechisch: exorkismós = hinausbeschwören): Religiös verwendeter Begriff und Praxis, bei dem das Böse ausgetrieben und verbannt wird. Siehe auch *Adorzismus*

First Nations: Sammelbezeichnung (auch englischsprachige Eigenbezeichnung) für die indigene Bevölkerung im heutigen Kanada (mit Ausnahme der Kultur der Inuit und Métis). Begriffspendant in den USA: Native Americans

Great Spirit: Siehe Creator

Groupthink: Prozess innerhalb einer Gruppe, bei dem abweichende Meinungen einzelner Gruppenmitglieder aufgrund eines starken Konformitätsdrucks nicht mehr geäußert oder berücksichtigt werden. Individualmeinungen passen sich der Gruppenmeinung an, Risiken werden kollektiv ausgeblendet und es entsteht ein Konsens, der bei individueller Berücksichtigung der einzelnen Perspektiven nicht entstanden wäre.

Gustatorisch: Siehe Submodalitäten

Heyoka: Spezielle Personen indigener Völker der nordamerikanischen Prärie, die gegen die Konventionen der Gesellschaft leben und handeln. Dadurch stellen sie gesellschaftliche Regeln und Tabus in Frage und regen zum Diskurs und zur Reflexion an. Vergleichbar mit einem Narren in der europäischen oder türkisch-islamischen Kulturgeschichte (z. B. Till Eulenspiegel und Nasredin).

Ideomotorische Bewegungen: Unwillkürlich (und häufig auch unbewusst) ausgeführte Bewegungen; zum Beispiel kleine Gesten (Tippen mit dem Finger, sich kratzen, Wippen mit dem Fuß) oder Veränderungen der Mimik (Augenrollen, Augenbrauen hochziehen); auch Räuspern, Atemveränderungen oder das Zurücknehmen des Kopfes/Oberkörpers.

Implizites Wissen: Die Kompetenz, die jemand zwar zeigen (oder auch an anderen sehen) kann, ohne sie jedoch verbalisieren zu können. Explizites Wissen kann man kodieren und kommunizieren, zum Beispiel in Lehr- und Fachbüchern. Demgegenüber lässt sich das implizite Wissen nicht oder nur schlecht kodifizieren und kommunizieren. Der Mensch eignet es sich vor allem durch Erfahrung an.

Indigenes Volk: (Lateinisch: indigenus = eingeboren): Eine Bevölkerungsgruppe (bzw. deren Nachfahren), deren ursprüngliches Siedlungsgebiet von anderen Völkern erobert und kolonisiert wurde, die sich dabei jedoch bis heute als ein eigenständiges Volk mit eigenen sozialen, wirtschaftlichen und politischen Einrichtungen verstehen.

Ingroup: Kennzeichnet die soziale Gruppe, der man sich zugehörig fühlt und mit der man sich identifiziert.

Intuition: Intuition ist ein facettenreicher Begriff, für den keine allgemeingültige Definition existiert. Wir verstehen Intuition in diesem Buch als implizites Wissen, das man rational bzw. mit Worten nur unzureichend beschreiben kann. Intuition ist vielmehr ein

Prozess, der nur sinnlich-körperlich zu erfahren ist, durch eine achtsame Wahrnehmung der Impulse aus dem Innen und Außen.

Kalibrieren: Im Kontext von Coaching und Selbstführung bezeichnet kalibrieren die Wahrnehmung und Einstimmung auf die Impulse einer anderen Person. Hierzu zählen neben nonverbalen Aspekten wie Mimik, Körperhaltung, Gestik, Blickrichtung auch paraverbale Elemente wie Tonalität, Sprechgeschwindigkeit, Ausdrucksweise sowie die rein verbalen Aspekte wie Wortwahl und Sprachmetaphorik.

Kinästhetisch: Siehe Submodalitäten

Kohärenz: (Lateinisch: cohaerere = zusammenhängen) Beschreibt die empfundene Stabilität über verschiedene Kontexte hinweg.

Kongruenz: (Lateinisch: congruentia = Übereinstimmung). Übereinstimmung von verbal formulierten Aussagen und *ideomotorischen* Signalen (Körpersignale, paraverbaler Aspekte) oder ausgeführter Handlungen.

Krafttier: In vielen indigenen Kulturen verwendete mentale Ressource, die in der Metapher eines Tieres ausgedrückt wird. Beispiel: Die Ruhe und das dicke Fell eines Bären verhelfen dazu, auch in einem Gespräch gelassen zu bleiben.

Kulturzwiebel: Von dem Kulturwissenschaftler Geert Hofstede entwickeltes Modell zum strukturellen Aufbau einer Kultur: Die im Inneren liegenden Werte einer Kultur werden erst durch die sogenannten Praktiken (Rituale, Helden/Vorbilder und Symbole) sichtbar.

Lakota: Indigenes Volk Nordamerikas, vor allem im mittleren Nordwesten der heutigen USA. Gemeinsam mit den Dakota und Nakota gehören sie zur Gruppe der Sioux.

Leading: Bezeichnung für die aktive Gestaltung und Führung eines Gesprächs, zum Beispiel durch Themenwahl oder Vorgabe von Fragestellungen.

Logische Ebenen: Von Robert Dilts entwickeltes sechsstufiges Modell zur Strukturierung menschlichen Verhaltens. Angelehnt ist das Modell an die Kategorien des Lern- und Kommunikationsprozesses des Ethnologen Gregory Bateson. Die ersten beiden Ebenen beschreiben beobachtbare bzw. wahrnehmbare Aspekte. Ab Ebene 3 sind innere Prozesse und Konzepte betroffen, die unmittelbar nicht im Außen wahrnehmbar sind, jedoch auf die ersten beiden Ebenen wirken und somit relevant sind. Die Annahme des Modells ist, dass eine Veränderung auf einer höheren Ebene einen größeren „Hebel" auf die unteren Ebenen hat als umgekehrt.

Manitu: Siehe Creator

Master of Ceremony (MC): Bezeichnung für *Elder*, die in der Funktion eines Zeremonienmeisters eine Ritual oder Zusammenkunft anleiten.

Medizinrad (Englisch: medicine wheel): Das Medizinrad ist ein Modell, das bei vielen indigenen Völkern des amerikanischen Kontinents verbreitet ist. Es stellt symbolhaft das zyklische Entwicklungsverständnis und die Interdependenz aller Dinge und Phänomene des Lebens dar. Das Medizinrad ist eine wichtige Grundlage verschiedener Zeremonien.

Metaperspektive: Bezeichnung für eine *dissoziierte* Sichtweise, die auch einen längerfristigen Zeithorizont und das übergeordnete System berücksichtigt.

Metaposition/-ebene: Alternative Bezeichnungen für die Metaperspektive. Wir bevorzugen letzteren Begriff, da dieser den Blickwinkel aus dieser Position/Ebene in den Vordergrund stellt.

Metaprogramme: Grundsätzliches (häufig unbewusstes) Wahrnehmungs-, Denk- und Verhaltensmuster eines Menschen. Beispiel: Eine Person kann eine prinzipielle Tendenz haben, Herausforderungen aus dem Weg zu gehen oder diese aktiv zu suchen.

Native Americans: Sammelbezeichnung für die indigene Bevölkerung in den heutigen USA. Begriffspendant in Kanada: *First Nations*

Olfaktorisch: Siehe Submodalitäten

Pacing: (Englisch: pacen = Schritthalten): Pacing bezeichnet die Fähigkeit, sich aktiv auf einen anderen Menschen einstellen zu können, um den *Rapport* zu begünstigen. Häufig geht es mit dem bewussten Zulassen von Ähnlichkeit einher. Das grundlegende Prinzip des Pacing ist das Spiegeln der Impulse des Gesprächspartners. Durch die Anlehnung an den Rhythmus des Anderen erlebt dieser ein Gefühl von Vertrautheit.

Pfeifenzeremonie: Eine bei vielen indigenen Völkern Nordamerikas heilige Zeremonie, bei der über den Rauch der Kontakt zum *Creator* hergestellt wird.

Priming: Bezeichnet in der Psychologie die Beeinflussung der Verarbeitung von Informationen vor dem Hintergrund von Vorerfahrungen, die Assoziationen wachrufen.

Rapport: (Französisch: rapport = Beziehung, Verbindung) bezeichnet in der Psychologie und Psychotherapie den „guten Kontakt" zwischen kommunizierenden Menschen. Rapport kann nicht mechanisch hergestellt werden. Es ist vielmehr eine Qualität, die automatisch entsteht, wenn man echtes Interesse am Anderen hat. Äußerlich erkennt man Ähnlichkeiten in Körperhaltung, ideomotorischen Bewegungen und sprachlichen Aspekten bei den Gesprächspartnern.

Reframing: Bezeichnet in der Psychologie und Psychotherapie das Umdeuten einer erlebten Situation oder eines Verhaltens.

Repräsentation: Innere mentale Vorstellung von der Außenwelt; kann Schemen, bewegte oder fixe Bilder, Geräusche, Stimmen, Körperempfindungen, Bewegungsrichtungen und vieles mehr umfassen.

Resilienz: Psychische Widerstandsfähigkeit und die Fähigkeit, mit widrigen Umständen oder Schicksalsschlägen umzugehen.

Resonanz: (Lateinisch: resonare = wiederhallen, mitschwingen) Bezeichnet die Fähigkeit eines Systems, mit einem anderen System in Schwingung zu gehen.

Schwitzhütte: (Englisch: sweat lodge) Eine Zeremonie vieler indigener Völker Nordamerikas zur inneren Reinigung und Ort für spirituelle Erfahrungen.

Separator: Im Coaching verwendeter Begriff für eine Unterbrechung, die auch den Gedankenfluss unterbricht, um so die gedankliche Unterschiedsbildung und den Prozess des inneren Sortierens zu erleichtern.

Setting: Der Kontext, in dem eine Kommunikationssituation stattfindet: dabei können räumliche, zeitliche und personale (andere Menschen) Faktoren einen Einfluss ausüben.

Sonnentanz: (Englisch: sun dance) Die wichtigste spirituelle Zeremonie der indigenen Völker der nordamerikanischen Prärie. Das viertägige Ritual erfordert von den Tänzern das Fasten von jeglicher Nahrung (teilweise auch ohne jegliche Flüssigkeit praktiziert!) und anschließender Opferung des eigenen Fleisches mittels Herausreißens eines Piercings – der symbolischen Neugeburt.

Spirit: Ein Spirit beschreibt eine bestimmte Qualität oder Eigenschaft. Beispiel: Humor ist an sich unsichtbar, die Auswirkungen von Humor sind aber spürbar. In diesem Sinne ist Humor ein äußerst kraftvoller Spirit. Auch der Begriff Teamgeist weist auf dieses Verständnis von „Spirit" hin.

Submodalitäten: Möglichkeit zur Differenzierung von Sinneseindrücke oder inneren *Repräsentationen* (visuell: das Sehen betreffend; auditiv: das Hören betreffend; kinästhetisch: das Fühlen betreffend; olfaktorisch: das Riechen betreffend; gustatorisch: das Schmecken betreffend) über die Beschreibung von strukturellen Eigenschaften (z. B. hell oder dunkel), die ohne die Benennung von Inhalten („ein Gesicht") oder Bewertungen („freundlich") auskommt.

Systemische Perspektive: Betrachtung einer Person oder Organisation in ihrem weiteren Umfeld: Familie, Freunde, Kollegen bzw. Kunden, Konkurrenten oder andere Stakeholder eines Unternehmen. Diese systemische Perspektive berücksichtigt auch den längerfristigen Zeithorizont oder gegenseitige Wechselwirkungen.

Totemismus: Die Vorstellung, dass alles miteinander verbunden ist. Dadurch steht auch der Mensch in einer mythisch-verwandtschaftlichen Beziehung zu Tieren, Pflanzen, aber auch verschiedenen Naturphänomenen wie Bergen, Wind etc. Diese haben dann für Einzelne oder ganze Gruppen eine wichtige symbolische Bedeutung.

Traditional Owner: (Englisch: traditional owner = traditioneller Eigentümer): Neuere Eigenbezeichnung vieler Aborigines in Australien, um damit ihre älteren Rechte gegenüber der derzeitigen Mehrheitsbevölkerung zu verdeutlichen.

Traditioneller Heiler: (Englisch: traditional healer): Heilkundiger in indigenen Gesellschaften, der mit traditionellen Therapien arbeitet (z. B. Kräutern, Trancen, Ritualen) und dabei in aller Regel auch seelische Aspekte berücksichtigt.

Traumzeit: (Englisch: dreamtime): Bezeichnet in der Vorstellung der australischen Ureinwohner eine immaterielle, zeit- und raumlose Welt, aus der alles entstanden ist.

Wahrnehmungsperspektive: Beschreibt die bewusste oder unbewusste Position bzw. Perspektive, aus der man eine Situation erlebt und beschreibt.

Wesen der Kommunikation: Metaphorischer Ausdruck für die Kommunikation zwischen Menschen. Die indigenen Völker der Prärie verstehen das, was in Kommunikationssituationen zwischen Menschen erwächst, als lebendiges Wesen. Kommunikation ist in diesem Verständnis kein Senden und Empfangen von Botschaften, sondern vielmehr ein gemeinsamer Prozess der beteiligten Personen.

Tipi: Kegelartige Zeltbehausung der indigenen Völker der nordamerikanischen Prärie.

Yuwipi: Eine Zeremonie der indigenen Prärievölker Nordamerikas. Für das Ritual wird ein *traditioneller Heiler* mit Lederriemen gefesselt und in ein großes Tuch eingerollt und verschnürt. Während er sich in völliger Dunkelheit aus den Fesseln befreit, bringt er sich in Trance und reist mental in eine andere Welt, von der er mit Visionen oder Antworten auf die Fragen der Stammesmitglieder zurückkommt.

Sachverzeichnis

A
Achtsamkeit, 91
Ängste, 218
Aufmerksamkeit, 91
Augenhöhe, 344

B
Bateson, Gregory, 39
Bedürfnisse, 271, 273
Bereiche des Lebens, 26
Bewegung, 313
   fit als Business-Nomade, 311
Beziehungskultur, 273, 274, 354

D
Dankbarkeit, 294
   für das Essen, 314
Deixis, 21
Demut, 292
Denken
   analoges, 45
   digitales, 45
   systemisches, 246
Differenzierungsfähigkeit, 232

E
Ebenen, logische, 40
Empathie, 57
Endlichkeit, 287
Entscheiden, 80, 199, 201
Erfahrungswolken, 57, 144
   Einflussfaktoren, 60

E (Fortsetzung)
Erlaubnisrahmen, 354
Erlebensreichtum, 276

F
Feedback, 336, 344, 346, 347
   geben, 345
Fragen, zirkuläre, 248

G
Gelenkigkeit, geistige, 232, 236, 243
Great Spirit, 283

H
Held, 196
Humor, 169

I
Identität, 135
   als Amt, 148
   flüssige, 144
   Namen, 137
      spirituelle, 138
   narrative, 151
   wechselhafte im Unternehmen, 146
Inspiration, 84
Instinkt, 53
Intuition, 52, 74, 80, 83, 88, 98
   weibliche, 55

J
Johari-Fenster, 346

© Springer Fachmedien Wiesbaden 2016
D. Goetz, E. Reinhardt, *Selbstführung: Auf dem Pfad des Business-Häuptlings,*
DOI 10.1007/978-3-658-08912-2

K
Kommunikation, 16
Kongruenz, 197
Kontext gestalten, 363
Körpergefühl, 300
Körperintelligenz, 303
Kreidekreis, 201
Krisen, 154
Kulturdimensionen
    Individualität versus Kollektivität, 38
    Machtdistanz, 37
Kulturzwiebel, 34
Kybernetik, 44

L
Leading, 360
Leben, vier Bereiche, 26
Little People, 273
Lob, 343
Logbuch, 6
Logische Ebenen, 40
    Feedback, 347
    Identität, 140

M
Manitu – das schaffende Prinzip, 13
Medizinrad, 25
Menschenbild, 267
Metaperspektive, 250
Metapher, 263
Mobbing, 157
Mustererkennung, 80
Mut, 199

N
Nahrung, 317
Natur
    Naturerfahrung, 306
    Selbstcoaching, 309
Netzwerke, 274

O
Opferbereitschaft, 214, 216
    sich opfern vs. Opfer sein, 195
Orientierungslosigkeit, 285

P
Pacing, 358

R
Rapport, 354
Raum, heiliger, 269
Resonanz, 332, 344
    Feedback, 336
Resonanzkultur, 333

S
Schlaf, 322
Schwitzhütte, 14
Seele, 282
Selbstdisziplin, 203, 207
Selbstfürsorge, 311
Selbststeuerung, 171
Selbstverbundenheit, 264
Sinn, 214, 282, 286, 287
Sonnentanz, 188, 215
Sprache
    paraverbale Aspekte, 22
    polysynthetische, 19
Submodalitäten, 106

T
Talent, 180
Tanz, 302
Tetralemma, 243
To all my relations, 12

V
Verzicht, 205
Vorahnung, 86
VUCA, 2

W
Wahrnehmungsperspektiven, 236
Wandlungsfähigkeit, 165
    Heyoka, 169
    Humor als Krisenkompetenz, 169
    Musterunterbrechung, 166
Weltbild, indigenes, 12
Werte, 20, 120
    Seven Stone Teachings, 125
Wesen der Kommunikation, 16, 66, 237, 331
    das Zwischen im menschlichen Kontakt, 18
What you give you get, 15, 192
Wissen, implizites, 52
Wunsch, geheimer, , 7

Y
Yuwipi, 90

Z
Zeit
    multiaktiv vs. linearaktiv, 253

polychron vs. monochron, 252
Zeithorizont, 251
zyklisches Zeitverständnis, 27
Zivilcourage, 196
Zugehörigkeit, 155
    im Unternehmen, 160

Printed by Printforce, the Netherlands